KB091057

최신 이론과 기법을 적용한

비파괴검사공학

박익근·장경영·김정석·변재원 공저

머/리/말

책은 마음의 양식이요 지식의 근본이라 했다. 지식정보화의 시대를 살아가는데 지식은 미래의 값진 삶을 지향하기 위한 원천이다. 특히 전공 교재는 특정 영역의 체계적이고 가치 있는 내용을 담고 있는 지식의 근원이요 터전이다.

본 비파괴검사공학 교재는 비파괴검사 분야에 입문하는 자 및 산업체의 품질보증 관련 업무에 종사하는 초·중급 기술자는 물론 고급기술자 모두가 필수적으로 알아야 할 비파괴검사 기술의 개요와 타 전문 분야와의 연관성 등에 관해 폭넓게 기술하고 있다. 따라서 대학에서 1학기 강의 교재로 뿐 만 아니라 비파괴검사 분야 기사와 기술사 등의 국가기술자격시험을 준비하는 데 큰 도움이 될 것이라 생각한다. 아울러 이 교재에서는 현재 산업 현장에서 적용이 시도되고 있거나 연구개발 중에 있는 각종 첨단 비파괴검사 방법의 종류와 특징도 소개하고 있다.

본서의 내용과 범위는 1장에서는 비파괴검사의 개요, 2장은 결함특성과 NDT, 3장은 방사선투과검사, 4장은 초음파검사, 5장은 음향방출검사, 6장은 침투검사, 7장은 자분검사, 8장은 와전류검사, 9장은 육안검사, 누설검사, 적외선열화상검사 등 기타 비파괴검사 그리고 10장은 비파괴검사의 표준화와 기술문서 등으로 구성하고 있다.

끝으로 본 교재의 출판에 도움을 주신 도서출판 노드미디어의 박승합 사장님과 교정에 애를 써 준 서울과학기술대학교 NDT 실증연구센터 연구원 및 석·박사 대학원생들에게 심심한 사의를 표하는 바이다.

2024년 4월

서울과학기술대학교 NDT 실증연구센터에서
저자 대표 씀

목/차

1. 비파괴검사의 개요

2. 결함특성과 NDT

3. 방사선투과검사

4. 초음파검사

5. 음향방출검사

6. 침투검사

7. 자분검사

8. 와전류검사

9. 기타 비파괴검사

10. 비파괴검사의 표준화와 기술문서

1. 비파괴검사의 개요

1.1 비파괴검사의 정의

1.2 비파괴검사의 목적

1.3 비파괴검사의 종류와 선택

1.4 비파괴검사의 적용과 범위

1.5 비파괴검사의 신뢰도

1.6 비파괴검사기술자의 역할

1.1 비파괴검사의 정의

인간은 수 세기 전부터 산업분야에서 뿐만 아니라 일상생활 속에서도 비파괴검사를 수행해 오고 있다. 예를 들어, 마트에서 수박을 고를 때 수박이 흠집은 없는지 살펴본다든가 속이 비지 않고 수박이 잘 익었는지 확인하기 위해서 음향에 대한 특별한 지식이 없으면서도 무의식적으로 두들겨보며 그 소리를 듣고 수박의 숙성도 등 내부의 상태를 예측하는 비파괴검사를 행하여 왔다. 또한, 철도의 검사원이 열차의 휠 등의 부품을 해머로 두드려 보고 기차 바퀴의 이상 유무를 판별하는 것, 그릇을 두드려 보고 나오는 소리를 듣고 깨졌는지의 유무를 판별해 왔으며, 통을 두드려보며 통 안의 액체량을 알아보는 것 등과 같이 소리를 이용하여 물체의 내부 상태를 조사하는 일들을 태곳적부터 본능적으로 행하여 왔다. 그러나 소리에 의한 비파괴검사는 인간의 오감에 의존하기 때문에 정밀도가 그다지 높지 않지만 그 어떤 장비를 이용한 탐상 방법보다 신속한 장점이 있다.

우리가 일상생활 속에서 사용하고 있는 기기(機器)들은 금속, 세라믹, 플라스틱 등 다양한 소재로 만들어져 있다. 이들 재료나 구조물의 신뢰성은 충분히 확보되어 있다고 생각하기 때문에 별 생각 없이 사용하게 된다. 제품의 신뢰성을 보증하기 위한 실험적 검증 데이터의 확보·수단으로는 재료, 기기, 구조물을 직접 파단한 후 파단면 관찰, 인장시험 등을 통해 기계적 강도를 평가하는 파괴시험(破壞試驗, destructive testing)과 이를 대신하는 비파괴시험(非破壞試驗, nondestructive testing; NDT) 등이 있다.

최근 기계·장치 산업을 중심으로 하는 기계 설비나 구조물·시설은 고도화·집약화 되어 하나의 시스템으로 제어·사용되고 있다. 따라서 이것을 구성하는 장치 및 기계류의 이상이나 고장은 생산시스템이나 설비에 생각할 수 없을 정도로 큰 영향을 미친다. 이와 같은 생산시스템이나 설비를 안전하고 효율적으로 유지관리하기 위해서는 대상이 되는 시스템·설비 또는 그들을 구성하는 기계·부품의 상태를 정량적으로 파악하는 것이 중요하다. 구조물의 건전성(integrity)을 보증하기 위한 실험적 검증 데이터의 확보수단으로 파괴시험과 비파괴시험을 이용한다.

"Nondestructive testing(NDT) is the examination of an object with technology that does not affect the object's future usefulness."

\- American Society of Nondestructive Testing(ASNT) -

비파괴시험(NDT)은 소재, 제품(製品), 기기(機器), 구조물 등의 품질관리(quality control; QC)나 품질보증(quality assurance; QA)의 한 수단으로 이용되는 계측기법으로 재료, 제품, 구조물 등의 종류에 거의 상관없이 시험대상물을 손상, 분리, 파괴시키지 않고 원형 그대로 유지한 상태에서 시험체의 표면이나 내부의 결함유무와 그 상태 또는 대상물의 성질, 열화 손상, 내부구조 등을 조사하는 시험전체를 말한다. 즉, 비파괴시험은 대상이 되는 피검사체를 파괴시키지 않고 그 건전성, 성능, 결함의 존재상태 등을 찾아내고 평가하는데 이용되는 기술로 재질시험에 응용되기도 한다. 이러한 결함이나 물성의 변화는 재료의 강도를 저하시키거나, 제품이나 설비의 사용 중 파괴의 원인이 된다. 모든 비파괴검사 방법은 다음과 같은 보편적인 특성을 갖는다.

비파괴시험의 기본 원리는 시험체에 검사 매체(interrogating parameter: 방사선, 전자기, 초음파 등과 같은 물리적 에너지)를 적용하고 시험체 내에 존재하는 결함이나 물성에 의한 검사 매체의 변화를 검출하는 수단(필름, CRT 등 검출 수단을 이용하여 검출하고, 볼 수 있도록 기록하거나 표시 또는 지시를 만듦)을 통해 시험체 내에 존재하는 결함과 물성 변화에 관한 정보를 해석하는 계측 기법이다.

이에 비해 비파괴검사(非破壞檢査, nondestructive inspection; NDI)는 비파괴시험을 한 후 그 결과로부터 규격(code and standard)에 의한 기술기준에 근거하여 그 시험대상물이 사용 가능한가 어떤가에 대한 합부(合否) 판정기준(acceptance criteria)까지를 내릴 때를 말한다. 비파괴검사에 의해 제품에 결함이 발견되었을 때 검사자 또는 자동 검사 장치는 그 제품을 그대로 사용 또는 판매해도 좋은 지의 판정을 내려야 하고, 이를 위해서는 관련 규격 등에 근거한 합부판정 기준이 필요하게 된다. 지금까지 비파괴검사는 몇몇 적용분야를 제외하고는 검사기술의 수준이 높지 못하여 주로 결함의 유무 검출이 주였다. 그 이유로는 결함의 크기나 위치 등의 정확한 파악이 어렵기 때문이다. 따라서 검사의 판정은 검사대상의 제품(결함을 포함하는 제품)의 사용 여부를 판정하는 명확한 기준이 정해져 있지 않기 때문에 결함이 발견된 것은 모두 불량품으로 하고 있는 경우가 많다. 이상으로부터 보다 정확한 검사를 하기 위해서는 검사기술의 진보와 함께 검사 합부 판정기준의 확립이 매우 절실함을 알 수 있다.

비파괴평가(nondestructive evaluation; NDE)는 재료의 부하 조건이나 환경조건 등도 파악하고 비파괴시험으로 얻어진 지시로부터 결함의 평가 뿐 만아니라 시험체의 성질 또는 사용성능 면으로부터 재료의 건전성(integrity)을 총합적으로 해석 평가하여 수명예측의 기술적 근거로도 활용하는 것을 말한다. 즉, 비파괴평가는 단순한 결함검출 뿐만 아니라 재료특성 평가(materials evaluation, materials characterization)의 상당한 부분을 점유하고 있고 재료 및 구조물의 기능, 신뢰성을 종합적으로 판단하는 기술 요소로 알루미늄 및 티타늄합금이 사용되는 항공기 부재 등에서는 검사가 용이한 구조물 형상을 요구하기도 하고 구조설계를 규정하는 역할을 담당하기도 한다. 또, 한편으로 신소재, 첨단재료 등에서는 아직 이들에 대한 비파괴평가기법이 확립되어 있지 않고, 이들 첨단재료의 품질보증을 위한 비파괴평가 기법의 확립이 신소재 개발의 중요한 과제중의 하나가 되고 있다.

그리고 최근에는 비파괴검사를 전주기적으로 적용하여 산업설비·공공시설의 안전성 극대화를 시도하고 있다. 즉 구조물 및 설비의 설계단계에서부터 비파괴검사를 고려하여 완성된 구조물 및 설비의 안전진단을 매우 편리하게 하고 있다. 최근에는 스마트구조(smart structure) 또는 지적구조(intelligent structure)라 불리는 새로운 개념의 출현, 즉 재료 또는 구조물의 설계 단계에서부터 자기진단기능, 자기수복기능을 갖게 하기도 하고, 센서를 내장하여 구조 건전성 모니터링(structural health monitoring; SHM or conditioning monitoring; CM)을 하는 광의의 비파괴평가 기법이 각광을 받고 있다. 이 SHM 기법은 최근 갈수록 대형화되고 복잡해지는 구조물을 시공 및 유지관리와 재해 등에 대비한 방재시스템을 구성하기 위한 기반 기술로써 기존의 전통적인 비파괴검사법의 특징인 국부검사(point by point)법에 비해 고정된 지점으로부터 대형 설비 전체를 한 번에 탐상할 수 있는 등 기존의 비파괴기법에 비해 시간적, 경제적 효율이 뛰어나다. 일반적인 비파괴검사법에 비해 온라인 실시간 평가(on-line evaluation), 상태 기준 보수(condition based maintenance), 사용 중 접합성(fitness-for-service)이나 잔존 수명의 결정이 가능하나 이 방법은 초기 데이터 수집에 의한 베이스라인(base-line)이 필요하다.

그리고 건전성 예측 및 관리(prognostics and health management; PHM) 기술은 기계, 설비, 항공, 발전소 등의 상태 정보를 수집하여 시스템의 이상상황을 감지하고 분석 및 예지진단을 통해 고장시점을 사전에 예측함으로써 설비관리를 최적화하는 기술로 사람이 건강을 유지하기 위해 정기적인 건강예측진단을 받는 과정과 유사하다. PHM 기술은 영국에서 1980년대 헬리콥터 사고가 빈번하여 이를 예방하기 위해 개발이 시작된 이래 주로 항공 우주 분야에서 많은 연구가 이뤄졌고, 최근에는 비파괴검사가 요구되는 많은 산업분야에 활발히 적용되고 있다. PHM은 고장발생으로 인한 손실비용이 큰 높은 신뢰도가 요구되는 시스템에 적합한 기술로서 생산제조, 항공 우주, 반도체 전자, 플랜트, 중공업에 이르기까지 다양한 산업군에서 고장 예방과 설비 가동률을 높이기 위해 적용되고 있다. 최근 국내에서도 IoT 및 cyber physical system(CPS)를 기반으로 하는 철도 및 발전설비와 같이 신뢰성 및 안전성이 중요한 사회기반 시설에도 PHM 기술의 적용을 위한 활발한 연구가 이뤄지고 있다.

1.2 비파괴검사의 목적

비파괴검사 진단을 하는 데는 여러 가지 목적이 있다. 따라서 비파괴검사를 할 때에는 우선 그 시험을 통해 무엇을 알고자 하는가를 명백히 해야 한다. 그 후에 목적을 달성하기 위해 어떠한 시험방법과 시험조건을 이용할 것인가에 대해 결정을 해야 한다. 비파괴검사의 주된 목적은 1차적으로는 결함의 검출(flaw detection or flaw indication)에 있지만 궁극적으로는 비파괴검사를 통해 구조물이나 설비 등 검사체의 건전성(integrity)을 확보하는 데에 있다. 이외에도 비파괴검사를 적용함으로써 각 제조단계에서 제품의 불량률을 저하시키는 것이 가능하기 때문에 비파괴검사를 통해 소재, 제품(製品), 기기(機器), 구조물뿐만 아니라 산업설비 등의 품질관리(quality control; QC)나 품질보증(quality assurance; QA)의 한 수단으로 제조원가의 절감이나 제조공정의 개선, 신소재 개발 등에도 영향을 미치게 된다.

1.2.1 품질보증

제조 공정의 개선으로부터 충분한 품질의 재료나 구조물의 제작이 가능하게 된 경우, 그 다음에 문제가 되는 것은 역시 그 각각의 제품의 신뢰성을 확보하는 것, 다시 말해 제품 각각의 품질보증이다. 신뢰성(reliability)의 정의는 제품의 종류나 사용목적에 따라 다르지만 일반 공업제품의 경우에는 규정된 사용조건하에서 기대되는 수명기간 중 "제품의 일부 또는 전부가 파손되지 않고 소기의 성능을 만족시키며 가동할 수 있는 기간 내에 실제로 가동한 시간의 비율(이용도)"을 신뢰성의 높고 낮음에 관한 기준으로 삼고 있다. 예를 들면 보통 건물에 사용되고 있는 콘크리트의 경우에는 다소 미세균열이 있어도 그 건물의 구조를 지지할 수 있는 강도가 유지되면, 구조물의 신뢰성은 확보되었다고 말 할 수 있다. 그러나 만약 콘크리트가 방수 목적인 경우에는 아주 미세한 틈도 누수의 원인이 되므로 이미 그 구조물의 신뢰성은 상실되었다고 할 수 있다. 또, 자동차용 강판의 표면 결함은 그 제품의 강도자체에는 영향을 미치지 않으나 미적인 관점에서 보면 제품 가격을 크게 저하시키는 것이 된다.

이와 같이 신뢰성이나 품질보증의 의미는 재료나 구조물의 종류, 사용목적에 크게 의존하고 있다. 그러나 일반적인 공업제품의 신뢰성에 대한 평가 변수로 (1) 제품 성능의 편차를 나타내는 통계적인 양 (2) 제품의 파손(일부 또는 전부)으로 인해 저하한 성능의 초기 성능에 대한 비율 (3) 어떤 사용조건으로 제품이 파손되지 않도록 초기의 성능을 만족하게 가동하면 기대되는 기간에 대한 실제로 가동한 기간의 비율 등을 고려할 수 있다. 여기서 제품의 열화, 다시 말해 제품의 일부 또는 전부가 파손되고 소기의 성능을 만족하지 못하는 상태가 일어나는 원인으로는 그 제품을 구성하는 재료의 문제, 그 제품 구조의 설계 문제, 그리고 그 제품 구조의 문제, 그 제품을 사용하는 방법에 대한 문제 또는 역학적 조건을 포함한 사용 환경이 상정되어 있는 것에서 큰 폭으로 변화하는 경우 등을 들 수 있다. 어느 원인의 경우에 대해서도 그 제품의 열화나 손상이 발생하는 확률은 가능한 한 낮게 잡아야 한다.

이처럼 재료의 선택으로부터 제품의 제조, 사용의 다양한 단계에서 각 단계에 상정되어 있는 결함에 대해 그 결함의 검출에 유효하고 적절한 비파괴시험법을 적용한 비파괴평가를 통해 제품의 건전성을 확인하고 신뢰성을 향상시키는 것이 가능하게 된다. 그러나 단순히 비파괴시험을 적용한다 해서 무조건 제품의 신뢰성이 향상되는 것은 아니다. 목적을 충분히 고려하고 그것에 가장 적합한 비파괴시험법을 선택하여 올바른 시험기술로 행해야한다. 그러기 위해서는 각종 비파괴시험법의 원리를 잘 이해하여 올바르게 적용할 필요가 있다.

1.2.2 제조 공정의 개선

어떤 제조기술로부터 재료나 구조물의 제작이 가능하게 된 경우, 그 후에 문제가 되는 것은 그 제품의 신뢰성을 확보하는 것이다. 이것은 제품의 품질을 어느 정도 등급으로 확보하는 것, 다시 말해 그 제품에 존재하는 결함을 어느 등급 이하가 되게 하는 것을 의미한다. 이를 위해서도 비파괴평가는 큰 도움이 된다. 다시 말해, 어떤 정해진 품질의 제품을 만드는 경우나, 제품 제작을 위한 제조기술이 적절한지를 확인하기 위해 비파괴평가를 적용하는 것이 가능하다. 우선, 그 제조기술에 의해 시제품을 만들고 그것에 대해 비파괴시험을 하여 일정수준의 품질이 확보되는지 여부를 확인한다. 만약 적절치 못하면 그 발생 원인을 명확히 밝히고 지속적으로 제조기술의 개량을 꾀한다. 그리고 각각의 제조 공정의 문제점을 해결하여 최종적으로 기대되는 품질의 제품이 안정되게 얻어지는 제조기술을 확립한다. 이 경우에는 발생하는 결함의 특징을 잘 이해하고 그 결함의 검출에 적절한 비파괴시험법을 선택하고 이용하는 것이 중요하다.

비파괴검사를 하는 것은 언뜻 보기에는 불필요한 공정단계나 비용을 필요로 하고 제조 원가가 상승할 것으로 예상되나 전체 생산 비용을 고려해 보면 반드시 그렇지는 않다. 비파괴검사를 하지 않았기 때문에 제품의 사용 후에 생기는 보수에 필요한 비용이나 파괴사고가 발생된 경우의 물적 또는 인적 피해에 대한 보상비에 비하면 비파괴검사에 드는 비용은 결코 크지 않다. 또 제조단계에서 발견된 불량품의 보수는 비교적 용이하고 적은 공정과 저렴한 비용으로도 가능하다. 특히 고가의 재료나 구조물에서는 최종 제품에 이르기 전, 반제품의 단계에서 충분한 품질을 갖지 못하는 것의 제거, 즉 스크리닝(screening)을 할 필요가 있다. 거기에는 각 공정마다 반제품의 양부를 판정하는 것이 필요하고 이러한 의미에서도 비파괴검사의 중요성이 인식될 수 있다.

예를 들면 일정한 용접조건에 의해서 시험편을 제작한 후 이 시험편에 방사선투과검사를 하여 그 결과를 보아 가면서 용접조건을 수정해 가며, 최종적으로 소기의 품질을 만드는 최적용접조건을 결정한다. 또, 주조방안을 결정하기 위해 같은 방법으로 방사선투과검사를 이용, 결함의 발생상황으로부터 탕구 및 압탕 등의 위치를 개량해 가며 최종적으로 주조방안을 결정한다. 이상은 모두 제조기술의 개량을 목적으로 한 사용 예이다.

1.2.3 제조원가의 저감

비파괴검사를 한다는 것은 검사비용을 증대시키고 나아가서 제조원가를 상승시키는 것으로 단순히 생각하기 쉬우나 미리 우수한 품질의 제품이 만들어지도록 최적 제조 조건이 결정되면 그 후에는 품질에 영향을 미치는 행위가 가해질 때마다 제조공정 중에 적절한 단계를 선택하여 효과적인 비파괴검사를 실시하고 품질을 확인해 가면서 공정을 진행해 가면 최종단계에서 불량의 발생을 발견함에 의한 공정의 낭비를 배제하는 것이 가능하며 불필요한 공정에 대한 낭비를 없애면 제조원가의 절감을 꾀하는 것이 가능하다.

예를 들어 용접완료 전의 중간단계에 비파괴검사를 실시하여 그때까지의 용접에 대한 결함발생이 없음을 확인해 가면서 나머지 용접을 진행시킨다면, 용접완료 후 비파괴검사로 결함이 발견될 때 필요한 보수공정을 없앨 수 있다. 또 주조품을 기계가공해서 사용할 때 기계가공 후 가공면에 큰 슬래그개재물이나 공동 또는 터짐 등이 생겨서는 안 되는 경우가 있다. 이와 같은 경우에는 기계가공을 실시하기 전에 기계가공을 할 부분에 미리 비파괴검사를 실시하고, 기계가공 후 결함이 나타나서 불합격이 되는 경우에 소요되는 가공의 공정 수를 줄일 수가 있다.

이와 같이 비파괴검사를 실시하는 것은 근시안적으로 보면 쓸데없는 공정수가 소요되어 제조원가의 상승을 초래한다고 볼지 모르나 이 비용의 상승은 비파괴시험을 하지 않음으로 인해 생기는 사용개시후의 보수, 재수리에 소요되는 비용, 혹은 파괴사고가 일어난 경우에 지불해야하는 변상에 비하면 극히 적은 것이다.

또 제조단계에서 불량 부위가 발견되어도 보수가 비교적 용이하고 공정의 혼란을 야기하지 않으므로 전체로 보면 적은 공정 수, 적은 비용을 유도할 수 있다.

1.2.4 신소재의 개발

첨단 기술의 하나로 신소재를 들 수 있고 그 개발에 큰 기대를 걸고 있다. 우리들이 이용하고 있는 재료를 크게 분류하면 구조재료나 무기재료로 나누어진다. 구조재료는 교량, 자동차, 선박, 항공기 등에 이용되고 있는 고강도재료이고, 이에 비해 기능재료는 반도체, 각종 센서 등으로 대표되는 광학적, 전기적, 자기적, 화학적 성질이 우수한 지적재료이다.

이들 신소재 중에서 특히 구조용의 신소재는 극저온, 초고온의 상태에서 이용되고 있고, 방사선, 충격하중, 열충격 등의 가혹한 조건하에서 이용되는 경우가 많다. 여기에 이용되는 재료를 극한재료라 부른다. 이와 같이 신소재의 대부분은 극한환경에서 이용할 수 있어야 하므로 이러한 환경에 견딜 수 있는 내환경재료의 개발이 신소재 개발의 하나의 과제가 되고 있다. 예를 들면 앞으로 개발이 기대되는 우주항공 분야의 하나로 우주항공기(space plane) 등에서는 세라믹, 복합재료, 금속간화합물 및 경사기능재료 등의 초고온에 강하고 고강도경량인 구조용 신소재의 개발이 필요하다. 또, 심해저탐사선 등에서는 초경량, 초강력티타늄합금의 개발이 진행되고 있다. 이와 같이 신소재의 개발은 생물공학(bio technology), 전자공학(electronics)과 함께 앞으로의 과제가 되고 있어 금후의 기술 개혁에서 중요한 기반기술이라 말할 수 있다. 이와 같은 신소재로는 일부 금속재료도 포함되나 세라믹, 유리, 금속간화합물, 고분자기복합재료 등의 첨단적인 복합재료가 주 대상이 된다. 그러나 이들 재료는 취성적이고 신뢰성이 낮은 단점이 있어 앞으로의 신소재로는 인성이 높은 재료일 필요가 있다. 인성이란 앞에 기술한 바와 같이 균열이 진전하기 어렵고 파괴하기 어려운 역학적 특성을 의미한다.

따라서 재료설계의 목적은 취성을 극복하고 높은 인성을 갖는 재료를 개발하는 것이고 그러기 위해서는 최종적인 파괴에 이를 때까지의 과정을 명확히 하면서 인성향상을 위한 재료설계 기법을 확립해야 한다. 이것은 대부분의 재료, 구조물에서 갑작스런 파괴가 생기는 것이 아니라 여러 종류의 미시적인 파괴가 최종적으로 파괴에 이르는 경우가 많기 때문이다. 따라서 재료의 인성을 고려하는 데에는 그 재료의 특수한 파괴과정을 이해하는 것이 중요하다. 이와 같은 미시적인 파괴기구의 해명을 위해서는 각각의 미시적인 파괴의 검출 및 특성평가가 중요하게 되고 비파괴적인 결함검출은 중요한 요소기술이 된다.

1.3 비파괴검사의 종류와 선택

비파괴검사는 검사대상물의 빛, 방사선, 초음파, 전기, 자기 등에 대한 응답특성이 내부조직의 이상이나 결함에 의해 변화하는 것을 원리로 하고 있다. 비파괴검사 방법은 재료, 용접부, 부품 및 기기의 표면 및 내부 불완전을 검출하는 데에 이용한다. 이러한 비파괴적 방법으로 재료·구조물의 특성을 평가하는 것은 재료를 파괴시켜야만 재료특성을 이해할 수 있는 재료시험과는 크게 다른 점이다.

비파괴검사의 종류로는 육안검사(visual testing; VT), 방사선투과검사(radiographic testing; RT), 초음파검사(ultrasonic testing; UT), 자분검사(magnetic particle testing; MT), 침투검사(liquid penetrant testing; PT), 와전류검사(eddy current tecting; ET), 스트레인측정(strain measurement; SM), 음향방출검사(acoustic emission test; AE 또는 AT), 적외선열화상검사(infrared thermography test; IRT 또는 TT) 등이 있다. 이 중에서 음향방출검사와 적외선열화상검사를 제외한 7종류의 비파괴검사가 현재 많이 사용되고 있으며, 검사의 목적을 달성하는 것이 가능하고 동시에 경제성, 휴대성, 조작성이 우수하여 일반적으로 이용되고 있는 검사법이라 할 수 있다. 이 외에도 실제로 사용되고 있는 비파괴검사의 종류는 매우 다양하다. 더구나 현장에서 이용되지는 않지만 연구실에서 이용 가능한 것이라든가, 일반적으로는 이용되고 있지는 않지만 매우 특수한 한정 분야에서 이용되고 있는 방법까지를 가산하면 그 수는 더욱 많아진다.

모든 비파괴검사는 물리적 현상의 원리를 이용하고 있으므로, 비파괴검사의 분류도 이러한 관점으로부터 분류하는 것이 가능하다. 즉,

① 광학, 색채학의 원리를 이용한 검사방법 - 육안검사, 침투검사
② 방사선의 원리를 이용한 검사방법 - 방사선투과검사, CT 검사
③ 전자기(電磁氣)의 원리를 이용한 검사방법 - 자분검사, 와전류검사
④ 음향의 원리를 이용한 검사방법 - 초음파검사, 음향방출검사
⑤ 열의 원리를 이용한 검사방법 - 적외선열화상검사
⑥ 누설의 원리를 이용한 검사방법 - 누설검사

이상은 원리적인 면에서 분류한 것이고, 그 검사대상 부위, 예를 들면 시험체의 내부나 표면 또는 표층부에 관한 정보에 따라 분류하는 것도 가능하다. 각각에 속하는 시험법의 예를 나타내

면 다음과 같이 된다.

① 표면 또는 표층부에 관한 정보를 얻기 위한 비파괴검사: 육안검사, 침투검사, 자분검사 및 와류검사 등
② 내부에 관한 정보를 얻기 위한 비파괴검사: 방사선투과검사, 초음파검사 등

이상은 시험대상 부위에 따라 분류한 것이고, 가장 많이 사용되는 분류법이다. 이 중 표면에 관한 정보를 얻기 위한 비파괴검사에서는 어떠한 원인에 의해 그 결과가 얻어졌는가를 직접 육안으로 보고 확인하는 것이 가능하여 매우 확실한 정보를 얻을 수 있고, 그 정보로부터 단순히 표면에 관한 정보만이 아니라 내부와 연관된 정보도 얻는 것도 가능하다. 이에 비해 비파괴검사로부터 얻어지는 내부에 관한 정보는 표면에 관한 정보와는 달리 절단시험을 하는 것이 외에는 육안으로 직접 확인하는 방법이 없어 고정밀도의 정량적 결과를 얻기 어렵고, 동시에 그에 따른 표면에 관한 정보도 얻기가 어렵다.

제품의 품질보증과 건전성 확보를 위해 비파괴검사 방법을 선택하는 데는 여러 가지 고려해야할 사항이 많다. 즉, 검사자는 특정 용도에 맞는 결함검출능(detectability)과 결함 크기(sizing) 성능을 확보할 수 있는 최적의 비파괴검사 방법을 선정할 수 있는 관련된 기본적인 지식과 감각을 가져야 한다. 또한 경제적인(economic) 문제 그리고 규제적인(regulatory) 측면도 동시에 고려해야 한다.

최적의 비파괴검사 방법을 선택하고자 할 때 기본적으로 고려해야할 사항은 다음과 같다.

(1) 검사 재료의 특성 또는 불연속부의 물리적 특성을 이해한다.

비파괴평가 방법을 적용하기 위해서는 재료의 특성 및 공동, 균열, 판 두께 또는 코팅 두께 등과 같은 검출하고자 하는 불연속부(discontinuity)에 대한 지식이 필요하다. 재료 특성의 경우, 기계적 특성(탄성계수)이나 전자기 특성(전도성, 유전율, 투자율)등에 관심을 가질 수 있다. 불연속의 경우, 불연속에 대한 특성뿐만 아니라, 모재와의 관계성까지 이해를 하고 있어야 한다. 예를 들어 세라믹 균열은 강화 폴리머 복합재의 균열과 매우 다르다.

(2) 비파괴검사 방법에 대한 기본적인 물리현상을 이해한다.

또한 다양한 비파괴검사 방법들이 어떻게 사용되는지에 대한 기본적 지식을 갖추어야 한다. 예를 들면, 와전류검사법은 검사 부위 내부에 유도 전류를 생성하기 위해 자기장을 사용한다. 그러므로 와전류검사법은 검사체가 전기적으로 전도성을 가져야 한다.

(3) 시험체와 비파괴평가 인자의 물리적 현상(interrogating parameter)과의 상호 작용(interaction)에 대해 이해한다.

또한 비파괴검사 방법의 작동원리와 검사 대상체의 특성 및 특징 사이에서 나타나는 상호 관계를 이해해야 하며 다음과 같은 사항이 요구된다. ① 주어진 방법이 검사를 수행할 수 있을지 결정하는 것, ② 다양한 검사 방법을 고려하는 것, ③ 검사 방법과 검사부의 호환성을 결정할 것. 예를 들어 대부분의 초음파를 이용한 방법은 접촉 매질이나 젤을 필요로 하는데 이는 검사부를 오염시키거나 부식을 유발할 수도 있다.

(4) 사용 가능한 비파괴검사 방법의 가능성과 한계를 이해한다.

비파괴검사 방법의 선택과정에서, 기존 기술의 가능성과 한계를 알고 있어야 한다. 단지 비파괴검사 방법의 물리적 원리와 검사체 사이의 일관성이 있다고 해서 장비가 사용 가능하다거나 목표한 값을 측정할 만큼 민감하다는 것은 아니다. 또한 장비의 실제 감도는 사용 환경과 연관되어 있다는 것을 알아야한다. 제조업체가 때때로 실험실에서 측정된 민감도를 이용할지라도, 산업 현장 검사에서 예상할 수 있는 값과는 매우 큰 차이가 발생될 수 있다.

(5) 경제성, 환경성(environmental), 규제성 그리고 그 외 여러 요인들을 고려한다.

비파괴평가를 적용하는데 비용이 과연 효율적인가? 검사 속도는 적절한가? 비파괴평가 방법뿐 만 아니라 절차까지 지시할 수 있는 어떠한 규제가 존재하는가? 비파괴평가 방법의 선택에 있어 어떤 환경적 요인이 영향을 미치는가? 비파괴검사가 현장이나 특수한 시설에서 수행되고 있는가?

위의 다섯 가지에 대한 기본적인 이해를 통해 최적화된 방법을 선택할 수 있다.

그 외에도 최근 새로운 원리에 기초한 다양한 첨단 비파괴검사법이 제안, 개발되고 있기 때문에 이들 기법의 장단점을 정확하게 파악하여 그 목적에 맞는 적절한 비파괴검사 방법을 적용해야 한다.

1.4 비파괴검사의 적용과 범위

1.4.1 적용대상과 범위

주어진 부품에 비파괴검사를 할 때 100 % 전수검사를 할 것인지 아니면 대표적인 몇 개의 부품만 검사할지에 대해 결정해야하는데 이는 경제적인 면과 규제 관리 측면에서 결정해야할 중요한 일이다. 결함이 있는 부품만 검사를 하는 것이 이상적이지만 결함이 존재하는지는 알 수 없으므로 검사범위를 정하는 것은 비파괴검사 프로그램의 한 부분이라 할 수 있다.

일반적으로 소재(素材)로부터 각종 기기(機器), 구조물의 검사는 여러 종류의 방법이 이용되고 있지만 주로 비파괴검사에는 결함검사, 재질검사, 계측검사, 각종 두께측정 및 스트레인측정 등의 비파괴시험이 많이 이용되고 있다. 비파괴시험을 적용하는 분야에는 검사의 수단으로 적용하는 분야, 조사의 수단으로 적용하는 분야 및 시험·연구의 수단으로 적용하는 분야 등이 있다. 이 중에서 공업적 이용가치가 높고 가장 많이 이용되고 있는 것이 검사의 수단으로 적용하는 분야이다. 이하에 적용대상에 대해 기술한다.

가. 품질평가

소재 및 기기 구조물을 제작하는 경우에 하는 검사는 재료 및 용접부의 품질평가(quality evaluation)를 위한 것이라 생각할 수 있다. 다시 말해, 제조 중에 소재나 용접부에 하는 검사는 제조된 것이 규정된 규격 혹은 사양서에 근거하여 제조되고, 규정된 품질을 만족하는가 여부를 확인하기 위한 목적으로 행해지며, 비파괴시험은 이 목적을 달성하기 위한 품질보증(quality assurance; QA)과 품질관리(quality control; QC)의 한 수단으로 사용된다.

품질보증이란 제품이 소비자가 요구하는 품질(zero defect; ZD)에 충분히 만족한다는 것을 보증하기 위해 생산자가 행하는 체계적인 활동을 말한다. 다시 말해, 품질보증이라는 것은 제작된 제품의 품질 및 기능에 대해 제조자가 고객에 대해 책임을 지고 보증하기 위한 계획적인 동시에 조직적인 활동으로 제조에 관계하는 개개의 기술, 설비 및 인적물자를 종합적으로 관리하는 것을 말한다.

한편, 품질관리는 소비자가 요구하는 품질의 제품 또는 서비스를 경제적으로 만들어 내기 위한 체계적 수단을 말한다. 다시 말해, 품질관리라는 것은 품질보증을 실현하기 위한 관리기술이라고 말할 수 있다. 따라서, 이 비파괴시험의 결과를 이용하는 재료 및 용접부의 평가는 품질보증을 위한 품질평가이고, 이 경우 주어진 판정기준은 품질관리를 위한 관리한계를 나타내는 것이다. 이 관리한계는 이제까지 명확하게 되어 있는 이론을 근거로 하고 거기에 경험을 고려하여, 이 정도의 품질이면 주어진 설계 조건대로 사용되어도 중대한 재해를 초래하는 파괴사고가 발생될 가능성이 없다는 판단 근거로 결정되어야 한다.

그러나 여기서 판단의 기초로 설정한 설계조건은 어디까지나 설계시점에서 고려된 분위기 조건, 응력조건으로 사용 개시 후에 가해지는 예측할 수 없는 여러 종류의 조건은 고려하지 않았기 때문에 평가한 시점에서는 충분한 품질을 가지고 있다 해도 사용 후에 손상을 야기하는 경우가 있다. 따라서 품질관리 한계로서의 판정기준을 설정할 때에는 설계조건 하에서 조금이라도 발생이 예측되는 손상의 원인이 되는 인자는 가능한 한 제거하여야 한다. 그러나 공업재료를 사용하는 한 한계가 있고 경제성을 고려하지 않을 수 없다. 따라서 일단 이것을 품질관리의 관리기준으로 받아들이게 되면 반드시 지키도록 노력해야 한다.

나. 수명평가

사용 개시 후 일정기간마다 하게 되는 검사는 다음 검사까지 안전하게 사용 가능한가의 여부를 추정·평가하는 것으로 기기나 구조물의 수명평가(壽命評價, life evaluation)를 위해 하여진다. 다시 말해, 정기검사, 보수검사, 사용 기간 중 검사 시에는 사용조건을 근거로 새로 발생된 이상상태(異常狀態)를 검출하여 그 종류, 형상, 크기, 발생개소, 응력레벨, 응력방향과의 관계 등으로부터 다음의 검사 시까지 어느 정도 성장할 것인가를 예측하고 보수 또는 폐기 여부를 결정하지 않으면 안 된다.

따라서, 그 평가기준은 결함의 발생 원인에 따라 달라지므로 평가방법의 기준은 나타낼 수 있어도 품질평가의 경우에 얻는 판정기준을 단순히 나타내는 것은 불가능하다. 그러나 수명을 평가하기 위해서는 검출된 이상부에 대한 정보를 근거로 하여 그 성장량을 예측하지 않으면 안된다. 그러기 위해서는 예측에 필요한 기본 데이터가 되는 결함의 종류, 형상, 크기, 위치, 방향을 가능한 한 정확하게 파악할 필요가 있다. 이들 데이터를 이용하여 수명을 평가하는 방법은 현재 파괴역학적 수법에서 많이 이용되고 있다.

품질평가 및 수명평가를 위한 검사에 비파괴시험을 이용하려 할 경우에는 항상 다음의 2가지 사항을 잊어서는 안 된다.

① 비파괴시험은 파괴시험과의 비교시험으로, 이를 통해 재료의 강도를 직접 구하는 것은 불가능하므로 파괴시험에 의해 보증된 비파괴시험 결과를 가지고 있는 것이 중요하다.

② 시험결과는 반드시 정해진 시기에 항상 동일한 비파괴시험방법에 의해 얻어진 것과 비교되어져야 한다.

①에 의하면 비파괴시험은 재료, 기기, 구조물 등을 손상이나 파괴시키지 않고, 그들의 화학적 성질, 기계적 성질, 내부구조 등을 추정하기 위해 이용되는 시험법이다. 그러나 이들의 성질을 추정하고 어떤 판단을 내리기 위해서는 우선, 동일한 조건을 갖는 시험체에 대해 비파괴시험을 하고 그 후 파괴시험을 하여 두 시험결과 간의 관계를 미리 구하여 놓지 않으면 안 된다. 다시 말해, 비파괴시험이라는 것은 미리 파괴시험에 의해 얻어진 결과를 비교·추정하는 비교시험법이다. 따라서 이전의 비교시험결과를 가지고 있지 않는 경우에는 비파괴시험에 의한 평가판정은 불가능하다. 이것이 ①에서 지적한 점으로 더욱 중요한 것은 ②에서 기술하고 있는 것과 같이 비교하는 시기를 정해놓아야 한다는 것이다. 품질을 평가하는 데에 가장 적합한 시기가 아니면 안 된다. 다시 말해, 제조공정이 진행되고 있는 과정이나 그 후의 공정이 재료나 용접부의 품질에 어떠한 영향을 끼친다고 여겨지는 경우에는 결과적으로 전공정의 시점에서 평가된 품질과는 다른 것이 되기 때문에 후 공정이 가해진 뒤를 품질평가의 시점으로 택해야 한다. 또한 공정이 가해지지 않더라도 경년변화로 재료, 용접부의 품질이 변화할 염려가 있는 경우에는 이 변화를 충분히 평가할 수 있는 시점에 시험을 행해야 한다.

다. 조사 분야의 적용

구조상 분해가 불가능하거나 분해는 가능해도 재조립이 곤란한 내부구조 또는 내용물을 조사하고 싶을 때, 혹은 내부구조에 이상이 있는지의 여부를 조사하고 싶을 때, 방사선투과시험을 이용하면 그 목적을 달성할 수 있는 경우가 있다. 전기부품의 배선 조사, 수하물의 내용물을 조사하는 것에 이용되는 것이 그 예이다.

라. 시험·연구 분야의 적용

재료 및 용접 등에 관한 시험·연구에 있어 비파괴시험은 매우 중요한 수단이 되고 있다. 그것은 일일이 파괴시험을 하여 조사하지 않아도 재료 내부 혹은 표면에 존재하는 매우 미세한(미크로적인) 현상으로부터 육안으로 파악하는 것이 가능한 현상까지 물리현상의 변화로 유도해 내는 것이 가능하기 때문이다. 그 가능성과 정도는 현상에 따라서 시험법마다 다르기 때문에, 적절한 시험법의 선택이 시험·연구 성공의 열쇠가 된다. 따라서 기존의 비파괴시험방법에만 얽매이지 말고 새로운 시험기술의 개발을 통해 시험·연구에 가장 적합한 시험법을 찾아야 할 것이다.

1.4.2 대상과 검사 시기

비파괴검사의 대상은 소재, 부품 그리고 최종 제품으로 크게 나눌 수 있다. 소재나 부품에서는 재료의 스크리닝을 목적으로 하고 제품에서는 수명평가를 포함한 신뢰성 평가를 대상으로 하는 것이 많다. 비파괴시험은 적용시기에 따라 다음과 같이 크게 3가지로 구분할 수 있다. 다시 말해 제작 시에 하는 검사와 사용 개시 후 일정기간마다 하는 검사이다. 이와 같이 여러 종류의 목적으로 행해지는 검사는 실시되는 시기로부터 대별하는 것이 가능하다.

가동전검사(pre-service inspection; PSI)는 제작된 제품이 규격 또는 사양을 만족하고 있는가를 확인하기 위한 검사이다. 원자력발전소의 경우 가동전검사(PSI)는 원자력발전소 건설 완료 후 상업운전 착수 전에 원자력발전소 안전성에 영향을 미치는 기기인 ASME Class 1, 2, 3, 기기에 대해 ASME Sec.XI 요건에 따라 비파괴검사를 수행하여 기기의 건전성 상태를 진단하고 향후 수행될 가동중검사 결과와 비교, 분석하는데 필요한 기초 자료를 취득하기 위한 검사를 말한다.

가동중검사(in-service inspection; ISI)는 다음 검사까지의 기간에 안전하게 사용 가능한가 여부를 평가하는 검사를 말한다. 원자력발전소의 경우 가동중검사는 원자력발전소의 상업운전 착수 이후 발전소 안전성 및 신뢰성을 확보하기 위해 ASME Sec. XI 요건 및 PSI 결과 등에 따라 가동중검사 대상 기기를 선정하고 향후 수행될 각 발전소의 계획예방정비 공기, 투입인력 등 발전소 제반 여건을 고려하여 전체 가동중검사 대상기기를 10년 주기의 장기 가동중검사 기간(장주기) 중에 적절하게 배분하여 장주기 1회 동안에 전체 검사 대상 기기의 검사를 완료하는 것으로 하고, 가동전 검사시 적용된 동일한 비파괴검사방법으로 매 발전소 계획예방정비 기간 중에 검사를 수행하여 PSI때 취득한 자료와 비교함으로서 각 기기의 건전성 상태를 진단하는 검사이다.

위험도에 근거한 가동중검사(risk informed in-service inspection; RIISI)는 과거의 PSI/ISI 결과 등의 통계자료에 근거하여 가동중검사 대상에서 제외할 수 있는 것은 과감히 제외시키고 위험도가 높고 중요한 부위는 검사요건 등을 더욱 강화함으로써 ISI에 소요되는 경제적 부담과 시간을 절약하면서 원자력발전소 경계기기의 건전성상태를 진단하는 검사이다.

그 예로, 파워 플랜트는 정기적인 검사가 요구되는 수천 개의 용접부를 포함한다. 이런 용접부들은 단순히 무분별하게 점검하는 대신에, 특정 부품에 대한 파손 가능성과 파손의 위험도에 기초하여 검사가 수행된다(모든 용접부는 비슷한 파손 가능성을 가질지도 모르지만, 결과는 아주 다를 수 있다.). 이러한 계획은 검사와 관련된 재원들이 가장 중대한 시스템 구성 요소에만 집중될 수 있도록 한다.

위험도에 근거한 검사에서, 전체 위험도의 품질 계수를 향상시키기 위해서는 특정 부품의 파손 확률을 파손 결과와 비교해서 검토해야 한다. 이 위험도 평가를 기초로, 부품들은 요구되는 검사의 범위와 빈도를 나타내는 값을 부여받는다. 또한 원인검사 방법은 각각의 검사된 부품들이 적절한 비파괴평가 방법, 절차, 합격 기준이 되었는지 확인하기 위해 적용이 되며, 예상되는 특정한 파손(부식, 크랙 등)을 나타내기 위해 적용된다.

표 1-1은 검사의 필요성 순으로 부품들을 위험도 기반으로 나열하였다. 이 표는 파손 결과(열)에 따른 부품 파손의 통계적 확률(행)을 나타낸다. 음영 부분은 부품의 검사 중요도에 따라 낮음, 중간, 높음 단계의 위험도를 나타낸다. 낮은 위험도의 부품들은 약간의 검사를 요구하거나 검사를 필요로 하지 않는다. 낮은 위험도의 부품이 고장 난 경우에는, 고장이 빈번히 일어난다 하더라도 전체 공정의 휴지 시간 또는 개인의 안전에 큰 영향이 없으면 간단히 수리되거나 교체될 수 있다. 중간정도의 위험도를 가지는 부품들은 즉각적인 검사가 필요한지 혹은 비파괴검사가 지연되어도 되는지 결정하기 위해 더 자세히 분석한다. 높은 위험도 분류는 이 부품의 파손이 많은 비용을 발생시킨다는 것을 의미하기 때문에 가장 우선적으로 검사를 받게 된다.

위험도에 근거한 비파괴평가 체계는 고장모드 영향분석(failure mode and effect analysis; FMEA)으로도 알려진 위험요소 행렬을 개발하기 위해 중요한 계획을 필요로 한다. 이 방법은 구동설비, 시스템 구성요소, 절차와 각 부품들에 대한 이력, 이전의 파손, 검사 기록에 대한 상당한 정보의 분석을 필요로 한다. 위험도에 근거한 방법을 수행할 때에는 몇 가지 검사 주기를 반복할 필요가 있다. 초기에 많은 부품의 위험도 수치들은 단순히 사용 가능한 데이터를 이용한 최선의 추측일 뿐이다.

표 1-1 **시스템의 개별 부품에 대한 위험도 기반의 비파괴검사 절차 및 계획**

위험요소 분류 **높음** Cat. 1,2,3 **중간** Cat. 4,5 **낮음** Cat. 6,7		**결과 분류**			
		None	낮음	중간	높음
Degradation	큼	Cat. 7	Cat. 5	Cat. 3	Cat. 1
Mechanism	작음	Cat. 7	Cat. 6	Cat. 5	Cat. 2
Category	None	Cat. 7	Cat. 7	Cat. 6	Cat. 4

높은 초기 투자비용 때문에, 위험도에 근거한 비파괴검사 방법들은 일반적으로 대형 시스템이나 안전 필수 설비들에 사용되었다. ASME boiler and pressure vessel code case N-560에 따르면, class 1 piping에 위험도에 근거한 방법을 적용시켜서 검사의 양을 25 %에서 10 %까지 줄였다. 보통 파워 플랜트에서, 이러한 감소는 검사 사이클 당 약 $1,000,000의 비용을 절감시키며 플랜트에서의 전반적인 위험도 또한 감소된다.

1.4.3 적용 방법

그림 1-1은 품질보증을 대상으로 한 비파괴검사의 흐름도를 나타내고 있다.
우선,

① 재료내의 결함의 유무를 검출하고
② 그 위치를 명확하게 하고
③ 각 결함의 종류를 분류하고
④ 각각의 결함의 크기
⑤ 형상 등의 특성을 명확하게 한다. 다음에
⑥ 부하, 환경조건을 고려한 파괴양식으로 파괴의 기구를 명확하게 하고 파괴 역학적 취급으로부터 결함의 유해도를 결정한다.
⑦ 그 결과를 이용하여 최종적으로 합부의 판정, 다시 말해 재료의 스크리닝을 하고 최종 합격한 재료에 대해서는
⑧ 안전율이나 수명평가 등을 한다.

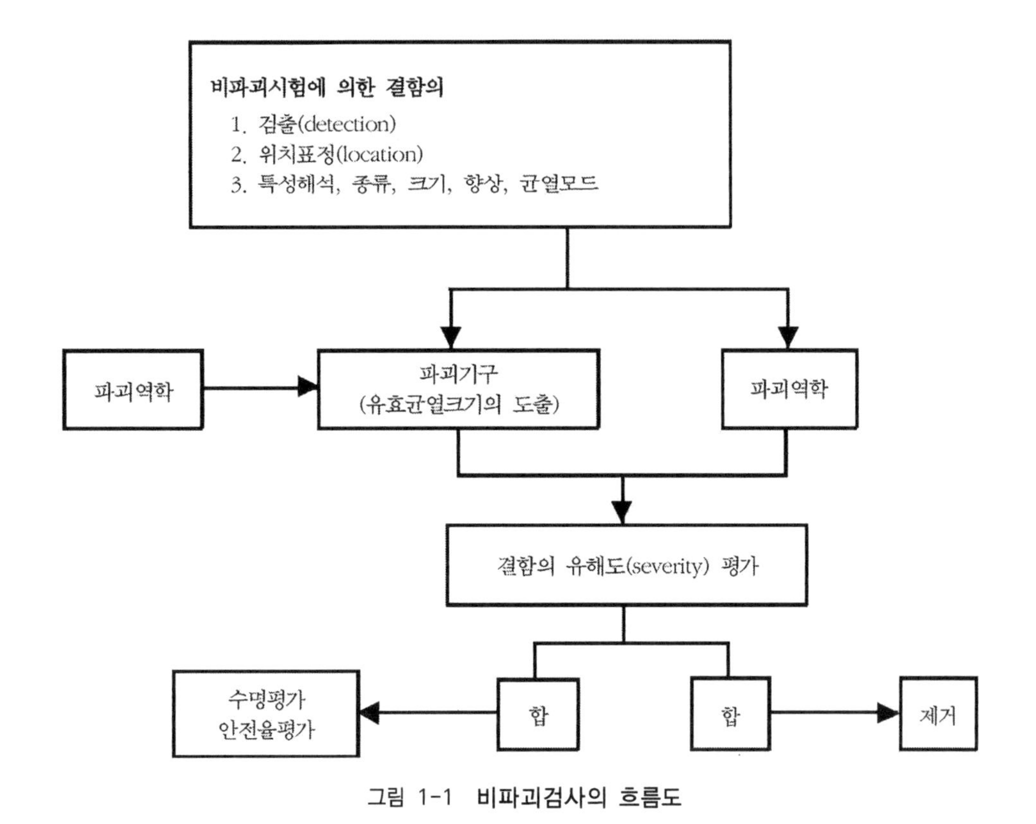

그림 1-1 비파괴검사의 흐름도

여기서, 결함을 검출하는 ①~⑤까지가 비파괴검사의 범주이고 비파괴평가로는 ⑥~⑧의 영역을 포함한다. 따라서 비파괴평가 기술은 결함검출기술인 비파괴검사의 정밀도 향상과 함께 Ⓐ 검출불능결함 Ⓑ 특정화될 수 없는 결함의 존재 Ⓒ 검출한 결함크기(성장균열)와 파괴원(초기결함)이 된 크기의 대응 Ⓓ 파괴 모델(미시결함의 생성, 성장, 합체 프로세스)의 해명, Ⓔ 시험법에 의한 값의 편차 등의 문제를 항상 고려해 나가야 한다. 한편, 최근 비파괴검사법의 정밀도 향상법으로 단일 기법의 정밀도 향상 만에 국한하지 않고 복합검사기법이 제안되어 성과를 거두고 있다. 또 제품의 검사에는 미리 검사를 하기 쉬운 형상으로 설계를 하는 등 비파괴검사를 고려한 제품설계 기법에 의한 검사 정밀도의 향상도 고려해야 한다.

1.5 비파괴검사의 신뢰도

1.5.1 개요

우리의 일상생활에서 사용하는 제품이나 설비가 갑작스레 고장이 나면 큰 불편과 경제적 손실이 발생한다. 더구나 국가 주요 산업설비 등의 고장은 기업 및 국가사회 시스템에 크다란 장애를 일으키고, 그로 인한 안전상(safety)의 문제로 발생하여 인적 물적 피해 뿐만 아니라 사회적으로 엄청남 사회적 비용을 초래하기도 한다. 오늘날 생산되는 제품이나 설치되는 산업설비 등은 더욱 복잡, 고도화가 되어가고 있고, 사용 조건이 다양화되고 있어 이를 반영한 신뢰성 확보를 위한 공학적인 문제 해결의 접근은 더욱 중요해지고 있다.

신뢰성(reliability)이란 성능, 시스템의 성공적인 임무 수행 그리고 파손이나 고장의 부재를 말한다. 확률로서 신뢰성을 정량적으로 표현하기 위해 공학적인 분석이 필요하고 신뢰도라 칭한다. 따라서, 신뢰도란 시스템이나 제품의 성능이 지닌 시간적 만족도로서 ① 구성품, 장치, 설비 또는 시스템이 ② 주어진 사용조건하에서 ③ 규정된 기간 동안 ④ 의도한 기능을 수행할 확률 즉, The reliability of a system is the probability that the system will adequately perform its intended function under stated environmental conditions for a specified interval of time or number of cycles of operations, or number of kilometers, etc.이라 정의하고 있다. 다음은 각 항목에 사용되는 용어를 명확히 규정하고, 그 의미를 살펴본다.

① 대상의 범위: 기기, 시스템, 부품, 재료 등의 H/W에서 컴퓨터 운용 S/W에 이르는 대상을 구체화해야 한다. 대상이 불명확하면 그 성과도 기대하기 어렵다.

② 주어진 사용조건: 시스템의 고장을 유발할 수 있는 조건으로서 환경조건(사용상태) 뿐만 아니라 사용조건(사용방법)도 포함된다. 스트레스로서,

- 환경조건 - 온도, 습도, 진동, 기압, 충격, 부하 등 사용시 외적조건
- 사용조건 - 설치조건, 사용시간, 사용횟수, 사용방법 등

③ 규정된 기간: 시간의 규정은 신뢰성의 상징이다. 시간, 동작횟수, 반복횟수, 사이클 수, 거리 등이 있다. 대상에 가해지는 스트레스에 의해 고장발생의 형태를 보면 같은 시간이라도 연속동작, 간헐동작, 보관, 방치, 등 질적으로 여러 가지 형태가 있다.

④ 의도한 기능: 기능 정의, 고장 정의를 통해 규정된 기능을 명시할 필요가 있다. TV의

경우, 브라운관의 파손으로 명확한 고장을 인지할 수 있지만, 화면 흐림이나 찌그러짐, 흔들림 등과 같이 사용자에게 불편을 주는 제품 품질은 사용자가 그냥 참고 지나가기 쉽다. 시스템이 복잡해지면 일부분이 사정이 좋지 않더라도 기능에 큰 지장을 주지 않는 경우도 많다. 이러한 경우 고장의 정의를 확실히 해 놓지 않으면 클레임이나 트러블의 원인이 될 수 있다.

비파괴검사의 신뢰도(reliability)는 언제, 누가, 어디서 하여도 동일한 시험체에 대해서는 동일한 검사결과가 얻어지는 것을 말한다. 다시 말해 비파괴검사의 결과의 시간적 재현성이 있어야한다는 것이다. 비파괴검사는 본래 특정의 물리적 에너지를 이용하여 그것의 투과, 흡수, 산란, 반사, 누설, 침투 등에 의한 변화를 특정의 검출체를 이용하여 검출하고 이상 유무를 조사하는 방법이다.

대부분의 역사를 통해 부품이나 구조물의 건전성은 구조물을 설치하고 그것이 수명이 다할 때까지 무너지지 않기를 기다려왔으나 현대에 와서 우리는 부품이나 구조물의 건전성을 미리 알아낼 수 있는 많은 공학적인 방법들을 개발하고 있다. 파괴적인 방법과 비파괴적인 방법을 모두 사용 가능하며, 일단 방법이 있으면 그것이 얼마나 믿을 만한지를 공학적으로 알아야 한다는 것이다.

이상부분을 검출할 수 있는가의 여부는 시험체의 재질, 조직, 형상, 표면상태, 사용하는 물리적 에너지의 성질, 검출하려고 하는 이상부분의 상태, 형상, 크기, 방향성, 그리고 검사체의 특성 등에 크게 영향을 받는다. 따라서 적절한 검사법을 이용하여 이상부분을 가능한 한 완전히 검출할 수 있어야 한다. 비파괴검사를 하여 무결함이라고 판단되는 정보가 얻어져도 반드시 결함이 없는 것으로 판단해서는 안 된다. 특히 비파괴검사에 의해 얻어진 이상부분의 종류, 형상, 크기, 방향성 등에 관한 정보는 이용하는 검사법에 따라서 각각 다르고, 검사법의 특성과 이상부분의 성질의 조합에 의해 어떤 경우에는 매우 정밀도 높게 측정할 수 있지만 또 어떤 경우에는 큰 오차를 수반하여 측정될 수도 있다. 이것은 비파괴검사를 통하여 품질 또는 수명평가를 하는 경우에 매우 중요하게 인식되어야 한다.

비파괴검사를 실시할 때 중요한 것은 검사를 하는 제품의 사용조건, 설계수명, 제품·부품의 성질, 용도를 충분히 파악하고 제품이 기간 중에 기능을 충분히 다할 수 있는가 어떤가를 평가할 수 있는 비파괴검사의 기법을 선택·적용하는 것이다. 비파괴검사의 신뢰도를 높이는 요인으로는 ① 비파괴검사를 하는 기술자의 기량, ② 제품·부품에 대한 검사기법의 적응성, ③ 비파괴검사 결과의 평가기준 등이다. 비파괴검사는 기본적으로 비교시험이므로 단일검사기법에 의해서만 검사하는 것이 아니라 가능한 한 적용 가능한 비파괴검사의 기법을 중복 또는 조합하여 실시함으로서 비파괴검사의 신뢰도를 높일 수 있다.

비파괴검사는 신제품에 대해서만 아니고 제품의 내구성, 사용 환경 조건 등에 관해 정기적으로 검사함으로써 수명예측이나 보수기간의 판단을 가능하게 한다. 결국, 품질보증 수단의 하나로 정기적인 검사프로그램을 작성하고 실시·관리하여 신뢰성을 향상시킬 수 있다. 즉, 비파괴검사 결과의 신뢰성이 검사방법과 그 시행방법, 장치, 기술자의 검사기량 및 평가능력 등과 같은 인자에 영향을 받기 때문에 이들을 포함하여 종합적으로 검토되지 않으면 안 된다.

비파괴검사의 신뢰도에 영향을 미치는 인적 요인(human factors)은 개인적, 환경적 그리고 외부적인 다양한 요인에 의해 영향을 받을 수 있는데, 개인적인 영향의 요인으로는 신체적 및 정신적인 특성이 있으며, 모든 NDT 방법은 일정 수준의 신체적 능력을 필요로 하고 있다. 비록 일정한 자격을 가진 검사자도 능력이 유지될 수 있도록 해야 한다.

일반적인 작업 환경에서도 비파괴검사의 신뢰도에 영향을 주는 외부 요인을 점검해야 한다. 예를 들어, 검사자가 높은 자질과 동기 부여가 되어 있지만 특히 비용이나 생산 일정에 영향을 받는 경우 보고 프로세스에서 결과의 신뢰도가 달라져 있을 수 있기 때문에 아무런 압력 없이 자유롭게 결과를 보고할 수 있어야 한다.

1.5.2 다자비교시험(RRT)과 결함검출확률(POD) 모델

비파괴검사는 그 결과의 신뢰도가 확보되면 많은 이점을 가지고 있다. 결함검출확률(probability of detection; POD)은 특정한 비파괴검사시스템(검사장비, 검사기술자, 규격)으로 검사하였을 때 결함을 놓치지 않고 검출할 수 있는 확률을 말한다. NDT 기법의 신뢰도에 영향을 미치는 주요 파라미터는 검사장비, 검사절차, 검사자, 검사환경 등이 있고 현장 적용을 위해서는 이에 대한 복합적인 신뢰도를 평가해야 한다. 특히, 검사자에 의해 발생하는 인적 요인(human factor)은 검사 품질에 큰 영향을 미치기 때문에 이에 대한 검증은 필수적으로 수행되어야 한다. 따라서 복합적인 검사 시스템(장지, 검사자, 절차서)의 영향을 평가하기 위해서는 다자비교시험(round robin test; RRT)을 통한 데이터 수집과 결함검출확률(POD), 크기 측정 성능(sizing performance) 등의 정량적인 신뢰도 평가가 요구되고 있다.

RRT은 비파괴검사의 신뢰도를 평가하는 가장 대표적인 방법으로 programme for inspection of steel components(PISC) 프로젝트 등 발전설비에 대한 비파괴검사의 신뢰도 검증에 적용되었다.

RRT는 blind RRT와 open RRT로 구분되고 blind RRT는 검사자에게 결함의 유무, 위치, 크기 등의 정보를 제공하지 않고 수행하는 방법으로 검사자의 기량이나 절차의 신뢰도를 정량적으로 평가하기 위해 사용된다. open RRT는 결함의 정보를 제공하는 시험 방식으로 주로 새로운 검사 기법들의 성능을 평가하기 위해 수행된다. RRT를 통해 취득된 검사 데이터는 통계분석에 적용 가능한 형식으로 처리하는 과정이 필요하다. 그림 1-2에 검사 데이터에 대한 처리 순서를 나타내었다.

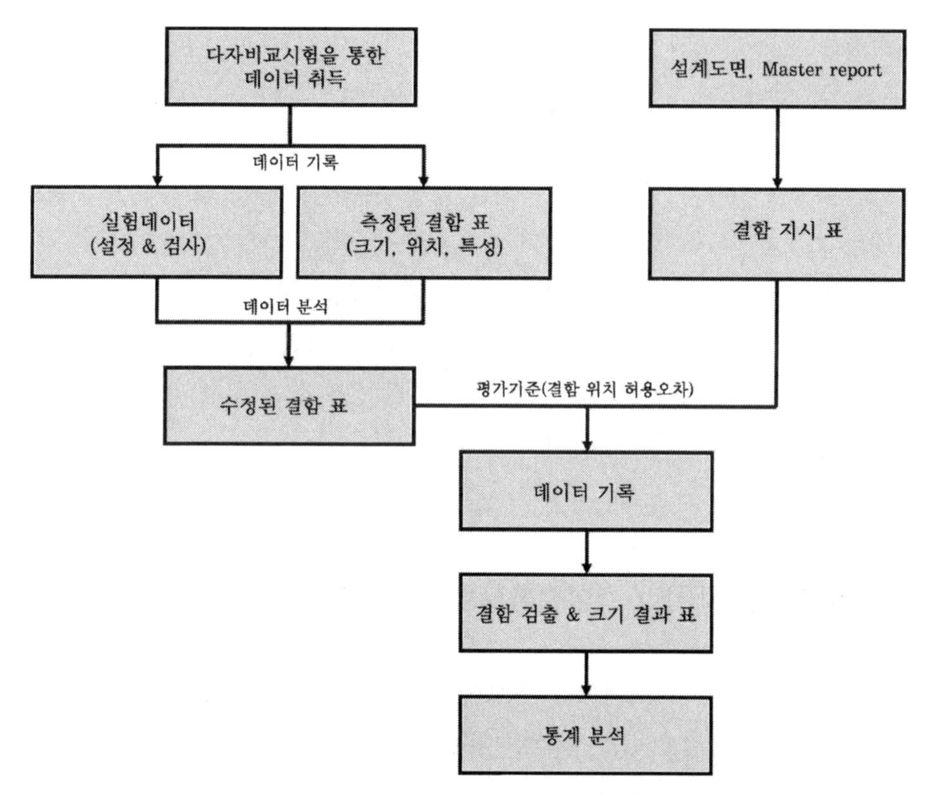

그림 1-2 RRT 데이터에 대한 통계해석을 위한 절차 채점 절차

첫 번째 단계는 검사팀으로 부터 RRT를 통해 PAUT raw data와 측정된 결함의 구체적인 정보를 제공받는다. Flaw table에는 검사자의 주관적인 판단에 따른 결함의 크기, 위치, 특성화 정보가 포함된다. 다음 단계에서는 검사나 결함 평가에서 발생하는 간단한 오류에 대한 보정이 필요하다. 예를 들어, 입력 오류, 오타, 데이터 밀림 등의 검사 시스템의 성능과 무관한 오류를 raw data와 비교하여 수정한다. 데이터 채점 단계에서는 수정된 결함 표와 마스터보고서를 이용하여 작성된 결함 표를 비교한다. 측정된 결함의 위치는 지시 표에서 ±10 mm의 허용 오차를 주어 평가하였다. RRT 데이터는 data scoring을 통해 detection & sizing results table로 정리된다. 마지막으로 해당 데이터에 대한 통계분석을 수행하고 신뢰도를 평가한다.

결함검출확률(POD)은 비파괴검사의 신뢰도를 평가하는 대표적인 방법이다. POD는 1960년도 처음 도입되었으며, 초기의 평가는 단순하게 전체 결함의 수에 대한 검출된 결함의 수를 계산하였다. 이는 비파괴검사 장비의 성능이 낮기 때문에 결함이 검출된 경우, 이미 허용 기준을 초과하기 때문이다. 검사 장비의 성능이 향상되고 비파괴검사의 적용이 체계적으로 바뀌면서 단순한 결함의 검출 여부에서 얼마나 작은 결함까지 검출이 가능한지에 대한 연구가 수행되었다. 이에 따라 POD 평가 모델도 결함의 크기에 따른 검출 확률을 평가하는 방향으로 발전하고 있다.

최근 비파괴평가 분야에서 적용되는 POD는 결함의 검출 여부에 대한 binary 데이터 기반의 hit/miss POD이 많이 사용되고, 이 모델은 결함의 검출 유무가 구분되는 모든 경우에 적용 가능하다. 하지만, POD 분석 결과의 신뢰도를 확보하기 위해서는 각각의 결함 크기에 대한 많은 표본이 필요하기 때문에 일반적인 실험 조건에서는 적용에 제한이 있다.

Hit/miss POD model은 일정한 분포의 집단속에 포함되는 각각의 결함의 크기(a)는 결함마다 고유한 검출확률(p)을 가지며 검출확률의 밀도함수는 $f_a(p)$가 된다. 그림 1-3은 임의의 결함에 대한 확률밀도함수(probability density function; PDF)를 나타낸다. 검사에서 검출되어진 결함 집단으로부터 임의의 결함에 대한 검출확률은 $pf_a(a)$로 나타난다. 임의의 결함 크기에 대한 검출 확률은 p 범위에 대한 조건 확률의 합으로 아래 식으로 나타낼 수 있다.

$$POD(a) = \int_0^1 p f_a(p)\, dp \tag{1.1}$$

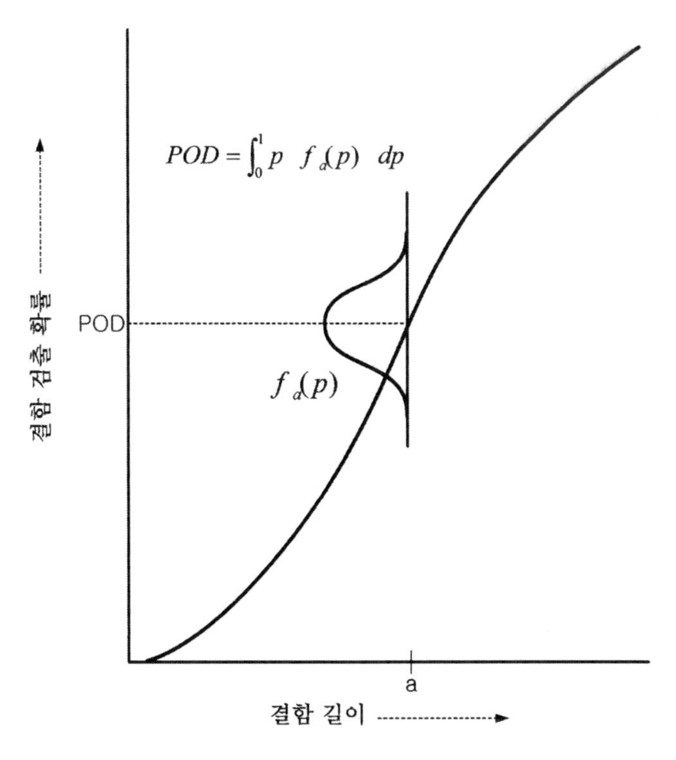

그림 1-3 결함 길이에 따른 확률밀도 분포

따라서 POD(a)는 연속적인 결함의 크기 a에 대한 검출확률들의 평균을 의미한다. 이 곡선은 회귀식을 통해 얻을 수 있으며 POD(a) 모델에 대한 실험적인 가정의 기초를 나타낸다. 이러한 회귀 모델을 추정하기 위해 Berens는 7개의 다른 모델을 POD(a)에 적용하여 평가한 결과 로지스틱(logistics) 모델이 NDT 데이터의 신뢰도 분석에 최적의 모델로 증명되었다. 로지스틱 모델은 이항데이터의 분석에 흔하게 사용되어지는 모델이며, 해석적인 간편성과 누적정규로그분포에 근사하게 일치하는 장점을 갖고 있다. 로지스틱 모델의 아래의 식(1.2)와 같이 나타낼 수 있다.

$$POD(a) = \frac{\exp(\alpha + \beta \ln \alpha)}{1 + \exp(\alpha + \beta \ln \alpha)} \tag{1.2}$$

이 식을 변수 α 와 β에 대해 정리하면 아래의 식(1.3)과 같다.

$$\ln\left[\frac{POD(a)}{1 - POD(a)}\right] = \alpha + \beta \ln(a) \tag{1.3}$$

좌항의 POD(a)는 ln(a)의 선형 함수로 표현되며 이는 로지스틱 모델의 대표적인 형태이다. POD(a)의 신뢰도는 회귀 파라미터를 얼마나 정확하게 구할 수 있느냐에 따라 차이가 발생한다. 따라서, 정확한 POD(a)를 구하기 위해서는 많은 수의 결함에 대한 검출 결과가 필요하다. 회귀 파라미터는 검사 결과에 대한 회귀분석을 통해 구할 수 있으며, 일반적으로 최우추정법(maximum likelihood estimation; MLE)를 적용한다. MLE는 상대적으로 적은 수의 검사 데이터에서도 높은 신뢰도를 나타낸다.

그림 1-4는 어떤 특정한 비파괴검사시스템에 대한 결함검출확률(POD)을 결함크기의 함수로 나타낸 예이다. 일반적으로 인정된(qualified) 비파괴검사시스템으로 검사를 수행할 때 POD는 높아지고 검사 결과의 신뢰도도 높아진다. 그림에서 결함의 크기가 2 ㎜ 이상일 때의 결함검출확률이 1이고, 결함크기가 작아짐에 따라 결함검출확률은 감소하게 되며, 일반적으로 비파괴검사시스템은 작은 결함보다는 큰 결함 검출에 용이함을 보여주고 있다.

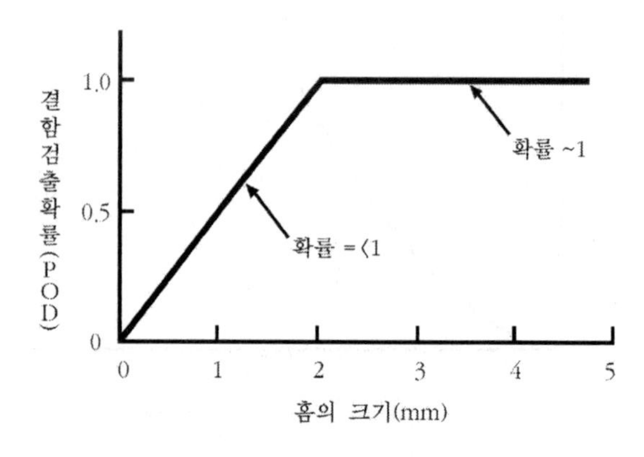

그림 1-4 특정 검사시스템에 대한 결함크기 분포와 결함검출확률

1.5.3 결함 크기 측정 모델

비파괴검사에서 검출된 지시는 허용기준, 결함의 위치(표면 or 내부)와 결함의 크기(길이 및 높이)에 따라 합부 판정을 수행한다. 허용기준은 가동조건 및 검사주기를 고려한 파괴역학분석을 통해 산정된다. 허용기준을 초과하는 지시는 불합격으로 보수 및 교체되고 허용기준보다 작은 지시는 다음 검사주기에 다시 평가된다. 만약 불합격 결함을 실제 크기보다 작게 측정하여 합격으로 평가하면 설비의 운영 건전성에 문제가 발생한다. 반대로 허용기준보다 작은 결함을 크게 측정하여 불합격으로 평가하면 불필요한 보수 및 교체와 가동 정지로 인해 추가적인 비용이 소요된다. 따라서 비파괴검사에서 결함 크기 측정 정확도는 중요한 평가 지표이다. 발전설비에 대한 크기 측정 정확도는 평균제곱근오차(root mean square error; RMSE) 및 회귀 분석을 통해 평가한다.

발전설비의 초음파검사의 결함 크기 평가는 참조 표준에 따라 최소제곱법에 의한 회귀분석이 적용된다. 그림 1-5에서 A선은 선형회귀선으로 식(1.4)와 같이 직선의 방정식으로 나타내며, 최소제곱법에 의해 n개의 데이터 점 (x1, y1), ..., (xn, yn) 들이 최적으로 회귀된 선이다.

$$y = a + bx \qquad (1.4)$$

식(1.4)에서 a와 b는 회귀계수로, 각각 회귀선의 y절편과 기울기를 의미하고 식(1.5)와 같이 정의된다.

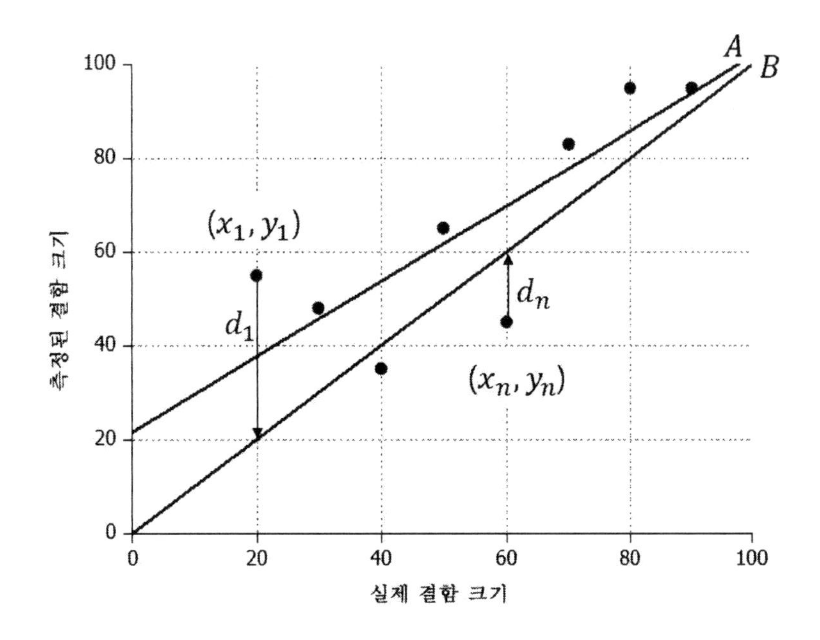

그림 1-5 크기 측정 성능 평가를 위한 통계 변수의 정의

$$a = \frac{\sum y_i}{N} = b\frac{\sum x_i}{N} \tag{1.5}$$

$$b = \frac{N\sum x_i y_i - (\sum x_i)(\sum y_i)}{N\sum x_i^2 - (\sum x_i)^2}$$

위 식에서 N은 데이터의 수를 의미하고 실제 결함크기와 측정된 결함크기가 같을 경우에는 직선 B와 같이 이상적인 선(y=x) 으로 계산된다.

회귀 분석 결과에서 a의 크기는 결함 측정에서 나타나는 과소 또는 과대평가에 대한 경향성을 확인할 수 있다. 관련 표준에서는 회귀분석의 기울기의 최소값을 0.7로 제시하고 있다.

회귀분석에서 두 변수의 상관관계를 추정하기 위해 결정계수 r을 적용하고 다음 식으로 계산할 수 있다.

$$r = \frac{n\sum x_i y_i - (\sum x_i)(\sum y_i)}{\sqrt{(n\sum x_i^2 - (\sum x_i)^2)(n\sum y_i^2 - (\sum y_i)^2)}} \tag{1.6}$$

일반적으로 결정계수의 값이 ±0.3 이상이면 강한 상관관계로 간주한다.

크기 측정의 정확도를 수치적으로 평가하기 위한 평균 편차는 다음과 같이 계산할 수 있다.

$$Mean\ Deviation = \frac{|d_1| + |d_2| + \cdots + |d_n|}{n} \tag{1.7}$$

여기서 d는 실제 값과 관측 값의 차이를 의미한다. 평균 편차는 개별 관측값의 오류가 커질수록 선형적으로 증가하게 된다. 하지만, 비파괴검사에서 관측값의 오류가 커질수록 미치는 영향이 훨씬 높다고 볼 수 있다. 따라서 작은 오류의 결과는 무시할 수 있고 큰 오류에 대해서는 큰 비중을 주기 위해 평균제곱근오차를 적용하고 있다. RMSE는 다음의 식으로 계산한다.

$$\mathrm{S} = \left[\frac{\sum_{i=1}^{n}(m_i - t_i)^2}{n}\right]^{1/2} \tag{1.8}$$

여기서, m_i는 측정한 결함 크기, t_i는 실제 결함크기, n은 측정한 결함의 개수를 의미한다.

1.5.4 신뢰도에 영향을 미치는 인자

비파괴검사는 재료 내부에 존재하는 흠(flaw)이나 결함(defect)을 검출하기 위한 품질관리의 한 수단으로 사용되고 있다. 흠에는 균열, 기공, blow hole, 부식 등이 있으며, 적용 규격에서 허용 가능한 크기보다 큰 흠은 결함으로 불린다. 인정된(qualified) 검사시스템은 검출레벨을 넘는 모든 결함을 검출할 수 있고, 거짓지시(false call)란 비파괴검사시스템이 실제로는 결함이 없는 부위를 검사하였을 때 결함이 있는 것으로 지시하는 것을 말한다.

일반적으로 비파괴검사에서 신뢰도는 거짓지시가 없이 얼마나 적은 결함까지를 검출할 수 있는가(결함검출능: detectability)와 결함의 크기와 깊이를 얼마나 정확하게 측정하여 정량화 할 수 있는가 하는 능력(length and depth sizing)을 말하며, 그 외 신뢰도에 영향을 미치는 중요한 요소들은 다음의 것들이 있다.

가. 검출해야할 결함의 크기

모든 검사는 허용결함(flaw acceptance)에 관한 기준이 규격으로 정해져 있다. 예를 들면 규정된 한계를 초과하는 크기의 흠은 허용할 수 없는 결함으로 분류된다. 허용할 수 있는 (acceptable) 결함과 허용할 수 없는(unacceptable or rejectable)결함에 대한 분류는 다음에 근거한다. ① 설계개념에 근거한 파괴역학, ② 사용된 검사시스템의 성능, ③ 검사비용 그리고 ④ 요소의 위험도(criticality) 등이 있다. 검출한계를 낮게 설정하면 검출해야할 결함의 수가 많아진다. 결함을 더 많이 검출하는 것이 파손방지에 필수적일지 모른다. 작은 결함을 검출하는 것은 큰 결함을 검출하는 것보다 훨씬 어렵다. 판별레벨을 정하기 위한 결함의 크기 역시 결함 유형에 따라 달라진다. 재료 내에서 균열의 방향성은 정확히 알기 어렵기 때문에 결함의 크기보다 더 낮게 설정한다.

일단 판별수준이 설정되면 이상적인 검사기법은 모든 결함을 허용할 수 있는 것과 허용할 수 없는 것으로 분류된다. 실제의 검사기법에서 이러한 분류가 얼마나 잘 맞느냐의 정도는 판별 수준에 가까운 결함검출에 대한 정밀도에 달려 있다. 실제적으로는 거의 모든 기법은 실험적 오차를 반드시 포함하기 마련이다. 이것은 어떤 결함의 경우에 실제 결함크기 보다 과대평가 또는 과소평가하게 되기 때문이다. 만약 결함크기가 판별수준에 가까우면 허용 가능한 수준(실제 결함) 바로 위의 결함들은 검사과정 중에 놓칠 수 있는 반면, 허용 가능한 수준 바로 아래의 결함은 거짓신호나 허용할 수 없는 것으로 분류될 가능성이 있다.

나. 비파괴검사 방법의 선택

대부분의 경우 검출된 결함의 특성과 결함검출의 신뢰성은 비파괴검사 기법의 선택에 크게 의존한다. 적절한 비파괴검사 방법의 선택은 매우 중요하며, 초음파탐상검사의 경우에 DGS선도법, 6 dB drop법, 20 dB drop법, 전파시간차(time of flight; TOF)법, 최대진폭법 등은 각기 특정 응용분야에의 적용과 한계를 갖는 특징이 있다. 신뢰성 있는 검사를 위해서는 적합한 비파괴검사 방법의 선택 후 검사기법, 탐촉자, 검사장비, 해석 방법들을 적절히 선택하는 과정이 필요하다. 예를 들면, 6 dB drop법은 보통 10 ㎜ 이상의 초음파빔 폭 보다 큰 결함크기 측정에 한한다.

비파괴검사를 통해 얻어진 결과의 신뢰성은 이미 기술한 바와 같이 검사조건이 올바르지 않거나 검사방법이 부적합하면 더욱 저하된다. 따라서 결과의 신뢰성을 높이기 위해서는 검사방법 자체가 갖는 특성으로 결함을 완전히 검출할 수 없더라도 검출하고자 하는 이상부분의 성질에 적합한 검사방법 및 검사조건을 선택해야 한다.

그러기 위해서는 검출하려고 하는 이상 부분의 성질을 예측할 수 있어야 한다. 다시 말해 시험체의 재질, 가공의 종류, 가공이력 또는 사용이력을 검토하고 어떤 종류의 결함이 어느 부분에 어떠한 형상을 하고 어느 방향으로 존재할 가능성이 많은가, 또 그 성질은 어떠한가를 예측하고 그것을 검출하는 데 가장 적합한 검사방법을 선택해야한다. 그리고 검사방법이 결정되었다고 해도 검사조건에 따라서는 반드시 적절한 검사방법이 아닌 경우가 있기 때문에 검사방법이 최대의 능력을 발휘할 수 있는 조건을 선택하는 것이 중요하다.

다. 비파괴검사 장치

신뢰성이 높은 비파괴검사 결과를 얻기 위해서는 비파괴검사에 이용되는 장치가 충분한 성능을 가져야하며 동시에 사용 시 항상 그 성능이 보증되고 유지되어야 한다. 동일한 비파괴시험 방법을 이용하더라도 그것을 실시하는 장치의 적용범위와 적용목적에 따라 매우 다양하게 제작되어 있어, 목적에 맞는 최적의 장치를 선택하여 사용하지 않으면 결함검출이 어려운 경우가 생길 수 있다. 그러한 장치에는 방치해 놓아도 거의 성능이 유지되는 것과 항상 교정을 해가면서 사용해야할 필요가 있는 것이 있다. 장치에 의한 특성을 충분히 확인하여 필요한 경우 정기적으로 또는 사용 전에 반드시 교정하여 항상 올바른 검사결과가 얻어질 수 있도록 관리를 철저히 관리해야 한다.

장비의 형식 역시 검사의 신뢰성에 영향을 미친다. 다루기가 어려운 장비는 교정 시 오차가 발생하기 쉽고 결국 신뢰성이 낮아지는 결과를 초래하게 된다. 상대적으로 새롭고 친숙하지 않은 복잡한 장비의 사용은 신뢰성을 저하시키기 쉽다. 따라서 더 높은 신뢰성을 확보하기 위해서는 가능하면 더 친숙하고 다루기 간편한 장비를 사용하는 것이 바람직하다.

검사의 신뢰성에 영향을 미칠 수 있는 또 다른 인자로는 데이터를 관찰하고 검사결과를 기록하는 검사자의 능력이다. 가능한 한 검사자가 데이터를 기록하는 것을 지양하고 자동적으로 데이터를 기록하는 것이 좋다. 최근의 기법들은 화상출력을 제공하고 있다. 이러한 검사 프로그램을 위한 최신 기록 장치들은 신뢰성을 향상시키는데 중요하다는 것이 증명되었다. 컴퓨터의 응용으로 신속한 검사결과의 제공, 비파괴검사 데이터의 자동적인 해석 그리고 신속한 검사보고서의 작성이 가능하게 되었다.

라. 비파괴검사기술자의 능력

신뢰성이 있는 비파괴검사 결과를 확보하는데 검사기술자의 능력은 중요한 인자이다. 기본적으로 검사기술자는 적용하고자 하는 검사기법에 자신이 있고 간단할 경우 검사를 잘 수행하게 된다. 검사기법에 대한 지식과 경험은 검사자의 능력을 결정하는데 중요한 역할을 하고 있다.

심리적인 요소 역시 검사기술자 능력에 중요한 영향을 미친다. 만약 검사자에게 사용하는 기법에 대한 믿음이 없다면 그로부터 신뢰성 있는 검사결과를 기대할 수 없다. 이러한 환경 하에서 검사기술자의 능력을 향상시키는 것은 좀 더 나은 절차서의 활용과 교육을 통해 가능하다.

비파괴검사를 하는 기술자의 사명은 무겁고 크다고 하지 않을 수 없다. 그리고 만약 검사를 잘못하여 틀린 검사결과를 얻게 되면 큰 경제적 손실을 초래할 우려가 있을 뿐 만 아니라 어떤 경우에는 많은 인명피해를 초래할 수도 있다. 따라서 비파괴검사기술자는 항상 자기 자신의 기술연마를 위해 노력하고 자신에 주어진 책임과 권한의 범위 내에서 항상 올바른 검사를 해야 한다.

검사기술자에 의한 검사는 항상 동일한 검사결과가 얻어지고 재현성이 있어야 한다. 이것은 비파괴검사에 의해 일정 수준이상의 품질이라는 검사결과가 얻어진 것이라면 기기, 구조물의 종류에 관계없이 또 그 부위(部位)에 상관없이 항상 동일한 품질이라는 것을 보증하는 데에 필요한 조건이다. 따라서 검사기술자의 기량수준은 항상 일정해야 할 필요가 있다.

이와 같은 요구로부터 세계 각국에서는 검사기술자에 대한 기술자격시험제도를 실시하여 비파괴검사 기술 수준의 향상과 안정화를 꾀하고, 검사결과에 대한 신뢰성을 꾸준히 높여가고 있다. 이미 여러 번 반복하여 기술한 것처럼 비파괴검사 기술은 여러 가지 조건에 의한 영향을 쉽게 받기 쉬우며, 최고의 기술을 이용하더라도 아직까지는 완전히 결함을 검출하는 것은 불가능하다. 하물며 기술적으로 미숙한, 또는 부주의한 검사를 한 경우에는 그 결과의 신뢰성은 매우 낮아 질 수밖에 없다. 비파괴검사기술자는 이 점을 충분히 이해하고 주어진 자기의 직무를 충실히 다해야 한다. 다시 말해 검사실시에 종사하는 기술자는 인정된 비파괴검사 기술을 올바로 구사하고 가능한 한 정확하게 결함을 파악하고 정확한 판정이 가능한 검사결과를 얻는 것에 전력을 다해야 한다.

또한, 지나치게 공정을 중시하고 경제성을 지나치게 강조하는 검사는 피해야 한다. 기기나 구조물의 건전성이 확보되어 있는 것은 적용된 규격 혹은 기준에 제시된 시험기준 또는 판정기준이 필요이상으로 높은 품질을 요구할 수도 있다. 앞으로 비파괴검사의 요구는 점점 많아지고 동시에 더욱 엄격해질 것으로 예상된다.

마. 검사환경

흔히 비파괴검사는 고공(高空) 구조물, 수중 검사, 고온, 제한된 공간 등 어려운 작업 환경 하에서 수행되는 경우도 많다. 이와 같은 환경에서 검사자들은 빛과 온도와 같은 주변 환경을 고려해야 한다. 예를 들어, 어두운 환경에서는 형광자분을 사용해야 하거나 고공의 파이프라인 또는 철탑과 같은 구조물에서는 날씨조건 등을 고려하여야 한다. 이러한 환경이 검사자에게 적합할 때 검사는 쉬워지고 검사의 신뢰성은 좋아진다. 부적합한 환경에서 선택하게 되는 검사 절차는 그 적용에 제한을 받을 수 있고 검사, 관찰, 기록 그리고 평가에서 개인오차가 생길 수 있다.

바. 비파괴검사 결과의 판정

비파괴검사에 의해 얻어진 결과는 이상 기술해 온 내용을 충분히 이해하고 주의 깊은 검사를 하여도 완전히 신뢰할 수 있는 것은 아니다. 따라서 비파괴검사에 의해 얻어진 결과로부터 품질 또는 수명을 평가하는 경우에는 그 결과를 단순히 하나의 정보로 이용해야지 그 결과만으로 결정적인 결론을 내려서는 안 된다. 한 가지 종류의 비파괴검사만이 아니고 가능한 한 여러 종류의 비파괴검사를 병용, 하나의 비파괴검사가 갖는 단점을 다른 비파괴검사의 장점으로 보완하여 보다 정확한 정보를 많이 수집하여야 한다. 그리고 여기에 비파괴검사 이외의 검사를 통해 얻어진 결과도 이용하고 재료에 관한 지식, 용접에 관한 지식, 가공기술에 관한 지식 등을 종합하여 판단을 내려야만 한다. 비파괴검사 기술의 판정기술은 물리, 화학, 기계, 전기, 재료에 관한 고도의 통합기술로 보아야 한다.

비파괴검사를 하면 제품의 가격이 상승한다는 경우도 있지만 판정기술자는 비파괴검사 본래의 목적이 결코 무의미하게 품질을 높이는 것이 아니라, 제품의 안전성 및 경제성이 확보된 품질임을 증명하기 위한 것이라는 것을 충분히 인식하고 검사로부터 얻어진 결과의 본질이 어디에 있는가를 판단해야 한다. 공학적 지식에 비해 지나치게 엄격하거나 지나치게 관대하여 빠뜨리는 일이 없고, 있어도 지장이 없는 것과 있으면 안 되는 것을 구별하여 항상 안정된 판정(평가)을 하도록 유의해야 한다.

사. 검사기술자의 훈련과 인증

훈련 프로그램의 목적은 ① 검사자로 하여금 비파괴검사 방법이나 검사기법의 각기 다른 적용법, 장점과 한계, 데이터의 기록과 해석 등을 보다 철저히 이해하고, ② 개인의 숙련도를 향상시키고, ③ 검사자로 하여금 동기부여와 검사에 대한 도전의식을 갖게 하고, ④ 비파괴검사 기법에 대한 잘못된 개념을 바로잡게 해주는데 있다.

검사기술자의 훈련과 인증은 level Ⅰ, Ⅱ, Ⅲ의 3단계로 수행된다. 각 레벨의 자격을 인정받은 검사기술자의 책임은 아래와 같다. level Ⅰ 기술자는 주어진 검사 절차서에 따른 규정된 교정, 시험 그리고 평가를 수행할 수 있어야 한다.

Level Ⅱ 기술자는 codes, standards and specifications에 관련하여 장비의 설정과 교정, 결과의 평가와 해석을 할 수 있어야 한다. 그리고 검사절차서와 결과보고서를 작성할 수 있어야 한다. level Ⅲ 기술자는 사용하고자 하는 검사방법과 기법의 결정, 코드의 해석 등에 책임을 진다. 실제 실무적인 기술에 대한 폭 넓은 배경과 통상적으로 사용되고 있는 다른 비파괴검사 방법에 대한 지식이 있어야 한다.

특정한 레벨에서의 인증(certification)은 5년간 유효하다. 이 기간이 만료되어 자격 인정을 소지한 검사기술자는 훈련과 보충교육(refresher) 코스 프로그램을 이수해야 한다. 이 보충교육 코스 프로그램에 의해 비파괴검사기술자는 과거에 훈련을 받아왔던 그들의 지식을 더욱 향상시켜 새롭게 하고 비파괴검사 실무능력을 계속 유지할 수 있다.

1.5.5 기량검증

기량검증(performance demonstration; PD) 제도는 비파괴검사 시스템을 사용하여 결함 검출 및 크기 측정 능력을 사전에 검증하기 위한 제도이며, 검사대상 기기와 형상 및 재질이 동일한 시험편을 이용하여 비파괴검사 시스템(절차서, 장비, 검사자)을 사전에 검증하여 검증된 절차서, 장비 및 검사자만이 검사를 수행함으로서 비파괴검사의 신뢰도를 개선하는 방법이다. 기량검증 자격은 기본자격인 ISO 9712, CP-189(ANDE) 자격이 있는 상태에서 추가적으로 요구되는 자격으로 ASME Code Section XI Appendix VIII에 근거하여 적용되고 있다. 국내 운영 중인 원자력발전소의 가동중검사는 KEPIC(전력기술기준) MI 또는 ASME Code Section XI 기술기준 요건에 따라 수행되고 있으며, 특히 원자력발전소 원자로 및 원자로 냉각재계통의 주요 배관과 기기에 대한 검사 기준은 검사 신뢰성 확보를 위하여 기량검증(PD)을 요구하고 있다.

국내에서는 2004년부터 원전의 주요 배관 및 원자로에 대해 ASME Code Sec. XI Appendix VIII 요건에 따라 한수원 중앙연구원은 원전 가동전검사(PSI)/가동중검사(ISI)에 적용하고 있는 초음파검사 체계(검사자, 절차서, 장비)의 기량(performance)을 사전에 검증하여 검사 신뢰도를 향상하고자 국내 원자력발전소의 가동중검사기술기준 ASME B&P Vessel Code Sec. XI 및 미국 연방 규제기관 NRC 발행 10CFR50.55a를 기반으로 한국형 기량검증(korean performance demonstration; KPD) 체계 구축 운영 중이고, 국내 한국형 비파괴검사기량검증(KPD)제도의 원자력발전소 적용은 과학기술부 고시 제2004-13호의 공표를 시작으로 현재는 원자력안전위원회 제2012-10호의 원전시설의 가동중검사에 관한 고시에 따라 한국수력원자력(주) 중앙영구원이 원전의 기량검증(PD)을 수행하고 있다. 또한 한수원 중앙연구원의 기량검증 운영의 신뢰성, 독립성 및 공정성 확보를 위해 한국형 기량검증(KPD) 자격인증업무를 제3자 기관(the third party)으로 인증업무를 이관하는 방안이 바람직하여 국가 인정기관으로부터 ISO/IEC 17024(자격인증기관에 대한 요구사항)에 따른 인증기관으로서의 요건을 충족중인 (사)한국비파괴검사학회 인증업무를 수행 중에 있다.

1.6 비파괴검사기술자의 역할

비파괴검사는 재료, 용접부 및 구조물이 건전한지 어떤지를 판단하는 근거를 제공하기 위해 그것들에 결함이 있는지를 조사하고 결함이 있으면 그 위치와 크기를 측정한다. 특히 초음파탐상검사와 같은 경우에는 용접부나 구조물 등의 눈에 보이지 않는 내부 결함의 유무, 위치, 크기 등의 검출에 이용되기 때문에 그 정확성은 비파괴검사기술자의 기량과 기술에 크게 영향을 받는다.

초음파탐상검사기술자의 경우 기량·기술이 미흡하면 초음파탐상기의 조정과 탐촉자의 주사가 미숙하게 되어 결함을 놓치든가 결함 크기 측정이 부정확해진다. 즉 비파괴검사 결과가 부정확하면 용접부나 구조물의 건전성의 신뢰도가 떨어지고, 결함을 놓치게 되는 경우는 사용 중에 손상이나 파괴가 일어나 인명 사고를 수반하는 중대한 재해의 우려가 있게 된다.

한편 검사기술자의 기량·기술이 충분해도 허위 검사 보고를 한다든가 고의로 보고서를 고치는 부정행위가 있으면 검사의 신뢰도가 손상된다. 이와 같은 경우에는 비파괴검사기술자의 자격은 취소되고 검사보고서 허위 작성에 따른 사회적 윤리적 책임을 지게 된다. 검사기술자는 비파괴검사가 얼마나 중요한지를 인식하고 사명감을 가지고 꼼꼼하게 검사를 실시해야 한다.

각종 구조물의 제조, 제작, 사용 그리고 그들 단계에서 건전성의 확인 더 나아가 안전성의 확보, 모든 프로세스에서 비파괴검사는 불가결한 수단이다. 또 검사 기술의 향상은 비파괴검사기술자의 사명의 하나인 결함의 유무 다시 말해 단순히 결함의 존재만을 아는 것이 아니고 보다 정량적인 결함 평가의 정보를 제공 해줘야한다. 이것은 자격을 갖는 검사기술자가 결함 평가에 관한 정보를 보다 정확한 동시에 효율적이고 계속적이며 안정적으로 제공하는 것에 의해 결함을 보다 고정밀도로 해석하고 평가해야 한다.

비파괴검사의 선택, 이용 그리고 시험 데이터의 기록, 시험성적서의 작성으로부터 합부 판정, 검사보고서 작성에 이르기까지 비파괴검사는 그것에 종사하는 기술자의 기량에 크게 좌우되는 경우가 많다. 예를 들면 동일 규격, 동일 기준, 동일 방법에 근거한 사양서, 절차서 또는 지시서에 따라 시행하면 당연히 동일한 시험 결과 및 측정 결과가 얻어져야 한다. 그렇게 하기 위해서는 누가 몇 번을 하더라도 동일 결과, 동일 평가가 얻어져야 한다. 그렇게 하기 위해서는 검사기술자의 기량 레벨을 일정한 레벨 이상으로 해 놓을 필요가 있다. 이러한 요구에 따라 우리나라에서는 국가기술자격제도에서 기술사, 기사, 산업기사, 기능사 자격제도가 있으며, 미국에서는 ASNT level Ⅲ, Ⅱ, Ⅰ이 있다. 검사는 이러한 자격증을 가진 기술자에 의해 행해져야 한다.

다음은 ISO 9712(비파괴검사기술자의 자격인정 및 인증)은 ISO 9712 규격에서 규정하고 있는 level Ⅰ, Ⅱ, Ⅲ 비파괴검사기술자의 역할을 소개한다.

1.6.1 Level Ⅰ

Level Ⅰ의 자격시험은 필기시험과 실기시험이 있고 이것에 합격하면 인증을 받을 자격이 주어진다. 그러나 이 자격시험에 합격하는 것만으로는 비파괴검사기술자의 자격은 주어지지 않는다. 자격증명서를 취득하기 위해서는 자격시험 합격증 외에 시력시험합격증, 훈련증명서, 경력증명서가 필요하다. 특히 중요시 하는 것은 비파괴검사 결과의 신뢰도에 영향을 미치는 훈련과 경험이다. 초음파탐상검사의 경우 최적의 방법과 기법은 시험대상물에 따라 각각 다르다. 검사대상물의 크기, 형상, 재질 및 검출해야할 결함의 위치, 크기, 종류에 따라 초음파탐상검사의 방법과 기법이 다르기 때문에 대상물마다의 훈련·경험이 필요하게 된다. 즉 방해 에코와 결함에코의 판별 및 결함 평가에는 충분한 훈련과 경험이 필요하게 된다. ASME Code Sec. Ⅺ App. Ⅷ에서 요구하는 기량인증시험(performance demonstration; PD)이 대표적인 예이다.

국제 규격 ISO 9712에서 NDT level Ⅰ 기술자는 지시서에 따라서 level Ⅱ 또는 level Ⅲ 기술자의 감독 하에서 다음 사항의 NDT 작업을 실행할 자격이 있다. 해당 기술부문에 대해서 절차서에 따라 다음 사항을 정확하게 실시할 수 있어야 한다.

① NDT 기기를 준비하는 것
② 레벨 Ⅱ, Ⅲ 기술자의 감독 하에 NDT 지시서에 기초하여 NDT 기기를 조작하는 것
③ NDT를 실시하는 것
④ 레벨 Ⅲ 기술자의 허가를 갖는 조건으로 문서화된 판정기준에 의해 NDT 결과를 분류하고, 보고하는 것

레벨 Ⅰ의 인증을 받은 기술자는 사용하는 NDT 방법 또는 NDT 기법의 선택에 대해서는 책임을 지지 않는다.

1.6.2 Level Ⅱ

NDT level Ⅱ의 인증을 받은 기술자는 인가되어 있는 NDT 절차에 따라 NDT를 실시하거나, 지시할 자격이 있다. 여기에는 다음 사항을 포함한다.

① Level Ⅱ로 인증을 받은 NDT 방법의 적용한계를 결정하는 것
② NDT 코드, NDT 규격, NDT 시방서 및 NDT 절차서를 실제의 작업조건에 맞고 실행 가능한 NDT 지시서로 바꾸어 쓰는 것
③ NDT 기기의 조정과 교정을 하는 것
④ NDT를 실시하거나 감독하는 것
⑤ 적용하는 코드, 규격, NDT 시방서에 의해 NDT 결과를 해석하고, 평가하는 것(검사결과의 해독 및 규격에 따라 정해진 방법에 기초한 등급분류 및 판정)
⑥ NDT 지시서를 작성하는 것
⑦ Level Ⅰ의 모든 직무를 실시하거나 또는 감독하는 것(level Ⅰ의 지도)
⑧ Level Ⅱ보다 낮은 하급 기술자를 훈련하거나 또는 지도하는 것
⑨ NDT 결과를 정리해서 보고하는 것(검사성적서의 작성)

1.6.3 Level Ⅲ

NDT level Ⅲ의 인증을 받은 기술자는 해당 기술부문에 대해 다음 사항을 실시할 수 있는 고도의 지식과 경험, 그리고 지도자로서의 능력을 가진 자로 인증을 받은 NDT 방법에 대한 모든 조작을 지시할 권한을 가진다. 여기에는 다음 사항을 포함한다.

① 관련 기술자의 교육계획 입안 및 실시 요령의 작성 그리고 교육의 실시와 NDT 설비와 직원에 대해 모든 책임을 지는 것
② NDT 기법 및 NDT 절차서를 수립하고 승인하는 것
③ 코드, 규격, NDT 시방서 및 NDT 절차서를 해석하는 것
④ 특정 NDT 작업에 사용해야 하는 NDT 방법, NDT 기법 및 NDT 절차서를 지정하는 것
⑤ 현행 코드, 규격 및 NDT 시방서에 의해서 NDT 결과를 해석하고, 평가하는 것(검사결과의 평가 및 합부판정)
⑥ 인증기관으로부터 인가된 경우 자격시험을 관리하는 것
⑦ Level Ⅰ 및 level Ⅱ의 모든 직무를 실시하거나 감독하는 것

익 힘 문 제

1. 비파괴검사의 기본 원리(basic principle)는?

2. 파괴시험(destructive testing)과 비파괴검사의 장·단점에 대해 비교·설명하시오.

3. 비파괴시험(NDT), 비파괴검사(NDI), 비파괴평가(NDE)를 협의 개념으로 정의할 때 의미상의 차이점이 있다면 무엇인가?

4. Structural health monitoring(SHM)과 건전성 예측 및 관리(prognostics & health management; PHM)의 정의와 NDT와의 차이점?

5. 최근 발전설비나 석유화학플랜트 등의 건전성 확보를 위한 PHM(prognostics and health management) 기술의 도입이 적극 검토되고 있다. 비파괴검사 기술을 적용하는 것과 다른 점에 대하여 설명하시오.

6. 비파괴검사의 실시 목적(flaw indication, integrity)과 유효성에 대해 기술하시오.

7. 비파괴검사의 종류를 물리적 현상의 원리에 따라 분류하고 간략히 설명하시오.

8. 비파괴검사를 분류할 때 표층부(surface/subsurface)의 결함 검출에 유리한 비파괴검사는 어떠한 것이 있는가?

9. 최적의 비파괴검사 방법을 선택하고자 할 때 기본적으로 고려해야할 사항은?

10. 제 4차 산업혁명에서 요구되는 대표 기술 4가지를 들고, 비파괴검사 분야에 활용할 수 있는 가능성과 적용 예에 대해 설명하시오.

11. 원자력발전소에서 가동전검사/중검사(pre-/in-service inspection; PSI/ISI)의 정의와 적용 규격에 대해 기술하시오.

12. 원자력발전소에서 가동전검사/중검사(pre-/in-service inspection; PSI/ISI)와 RBI(risk based inspecion) 혹은 RBISI(risk based in service inspection)를 비교 설명하시오.

13. ASME Code Sec.XI App. VIII에 근거한 기량검증(performance demonstration; PD)에 대해 간략히 설명하시오.

14. 최근 산업계에서 요구되고 있는 기량검증(performance demonstration; PD) 또는 기량에 근거한 자격인정(performance-based qualification)과 기존 자격인정과의 차이점을 설명하시오.

15. 국내 원전 분야에서 수행중인 한국형 기량검증(korean performance demonstration; KPD)에 대하여 설명하시오.
   1) 기량검증(performance demonstration; PD)의 정의
   2) 다른 비파괴검사 자격제도와 다른 점
   3) 현재 수행중인 초음파탐상검사(UT) 기량검증

16. 비파괴검사의 신뢰도(reliability)란 무엇인가?

17. 결함검출확률(probability of detection; POD)이란 무엇인가? 또 POD은 어떻게 정해지는지, 특히 결함의 크기에 따라 달라지는 관계를 POD 곡선을 그려서 설명하시오.

18. 비파괴검사의 신뢰도 평가에서 결함검출확률(probability of detection; POD)에 영향을 미치는 인자에 대해 기술하시오.

19. 비파괴검사에서 다자비교시험(round roin test; RRT)란 무엇이며, 실시 목적과 결함검출확률(probability of detection; POD) 곡선을 그림으로 예시하고 설명하시오.

20. ISO 9712에서 규정하고 있는 NDT Level Ⅰ, Ⅱ, Ⅲ의 역할에 대해 설명하시오.

21. 국제표준화규격(ISO)에서 비파괴검사가 분류되어 있는 전문위원회(TC)에 해당하는 것은?

22. 국제표준화규격(ISO)에서 분류하고 있는 비파괴검사의 전문위원회(TC) 아래에 초음파탐상검사(UT)에 해당하는 분과위원회(sub-committee; SC)는?

23. 국제표준화규격(ISO)에서 비파괴검사기술자의 자격인정 및 인증을 규정하고 있는 규격은?

익힘문제 해설은 출판사 홈페이지(www.enodemedia.co.kr) 자료실에서 받을 수 있습니다. 파일은 암호가 걸려 있으며, 암호는 ndt93550입니다.

MEMO

2. 결함특성과 NDT

2.1 개요

정확한 비파괴검사를 하기 위해서는 소재나 용접부 등에 발생할 수 있는 결함의 종류를 예상해야 된다. 따라서 각종 재료나 용접부 등에서 발생하는 결함에 대한 지식을 가질 필요가 있다. 단, 여기서 말하는 결함 중에는 제조 단계에서 철저한 작업관리를 충분히 함으로써 피할 수 있는 것들도 있다. 반면에 그 종류, 양, 크기에 따라서 설계조건으로 주어진 일반적인 운전조건에서 재료, 기기, 구조물 등의 건전성을 저하시키는 원인이 되는 결함도 있다. 한편 정기검사에서 발견된 결함에는 제조 중의 검사에서 놓친 것도 있지만 사용 중에 발생하거나 성장한 것이 많다. 따라서 그대로 방치하면 파괴에 이르는 발생원이 될 수도 있다.

비파괴검사 분야에서 결함에 관련된 용어를 정리하여 보면, 건전부(sound area)는 시험체가 비파괴검사의 지시로 보아 시험체에 이상이 없다고 판단되는 부분이고, 불완전부(imperfection)는 비파괴검사에서 시험체의 평균적인 부분과 차이가 있다고 판단되는 부분, 불연속(discontinuity)은 흠·조직·형상 등의 영향에 의해 비파괴검사에서 지시가 건전부와 다르게 나타나는 부분, 흠(flaw)은 비파괴검사 결과로부터 판단되는 불연속을 말하며, 결함(defect)은 규격·시방서 등에 규정되어 있는 판정기준을 넘어 불합격이 되는 흠(rejectable flaw)을 말한다.

즉, 결함이란 소재 및 기기·구조물에 존재하는 불연속부 및 불균질부를 포함한 이상 부분이 규격·시방서 등에 규정되어 있는 판정기준을 넘어 불합격이 되는 흠을 가리키는 용어이다. 그러나 이 결함들은 환경 조건(응력, 열, 분위기 등)에 따라서 유해한 인자가 되는 것과 되지 않는 것이 있다. 예를 들면 균열은 가장 유해한 결함으로 알려져 있지만 그 치수(길이×높이)나 형상, 그것에 가해진 응력의 종류와 크기에 따라서 반드시 유해하지 않는 경우도 있다. 그러한 결함이 발생되기까지의 공정에서 제조조건이나 사용조건이 잘못되어 있다는 것을 고려해 보고, 품질관리 또는 품질보증상의 관점으로부터 대책을 세워야 한다.

검출 대상이 되는 결함은 그 결함이 도입된 시점에 따라 아래와 같이 분류할 수 있다.

① 제조공정에서 주로 발생한 내부결함(inherent)
  - Raw product (ingot, casting etc)
② 기계가공 중 및 처리공정 중에 도입된 결함(processing)
  - Secondary processing (milling, rolling, welding, forging etc)

③ 부품, 제품의 사용 중(가동 중) 또는 환경에 의해 생기는 결함(in-service)
- In-service (thermal fatigue crack; TFC, stress corrosion crack; SCC)

여기서 ①과 ②는 재료나 구조물을 사용하기 전에 발생한다는 의미에서 초기결함(initial defect)라 한다. 한편, ③은 재료나 구조물의 열화 손상을 야기한다.

결함은 후술하는 것과 같이 유해한 것과 그렇지 않는 것이 있기 때문에 KS 규격에서는 흠(flaw)이라 부르고 있으나, 이 장에서는 재료 내부에 존재하는 이상부분이라는 의미로 결함이라는 용어를 사용한다. 또, 결함 내부에 예리한 형상의 것은 균열(crack)이라 하고, 그다지 예리하지 않는 것은 노치(notch)라 부른다.

한편, 슬래그 혼입이나 개재물을 수반하는 경우에는 균열과 동일하게 유해한 인자로 작용한다. 균열이나 슬래그 혼입, 개재물의 결함은 그 형상이나 치수는 결함에 따라 차이가 있지만 환경조건에 따라서 유해하기도 하고 무해하기도 하다. 그러므로 결함이 있다고 해서 바로 유해하다고 단정해서는 안 된다. 이와 같이 결함의 유해성 여부를 판단함에 있어 가장 중요한 인자가 되는 것은 응력의 종류와 크기 및 가해진 응력과 결함위치와의 관계이다. 따라서 비파괴검사를 하는 사람이라면 이들에 대한 지식을 가지고 있을 필요가 있다.

2.2 초기 결함

각종 재료 및 용접부에 발생하는 주된 결함의 종류와 발생 원인을 요약하면 다음과 같다.

(1) 강판의 결함

강판에서 주로 잘 발생되는 결함으로는 라미네이션(lamination)과 비금속 개재물(nonmetallic inclusion) 등이 있는데 라미네이션은 압연방향으로 얇은 층이 발생하는 내부결함으로, 강괴(鋼塊, ingot)내에 수축공(收縮空, shrinkage cavity), 기공(blowhole), 슬래그(slag) 또는 내화물이 잔류하여 미압착 부분이 생기게 되고 이것이 분리되어 빈 공간이 형성된 것을 말한다. 비금속 개재물(nonmetallic inclusion)은 강괴 제조시 슬래그, 탈산 생성물(AL_2O_3, MnO, SiO_2, MnS) 등의 불순물이 들어간 것으로, 미세한 크기로 존재한다. 이들 미세한 비금속 개재물은 존재위치, 크기, 밀도 등에 따라서 용접결함의 발생 원인이 되기도 하고 기계적 성질에 영향을 미치기도 하지만, 강재의 용도에 따라 유해성의 정도가 다르기 때문에 하나의 개념으로 양부를 판단하기는 어렵다. 그리고 부풀음(blister), 각종 균열, 강괴 제조시의 스플래시(splash)나 기공이 존재하는 경우에 발생하는 스캐브(scab), 큰 줄무늬의 흠(macro-streak flaw) 등과 같은 표면 결함이 자주 발생한다.

(2) 주강품의 결함

주강품(鑄鋼品)에서는 금속재료를 용해하고 응고시키는 과정을 통해 재료 내부에서 산화물 등의 화합물질과 반응하거나 대기 중에서 유입된 기체 및 슬래그 등의 물질들이 잔존하면서 이들이 2차 가공 중 혹은 사용 중에 문제를 일으키는 불연속이 되거나 결함이 된다. 주강품에 주로 발생되는 결함으로는 금속의 냉각 도중에 주형 강도의 과대로 자유수축이 방해를 받아 수축응력이 과대해져서 발생하는 균열(龜裂, crack)과 압탕, 주형(mould), 냉금(chill)등의 설계불량에 의해 수축공이 주물 본체 속에서 생긴 수축(shrinkage) 그리고 모래혼입(sand inclusion) 및 개재물, 핫 테어(hot tear), 콜드 샷(cold shot) 등이 있다.

(3) 강용접부의 결함

강용접부의 결함은 크게 ① 치수상의 결함, ② 구조상의 결함, ③ 성질상의 결함 등

3가지로 나눌 수 있다. 치수상의 결함은 측정 기구 등을 이용하여 주로 외관검사로부터 그 유무 및 정도를 측정한다. 구조상의 결함은 대부분이 비파괴검사에 의해서만 검출할 수 있는 용접결함이다. 성질상의 결함의 검출은 파괴시험에 의해 주로 검출된다.

용접결함은 여러 관점에서 분류할 수 있다. 용접 구조물 제작시의 시차 순에 의하여 용접결합을 분류하면 용접 또는 용접 후 열처리시 발생하는 제조상의 결함(일차결함)과 구조물로서 사용 중에 발생하는 결함(이차결함)으로 구분할 수 있다. 이와 같은 결함들 중 대부분의 용접균열은 용접시 발생하는 일차결함으로 균열의 발생여부는 용접시공, 용접재료 및 모재의 성분 및 조성, 이음부의 형상 등의 많은 인자에 의해 결정된다.

용접결함은 용접설계의 잘못, 용접공의 기량 부족이나 부주의 또는 용접시공관리상의 문제 등에 의해 발생한다. 이러한 의미에서 용접공을 포함한 용접관리가 매우 중요한데 이것이 품질관리와 품질보증으로 이어지게 된다. 용접결함으로는 아크 스트라이크(arc strike), 기공(blow hole), 피트(pit), 슬래그 혼입(slag inclusion), 융합불량(lack of fusion), 용입부족(incomplete penetration), 언더컷(undercut), 오버랩(overlap) 및 균열(crack) 등이 있고 균열이 용접결함 중 가장 중대한 결함이다.

용접균열은 발생온도, 발생장소, 비드와의 상대적인 방향 등에 따라 다양하게 분류되고 있다. 용접부 균열은 그 발생온도에 따라서 고온균열과 저온균열로 나누어진다. 고온균열(高溫龜裂, hot crack)은 주로 용접금속 또는 열영향부(熱影響部, heat affected zone; HAZ)가 응고하는 과정에서 높은 온도 즉 재결정 온도 이상에서 연성이 부족한 상태에 있을 때 수축력에 의해 발생하는 것이다. 상기의 온도에 따른 구분에 포함되지 않는 균열로서는 재열균열, 라멜라 테어(lamellar tear) 등이 있다. 용접부 저온균열(低溫龜裂, cold crack)은 용접부가 약 300˚C 이하가 될 때부터 생기는 것으로 용접부에 침입한 수소에 의한 것이나 저온에서 생기는 수축응력에 의한 것이 있고 용접금속 또는 열영향부의 경화와 연성저하도 그 하나의 원인이 되고 있다. 이 중 수소가 원인이 되어 용접 후 장시간 경과하고 나서 발생하는 균열을 지연균열(遲延龜裂)이라 부른다. 지연균열을 검출하기 위해서는 용접종료 후 적어도 24 시간이 경과하고 나서 비파괴시험을 실시할 필요가 있다.

(4) 세라믹 결함

세라믹 파괴의 기점이 되는 내부결함으로는 재료를 소성하는 경우의 기공 또는 다공역, 혼입이물질 및 이상 성장 결정립 등을 고려할 수 있다. 기공상 결함은 주위에 이방성을 수반하고, 혼입이물질이나 이상 성장 결정립은 균질성이 없어짐과 동시에 응력집중원이 되어 강도 및 인성을 저하시킨다.

주의해야할 결함은 균열상 결함으로 원호상 결함과 비교하여 응력집중이 커지고 매우 유해하다. 이 균열상 결함은 그 크기에 비해 균열 개구량이 작기 때문에 후술하는 방사선 투과검사, 초음파탐상검사 등으로 검출이 가능한 경우도 많다. 그러면서 후술하는 파괴 역학적 고찰로부터 검출해야할 결함의 크기를 구하는 것이 가능하다. 최종 불안정 파괴의 기점이 되는 검출해야할 균열크기는 60-600 μm, 시간의존형의 균열진전으로부터 수명을 평가하는 것은 20-200 μm, 그리고 파괴인성 향상 등에 기여하는 것으로 재료 조직 제어에 필요한 결함은 1-50 μm 정도의 결함검출이 필요하다고 할 수 있다.

(5) 섬유강화복합재료의 결함

복합재료의 비파괴검사에 요구되는 기술은 세라믹과는 크게 다르다. 예를 들면, CFRP 적층재에서 허용결함의 크기는 공공률 0.5 %, 층간박리 약 1 ㎜ 정도로 세라믹의 허용결함크기와 비교하면 큰 값이다. 그러나 종래의 비파괴검사법을 적용하는 경우에는 다음과 같은 문제가 있다.

① 불균질 이방성 재료이다.
② 비자성재료이다.
③ 기포, 공공, 박리 등의 결함에 대해 섬유나 수지에서의 탄성파, 방사선, 전자파 등의 투과, 반사가 적다.
④ 수지중의 섬유나 충진재는 결함과의 식별이 어렵다.

따라서 FRP를 대표하는 복합재료에서는 금속재료와 같은 균질등방재료와 크게 다르기 때문에 새로운 비파괴검사·평가법의 개발이 필요하다.

2.3 열화와 손상

금속은 일반적으로 다른 재료에 비해 소성변형(plastic deformation)능이 크기 때문에 연성 파괴가 일어나고 파괴 시 큰 에너지를 필요로 한다. 기기, 구조물 또는 부품이 항복점 또는 내력 이상의 과대한 응력을 받으면 소성변형을 일으켜 본래의 형상으로 되돌아오지 않고 그 기능을 상실하는 경우가 있다. 그와 같을 때 그 물체는 열화(degradation)나 손상(damage) 과정을 거쳐 파손에 이르게 된다. 또, 소성변형 후에 균열이 생기고 그 균열이 더욱 발전하여 결국 2개로 분리된 경우를 파괴(fracture)라 한다. 그리고 이들 현상을 모두 포함하여 파손(failure)이라 한다.

일반적으로 재료의 파괴현상은 크게 2가지로 분류할 수 있다. 첫째, 주철과 같은 대표적인 취성재료는 탄성 상태로부터 거의 변형하지 않는 파괴를 일으키는데, 이와 같은 파괴를 취성파괴(brittle fracture)라 한다. 피로파괴 및 응력부식균열에 의한 파괴, 벽개파괴 등이 이에 속한다. 이에 비해 연강과 같은 연성재료는 큰 소성변형을 일으키며 파괴가 일어나는데, 이를 연성파괴(ductile fracture)라 한다. 이 2가지 파괴를 하중-스트레인곡선 파단면의 형상의 차이로 나타내면 그림 2-1과 같다.

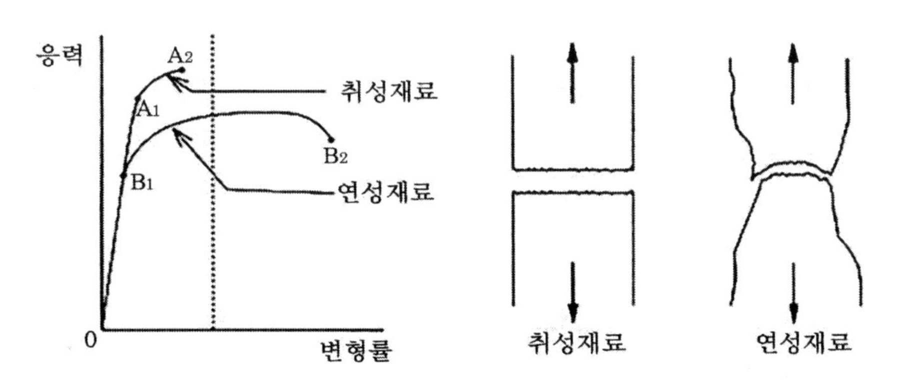

그림 2-1 **연성파괴와 취성파괴의 비교**

이와 같이 재료가 연성파괴인지 취성파괴인지는 재료의 인성에 크게 의존한다. 그러나 동일 재료에서도 사용온도에 따라서 인성이 다르고, 일반적으로 페라이트계의 강은 저온이 됨에 따라 인장강도, 항복점, 피로강도는 증가하나 연신율이 급격히 저하하여 취화한다. 한편, 오스테나이트계 스테인레스강이나 알루미늄 합금은 저온에서도 잘 취화하지 않는다. 상온에서 연성 파괴하는 강도 어떤 특정 온도 이하에서는 급속히 취화하고 파단부 근방에서는 거의 소성변형하지 않고 취성파괴가 일어나게 된다. 이것을 천이온도(transition temperature)라 부르고 연성파괴가 취성파괴로 천이하는 온도로 정의 된다. 이와 같은 파괴를 위에 기술한 취성파괴와 구별하기 위해 저온취성(low temperature brittleness)이라 부르고 특히, 균열이 있으면 저온균열(노치)취성 또는 단순히 균열취성이라 부른다. 그러나 천이온도 이상에서는 잘 일어나지 않는 현상이다.

천이온도는 일반적으로 노치가 있고 예리할수록 높다. 기계, 구조물의 사용온도 부근에 천이온도를 갖는 재료를 사용할 때 특히 충격하중에 의한 취성파괴가 일어나는 경우가 많고 큰 사고를 일으킬 우려가 있다. 천이온도는 반드시 상온 이하에서만 발생한다고 할 수 없다. 같은 재료에서도 열처리 조건에 따라서 변화하고 일반적으로 소성변형하기 쉬운 재료일수록 천이온도는 낮고 하중속도가 빠를수록 천이온도가 높아지며 동시에 재료의 결정립이 조대할수록 천이온도는 높아진다. 탄소강에서는 탄소함유량이 많을수록 천이온도가 높다.

파괴기구의 연구나 파괴(사고) 원인의 규명에는 파면을 관찰하여 파괴에 대한 많은 중요한 정보를 얻을 수 있다. 과거부터 육안으로 관찰이 널리 행해지고 있고, 광학현미경(optical microscope; OM)은 보다 상세한 관찰을 가능케 하나 요철이 큰 파면의 관찰이나 사진촬영에는 제한된다. 이에 비해 전자현미경(scanning electron microscope; SEM)은 분해능이 좋기 때문에 배율을 높여 관찰할 수 있어 보다 상세한 정보를 얻을 수 있을 뿐 아니라 요철이 큰 파면의 관찰이나 사진촬영이 가능하여 널리 사용되고 있다. 육안, 광학현미경, 전자현미경 등으로 파면을 관찰하고 해석하는 것을 파면관찰(fractrography)이라고 하나 주로 전자현미경에 의한 경우를 가리킨다.

그리고 열화(degradation)나 손상(damage) 과정에서 주로 발생하는 결함은 다음과 같다.

① **피로 균열** - 피로 균열(fatigue crack)이란 1사이클로는 파괴를 일으키는 데 불충분한 응력도 수 백회~수백만회 반복함으로서 발생되는 균열로, 접촉응력피로균열, 열피로균열(thermal fatigue crack; TFC), 부식피로균열 등이 있다.

② **응력부식 균열** - 응력부식 균열(stress corrosion cracking; SCC)은 부식환경 속에 있는 금속재료 표면에 높은 인장응력이 정적으로 가해져 생기는 균열로 수소취성과도 관계가 있는 것으로 알려져 있다.

③ **케비테이션 부식** - 케비테이션 부식(cavitation erosion)이란 액체에서 발생한 기포가 찌그러져 표면에 충격을 줌으로써 생기는 침식(侵食)을 말한다.

④ **열응력 균열** - 열응력 균열(thermal stress crack; TSC)은 가열냉각의 1 사이클 또는 매우 작은 사이클의 열응력에 의해 발생한다.

2.4 결함의 유해도

재료 내에 존재하는 결함에는 결함의 종류나 형상, 또는 받고 있는 응력에 따라 직접 파괴로 이어지는 유해한 결함과 파괴로 이어지지 않는 유해도가 낮은 결함이 있다. 이것을 그림 2-2에 나타내고 있다. 이에 관한 고찰에는 단순한 결함검출기법인 비파괴시험이 아니라 재료의 건전성을 종합적으로 평가하는 비파괴평가에 의해야 하며, 비파괴평가를 위해서는 비파괴시험법의 원리를 이해하고 시험법을 숙지하는 것뿐 아니라 응력이 재료나 구조물에 어떻게 작용하고 있는지, 또는 파괴가 어떻게 진전될 것인지를 예측하고 재료 고유의 파괴과정을 이해하는 것이 필요하다. 만약, 이것이 불가능하면 결함을 검출할 수 있어도 재료의 건전성은 확보할 수 없다.

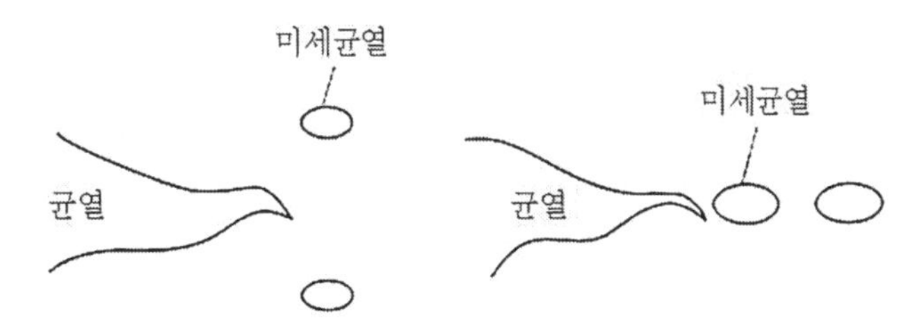

그림 2-2 **유해한 결함과 그렇지 않는 결함**

여기서 직접 파괴로 이어지는 결함은 재료 내를 관통하는 방향으로 진행하는 균열로, 이 현상을 균열진전이라 부른다. 균열진전개시의 저항을 나타내는 역학적 변수를 인성 또는 파괴인성(fracture toughness)이라 부르는데, 이는 후술하는 균열에 대한 역학인 파괴역학의 중심적인 개념이다. 이것은 균열이 없는 경우 재료의 파괴가 어려움을 나타내는 응력의 한계 값으로 강도와 함께 재료의 비파괴검사에 매우 중요한 변수이다. 비파괴평가를 할 때 재료의 종합적인 건전성이나 신뢰성을 평가하는 경우에 반드시 필요한 개념이다.

실제로 재료를 사용하는 데 중요한 것은 반복 응력이 가해진 경우, 또는 부식 환경 하에서의 균열진전이다. 균열진전은 균열의 기점이 되는 초기균열의 존재에서부터 그 후의 균열성장까지이다. 균열성장의 속도는 재료에 따라 다른데 인성이 높은 재료는 일반적으로 균열속도가 느리다. 취성재료에서는 초기결함, 균열성장, 최종 파괴에 이르는 속도가 빠르기 때문에 초기결함을 발견해야 한다. 비파괴평가를 통하여 그러한 단일 결함의 크기뿐 아니라 그 결함이 재료의 강도나 수명에 미치는 영향을 명확히 할 수 있다.

결함(defect)과 강도(strength)와의 상관관계를 정량적으로 이해하는데 비파괴검사 결과가 활용되고 있다. 또, 제조과정 중에 생기는 조직의 이상이나 결함발생을 검출하는 것으로부터 제조 공정의 개선에도 이용되고 있다. 그 외에도 구조물의 허용응력과 수명(life time) 등을 평가하는 것도 가능하다. 이와 같이 비파괴검사는 제조된 재료·구조물의 단순한 시험법에 그치지 않고 재료설계, 제조공정, 품질보증과 깊이 연관된 중요한 기술이다. 또한 최근 제품의 품질에 대한 요구가 엄격해 지면서 제조자에게 제품에 대한 책임을 엄격히 부여하는 제조책임자(products liability; PL)법이 시행되고 있으며, 생산자가 제품의 품질을 더욱더 엄중하게 관리하고 보증할 것이 요구되고 있다. 따라서 제품의 신뢰성을 확보하기 위한 비파괴검사의 역할도 그만큼 중요시되고 있다.

결함이 재료의 강도에 어떻게 영향을 미치는가 하는 것은 재료의 인성 및 결함을 포함하는 재료가 사용될 때의 조건 등에 따라 다르기 때문에 이를 한마디로 규정하는 것은 불가능하다. 다시 말해, 그 재료가 사용되고 있는 부분에서의 응력조건, 온도조건, 분위기 외에 결함의 형상, 크기, 방향, 위치(표면에 있는가 내부에 있는가 또는 응력집중이 존재하는가 아닌가) 등에 의해 동일 재료 내의 동일 결함이라 하더라도 건전성을 평가할 때에는 우선, 결함의 크기, 재료의 파괴인성 및 사용응력을 파괴역학적으로 고찰해 보아야 한다. 더불어 현재까지 파손되거나 파괴사고를 일으키지 않은 명확한 경우에 대한 경험을 더하여 결함의 평가기준(acceptance criteria)을 설정해야 한다.

이때 검토되는 항목은 다음과 같다.

① 소재 및 용접부에 가해지는 응력조건, 분위기 조건
② 결함의 위치 및 방향
③ 결함이 존재하는 부분의 판 두께
④ 소재, 용접부의 기계적 성질
⑤ 결함이 존재하는 부분의 잔류응력 상태
⑥ 사용 중에 가해지는 여러 조건에 대한 성질

또, 여기서 추가로 검토되어야 하는 여러 조건에 대한 성질에는 다음의 것들이 있다.

① 정적강도
② 크리프(creep)강도
③ 피로강도(인장, 굽힘, 비틀림)
④ 취성파괴에 대한 저항(파괴인성)
⑤ 내식성(응력부식균열에 대한 감수성을 포함)

여기에 열거한 제인자 중 특히 주의 깊게 검토해야하는 것은 피로강도와 파괴인성이다. 이 두 가지는 이제까지 발생한 파괴형태의 대부분을 차지하는 것으로 보고되고 있기 때문이다. 물론 다른 파괴형태도 각각 중요하다. 예를 들어 부식 또는 응력부식균열(stress corrosion crack; SCC)이 일어나면 그 부분이 노치가 되어 피로파괴나 취성파괴를 일으키는 것으로 생각된다. 파괴발생 방지의 기본적 대책으로는, 사용재료의 재질을 적절하게 선택함으로써 어떤 파괴형태가 일어나는가를 예측하여 충분히 피할 수 있으면, 우선 재질적으로 파괴발생 인자를 제거해 놓는 것이 바람직하다. 그 후에 추가로 일어나는 파괴형태에 대해 검토를 하고 파괴발생을 방지할 수 있는 제 조건을 부여해야 한다. 이미 기술한 바와 같이 재료의 강도와 결함의 관계는 매우 복잡하여 시험편으로 행해지는 각종 시험연구의 성과만으로는 해결할 수 없는 경우가 적지 않다. 만약 파괴시험 결과를 중요한 판단의 기초로 할 경우에는 가능한 한 실체에 가까운 제조건을 부여할 수 있는 시험편으로 해야 한다.

향후 개발이 기대되는 세라믹, 금속간화합물, 복합재료 등의 첨단재료는 취성재료가 대부분이다. 이러한 취성재료는 인성이 낮은 재료로 이해할 수 있다. 그에 비하면 금속은 연성재료라 할 수 있다. 따라서 극한의 조건하에서 이와 같은 취성재료를 사용하면 재료의 표면이나 내부에 존재하는 매우 작은 결함이 재료 파손을 야기할 수 있다. 예를 들면 엔진용 세라믹으로 개발이 계속되고 있는 실리콘나이트라이드(Si_3N_4)에서는 20~30 μm의 결함(이 경우는 기공이나 개재물)의 존재에도 강도는 크게 저하된다. 이것을 금속재료의 경우와 비교해 보면, 동일한 강도를 갖는 강에서는 1~2 mm의 결함이 야기하는 강도저하에 해당한다.

이와 같이 첨단재료로서 크게 기대되는 세라믹은 작은 결함의 존재에도 그 특성이 크게 저하한다. 이것은 상온·대기 중의 결과이나 고온인 동시에 특수한 환경에서는 보다 작은 결함이 파괴의 원인이 되기도 한다. 그 때문에 취성적인 첨단재료의 개발에는 이제까지의 금속재료보다 더 작은 미소결함의 제어기술이 필요하다. 즉, 이들 재료를 유효하게 이용하기 위해서는 이들 미소결함을 검출하는 기법이 필요하다.

지금까지 결함검출의 중요성을 기술하여왔으나 반대로 작은 결함의 분포로 인성이 높은 재료가 얻어지는 경우도 있다. 그림 2-2에서와 같이 균열의 전방에 미시균열이 균열의 전방에 생기면 균열진전을 조장한다. 그러나 균열면의 상하에 생긴 것은 균열의 응력집중을 완화하고 균열을 진전하기 어렵게 하는 유효한 역할을 하게 한다. 이 작은 균열에 대표되는 미소균열을 효과적으로 도입하여 고인성 재료를 얻는 원리를 마이크로크랙 인성(microcrack toughening)이라 하는데, 세라믹과 같은 취성재료 개발의 새로운 원리로 제안되고 있다. 이는 결함을 역으로 이용하여 파괴하기 어려운 재료를 얻는 발상으로, 이를 위해서도 미소결함 검출기술이 중요하게 된다.

2.5 결함에 대한 역학

비파괴검사의 목적은 기계·구조물 등의 건전성·신뢰성을 확보하는 것, 다시 말해 사용기간 중에 기능을 상실한다거나 파괴되지 않도록 하는 것이다. 따라서 비파괴검사기술자는 결함의 파괴 역학적 해석(fracture mechanics analysis; FMA)에 대해 정확한 지식을 갖는 것이 필요하다. 이러한 의미에서 여기서는 재료의 강도와 파괴에 대한 기초적인 지식에 관해 기술하고, 연성파괴 및 저온취성, 피로파괴 등에 대해 간단히 소개한다.

2.5.1 허용응력

결함검출은 재료를 파괴하여 파괴면을 관찰하는 파괴시험과 파괴하지 않고 비파괴적으로 검출하는 방법으로 나누어진다. 파괴시험은 일반적으로 재료시험이라 불리고 각종 시험을 통하여 재료강도에 관계하는 탄성계수, 항복응력, 인장응력, 피로한도, 그리고 충격값 등의 재료 고유의 특성을 얻을 수 있다. 또, 파괴면을 관찰하는 것으로부터 각종 결함을 관찰하는 것이 가능하다. 그러나 실제 제품에서는 파괴하기 전에 결함을 검출해야 한다. 여기에 비파괴검사법이 등장하는 이유이다.

그림 2-3에 평활재의 인장시험에서 응력-스트레인의 관계를 나타낸다. 이것은 강의 예로서 응력σ_{YS}까지는 탄성변형, 그 후까지는 소성변형을 하여 σ_B의 인장응력에서 파단한다. 응력-스트레인 관계의 최초 구배는 탄성계수 E로 주어진다. 이와 같은 시험에서 주어지는 E, σ_{YS}, σ_B 등이 강도특성을 나타내는 기본적인 재료 특성 값이다. 이 외에 반복응력이 가해지는 피로파괴에서 피로한계 강도σ_W, 고온에서의 크리프강도 등이 중요한 재료 특성 값이다.

기계 또는 구조물 등의 치수를 결정하는 경우에는 이들이 사용기간 중에 변형하거나 파괴하지 않도록 설계해야 한다. 변형하기도 하고 파괴하기도 하는 원인은 응력이 있기 때문에 사용응력을 설정하는 경우에는 하중의 상태나 사용재료의 강도와 그 성질을 충분히 알고 있을 필요가 있다.

재료는 작용하고 있는 응력이 탄성한도 이하라 해서 안전하다고 단언할 수 없다. 그것은 응력이 작용하는 패턴에 따라서 안전한 응력의 값은 변화하기 때문이다.

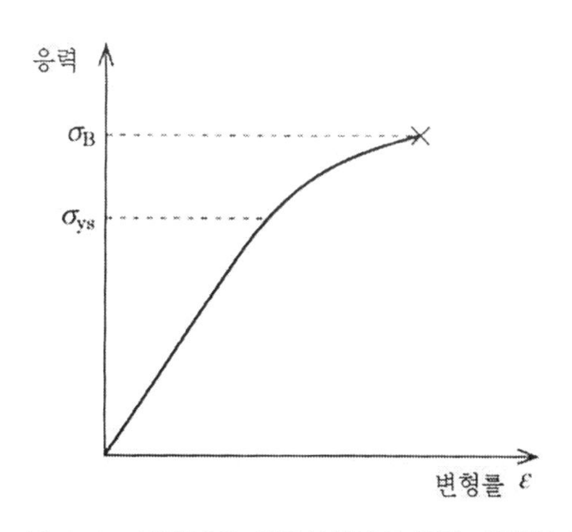

그림 2-3 **평활재의 인장시험에서 응력-변형률 관계**

하중을 받아도 지장이 없는 응력으로 허용응력(σ_a)을 사용하고 있다. 여기서 허용응력(allowable stress)이라는 것은 기기, 구조물이 파괴하지 않도록 재료에 부하를 주어도 지장이 없는 최대응력이다. 따라서 허용응력은 위에 기술한 것과 같은 여러 종류의 원인을 고려하여 결정해야 하나, 그 주된 것은 인장강도, 항복점 또는 내력($\sigma_{0.2}$) 및 피로한도이다. 일반적으로 이것을 기준강도라 부르고 기기·구조물의 설계에서 매우 중요한 수치이다. 이들 기준강도와 허용응력과의 비를 안전율(safety factor) S_f라 부르고 기기, 구조물의 강도설계 상에서 하나의 안전성 기준으로 사용하고 있다. 안전율은 허용응력에 대한 기준강도의 비로 표시된다.

그리고 앞에 기술한 바와 같이 기준강도를 어떻게 잡는가에 따라서 그 안전율의 값이 다르다. 다시 말해 기준강도를 인장강도로 잡은 경우(이것이 일반적이다)의 안전율은 다음 식으로 주어진다.

$$S_f = \frac{\sigma_B}{\sigma_a} \tag{2.1}$$

기준강도로는 항복점 또는 내력이나 피로한도를 잡는 것이 가능하다. 예를 들면 일반 구조용 압연강재를 예로 들어보자. 일반 구조용 압연강재의 인장강도 $\sigma_B = 402\,N/mm^2$, 그리고 항복점 $\sigma_S = 235\,N/mm^2$ 정도이다. 지금 σ_B를 기준강도로 설계하고 이 경우의 안전율을 5로 하면 허용응력은 $80\,N/mm^2$가 된다. 이 중 어느 것으로 선택하느냐가 설계에서 달라진다. 현재 일반적으로는 인장강도의 1/3 또는 항복점의 1/2인 수치가 허용응력으로 잘 사용된다.

또, 피로한도 σ_W는 인장강도 σ_B와 밀접한 관계가 있다. 탄소강 및 구조용 합금강에서는 회전(평면) 굽힘 피로한도 $\sigma_W \fallingdotseq 0.5\sigma_B$ 의 관계를 갖는다.

2.5.2 응력집중

앞 절에서 기술한 재료의 강도는 어느 재료에서도 결함이 존재하지 않는 경우이다. 그러나 결함이 존재한 경우에는 일반적으로 재료의 강도는 저하된다. 이것은 결함에 의해 하중을 받고 있는 단면적이 감소하고 결함의 존재를 고려하지 않고 구한 응력(공칭응력이라 하고 σ_n라 표시한다) 보다 큰 응력이 작용함과 동시에 결함부에서는 다음에 기술하는 응력집중 현상이 일어나고 결함의 단부에 공칭응력(nominal stress; σ_n) 보다 상당히 큰 응력이 생기기 때문이다. 이와 같은 결함은 재료의 표면에 있는 경우와 내부에 있는 경우에서도 노치(notch)라 불리고 있다. 일반적으로 노치라는 것은 재료의 단면적이나 형상이 급변하는 장소를 나타내는 용어로 이용되고 있다.

시험편에 노치가 존재하면 이 부분에 생기는 응력은 응력이 단면 전체에 균일하게 분포하고 있다고 계산한 값보다도 크게 된다. 이 현상을 응력집중(stress concentration)이라 부른다. 그림 2-4는 원 구멍을 갖는 무한 평판을 종방향으로 인장하였을 때의 원공(직경 2a) 근방의 응력분포를 나타낸다. 인장방향과 수직인 원공의 A-A'부에서 최대응력 $\sigma_{\max}$가 생기고 원공 중심에서 멀어질수록 응력은 급격하게 감소해 간다.

이 최대응력 $\sigma_{\max}$와 공칭응력 σ_n의 비를 응력집중계수 또는 형상계수라 하고 α(K_t가 사용되는 경우도 있다)로 표시한다. 다시 말해 다음과 같다.

$$\alpha = \frac{\sigma_{\max}}{\sigma_n} \tag{2.2}$$

그림 2-5는 타원구멍을 갖는 무한평판을 가로 길이 방향으로 인장하였을 때 타원구멍 근방의 응력분포를 나타내고 있다. 이때의 응력집중계수 α는 다음 식으로 주어진다.

$$\alpha = 1 + \frac{2a}{b} \quad \text{또는} \quad \alpha = 1 + 2\left(\frac{a}{\rho}\right)^{1/2} \tag{2.3}$$

여기서 $2a$는 타원의 긴 직경, $2b$는 타원의 짧은 직경, ρ는 긴 직경 선단의 곡률반경이다. 그림 2-5에는 a=2b의 경우를 나타내었기 때문에 타원구멍의 A-,A'부에서는 α=5가 된다. 그림 2-4에 나타낸 원 구멍의 경우에는 a=b이기 때문에 α=3이 된다. 이와 같이 예리한 노치가 되면 응력집중계수는 상당히 크게 되고 재료는 파괴할 위험성이 크게 된다.

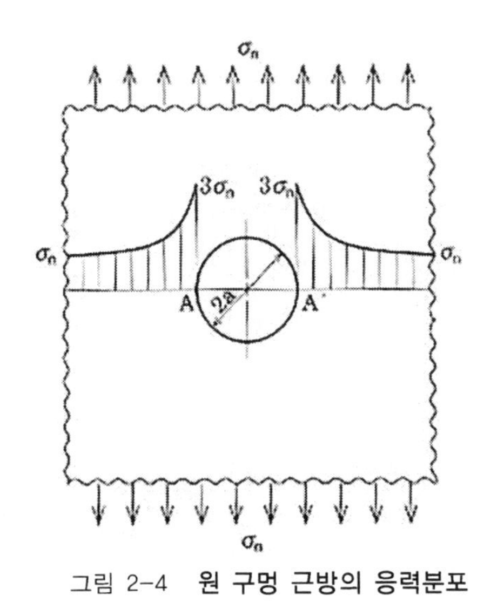

그림 2-4 **원 구멍 근방의 응력분포**

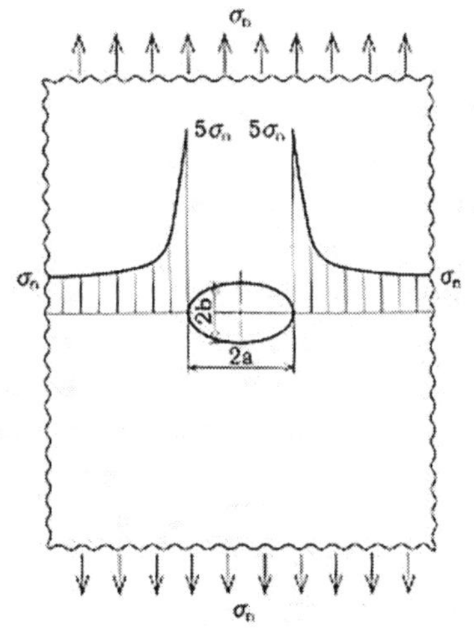

그림 2-5 **타원 구멍 근방의 응력분포**

2.5.3 균열에 대한 역학(선형파괴역학)

가. 결함과 강도 – 파괴역학의 필요성

위에 기술한 재료특성에는 재료에 결함이 포함되어 있지 않고 동시에 균일하게 변형한다고 하는 전제가 있다. 그러나 실제의 재료에는 미시적으로는 불순물 등의 혼입에 의한 결함(결함크기는 ~μm), 거시적으로는 선박 등의 용접부에서 큰 결함(결함크기는 ~mm)을 갖는 재료의 강도특성이 중요하게 된다.

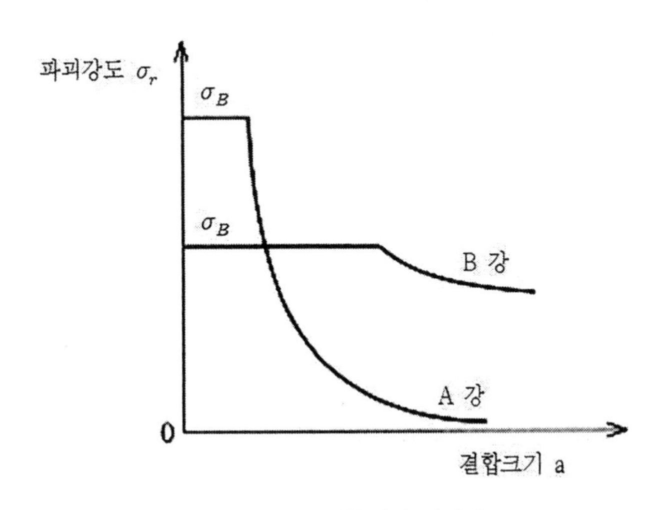

그림 2-6 **결함재의 파괴강도**

더욱 중요한 것은 이와 같은 경우의 강도 특성은 결함이 없는 경우의 특성에 반드시 비례하는 것은 아니다. 예를 들면, 평활재의 인장강도σ_B가 A강이 B강의 경우 보다 높아도 그림 2-6에 나타낸 바와 같이 각각의 재료에 동일 크기의 결함이 존재하는 경우 파괴강도 σ_B는 B강이 A강보다 높아진다. 따라서 인장강도가 높은 재료를 이용하여 충분히 안전한 설계를 하였다고 생각되는 구조물에서도 어떤 원인에 의해 결함이 존재하기도 하며 쉽게 파괴에 이르는 경우도 있게 된다.

나. 선형파괴역학이란?

위에 기술한 결과로부터 결함을 포함하는 재료의 역학특성을 취급하는 데는 별도의 역학적 기법이 필요하다. 여기에 탄생한 것이 파괴역학(fracture mechanics)이라고 하는 역학적 접근이다. 노치선단 반경ρ를 갖는 타원노치의 선단에는 앞에 기술한 바와 같이 큰 응력집중이 생긴다. 상당히 예리한 노치 다시 말해 균열(ρ=0)를 갖는 물체의 균열선단의 응력분포는 그림 2-7과 같이 무한대의 응력이 된다. ρ가 작게 될수록 응력집중이 크게 되고 $\rho \rightarrow 0$에서는 식(2.3)으로부터 응력은 무한대가 되기 때문이다. 외력이 작아도 균열은 확대하고 성장할 가능성이 있다.

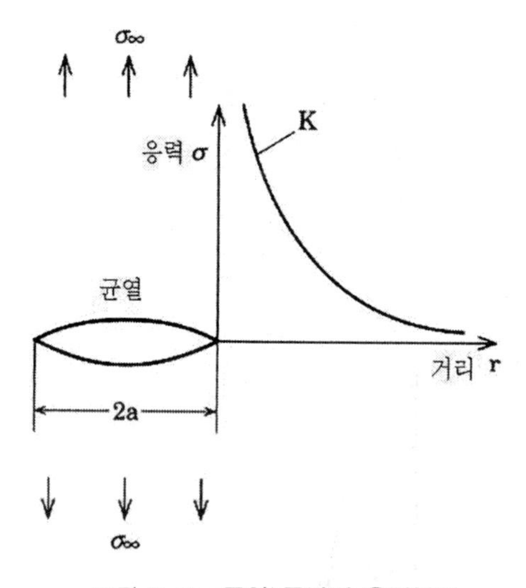

그림 2-7 **균열 근방의 응력분포**

파괴역학이란 균열로 대표되는 결함을 포함하는 재료강도학으로 ① 결함을 갖는 재료의 파괴응력, ② 어떤 설계응력 하에서 허용되는 결함의 최대치수, ③ 결함이 피로, 크리프, 응력부식균열 등에 의해 시간과 함께 성장하는 경우, 결함이 최종 파괴를 일으키는 한계치수에 달할 때까지의 수명 등을 취급하는 것이 가능하다.

선형파괴역학의 정확한 정의는 다음과 같이 내릴 수 있다. "선형파괴역학은 균열을 가진 부재나 구조물의 강도와 균열의 성장거동, 파괴에 이르는 과정을 선형탄성론을 기초로 하여 정량적으로 취급하는 학문분야이다." 여기서 말하는 선형탄성론이란 변형율과 응력이 비례하는 것을 나타내고 Hook법칙에 기초한 응력에 관해 설명하는 이론이다.

선형파괴역학에서 대상으로 하는 결함은 균열(crack) 및 균열에 가까운 결함으로 한정하고 있다. 이는 파괴라는 현상이 균열의 진전이라는 형태로 나타나기 때문이다. 예를 들면 블로우홀(blow hole)로부터 파괴가 생긴 경우에는 블로우홀의 양 끝에 균열이 발생하여 파괴에 이르게 된다. 물론 초기에 균열이 존재하는 경우에는 이 균열이 성장하여 파괴에 이른다. 그래서 이들 문제를 해결하기 위해 종래의 항복응력, 인장응력 등과는 다르고, 균열의 상태를 나타내는 파라메타, 응력확대계수(stress intensity factor)가 제안되었다.

다. 응력확대계수

균열재에서 그림 2-7에서와 같이 응력집중이 생긴다. 응력σ_y는 균열선단 근방에서는 거리r의 함수로 주어지며 근사적으로 다음 식과 같다.

$$\sigma_y = \frac{K}{(2\pi r)^{1/2}} \tag{2.4}$$

여기서 K는 부재나 균열의 형상, 크기에 따라서 다르고, 응력확대계수(stress intensity factor)라 불리며 균열선단의 응력장의 세기로써 파괴하기 쉬운 정도를 나타낸다. 여기서 주의해야하는 것은 r이 큰 곳에서는 윗 식은 성립하지 않고 균열근방에서만 성립하는 것으로 이것은 파괴역학의 적용 범위를 나타내는 것이다. 일반적으로 그림 2-7에 나타낸 바와 같이 균열길이 2a를 갖는 무한판에서 부하응력이 σ일 때 응력확대계수 K는

$$K = \sigma(\pi a)^{1/2} \tag{2.5}$$

로 정의된다. K의 차원은 $Kg_f/mm^{3/2}$ 이다.

식(2.5)에서 결함 특히 균열을 포함하는 재료의 역학특성을 나타내는 응력확대계수 K를 정의하고, 형상이 다른 경우에도 같은 형식의 식으로 나타내는 것이 가능하다. 식이 의미하는 것은 K가 응력과 결함 크기의 2가지 값의 함수로써 부하응력 σ가 같아도 균열크기 a가 클수록 K가 크게 된다. K에 입각한 파괴응력은 앞에 기술한 것과 같이 균열재의 강도를 취급하는 학문이다. 이와 같은 파괴역학은 선형파괴역학(linear fracture mechanics)이라 불린다. 재료역학과 파괴역학의 공통점과 상이점은 역학적파라메타로부터 구조부재의 강도를 취급하나 재료역학은 결함이 없는 재료를 대상으로 하는 것에 대해, 파괴역학은 결함을 포함한 재료를 취급한다는 것이다.

2.5.4 재료의 강도와 인성

가. 파괴인성 K_{IC} 란?

결함을 포함하지 않는 재료의 항복응력을 σ_{YS}, 파괴응력을 σ_B라 하면 부하응력 σ가 σ_{YS}, σ_B에 다할 때 항복과 파단이 생긴다. 같은 방법으로 결함을 포함하는 재료에서는 응력확대계수 K가 어떤 일정 임계값 K_C에 달하면 파괴가 생긴다. 이 관계를 간단히 나타낸 것이 그림 2-8이다.

즉, 파괴가 일어나는 조건은

$$\sigma \geq \sigma_B \quad \text{(결함이 없는 경우)}$$

$$K \geq K_C \quad \text{(결함이 있는 경우)} \tag{2.6}$$

이 된다. $K = \sigma(\pi a)^{1/2}$으로부터

$$\sigma(\pi a)^{1/2} \geq K_C \tag{2.7}$$

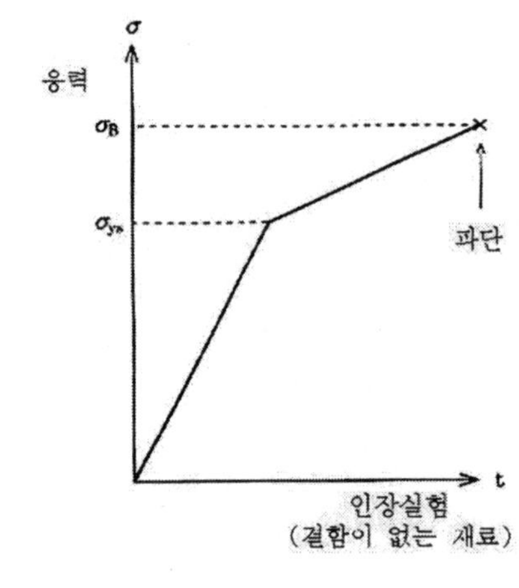

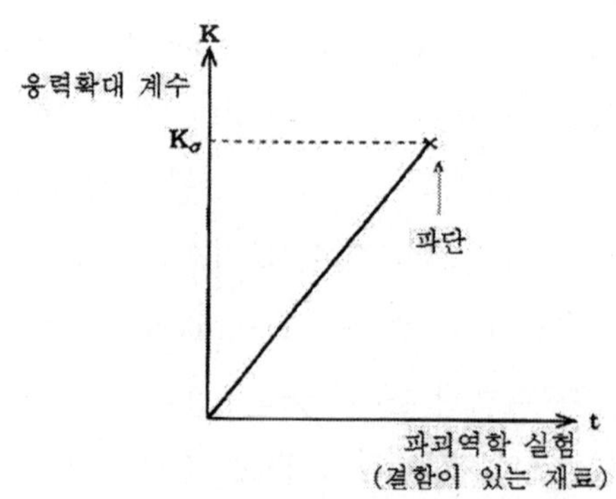

그림 2-8 **강도와 파괴인성**

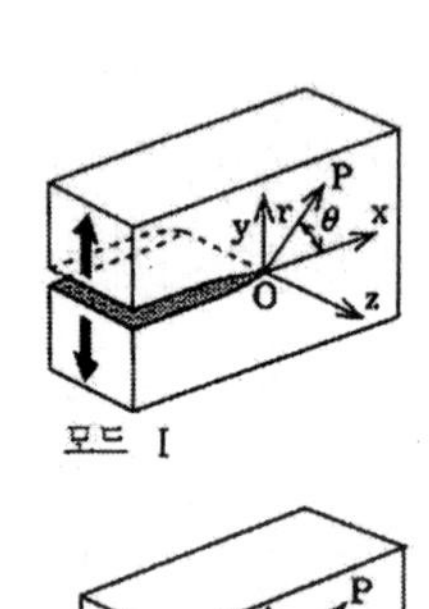

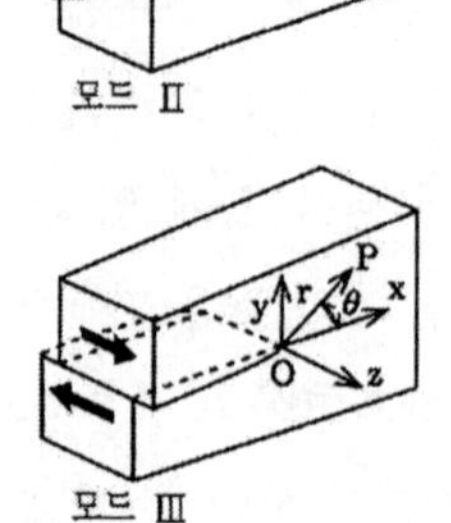

그림 2-9 **균열 선단의 변형 양식**

이 파괴의 조건이 만족되고 응력이 큰가 균열이 큰가에 따라 파괴의 가부가 정해진다.

재료 고유의 정수 K_C를 파괴인성(fracture toughness)이라 부른다. 이것은 물리적으로는 균열이 진전을 개시할 때의 저항의 크기로 이해된다. 즉, K_C가 크면 균열이 진전하지 않는 인성이 높은 재료를 의미한다. 또 그림 2-9와 같은 인장개구형파괴(이것을 모드 I 이라 부른다) 경우에 K_C의 최소값을 평면변형 파괴인성 K_{1C}라 부르고 이것은 재료 고유의 정수가 된다.

균열에 힘이 작용할 때 균열선단부근의 변형은 결함의 방향성과 힘이 가해지는 방식의 조합에 의해 그림 2-9와 같이 3가지 경우가 기본이 되고 있다. 모드 I(인장개구형) 뿐 만 아니라, 모드 II(면내전단형), 모드 III(면외전단형)와 같이 힘을 부가하면 균열이 커지게 된다. 특히, 모드 I의 경우는 취성파괴를 일으키기 쉽기 때문에 제일 중요하다.

나. 파괴인성치 K_{IC}와 결함치수의 크기

표 2-1에 각 재료의 파괴인성 K_{IC}의 값을 나타낸다. 금속에 비해 첨단재료로 개발이 기대되는 세라믹은 K_{IC}의 값이 낮다. 고장력강과 실리콘나이트라이드에 동일 응력 σ=500 MPa이 가해졌을 때 재료가 파괴하지 않고 허용되는 결함의 크기를 구하면 고장력강에서는 2 mm, 세라믹에서는 100 μm가 된다. 그 때문에 파괴의 원(source)이 되는 결함을 검출하는 경우 세라믹에서는 금속과 비교하여 매우 작은 결함을 검출할 필요가 있다. 이것은 신소재에서 비파괴평가의 중요성을 나타내고 있다고 할 수 있다. 파괴역학에서 파괴인성이라는 것은 재료 내에 존재하는 균열과 새로운 흠이 진전하는 저항력을 의미한다. 또 앞에 기술한 바와 같이 재료역학에서 인장응력 σ_B와 파괴인성 K_{IC}의 유사점과 상이점은 결함을 포함하지 않는 재료에서는 부하응력 σ가 인장응력 σ_B에 달하면 파괴하게 되는 것에 대해, 결함을 갖는 부재에서는 응력확대계수 K가 K_{IC}에 달하게 되면 파괴하게 되는 것에 해당하는 것으로 생각하면 된다.

그림 2-10은 KEPIC Code MI, App. A, analysis of flaws를 적용한 원자력 압력 배관에 대한 파괴역학분석(fracture mechanics analysis; FMA)을 나타내고 있다.

표 2-1 각종 재료의 파괴인성값

재료	K_{IC} (MPa · $\sqrt{m}$)
알루미나(세라믹)	4.0
실리콘나이트라이드	4.8
지르코니아	6.0
실리콘 카바이드	3.0
티탄 합금	50
알루미늄 합금	35
미르에이징 강	90
주철	20

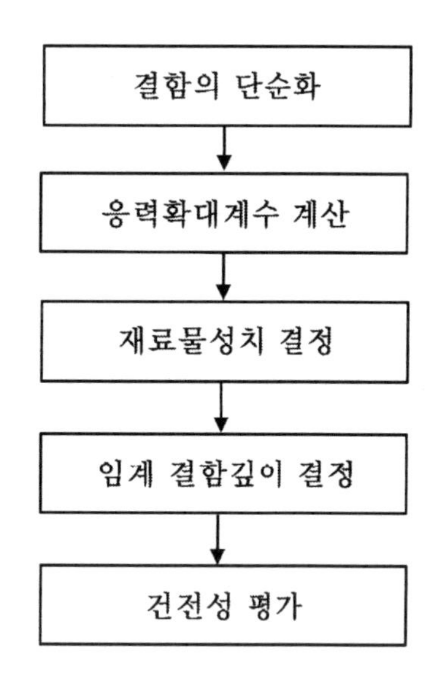

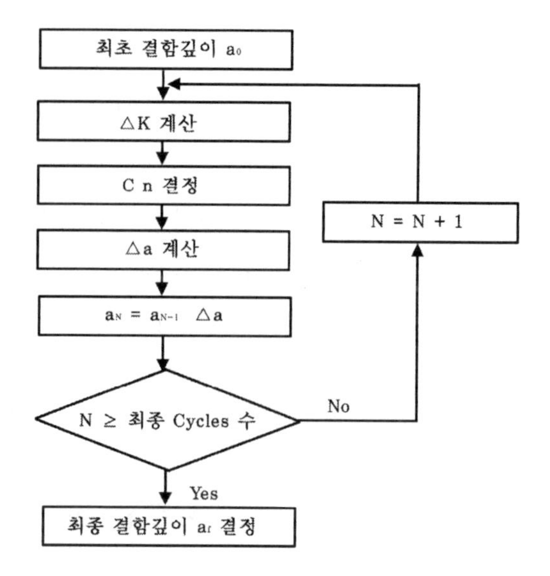

그림 2-10 **원자력 압력 배관에 대한 파괴역학분석**(fracture mechanics analysis; FMA)

다. 균열진전

이상은 취성파괴(불안정파괴)에 관해 취급하였으나 응력부식균열이나 피로파괴에서는 불안정파괴에 이르기 전에 시간의존형의 안전균열성장(slow crack growth)이 존재한다. 다시 말해 그림 2-11에서와 같이 K_{ISCC}, ΔK_{th}는 피로균열성장의 개시조건이고 K_C와 같은 불안정파괴가 일어나는 조건과 다르며 최종 불안정파괴에 이르는 사이에 상당한 균열의 성장이 있고 균열이 존재해도 ⊿T 사이의 재료수명이 보증 된다. 여기서 K_{ISCC}는 응력부식균열의 하한계의 응력확대계수, ΔK_{th}는 균열진전의 하한계의 ⊿K를 나타내고 있다. 또는 ⊿K는 가해진 최대와 최소의 응력확대계수의 차를 나타낸다. 이와 같은 시간의존형의 파괴에서는 앞의 K_C에 대응하는 한계균열 a_c보다 작은 결함을 검출하는 것이 가능하면 각 K값으로부터 부재의 잔여수명을 평가할 수 있게 된다.

세라믹의 안정균열성장속도는 금속과 같이 다음 관계식으로 표시된다.

$$da/dt \propto K^n \tag{2.8}$$

그러나 금속에서는 n=2~5값인데 비해 세라믹에서는 n=10~40이 되고 균열성장이 시작되면 가속되고 쉽게 최종파괴에 이른다. 예를 들면 최종파단에 이르기까지의 파단수명을 예측하는 데는 a_c의 1/3~1/2크기의 균열을 검출할 필요가 있고 잔여수명예측에는 20~200 ㎛의 결함검출이 필요하게 된다.

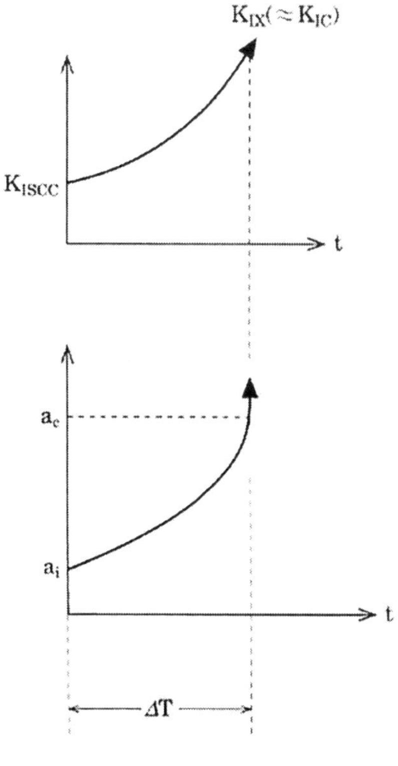

그림 2-11 **시간의존형의 균열 진전**

라. 고인화기구

파괴인성이 높은 재료를 설계, 제조하는 것이 취성을 극복하는 지름길이다. 하지만 공유결합, 이온결합으로 만들어지는 세라믹은 본질적으로 변형능이 없어 인성만을 향상시키는 것은 어렵다. 그러나 소결조건을 변화시킴으로써 생성되는 입계에서의 잔류응력 효과로부터 인성이 향상되는 경우가 있다. 한편, 균열진전에 수반하는 파괴저항은 균열선단의 여러 종류의 현상으로부터 균열진전과 함께 향상하는 경우가 있다.

이와 같은 인성의 향상은 파괴에너지를 상승시키는 것이고 조직의 균일, 미세화에 더하여 균열선단의 응력집중을 완화함으로써 달성된다.

응력집중 완화기구로는

- 소성변형, 쌍정변형
- 상변태
- 미시균열
- 균열의 분기
- 복합재료에 의한 균열의 지연

등을 생각할 수 있다. 이들에 대한 개략적인 설명은 그림 2-12와 같다. 지루코니아의 인성 향상은 상변태를 이용한 것이나 세라믹에서는 소성변형이 일어나기 어렵기 때문에 보이드와 같은 미소결함 또는 이상 계면에서 균열의 분기 등으로부터 파괴 저항이 상승한 것이라 할 수 있다.

이와 같은 결함, 특히 부하 중에 생긴 미소결함은 균열선단의 응력집중을 완화하고 인성향상에 유익한 결함이라 말 할 수 있다. 그래서 최종 파괴와 관련이 있는 유해한 결함으로 분류하여 생각할 필요가 있고 결함 다시 말해 파단으로 생각하는 것은 단락적인 것으로 생각할 수 있다. 균열선단의 미소균열이 생기는 영역은 프로세스 존(process zone)라 불린다. 여기서 취급되는 결함의 크기는 최종 파괴에 관련되는 것보다 더 작으며 마이크로 주순의 결함을 검출하는 기술은 제조기술에 결부되는 중요한 과제라 할 수 있다.

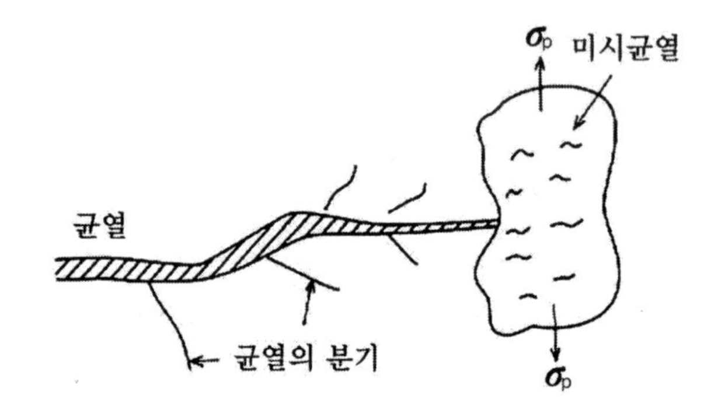

그림 2-12 **균열 선단에서의 고인화기구**

2.5.5 강도의 통계적 취급

세라믹과 같은 취성재료에서는 그 강도의 편차는 외이블계수(weibull modulus) m을 이용하여 나타내진다. 응력과 그 응력 σ 이하에서 파괴할 확률 P는

$$P = 1 - \exp\left[-(\sigma/\sigma_0)^m\right] \tag{2.9}$$

로 주어지고 와이블계수 m이 클수록 편차가 작은 재료라 할 수 있다. 또 m은 형상모수, σ_0는 척도모수라 불린다. 당연히 부품의 체적이 크면 강도는 저하한다. 이것을 그림 2-13에 나타낸다.

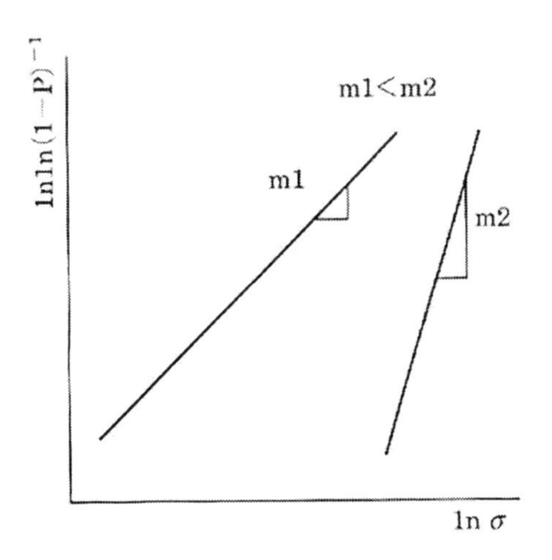

그림 2-13 **와이블계수에 의한 강도 차의 평가**

익 힘 문 제

1. 건전부, 불완전부, 불연속부 그리고 흠과 결함의 차이점에 대해 기술하시오.

2. 비파괴검사에서 장비의 교정이나 모의실험에 사용되는 인공결함의 종류와 제작방법, 활용분야애 대해 기술하시오

3. 아래의 재료에서 주로 발생할 수 있는 결함의 종류와 최적한 비파괴검사의 적용 예에 대해 기술하시오.

4. 용접성의 정의와 주요 용접성 시험법에 대해 설명하시오.

5. 점용접(spot welding)의 원리와 점용접 제품의 접합강도에 영향을 미치는 인자에 대해 기술하시오.

6. 점용접(spot welding)에 의한 이종 접합재의 품질평가를 비파괴적으로 수행하고자 한다. 아래 물음에 답하시오.
   (1) 점용접 부위 단면도의 설명에서 코로나본드(corona bond)란?
   (2) 이종 접합재의 품질(접합강도)에 적용할 수 있는 비파시험 방법(3가지 이상)

7. 용접부에 발생하는 균열을 고온 균열(hot crack)과 저온 균열(cold crack)로 나누어 설명하고, 저온 균열 중 toe 균열, root 균열, 응력부식균열에 대해 기술하시오.

8. 용접이음의 피로강도를 향상시키기 위해서 기본적으로 어떻게 하는 것이 좋은가 ? 필요한 조치, 대책을 기술하시오.

9. 오스테나이트계 스테인레스강을 용접할 때 용접열 영향부의 내식성이 열화하는 부분이 생긴다. 이 원인과 방지대책에 대해 기술하시오.

10. 용접후열처리(PWHT)란 무엇이며, 후열처리를 하는 목적을 3가지 이상 기술하시오.

11. 고장력강의 용접부에 발생하는 저온균열(지연균열)의 원인이 되는 3가지 요인을 기술하고, 그 방지책을 기술하시오.

12. 용접이음의 피로강도를 향상시키기 위한 필요한 조치와 대책에 대해 기술하시오.

13. 오스테나이트계 스테인레스강을 용접하는 경우, 500 ~ 850℃로 가열한 용접열열향부에서 용접열에 의한 내식성이 저하되는 경우가 있다. 1) 그 원인과 2) 방지대책을 3가지 이상 기술하시오.

14. 용접 열영향부(heat affected zone; HAZ)의 저온균열의 발생원인과 방지책을 기술하시오.

15. 용접부의 잔류응력의 발생 원인과 경감 방법에 대해 기술하시오.

16. 저합금강과 오스테나이트 스텐레스강을 이종 용접하여 장시간 사용하였을 때 발생될 수 있는 결함에 대하여 기술하시오.

17. 고장력강 및 저합금강에서 발생되는 라멜라테어의 발생 원인과 특성을 기술하시오.

18. 고온균열이란 무엇이며, 그의 발생 원인에 대하여 기술하시오.

19. 단조품에서 나타나는 백점이란 무엇이며, 발생 원인에 대하여 기술하시오.

20. 수소 취화 균열의 금속학적인 발생기구와 방지대책에 대하여 설명하시오.

21. 보수검사에서 볼 수 있는 열화나 손상 과정에서 주로 발생하는 결함 중 피로균열, 열피로균열, 응력부식균열, 케비테이션부식에 대해 기술하시오.

22. 응력부식균열과 방지대책에 대하여 설명하시오.

23. 천이온도란 무엇인가?

24. 파면관찰이란 무엇이며, 어떤 방법이 있는가?

25. 열화・손상된 고온 구조재의 재료특성 평가를 위한 비파괴평가 기법의 종류와 특징에 대해 기술하시오.

26. 열화손상 등의 비파괴적 특성평가를 위한 시험편의 설계/제작 시에 수행하게 되는 가속수명 시험에 대해 설명하시오.

27. Early flaw(crack) detection의 필요성과 잠닉손상(hidden damage)의 비파괴적인 검출 기법에 대해 기술하시오.

28. 레플리카(replica) 방법의 원리와 사용 절차 및 대표적인 용도를 설명하시오.

29. 선형파괴역학에서 변형균열의 3가지 파괴모드(Ⅰ, Ⅱ, Ⅲ)를 그림을 그려 설명하고 파괴모드 Ⅰ이 가장 중요한 이유를 설명하시오.

30. 결함의 파괴역학분석(fracture mechanics analysis; FMA)에 관련된 아래 물음에 답하시오.

31. 열화 손상 등의 비파괴적 특성 평가를 위한 시험편의 설계/제작 시에 수행하게 되는 가속수명시험(accelerated life test)에 대한 다음 물음에 답하시오.

32. 오스테나이트계 스테인리스강 구조물을 용접하는 경우 용접금속에서 가끔 발생하게 고온균열에 대한 아래 물음에 답하시오.

(1) 고온균열을 조장하는 원소

(2) 용접금속의 고온균열을 방지하기 위해서는 어떠한 용접봉을 선택하는 것이 좋은가?

익힘문제 해설은 출판사 홈페이지(www.enodemedia.co.kr) 자료실에서 받을 수 있습니다. 파일은 암호가 걸려 있으며, 암호는 ndt93550입니다.

3. 방사선투과검사

3.1 개요

3.2 방사선투과검사의 기초이론

3.3 방사선투과검사 장치 및 기기

3.4 방사선투과사진 촬영 및 판독방법

3.5 방사선투과검사의 적용 예

3.6 중성자 방사선투과검사

3.7 방사선 안전관리

3.1 개요

3.1.1 방사선투과검사의 기본원리

방사선투과검사(radiographic testing; RT)는 X선이나 γ선을 대상물에 투과시킨 후 결함의 존재유무를 필름 등의 이미지로 판단하는 비파괴검사 방법이다. 방사선은 시험체를 투과할 때 시험체를 구성하고 있는 물질과의 상호작용으로 흡수되어 강도가 약해진다. 이 때 투과하는 방사선의 강도는 시험체의 내부 구조에 따라 변하며, 시험체의 내부에 존재하는 흠집 때문에 생기는 방사선의 강도변화를 필름에 담아 사진처리를 하면 사진농도의 차이로 흠집의 상을 볼 수 있다.

방사선투과검사의 주된 목적은 시험체 내의 결함을 검출하는데 있다. 그림 3-1과 같이 두께 T인 시험체 중에 크기가 ΔT인 기공(blow hole)이 존재할 경우를 생각해 보자. X선 장치의 초점에서 방사되는 X선은 넓은 조사범위로 시험체에 조사된다. 건전부를 투과해서 X선 필름에 도달하는 X선의 직접투과선의 강도는 식(3.1)로 주어질 수 있다.

$$I = I_o \cdot e^{-\mu T} \tag{3.1}$$

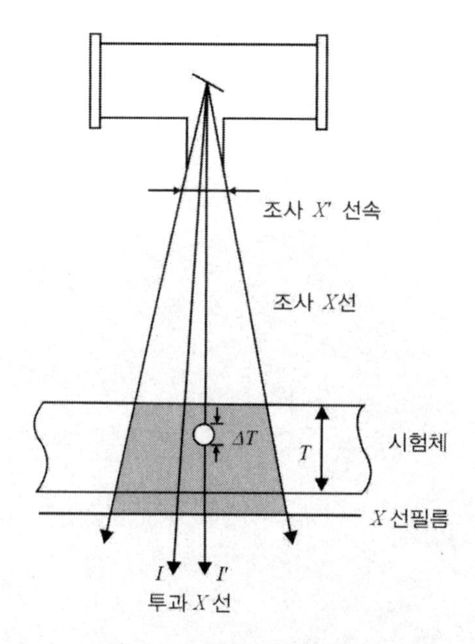

그림 3-1 **방사선투과검사의 원리**

한편 크기가 ΔT 인 기공을 투과한 X선의 투과 두께는 $T-\Delta T$ 이 되며, 결함부를 투과한 직접투과선의 필름상의 강도 I'는 다음 식(3.2)로 주어질 수 있다.

$$I' = I_o \cdot e^{-\mu(T-\Delta T)} \qquad (3.2)$$

즉, 필름 상에서 결함부를 투과한 부분에는 건전부의 직접투과선의 강도보다도 $I'-I=\Delta I$ 만큼 강한 투과선이 조사된다.

따라서 결함부에서는 그때 사용한 X선 필름의 특성에 따라서 X선 강도의 차이 ΔI 에 비례한 필름의 흑화도(黑化度)의 차, 즉 농도차를 형성하며, 결함부를 필름에서 결함상으로 검출할 수 있다. 이것을 방사선투과검사라 한다.

3.1.2 방사선투과검사의 역사

방사선의 발견은 1895년 독일의 물리학자 뢴트겐이 기체 방전관을 연구하던 중 우연히 필름의 감광현상을 발견함으로써 이루어졌다. 그는 음극으로부터 방출된 전자가 전기장에 의해서 고속으로 가속되어 표적금속에 충돌될 때에 강력한 투과 능력이 있는, 그때까지 형태와 근원이 알려지지 않은 전자파를 발견하고, 이것에 X선이라는 이름을 붙이게 된다. 발견 초기에는 그 흥미로움으로 인해, 구두상점에서 방사선 사진을 이용해서 발 모양에 구두를 만든다거나 하는 용도로 사용되기도 했다.

가장 널리 사용된 분야는 역시 의학적인 이용이었으며, X선을 비파괴검사에 적용하게 된 것은 제1차 세계대전 중에 항공기와 포탄의 약실 등을 검사하기 위한 군사적 목적이었고, 산업분야에 사용된 것은 1925년 미국 화력발전소의 고압증기용 주조품을 검사하면서부터이다.

우리나라에서는 1960년대 초에 처음으로 기술이 소개된 이후에 1970년대를 지나며 원자력발전소와 조선공업, 방위산업의 발전으로 비파괴검사의 수요가 급증했으며, 울산과 여천석유화학공단, 창원기계공단 조성 등으로 비파괴검사가 산업적으로 정착하면서 현재에 이르고 있다.

3.1.3 방사선투과검사의 종류와 특징

방사선투과검사는 방사선을 시험체에 투과시켜 내부에 들어있는 흠의 그림자를 필름에 담아 해석하는 방법이다. 따라서 방사선투과검사는 시험체의 부피를 한 번에 검사할 수 있고, 또

시험체의 내부에 들어있는 흠집을 찾아낼 수 있는 검사 방법이다. 방사선투과검사는 금속, 비금속 등 모든 종류의 재료에 적용할 수 있고, 객관성과 기록성이 우수하여 비파괴검사 중에서 가장 많이 이용되고 있다. 이 검사는 기공, 개재물 및 수축공과 같이 방사선의 투과 방향에 대해 두께의 차가 있는 것을 비교적 잘 찾아낼 수 있으나 균열처럼 틈이 아주 좁은 것은 그것이 놓여 있는 위치에 따라 찾아내지 못할 경우가 생긴다. 그러므로 이것은 주조 부품이나 용접부의 검사에 많이 사용한다. 그러나 방사선은 시험체 내에 흡수되기 때문에 투과에 한계가 있고 두꺼운 시험체는 검사하기 곤란하며, 시험체의 양면에 사람이 접근할 수 있어야 검사가 가능한 단점을 가지고 있다.

그리고 검사 장치의 값이 비싸고, 필름을 사용해야 하며, 사진처리 시간도 길어 다른 비파괴검사 방법에 비해 검사비가 높다. 또한 방사능이 높은 곳이나 온도가 높은 환경에서는 X선 장치나 필름을 사용할 수 없어 검사가 어렵다. 방사선투과검사는 다른 비파괴검사 방법에 비해 상대적으로 높은 초기 투자와 공간이 필요하여 비용이 많이 드는 방법이다. 경우에 따라서는 총검사시간의 60% 정도를 검사준비시간으로 소비하기도 한다.

방사선투과검사는 사용하는 방사선의 종류, 방사선 에너지의 높고 낮음, 변환자의 종류 및 정보처리 시스템의 내용에 따라 분류된다. X선 투과검사, γ선 투과검사, 중성자 투과검사는 방사선의 종류에 따라 분류한 것이고, 저에너지 및 고에너지 X선 투과 검사는 X선의 에너지에 따라 나눈 것이다. γ선 및 중성자투과검사는 선원의 종류에 따라 분류하기도 한다. 방사선투과검사법 중에는 직접투과선의 강도의 차를 시험체의 뒷면에 놓은 X선 필름의 농도차로 검출하는 방법을 직접촬영법이라 하며, X선 필름의 종류나 적용하는 방사선에너지 등의 촬영조건에 따라 투과사진의 상질에는 차이가 있으나, 이 직접촬영법은 비파괴검사 방법 중에서 가장 먼저 이용되었으며 현재도 가장 많이 이용되고 있다. 한편, X선 필름 대신에 방사선에 의한 형광작용을 이용하여 투과상을 형광체에서 가시상으로 바꾸고 이 상을 카메라로 촬영하는 방법을 간접촬영법이라 한다.

최근에는 투과상을 여러 가지 변환소자와 광학계를 이용하여 화상화 하고 그 상을 TV 모니터 등을 통하여 투시하는 방법이 실용화되고 있다. 방사선투과검사에 이용되는 변환자는 필름, 사진종이, 형광판 등이 있다. 형광투시법에서는 형광판을 변환자로 사용한다. 최근 전자기술과 영상 시스템의 발전으로 실시간에 관찰할 수 있는 삼차원 디지털 영상을 얻을 수 있어 필름 없는 검사와 검사의 자동화를 실현할 수 있게 되었다. X선 장치의 구조, 기능 및 용도에 따라 여러 가지 특수 검사 기법이 개발되었으며, 컴퓨터 단층촬영, 입체촬영, 마이크로 라디오그래피 및 플래쉬 라디오그래피 등이 그것이다.

방사선투과검사는 압력용기, 배관, 배, 다리, 건축물 등 각종 구조물의 용접 이음 부의 검사에 많이 이용되고, 주조한 부품의 검사에도 널리 활용되고 있다. 또한 최근에는 콘크리트 내부 구조의 검사, 조사뿐만 아니라 전자부품, 문화재, 과일 등 적용의 대상이 많이 늘어나고 있다. 그리고 특수 검사 기법으로 micro focusing X-Ray CT 시스템을 이용할 경우 아주 미소한 결함을 검출할 수 있으며, 투영 확대 촬영으로 생체조직의 단면, 잎, 씨앗, 섬유의 구조, 고미술품 및 곤충의 해부학 연구에도 응용되고 있다. 방사선은 사람의 감각으로 감지할 수 없고, 생체 세포를 파괴하므로 잘못 취급하면 사람에게 해롭고 위험하다. 그러므로 방사선을 사용할 때는 사람의 안전을 최우선으로 생각해야 한다.

3.2 방사선투과검사의 기초이론

3.2.1 방사선이란 무엇인가?

방사선에는 입자 방사선과 전자파 방사선이 있다. 입자 방사선에는 α선, β선, 중성자선이 있고, 전자파 방사선에는 적외선, 가시광선, 자외선, X선 및 γ선이 있다. 이들 전자파 방사선 중에서 에너지가 높아 물질을 잘 투과하고, 물질을 이온화시키는 성질을 가지고 있는 X선이나 γ선을 전리 전자파 방사선이라 한다. 이 전리 전자파 방사선을 보통 방사선이라고 하며 방사선투과검사에 이용한다.

중성자선도 물질을 투과하는 성질이 있다. 중성자를 이용한 투과검사를 중성자투과검사(neutron radiography testing; NRT)라고 하며, 넓은 뜻으로 방사선투과검사의 한 종류이다. 그림 3-2는 전자파 방사선의 에너지스펙트럼이다.

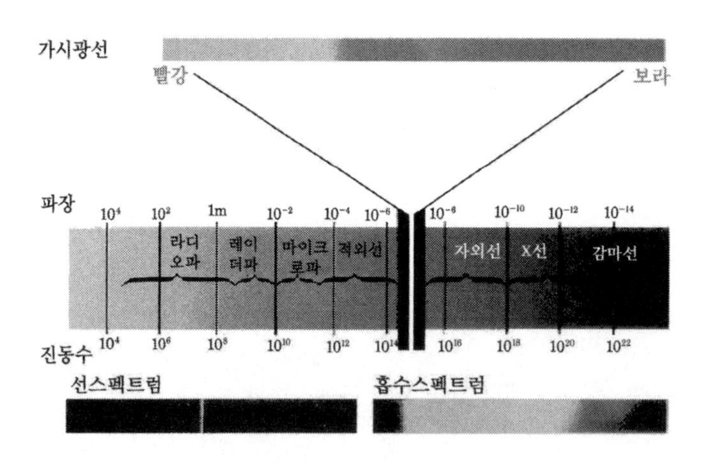

그림 3-2 **전자파 방사선의 에너지 스펙트럼**

X선 및 γ 선은 전자파의 일종으로 X선이나 γ 선과 같이 파장이 짧은 전자파는 「파」의 성질과 광양자라는 하는 「입자」의 성질을 함께 가지고 있다. X선에 의한 현상의 대부분은 X선을 파로 생각하여 설명할 수 있으나 그 중에는 파로 설명할 수 없는 것도 있다. 이러한 현상은 X선을 광양자의 흐름으로 생각하면 쉽게 설명할 수 없는 것도 있다. 이와 같이 X선은 파와 입자의 이중 성질을 가지고 있는데, 투과검사의 경우에는 X선을 광양자의 흐름으로 생각할 때 설명하

기 쉬운 경우가 많다.

X선의 광양자는 질량을 갖지는 않으나 에너지와 운동량을 갖는다고 여겨진다. X선을 전자파라 생각할 때, 파장을 λ, 진동수를 ν, 광속도를 C 라 하면 $\nu = C/\lambda$ 의 관계가 있다. 또한, 광양자로 생각할 때의 에너지를 ε라 하면

$$\varepsilon = h\nu \text{ 또는 } \varepsilon = \frac{hC}{\lambda} \tag{3.3}$$

의 관계가 있다. 여기서 h는 plank 상수로 $h = 6.626 \times 10^{-34}$ Js이다. 또, 광속도 C는 $C = 3.00 \times 10^{8}\ m/s$ 로 주어지고 에너지 ε를 keV, 파장 λ를 nm로 나타내면 식(3.3)에 의해

$$\epsilon = \frac{1.24}{\lambda} \tag{3.4}$$

의 식이 얻어진다. 따라서 파장과 에너지와는 상호 환산이 가능하다.

X선을 전자파로 생각하면 선질은 파장 λ 로 나타낼 수 있고, 광양자의 흐름으로 생각하면 선질은 1 개의 광양자 에너지 ε로 나타낼 수 있다.

3.2.2 방사선의 발생

가. X선의 발생

(1) X선 발생 원리

X선을 발생시키기 위해서는 다음의 조건이 필요하다.

① 전자의 발생원이 있을 것

② 전자를 고속으로 가속시킴

③ 전자의 충격을 받는 표적을 가질 것

즉, X선을 발생시키려면, 처음 전자를 발생시킬 수 있는 발생원이 있어야 하며, 여기서 발생된 전자의 에너지는 그 속도에 의해 좌우되므로 전자를 고속으로 가속하기 위한 장치가 필요하며, 또한 고속의 전자가 충돌하여 원자와 상호작용을 일으킬 수 있는 표적 물질이 필요하다. 아래 그림은 고속의 전자가 표적원자와 충돌하여 X선을 발생시키는 원리를 나타낸 것이다.

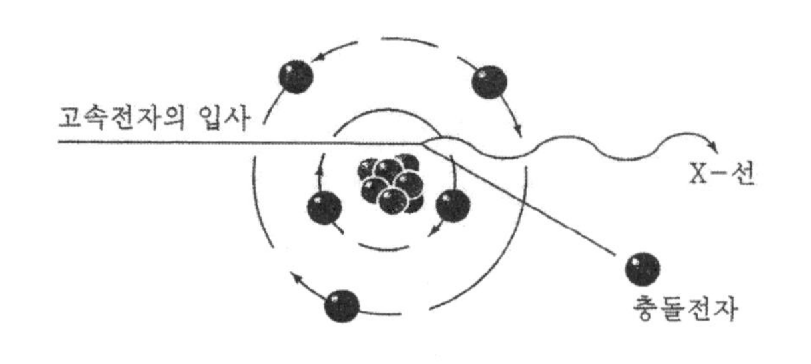

그림 3-3 X선의 발생원리

공업용으로 사용되는 X선 장비들은 일반적으로 최대 전압에 의해 분류되며, 이것은 에너지 또는 투과력으로 나타낼 수 있다. 전압비율에 따른 종류로는 80 kVp 이하의 저전압용으로부터 휴대용으로는 400 kVp정도, 특수용도로는 수 Mev까지의 여러 종류가 있다. X선 장비를 사용할 때는 방사선의 투과능력, 효과적인 방사선의 강도, 사용회수, 고려하여 적절한 장비를 선택하여야 한다.

(2) X선 발생장치 구조

X선은 그림 3-4와 같이 두 극을 갖는 진공관인 X선관에 의해 발생한다. X선관의 음극은 텅스텐 필라멘트로, 양극은 금속 타깃으로 되어 있으며, X선관 내부는 고도의 진공상태로 유지되고 있다. 음극의 필라멘트에 전류를 보내서 필라멘트를 백열(白熱)상태의 고온으로 가열하면 열전자(熱電子)가 진공 속으로 방출된다. 이때 X선관의 양쪽 극에 고전압을 걸면 필라멘트에서 방출된 열전자가 가속되어 금속 타겟과 충돌하는데 이때 발생하는 열전자 운동에너지의 대부분은 열로 변하여 타겟을 가열하나 일부분의 에너지는 X선으로 변환되어 방사된다.

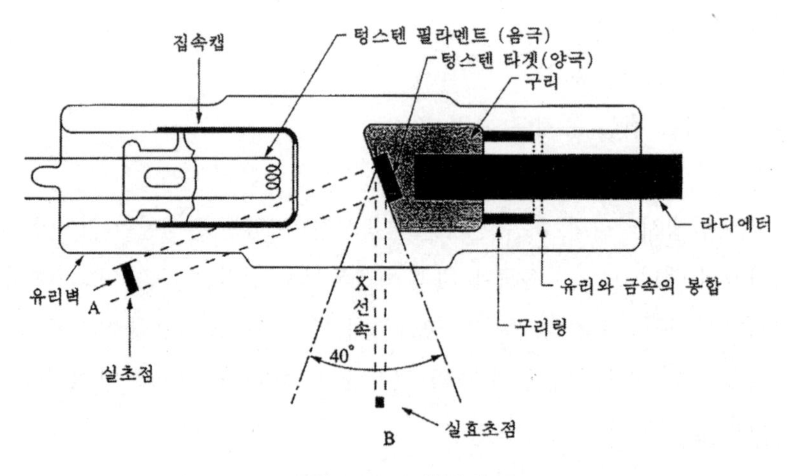

그림 3-4 X선관의 구조

필라멘트 부근에는 열전자를 집속시키기 위한 집속캡(cap)이 있다. 양극의 타겟은 열전자의 충돌에 의해 온도가 매우 높아진다. 따라서 특히 고전압에서 사용하는 투과검사용 X선관에는 융점이 높은 텅스텐(W) 금속이 타겟으로 사용된다. 열전자가 충돌해서 X선이 발생하는 장소를 초점(focus)이라 하는데, X선관의 초점크기는 초점을 보는 방향에 따라 다르기 때문에 실 초점과 실효초점의 두 가지 호칭 방법이 있다. 그림 3-4에 나타낸 바와 같이 A 방향에서 본 초점의 크기가 실제의 초점 크기, 즉 실 초점 크기이나 실용적으로는 B 방향에서 본 초점 크기, 즉 실효초점이 이용되고 있다. 또한, 열전자가 음극에서 양극으로 이동하는 양을 관전류라 하는데, 관전류는 필라멘트에 흐르는 전류에 비례한다.

(3) X선의 종류

(a) 백색 X선

그림 3-5는 텅스텐을 타깃으로 사용한 X선관에서 관전압을 변화시켰을 때 X선의 파장과 강도의 관계를 나타내고 있다. 종축의 X선의 강도는 X선의 초점으로부터 일정거리에서의 조사 선량율에 해당한다. 곡선은 각각 연속된 파장분포를 가지고 있다. 이와 같은 연속스펙트럼을 가지는 X선을 백색 X선이라 한다. 백색 X선은 여러 종류의 에너지, 즉 다양한 파장을 가지는 X선의 집합체이다.

그림 3-6에서 관전압 50 kV 경우를 생각해 보자. 관전압 50 kV에 의해 가속된 열전자는 타깃에 충돌하기 직전에 50 keV의 운동에너지를 가지게 된다. 충돌에 의해 이 열전자의 에너지의 100 %가 X선으로 변환되면 그 X선의 양자에너지는 50 keV가 된다. 그러나 이와 같은 충돌은 거의 불가능하고 대개의 경우 열전자의 운동에너지의 일부 또는 전부가 열에너지로 변환하고 그 나머지가 X선 에너지로 변환한다. 다시 말해 타깃에 충돌하기 직전의 전체 열전자는 50 keV의 에너지를 가지나, 충돌 후 X선으로 변환된 X선 광양자가 갖는 에너지는 50 keV가 최고이고 이보다 낮은 여러 에너지 값을 갖는 백색 X선이 된다. 그림 3-6의 곡선으로부터 어느 파장 보다 짧은 파장의 X선은 존재하지 않음을 알 수 있다. 이 점의 파장을 최단파장 λ_{min}이라 한다. 그림 3-5에서 관전압이 높을수록 최단파장은 짧은 쪽으로 이동하고 곡선의 최고 강도를 나타내는 파장도 단파장 쪽으로 이동함을 알 수 있다. 백색 X선의 전강도는 그림 3-5의 곡선과 가로축으로 둘러싸인 면적으로 나타난다. 관전압이 높을수록 X선의 전강도는 커지지만 그 크기는 관전압에 제곱에 거의 비례한다. 또한, 관전압이 일정할 경우 X선의 강도는 관전류에 비례한다.

타깃 금속의 종류를 바꾸었을 때 백색 X선의 강도는 타깃 금속의 원자번호에 거의 비례한다. 따라서 투과검사용 X선관의 타깃으로 원자번호가 높고 융점이 높은 텅스텐을 사용함으로써 X선의 발생효율을 높일 수 있다.

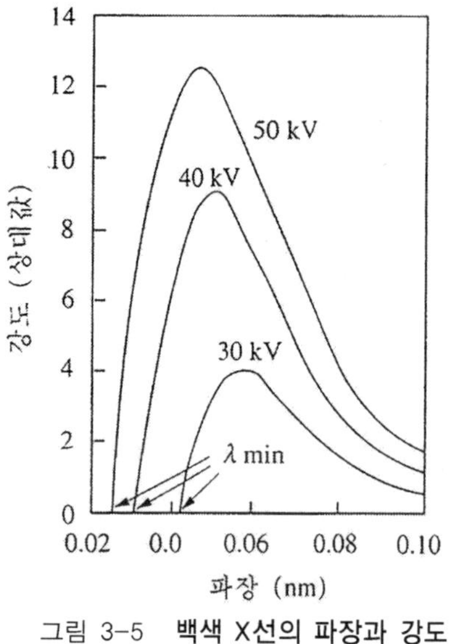

그림 3-5 **백색 X선의 파장과 강도**

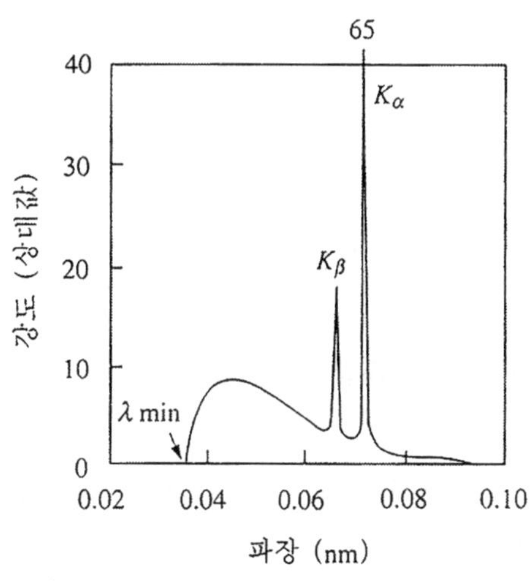

그림 3-6 **몰리브덴 타겟의 백색 X선 및 특성 X선 스펙트럼(관전압; 35 kV)**

(b) 특성 X선

그림 3-6은 타깃 금속을 M_o(몰리브덴)으로 한 X선관에 35 kV의 관전압을 걸었을 때의 X선스펙트럼을 나타낸 것이다. 이 경우 연속스펙트럼에서 백색 X선의 최단파장은 식 (3.4)로부터 0.035 ㎚가 된다. 또한, 파장이 0.071 ㎚의 K_α선과 0.63 ㎚의 K_β선인 두개의 선스펙트럼으로 나타난다. 이들 선스펙트럼의 X선은 타깃 금속의 종류에 의해 정해지는 "특성 X선"이라 한다. 이들 특성 X선의 파장은 관전압이 바뀌어도 변하지 않고 타깃 금속 고유의 값을 가지며 일정 한계치 이상의 관전압(여기전압이라 한다)이 주어진 경우에 발생한다. 그러나 백색 X선의 전강도에 비해 강도가 낮기 때문에 X선 투과검사에는 거의 기여하지 못한다.

(c) 단색 X선

특성 X선과 같이 선스펙트럼의 단일 파장을 가지는 X선을 단색 X선이라 한다. 다시 말해, 단일 에너지를 가지는 X선이 단색 X선이다. 따라서 매우 많은 단색 X선의 집합체는 백색 X선이라 생각할 수 있다.

(4) X선 발생 장치

(a) X관 관

① 유리관

유리관은 고용융점을 갖는 유리로 만들어졌고 내부의 높은 진공의 내파힘에 견딜 수 있는 충분한 강도를 갖고 있어야 한다. 유리관의 모양은 tube에 연결되는 전기회로에 따라 결정되며 이 유리관은 X선이 발생 될 때의 전기의 힘, 압력 및 온도 등에 견딜 수 있도록 그 외부에 절연 물질로 채워져 있다. 절연 물질로 가장 많이 사용하는 것이 기름과 가스이다.

유리관 속이 진공이어야 하는 이유로는 고속도의 전자는 공기 중에서 이온화하여 에너지를 손실하므로 이것을 방지하기 위함이며, 필라멘트의 산화 및 연소를 방치하고, 또한 전극간의 전기적 절연을 위한 것이다.

② 음극(cathode)

음극은 필라멘트(filament)와 포커싱컵(focusing cup)으로 되어 있다. 일반적으로 순철과 니켈로 되어 있는 포커싱컵은 방출된 전자를 양극으로 곧바로 이동할 수 있도록 정전기적 렌즈의 기능을 갖고 있으며, 필라멘트는 음극에서 전자를 방출하는 선원이다.

필라멘트는 일반적으로 전기적 특성과 열적 특성이 좋은 텅스텐 선을 사용한다. 텅스텐의 전기적 특성에 의하여, 필라멘트를 통해 전류가 흘러 전자가 발생할 수 있는 온도까지 가열된다. 이때 필라멘트에 흐르는 전류를 변화시키면 이에 따라 전자의 방출수가 변한다. 대부분의 X선 장비들은 관전류를 일정하게 고정시키고 변압기 조절을 통해 전압을 조정할 수 있도록 되어 있다.

③ 양극(anode)

양극은 일반적으로 구리로 되어 있어 표적으로부터 고온의 열을 전도시킬 수 있는 열전도성이 좋고 높은 전기적인 금속 전극이다. 표적물질은 고원자 번호를 가지며 용융온도가 높고, 열진도성이 높아야 하며 낮은 증기압을 갖는 물질이어야 하므로 텅스텐, 금, 프리티늄 등이 사용되나, 최근 가장 많이 사용하는 것이 구리 전극봉 안에 텅스텐을 사용하는 것이다. 전자 빔에 대한 표적의 방향은 초점의 크기와 모양에 강하게 영향을 받는다. 응용분야에 따라 0~30°까지 경사를 띄는데 지향성 장비에서 20° 정도로 하며 이 경우에 X선의 분포가 주로 관축에 직각인방향이 된다. 실제로 최대 강도는 +12°에서 나타난다.

④ 초점(focal spot)

초점이란 X선 튜브 안에서 X선이 발생 시 전자가 충돌하는 표적의 초점부위로부터 발생되는 면적을 말하며 초점이 작을수록 사진의 섬세도를 증가시키므로 방사선 사진의 질을 좋게 해준다. 즉, 방사선 사진의 영상의 섬세도는 방사선 선원의 크기(즉, 초점)에 의해 결정 된다.

일반적으로 양극의 표적면은 각도를 갖고 장치되어 있어, 실제 초점보다 작게 보인다. 이와 같은 초점을 실제 초점에 대한 유효적 초점(effective focal spot)이라고 한다.

X선의 강도는 빔의 중심에서 멀어질수록 감소하며, 표적물질의 기울기는 약 20° 정도이다. 경사효과(heel effect)란 0°에서 20°까지의 X선 강도가 가장 크게 나타나는 것을 말한다.

(b) X선관 창

X선 튜브에서 가장 중요한 두 가지 사항은 표적물질에 의한 초점의 크기와 X선 튜브의 창(X-ray tube window)이다. 창은 유리관의 벽두께의 일면으로 다른 부분보다 얇은 곳이다. 대부분 공업용 X선 튜브는 그 외부가 금속으로 된 틀로 싸여 있으며 이것은 저전압 및 고전압의 전원을 연결하기 위한 것뿐만 아니라 작업자를 고전압에 의한 감전으로부터 보호해 주고, 작업자나 기타 외부인들에 대해 불필요한 방사선으로부터 차폐의 역할을 하고 X선 광선 중 필요한 부분으로만 방출시킬 수 있도록 하기 위한 것이다.

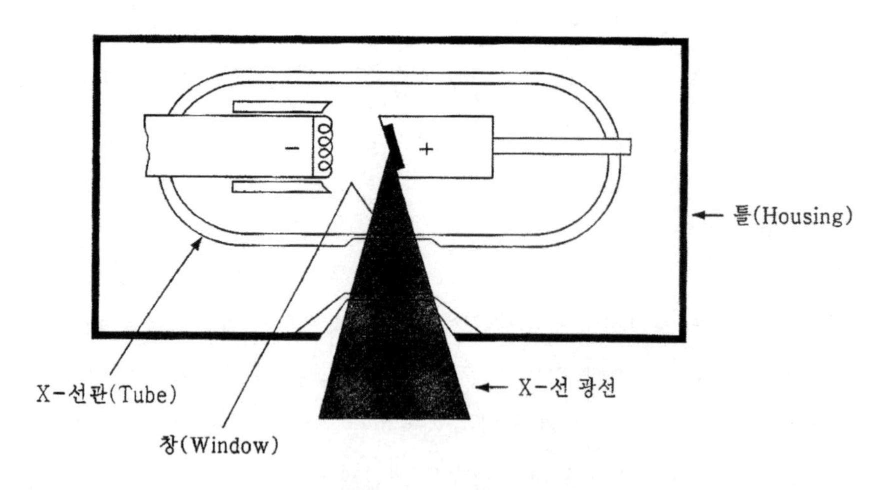

그림 3-7 **X선관 창의 구조**

(c) 변압기

변압기란 전압을 증감시킴으로서 교류전압을 변화시킬 수 있는 기기로 X선 장비에 필요한 변압기에는 자동변압기, 고전압변압기, 필라멘트(filament)변압기 등이 있다.

(d) X선 제어 장치

X선 장비의 제어장치에는 전류전압 조절장치. 계시기. 지시 등이 포함되어 있어 X선을 조절할 수 있으며 고전압에 의해 손상을 입지 않도록 보호회로가 준비되어 있다. 제어장치의 세 가지 중요 기능은 다음과 같다.

① 관전류의 조절

② 관전압의 조절

③ 노출시간의 조절

(e) 고에너지 X선 장치

전자의 발생을 이용하여 X선을 방출시키는 X선 장비에는 특수용도로 사용되거나, 매우 높은 고전압이 요구될 경우 특수한 전자 가속장치를 이용하여 수천 kV에서 수십 MeV까지의 전압을 사용하는 것이다.

① 공진 변압기형 X선 장치

① 반데그라프형 발생 장치

② 베타트론 가속장치

③ 선형가속기

나. γ 선의 발생

γ 선은 방사성의 원자핵이 붕괴할 때 방사되는 전자파(電磁波)이며, X선과 동일하다. 원자핵은 양자(陽子)와 중성자(中性子)로 구성되어 있으며, 양자수, Z와 중성자수 N의 합계가 질량수 A이다. 예를 들어 천연 코발트(Co)의 질량수 A는 59이고, 원자번호 Z(양자의 수는 원자번호에 해당)는 27, 중성자수 N은 32로, 이 Co를 $^{59}_{27}Co$ 또는 ^{59}Co로 표시한다.

이 ^{59}Co를 원자로(原子爐)에 넣어서 중성자를 흡수시키면 중성자가 1개 증가하여 A=60 (Z=27, N=33)의 ^{60}Co(Co 60)이 된다. 이 ^{60}Co의 원자핵은 불안정하기 때문에 그림 3-8과 같이 0.31 MeV의 β선(전자)을 방사함과 동시에 1 개의 중성자가 양성자로 변해 A=60(Z=28, N=32)의 ^{60}Ni의 제 1 여기상태가 된다. 이것이 제 2 여기상태로 이행할 때에는 1.17 MeV의 β선을 방사하고, 안정 상태로 이행할 때에는 1.33 MeV의 γ선을 방사한다.

다시 말해서, 1개의 ^{60}Co 원자가 붕괴하면 1.17 MeV, 1.33 MeV인 2 개의 γ선 양성자가 방사된다. 이 ^{60}Co과 같이 방사선을 방사하는 원소를 "방사성 동위원소(radioisotope)" 또는 약칭해서 RI라 한다. 방사선투과검사에 이용되고 있는 γ 선원으로는 이 ^{60}Co(cobalt 60) 외에 ^{192}Ir(iridium 192), ^{137}Cs(cesium 137)등이 있다.

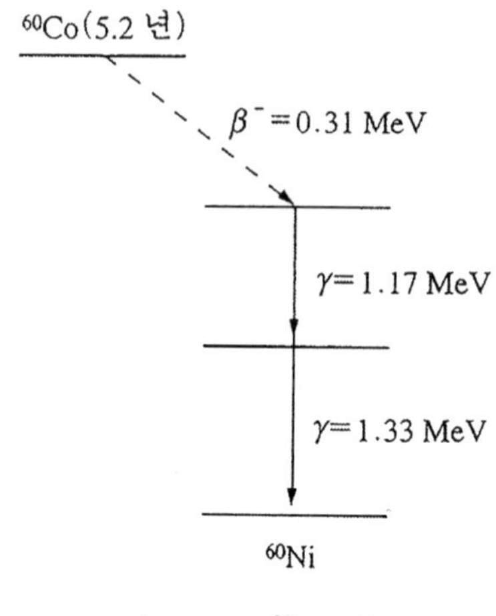

그림 3-8 ^{60}Co의 붕괴도

(1) γ 선의 성질

(a) 방사능의 측정– Bq(또는 Ci) 강도

방사성동위원소의 특성은 여러 가지 인자에 의해 규정되며, 그 중의 하나가 선원의 붕괴를 측정하는 단위인 큐리이다. 이것은 라듐 1g의 방사능에 해당하는 단위로서, 초당 3.7×10^{10}개의 붕괴를 의미한다. 각각의 동위원소마다 붕괴형태 및 방출되는 γ선과 붕괴 후의 거동이 다르기 때문에 서로 다른 방사성 물질의 비교에는 바람직하지 못하지만, 동일한 동위원소인 각기 다른 여러 선원의 강도를 비교해야 하는 방사선 투과검사에서는 대단히 중요하다.

(b) 반감기

모든 방사성 동위원소는 안정한 상태로 붕괴하며, 방사성 동위원소가 붕괴하여 최초의 원자수가 반으로 줄어드는데 요하는 시간을 반감기라 하며, 방사성 동위원소가 붕괴하는 율을 측정하는데 사용된다. 즉 방사성 동위원소는 붕괴하면서 방사선을 방출하는데, 그 세기 즉 선원의 강도는 시간이 지남에 따라 약해진다. 그 세기(강도)가 반으로 줄어들 때까지의 시간을 "반감기(半減期)"($T_{1/2}$)라고 한다. 반감기 및 붕괴상수는 물질 고유의 값이며, 어떠한 방법으로도 반감기를 늘이거나 줄일 수는 없다. 반감기와 붕괴상수와의 관계는 다음과 같다.

$$T_{\frac{1}{2}} = \frac{0.693}{\lambda}$$, 여기서 $T_{\frac{1}{2}}$=반감기 , λ = 붕괴상수

동위원소의 시간에 따른 강도는 다음의 식으로 표시할 수 있다. 즉, 최초의 동위원소의

세기에서 시간이 흐름에 따라 지수함수적으로 감소하는 성질을 갖는다.

$$\frac{I}{I_0} = e^{-\lambda t} = \left(\frac{1}{2}\right)^n, n = \frac{t}{T} \tag{3.5}$$

여기서, I 는 현재의 동위원소의 강도, I_0는 최초 동위원소 강도, t는 경과된 시간, T는 반감기를 나타낸다. $\frac{t}{T}$ 는 경과한 반감기의 횟수를 나타낸다. 즉, 최초에 100 Ci의 강도를 갖는 방사선원이 2번의 반감기를 지난다면, $100 \times (\frac{1}{2})^2$ = 25 Ci가 된다.

(2) γ선 에너지와 X선 에너지

γ 선의 에너지는 keV 또는 MeV로 나타내며, X선의 에너지는 관전압인 kVp로 나타낸다. eV는 전자볼트(electron Volt)라는 단위이며, 1개의 전자가 1 Volt의 전기장에 의해 가속된 크기의 에너지를 말한다. 단위 앞의 킬로(kilo)는 10^3(1,000배)이며 메가($Mega$)는 10^6, 기가($Giga$)는 10^9을 나타낸다.

kVp는 X선관에 의해 발생된 X선의 최대 에너지에 해당한다. 대개 X선관에 의해 방출되는 X선의 평균 에너지는 최대 에너지의 약 40 %가 되는 곳에 분포한다. 이에 반하여 ɣ 선은 동위원소의 종류에 따라 고유한 에너지를 가진다. 이러한 관계를 고려해 본다면, $3MeV(=3000kVp)$의 X선 발생장치는 $3MeV \times 40\% = 1.2MeV$ 이므로, 평균$1.2\,MeV$의 에너지를 갖는 Co-60 γ 선의 투과 능력과 $3\,MeV$ X선 발생장치의 투과 능력은 비슷함을 알 수 있다.

(3) γ 선 선원

γ 선 선원에서는 방사성 물질이 방사선을 방출하므로 초점은 방사성 물질의 전표면이 되므로 가능한 한 그 선원의 크기를 적게 할 수 있는 것이 요구된다.

방사선 사진에 사용되는 대부분의 동위원소는 그 직경과 길이가 거의 같은 원통형으로 되어 있어 어느 면을 사용하여도 초점으로서의 선원의 형태를 갖게 된다.

방사성 동위원소에는 여러 가지가 있으나 주로 공업용 방사선 사진에 사용되는 방사선 선원의 종류와 그 적용 두께 등을 표로 나타내었다.

표 3-1 방사선원의 종류와 적용 두께

동위 원소	반감기	에너지	적용 두께
Th-170	약 127일	0.084*Mev*	12.7㎜(1/2″) 철판이하
Ir-192	약 74일	0.137*Mev*	76㎜(3″) 철판이하
Cs-137	약 30.1년	0.66*Mev*	89㎜($3\frac{1}{2}$″) 철판이하
Co-60	약 5.3년	1.17(1.33)*Mev*	229㎜(9″) 철판이하
Ra-226	약 1620년	0.24~2.20*Mev*	127㎜(5″) 철판이하

(4) γ선 투과검사의 장 · 단점

γ선을 이용하여 사진을 얻을 때 X선과 비교하여 다음과 같은 장·단점이 있다.

(a) 장점

① 동일한 kV 범위일 경우 X선 장비보다 가격이 저렴하다.

② 이동성이 좋다.

③ 가이드 튜브가 들어갈 수 있는 작은 구멍만 있으면 촬영이 가능하다.

④ 외부 전원이 필요 없다.

⑤ 360° 또는 일정 방향으로 투사의 조절이 가능하다.

⑥ 장비의 취급 및 보수가 간단하다.

⑦ 초점이 일반적으로 작아서, 짧은 초점-필름 거리가 필요한 경우 특히 적당하다.

⑧ 투과 능력이 매우 크다.

(b) 단점

① 안전관리를 철저히 하여야 한다.

② X선에 비해 감도가 떨어진다.

③ 투과 능력은 사용하는 동위원소에 따라 다르다.

④ 반감기가 짧은 동위원소의 교환이 고가이다.

3.2.3 방사선의 성질

가. 방사선과 물질의 상호작용

X선이 물질이 조사되어 물질 내를 전파할 때 X선은 그 물질에 뭔가 변화를 주는 동시에 물질에 의해 흡수되기도 하고 산란하여 방향이 바뀌기도 한다. 이와 같은 현상을 X선과 물질과의 상호작용이라 한다. X선은 물질이 상호작용을 할 때 주로 원자와 작용하는데, 원자핵과는 거의 작용하지 않고 원자핵 주위의 전자와 작용한다. 주된 상호작용으로는 광전효과(photoelectric effect), 톰슨산란(thomson scattering), 콤프톤산란(compton scattering), 전자쌍생성(pair production) 등이 있다.

(1) 광전효과

X선의 광양자가 물질에 입사하여 원자의 K각의 궤도전자와 충돌할 경우, X선 광양자의 에너지가 K전자의 결합에너지 보다 크면 K전자를 궤도 바깥으로 튀어나가게 하며 광양자의 에너지는 모두 원자에 흡수되어 버린다. 이 현상을 광전효과라 하고 이 광전효과에 의해 떨어져 나간 전자를 광전자라 한다.

(2) 톰슨산란(rayleigh산란)

X선이 물질에 입사한 방향을 바꾸는 것이 산란이다. 이때 방향을 바꾸어도 X선의 파장이 변하지 않는 산란을 톰슨(thomson)산란 또는 rayleigh산란이라 한다. 또한 이 산란은 광양자의 에너지가 변하지 않기 때문에 탄성산란이라고도 한다.

톰슨산란의 경우는 파장이 변화하지 않기 때문에 각각의 전자에 의해서 산란된 X선이 서로 간섭을 일으키므로 때문에 가간섭성 산란이라 한다. 결정체에 의한 X선의 회절은 이 산란선의 간섭의 결과이다. 이 톰슨산란이 일어나는 정도는 원자번호에 비례한다.

(3) 콤프톤효과(콤프톤산란)

X선이 물질에 입사하여 산란할 때 산란후의 X선 광양자의 에너지가 감소하는 현상을 콤프톤효과 또는 콤프톤산란이라 한다. 콤프톤산란에서는 산란할 때 충돌한 전자에 에너지를 주어 원자 바깥으로 튀어나가게 하기 때문에 산란한 X선의 에너지 ϵ'은 입사 X선의 에너지 ε 보다 낮아진다. 이때 튀어나간 전자를 되튐전자라 한다. 콤프톤효과가 일어나기 전후에 효과에 관여한 X선의 광양자와 전자의 사이에는 에너지 보존법칙과 운동량 보존법칙이 성립한다. 입사 X선의 방향에 대하여 산란 방향의 각도(산란각) Θ가 커지면

에너지 ϵ 과 ϵ'의 차는 커지게 된다. 콤프톤효과는 궤도전자에 의해서보다는 주로 물질내의 자유전자와의 상호작용에 의해 발생한다.

(4) 전자쌍생성

전자쌍생성은 아주 높은 에너지의 X선의 광양자가 원자핵의 근처의 강한 전장을 통과할 때, 광양자가 소멸하고 그 대신에 음전자와 양전자가 생성하는 현상이다.

따라서 광양자의 에너지는 음전자와 양전자의 정지질량의 합에 해당하는 에너지 $2m_0C^2$(=1.02MeV)이상의 에너지를 갖지 않으면 안 된다. 여기서 전자 한 개의 질량에 해당하는 에너지는 $m_0C^2 = 0.511\,MeV$이다.

나. 방사선의 감쇠

방사선이 물체에 입사하는 방향을 바꾸지 않고 직진하여 물체를 투과하는 직접투과선과 도중에 물질과의 상호작용에 의해 발생하는 산란선으로 나눌 수 있다. 따라서 직접투과선의 강도는 상호작용에 의한 흡수, 산란에 의해 점차 감쇠하고. 상호작용이 일어나는 정도는 방사선의 에너지, 물질의 종류 및 그것의 두께에 따라 변화한다. 발생한 산란선의 산란각이 그림 3-9에 나타낸 것과 같이 90°이하의 범위인 산란선을 전방산란선이라 하고, 90°를 넘는 범위의 것을 후방산란선이라 한다.

(1) 직접투과선의 감쇠

방사선투과검사에 사용되는 X선은 백색 X선이지만 직접투과선의 강도가 투과두께에 의해 감쇠하는 경우에는 에너지가 단일한 단색 X선과 백색 X선의 경우로 나누어 검토해 볼 필요가 있다.

(a) 단색 X선의 경우

강도가 I_o인 단색 X선(광양자 에너지가 일정)이 두께 T(㎝)의 물체를 투과한 후의 직접투과선의 강도를 I 라 하면, I 와 I_o의 관계는 다음 식(3.6)으로 표현된다.

$$I = I_o e^{-\mu T}$$

또는 $$\frac{I}{I_o} = e^{-\mu T} \qquad (3.6)$$

μ: 선흡수계수(cm^{-1})

e: 자연대수의 밑(e=2.71828 · · · · · ·)이다.

식(3.6)에 대수를 취해 변형하면 식(3.7)이 된다.

$$\ln I = \ln I_o - \mu T$$

$$\text{또는 } \ln\left(\frac{I}{I_o}\right) = -\mu T \tag{3.7}$$

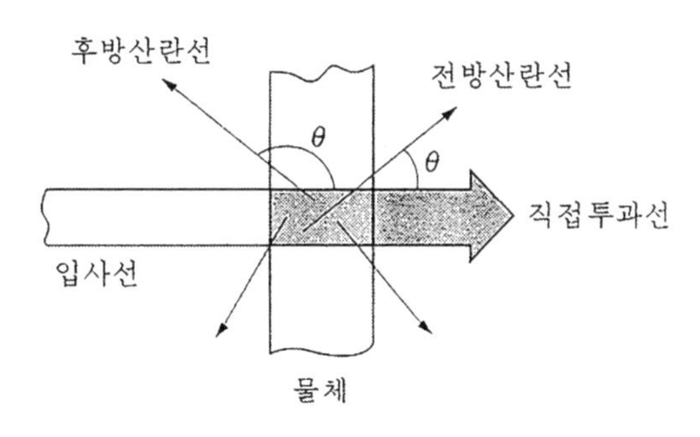

그림 3-9 **직접 투과선과 산란선**

물체의 두께 T를 횡축에 선형 눈금으로 잡고 투과율과 $\frac{I}{I_o}$를 종축에 대수눈금으로 나타내면, 단색 X선의 강도는 그림 3-10과 같은 직선이 된다. 두께 T가 증가하고 μ가 클수록 투과선이 급격히 감쇠하는 것을 알 수 있다. 흡수계수 μ는 감쇠의 정도를 정량적으로 나타내는 계수로, 방사선의 에너지가 낮을수록 커지고 투과물질의 원자번호나 밀도가 클수록 커진다.

감쇠의 정도를 흡수계수 μ외에 반가층의 두께 h로 나타내기도 한다. 그림 3-10에 나타낸 것과 같이 시험체의 어떤 두께를 투과함으로써 투과선의 강도가 1/2로 감소하는 두께를 반가층이라 하고 h로 표시한다.

이상의 조건에 의해 식(3.7)에 $I/I_0 = 1/2$, $T = h$를 대입하면, 반가층 h와 흡수계수 μ사이에는 다음 식(3.8)의 관계가 성립한다.

$$\mathrm{h} = \frac{\ln 2}{\mu} = \frac{0.693}{\mu} \tag{3.8}$$

따라서 μ나 h 중 하나를 알면 다른 쪽은 식(3.8)로 구할 수 있다.

(b) 백색 X선의 경우

실제로 투과검사에서는 단색 X선을 사용하지 않고 백색 X선을 사용한다. 백색 X선의 경우 직접 투과선을 실측하여 그림 3-10과 같이 나타내면 감쇠곡선은 직선으로 나타나지 않고 아래쪽으로 오목한 곡선이 된다. 그 한 예를 그림 3-11에 나타낸다.

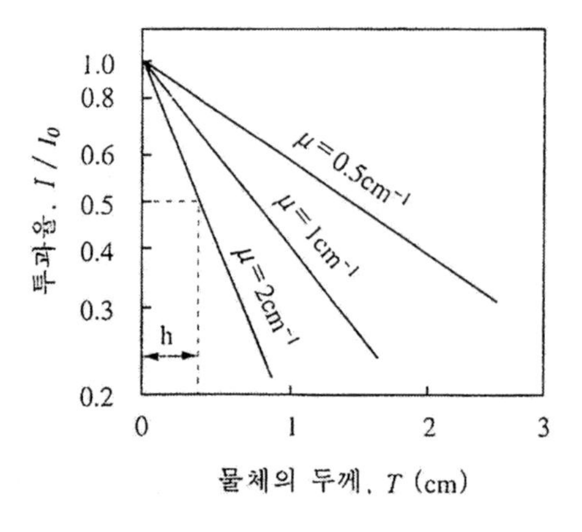

그림 3-10 **단색 X선의 감쇠곡선**

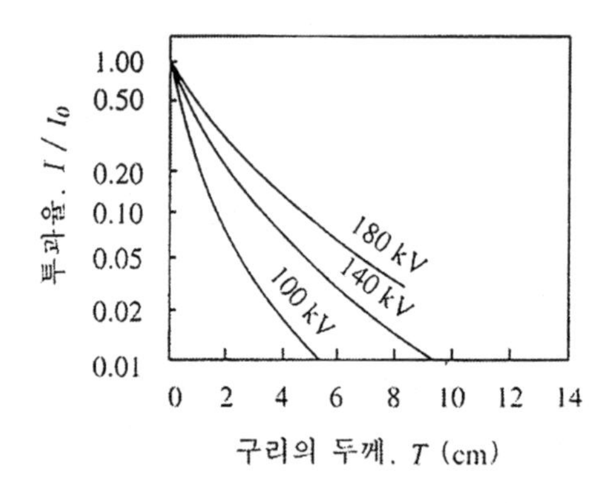

그림 3-11 **백색 X선의 감쇠곡선**

그림 3-11에서는 횡축은 강의 두께를 ㎜로 나타내며 파라미터를 관전압으로 나타내고 있다. 백색 X선은 여러 가지 에너지(파장)의 X선의 집합체로 에너지가 낮은 성분일수록 흡수되기 쉬우므로, 직접투과선의 X선스펙트럼의 두께가 두꺼워짐에 따라 직접투과선의 성분은 에너지가 낮은 성분이 급속히 감쇠하고 에너지가 높은 성분의 분율이 커져 전체적으로 흡수계수가 작아지는 쪽으로 옮겨 간다.

그러므로 백색 X선의 경우 두께 T가 변하게 되면 선흡수계수 μ가 변하기 때문에 입사선의 강도 I_0와 투과선의 강도 I의 관계를 식(3.6) 또는 식(3.7)과 같이 나타낼 수 없다. 그러나 그림 3-11에서 볼 수 있듯이 투과두께가 두꺼워질수록 곡선은 점점 직선에 가까워짐을 알 수 있다. 이것은 선흡수계수가 점차 일정한 값에 접근하는 것을 나타낸다.

따라서 백색 X선의 경우도 두께가 어느 정도 이상으로 두꺼워진 범위에서는 근사적으로 (3.6), (3.7)식이 성립한다고 생각할 수 있다.

(2) 산란선이 있을 경우의 감쇠

실제 방사선투과검사에서는 그림 3-12에 나타낸 것과 같이 백색 X선을 시험체에 넓은 조사범위로 조사한다. 시험체 배후의 어느 점 P에 도달하는 방사선을 고려해 보면, 직접 투과선 I 이외에 시험체 내부에서 발생한 산란선 I_s도 동시에 도달한다. 여기서 I_s는 시험체 내의 각 점에서 발생하여 P점에 도달한 산란선이다.

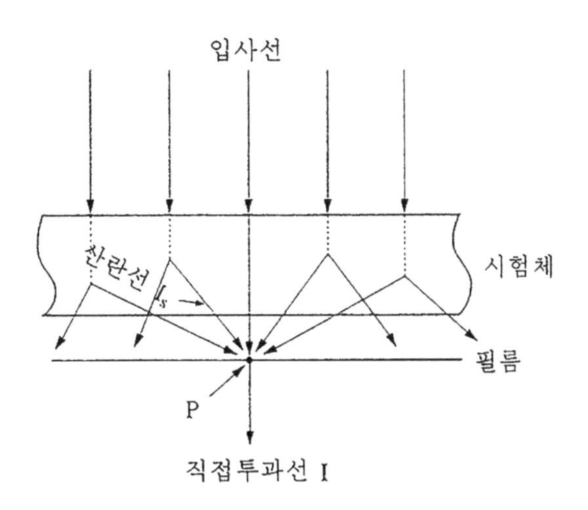

그림 3-12 **P점에서의 직접투과선과 산란선**

따라서 임의의 점 P에 도달하는 방사선의 강도 I_p는 다음 식과 같이 된다.

$$I_p = I + I_s \tag{3.9A}$$

여기서 산란선의 강도I_s와 직접투과선의 강도 I와의 비 I_s/I 를 산란비라 하고, n으로 나타내면 (3.9A)식은 (3.9B)식이 된다.

$$I_p = I(1+n) \tag{3.9B}$$

따라서 (3.9B)식을 입사 X선의 강도 I_0에 대한 투과율로 나타내면 식(3.10)이 된다.

$$\frac{I_P}{I_o} = \frac{I}{I_o}(1+n) \tag{3.10}$$

다. 전리작용

기체에 방사선을 쪼이면 전기적으로 중성이었던 기체의 원자 또는 분자는 이온으로 분리된다. 이것을 방사선의 전리작용이라 한다. 전리되는 기체분자의 수는 조사된 방사선량에 비례한다. 따라서 이 작용을 이용해서 조사선량을 측정할 수가 있다.

라. 형광작용

방사선은 육안으로 직접 볼 수가 없지만 형광 물질에 방사선을 쪼이면, 형광 물질은 방사선의 에너지를 흡수하여 들뜨게 되며, 안정한 상태로 되돌아 올 때에 황색, 청색 등의 형광을 발한다. 이 작용을 형광작용이라 한다.

형광 물질에는 ZnS, CdS, $CaWO_4$ 등 여러 가지 종류가 있으며, 형광 증감지, 투시법의 형광 판 및 측정기 등에 이용되고 있다.

마. 사진작용

사진 필름에 방사선을 쪼이면, 빛을 쬐었을 때와 마찬가지로 필름의 사진유제 속의 할로겐화은에 방사선이 흡수되어 현상핵, 즉 잠상을 만든다. 이 작용을 사진작용이라 한다. 그러나 방사선에 의한 사진작용은 보통 빛에 의한 경우보다도 작다. 사진작용은 방사선 사진 촬영, 방사선 피폭선량의 측정에 이용한다. 노출된 필름을 현상, 정착의 사진처리를 하면 잠상이 생겼던 부분이 화학반응을 일으켜 검은 색의 황화은으로 변하여 사진 상이 된다.

바. 거리에 따른 방사선 강도의 변화

방사선의 발생원(타깃)으로부터 임의의 거리 d에서 방사선 다발에 대한 수직 단면적을 S라 하면 그 점에서 방사선의 강도 I 는 d^2에 반비례하기 때문에 I 는 $1/d^2$에 비례한다. 따라서 선원으로부터 거리 d_1 및 d_2에서 방사선의 강도를 I_1 및 I_2라 하면 다음의 식(3.11)이 얻어진다.

$$\frac{I_1}{I_2} = \frac{d_2^2}{d_1^2} \tag{3.11}$$

즉, 진공 중에서 방사선의 강도는 초점으로부터의 거리의 제곱에 반비례한다. 이 현상을 그림으로 나타낸 것이 그림 3-13이며, 이 관계를 방사선의 강도에 관한 거리의 반제곱(역자승) 법칙이라 하며 노출 계산에 이용한다.

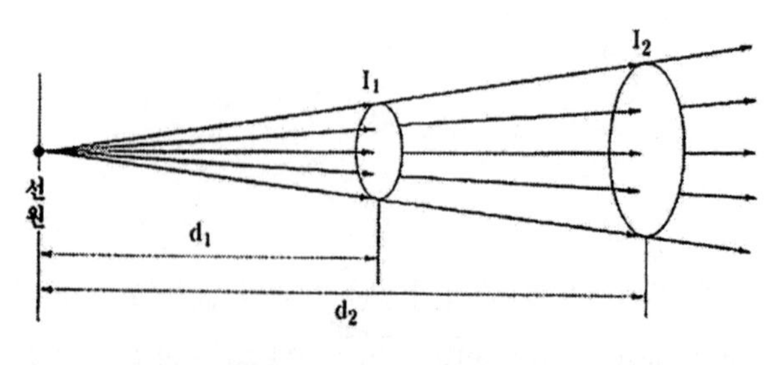

그림 3-13 **거리의 역제곱 법칙의 원리**

3.2.4 투과 사진의 상질

투과사진으로 찾아낼 수 있는 가장 작은 흠집의 크기를 사진 감도라 하고 이것에 영향을 미치는 인자는 투과사진 콘트라스트와 명료도로 나누어 생각할 수 있다. 표 3-2는 방사선투과 사진 감도에 영향을 미치는 인자를 정리해 놓은 것이다.

방사선 투과사진에서 감도는 선명도와 명암도가 조화된 상태를 나타내는 척도이다. 선명도란 각기 다른 농도의 경계면에 대한 명확도 또는 섬세도를 나타내는 말로 사용되며 윤곽이 매우 뚜렷한 경우 선명도가 높다는 것이다. 명암도란 사진의 농도, 즉 검고 흰 정도를 말한다. 즉, 사진의 감도가 좋다고 하는 것은 명암도와 선명도가 적절한 상태를 유지하고 있다는 것을 말한다. 방사선 투과사진 감도에 영향을 미치는 인지들을 정리한 표이다.

표 3-2 **방사선 투과 사진 감도에 영향을 미치는 인자**

투과사진 콘트라스트		명 료 도	
시험체 콘트라스트	필름 콘트라스트	기하학적 요인	입상성
시험체의 두께 차 방사선의 선질 산란 방사선	필름의 종류 현상시간, 온도 및 교반 농도 현상액의 강도	초점크기 초점-필름간 거리 시험체-필름간 거리 시험체의 두께 변화 스크린-필름접촉상태	필름의 종류 스크린의 종류 방사선의 선질 현상시간, 온도

가. 선명도에 영향을 주는 요인

방사선 사진에서 선명도에 영향을 주는 직접적인 요인은 다음과 같다.

(1) 고유불선명도

X선이나 γ 선은 어떤 물질을 통과할 때 필연적으로 광전효과, 콤프톤 산란, 전자쌍 생성 등과 같은 상호작용이 일어나 이온화 과정에 의한 흡수가 수반되는데, 필름을 통과할 때도 이러한 현상들이 필름 안에서 일어나게 되어, 그 결과로 생성되는 자유전자에 의해서 영상이 불선명하게 되는 것을 고유불선명도(inherent unsharpness)라 한다.

(2) 산란방사선

X선이나 γ선이 물체에 부딪힐 때 일부는 흡수되고 일부는 산란되면 일부는 투과되기도 한다. 전자는 빛이 산란하듯이 전 방향으로 산란되면, 산란에 의해 발생되는 방사선은 파장이 증가되면 최초의 방사선에 비해 약하고 침투력도 현저히 낮다.

산란방사선(scattered radiation)은 시험편을 포함하여 카세트, 벽, 마루, 책상 등 어느 부분, 어느 물질에서도 방사선을 직접 받게 되면 발생된다. 특히 두꺼운 물체의 방사선 사진에서는 산란방사선이 필름에 미치는 전방사선의 양에 대해 큰 비율을 차지한다. 예를 들어 3/4인치 두께의 철판의 방사선 사진에서는 시험편으로부터 받는 산란방사선은 필름에 도달할 때 최초 방사선의 강도의 약 2배 정도이며 2인치 두께의 알루미늄의 방사선 사진에서는 최초의 방사선의 강도에 2.5배 이상이 된다. 산란방사선은 일반적으로 내면산란, 측면산란, 후방산란으로 구분된다.

내면산란이란 시험편 자체내부·외부에 의하여 산란되거나 반사되는 것 또는 카세트에서 산란되는 방사선이며 측면산란이란 시험물이 위치한 주위의 벽, 책상 등을 통해서 산란되는 방사선을 말하며 후방산란이란 필름 및 시험물이 놓은 책상 또는 마루 등으로부터 산란되는 방사선이다.

이러한 산란방사선들은 영상을 불선명하게 하므로 가능한 한 방지하도록 하여야 한다. 또한 산란방사선은 방사선의 질을 저하시키므로, 여러 가지 장비를 이용하여 침입을 막거나, 약화시켜 사진에 영향이 적도록 하기 위하여 다음과 같은 조치를 필요로 한다.

① 후면 납판 사용 - 필름 뒤에 납판을 놓아 후방 산란 방사선의 침입을 방지하는 방법
② 마스크의 사용 - 제품 주위에 납판을 둘러서 불필요한 일차 방사선을 흡수, 산란방사선을 방지하는 방법
③ 필터의 사용 - 덮개의 일종으로 방사선을 선별하여 산란방사선의 발생을 약하게 하는 방법이며 X선에만 적용된다.
④ 콜리메타, 다이아프렘, 콘의 사용 - 덮개의 일종으로 필요한 부분만 방사선을 보내어 산란 방사선의 영향을 줄이는 방법
⑤ 납증감지의 사용 - 카세트 내의 필름 전후면에 납증감지를 부착하여 산란 방사선의 침입을 막는 방법

(3) 기하학적 불선명도

X선 및 γ선은 광선이 갖는 일반 법칙을 따르기 때문에 방사선에 의한 상의 형성은 광선의 관점으로 설명될 수 있다. 기하학적 불선명도(geometric unsharpness, Ug)를 무시할 수 있을 정도로 작게 하는 데 필요한 초점-필름간 거리는 필름 또는 필름과 스크린의 조합, 초점 크기 및 시험체-필름간 거리에 의존한다. 기하학적 불선명도에 영향을 주는 요인에는 다음 4가지가 있다.

① 초점 또는 선원의 크기
② 선원과 필름과의 거리
③ 시험물과 필름과의 거리
④ 선원, 시험물, 필름의 배치관계

즉, 동일한 기타 조건에서 초점의 크기는 작을수록 선명도를 좋게 하며 선원과 시험물의 거리는 실용적인 조건하에서 길수록 좋다. 또한 필름은 가능한 한 시험체에 가깝게 밀착시키는 것이 좋으며 시험물의 형상은 가능한 한 시험물, 선원, 필름의 배치가 방사선의 중심에 수직이 되도록 한다. 시험물의 배치는 필름과 수평이 되게 배치하여야 선명도가 좋게 된다.

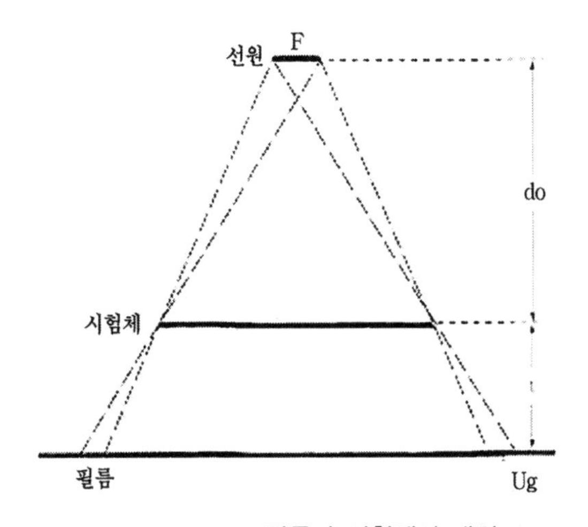

그림 3-14 **필름과 시험체의 배치**

기하학적 불선명도는 다음의 공식에 의하여 계산할 수 있다.

$$U_g = F \cdot \frac{t}{d_0} \qquad (3.12)$$

여기서 U_g=기하학적 불선명도

F =방사선원의 크기
t =시험체와 필름의 거리
d_0=선원 - 시험체의 거리

d_0와 t는 동일 측정단위이고, U_g의 단위는 F 와 동일 단위이어야 한다. 초점크기 F는 통상 어떤 일정의 방사선원에 대해서는 결정되어 있으므로, 값은 본질적으로는 단순히 d_0/t의 비율로서 관리된다.

(4) 필름의 입상성

방사선 필름에 나타나는 상은 수많은 미세한 은입자에 의해 형성되며, 각각의 입자들은 아주 작아서 단지 현미경을 통해서만 볼 수 있다. 그러나 이 조그만 입자들은 상대적으로 큰 덩어리를 형성하여 육안 또는 저배율의 확대를 통해 볼 수 있다. 이러한 덩어리를 형성하는 것을 가시적인 효과 즉 입상성이라 한다.

일반적으로 느린 필름은 보다 낮은 입상성을 나타내며, 방사선의 투과량이 증가함에 따라 입상성이 증가한다. 또한, 방사선사진에서는 입도가 적을수록 좋은 선명도를 얻게 된다.

나. 명암도에 영향을 주는 요인

방사선 투과사진의 명암도는 시험체 명암도(subject contrast)와 필름명암도(film contrast)에 의해 영향 받는다. 시험체의 명암도란 시험물에 투과된 방사선의 강도의 범위에 따라 결정되며 필름의 명안도란 필름 자체가 갖고 있는 명암도의 특성을 말한다.

또한 방사선 투과사진의 명암도는 산란방사선의 영향도 무시할 수 없으며, 특히 명암도에 영향을 주는 산란방사선은 주로 후방산란의 영향이 크다.

(1) 시험체명암도

시험체의 두께가 거의 일정하고 평면인 시험편의 방사선 투과사진은 모든 부분을 통과하는 방사선의 강도가 동일하기 때문에 시험체에 의한 명암도의 차이가 없이 일정하게 된다.

반면 두께가 다르거나 같은 두께일지라도 밀도가 다른 시험편을 통과하는 방사선은 그 강도가 다르기 때문에 명암도의 차가 생기게 됨으로 시험체의 두께의 차 또는 밀도의 차에 대한 명암도를 고려하여야 한다. 이러한 명암도를 시험체명암도(subject contrast)라고 하며 시험체의 명암도는 사용된 방사선의 에너지, 시편의 두께의 차 및 시편의 밀도의 차에 의해 그 영향을 받는다.

(2) 필름명암도

필름명암도(film contrast)란 방사선이 필름에 노출되어, 주어진 에너지에 대한 농도의 차이를 나타내는 필름 자체의 특성을 말한다. 방사선 투과검사에 사용되는 필름에는 많은 종류가 있으며 각각의 제조 회사와 제조 회사에 따른 필름의 종류에 따라 필름의 명암도의 특성이 다르다.

3.2.5 투과 사진의 콘트라스트

시험체에 결함이 있으면, 그 크기에 따라 결함부분과 건전부 사이에 투과선의 강도차 ΔI 가 생기고, 투과 사진상에서는 ΔI 에 비례하여 사진의 농도차가 생긴다. 이 농도차를 투과사진의 콘트라스트라 하며 ΔD 로 표시한다. 콘트라스트 ΔD 가 클수록 결함은 식별하기 쉬워지고 반대로 ΔD 가 작아지면 식별하기 어려워지며 어느 값 이하가 되면 식별할 수 없게 된다.

시험체 내에 크기 ΔT 인 블로우 홀(공동)과 같은 결함이 존재한다고 하면, 그때 블로우 홀에 대한 투과사진의 콘트라스트 ΔD 는 식(3.13)으로 표현된다.

$$\Delta D = -0.434 \frac{\gamma \mu \sigma \Delta T}{(1+n)} \quad (3.13)$$

γ: 필름 콘트라스트(film contrast), μ: 선흡수계수, σ: 기하학적 보정계수, n: 산란비이다.

식(3.13)에서 높은 콘트라스트를 얻기 위해서는 분자항의 γ, μ, σ가 가능한 크고 분모인 $(1+n)$은 가능한 한 작아지도록 촬영조건을 선택해야 한다.

가. 필름 콘트라스트 γ

γ를 크게 하기 위해서는 γ가 큰 특성을 가지는 X선 필름을 선택한다. 또 γ의 값은 농도에 거의 비례하기 때문에 농도를 높인다. 그러나 관찰기(필름 viewer)의 밝기에는 한계가 있어 농도가 어떤 값을 넘으면 투과광이 적어지므로 ΔD가 커도 식별이 어려워진다. 그러므로 표준적인 식별조건에서 사진농도가 거의 일정할 경우 농도 D는 2.5정도가 가장 적합하다.

나. 흡수계수 μ

흡수계수 μ를 크게 하기 위해서는 에너지가 낮은 X선이나 γ선을 사용한다. X선의 경우 관전압을 낮추면 에너지가 낮은 X선이 나오며, ɣ선의 경우 에너지가 낮은 ɣ선원을 선택해야 한다.

그러나 에너지가 낮은 X선은 투과력이 작기 때문에 시험체의 두께가 두꺼워지면 노출시간이 길어져 실제 작업에서는 작업능률이나 장치의 사용상의 제한을 받을 때가 있으므로 이를 고려하여 적절한 조건을 선택해야 한다.

다. 기하학적 보정계수 σ

σ는 방사선원의 크기(X선의 경우 초점의 크기)나 대상이 되는 결함의 크기 및 촬영배치에 의해 결정되는 인자로 최대값은 1이다.

각 규격의 규정을 만족시키는 촬영배치를 취하면 σ의 값은 거의 1에 근사한 값이 얻어진다. 그러나 보다 검출도가 높은 정밀검사의 경우 주어진 $(L_1+L_2)/L_2$의 비, 즉, m값을 규정치 보다 크게 하는 편이 좋다.

라. 산란비 n

촬영에 있어서 산란비는 작으면 작을수록 좋지만, 산란비 n과 촬영조건과의 관계는 복잡하며 이는 촬영기술의 가장 중요한 부분이다. 그래서 산란비 n을 작게 하기 위한 여러 가지의 기술적인 검토가 이루어지고 있다. 시험체에 대한 조사범위를 좁게 해서 산란선을 적게 하는 좁은 조사범위 촬영법이 그 일례로, 정밀검사의 경우에 이용되고 있다.

3.2.6 투과 사진의 관찰 조건

적절한 촬영조건으로 만족스러운 상질의 투과사진을 얻었다 하더라도 최종 관찰의 단계의 관찰조건이 부적절하면 검출해 놓은 결함도 식별할 수 없게 된다.

가. 식별한계 콘트라스트

투과사진에서 결함 또는 투과도계의 존재를 확인할 수 있는지의 여부는 투과사진상에서 결함상의 농도 D_2와 건전부의 농도 D_1의 농도차 D_2-D_1, 즉 투과사진의 콘트라스트 ΔD가 사람의 시각으로 인식할 수 있는 최소의 농도차 $\Delta D_{\min}$ 보다 큰지 작은지에 의해 결정된다. 이$\Delta D_{\min}$를 식별한계 콘트라스트라 한다.

투과사진의 콘트라스트 ΔD 가 $\Delta D_{\min}$보다 큰 조건 즉 (3.14)식

$$|\Delta D| \geq |\Delta D_{\min}| \tag{3.14}$$

을 만족하는 경우 결함을 식별할 수 있다.

한편 ΔD 가 $\Delta D_{\min}$보다 작은 경우, 즉 (3.15)식

$$|\Delta D| < |\Delta D_{\min}| \tag{3.15}$$

의 조건의 경우 결함을 식별할 수 없다. 여기서 ΔD 는 (3.13)식으로 얻어진다.

나. 투과사진의 관찰 방법

어떤 크기의 상에 대한 식별한계 콘트라스트$\Delta D_{\min}$은 관찰조건에 따라 변화하는데, 어두운

방에서 투과사진의 농도에 적합한 밝기의 관찰기를 사용할 경우 가장 좋은 관찰조건이 되며 $\Delta D_{\min}$은 가장 작아진다.

이 경우 투과사진을 직접 투과한 광 이외의 광, 즉 관찰기의 광원의 빛이 직접 눈으로 들어오지 않고 투과사진의 크기에 적합한 크기의 마스크를 사용하여 관찰해야 한다.

그러나 밝은 방에서 관찰하거나 적절한 마스크를 사용하지 않고 관찰하게 되면 투과사진을 투과한 광 이외의 광이 눈으로 들어와 때문에 적절한 관찰조건에서 벗어나므로 $\Delta D_{\min}$이 낮아지지 않아 결함이 제대로 식별되지 않는 경우가 생긴다.

3.2.7 투과 검사와 화상처리

투과사진의 상에서 시험체를 투과한 방사선의 강도 및 강도의 차는 사진의 농도 및 농도차로서 식별되는데, 사람이 식별해 내는 최소의 농도차 $\Delta D_{\min}$은 그 투과사진의 농도와 관찰조건에 따라 복잡하게 변화한다.

한편, 보통 촬영을 한 투과사진에서는 시험체의 형상, 결함 등에 의한 투과선의 강도 변화의 정보는 X선 필름유제의 은 입자에 큰 정보량으로 축적되어 있다. 그러나 그 투과사진을 어떤 관찰조건에서 관찰할 경우에는 정보량에 의해 만들어진 상 중에서 식별할 수 있는 범위가 한정되어, 식별해내지 못하는 부분이 존재하게 된다. 이와 같이 식별되지 않는 부분을 식별할 수 있도록 하기 위해서는 촬영조건을 변화시키고, 부분적으로 농도를 변화시킴으로써 콘트라스트를 높여 재촬영해야 한다.

최근에는 컴퓨터를 응용한 화상처리기술의 적용으로 1회의 촬영으로부터 얻은 정보를 넓은 범위까지 가시화시키고, 상질도 여러 가지 기법으로 개선시킨 화상을 얻을 수 있게 되었다.

가. 투과사진과 화상처리

X선 필름에 축적되어 있는 정보는 아날로그 정보이므로 각종 화상처리를 하기 위해서 디지털화 장치(digitizer)를 이용하여 아날로그 정보를 디지털 정보로 전환한다. 그 디지털 정보를 이용하여 투과검사의 목적에 따라 최적의 화상처리를 한다. 화상처리를 하면 콘트라스트 강조, 상의 윤곽 강조, 선명도 등의 화상 강조 및 평활화, 기타 각종 연산처리가 가능하게 된다.

판 두께차이나 피사체 콘트라스트가 큰 시험체, 반면에 콘트라스트를 얻기 어려운 시험체 등 종래의 투과사진으로는 적절한 화상이 얻을 수 없는 경우에 그 원화상에 화상처리를 함으로서 폭 넓고 적절한 화상을 얻을 수 있다. 현재 방사선투과검사의 화상처리 시스템으로 nippi image processing system(NIPS)이 실용화되어 있다. 이 시스템에서는 12 bit(4096 계조)의 화상 해상도를 가지는 디지털화 장치를 원화상에 적용하여 원화상 정보를 디지털화한 후, 그것에 각종 화상처리를 한다. 아울러 화상표시를 하기 위한 PC, 프린터, 광자기 디스크, CRT를 조합하여 화상처리 시스템을 구성하고 있다.

나. 이미징 플레이트와 화상처리

지금까지는 방사선투과사진상을 기록할 매체로써 X선 필름이 전적으로 사용되어 왔으나 형광체를 2차원에 고밀도로 박막층에 도포한 이미징 플레이트가 개발되었다. 이미징 플레이트(imaging plate; IP)는 X선의 투과선량의 분포를 2차원적으로 기억·축적하는 기능을 가지고 있다. 이미징 플레이트의 형광체는 X선의 조사를 받으면 형광을 발하고 X선의 조사가 끝나면 발광이 급격히 감쇠하나, 다음에 그것에 가시광 또는 적외선을 조사하면 다시 형광의 발광이 증가하는 특성을 가지고 있다. 이 특성을 휘진(輝盡) 발광현상이라 하는데, 이 현상에 의해 발광하는 형광의 강도는 최초에 조사된 X선량에 비례하므로 이 현상을 이용하여 이미징 플레이트는 X선 필름과 같이 방사선의 검출과 동시에 기록매체로 이용된다.

이 이미징 플레이트에 축적된 X선의 정보를 형광으로 바꾸어 전기신호로 변환하고, 다시 디지털 신호로 변환하기 위해 화상 읽음 장치가 사용된다. 이미징 플레이트를 한 방향으로 이동시키고, 그 직각방향에 레이저 빔을 주사시켜 이미징 플레이트에서 발생한 형광을 광검출기를 통하여 전기신호로 변환한다. 여기서 디지털화된 신호는 나아가 화상기록장치, CRT화상표시장치, 광디스크 화상 파일장치를 이용하여 각종의 화상처리를 하고, 검사 목적에 따른 화상이 얻어진다.

이미징 플레이트를 이용한 화상처리 시스템으로는 후지필름의 공업용 fuji computed radiography(FCR) 시스템이 실용화되어 있다.

이 FCR system의 화상 읽음 장치에 의해 읽어 내는 계조는 10 bit(1024 계조)가 되고 있다. 이미징 플레이트는 공업용 X선 필름에 비해 감도가 높고, 관용도(latitude)가 넓은 등 장점이 있으며, 두께의 변화가 큰 시험체의 촬영에 유효하고 노출시간의 단축이 가능하며 암실이 필요 없는 등 작업의 실용적인 면에서도 주목되고 있다.

3.3 방사선투과검사 장치 및 기기

3.3.1 방사선투과검사 장치

가. X선 투과 검사 장치

X선 발생장치는 그림 3-15의 X선관을 사용하는 저에너지의 X선 발생장치와 입자가속기를 이용하는 고 에너지의 X선 발생장치로 나눈다. 고에너지 X선 장치는 강의 두께가 100 ㎜를 넘는 아주 두꺼운 시험체의 검사에 사용하고, 그 외의 경우에는 저 에너지 X선 장치를 사용한다.

또한 저에너지의 X선 장치는 그것의 형식에 따라 일체형과 분리형으로 나눈다. 또한 보다 높은 에너지의 X선 출력을 얻기 위해서는 높은 관전압을 필요로 하는데, 일체형에서는 관전압을 높이려면 X선 발생기의 무게와 부피가 커지게 되고 취급이 곤란해지기 때문에 관전압 400 kV이하의 장치에 적용되고 있다.

그림 3-15에 일체형 X선 장치의 구조와 겉모양을 나타내었다.

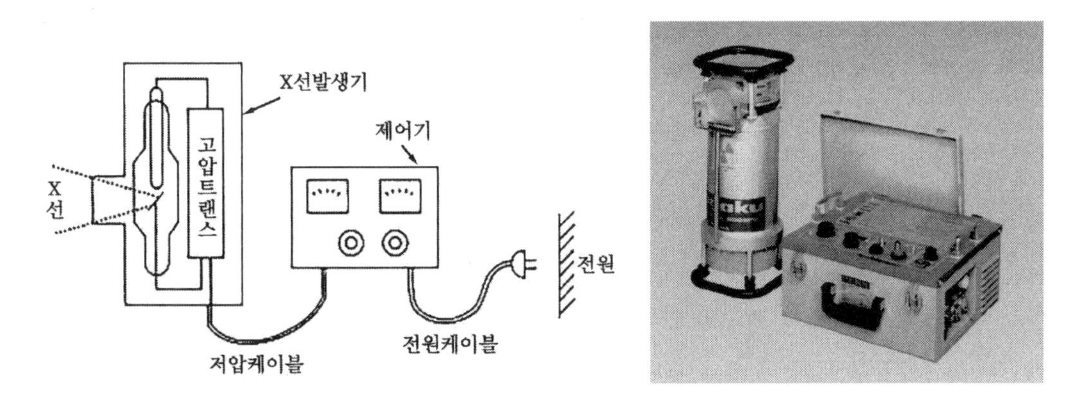

그림 3-15 **일체형 X선 장치의 구조와 겉모양**

분리형은 X선관, 고압발생기 및 제어기로 분리되어 있고 전용 조사실에 설치하여 사용하는 경우가 많다. 냉각기, 정류장치를 구비하고 있어 이동은 곤란하나 높은 X선 출력이 얻어지며 연속사용이 가능한 것 등의 이점이 있다.

고에너지 X선 발생장치로는 500 keV ~6 MeV의 에너지의 van de graaff 발생기, 1~10 MeV의 linear accelerator(linac이라고도 한다), 20~30 MeV의 betatron 등이 있다. 고에

너지 X선 장치는 두꺼운 시험체를 촬영할 수 있을 뿐만 아니라 초점의 크기가 작고 산란 방사선의 방향이 입사방사선의 방향으로 있을 확률의 증가하여 투과 방사선량이 증가하므로 필름 노출이 증가하며 선명도가 높은 사진을 찍을 수 있다.

나. γ선투과검사 장치

γ선투과검사 장치는 X선투과검사 장치처럼 특별히 전원을 필요로 하지 않으며 작고, 가볍기 때문에 검사하는 장소로 수시 이동하여 사용할 수 있는 장점이 있다.

그림 3-16과 같이 γ선투과검사 장치는 주로 다음과 같이 3가지로 구성되어 있다.

① γ 선원을 담아두는 선원 용기
② γ 선원을 정해진 위치까지 보내기 위한 전송 관 및 조작 관
③ γ 선원의 출입 등을 원격 조작하는 제어기

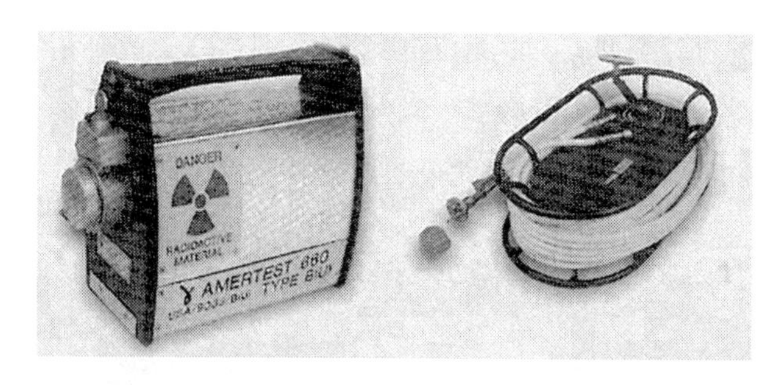

그림 3-16 ^{192}Ir용의 γ 선 투과 검사장치

선원 용기는 γ선의 누설이 최소가 되도록 γ 선의 흡수가 큰 납, 텅스텐합금, 우라늄합금 등으로 만든다. 선원 용기는 선원을 용기에서 꺼내지 않고 γ선을 조사할 수 있도록 되어 있는 것도 있고, 옥외에서 선원 용기로부터 검사부위까지 선원을 밀어내어 γ선을 조사할 수 있도록 되어 있는 것이 있다. 현재 투과 검사에 널리 사용하고 있는 γ선원으로 ^{192}Ir 및 ^{60}Co이 있다. 이 중에서 ^{192}Ir은 에너지가 비교적 낮고 취급이 쉽기 때문에 많이 사용한다.

최근에는 판의 두께가 얇은 시험체에 적용하기 위하여 저에너지의 γ선원으로 ^{169}Yb가 주목을 받고 있으며 시험적으로 사용되고 있다. 그림 3-16은 ^{192}Ir용의 γ선 투과 검사 장치의 한 예이다. 표 3-3에 이들 γ선원의 여러 가지 성능을 나타내었다.

표 3-3 방사선투과검사에 널리 사용하는 방사성동위원소의 특성값

특 성	원 소			
	코발트	세슘	이리듐	트리움
원자번호	27	55	77	6
질량수(g/mol)	60	137	192	170
반감기	5.27년	30.1	74.3	129
화학적 형태	Co	CsCl	Ir	Tm2O3
밀도(g/cm^3)	8.9	3.5	22.4	4
γ선 에너지(MeV)	1.33-1.17	0.66	0.31-0.47-0.60	0.084-0.052
β선 에너지(MeV)	0.31	0.5	0.6	1.0
1 GBq당 mSv/h·m	310(1.35)	80(0.34)	125(0.55)	0.7(0.0030)
실제비방사능(GBq/g)	1,850	925	13,000	37,000
1cm^3 당 실제(GBq)	17,000	3,300	300,000	150,000

3.3.2 방사선투과검사 기기

가. X선 필름

(1) 필름의 구조

X선 필름은 유연하고 투명한 폴리에스테르 필름 바탕의 양 쪽 면에 사진유제를 얇게 발라 놓은 것이다. 사진 유제는 방사선에 민감한 브롬화은(AgBr) 등의 할로겐화은의 미세한 입자를 갖풀(젤라틴)에 섞어 놓은 것을 말한다.

X선 필름은 보통 감광속도(film speed)를 높이고, 한 쪽 면의 사진 유제 피막의 두께를 얇게 하기 위하여 양쪽 면에 발라서 만든다. 사진 유제의 피막이 얇으면 사진처리가 좋아지는 이점도 있다. 그러나 아주 또렷한 상을 얻으려고 할 때는 한 쪽 면에만 사진 유제를 바른 필름을 사용한다.

(2) 사진농도

사진농도(film density)는 필름의 검은 정도를 나타내는 척도이며, 투과농도와 반사농도가 있다. 투과 농도 D는 다음 식으로 정의한다. X선 필름에 입사한 빛의 강도 L_0에 대한 필름을 투과한 후의 빛의 강도 L의 비를 대수로 나타낸 것이다.

$$D = \log_{10}\left(\frac{L_o}{L}\right) \tag{3.16}$$

(3) 필름의 특성

(a) 특성곡선

그림 3-17은 필름의 특성을 그림으로 나타낸 것이다. X선 필름에 조사된 선량, 즉 상대 노출량 E와 사진처리 후에 얻어진 사진농도 D와의 관계를 나타낸 곡선을 필름 특성 곡선이라 한다. 이것을 H&D곡선(hurter & driffield curve)이라고도 하는데 필름의 특성을 보여주고 있다.

가로축은 상대 노출량 E를 대수 눈금 이고, 세로축은 사진농도 D를 선형 눈금으로 정하여 그린 것이다. 이때 상대 노출량 E를 이것의 대수 값으로 나타내기도 한다. 필름의 특성은 필름의 감광 속도, 필름 콘트라스트, 입상성으로 나타낸다. 실제 촬영조건을 결정하기 위한 노출도표의 작성과 노출 조건의 변경 등에 널리 이용되고 있다.

그림 3-17에서 곡선 A와 곡선 B를 비교하면 B 필름의 감광속도가 A 필름보다 빠른 것을 알 수 있다.

(b) 감광 속도

어떤 필름에 대하여 규정된 사진농도, 보통 2.0을 얻는데 필요한 노출량의 역수로 나타낸다. 따라서 그림 3-17에서 A, B 필름의 특성곡선의 위치로 상대적인 감광 속도(film speed)를 알 수 있다. 특성곡선이 제일 왼 쪽에 있는 필름의 감광 속도가 가장 빠르다.

(c) 필름 콘트라스트

특성 곡선의 기울기를 필름 콘트라스트(film contrast)라 한다. 사진농도에 따라 필름 콘트라스트는 달라지며 투과사진의 감도에 영향을 미친다.

(d) 입상성

X선 필름에 나타나는 상은 수많은 작은 입자로 만들어지며, 이 작은 입자들이 상대적으로 큰 덩어리를 형성하면 사진농도의 불균일이 생기고 눈으로 느낄 수 있게 된다.

이러한 덩어리를 형성하는 정도를 입상성(graininess)이라 한다. 입상성이 거칠면 섬세한 사진 상을 얻기 어렵다. 보통 감광 속도가 늦은 필름일수록 입상성은 아주 미세해서 좋은 상을 얻을 수 있다.

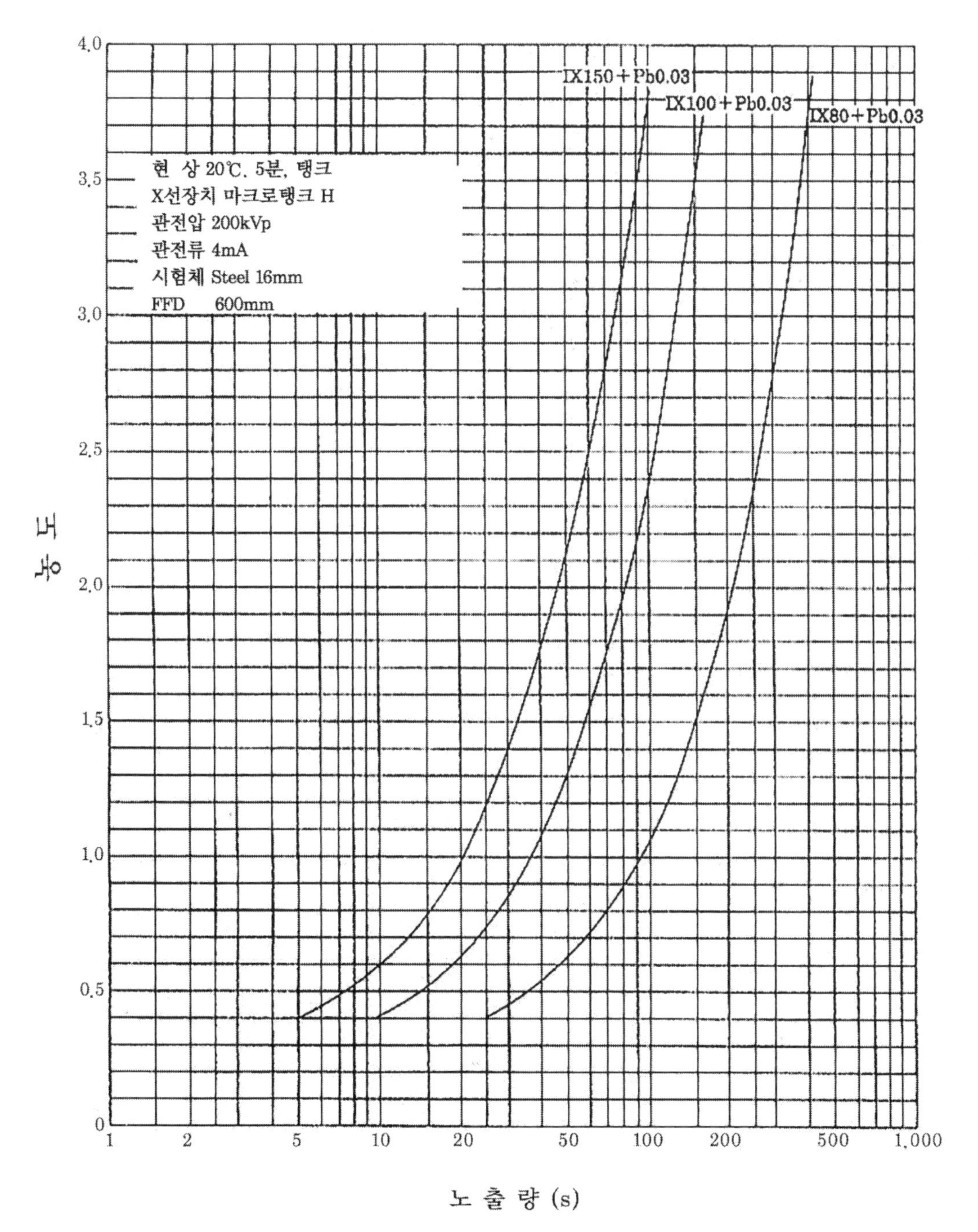

그림 3-17 X선 필름의 특성 곡선

모든 필름의 입상성은 사용하는 방사선의 에너지, 투과 방사선의 양, 사진처리 조건에 따라 달라진다.

(e) 필름의 종류

표 3-4 X선 필름의 분류(ASTM E 94)

필름의 종류	필름의 특성			비고
	감광 속도	필름콘트라스트	입상성	
1형	느리다	아주 높다	아주 미세하다	(1) 형광스크린을 사용 (2) 연박 스크린 사용 (3) 사용한 형광스크린의 종류에 따라 결정
2형	중간이다	높다	미세하다	
3형	빠르다	중간이다.	거칠다	
4형	아주 빠르다(1) 중간이다(2)	아주 높다(1) 중간이다(2)	(3)	

공업용 X선 필름은 크게 형광 증감지를 짝지어 사용해야하는 것과 그렇지 않은 것으로 나눈다. 앞의 것을 스크린형 필름이라 하고, 뒤의 것을 논 스크린형 필름이라 한다. 스크린형 필름은 반드시 형광 증감지를 같이 사용해야 하는 필름이지만, 논 스크린형 필름은 증감지를 사용하지 않고서도 촬영할 수 있고, 금속박 또는 형광 증감지를 사용할 수도 있는 필름이다. 그리고 ASTM E 94에서는 X선 필름을 표 3-4와 같이 필름의 특성 즉 감광 속도, 필름 콘트라스트, 입상성에 따라 네 종류로 분류한다.

1형 필름은 높은 상질을 얻으려할 때나 방사선 흡수가 낮은 경금속의 촬영에 사용한다. 일반적으로 방사선투과검사에 많이 사용하는 것은 2형 필름이다.

나. 증감지(스크린)

증감지는 X선 필름의 감도를 높이기 위해 사용되는데, 금속박 증감지, 형광 증감지 및 금속 형광 증감지의 3종류가 있다.

(1) 금속박 증감지

방사선의 조사에 의해 금속박으로부터 발생하는 2차 전자의 사진작용을 이용하는 것이다. 금속으로는 원자번호가 높은 중금속을 이용하며 현재 주로 연박(lead foil)을 사용하고 있다.

연박의 두께는 0.03~0.3 ㎜의 범위에서 사용할 방사선의 에너지에 따라 선택한다. 금속박(metal foil) 증감지는 산란방사선을 막아주어 투과사진의 상질을 좋게 하는 효과도 있다.

(2) 형광 증감지

X선에 의해 발생하는 형광의 사진작용을 이용하는 것으로, 수십에서 수백 정도의 높은 증감율을 가지나 금속박 증감지에 비해 상의 흐림이 크기 때문에 균열과 같은 미세한 결함의 검출에는 합당하지 않다.

(3) 금속 형광 증감지

연박 위에 형광물질을 도포한 구조로 되어 있다. 형광 증감지에 의한 높은 증감율과 연박에 의한 산란선의 저감 효과의 양쪽의 장점을 살릴 목적으로 만들어졌다. 상의 선명도는 연박 증감지에 비해 다소 떨어진다.

다. 상질계

상질계(image quality indicator; IQI)는 방사선투과사진의 화상의 질의 좋고 나쁨이나 투시 영상의 좋고 나쁨을 평가하는 투과도계, 계조계, 선질계 등을 모두 일컫는 말이다.

(1) 투과도계

투과도계(penetrameter)는 바늘형(선형), 유공형(판형), 유공계단형 등이 있다. 우리나라에서 가장 일반적으로 사용하고 있는 것은 바늘형과 유공형 투과도계이다.

(a) 바늘형 투과도계

바늘형은 형상에 따라 일반형과 띠형으로 분류된다. 그림 3-18은 KS A 4054(2000)에 규정된 바늘형 투과도계의 예이다. 일반형은 선 지름이 각각 다른 7개의 선이 X선의 흡수가 적은 고분자재료 속에 나란히 배치되어 있고, 띠형은 같은 선 지름을 가지는 9개의 선으로 구성되어 있다.

그림 3-18에서 형의 종류를 나타내는 호칭번호 04F(일반형)나 F040(띠형)에서 F는 재질을 표시하는 기호이며, 재질 기호에는 F, S, A, T, C가 있다. F는 철, S는 스테인리스 스틸, A는 알루미늄, T는 티타늄, C는 구리를 의미한다. 그리고 04 또는 040은 선 지름이며 0.4 ㎜ 또는 0.40 ㎜를 의미한다. 일반형에서 04는 7 개의 선 중에서 제일 굵은 선의 지름이 0.4 ㎜을 나타낸 것이고, 제일 가는 선의 지름은 이것의 반의반이다.

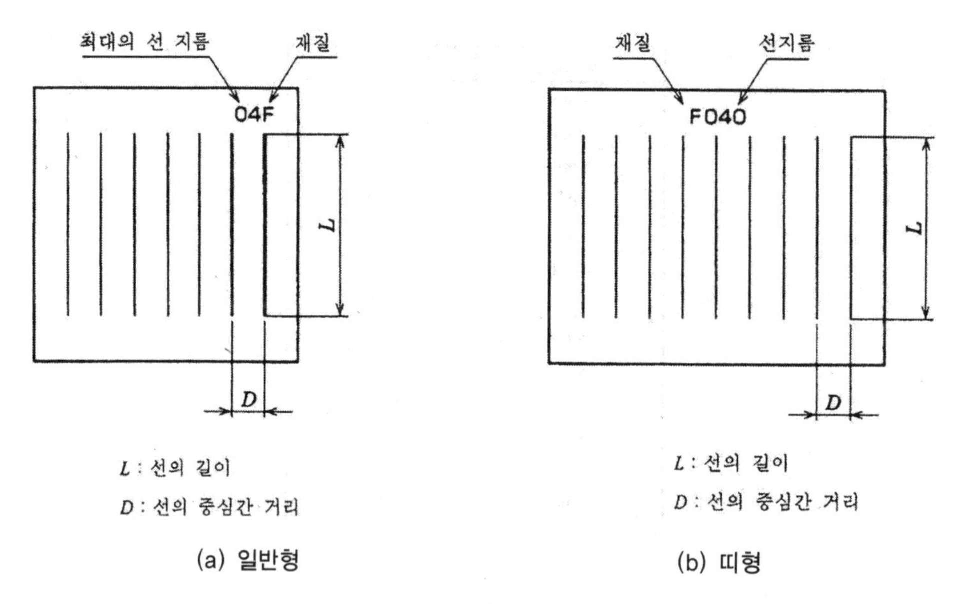

그림 3-18 **바늘형 투과도계의 모양**

(b) 유공형 투과도계

유공형 투과도계는 판에 관통 구멍을 뚫어서 만든다. 그림 3-19는 유공형 투과도계이다. 유공형 투과도계는 american society for testing and materials(ASTM)표준으로 정해진 것을 한국 산업 규격에서 채택한 것이다. 호칭번호 FE10에서 FE는 재질을 표시하는 기호이며, 재질 기호에는 FE, AL, CU, SS. MG 등이 있다. 그리고 10은 판의 두께, T인데 10/1000 in(인치)를 의미한다. 세 개의 구멍이 있고, 구멍의 지름은 1 T, 2 T, 4 T이다.

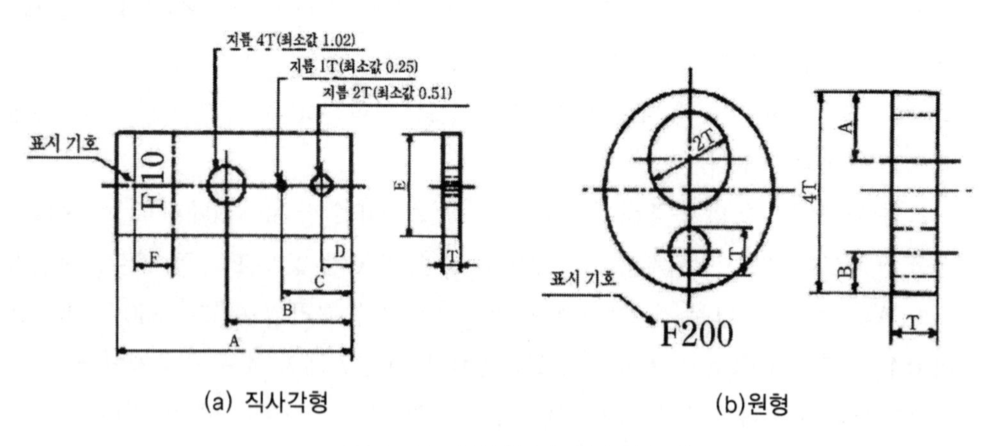

그림 3-19 **유공형 투과도계의 모양**

(2) 계조계

계조계(step wedge)는 바늘형 투과도계를 사용할 때 검사에 사용하는 방사선 에너지가 검사에 알맞은 것인지를 확인할 목적으로 이 투과도계와 함께 사용한다. 1단형의 판상인 것과 2단형의 스텝상인 것이 있으며, 그림 3-20은 1단형 계조계의 모양이다.

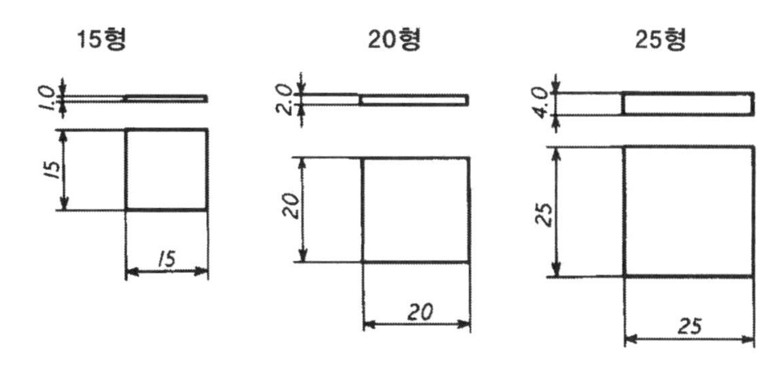

그림 3-20 **1단형 계조계의 모양**

라. 농도계와 관찰기

(1) 농도계

사진농도를 측정하는 기계를 농도계라 한다. 농도계는 교정검사된 표준농도필름으로 교정하여 사용하여야 한다.

(2) 관찰기

투과사진을 관찰하기 위해서는 투과사진의 뒷면에서 적절한 밝기의 균일한 빛을 비추어 주어야한다. 이 조명 기기를 관찰기라 한다. 관찰기는 빛의 밝기를 조절할 수 있는 것이 좋다.

마. 기타 필요한 기기

(1) 필름홀더 및 카세트

사진촬영을 하기 위하여 X선 필름을 검사 장소로 옮길 때 빛에 노출되면 안 된다. X선 필름을 빛에 노출되지 않도록 담아 옮길 수 있는 기기를 필름홀더 또는 카세트라고 한다. 필름홀더는 비닐로 봉투처럼 만든 것으로 X선 필름을 두 장의 증감지 사이에 샌드위치처럼 포개어 그 속에 밀어 넣을 수 있다. 카세트는 바깥에서 빛이 들어가지 않도록 만든 얇은 경금속 상자이다.

(2) 필름마커

투과사진을 식별하기 위하여 사진에 글자나 기호를 새겨 넣는데 사용하는 도구이다. 보통 납 글자나 기호를 사용한다.

3.4 방사선투과사진 촬영 및 판독방법

3.4.1 필름의 선택

X선 필름은 여러 가지 종류가 있고 각각 그것의 특성이 다르므로 검사의 목적에 알맞은 필름을 선택하여 사용해야 한다. 이때 필름 제조회사의 제품에 대한 권고 내용을 참조하는 것도 좋다.

적은 비용으로 요구되는 상질을 만족시킬 수 있는 것을 선택한다. 필요이상으로 상질의 수준을 높임으로써 비용을 많이 들여서는 안 된다.

일반적으로 입상성이 미세하고 필름 콘트라스트가 높으면 높은 상질의 투과 사진을 얻을 수 있지만 이 필름은 감광 속도가 늦기 때문에 노출시간이 길어지고 높은 강도의 방사선이 필요하게 되어 비용이 높아진다.

3.4.2 노출조건의 결정

방사선 투과 사진을 촬영하여 규정된 사진농도 범위의 투과사진을 얻으려면 노출량이 정확해야 된다. 정확한 노출량은 사용하는 X선 발생장치의 노출도표에서 구할 수 있다.

가. 노출인자

노출인자는 관전류 또는 감마 선원의 강도, 노출시간 그리고 선원·필름사이의 거리를 조합한 양이며, 식(3.17)과 같다.

$$\frac{I \cdot t}{d^2} = E \tag{3.17}$$

E : 노출인자
I : 관전류[A] 또는 감마 선원의 강도[Bq]
t : 노출시간[s]
d : 선원·필름사이의 거리[m]

투과 사진의 촬영에서 노출 시간은 필름의 종류, 필름 면에 이르는 방사선의 강도, 짝지어진 스크린의 특성, 요구되는 사진농도에 의해 결정된다.

나. 노출도표

이론적으로 원하는 사진농도를 얻을 수 있는 노출조건을 정하는 것은 쉽지 않기 때문에 일반적으로 장치의 제조회사가 제공한 노출도표를 이용한다. 그림 3-21은 노출도표의 예이다.

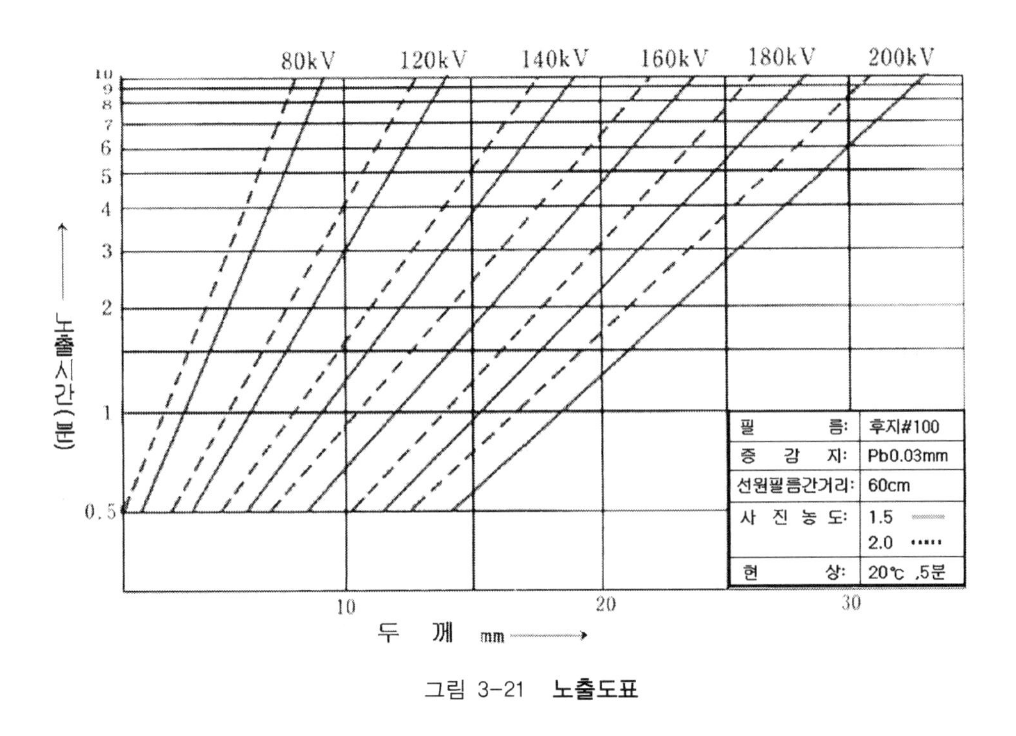

그림 3-21 **노출도표**

이 노출도표는 특정 X선 장치에 대해 만들어졌으며, 시험체의 재질, 필름의 종류, 사용하는 스크린의 특성, 선원·필름사이의 거리, 필터의 사용, 사진처리 조건 및 사진농도가 정해져 있다.

이 노출도표에서 구한 노출시간으로 촬영할 때 노출도표에 정해진 조건 중에서 하나라도 달라지면 기대하는 사진농도의 투과사진을 얻을 수 없다.

다. 노출조건의 변경

(1) 선원 · 필름사이의 거리와 노출시간의 관계

노출도표에서 처음 구한 노출시간, t_1으로 촬영하여 사진농도 2.5인 투과 사진을 얻었을 때 관전류는 그대로 두고 선원·필름사이의 거리만 d_1에서 d_2로 바꾸어 같은 상질, 즉 같은 사진농도의 투과사진을 얻으려면 새 노출시간, t_2는 식(3.18)로 계산하면 된다.

$$t_2 = t_1 \times \frac{d_2^2}{d_1^2} \tag{3.18}$$

(2) 사진 농도와 노출시간의 관계

필름특성곡선을 이용하여 사진 농도를 바꾸는 노출조건을 결정할 수 있다. 노출도표가 사진농도 2.0의 조건으로 만들어 졌을 때 사진농도 3.0의 사진을 얻으려면 이것에 맞도록 식(3.19)를 이용하여 노출인자를 바꾸어야 한다.

$$E_2 = E_1 \times f \tag{3.19}$$

여기서 E_2 : 사진농도 3.0을 얻기 위한 노출인자

E_1 : 노출도표에서 찾은 사진농도 2.0의 노출인자

$f = \frac{E_{r3.0}}{E_{r2.0}}$: 보정계수

보정계수, f는 필름 특성곡선에서 얻은 상대노출량, E_r의 비이다. $E_{r2.0}$은 사진농도 2.0일 때 상대 노출량이고 $E_{r3.0}$은 사진농도 3.0일 때 상대 노출량이다. 특성곡선에서 상대 노출량이 대수 눈금으로 되어 있으면 반대수 값을 구하여 계산하면 된다.

3.4.3 촬영배치

가. 선원 · 필름사이의 거리

선원·필름사이의 거리는 결함의 선명도와 노출시간에 영향을 미친다. 선원·필름사이의 거리가 멀면 멀수록 선명도는 좋아지지만 노출시간은 거리의 제곱에 비례하여 길어지게 된다. 선명도를 만족시킬 수 있는 최소 거리를 잡아야 한다.

그림 3-22와 같이 선원·X선 필름사이에는 시험체가 놓이고, 선원이 있는 쪽 시험부의 표면에는 투과도계, 계조계 및 시험부의 범위 표지를 절차서에 규정된 위치에 배열한다. 이때 선원·투과도계사이의 거리는 멀게, 그리고 투과도계·X선 필름사이의 거리는 아주 가깝게 붙여야 한다. 투과도계·X선 필름사이의 거리는 조절할 수 없으므로 선원·투과도계사이의 거리의 조절이 선원·필름사이의 거리의 조절이 된다.

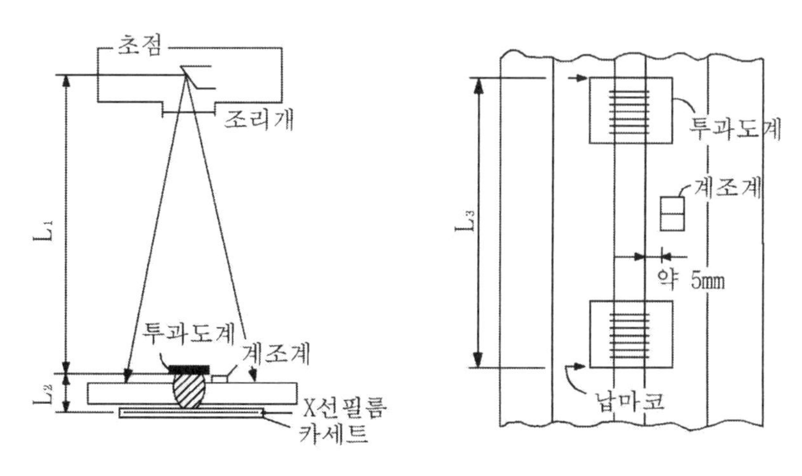

그림 3-22 **촬영배치의 일례**

그림 3-22에 나타난 것과 같이 선원·투과도계 사이의 거리를 L_1, 투과도계·필름사이의 거리를 L_2라 하면 선원·필름사이의 거리는 $(L_1 + L_2)$이 된다. 선원의 크기 f와 기하학적 불선명도 U_g사이의 관계는 식(3.20)으로 표시된다.

$$L_1 = \frac{f \cdot L_2}{U_g} \tag{3.20}$$

어떤 규격은 U_g 값을 정해 놓고 그 값을 만족시키는 L_1값을 결정하도록 하고 있고, 또 다른 어떤 규격은 $L_1 + L_2$를 L_2의 몇 배수 이상이 되어야 한다고 규정하고 있다. 이는 흠집 또는 투과도계의 상이에 의한 기하학적 배치에 따라 확대되거나 그림자에 의한 상의 흐림이 생기지 않도록 규정한 것이다.

f 와 L_2는 X선 장치와 시험체가 결정되면 변하지 않는 값이다. 따라서 L_1의 크기에 따라 U_g가 변한다. L_1이 길어질수록 U_g는 작아지고, 상의 흐림이 작아지므로 결함이나 투과도계의 상은 또렷하게 보인다.

나. 방사선의 조사방향과 시험부의 유효 범위

방사선의 조사는 원칙적으로 시험부에서 방사선이 투과할 두께가 가장 얇아지는 방향으로 하는 것이 바람직하다. 즉, 평면 시험체라면 그 면에 수직인 방향으로 조사한다. 그러나 선원에서 나오는 방사선은 빛처럼 퍼져나가므로 방사선 빔의 중심부는 시험체 면에 수직이지만 빔의 가장자리 쪽에서는 수직이 아니다.

따라서 이곳에서 방사선이 투과하는 두께는 실제 두께보다 커진다. 보통 방사선이 투과하는 두께가 실제 두께의 10 %를 넘지 않는 범위까지를 검사 유효범위, L_3로 잡는다.

L_1이 길어지면 L_3도 커질 수 있고, L_3가 정해져있을 경우 이에 따라 L_1이 조정되어야 한다. 만약 이러한 조건에서 벗어나면 빔의 가장자리에서는 가로균열 같은 것의 검출도가 떨어지게 된다.

다. 투과도계의 배치

원칙적으로 투과도계는 시험체의 선원 쪽 면에 배치하며, 이것이 불가능할 때에만 필름 쪽에 배치하는 것을 허용한다. 투과도계를 놓는 위치 또한 중요한데 일반적으로 시험부를 방해하지 않고, 불선명도가 가장 크게 나타날 곳에 놓도록 하고 있다. 이것은 규격에 따라 다소 차이가 있으며, 선형 투과도계의 경우 방사선 빔의 가장자리 쪽에 놓도록 규정하고 있지만 유공형 투과도계의 경우 놓는 위치를 특별히 제한하지 않고 있다.

라. 유효범위의 표시

투과사진의 유효범위는 선원 쪽 시험체의 표면에 화살표 또는 납 숫자를 놓아 표시한다. 이때 납 글자가 시험부를 가리지 않도록 주의해야 한다.

3.4.4 사진처리

자동현상기는 사진 처리액의 농도, 현상시간 및 온도를 자동으로 조절하면서 일정하게 처리해 주므로 양질의 사진을 얻을 수 있다.

수동 사진처리는 말 그대로 손으로 직접 처리하는 방법이며 소량의 검사를 할 때 많이 사용한다. 수동 사진처리 공정은 현상, 정지, 정착, 수세, 건조의 다섯 단계로 이루어진다. 전체 처리 절차는 최소 60분 정도의 시간이 소요된다.

3.4.5 투과사진의 판독과 보고서 작성

가. 사진 판독실

(1) 방사선 투과사진은 주위에서 빛이 들어오지 않는 어두운 곳, 즉 따로 마련된 사진 판독실에서 관찰한다.

(2) 사진 판독실에는 관찰기, 농도계, 계단형 표준농도필름, 판독용 자, 검사 성적서 작성 용지 및 관련 산업 규격, 검사 절차서 등을 비치해 둔다.

나. 상질의 확인

투과사진의 상질을 점검할 때는 먼저 필름의 표지가 올바르게 되어있는지 확인한다. 그리고 투과사진의 시험부 내에 기계적 또는 화학적으로 생긴 흠집이 있는지 살펴본다. 이때 판독에 지장을 줄 수 있는 흠집이 있어서는 안 된다.

(1) 시험부 내의 흠집의 확인

시험부 내에 결함으로 혼동할 가능성이 있거나 결함을 가릴 가능성이 있는 기계적, 화학적, 또는 기타의 흠집이 있는지 확인한다.

(2) 투과도계의 식별도

사용한 투과도계의 종류가 시험체의 두께에 알맞은 것인지, 그리고 그것의 배치가 옳은지 먼저 확인한다.

(a) 바늘형 투과도계의 경우

관찰기에 투과사진을 올려놓고 시험부 내에서 뚜렷하게 보이는 투과도계의 선들 중에서 최소 선지름이 규격에서 정해 놓은 값 이하인지 확인한다.

(b) 유공형 투과도계의 경우

뚜렷하게 보이는 투과도계의 구멍의 지름이 규격에 정해 놓은 것인지 확인한다. 보통 2-2 T 상질을 가장 많이 사용한다.

(3) 시험부의 사진농도 범위

농도 측정에 앞서 검·교정된 계단형 표준농도 필름을 사용하여 농도계의 정확도를 점검한다.

(a) 바늘형 투과도계를 사용했을 경우

시험부 내의 결함이 아닌 곳의 사진농도를 측정하여 최고 농도와 최저 농도 값이 검사 절차서에서 정한 값을 만족시켜야 된다.

이때 최고 농도는 시험부의 중앙 부근에서 측정하여 가장 높은 값으로 하고, 최저농도는 시험부의 유효범위의 오른 쪽이나 왼 쪽의 끝 부분의 농도를 측정하여 가장 낮은 값으로 정한다.

(b) 유공형 투과도계를 사용했을 경우

이 경우도 최고 농도와 최저 농도 값이 검사 절차서에서 정한 값을 만족시켜야 된다. 그런데 투과도계가 보증할 수 있는 농도범위는 투과도계 본체 농도의 -15 %, +30 %의 범위이므로 이 조건도 같이 만족되어야 한다.

(4) 계조계의 값

시험체의 모재 두께에 맞는 계조계를 선택했는지 확인한 다음 계조계의 중앙 부분의 농도를 몇 번 측정하여 평균한 값으로 계조계의 값을 구하여 검사 절차서에서 정한 값을 만족시키는지 확인한다. 유공형 투과도계를 쓸 경우에는 계조계를 사용하지 않는다.

다. 결함의 등급 분류

투과사진의 상질에 이상이 없으면 판독 가능한 필름이 된다. 필름판독에 알맞은 조건 즉 관찰기의 밝기, 주위의 밝기 등이 적절한 조건 하에서 필름에 나타난 결함을 찾아 종류를 구분하고 크기를 측정하든가 표준필름의 결함 크기와 비교하던가 하여 결함의 등급을 정하고 제품의 수명에 미칠 영향을 고려하여 판정한다.

라. 보고서 작성

판독결과에 대한 보고서방사선 투과사진 필름의 판독결과에 대한 보고서를 작성할 때에는 방사선 투과사진에 대한 완전하고 정확한 정보를 포함해야 한다. 판독 후 문서화해야 되는 최소의 내용은 다음과 같으며, 이외에도 다른 항목이 추가될 수 있다.

(1) 계약서 또는 구매서에서 적용하도록 요구된 적용코드, 규격, 시방서 및 절차서를 분명하게 기술해야 한다. 여기서는 물론 합격기준 및 검사요원의 자격기준이 포함되어야 한다. 코드, 규격 및 시방서의 예외조항이 있다면 또한 명기되어야 한다.

(2) 적용코드로부터는 요구되는 품질수준 및 촬영기법, 시험체의 두께에 따른 투과도계의 선정을 참고해야 한다.

(3) 촬영에 사용된 노출기법

① 필름이 나타내는 범위 및 식별번호를 포함한 촬영배치도(shooting sketch)

② kV, mA, 표적-필름간 거리 및 표적의 크기(X선), 선원의 종류 및 강도, 선원-필름 간거리 및 선원의 크기(γ선)

③ 필름형 및 사용된 스크린

④ 기하학적 불선명도의 계산값

⑤ 브로킹(blocking) 또는 마스킹(masking)

⑥ 수동 또는 자동현상처리

⑦ 요구되는 품질수준 및 얻어진 품질수준

⑧ 요구되는 농도 및 측정된 농도

(4) 보수(repair)에 관한 사항을 문서화함으로써 최종 점검자가 원인 및 시정행위를 알 수 있도록 해야 한다. 보수(repair)후에 촬영된 방사선 투과사진에는 보수되었음을 나타내는 표시가 있어야 한다. 또한 시험체의 표면상태로 확인된 지시도 시정방법과 더불어 표면지시임을 기록해야 한다. 시정행위 후에 방사선 투과검사가 행해지지 않았다면 그 사실을 기록해야 한다.

(5) 각 방사선 투과사진의 배치상황을 명시해야 한다. 기록하도록 되어 있는 모든 지시는 분류하여 크기를 측정 기록해야 한다. (예, 결함번호 No.7, 슬래그 게재, 길이20 ㎜)

3.4.6 기타 특수한 방사선투과검사 방법

가. 디지털 방사선투과검사

필름을 사용하는 방사선투과 사진과 디지털방사선 기법(digital radioscopy method)의 차이는 인화된 사진과 캠코더의 차이와 비슷하다. 필름을 사용하는 방사선 기법은 암실 작업, 현상작업, 판독 과정에서 많은 시간과 노력을 필요로 하며, 필름의 보존이나 복사 등이 용이하지 않다. 현상폐액과 같은 폐기물의 배출도 많다.

디지털 방사선 기법은 TV 또는 모니터 등을 통해서 직접 실시간으로 내무 결함의 존재유무를 판별할 수 있으며, 명암도나 선명도 등을 컴퓨터그래픽 기법으로 처리하여 결함의 판별능력을 높일 수 있고, 무엇보다 속도적인 측면과 소모품이 필요 없다는 장점을 가지고 있다. 필름의 화소가 한 장당 1억5천 정도에 이르나 디지털 기법은 보통 30만 화소 정도를 사용하고 있어서 해상도에 있어서 많은 차이를 나타낸다. 하지만 최근에는 일반적으로 요구되는 해상도를 만족할 수 있을 정도로 기술이 발전되었다.

필름을 사용하지 않고, 방사선 영상을 얻는 원리는, 필름 대신에 CsI, NaI 등의 섬광물질을 이용해 방사선을 가시광선으로 변환하고, 이를 영상화하는 것으로. 이미지의 저장 방식에 따라 CCD카메라의 영상을 녹화하는 아날로그 방식과 이미지를 디지털화하여 저장하는 디지털 방식으로 구분할 수 있다.

실시간 영상을 얻기 위해서는 두께 및 재질에 의해 조사시간이 제한되므로 주로 알루미늄 합금, 강 박판 등의 경우에만 적용이 가능하다. 조사시간이 길어지는 경우에는 CCD소자를 직선으로 배치한 스캐너 등을 이용하여 이미지를 저장하거나, 조사 후에 레이저를 이용하여 잠상을 얻어내는 특수하게 제작된 이미지 플레이트(image plate)를 사용하기도 한다. 실시간 방사선 투과 장비에서는 검사대상 제품을 회전, 이동 할 수 있는 이송장치와 방사선 영상을 가시광선으로 변화하는 영상 증배장치(image intensifier), 영상을 촬영하는 CCD 카메라가 사용된다.

나. 실시간 라디오그래피

실시간 라디오그래피(radiography)는 정적 및 동적 현상이 방사선의 투과 상을 필름 등의 투과사진을 만들지 않고 바로 눈이나 TV 모니터로 관찰하는 방법이다. 실시간 라디오그래피로 가장 초기에 행해진 방법은 직접투시법이었는데, 시험체의 투시 상을 형광판에 의해 광으로 변환한 후, 그 상을 납유리를 통해 직접 눈으로 관찰하는 방법이다.

그러나 최근에는 X선 상을 가시 상으로 변환하는 방법으로 아주 다양한 방법이 이용되고 있으며, 더욱이 광증폭기나 광학계를 통하여 관찰은 TV 모니터로 하고 있다. X선 상의 광 변환소자로는 형광체, 신티레이터, 다이오드를 이용한 것이 있으며, 또는 X선 상을 형광 등으로 광 변환하지 않고 직접 전기신호로 변환하여 화상화하는 방법도 이용되고 있다. 촬영 목적에 따라 여러 가지 방식이 이용되고 있으나 현재 가장 널리 이용되고 있는 방식은 X선 화상 증강 장치이다.

X선에 의한 시험체의 투과 상은 먼저 형광판 ①에 의해 형광 상으로 변환되며, 그 형광의 강도에 따라 광전자 변환부 ②의 광전면에 의해 광전자가 방출된다. 방출된 광전자는 전장에 의해 가속되고 집속되어 광전 형광판에 결상되며, 그 영상은 광학계를 통해 눈으로 관찰되거나 더 나아가 화상처리기를 통하여 TV 모니터를 통해 관찰된다.

최근에는 실시간 라디오그래피의 시스템으로 소형화를 꾀하고 있으며, 보다 더 넓은 실용화를 위한 각종 센서의 연구개발이 진행되고 있다.

다. 중성자 라디오그래피

중성자 라디오그래피(neutron radiography)는 방사선으로 중성자선을 사용한다. X선은 원자번호가 낮은 가벼운 물질일수록 흡수가 작고, 물질의 원자번호와 질량, 밀도가 커짐에 따라 흡수도 커지는 성질이 있다. 그러나 중성자선은 원자번호와는 별로 관계가 없이 특정의 수소(H), 물(H_2O), 보론(B)등 가벼운 물질에는 흡수가 아주 크며, 철(Fe), 납(Pb) 등 중금속에는 흡수가 작은 성질이 있다. 중성자의 이 같은 특성을 이용하여 두꺼운 금속제의 용기나 구조물의 내부에 존재하는 가벼운 수소화합물 등의 검출이 가능하다.

(1) 중성자 원

중성자선의 발생원으로 원자로, 입자가속기 또는 방사성 동위원소가 이용된다. 중성자는 에너지의 크기에 의해 고속중성자, 열중성자, 냉중성자로 나누어지는데, 중성자 라디오그래피에서는 열중성자가 사용되고 있다.

원자로의 노심에서 나온 중성자는 에너지가 높기 때문에 파라핀, 흑연 등의 감속재로 감속하여 열중성자로 이용한다. 입자가속기에는 몇 가지 종류가 있으나 실용적으로는 소형 사이크로트론이 이용되고 있다. 또한, 방사성 동위원소에는 여러 가지 원소가 있는데, 특히 ^{252}Cf (californium 252)이 주로 이용되고 있다.

(2) 촬영 방법

중성자 원에서 나온 중성자는 여러 방향으로 나가기 때문에 중성자를 일정 방향의 빔으로 나가게 함으로써 상질을 좋게 만들기 위해 콜리메이터를 사용한다. 콜리메이터에는 직관형, 슬릿형, 다이버전트(divergent)형이 있는데, 주로 다이버전트형이 이용되고 있다. 중성자는 X선처럼 직접적인 사진작용을 일으키지 않기 때문에, 중성자를 콘버터에 반응시키고 콘버터로부터 2 차적으로 발생하는 2차 전자나 콘버터의 방사화를 이용한다. 촬영방법에는 직접법과 간접법이 있다.

(3) 중성자 라디오그래피의 적용

중성자의 발생원인 원자로, 가속기는 X선 장치에 비하여 설비가 훨씬 대형이고 고가이기 때문에 이용조건이 한정된다. 그러나 X선 투과검사로 곤란한 검사 대상물이나 특수한 검사 목적에 대한 이용범위가 넓다.

원자력분야에서는 사용 연료의 비파괴검사에, 우주항공관계에서는 로켓의 화공품(火工品), 날개, 회전날개 등의 비파괴검사에 이용되고 있다. 기타 일반 공업에서는 터빈 블레이드나 열교환기 파이프의 검사 등에 이용되고 있다.

라. 입체 방사선 사진

사람의 눈은 원근감을 느낄 수 있다. 이것은 왼쪽 눈과 오른쪽 눈이 약간 다른 각도에서 한 물체를 바라봄으로써, 두 영상이 뇌에서 조합되어 원근감이 느껴지게 되는 것이다. 실제로 산업 현장에서 자주 사용되지는 않지만, 이러한 원리를 이용해서 두 장의 방사선 사진을 촬영한 후, 그림과 같은 특수하게 제작된 기구에서 관찰하게 되면, 물체 내부의 상태를 원근감을 가지고 관찰할 수 있다. 이러한 사진 기법을 입체 방사선 사진(stereoradiography)이라 한다.

마. 파라렉스 방사선 사진

입체 방사선 사진의 원리를 이용하면, 동일 필름에 방사선원의 위치를 이동시켜서 두 번의 방사선 조사를 한 후에, 물체 내 결함의 위치를 결정할 수 있는데, 그림에서와 같이 필름-결함간 거리 d를 아래 식으로 계산할 수 있다.

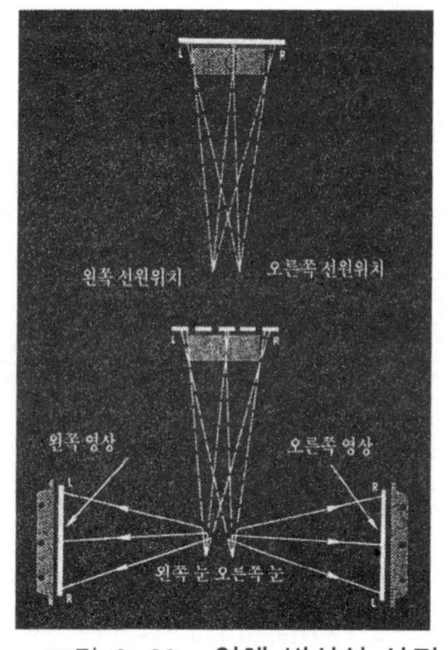

그림 3-23 **입체 방사선 사진**

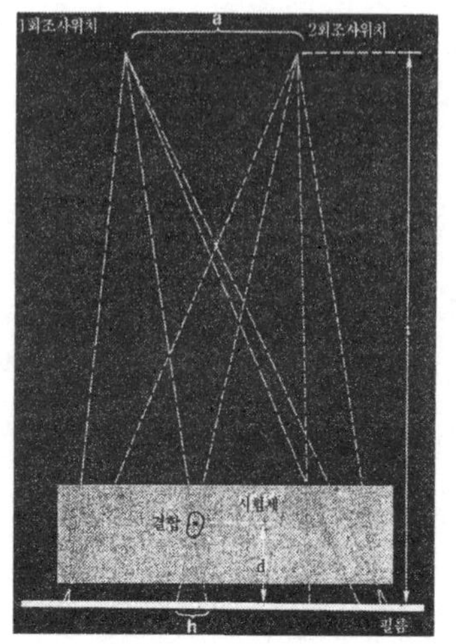

그림 3-24 **파라렉스 기법**

$$d = \frac{bt}{a+b}$$

여기서, $d =$ 결함과 필름 사이의 거리

$b =$ 필름 상에서 결함 위치의 이동거리

$t =$ 방사선원과 필름간의 거리

$a =$ 방사선원의 이동거리

바. 단층촬영

단층촬영(tomography) 기법은 의학 분야에서 널리 쓰이고 있는 방법으로, 특정 단면의 영상을 강조하고, 다른 층의 영상을 흐리게 하여 단면 정보를 나타내는 사진 기법이다. CT-Scan (computerized axial tomography scan)이라는 용어로 널리 알려져 있다.

3.5 방사선투과검사의 적용 예

방사선투과검사는 내부결함의 검출에 적합한 비파괴검사방법으로 압력용기, 선체, 배관 및 기타 각종 구조물의 용접부나 주조품 등의 검사에 널리 적용되고 있다. 또한 최근에는 콘크리트 내부 구조의 검사, 조사에도 널리 이용되고 있다. X선으로 촬영한 투과사진의 일례를 그림 3-25, 그림 3-26에 나타내었다.

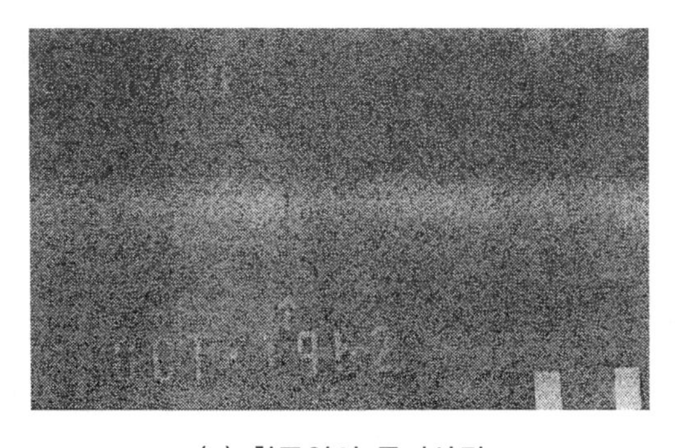

(a) 횡균열의 투과사진

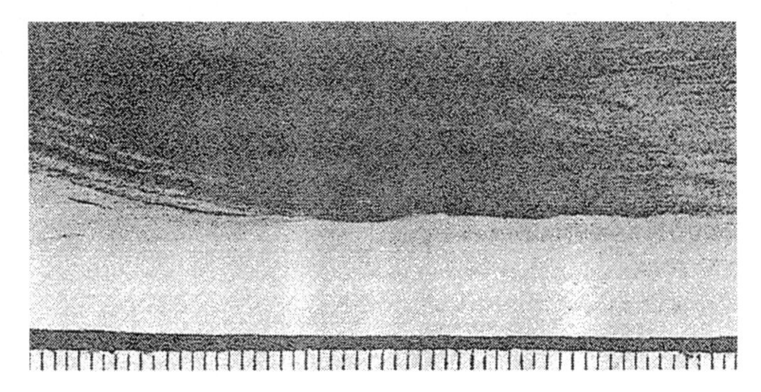

(b) 투과 사진의 화살표 부분의 단면 사진(용접선에 평행으로 절단)

그림 3-25 **용접부의 횡균열**

결함 중에서도 블로우 홀, 슬래그 혼입 등과 같이 방사선의 투과방향에 대하여 두께의 차가 있는 결함은 검출이 쉽다. 이에 비해 균열과 같이 결함의 틈이 아주 좁은 결함은 균열의 방향에 대하여 방사선의 조사각이 커지게 되어 투과하는 두께의 차가 아주 작아지게 되므로 검출이 어려워진다.

또한 투과사진에서는 내재하는 결함의 2차원적인 모양, 크기, 분포 등을 직관적으로 알 수 있으며 결함의 종류도 추정하기 쉽다. 1장의 투과사진만으로 결함의 높이나 두께방향의 위치를 알 수 없으나 조사방향을 바꾸어 2장 촬영하는 입체 촬영법을 이용함으로써 결함의 높이나 위치를 알 수 있다.

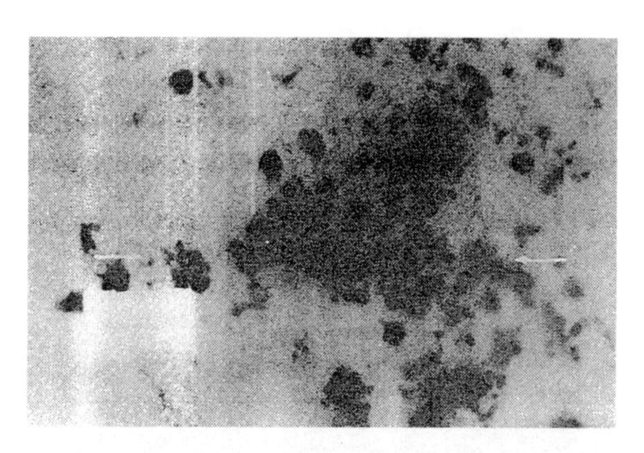

(a) 모래 혼입 및 개재물의 투과사진

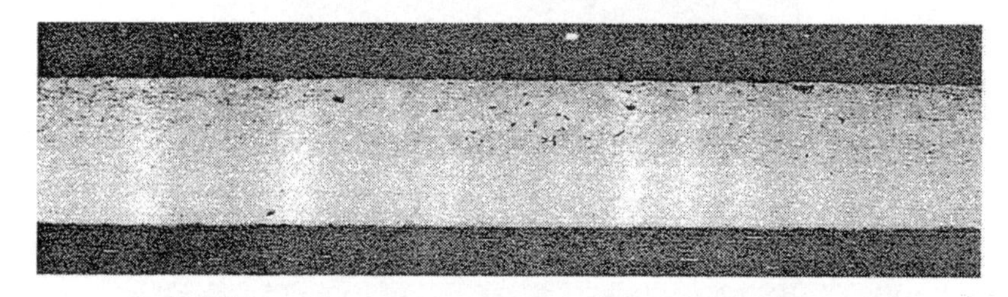

(b) 단면 사진(투과 사진의 화살표 위치에서 절단)

그림 3-26 **청동 주물의 X선 투과사진**

3.6 중성자 방사선투과검사

3.6.1 개요

중성자를 이용한 비파괴 투과검사법은 병원 등에서 널리 쓰고 있는 엑스선이나 감마선을 이용한 방사선 투과검사법과 비슷한 원리로 엑스선이나 감마선에 비해 훨씬 자세하게 내부구조를 파악할 수 있다. 중성자는 원자핵이 분열할 때 나오며 수소, 산소와 같은 가벼운 원소에서 투과하는 힘이 약한 반면 납, 텅스텐, 우라늄과 같은 무거운 원소에 대한 투과력은 강하다. 따라서 중성자 투과검사법은 중성자의 이런 특성을 이용해 항공기 부품 중 정교하게 배열된 부품의 결함 여부, 자동차엔진의 미세한 균열상태, 복잡한 회로로 이루어진 전자부품의 내부구조 등을 쉽게 검사할 수 있다.

가. 중성자

중성자란 양성자와 함께 원자핵을 구성하는 입자로서 전하를 띠지 않는다.

중성자는 그 질량이 1.675×10^{-24} g으로 양성자보다 약간 무거우며, 핵분열, 핵반응에 의해서 방사된다. 단독으로는 불안정하며 반감기는 12.5분이고 β붕괴하여 양성자로 변한다. 전하가 0 이므로 원자핵 내에 쉽게 들어갈 수가 있으므로 핵반응을 일으키는데 사용된다. 에너지에 따라 핵반응의 형식은 다르나 핵분열 연쇄반응에 있어서 중요한 것은 0.025 eV 정도의 것으로서 이것을 열중성자라고 부른다.

중성자의 종류는 아래와 같이 그 속도(또는 에너지)에 따라 분류한다. 0.002 eV 이하를 저에너지 중성자, 0025 eV를 열중성자, 1~100 eV를 공명중성자, 100 eV이상을 epithermal 중성자, 1,000 eV이하를 저속중성자, 1~500 keV를 중속중성자, 0.5 MeV이상은 고속중성자, 50 MeV 이상은 초고속중성자라고 한다. 정지질량은 1.67482×10^{-27} kg, 1,000초의 평균수명을 가진다.

중성자를 이용한 방사선 투과검사는 중성자의 발견 직후인 1930년대 중반으로 거슬러 올라간다. 중성자 투과검사의 상업적 관심과 연구 활동은 1960년부터 현격히 증가해 현재까지 이르고 있다.

나. 중성자 선원

방사선투과검사에 사용되는 중성자는 열중성자이다. 여러 선원이 중성자투과검사에 사용되는데 주로 원자로, 가속기, 중수소/삼중수소, 캘리포늄(Cf-252), 플라즈마선원이 중성자투과검사의 선원으로 이용된다. 대부분의 중성자투과검사는 열중성자를 이용해 이루어지며, 중성자투과검사를 위한 선원은 고속중성자를 감속시키거나 열중성자화시키기 위한 감속재를 반드시 포함해야 한다.

중성자투과검사를 위한 가장 만족스런 중성자선원은 원자로(nuclear reactor)이다. 노출시간을 짧게 하기 위해서는 중성자가 충분한 강도를 가져야 한다. 특별한 장치를 하지 않는 한 빔은 직경이 수십 밀리미터 정도로 제한 받는다. 따라서 시편이 큰 경우에는 여러 부분으로 나누어 검사되어야 한다. 몇몇의 전자선원(electronic source) 및 동위원소 선원(isotopic source)으로부터도 열중성자선을 얻을 수 있으나 이들은 중성자의 강도가 작고 유효선원의 크기가 큰 것이 단점이다.

다. 중성자 흡수

중성자 투과검사에서는 전자파방사선이 아닌 중성자를 이용하며, 중성자의 흡수원리는 전자파방사선과는 아주 다른 특성을 갖는다. 아주 느린 속도로 진행하는 열중성자(thermal neutron)는 X-선 및 감마선의 감쇄법칙과는 다른 법칙에 의해 물질에 흡수된다. X-선 및 감마선은 시험체의 원자번호가 증가함에 따라 증가하지만 열중성자의 경우에는 그렇지 않다. 비슷한 원자번호를 갖는 원소도 아주 다른 흡수차를 나타내며, 몇몇의 경우에는 낮은 원자번호를 갖는 원소들이 높은 원자번호를 갖는 원소보다 열중성자빔을 보다 많이 감쇄시킨다. 예를 들면, 수소는 납보다 훨씬 우수한 중성자 차폐체가 된다. 그러므로 납저수탑 내의 물의 높이를 중성자투과검사법으로 측정할 수 있다. 그러나 이 경우에 X-선이나 감마선으로써는 불가능하다.

3.6.2 중성자 방사선투과검사의 원리

시험체를 투과한 중성자는 인듐이나 금 같은 재질로 된 금속 스크린에 충돌하고 금속 스크린 내의 원자핵은 중성자를 흡수하여 짧은 수명의 방사성 동위원소를 생성하게 된다. 중성자 빔이 제거된 뒤 금속 스크린 내의 방사성 동위원소가 붕괴되어 방출되는 방사선에 의하여 필름을 감광시키고, 시험체에 대한 방사선투과사진을 제공하게 된다. 여기서 사용된 금속 스크린을 변환자(converter foil)라 부른다. 중성자 투과검사의 주요 장점으로는 방사선을 방출하는 시험체를 방사선투과검사를 할 수 있는 것이다. 또한 납과 같은 X선이나 감마선에 차폐효과가 큰 시험체도 쉽게 투과 한다.

중성자투과검사의 단점으로 중성자선원이 일반 방사선투과검사 선원에 비해 비싸다는 것이다. 또한, 중성자투과검사용 선원체가 일반적인 방사선투과검사 선원에 비해 크기가 크며 중성자 선원을 사용함으로써 발생되는 방사선 안전관리 문제가 발생된다.

3.6.3 중성자 방사선투과검사의 종류

비하전입자인 중성자는 물질과는 아주 미미하게 상호작용한다. 따라서 필름의 감광유제를 중성자가 사진작용이 일어나도록 가능한 형태로 전이시키는 방법이 필요하다. 중성자투과검사에는 일명 "변환자"라는 금속스크린을 사용하는 직접노출법(direct exposure method)과 전사법(transfer method)의 2가지 방법이 있다.

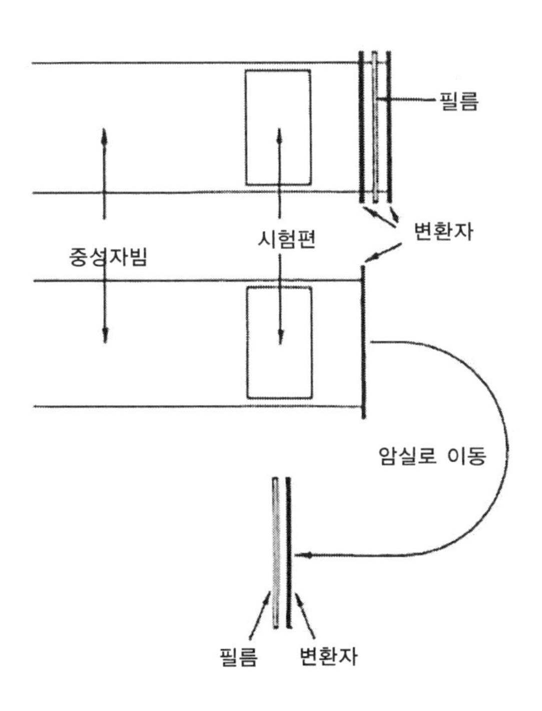

그림 3-27 **중성자투과검사 (a) 직접노출법 (b) 전사법**

직접노출법은 중성자의 조사에 의해 방사성물질로 변하는 물질(변환자)사이에 필름을 놓은 상태로 조사한다. 이때 필름은 변환자에 의해 방출되는 방사선에 의해 감광된다. 변환자로써 사용되는 물질에는 Gd(gadolinum), Rh(rhodium), In(indium) 및 Cd(cadmium)이 있다. 전방스크린과 후방스크린으로는 각각 Gd 0.0064 ㎜와 Gd 0.05 ㎜ 또는 Rh 0.25 ㎜와 Gd 0.05

㎜의 조합이 가장 만족스런 상질을 나타낸다.

전사법은 시험편을 투과한 중성자가 단지 변환자만을 조사하여 방사성물질로 변화시킨다. 이때 필름은 방사선에 노출되지 않아야 한다. 이는 필름이 시험체, 중성자 발생선원과 변환자 등에 노출되지 않아야 한다. 조사가 종결된 후 변환자를 별도의 공간에서 필름과 밀착시킴으로써 변환자로부터의 발생되는 방사선 강도에 따라 필름에 상을 만들게 된다. 이때 사용되는 변환자 재질로는 Au(gold), In(Indium) 및 Dy(dysporosium)이 있다. 0.25 ㎜ 두께의 Dy 스크린이 가장 빠른 속도를 가지며, 0.76 ㎜ Au스크린의 경우에 가장 좋은 상질을 나타낸다. 필름과 변환자는 변환자의 방사성물질의 반감기의 3~4배 정도동안 밀착시켜 놓는 것이 효과적이다. 이 방법은 시험체가 방사선을 방출하는 방사성 물질인 경우 매우 효과적 이다.

필름은 보통의 공업용 X-선필름이 사용되는데 이는 감광유제가 변환자로부터의 감마선 또는 β-선에 의해 조사되기 때문이다.

3.6.4 중성자 방사선투과검사의 적용과 특징

중성자투과검사는 보통의 방사선투과검사로는 불가능한 많은 곳에서 적용되는데 일반적으로 핵물질의 검사, 폭발장치, 터빈블레이드, 항공기 구조물(복합재료 및 금속 벌집구조)과 기타 집합체등의 검사에 적용된다. 그리고 높은 원자번호를 갖는 두꺼운 시험체에 적용이 가능한데, 예를 들면 수십 밀리미터 두께의 납의 경우 단 몇 분의 노출시간으로 투과검사가 가능하다.

산업적 적용으로 두 개 이상의 물질을 포함하는 복합물질 중에서 특정 물질을 검출하는데 주로 적용된다. 예를 들어, 몇몇의 세라믹 재료는 중성자에 대해 상당히 잘 감쇄되는 것을 이용하여 터빈블레이드를 정밀 주조법으로 제작할 때 잔류된 세라믹 코어를 검출할 때 중성자투과검사가 사용되며(그림 3-28), 액체침투탐상법과 유사하게 가돌리늄, 붕소 또는 리튬 같은 중성자 감쇄 물질이 첨가된 도료를 도포하여 갈라짐이나 균열의 표면 불연속을 조영제로서 확인할 수 있게 해준다.

조사된 핵연료(폐연료봉)와 같이 방사능이 큰 물질은 중성자투과검사로 검사될 수 있다. 중성자투과사진은 핵연료의 치수측정, 상태관찰, 냉각제 유출이나 수소화 등의 관찰을 가능케 해준다. 사용하지 않은 핵연료봉의 중성자투과사진은 연료상태를 확인하고, 연료봉내에 존재하는 이물질을 검출하는 데 이용되며, 원자로 제어설비의 중성자투과사진은 원자로 사용전후의 불균일한 분포를 볼 수 있도록 해준다. 또한 연료봉내의 U-238과 U-235를 구별하고, 동위원소 집합체에서는 Cd-113과 다른 카드뮴 동위원소들을 각각 식별하기 위해 중성자 투과검사를 이용한다.

릴레이 같은 전기장치는 정상운전을 방해하는 섬유 또는 종잇조각과 같은 이물질을 검출하기 위해 중성자투과검사에 의해 검사된다. 그림 3-29는 작은 릴레이의 중성자투과검사를 보여준다. 수소를 함유한 이물질이 있는 경우 릴레이가 제대로 접촉되지 않고 있다는 것을 중성자투과사진이 보여주고 있다.

항공기의 벌집 구조내에 존재하는 물기, 밸브에서 고무 "O"링(그림 3-30), 폭탄내에 장약과 접착체, 폭발볼트, 도화선등이 적절히 구성되었는지 등을 검사할 때 사용된다.

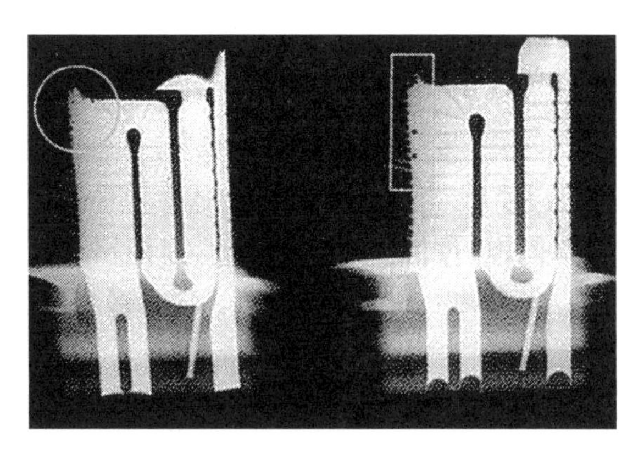

그림 3-28 **F-16 터빈블레이드 중성자투과검사 사진(왼쪽 사각상자내에 점이 결함)**

그림 3-29 **릴레이의 중성자투과검사 사진**

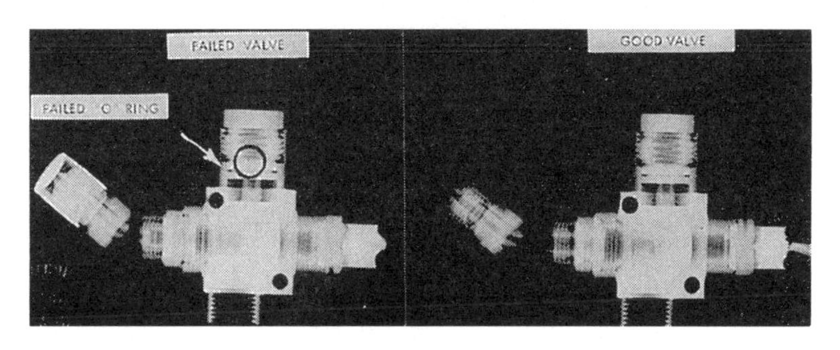

그림 3-30 **밸브에서 부적합 고무 O-ring**

3.7 방사선 안전관리

방사선에 피폭되면 인체에 방사선장해가 생긴다. 그러나 방사선이 인체에 미치는 영향은 복잡하여 피폭선량과 인체의 부위에 따라 다르며, 선량이 작기 때문에 장해가 표면적으로 나타나지 않더라도 유전적 영향을 미칠 우려가 있다.

그러므로 방사선을 취급할 때에는 피폭선량이 가능한 한 적어지도록 세심한 주의를 기울이지 않으면 안 된다. 방사선을 얕봐서는 절대 안 되지만 그렇다고 너무 겁낼 필요는 없다. 방사선은 우리 생활 주위의 여러 분야에 다양하게 이용되고 있다.

3.7.1 방사선의 신체적 영향

1895년 독일의 뢴트겐에 의한 X선의 발견, 1896년 프랑스의 베커렐에 의한 우라늄 방사능 발견, 큐리(curie) 부부의 라듐 발견이래, 인류는 거의 지난 1세기 동안 방사선을 이용해 왔다. 초기에는 과피폭으로 인한 피부홍반 등이 발생하였으며, 큐리 부부는 백혈병으로 사망하는 것과 같은 방사선의 위험이 알려졌다.

인체에 피폭된 방사선은 직접적으로는 인체세포와 작용하여 여기 및 이온화 반응으로 세포의 변화, 손상, 상해 및 장해 또는 이로 인한 손해를 일으키는 한편, 간접적으로는 인체 내의 물과도 반응하여 물을 이온화시켜 화학적으로 매우 활성적인 유리기($H°$및 $OH°$), H_2O_2 및 발생기 산소를 생성하여 세포에 영향을 미친다.

방사선에 의한 영향은 확률적 영향(stochastic effect)과 결정적 영향(deterministic effect)으로 구분할 수 있는데, 확률적 영향은 장기간 동안의 저선량 피폭에 의하여 만성적으로 나타나는 신체적 영향으로, 대개 발암과 유전적 장해가 대표적이다. 결정적 영향은 주로 짧은 시간 동안 집중적인 방사선 피폭에 의해 일어나는 급성 신체적 영향이다. 이에는 피부장해, 생식선의 피폭에 따른 불임 및 백내장 등이 속한다.

확률적 영향은 방사선의 누적 피폭 후 변형 또는 손상된 체세포가 정상세포로 회복되지 않고, 이상복제 능력을 가진 악성 종양이나 암으로 발전하는 것, 또는 생식세포의 유전자 변이나 염색체 변위로 인하여 후손에게 이상 유전 형질이 전달되는 유전적 장해를 유발하는 것이다.

3.7.2 방사선의 양과 단위

일반적으로 방사선량의 측정은 방사선의 전리작용을 이용한다. 물질의 단위 질량에 생성된 이온을 측정하면 입사 방사선의 양을 알 수 있고, 이것을 물질에 준 에너지량으로 나타낼 수 있다. 이온 수의 측정은 조사선량의 측정에 해당하고, 물질에 준 에너지량은 흡수선량에 해당한다.

가. 조사선량

조사선량(exposure)은 X선 또는 γ 선이 공기를 통과할 때, 공기와의 상호작용에 의해 생긴 전자를 공기 1 kg 중에 전리로 생성된 이온 또는 전자의 전기량 C(coulomb)으로 계측하는 선량의 단위이다. 조사선량의 국제단위는 C/kg 이지만 상용 단위로 R(roentgen)이 있다. 1R은 건조한 공기 1kg 중에 2.58×10^{-4} C의 이온전하량을 만드는 선량을 말한다. 즉, 조사선량은 방사선이 공기 중의 분자를 이온화시킨 정도를 양으로 표현한 것이다. 공기의 단위 질량당 생성된 + 또는 − 이온의 전하량으로 정의되며, C/kg 또는 R(roentgen)의 단위를 사용한다. $1R=2.58\times10^{-4}C/kg$의 관계가 있다.

$$X=\frac{\text{발생이온의 양}}{\text{단위공기의 질량}}=\frac{\Delta Q}{\Delta m}$$

나. 흡수선량

방사선이 물질과의 상호작용을 하여 단위 질량의 물질에 준, 즉 물질이 흡수한 에너지를 흡수선량(absorbed dose)이라 한다. 흡수선량은 물질의 단위 질량당 흡수된 방사선의 에너지를 말하며. 조사선량은 공기에 대한 것으로 제한되었지만, 흡수선량은 임의의 물질이 피폭대상이라는 것이다. 즉 흡수선량은 방사선이나 물질의 종류에 관계없이 정의된 양이며, 물질 1kg이 1J의 에너지를 흡수했을 때 1Gy(gray)라고 한다. rad라는 상용 단위도 있다. 흡수선량의 단위로 그레이(gray; Gy) 또는 rad가 사용되며, 다음과 같은 관계가 있다.

$$1Gy = 1Joule/kg(J/kg)$$
$$1rad = 100erg/g$$
$$1Gy = 100rad$$

$$D=\frac{\Delta E}{\Delta m}=\frac{\text{흡수된 에너지}}{\text{매질의 단위질량}}$$

다. 등가선량

등가선량(equivalent dose)은 흡수선량에 당해 방사선의 방사선 가중치를 곱한 양을 말한다. 동일한 흡수선량이라도 즉, 같은 에너지가 조직 또는 장기에 흡수된다 하더라도 방사선의 종류에 따라 생물학적 영향이 다르게 나타난다.

이렇게 생물학적 효과를 동일한 선량 값으로 보정해주기 위하여 도입한 가중치를 방사선 가중치(radiation weighting factor)라고 한다.

등가선량의 단위로 시버트(sievert; Sv) 또는 rem이 사용되며, 1Sv = 100rem의 관계가 있다. 흡수선량과의 관계에서 광자에 대한 방사선 가중치의 값은 1이므로 1Gy에 대한 등가선량은 1Sv의 관계가 있다.

$$H = W_R \times D$$

라. 유효선량

유효선량(effective dose)은 인체 내 조직간 선량분포에 따른 위험 정도를 하나의 양으로 나타내기 위하여 각 조직의 등가선량에 해당 조직의 조직 가중치를 곱하여 이를 모든 조직에 대해합산한 양을 말한다. 유효선량의 단위로는 등가선량과 같이 Sv가 사용된다.

3.7.3 방사선의 측정

방사선은 인간의 감각으로 감지할 수 없다. 방사선의 검출이나 측정은 방사선과 물질의 상호작용에 의해 물질분자 또는 원자에 생긴 여기나 전리를 직접 이용하는 것 또는 이것에 의해 생긴 형광작용, 사진작용 등을 이용하는 등 여러 가지 계측기기가 있다.

여기서는 방사선 투과 검사에 쓰이는 X선, γ선의 측정법, 특히 방사선의 방호를 목적으로 사용하는 기기를 알아본다.

가. 개인 모니터링

(1) 필름배지의 착용

필름배지(film badge)는 방사선 투과검사에 사용되는 필름과 유사한 필름의 조각으로 피폭된 선량을 측정한다. 전리 방사선이 필름을 감광시키는 것을 이용한 것이며 필름이 검게 되면 많은 양의 방사선이 조사되었다는 것을 나타낸다.

필름에 조사된 선량은 농도계(densito-meter)로 측정한다. 필름배지용 필름은 방사선에 대해 적절한 반응을 일으켜야 되고 판독자가 반응정도를 정확하게 판독할 수 있는 것으로서 특별히 고안된 배지 속에 고정시키게 되어 있다. 최근에는 필름배지보다 성능이 우수한 열형광선량계(TLD)의 사용이 증가하고 있다.

(2) 포켓도시메타

포켓도시메타(pocket dosimeters)의 원리는 가스를 채워 넣은 전리함이다. 미세한 수정사가 충전용 전극에 연결되어 있으며, 충전기는 전자를 전극에 공급시키는 데 사용된다.

만일 도시메타가 전리방사선에 조사되면 생성된 이온들은 수정사 및 고정전극에서 극성이 중화되게 된다. 이렇게 극성이 중화되면 수정사와 고정전극 사이에 서로 밀리는 힘은 감소하게 되며 수정사는 고정전극 쪽으로 이동하게 된다.

만일 도시메타의 한쪽 끝을 통하여 들여다보면 수정사의 실상을 볼 수 있으며, 이러한 실상은 눈으로 보아서 수치를 읽을 수 있도록 되어 있는 비례눈금 위에 나타난다.

(3) 개인 모니터링 장비의 활용

필름선량계 혹은 열형광선량계(TLD)는 방사선 작업종사자가 필수적으로 착용하여 선량을 측정하도록 법으로 정하고 있다. TLD는 근래에 필름배지를 대신하여 급속히 사용이 증가되고 있다. 측정 원리는 격자 결함을 갖는 결정체에 방사선을 조사시킨 후 가열하면 빛(형광)을 발생하는 열형광 현상을 이용하여 피폭선량을 구한다. 저선량부터 대선량까지 피폭선량 측정이 가능하고 측정 결과에 대한 판독이 간단하나 방사선의 종류와 에너지를 알 수 없고 기록의 영구 보존이 불가능하다. 그러나 이런 법정선량계만으로는 방사선에 대한 안전을 확보 할 수 없으므로 보조적인 측정 장비를 사용하여야 한다. 매일 또는 작업 단위별로 선량을 확인할 수 있는 포켓도시메타와 순간적인 방사선 피폭 여부를 확인할 수 있는 방사선경보기(radiation alarm monitor)를 함께 사용한다. 즉 방사선 작업 시 피폭을 가능한 한 최소화하기 위해 사용되는 보조 선량계로써 방사선이 감지되면 경고음과 경고등이 표시되어 방사선 유무를 눈과 소리로 감지할 수 있다. 개인 경보기는 방사선 작업 시 선원 탈락을 가장 빨리 알 수 있는 측정기이다.

나. 공간 모니터링-서베이미터

서베이미터(survey meter)는 공간 방사선량률(단위시간당 조사선량)을 측정하는 기기인데, 일반적으로 방사선 작업에는 휴대용 서베이미터를 주로 사용한다. 서베이미터는 방사선을 검출하기 위해 가스를 채워 넣은 원통형의 튜브를 사용한다. 가스충전식 튜브에는 전리함과 G.M

관(guiger-müller tube)이 있는데, 전리함 서베이미터와 G.M 서베이미터 둘 다 방사선투과검사에서 γ선의 양을 측정하는 데 사용되지만 G.M 서베이미터가 더 정확하며 작은 양의 방사선에도 매우 민감하기 때문에 자주 사용한다.

방사선 작업자가 사용하는 서베이미터는 정해진 주기마다 교정을 하여야 한다. 모든 서베이미터는 마지막으로 교정 받은 날짜를 기록한 표지가 붙어 있어야 한다. 방사선 작업자는 항상 작업 전에 서베이미터의 교정 상태 및 작동 가능 여부를 확인하고 나서 사용하도록 한다.

3.7.4 방사선 피폭의 관리

방사선을 잘못 취급하여 피폭되면 인체에 장해가 발생할 수 있다. 방사선 투과 검사에서 방사선을 취급하는 작업자는 방사선 안전에 각별히 유의해야 한다.

방사선을 취급할 때 피폭을 방호하기 위해 다음 3원칙을 지켜야 한다.

① 방사선의 선원과 사람과의 거리를 멀리 한다.
② 방사선의 선원과 사람사이에 차폐물을 설치한다.
③ 방사선의 발생시간 즉 사용시간을 줄인다.

가. 방사선 작업 관리

방사선 관리는 넓은 의미의 산업안전에 속한다고 할 수 있다. 따라서 방사선 관리의 기준은 방사선을 취급하는 자의 안전을 확보하는데 있으며, 방사선 피폭과 방사선 작업으로 얻는 이익을 저울질하여 평가하게 된다.

방사선 작업 종사자는 작업을 처음 시작하기 전에 방사선의 사용 방법, 선원의 접근, 피폭시간, 방사선구역 설정, 방사선 작업의 순서와 작업을 할 때 취해야 할 행동에 대해 미리 교육을 받아야 한다.

나. 허용선량

원자력법 시행령에는 개인의 피폭선량 한도를 정해 놓고 있다.

3.7.5 방사선 차폐

방사선을 취급 및 사용할 때 수반되는 외부방사선 피폭의 방어방법에는 다음과 같은 3가지 원리가 적용된다.

가. 시간

피폭선량은 피폭시간에 비례하기 때문에 가능한 피폭시간을 짧게 한다. 동일한 작업조건하에서 작업을 하더라도 작업시간(또는 체류시간)을 줄인다면 결과적으로 피폭선량을 감소시킬 수 있다.

총 피폭선량은 방사선량률과 피폭시간의 곱으로 표현되며 피폭시간을 단축하는 방법으로는 사전에 작업계획을 수립하는 것과 모의훈련(mock-up training) 및 기능숙련을 실시하는 방법이 있다.

나. 거리

방사선의 강도 또는 피폭선량은 점상 선원으로부터의 거리 자승에 반비례하기 때문에 작업자는 선원으로부터 가능한 거리를 멀리하도록 한다.

예를 들면, 0.5(㎜) 두께의 백금캡슐에 들어 있는 10mCi Ra 선원에서 1 m 떨어진 지점의 조사선량률이 8.25 mR/h일 때, 2 m 떨어지면 1/4(약 2mR/h)로, 10 m 떨어진 곳에서는 약 1/100(80μR/h)로 감소한다.

참고로 공기 중에서 1 Ci 선원으로부터 1 m 떨어진 지점의 조사선량률(R/h)을 "조사선량률 상수"라 하고 rontegen per hour at 1 meter(RHM)이라고 표시한다.

다. 차폐체

X선, γ선의 강도는 물질 중에서 지수식($I = I_0 e^{-\mu x}$)에 따라 감소한다. 즉, 선흡수계수 μ가 크고(밀도와 원자번호가 큰 물질) 흡수 두께가 두꺼울수록 투과선량은 더욱 감소한다. 그러므로 방사선원과 작업자 사이에 흡수계수가 크고 두께가 두꺼운 차폐체를 가능한 많이 배치하여야 한다.

차폐체는 가능한 선원 측에 가깝게 위치시키는 것이 효율적이며, 차폐물로는 고갈우라늄, 텅스텐, 납, 철, 콘크리트 등이 이용된다. 특히 콘크리트는 고에너지 X선, γ선의 구조적인 차폐체에 경제적 이점으로 이용된다.

3.7.6 방사선 관련 법규

1928년 방사선의 피폭과 방호를 위해서 국제 X선, 라듐 방어위원회(international X-ray commission on radiological protection)가 구성되고, 1950년에 이르러 국제방사선방어위원회(international commission on radiological protection; ICRP)로 명칭을 변경하여 오늘에 이르고 있다. 각국에서는 이 위원회의 권고에 따라 자국 내의 법규를 정하는 경우가 많다.

우리나라에서는 1958년에 원자력법이 제정되었으며, 원자력법시행령, 원자력법시행규칙, 과기부 고시 등에 따라 동위원소 및 발생장치의 사용이 규제되고 있다. 최신 법규와방사선 관련 정보는 교육과학기술부 홈페이지(www.most.go.kr)이나 원자력안전기술원(www.kins.re.kr)에서 열람할 수 있다.

가. 개인 피폭 선량 한도

원자력법에서는 1990년에 발간된 ICRP 60에 따라 선량한도가 법규화 되어 있다 방사선작업종사자가 작업으로 인한 과피폭을 방지하기 위하여 방사선 작업종사자에 대해서 연간 선량한도와 총 5년간 선량한도를 규정하였다.

나. 방사선 관리 구역

방사선 관리 구역은 외부 방사선량률이 주당 400 μSv 이상인 곳을 말하며, 사람의 출입을 관리하고 출입자에 대한 방사선 장해를 방지하기 위하여 경계에는 법정표지를 부착하여 필요한 주의사항을 게시하고 방어울타리 등을 설치하여 일반인이 구역 내에 들어가지 못하도록 감시하며 출입을 통제하여야 한다. 그리고 경고등은 가능한 사방에 설치하여야 한다.

익 힘 문 제

1. 방사선투과검사의 기본 원리를 설명하시오.

2. X선 및 γ선 투과검사의 특징을 비교하여 장단점을 기술하시오.

3. X선을 전자파라 생각했을 때, 파장을 λ, 진동수를 ν, 광속도를 C라 하면 $\nu = C/\lambda$이고, 광전자로 생각하여 쓸 때, 에너지를 ε라 하면, $\varepsilon = h\nu$의 관계가 있다. 이 두 관계를 이용하여 $\varepsilon = \frac{1.24}{\lambda}$ 식을 유도하라.

4. X선의 발생 원리를 기술하시오.

5. X선관의 타겟으로 사용할 수 있는 금속의 조건에 대해 기술하시오.

6. X선 발생장치를 관전압, 200 kV로 작동시킬 때 발생되는 X선 중에서 가장 짧은 파장을 가지는 X선의 파장을 구하시오.

7. 관전압과 관전류의 변화에 따른 백색 X선의 파장과 강도의 변화를 설명하시오.

8. 방사선투과검사(RT)에서 방사선의 감쇠와 산란에 대하여 설명하시오.

9. 파장이 5×10^{-10}cm인 X선의 에너지는 얼마인가?

10. K_α와 K_β 특성 X선이란 무엇인가?

11. 방사선 동의원소란 무엇인가?

12. 방사성동위원소의 반감기란 무엇인가?

13. 반가층에 대해 설명하시오.

14. 방사선투과검사에 이용되는 γ선원의 종류를 들고 그 특성을 비교하여 설명하시오.

15. Co-60 선원에서 1 m 거리에서 조사되는 선량률이 2 R/hr 이다. 이 때 두께가 3 ㎝인 납으로 선원을 차폐하였다면 1 m 거리에 조사선량률은 얼마인가?
(납의 밀도를 $11.34g/cm^3$, 질량감쇠계수를 $0.703cm^2/g$ 이라고 하면 납의 선감쇠계수 $\mu=7.972/cm$ 이다.)

16. X선 강도에 관한 거리의 역자승법칙 식을 유도하시오.

17. X선과 물질의 상호작용에 대하여 설명하시오.

18. 방사선투과검사(RT)와 중성자투과검사의 차이점을 서로 비교하여 설명하시오.

19. 중성자 투과검사법(neutron radiography)의 원리 및 특징에 대해 간략히 설명하시오.

20. 공업용 X선 필름의 종류를 들고 특성을 비교하여 설명하시오.

21. 금속증감지와 형광증감지의 증감작용에 대하여 비교 설명하라.

22. 방사선 투과사진의 콘트라스트에 영향을 미치는 인자에 대하여 설명하시오.

23. 계조계를 사용하는 이유는 무엇인가?

24. 방사선투과 사진의 선명도(definition), 명암도(contrast) 및 관용도(latitude)에 영향을 미치는 인자에 대하여 설명하시오.

25. 강용접부의 방사선투과시험 방법 및 투과사진의 등급분류 방법(KS B 0845 : 1997)에 따른 결함상의 분류방법을 기술하시오.

26. X선을 이용한 잔류응력의 측정방법에 대해 기술하시오.

27. X선 회절(X-ray diffraction; XRD)법에 의해 잔류응력(residual stress)을 측정하는 원리를 간략히 설명하시오.

28. 방사선투과시험에서 이메이징 프레이트(imaging plate; IP)와 화상처리에 대해 기술하시오.

29. 방사선투과검사 시 방사선 장해발생 예방대책에 대하여 설명하시오.

30. 방사선종사자의 개인 피폭선량계의 종류와 그 원리 및 장단점을 설명하시오.

31. 방사선 과피폭(over exposure)시 인체에 미치는 영향에 대하여 설명하시오.

32. 국제 방사선 방호위원회(ICRP)에서 권고되어 현재 국내 원자력법에 개정 반영된 방사선 작업 종사자의 피폭선량한도는 얼마인지 쓰시오.

33. 방사선방어의 원칙과 방사선의 영향에 대해 설명하시오.

34. 방사선에 관련된 다음 용어를 단위 중심으로 설명하시오.

익힘문제 해설은 출판사 홈페이지(www.enodemedia.co.kr) 자료실에서 받을 수 있습니다. 파일은 암호가 걸려 있으며, 암호는 ndt93550입니다.

MEMO

4. 초음파검사

4.1 개요

4.1.1 초음파의 정의

초음파학(超音波學, ultrasonics)은 인간의 가청 진동수 범위 보다 높은 주파수(20 kHz)로 전파하는 음향을 연구하는 학문이다. 초음파(ultrasonic wave)란 귀로 들을 수 있는 음파(주파수 20 Hz~20 kHz)보다 높은 주파수 성분을 갖는 음파를 말한다. 초음파는 전자파와 비교하면 속도가 늦기 때문에 수 MHz 정도의 높은 주파수를 사용함으로써 비교적 파장이 짧고 파의 직선성도 좋아지고 분해능도 좋은 파를 만들 수 있다.

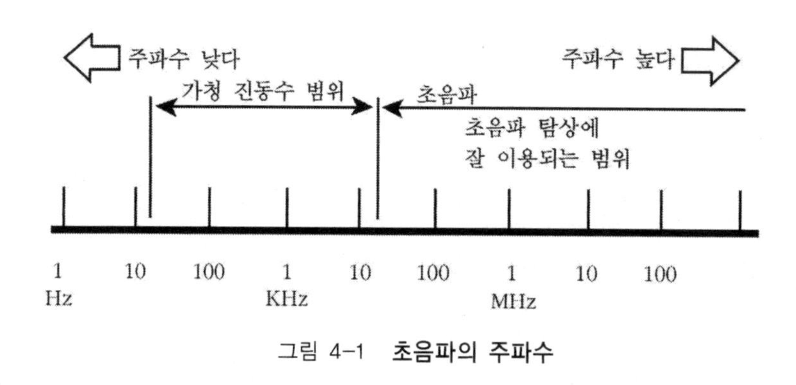

그림 4-1 **초음파의 주파수**

4.1.2 초음파검사의 역사

인간은 수 세기 전부터 본능적으로 음향을 이용한 비파괴검사를 하여 왔다. 우리가 마트에서 수박을 고를 때 수박이 잘 익었는지 무의식적으로 두들겨본다든가 만약 오늘도 당신이 기차역에 가면 정비사가 긴 망치를 가지고 기차의 바퀴를 치는 걸 여전히 볼 수 있다. 열차의 휠 등의 부품을 해머로 두드려 보고 기차 바퀴의 이상 유무를 판별하는 등 귀로 들을 수 있는 음향을 이용하여 물체의 내부 상태를 외부로부터 조사하고 있는 것이다. 이 방법이 가지고 있는 문제는 검사자가 들을 수 있어야 하는 충분히 큰 결함에만 민감하여 검사자에 크게 의존함으로 감도 및 정확도에 문제가 있다. 따라서 작은 결함을 검출하기 위해서는 주파수가 높은 초음파를 이용할 필요가 있다.

초음파는 1883년 갈튼(Galton)에 의해 처음 발견되었으며, 1차 세계대전과 2차 세계대전 동안에 급속도로 발전하였다. 초음파를 처음으로 본격적으로 실용화한 것은 해군이다. 적의 비행기의 위치를 알아내는 데에는 전파를 이용한 레이더를 사용하는 것과 같이 적의 잠수함의 위치를 알아내는 데에 초음파를 이용한 잠수함 탐지기가 사용되었다. 이들은 모두 메아리의 원리(반사법)이고, 초음파탐상검사도 주로 동일한 원리를 이용하고 있다.

음파에 대한 공학적 이해는 이미 기원전 240년에 물에서 음파를 관찰한 그리스의 철학자 Chrysippus에 의해 소리가 파동의 형태를 갖는다고 추측했다. 그러나 16세기 후반과 17세기 초가 되어서야 Galileo Galilei(음향학의 아버지라 불린다)와 Marin Mersenne이 소리를 지배하는 첫 번째 법칙을 정립하였다. 1686년 Isaac Newton경은 처음으로 소리에 대한 수학적 이론을 전개하고, 소리를 입자들 사이로 전파해 가는 일련의 압력 펄스(pressure pulse)로 해석하였다. 그 이후 Newton의 이론으로 회절과 같은 파동 현상이 설명되고 이어 Euler, Lagrange, d'Alembert에 의해 Newton 이론은 확장되어 파동방정식(wave equation)을 정립하게 된다.

파동방정식은 다른 공학 이론들과 마찬가지로 19세기 후반과 20세기에 빠른 속도로 발전을 하게 된다. 19세기 말에 초음파학 분야에서 가장 저명한 과학자중 한명인 Lord Rayleigh (John William Strutt, 1842-1919)는 현재도 초음파 NDE 방법에서 많이 사용되고 있는 Rayleigh 표면파를 발견하였다. Rayleigh는 Lamb파라 불리는 판에서의 유도초음파를 발견한 Lamb과 함께 연구를 하였다. 파동의 전파에 관한 거의 모든 형태의 솔루션은 19세기 말에 해결되었다. 그 이후 컴퓨터는 다양한 형태의 결함으로부터 반사, 다층 구조를 수반하는 경우를 포함하는 복잡한 문제들을 풀 수 있도록 해주었다.

펄스-에코(pulse-echo)법에 의한 비파괴검사 방법으로 받아들여지게 된 것은 1880년 Curie 형제가 초음파 에너지를 전기적 에너지로 변환시키는 압전효과(piezoelectric effect)가 있는 압전 물질(piezoelectric material)인 수정(crystals)을 발견하여 초음파를 쉽게 발생하고 검출할 수 있게 되면서 부터이다. 그 후 1881년에 Lippmann은 동일 압전 재료인 수정으로 전기적 에너지를 초음파 에너지로 변환하는 역압전효과(inverse piezoelectric effect)를 발견하면서 실질적으로 비파괴검사 분야에 적용이 활발하게 된다. 이러한 발견 이후 실용적인 초음파에 대한 시도 중 하나는 바다에서 빙산을 탐지하는 것을 성공하게 되고 침몰해 있는 Titanic호의 탐지에 활용하게 된다. 이 적용에 대한 성공은 세계 1차 대전 동안 잠수함 탐지를 포함한 다른 수중 응용 분야에 각광을 받는 군사 기술로 자리 메김을 하게 된다. 전쟁이 끝난 후 초음파 응용은 급속도로 발전하게 되는데 1930년 즈음 Sokolov는 재료 검사에 초음파를 이용하는 것을 제시했다. 비슷한 시기에 Mulhauser는 송신기와 수신기를 분리하여 이용하는 pitch-catch 방식의 초음파 결함 탐지 장비의 특허를 출원하게 된다.

그 후 1940년대 초 Firestone과 Simmons는 초음파탐상검사의 혁신을 일으키게 되는데 그들은 그 당시까지 사용해왔던 신호대잡음비(signal-to-noise ratios)가 매우 낮고 해석이 어려웠던 연속파(continuous wave) 대신에 펄스 초음파의 개념을 도입하게 된다. Firestone은 송신과 수신이 동시에 가능한 펄스-에코(pulse-echo)가 가능한 단일 탐촉자(single-transducer) 방식을 도입하게 되고 이 방법은 "초음파 반사경(supersonic reflectoscope)"을 이용하는 "에코 반사(echo-reflection)"라 불리고 오늘날 펄스-에코 초음파검사 방법의 기본이 되었다.

최근에는 장치 산업과 전자 기술의 급속한 발전에 힘입어 초음파 검사 장치들이 소형, 경량화 되었으며 특히, 소형 컴퓨터의 발전과 더불어, 신호처리가 신속해지고 간단해져 초음파탐상검사의 최대의 난점인 기록성도 향상되어 가고 있으며 아울러 장치의 자동화와 이미지화도 급속히 개발되어 위상배열초음파(phased array ultrasonic technology)나 음향현미경(scanning acoustic microscopy; SAM) 등과 같은 첨단 초음파 기술의 출현에 이르게 되었다.

4.1.3 초음파검사의 기본 원리

초음파검사(ultrasonic testing; UT)는 초음파가 가지고 있는 물리적 성질을 이용하여 시험체 중에 존재하는 결함을 검출하고, 검출한 결함의 성질과 상태를 조사하는 비파괴검사이다. 초음파에 의한 비파괴평가 기술은 원자력 발전설비, 석유화학 플랜트 등 거대설비·기기의 건전성(integrity) 및 신뢰성 확보와 잔존수명 예측 기술로 그 적용범위가 확대되어 가고 있다. 초음파검사 기술은 파괴시험이나 다른 비파괴검사 기술에 비해 간편한 측정, 높은 측정 정밀도, 검사결과 도출의 신속성, 검사비용의 절감 등 많은 장점을 가지고 있다. 초음파탐상검사는 철강 재료나 그 용접부의 비파괴검사 방법으로 압력용기나 건축 철골 등의 구조물에 주로 적용되고 있다. 철강재료 이외에 신소재로 주목받고 있는 세라믹이나 섬유강화 플라스틱(fiber reinforced plastics; FRP)등 첨단재료의 초음파에 의한 재료평가(materials evaluation)등에 적용될 때는 초음파 비파괴평가(ultrasonic nondestructive evaluation; UNDE)라는 용어가 많이 사용되고 있다.

재료 내부에 초음파펄스를 입사시킬 때 반사파(이하 에코라고 한다)의 거동을 수신기의 브라운관상에 도식적으로 나타내면 그림 4-2와 같다. 재료 내부에 흠(flaw) 등의 반사원이 없으면, 송신펄스의 저면 반사파(backwall echo)는 표면 · 저면에서 반사를 반복하기 때문에 여러 개의 저면에코만 관찰된다. 재료 내부의 음속 C가 일정하다고 가정하면, 저면에코의 시간간격 Δt는 빔진행거리 $2L$을 전파하는데 필요한 시간이고, $C = 2L/\Delta t$ 의 관계가 있다. 시험체의 판두께 L을 모르는 경우, 시험체의 음속(velocity)을 알고 있으면 Δt를 측정함으로써 L을 구할 수 있다. 반대로 시험체 두께 L을 알고 있을 때는 Δt를 측정함으로써 음속 C를 구할 수 있다. 그림 4-3은 펄스-반사에 의한 초음파의 송신과 수신 방식을 나타내고 있다.

초음파가 물체 내부를 전파할 때, 전파과정에서 에너지가 손실되기 때문에 수신강도는 저하한다. 이론적으로는 $2L$의 전파에 대한 초음파의 크기 저하는 단위 길이로 나타내고, 감쇠계수(attenuation coefficient)를 측정할 수 있다. 음속이나 감쇠는 재료의 기본 물성치로써 재료의 종류, 상태에 의존하기 때문에 이러한 측정값의 변화로 조직이나 기계적 성질 등을 평가할 수 있다.

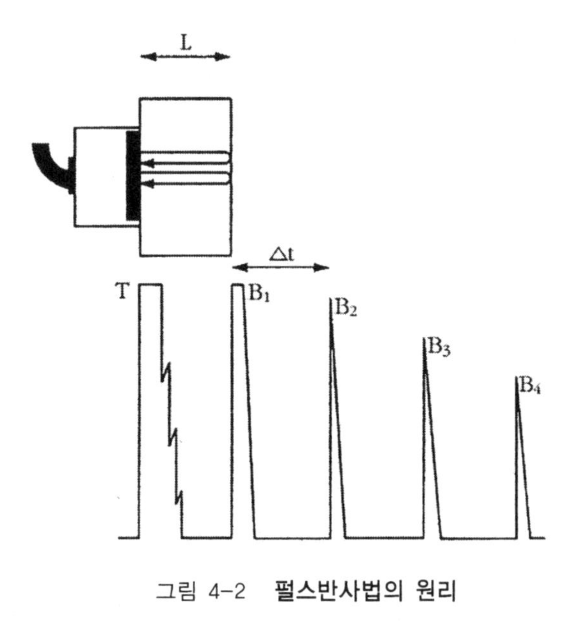

그림 4-2 **펄스반사법의 원리**

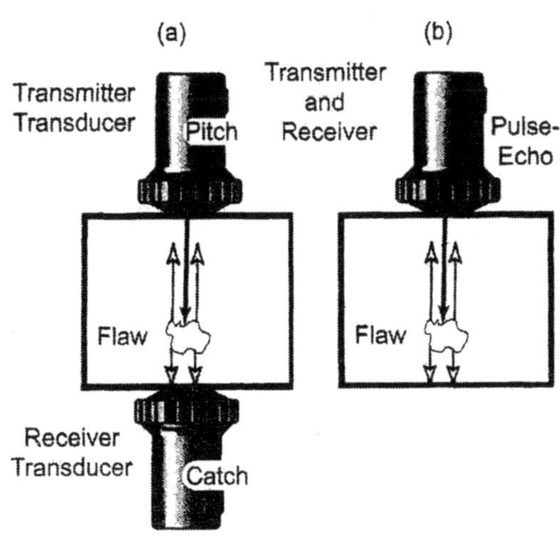

그림 4-3 **초음파 송 · 수신 방식((a) pitch-catch, (b) pulse-echo)**

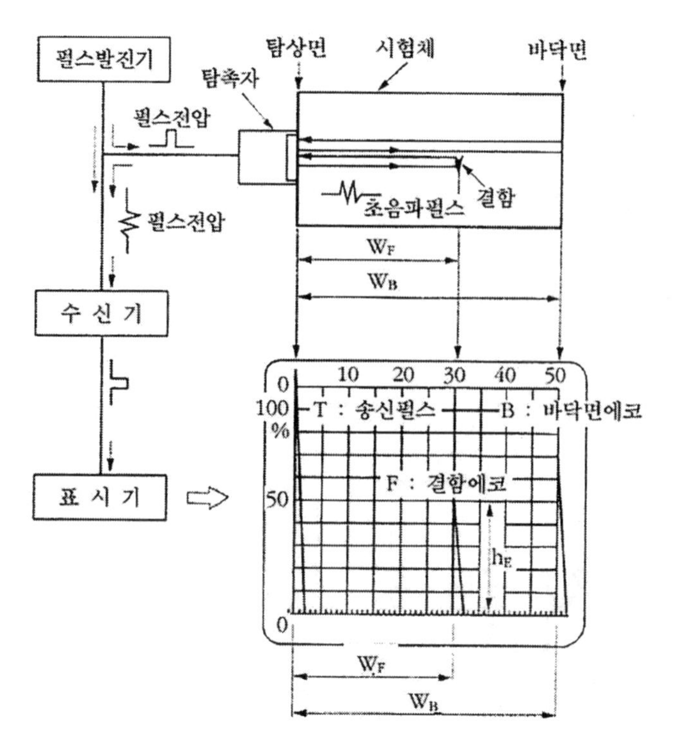

그림 4-4 **초음파탐상의 기본 원리**

초음파검사의 원리는 그림 4-4와 같이 탐촉자로부터 보통 1~10 MHz의 초음파펄스를 시험체에 입사시켰을 때 내부에 결함이 있으면 그곳에서 반사되어 되돌아오는 초음파(에코)가 탐촉자에 수신되는 원리를 이용하여 주로 내부결함의 위치 및 크기 등을 비파괴적으로 조사하는 결함검출기법이다. 결함의 위치는 송신된 초음파가 수신될 때까지의 시간으로부터 측정되고, 결함의 크기는 수신되는 초음파의 에코높이 또는 결함에코가 나타나는 범위로부터 측정한다.

초음파는 결함에서도 반사되기 때문에 시험체에 결함이 있으면 건전재에서는 나타나지 않는 결함에코가 그림 4-4와 같이 송신에코와 저면에코 사이에서 관찰된다. 재료내부의 음속이 일정하면 ① 결함에코의 위치측정에서 결함의 깊이, ② 결함에코의 수신신호 크기에서 결함의 크기를 평가할 수 있다.

4.1.4 초음파검사의 적용과 특징

초음파검사는 방사선투과검사(radiographic testing; RT)와 함께 체적검사(volumetric examination)방법으로 내부결함을 찾아내는 것을 목적으로 사용하고 있다. 이 두 검사방법은 서로 결함을 검출하는 원리가 다르기 때문에 검출하는 능력에도 차이가 있다. 용접부의 초음파 탐상검사에서 미세 균열, 용입부족, 융합불량 등의 결함은 방사선투과검사에서보다 잘 검출된다. 그러나 초음파검사는 방사선투과검사에 비해 결함의 종류를 구별하기 어렵고, 검사 기술자의 기술 능력에 따라 검출 결과가 달라질 수 있으며, 결함의 내용을 기록하여 보존하는 것이 뒤떨어지는 단점이 있다. 그러나 초음파 검사기술은 파괴시험이나 다른 비파괴평가 기술에 비해 간편한 측정, 높은 측정정도, 검사결과 도출의 신속성, 검사비용의 절감 등 많은 장점을 가지고 있다.

초음파검사는 일반적으로 금속재료의 가공품 즉 판재, 단조품, 주조품, 용접부 등의 결함 검사에 많이 사용한다. 특히 압력용기의 용접부, 건축 구조물의 용접부의 결함 검사에 활용도가 높다. 철강재료 이외에 신소재로 주목받고 있는 세라믹이나 FRP 등 첨단재료의 재료평가에도 널리 활용되고 있다. 또한 원자력 발전설비, 석유화학 플랜트 등 거대설비·기기의 건전성(integrity) 및 신뢰성 확보와 잔존수명 예측기술로 그 적용범위가 확대되어 가고 있다. 금속의 결정조직이 미세하면 초음파의 전파성이 좋기 때문에 지름이 수 m 되는 큰 단강품의 내부에 있는 작은 결함까지 검출할 수 있다. 그러나 결정조직이 거칠면 결정입계에서 초음파가 산란되어 전파하는 초음파의 감쇠가 커져 큰 결함이라도 검출하기 어려울 때가 있다.

표 4-1 초음파검사의 장·단점

장 점	단 점
· 전파 능력이 우수 · 균열 등 미세한 결함에 대해서도 감도가 높음 · 내부 결함의 위치, 크기(결함 높이) 등을 정확히 측정 · 검사결과를 신속히 알 수 있음 · 복잡한 기하학적 형상을 가는 검사체도 적용이 용이 · 거의 모든 재료에 적용이 가능하고 재료의 특성 평가가 가능 · 검사자 또는 주변 사람에 대한 장애가 없음 · 이동성이 좋음	· 수동 검사를 할 때 검사자는 검사 경험이 요구 · 검사절차를 이해하는데 검사자의 폭넓은 지식이 필요 · 초음파의 전달효율을 높이기 위해 접촉매질이 필요 · 표준시험편 또는 대비시험편이 필요 · 재료의 내부조직에 따른 영향이 큼 · 결함의 검출 능력은 결함과 초음파빔의 방향에 따른 영향이 큼 · 기본적으로 국부검사(point by point) · 객관적인 기록을 얻는 것이 어려움 · 결함의 종류 판별이 어려움 · 주강품과 같이 결정립이 조대한 재료나 음향이방성이 있는 재료에는 적용이 곤란

각 비파괴검사법이 그러하듯 초음파검사도 분명 장·단점이 있는 만큼 단점을 잘 보완할 수 있는 기술적 검토가 항상 중요하다. 복합재료나 IC 패키지 등 마이크로/나노 구조물의 건전성을 보증하기 위해 제조나 용접 등의 가공 시나 사용 중에 응력 등으로부터 발생하는 결함의 위치나 크기, 결함의 종류를 정밀하게 측정하고자 하는 경우 문제점과 한계가 반드시 존재하게 된다. 비파괴적으로 결함을 검출하고, 위치, 크기를 측정하는 방법으로는 초음파검사 뿐만 아니

고 방사선투과검사나 자분검사 등이 있으나 어느 방법도 만능일 수는 없고 그 검출성에는 한계가 있게 된다. 초음파검사를 선택하게 되는 경우 초음파는 확산해가며 직진한다는 것, 시험체의 결정립의 크기 등에 의해 산란 감쇠하는 것, 펄스파를 사용한다는 것 그리고 주파수나 파장에 영향을 크게 받는 등 초음파가 가지고 있는 기본적인 문제가 있고 또 아직까지 수동 탐상으로 인해 진단의 신뢰도가 낮다는 것이다.

초음파검사에서는 아주 작은 결함을 검출할 수 있다. 즉, 탐상 조건이 좋으면 파장의 1/2 정도 크기의 결함을 검출할 수 있는데, 주파수가 5 MHz 의 초음파를 사용할 경우 철강 재료에서 1 ㎜ 정도 크기의 결함은 확실히 검출할 수 있다. 그러나 결함의 형상과 방향은 결함의 검출능력에 뚜렷한 영향을 미친다. 다시 말해 초음파의 빔이 균열과 같은 띠형 결함에 수직으로 부딪히면 탐촉자로 되돌아오는 반사파는 크지만 기공과 같은 구형 결함에서는 반사파가 여러 방향으로 산란되기 때문에 탐촉자로 되돌아오는 반사파는 매우 작다. 따라서 초음파탐상검사를 할 때는 결함면에 초음파가 가능한 한 수직으로 전파하도록 탐상방법을 선택하는 것이 좋다.

4.2 초음파검사의 기초이론

4.2.1 초음파의 성질

초음파는 재료 내부를 전파하면서 재료 내부 조직의 영향을 받기 때문에 방사선과 같이 재료 내부의 성질과 상태를 비파괴적으로 평가할 수 있다. 초음파는 기본적으로 좋은 물리적 성질을 가지고 있어 이를 공학적으로 잘 활용하면 의료진찰, 공업재료 탐상·물성평가, 어군 탐지기 등의 검사·탐상, 탄성 표면파 소자를 중심으로 하는 전자·통신부품 및 초음파 에너지를 이용한 초음파 가공·세정 등에 초음파가 널리 사용되고 있다. 최근 비파괴 진단 장비에서는 GHz 범위의 주파수도 발생시킬 수 있다. 그러나 일반적으로 재료의 초음파검사에는 0.5 MHz에서 20 MHz 정도의 주파수 범위가 주로 사용되고 있다. 금속의 초음파검사의 경우는 2 MHz에서 20 MHz 정도의 주파수 범위가 흔히 사용되고 있다. 주파수는 결함을 검출하고 평가하는 데 있어 매우 중요한 인자이다.

초음파는 다음과 같은 물리적 성질을 갖기 때문에 비파괴검사에 활용되고 있다.

① 파장이 짧다. 초음파탐상에 사용하는 초음파의 파장은 수 ㎜이다. 따라서 지향성이 예리하며 빛과 비슷하여 직진성을 갖는다.

② 탄성적으로 기체·액체·고체의 성질이 음향적으로 현저히 다르기 때문에 초음파는 액체와 고체의 경계면에서 반사, 굴절, 회절하는 성질이 있다. 따라서 결합과 같은 불연속부에서 잘 반사하고 결합검출이 가능하게 한다.

③ 고체 내에서 잘 전파한다. 물질 내에서 초음파의 전파속도는 초음파가 전달되는 물질의 종류와 초음파의 종류에 의해 결정된다.

④ 원거리에서 초음파빔은 확산에 의해 약해진다.

⑤ 재료에 따라서 결정 입계면에서 초음파가 산란에 의해 약해진다.

⑥ 고체 내에서는 종파 및 횡파의 2종류의 초음파가 존재하며 이들은 서로 모드변환을 일으킨다.

초음파는 기본적으로 기계적인 진동의 한 형태로 취급할 수 있다. 한 매질 내에서 초음파의 운동이 어떻게 일어나는지 알기 위해서는 우선 매질 내 두 지점 간에 에너지가 전달되는 메커니즘(기본원리)을 이해할 필요가 있다. 이는 그림 4-5(a)와 같이 스프링 한 개에 추를 매단 후 그 추가 진동하는 모습을 관찰함으로써 이 메커니즘(mechanism)을 이해할 수 있다.

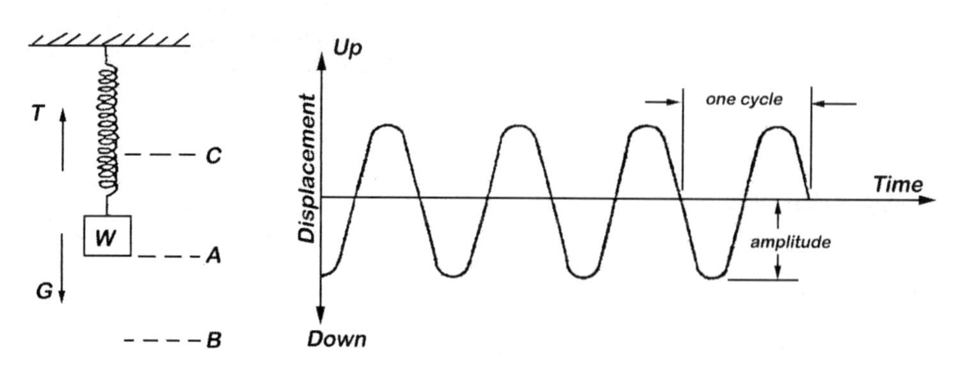

그림 4-5 (a) 스프링에 메단 추 (b) 시간 t의 함수로 A점에서 W의 변위를 그린 곡선

스프링에 작용하는 W가 정지해 있는 동안 W에는 중력 G와 스프링에 작용하는 장력 T 두 개의 힘이 작용한다. 여기서 W가 평형점 A에서 B점으로 이동하게 되면 장력 T가 증가하게 된다. 다시 B점에서 W를 자유롭게 놓게 되면 장력 T가 증가하여 W는 A점을 향해 가속이 붙은 채 이동하게 된다. 이때 A점에서 다시 중력 G와 장력 T가 같아지는 평형상태를 이룬 후 W가 C점을 향해 움직이면서 장력 T는 감소하면서 상대적으로 중력 G가 증가하여 결국 W는 운동에너지가 소진되어가면서 속도가 느려지다 C점에서 멈추게 된다. 그리고 C점에서 중력 G가 장력 T보다 커지면서 W는 다시 A점을 향해 운동에너지를 가지며 이동하게 되고 다시 A점을 지나가며 앞서 설명한 전체 운동이 다시 반복된다. 이와 같이 W가 A에서 B로, B에서 A로, A에서 C로, C에서 A로 왔다 갔다 하며 이동하는 것을 사이클(cycle)이라 하고, 1 초당 사이클 수를 진동의 주파수(frequency)라 정의한다. 그리고 한 사이클 동안에 걸리는 시간을 진동의 주기(period) T라고 하며, 이때 $T=1/f$의 관계를 갖는다. W가 A점에서 B점, 또는 A점에서 C점까지의 최대 변위를 진동의 진폭(amplitude)이라 정의한다. 그림 4-5(b)에 이러한 개념을 잘 나타내고 있다.

모든 물질은 원자(또는 분자)로 구성되어 있으며, 이 원자들은 원자간의 힘(interatomic force)을 가지며 서로 결합되어 있다. 이러한 원자간 힘은 탄성적 특성(elastic)을 갖는다. 즉, 원자들은 마치 스프링으로 결합되어 있는 모델로 생각할 수 있고, 그림 4-6은 이러한 재료를 스프링으로 단순화한 모델의 예를 보여주고 있다. 물질 중 한 원자가 응력을 받아 원래 위치에서 움직이게 되면, 그 원자는 그림 4-5(a)에서 추 W와 같은 진동을 한다고 생각할 수 있다. 원자 간에는 결합이 되어 있기 때문에 이러한 원자의 진동은 인접한 원자들을 진동하게 하는 요인이 된다. 인접 원자들이 진동하기 시작하면 그 진동 역시 그들과 인접한 원자에 전달되어 간다. 원자들 간의 결합이 강할 때는 모든 원자들의 진동은 동시에 일어나고 똑같은 상태로

머무르게 되는데, 즉, 같은 위상(phase)을 가지게 된다. 그러나 물질의 원자들은 탄성력으로 결합되어 있기 때문에 진동이 인접 원자에 전달되는 데는 얼마간의 시간이 필요하게 되어 처음 여기된(excited) 원자들보다는 일정한 위상 지연(lag in phase)을 가지고 전달되게 된다.

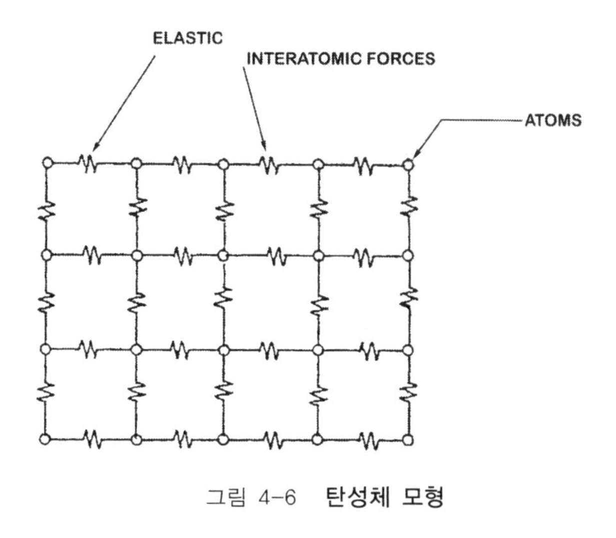

그림 4-6 **탄성체 모형**

기계적 파동이 매질로 전파해 갈 때, 어떤 시간 t에서 평형점으로부터 매질에서의 입자 변위는 다음 식으로 주어진다.

$$a = a_0 \sin 2\pi f t \tag{4.1}$$

여기서

a = 시간 t에서 입자 변위
a_0 = 진동 입자의 진폭(amplitude)
f = 진동 입자의 주파수(frequency)

그림 4-7은 식(4.1)을 도식적으로 표시한 것이다.

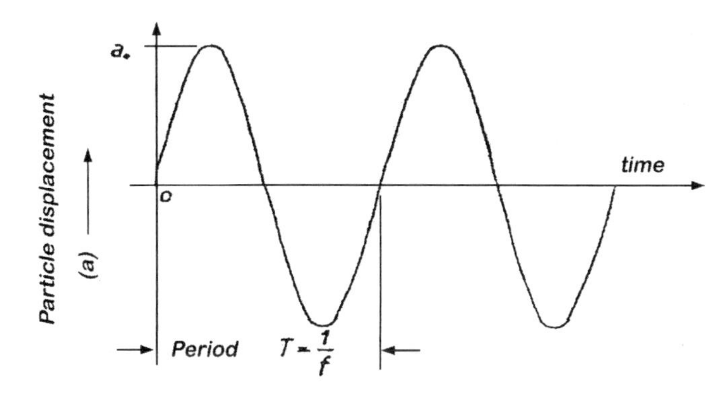

그림 4-7 **시간에 따른 입자 변위의 변화를 나타내는 식(4.1)의 도식적 표시**

식(4.2)는 매질을 통해 전파해 갈 때의 기계적 파동의 운동방정식이다. 이 식은 특정 시간 t에서 처음 여기된 입자로부터 다양한 거리에서의 입자의 상태(위상)를 나타낸다.

$$a = a_0 \sin 2\pi f\,(t - \frac{x}{v}) \tag{4.2}$$

여기서

a = 파의 변위
a_0 = 파의 진폭
v = 파의 전파 속도
f = 파의 주파수

그림 4-8은 식(4.2)를 그래프로 표시한 것이다. 주기 T, 파의 속도 v와 파장 λ와의 관계는 다음과 같다.

$$\lambda = vT, \text{ 또는 } v = \frac{\lambda}{T} \tag{4.3}$$

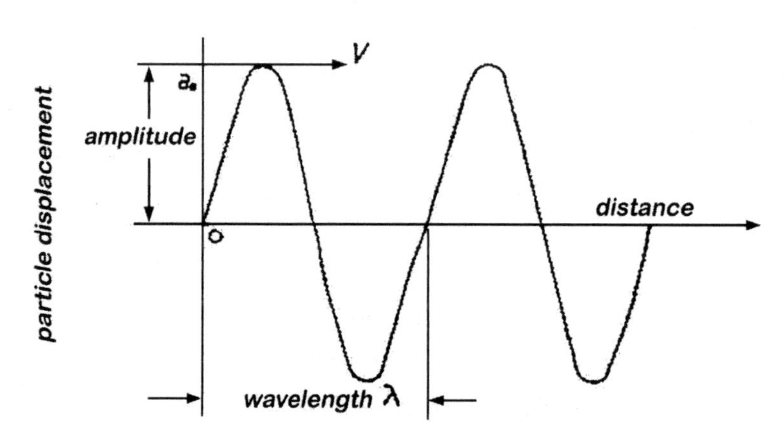

그림 4-8 **식(4.2)의 도식적 표시**

그러나 주기 T는 주파수 f와 다음과 같은 관계를 갖는다.

$$f = \frac{1}{T} \tag{4.4}$$

식(4.3)과 식(4.4)의 관계로 모든 파동의 기본 방정식은 다음과 같다.

$$v = \lambda f \tag{4.5}$$

식(4.5)에서 f는 Hz, λ는 mm이면 v는 mm/s가 되고, 또 f가 MHz, λ는 mm이면 v는 km/s로 나타내진다.

진동이 일어나는 시간 주기 T 동안, 파는 매질 내의 일정 거리를 전파하게 되는데 이 거리를 파의 파장(wavelength)이라 정의하며 그리스 문자 λ로 나타낸다. 매질 내에 거리 λ 만큼 떨어져 있는 원자들은 파가 전파해갈 때 동일한 운동 상태(즉, 동일 위상)에 있는 것으로 생각할 수 있다. λ와 f와 v간의 상관관계는 식(4.5)와 같다. 이 식에 의하면 특정 매질에서 파장은 주파수에 반비례하는 관계를 갖는다. 따라서 주파수가 높아질수록 파장은 짧아지고, 주파수가 낮아질수록 파장은 길어진다. 실제 검사 환경에서 $\lambda/2$ 또는 $\lambda/3$ 정도의 결함은 검출이 가능한 것으로 알려져 있다. 따라서 파장이 짧을수록, 검출할 수 있는 결함의 크기는 더 작아진다. 즉 초음파의 파장이 짧거나 주파수가 높을수록 결함 검출의 민감도(flaw sensitivity)는 더 좋아지게 된다. 매질 내로 음파가 전파해 갈 때 파의 주파수는 원자들의 진동 주파수와 같다. 주파수(frequency)를 1초 당 사이클 횟수라 정의할 때, 보통 문자 f로 표시한다. 1 초당 사이클 횟수를 국제적인 전문 용어로는 물리학자 H. Hertz의 이름을 따서 헤르츠라 부르고 줄여서 Hz라 한다.

1Hz = 초당 1 사이클, 1kHz = 1,000Hz

1MHz = 10^6Hz, 1GHz = 10^9Hz

표 4-2 보조단위의 종류

기호	읽는 방법	배수	기호	읽는 방법	배수
p	피코	10^{-12}		단위	1
n	나노	10^{-9}	da	데카	10
μ	마이크로	10^{-6}	h	헥토	10^2
m	밀리	10^{-3}	k	킬로	10^3
c	센티	10^{-2}	M	메가	10^6
d	데시	10^{-1}	G	기가	10^9
			T	테라	10^{12}

4.2.2 초음파 모드의 종류와 특징

초음파에는 여러 가지의 파동모드가 있는데, 재료나 모드 및 전파 매체의 조건에 따라 이들이 혼재하고 계면에서는 모드 변환이 일어난다. 초음파 계측에서는 이러한 여러 가지 모드의 특징을 이용하여 측정하기 때문에 X선 등에 비해 전파의 해석이 복잡해지는 요인이 된다. 일반적으로 고체 내에서 관찰되는 초음파의 모드는 종파(longitudinal wave), 횡파(shear wave), 표면파(Rayleigh wave) 그리고 판파(Lamb wave) 등으로 분류된다. 이들 네 가지 파의 주된 차이점은 다음과 같다. 그림 4-9는 초음파의 진동 모드를 도식적으로 나타내고 있다.

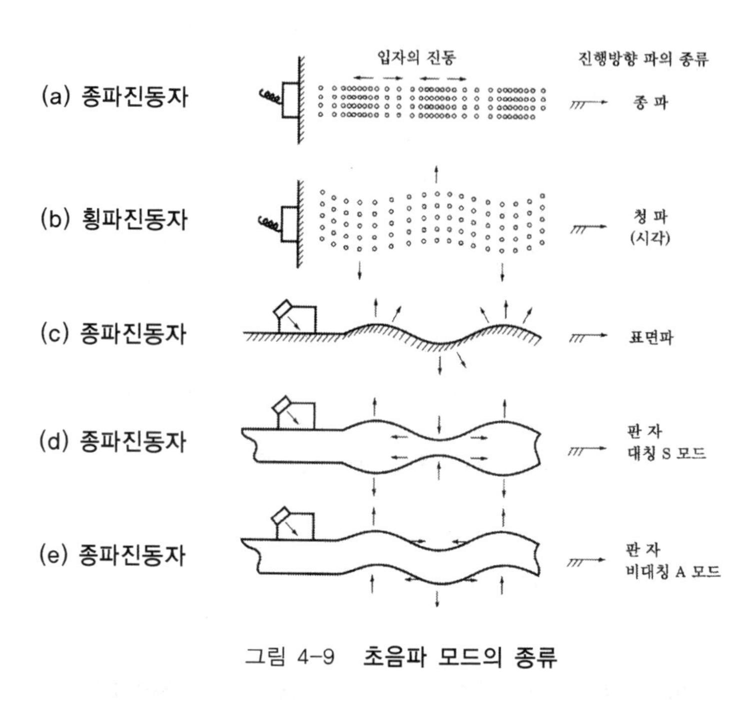

그림 4-9 **초음파 모드의 종류**

가. 종파

종파(longitudinal wave, L-wave)는 파의 전파 방향으로 밀(compression)한 부분과 소(rarefaction)한 부분으로 구성되기 때문에 일명 압축파(compressive wave)라고도 불린다. 이 파는 그림 4-10과 같이 매질 내의 입자의 진동이 파의 전파 방향과 일치하는 파를 말한다.

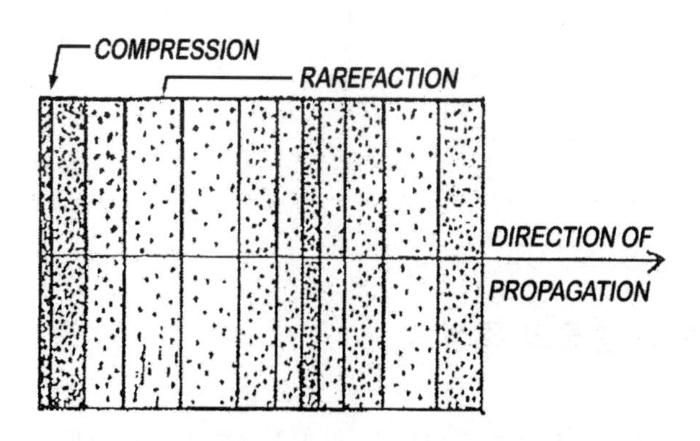

그림 4-10 **파의 전파 방향으로 밀(compression)한 부분과 소(rarefaction)한 부분으로 구성된 종파**

종파에 대한, 골과 마루를 형성하며 진행해 가는 파의 전파거리와 입자의 변위에 대한 곡선은 그림 4-11과 같다.

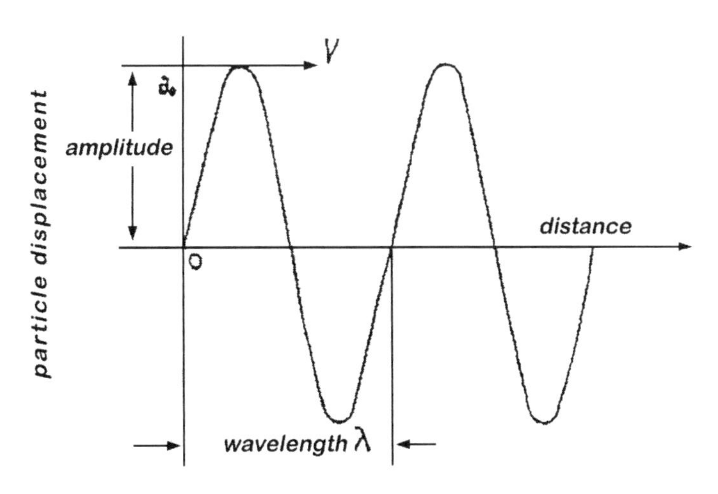

그림 4-11 **파의 전파거리와 입자의 변위에 대한 곡선**

종파는 초음파검사의 수직탐상에 주로 이용되는 진동 형태로 발생과 검출이 쉽기 때문에 가장 널리 사용되고 있다. 이 파는 다른 형태의 파로 변환되기도 한다. 그리고 종파는 고체, 액체, 기체에서 전파할 수 있으며, 강의 경우 음속이 5900 m/s로 가장 빠르다.

나. 횡파

횡파(transverse wave, shear wave; S-wave)는 그림 4-12와 같이 매질 내 입자의 진동이 파의 전파 방향과 수직한 관계를 가지며 진행하기 때문에 횡파 또는 전단파라 불린다. 물질 내 횡파의 전파는 우리가 로프를 흔들 때의 운동으로 가장 잘 설명할 수 있다. 로프의 각 입자는 상하로만 움직이는 반면 파는 여기 지점에서부터 로프를 따라 이동하게 된다.

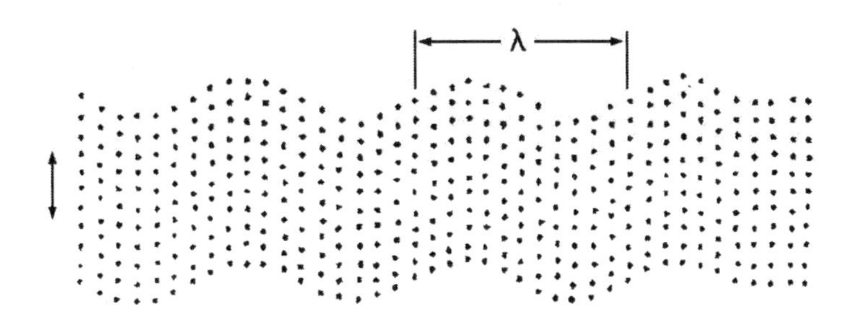

그림 4-12 **횡파의 도식적 표현**

물질 내로 횡파가 전파하기 위해서 매질 내의 각 입자들은 한 입자에서 인접한 다른 입자로 움직여 이동할 수 있을 정도로 강하게 결합되어 있어야 하고, 또한 종파 속도의 약 50 %로 매질 내로 전파해가는 초음파 에너지를 발생시킬 수 있어야 한다. 실제 적용의 경우 횡파는 고체에서만 전파될 수 있다. 액체와 기체에서는 분자 또는 원자들 사이의 거리 즉 평균자유경로(mean free path)가 너무 커서 분자 간 또는 원자 간 당기는 힘이 약해 파가 급격히 감쇠되어버리기 때문이다. 일반적으로 강 용접부의 초음파 사각탐상에서는 SV파(vertically shear wave)라 불리는 횡파가 주로 이용되고 있다. SV파는 탐상면에 대해 초음파의 진행방향이 수직으로 진동하는 횡파를 말하고, SH파(horizontally shear wave)는 초음파가 탐상면과 수평방향으로 진동하는 횡파를 말한다. SH파는 횡파 진동자를 탐촉자의 축방향으로 이용, 진동자로 부터 발생한 횡파를 점성이 높은 접촉매질을 통하여 시험체에 전파시킨다. 그림 4-13은 종파와 횡파 모드를 비교한 것이다.

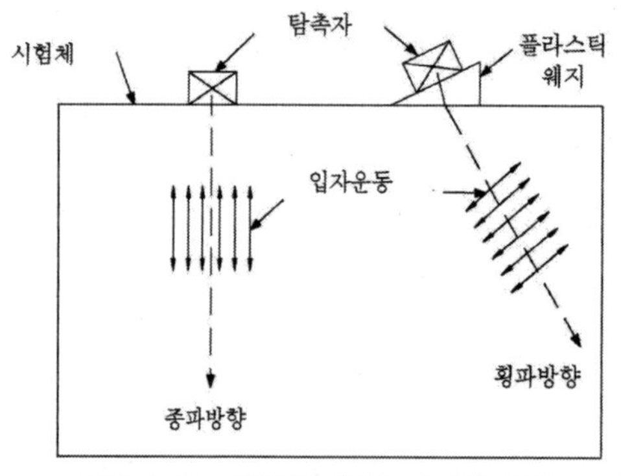

그림 4-13 **종파와 횡파 모드의 비교**

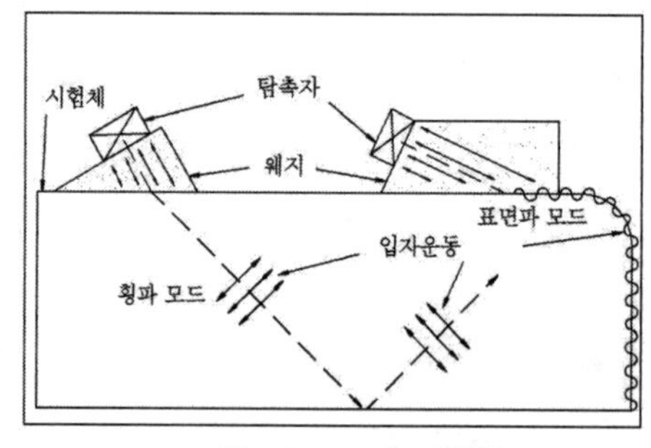

그림 4-14 **모드변환**

SH파는 SV파와 같은 반사면에서 모드변환이 없고 탐상도형이 간단하여 판정이 용이하며, 굴절각을 90도에 가깝도록 하면 표면 SH파(surface SH wave)가 되어 높은 효율로 탐상면을 따라 전파하는 것이 가능하다. 지금까지 주로 이용되고 있는 SV파 사각탐상은 고체표면에 거의 수직으로 전파하는 파로, 수직방향의 특성평가에 적합하다. SV파는 고체 계면에서 반사시 그림 4-14와 같이 횡파→종파→횡파로 모드변환(mode conversion)을 일으키고 다중에코의 멀티모드파가 되기 때문에 시험체가 얇은 경우는 파의 판정이 곤란하게 된다.

이에 비해 SH파는 고체표면층 직하로 전파하기 쉬운 진동면을 갖고 횡파→종파로의 모드변환을 하지 않기 때문에 순수모드로 취급 가능하다. 횡파는 동일한 재질에 대해서 종파속도의 약 1/2정도이기 때문에 동일한 주파수에서 종파에 비해 짧은 파장을 갖게 된다.

다. 표면파

표면파(surface wave)는 Load Rayleigh에 의해 처음으로 설명되었기 때문에 표면파를 레일리파(Rayleigh wave)라고도 불린다. 이 파는 강한 탄성력을 갖는 고체 면과 다른 한쪽 면은 탄성력이 거의 없는 기체 분자와의 경계를 이루는 표면을 따라 전파해 간다. 따라서 표면파는 액체가 매우 얇은 층으로 고체 표면에 있는 경우는 몰라도 액체 속에 잠겨 있는 고체의 경우에는 실제로 존재할 수 없다. 표면파의 속도는 횡파 속도의 약 90 % 정도이며, 시험체 표면으로부터 약 1 파장 정도 깊이의 범위로 전파한다. 이 깊이에서 파의 에너지는 표면 에너지의 약 4%정도이며, 깊이가 더 커지면 진동의 진폭은 급속히 감소하여 거의 무시할 정도가 된다.

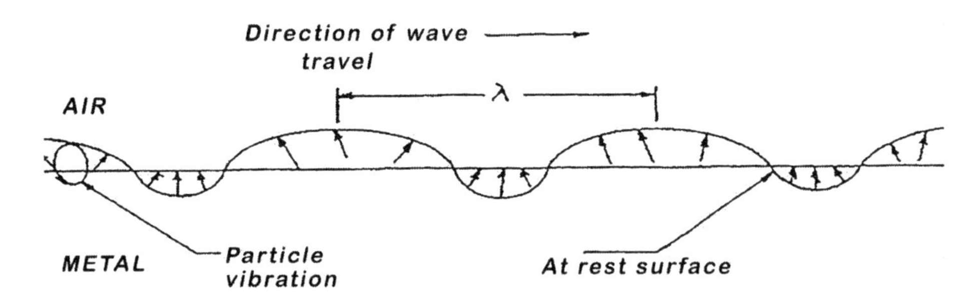

그림 4-15 **금속-공기 계면에서 금속 표면으로 전파하는 표면파의 도식적 표현. 작은 화살표는 입자 변위의 방향을 나타낸다.**

표면파는 그림 4-15와 같이 입자의 진동은 대체로 타원 궤도를 그리게 된다. 타원형의 장축은 파가 진행해 가는 표면에 수직을 이루고, 단축은 전파 방향에 수평을 이룬다. 표면파는 검사체의 모서리 주위로도 전파할 수 있어 상당히 복잡한 형상을 갖는 검사체에도 적용이 가능하다. 물론 표면이나 표면 근처에 존재하는 균열 또는 결함도 잘 검출할 수 있다. 표면파는 시험체 표면으로부터 1파장 정도 깊이의 범위에서 전파한다. 높은 주파수는 음압이 표면근방에 집중하기 때문에 표면에 개구한 결함의 검출에 적합하고, 낮은 주파수는 표면 아래 수 ㎜ 정도까지 전파하므로 표면직하의 결함검출에 유리하다. 그러나 기본적으로 표면파는 탐상면상의 장해물이나 요철에 의한 표면상태의 영향을 받기 쉬운데, 이로 인한 감쇠가 크고 방해에코가 쉽게 나타날 수 있기 때문에 필릿 용접부 등의 결함탐상에는 적절하지 않다.

표면파의 한 종류인 크리핑파(creeping wave)는 재료의 표면 방향으로 전파하는 종파를 사용하는 탐상법으로 크리핑파의 송·수신은 비교적 용이하나 횡파에 의한 반사파도 동시에 전파하기 때문에 탐상도형이 복잡해져 결함에코의 해석이 어렵고, 결함에서 에너지의 일부가 연속적으로 횡파(SV파)로 모드변환하여 전파하기 때문에 감쇠가 현저해지는 단점이 있다. 크리핑파는 시험체에 종파 임계각으로 입사한 경우에 발생하고 시험체내부를 직진하는 종파로 시험체표면의 영향을 받지 않으므로 표면직하(subsurface)의 탐상에 유리하다. 거리에 따라 감쇠가 심하기 때문에 탐상 범위는 일반적으로 짧다. head wave 또는 lateral wave라고도 한다.

경계면이 물인 경우에는 이 파는 표면에서 발생하여 수중에 누설되므로 길게 지속되지 못한다. 이것을 누설탄성표면파(leaky surface acoustic wave; LSAW)라 부른다. 누설탄성표면파는 물을 접하고 있는 면에 종파를 경사로 입사시켰을 때 표면층으로 전파하는 탄성파이다. 이 파는 전파하면서 종파로 모드 변환(mode conversion)되고 물속에서 누설된다. 파가 전파하는 깊이는 표면 아래 약 1 파장 정도이다. 누설탄성표면파는 초음파현미경에 활용되어 표면층 미소영역에서의 탐상이나 조직관찰, 응력측정 등에 응용이 시도되고 있다.

라. 램파 또는 판파

박판의 비파괴검사에 주로 적용되는 판파(plate wave)는 유도초음파(guided ultrasonic wave; GUW)의 한 종류로 램파(lamb wave)라고도 한다. 표면파가 3 파장 또는 그 보다 더 얇은 두께를 갖는 시험체로 전파하게 되면 판파(plate wave)라고 하는 전혀 다른 종류의 파가 발생한다. 이 파는 물질의 전두께 범위에 걸쳐 마치 얇은 판이 진동하는 것 같이 된다.

이 파는 1916년 Horace Lamb에 의해 처음으로 설명되었기 때문에 램파(lamb wave)라고도 불린다. 종파, 횡파 또는 표면파와는 달리 이 파의 속도는 물질의 종류 뿐 아니라 물질의 두께와 파의 주파수 및 종류에 따라 달라진다. 이 파는 몇 파장 정도의 두께를 갖는 금속 내에 존재하는데, 재질의 전 두께를 통하여 진행하는 복합된 진동형태로 구성되기 때문에 박판의 결함검출에 사용된다. 판파의 진동양식의 특성은 밀도, 금속의 탄성특성과 구조, 금속시편의 두께 및 주파수에 영향을 받는다.

판파는 그림 4-16과 그림 4-17에서와 같이 대칭모드(S-mode)와 비대칭모드(A-mode)의 2종류가 있다. 판파 또는 램파는 매우 복잡한 입자의 운동을 갖는다. 램파는 ① 대칭파(symmetrical) 또는 압축파(dilatational), 그리고 ② 비대칭파(asymmetrical) 또는 굽힘파(bending) 두 가지 기본 형태로 나눌 수 있다. 이러한 구분은 파의 입자가 시험편의 중심축에 대칭 또는 비대칭으로 운동하는지에 의한다. 대칭형 램파(압축파)의 경우는 판의 중심축을 따라 수직으로 입자 변위가 일어나며 각 표면에서는 타원형의 입자 변위가 일어난다.

이 모드는 연질 고무 호스에 호스 지름보다 더 큰 강철 공을 밀어 넣어 움직이게 하면 판 자체가 연속적으로 점차 두꺼워지거나 얇아지는 모양을 가지는 것과 유사하다. 비대칭형 램파(굽힘파)의 경우에는 판 중심축의 전단 입자 변위와 각 표면에서의 타원형의 입자 변위가 일어난다. 타원의 장축에 대한 단축의 비는 파가 전파하는 물질의 함수가 된다. 램파의 비대칭 모드는 양탄자가 치솟아 올랐다 내렸다하며 잔물결이 전파해 나가는 것처럼 가시화 될 수 있다.

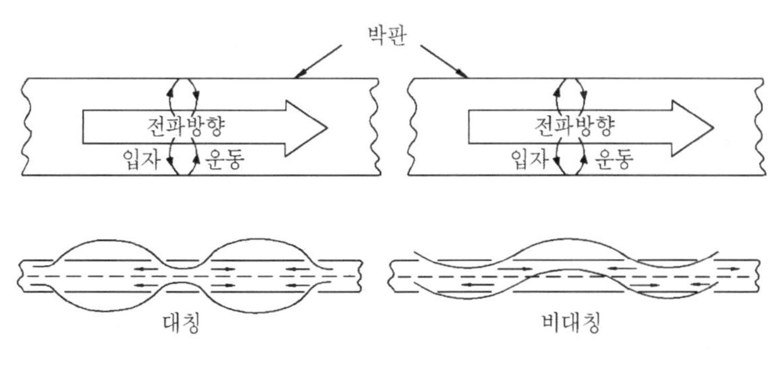

그림 4-16 **대칭과 비대칭 판파**

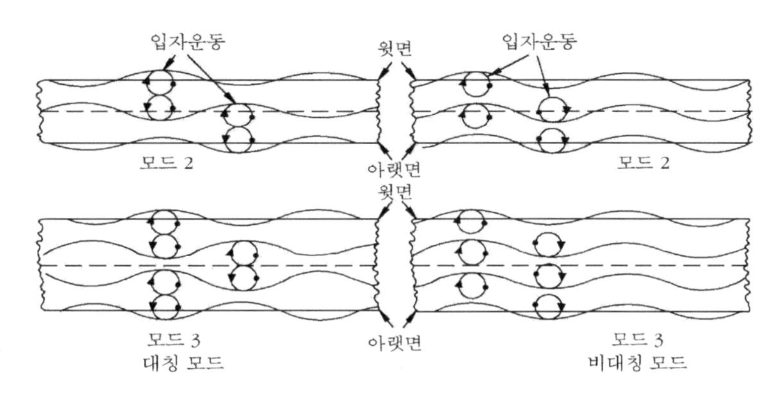

그림 4-17 **판파 모드**

판파는 구조물의 기하학적인 구조를 따라 전파하기 때문에 기존의 종파나 횡파를 사용한 국부검사(point by point)법에 비해 탐촉자의 이동 없이 고정된 지점에서 대형 설비 전체를 한 번에 탐상할 수 있어 광범위하고 또한 장거리 비파괴탐상을 효율적으로 수행할 수 있어 시간적, 경제적 효율이 뛰어나다. 판파는 위와 같은 장점을 가지고 있음에도 불구하고 아직 해결되어야할 어려움으로 유도초음파가 전파해가는 모드가 무한히 많이 존재함으로 인해 다양한 모드의 선택을 통한 측정 민감도를 향상시킬 수 있는 장점도 있지만, 여러 개의 모드가 동시에 수신될 때 신호해석과 모드확인(mode identification)이 어렵다는 단점이 있다.

4.2.3 초음파의 전파 특성

가. 파의 정의와 성질

초음파학에서는 파의 거동을 이해하는 것이 매우 중요하다. 이 장에서는 파동의 다른 현상들, 그리고 용어와 수학적 표현들에 대해 설명한다. 파동은 "매질의 전달 없이 진행하는 중립 혹은 평형 상태로 부터의 물질에 대한 방해"라고 할 수 있다. 예를 들어, 물웅덩이에 떨어진 돌멩이는 파동을 만들고 물의 표면을 따라 진행하는 파동과 관련된 물 입자는 잠시 동안 횡 방향(상하방향)으로 이동 한다. 수면위에 떠있는 나뭇잎이 위와 아래로만 움직이고 파동을 따라 진행하지 않듯이, 물결 파의 에너지(energy)와 모멘텀(momentum) 만이 표면을 따라 전파해가고 물 입자들은 파동을 따라 진행하지 않고 중립점에서 진동한다. 입자 움직임(상하방향)과 에너지 전파(표면에 따른 방향) 사이의 다른 점에 대해 처음에는 혼란스러울 수 있다. 우리가 유체를 관찰할 때 그 현상이 항상 뚜렷하지 않기 때문이다. 하지만 고체 내부를 진행하는 파동의 경우는 이해하기가 쉽다. 에너지는 전달되지만, 분명히 고체 입자들은 물질을 통해 진행(전달)되지는 않는다.

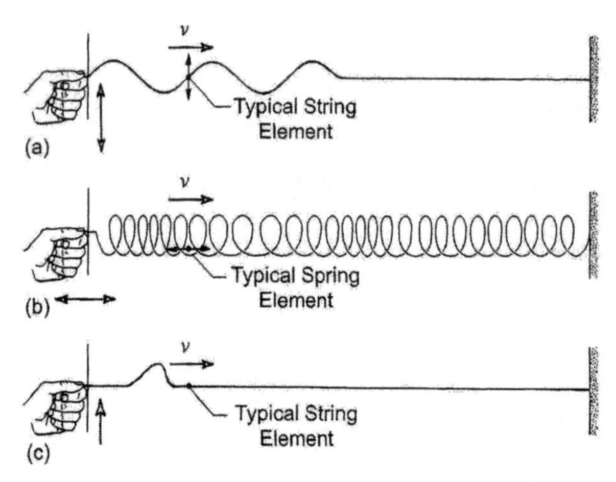

그림 4-18 **용수철을 진행하는 파동의 예: (a) 횡파, (b) 종파, (c) 단일 횡파 펄스**

파동은 어떠한 형상을 가지는가? 물결 파로부터 이해를 했을지 모르나 마루와 골(파면, wave fronts)은 곧은 직선(2차원 파동)이나 평면(3차원 파동)이 아니라, 파원(wave source)로부터 방사형으로 멀어지는 방향으로 전파해 가면서 곡선의 형상을 갖게 된다. 그렇지만 편의상 우리는 보통 파면은 곧은 직선이나 평면으로 진행한다고 가정한다. 이러한 평면파(plane wave) 근사화는 이번 장에서 많이 활용될 것이다.

초음파는 두 가지 타입 또는 모드(mode)의 평면파로 ① 횡파(transverse wave, shear wave; S-wave) ② 종파(longitudinal wave; L-wave)로 구분 된다. 횡파 모드에서는 입자들은 파 진행 방향에 수직방향으로 움직인다. 횡파 입자의 움직임은 전단 응력과 관련 되어 있기 때문에, 횡파 모드는 종종 전단파(shear wave)로 불린다. 물, 공기와 같이 낮은 점도를 가진 액체들은 전단 응력이 작용하지 않기 때문에 전단파를 관찰 할 수 없다.

종파 모드에서는 입자들은 파가 진행방향과 평행하게 움직인다. 종파는 압축파(pressure wave) 또는 P파(P-wave)라 부르는데 입자들은 주기를 가지고 소한 부분과 밀한 부분(고체에서는 장력)의 응력이 파의 진행 방향으로 나타나기 때문이다. 그림 4-18(a)와 4.18(b)는 각각 횡파와 종파에 대한 주기적인 입자 변위를 도식화한 그림이다.

파는 x방향으로 전파해 가고 그때 파의 진폭 y는 x와 시간 t에 대한 함수로 나타내진다.

$$y = f(x,t) \tag{4.6}$$

이상적으로, 펄스 모양은 파동이 얼마나 멀리 진행하든지에 관계없이 일정하게 유지된다. 만약 펄스가 속도 v, 시간 t로 진행하면, 펄스 이동 거리는 다음과 같다.

$$x' = vt \tag{4.7}$$

펄스가 얼마나 멀리 진행하든지에 관계없이 어느 지점에서나 펄스의 진폭이 유지되기 위해서는 f 값은 현재 위치 x에서 펄스 진행거리 $x' = vt$를 빼고 계산해야 한다.

$$\begin{aligned} y &= f(x,t) = f(x - x') \\ &= f(x - vt) \end{aligned} \tag{4.8}$$

v는 펄스가 이동하는 속도를 나타내고 이를 주로 위상 속도(phase velocity)라 부른다. 실제로 입자가 움직이는 속도를 입자 속도(particle velocity) $v_{particle}$라 한다.

대부분 초음파는 조화파(harmonic wave, sinusodial wave)로 표현할 수 있고 어떤 펄스든지 조화파의 합으로 나타낼 수 있다. 그림 4-19는 이동하고 있는 단일 주기 조화파의 진행을 보여주고 있다. 파의 진행 경로를 묘사하기 위해 사이클에서의 어떤 한 점, 예를 들면 피크 변위는 위상 속도(phase velocity) v로 이동하는 것에 따른다. 조화파는 다음과 같은 특징이 있다.

$$\tau \equiv \text{주기(period)}, \ \lambda \equiv \text{파장(wavelength)}$$

공간과 시간 주기에 대한 개념들을 결합하면 파동의 속도는 다음과 같다.

$$v = \frac{\lambda}{\tau}\left(\frac{m}{cycles} / \frac{s}{cycles}\right) = \frac{\lambda}{\tau}\left(\frac{m}{s}\right) \tag{4.9}$$

주기와 파장으로부터 몇 가지 유용한 변수들은 나타낼 수 있다.

$$f \equiv \text{선형 시간 주파수} \equiv 1/\tau\left(\frac{cycles}{s}\right);$$

$$\chi \equiv \text{선형 공간 주파수} \equiv 1/\lambda\left(\frac{cycles}{m}\right);^{*}$$

* 공간주파수(spatial frequency) χ는 고속도로 위로 차량이 달리는 패싱 존(passing zone) 구간의 점선과 같이 가시화 할 수 있다. 미터 당 얼마나 많은 점선과 점선이 없는 부분이 주기적으로 발생하는가? 측정결과는 χ=0.2 cycles/m 이다.

$$\omega \equiv \text{각 시간 주파수} \equiv 2\pi f\left(\frac{radians}{s}\right);$$

$$k \equiv \text{각 공간 주파수} \equiv 2\pi\chi\left(\frac{radians}{m}\right).$$

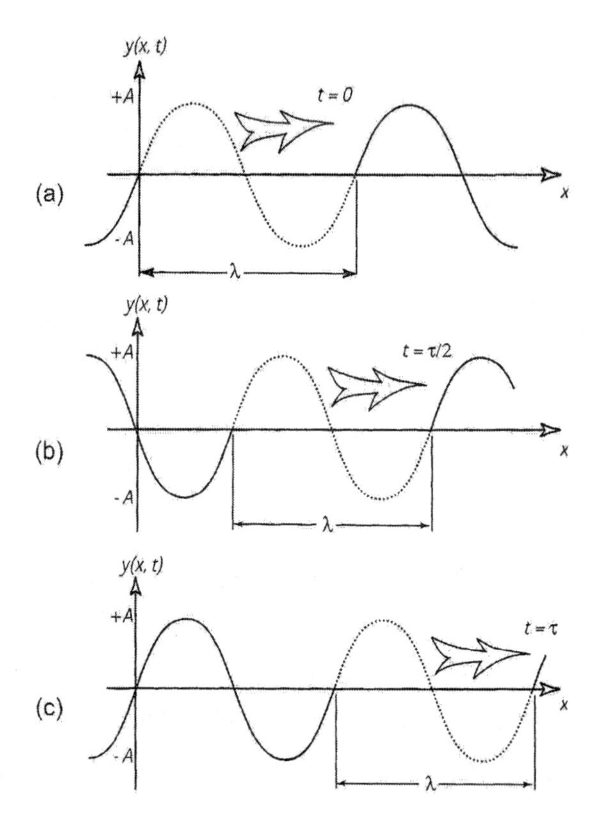

그림 4-19 **한 파장 간격을 통과하여 진행하는 1 사이클의 진행**

파의 속도는 $v = \omega/k(m/s)$로 나타낼 수 있다.

x방향에서 속도 v와 진폭 A로 진행하는 조화파(harmonic wave)는 다음과 같이 주어진다.

$$y(x,t) = Asin[k(x - vt)] \tag{4.10}$$

또는 더 일반적인 형태로 나타내면

$$y(x,t) = Asin[kx - \omega t)] \tag{4.11}$$

변수$(kx - \omega t)$는 파동 함수의 위상(phase)으로 불리며,

$$v = \frac{dx}{dt} = \frac{\omega}{k} \text{ : 위상속도}$$

초음파와 관련된 문헌에서, 입자 변위를 나타내기 위해 y대신 u가 일반적으로 사용된다.

일관성 있는 표기를 위해 지금부터 우리는 u로 표기하도록 한다.

1차원에서 3차원까지 이론을 확장하기 위해서, 입자 변위 스칼라 u를 벡터량으로 나타낸다.

$$\vec{u} = u_x\hat{x} + u_y\hat{y} + u_z\hat{z} \tag{4.12}$$

그리고 위치 스칼라 x는 위치 벡터(position vector)로 변환된다.

$$\vec{r} = x\hat{x} + y\hat{y} + z\hat{z},\ (\vec{x}, \vec{y}, \vec{z},\ \text{는 단위방향벡터 값이다.}) \tag{4.13}$$

또한 3차원에서 공간주파수를 벡터량 $\vec{k}$로 확장한다.

$$\vec{k} = k_x\hat{x} + k_y\hat{y} + k_z\hat{z} \tag{4.14}$$

따라서 공간주파수와 위치의 곱 kx는 3차원에서 벡터 내적(dot product)으로 나타난다.

$$\vec{k} \cdot \vec{r} = k_x x + k_y y + k_z z \tag{4.15}$$

정확한 공간주파수(spatial frequency) $\vec{k}$ 를 일반적으로 파동 벡터(wave vector)라 하고, $\vec{k}$는 항상 위상속도의 방향을 지칭한다. 즉, 파면에 수직한 방향을 갖는다(3차원 파동에 대한 일정한 위상의 파면). k_x, k_y, k_z는 각각 $\hat{x}, \hat{y}, \hat{z}$ 방향에 대한 공간주파수(spatial frequency)라 하며 보통 파수(wave number)로 불린다.

나. 파동방정식

보통 우리는 어떤 것에 대한 유도과정 보다는 결과를 강조하는데, 이번 절에서는 반대의 관점에서 생각해 보기로 한다. 중요한 것은 유도과정 그 자체라고도 할 수 있다. 우리는 많은 상호보완적인 방법들로 파동을 묘사할 수 있다. 파가 한 입자로부터 근접한 다른 입자로 운동량을 전달할 때, 매질을 통하여 파도 모양의 움직임으로 묘사되는 것을 이미 알았다. 또 입자들의 변위 u, 파장 λ, 주기 τ, 위상속도 v 등으로 입자들은 파도 모양으로 묘사됨을 기술하였다.

파동을 묘사하는 또 다른 방법은 재료에 힘이 가해졌을 때 재료의 특성에 따른 응답을 물리적 현상으로 기술하는 것이다. Richard Feynman은 파동 전파에 대한 물리적 현상을 상세하게 묘사하였다.

음파의 물리학적 현상은 물리학은 다음 세 가지의 특징을 갖는다.

Ⅰ. 기체(액체 혹은 고체)는 움직이고 밀도가 변화한다.

Ⅱ. 밀도의 변화는 압력의 변화와 상응한다.

Ⅲ. 압력의 불균형은 기체(액체 혹은 고체)의 운동을 발생시킨다.

Feynman이 묘사한 패턴은 주기적이다 - Ⅲ 단계의 마지막은 Ⅰ단계의 시작이다. 외력에 의해 가해진 압력(힘) 불균형은 이런 주기적인 패턴(cyclic pattern)을 만들게 된다. 이 절에서는 파동이 발생하여 움직이도록 가해진 힘(applied forces)에 의한 응답이 재료의 성질(material properties)과의 상관성을 있음을 보여주고 이러한 파의 거동을 예측할 수 있는 파동방정식(wave equation)을 기술한다.

(1) 1차원 파동

파의 운동을 지배하는 방정식을 설명하는 가장 간단한 방법은 ① 방정식에 대한 완전한 해를 아는 것과 ② 어떤 방적식이 해를 만족시키는지 찾는 것이다. 비록 이 초기 접근법은 재료 인자를 직접적으로 포함하지는 않지만, 손쉽게 파동방정식을 전개할 수 있다. 파동방정식의 형태를 얻은 다음, 특정 진동의 모드, 즉 종방향(longitudinal)과 횡방향(transverse) 모드와 관련이 있는 재료의 성질(material properties)들을 고려한 Newton의 제 2법칙으로부터 파동방정식을 유도하게 된다.

전파해 가는 조화파에 의한 파동 함수는

$$u(x,t) = u_0 \cos(wt - kx) \tag{4.16}$$

또는

$$u(x,t) = u_0 e^{j(wt - kx)} \tag{4.17}$$

이다.

거리와 시간의 함수로 2차 편미분을 지수 함수로 나타내면 다음과 같다.

$$\frac{\partial^2 u}{\partial x^2} = -k^2 u_0 e^{j(wt-kx)} \quad \text{or} \quad \frac{1}{-k^2}\frac{\partial^2 u}{\partial x^2} = u(x,t) \tag{4.18}$$

$$\frac{\partial^2 u}{\partial t^2} = -w^2 u_0 e^{j(wt-kx)} \quad \text{or} \quad \frac{1}{-w^2}\frac{\partial^2 u}{\partial t^2} = u(x,t) \tag{4.19}$$

이 두 미분방적식을 정리하면 다음과 같이 된다.

$$\begin{aligned} \frac{\partial^2 u}{\partial x^2} &= \frac{k^2}{w^2}\frac{\partial^2 u}{\partial t^2} = \frac{1}{v^2}\frac{\partial^2 u}{\partial t^2} = k^2 u(x,t) \\ \frac{\partial^2 u}{\partial x^2} &- \frac{1}{v^2}\frac{\partial^2 u}{\partial t^2} = 0 \end{aligned} \tag{4.20}$$

식(4.20)은 1차원(x)에 대한 선형 파동방정식(linear wave equation)이고, $v = w/k$는 위상속도(phase velocity), k는 각공간주파수(angular spatial frequency, wave number)이다. 위의 방정식은 다음의 함수로 주어진 조화파에 의해서도 역시 만족한다는 것을 증명하는 것은 독자에게 맡기도록 한다.

$$u(x,t) = A\cos(kx + wt)$$

만약 w앞의 부호가 음이면, 이는 파가 음의 x 방향으로 이동한다는 것을 의미한다. 이 절에서 재료는 항상 일정한 밀도(균질한, homogeneous)와 모든 축을 따라 동일한 탄성계수(elastic constants)를 갖는다고(등방성, isotropic) 가정한다.

(a) 종(longitudinal) 모드(1차원)

Feynman에 따르면, 압력은 물체에 변위나 변형을 야기한다. 이 변형과 관련된 것은 응력(stress) σ이다. 그래서 초음파(ultrasonic wave)를 보통 응력파(stress wave)라 부르기도 한다. 대부분의 초음파 응용에서 우리는 선형 탄성 응력(linear stress wave)에 관심을 가지게 된다.*

초음파가 그림 4-20과 같이 가늘고 긴 얇은 막대를 축 방향으로 전파한다고 가정해보자. 또한 주기적인 입자의 변위(압축과 소밀)가 전파의 방향과 같다(종파)고 가정해보자. 확대한 막대 요소에서 실선은 기계적 평형상태(no wave)를 나타낸다. 점선은 시간 t_0에서 초음파의 전달로 인한 변위(displacement)를 나타낸다. 또한, 그림은 변형된 요소에 가해지고 있는 힘(응력)을 나타낸다.

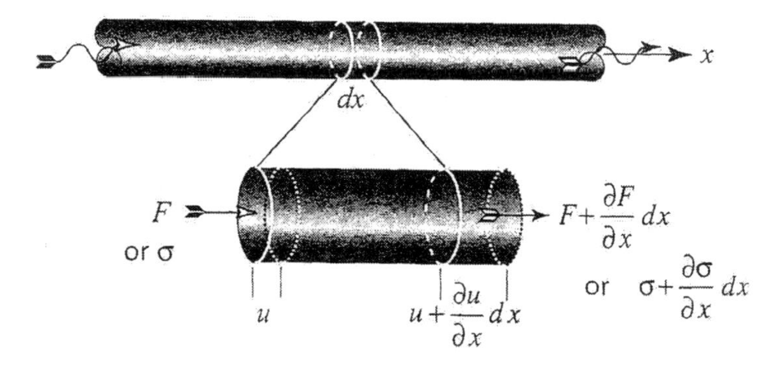

그림 4-20 **길고 얇은 막대에서 종파(압축파)의 전파**

* 비선형(nonlinear, seconde-order) 탄성 계수에 관련한 미세한 영향에 대해서는 초음파 비파괴평가에서 매우 중요한 토픽이고, 4.5절에서 자세히 소개한다.

입자의 움직임은 체적($A\,dx = V$)에 작용하는 힘(응력)의 불균형에 의해 야기된다.

$$\left(\sigma + \frac{\partial \sigma}{\partial x} dx\right) - \sigma = \frac{\partial \sigma}{\partial x} dx \text{ (net stress)} \tag{4.21}$$

$$F_{imbalance} = \left(\frac{\partial \sigma}{\partial x} dx\right) A \tag{4.22}$$

Newton 제 2법칙 $F = m(\partial v_{particle}/\partial t)$에 따라 힘의 불균형으로 입자는 운동하게 된다. 운동에 대한 Newton의 제 2법칙에서 힘의 불균형을 고려하면 다음과 같은 식을 얻을 수 있다.

$$\begin{aligned} \left(\frac{\partial \sigma}{\partial x} dx\right) A &= m \frac{\partial v_{particle}}{\partial t} \\ &= \rho(dx\,A) \frac{\partial}{\partial t} \frac{\partial u_x}{\partial t} \\ \frac{\partial \sigma}{\partial x} &= \rho \frac{\partial^2 u_x}{\partial t^2} \quad (u_x : x\text{방향의 변위}) \end{aligned} \tag{4.23}$$

여기서 ρ는 물질의 밀도이다. 응력이 작용하지 않는 표면을 가진 길고 얇은 막대를 이용해 문제를 고안했기 때문에 푸아송 비의 고려하지 않았다.

그래서

$$\sigma = E\varepsilon, \tag{4.24}$$

여기서,

$$\varepsilon = \frac{\Delta l(\text{길이의 변화})}{l_0(\text{본래의 길이})} = \frac{\left(u_x + \frac{\partial u_x}{\partial x} dx\right) - u_x}{dx} = \frac{\partial u_x}{\partial x} \text{ (단축 스트레인)}$$

E – 영 계수(*Young's Modulus*, 단축 응력 – 변형률 경우의 탄성계수)

이 응력-변형률 관계를 식(4.23)에 대입하면 다음과 같이 된다.

$$\begin{aligned} \frac{\partial \sigma}{\partial x} &= E \frac{\partial \varepsilon}{\partial x} = E \frac{\partial}{\partial x} \frac{\partial u_x}{\partial x} = \rho \frac{\partial^2 u_x}{\partial t^2} \\ \frac{\partial^2 u_x}{\partial x^2} &= \frac{\rho}{E} \frac{\partial^2 u_x}{\partial t^2} \end{aligned} \tag{4.25}$$

위의 방정식은 식(4.20)의 파동방정식에서 $1/v^2$대신에 ρ/E 항으로 바뀐 것을 제외하면 같다는 점을 유념해야 한다. 그래서 균질하고 등방성인 매질에서 1차원 종파의 위상속도(phase velocity)(식(4.25)와 식(4.20) 비교)는 다음과 같이 된다.

$$v_l = \sqrt{\frac{E(\text{탄성계수})}{\rho(\text{밀도})}} \tag{4.26}$$

즉, 초음파가 매질 속을 전파하는 위상 속도는 일반적으로 초음파가 전파하는 매질의 탄성계수(elastic constants)와 밀도(density)에 의해 결정됨을 알 수 있다.

기체와 액체의 경우 종파의 위상속도 v_l은 다음 식으로 표시된다.

$$v_l = \sqrt{\frac{K(\text{체적탄성계수})}{\rho(\text{밀도})}} \tag{4.27}$$

여기서 K는 체적탄성계수, ρ는 밀도이다.

공기 중(20℃, 1기압)에서의 종파의 위상속도를 계산하면 다음과 같다.

$$v_l = \sqrt{\frac{K}{\rho}} = \sqrt{\frac{101,325kg/ms^2 \times 1.401}{1.293kg/m^3/(1+20/273)}} = 343\ m/s$$

여기서

$$P = 760\ mmHg = 1.03323\ kgf/\text{cm}^2 = 10,332.3\ kg/m^2$$

$$= 10,332.3 \times 9.8065\ N/m^2 = 101,325\ N/m^2$$

$$= 101.325\ Pa = 101,325kgf/ms^2$$

물에서의 종파의 위상속도는

$$v_l = \sqrt{\frac{K}{\rho}} = \sqrt{\frac{2.2 \times 10^9\ kg/ms^2}{1,000\ kg/m^3}} = 1,483\ m/s$$

비열비 $k = 1.401$, $\rho = 1.293/(1 + 20/273)\ kg/m^3$이다.

물의 경우는 $K = 2.2 \times 10^9\ N/m^2 = 2.2 \times 10^9\ kg/ms^2$, $\rho = 1,000\ kg/m^3$이다.

(b) 횡(transverse) 모드(1차원)

횡파(transverse wave)는 선형(linear), 탄성(elastic), 전단응력(shear stress)이 일어날 수 있는 시간에 따라 변하는 힘을 가함에 의해 가진된다. 결국 모든 입자의 진동은 파의 진행 방향에 대해 수직(perpendicular)이다. 직관적으로 횡파 ν_t의 위상속도는 탄성 전단계수(elastic shear modulus) μ와 관련이 있다는 것을 예상할 수 있다.

그림 4-21은 x방향으로 전파하는 전단파를 나타내고 있다. 확대한 막대 요소의 면에 작용하는 힘은 오직 ±y방향으로만 작용하는 반면에, 운동량(에너지)과 위상 속도의 전달은 x방향으로 작용한다.*

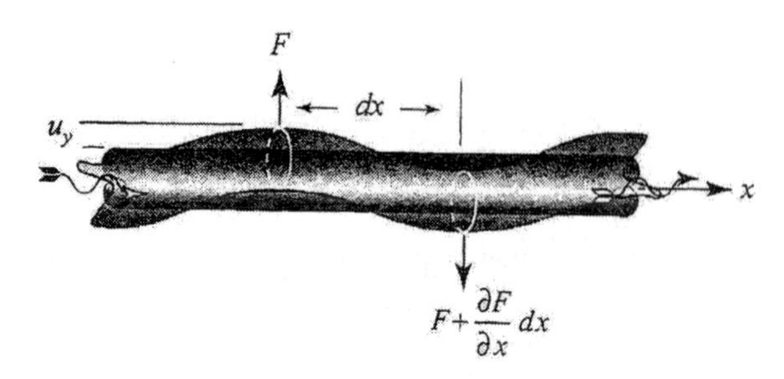

그림 4-21 **길고 얇은 막대에서 횡파(전단파)의 전파**

전단 응력(힘)에서 불균형은

$$\left(\sigma_{shear}+\frac{\partial\sigma_{shear}}{\partial x}dx\right)-\sigma_{shear}=\frac{\partial\sigma_{shear}}{\partial x}dx \text{(net shear stress)} \tag{4.28}$$

$$F_{imbalance}=\left(\frac{\partial\sigma_{shear}}{\partial x}dx\right)A \tag{4.29}$$

y방향의 변위 u_y를 발생시킨다.

운동에 대한 Newton의 제 2법칙을 적용하면

$$\left(\frac{\partial\sigma_{shear}}{\partial x}dx\right)A=m\frac{\partial\nu_{particle}}{\partial t}=\rho(dx\,A)\frac{\partial(\partial u_y/\partial t)}{\partial t^2}$$

$$\frac{\partial\sigma_{shear}}{\partial x}=\rho\frac{\partial^2 u_y}{\partial t^2} \tag{4.30}$$

선형적으로 탄성 재료에서 전단 응력과 전단 변형률 사이의 관계는

$$\sigma_{shear}=\mu\gamma_{shear}$$

이다. 여기서,

$$\gamma_{shear}=\frac{\partial u_y}{\partial x}\text{ (전단 변형률)}$$

$$\mu=\text{전단 탄성계수(등방성, 균질 재료)} \tag{4.31}$$

* 이 요소에서 힘은 단순한 전단(simple shear)(단순 전단은 순수 전단(pure shear)과 일정 영역에서 강체 회전(rigid rotation)의 합이다: 입자들은 변형하고 회전한다)에 해당한다.

이 응력-변형률 관계를 식(4.30)에 대입하면 다음과 같다.

$$\frac{\partial \sigma_{shear}}{\partial x} = \mu \frac{\partial(\partial u_y/\partial x)}{\partial x} = \rho \frac{\partial^2 u_y}{\partial t^2}$$
$$\frac{\partial^2 u_y}{\partial x^2} = \frac{\rho}{\mu}\frac{\partial^2 u_y}{\partial t^2} \tag{4.32}$$

식(4.32) 파동방정식은 식(4.20)에서 $1/v^2$항 대신에 ρ/μ으로 변경된 것을 제외하고는 같다. 그러므로 균질하고 등방성인 매질에서 1차원 횡파의 위상속도(식(4.32)와 식(4.20)의 비교)는

$$\nu_t = \sqrt{\frac{\mu}{\rho}} \tag{4.33}$$

이다. 물과 같이 전단 계수를 무시할 수 있는 물질에서 전단 속도는 거의 0이다.

나. 3차원 파동(벌크파)

이제 계면을 없는 재료(벌크 소재에서 전파하는 벌크 파)의 1차원으로부터 3차원 파동의 전파에 대한 문제로 까지 확장시켜 보기로 하자. 다시 한 번, 평면 파면과 등방성이고 균질한 물체를 가정한다. 벌크파(bulk wave)와 1차원 파 사이의 주된 차이점은 벌크파의 경우, 물질이 한 방향(예- x축)으로 압축될 때 물체는 푸아송(poisson's effect) 효과로 인해 다른 방향(y, z방향)으로도 팽창한다. 푸아송 비(poisson's ratio) ν는 적용된 변형률(applied strain)로 인해 유발된 변형률(induced strain)과의 비를 말한다.

$$v = -\frac{\varepsilon_y}{\varepsilon_x} = -\frac{\varepsilon_z}{\varepsilon_x} \tag{4.34}$$

결과적으로 1차원 종파 속도 $v_l = \sqrt{E/\rho}$는 벌크 재료에서 일어나는 체적 변화를 포함하기 위해서는 아래와 같이 푸아송 비를 고려해야한다. 이 벌크 종파는 체적 요소들의 체적을 변화시키기 때문에 종종 팽창파(dilatational wave)라고도 불린다.

$$v_l = \sqrt{\frac{E}{\rho}\left(\frac{1-\nu}{(1+\nu)(1-2\nu)}\right)} \tag{4.35}$$

이와 대조적으로, 벌크 재료에서 전단 변형은 새로운 탄성 효과를 야기하지 않아서 체적이 변하지 않는다. 따라서 벌크 재료와 길고 얇은 막대에서 전파하는 전단파 속도 사이에 차이가 없게 된다.

$$v_t = \sqrt{\frac{\mu}{\rho}} = \sqrt{\frac{E}{\rho} \times \frac{1}{2(1+\nu)}} \tag{4.36}$$

벌크재에서의 종파 속도(dilatational wave)는 길고 얇은 막대에서 보다 항상 빠르다. 이상적인 재료에서의 푸아송 비는 0.5이고 실제 측정값은 약 0.3이다. 횡파는 종파속도의 약 절반 정도이다.

고체 중에서는 종파와 횡파가 존재하고, 푸와송비(ν)를 고려한 종파속도는 식(4.35)로, 횡파속도 $v_t = \sqrt{\frac{E}{2\rho(1+\nu)}} = \sqrt{\frac{K}{\rho}}$의 식으로 표시된다. 여기서, E: 종탄성계수 또는 영률(young's modulus), ν: 푸아송비(poisson's ratio, 강에서는 약 0.28, 알루미늄은 약 0.34), K: 체적탄성계수(bulk modulus, 기체의 경우는 압력×비열비, k), μ: 횡(전단)탄성계수(shear modulus) 또는 강성률이다.

연강의 경우는 E = 21,400 kgf/mm^3, ν=0,28, ρ = 7,700 kg/m^3으로 계산하면 종파속도 v_l은 5,902 m/s가 된다. 또, G = 8,200 kgf/mm^3 = 8,200×9.80665×10^6 kg/ms^2로 하면, 횡파의 음속 v_t는 3,232 m/s가 된다.

한편, 표면파의 음속 v_R은 Bergmann의 근사식으로부터 다음과 같이 표시된다.

$$v_R = \frac{0.87+1.12\nu}{1+\nu}\sqrt{\frac{K}{\rho}} \cong 0.9v_t \tag{4.37}$$

램파(lamb wave)의 전파 속도는 물질의 밀도 뿐 아니라 파의 주파수와 모드에 의해서도 영향을 받는다. 표 4-3은 다양한 재료에서의 종파 및 횡파의 속도를 나타내고 있다.

표 4-3 물질의 밀도, 음속 그리고 음향 임피던스

Material	Velocity of Sound			
	Density g/cm^3	v_l (longitudinal) km/s or mm/μs	v_t (transverse) km/s or mm/μs	Acoustic Impedance $Z=\rho v_l$ $10^6 kg/m^2s$
A. Metals				
Aluminium	2.7	6.32	3.13	17
Al 2117 T4	2.8	6.5	3.1	18.2
Berylium	1.78	12.9	8.9	22.9
Bismuth	9.8	2.18	1.10	21
Brass (Naval)	8.42	4.43	2.1	1.95
Brass (58)	8.4	4.40	2.20	37
Bronze	8.86	5.53	2.2	2
Cadmium	8.6	2.78	1.50	24

Material	Density g/cm³	Velocity of Sound		Acoustic Impedance $Z=\rho v_l$ 10^6kg/m²s
		v_l (longitudinal) km/s or mm/μs	v_t (transverse) km/s or mm/μs	
Cast iron	6.9-7.3	3.5-5.8	2.2-3.2	25-42
Constantan	8.8	5.24	2.64	46
Copper	8.9	4.70	2.26	42
German silver	8.4	4.76	2.16	40
Gold	19.3	3.24	1.20	63
Inconel	8.25	5.72	3	2.79
Indium	7.3	2.22	-	16.2
Stellite	11-15	6.8-7.3	4.0-4.7	77-102
Iron (steel)	7.7	5.90	3.23	45
Steel Stainless	7.89	5.79	3.1	45.7
Lead	11.4	2.16	0.70	25
Magnesium	1.7	5.77	3.05	10
Manganin	8.4	4.66	2.35	39
Mercury	13.6	1.45	-	20
Monel	8.83	62	2.7	1.96
Nikel	8.8	5.63	2.96	50
Platinum	21.4	3.96	1.67	85
Silver	10.5	3.60	1.59	38
Tin	7.3	3.32	1.67	24
Tungsten	19.1	5.46	2.62	104
Zinc	7.1	4.17	2.41	30
B.Nonmetals				
Aluminium oxide	3.6-3.95	9-11	5.5-6	32-43
Brick	3.6	3.65	2.6	15.3
Concrete	2.6	3.1	-	8.1
Delrin	1.42	2.52	-	3.58
Epoxy resin	1.1-1.25	2.4-2.9	1.1	2.7-3.6
Glass, flint	3.6	4.26	2.56	15
Glass, crown	2.5	5.66	3.42	14
Glass, pyrex	2.24	5.64	3.3	12.6
Human tissue	-	1.47	-	
Ice	0.9	3.98	1.99	3.6
Paraffin wax	0.83	2.2	-	1.8
Acrylic resin (Perspex)	1.18	2.73	1.43	3.2
Polyamide (nylon, perlon)	1.1-1.2	2.2-2.6	1.1-1.2	2.4-3.1
Polystyrene	1.06	2.35	1.15	2.5
Porcelain	2.4	5.6-6.2	3.5-3.7	13
Quartz glass (silica)	2.6	5.57	3.52	14.5

Material	Density g/cm³	Velocity of Sound v_l (longitudinal) km/s or mm/μs	v_t (transverse) km/s or mm/μs	Acoustic Impedance $Z=\rho v_l$ 10^6kg/m²s
Rubber, soft	0.9	1.48	–	1.4
Rubber, vulcanized	1..2	2.3	–	2.8
Polytetrafluoroethylene (Teflon)	2.2	1.35	0.55	3.0
Scotch tape	1.16	1.9	–	2.2
Silicon rubber	1.18	1.05	–	1.77
C. Liquids				
Diesel oil	0.80	1.25	–	1.0
Glycerine	1.26	1.92	–	2.5
Methylene iodide	3.23	0.98	–	3.2
Motor car oil (SAE 20a, 30)	0.87	1.74	–	1.5
Nitrogen	0.8	0.86	–	0.69
Olive oil	–	1.43	–	–
Tupentine	0.87	1.25	–	1.24
Water (at 20℃)	1.0	1.483	–	1.5

Source: From Ref. 50.

다. 탄성계수와 음속과의 관계

등방성 재료에 대한 파의 속도는 보통 측정된 공학 변수(engineering parameters) ρ, E, ν 등으로 나타낼 수 있다. 비파괴적으로 음속을 측정하게 되면 재료가 가지고 있는 고유한 물성 값을 알 수 있다. 종파속도 v_l가 재료의 물성과 어떤 관계를 가지고 있는지를 알아보기 위해 식(4.35)를 유도해 보기로 한다. 큰 입방체 중을 전파하는 종파를 생각한다. 스트레인을 ε, 응력을 σ라 한다. 그림 4-22와 같이 종파가 전파하는 방향을 1이라 하고 그것에 직교하는 2개의 방향을 2, 3이라 한다. $\sigma = E\varepsilon$, $\varepsilon = \dfrac{\sigma}{E}$ 이므로

$$\varepsilon_1 = \frac{\sigma_1}{E} - \frac{\sigma_2}{E}\nu - \frac{\sigma_3}{E}\nu \tag{4.38}$$

$$\varepsilon_2 = \frac{\sigma_2}{E} - \frac{\sigma_1}{E}\nu - \frac{\sigma_3}{E}\nu \tag{4.39}$$

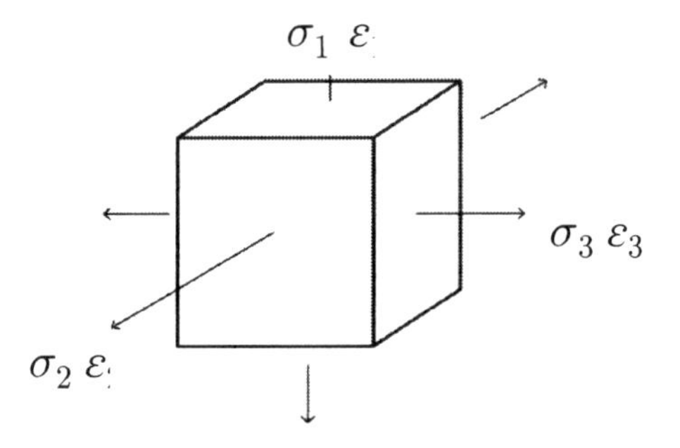

그림 4-22 **응력과 스트레인**

$\sigma_3 = \sigma_2$라 생각할 수 있으므로

$$\varepsilon_1 = \frac{\sigma_1}{E} - \frac{2\sigma_2}{E}\nu \tag{4.40}$$

$$\varepsilon_2 = \frac{\sigma_2}{E}(1-\nu) - \frac{\sigma_1}{E}\nu \tag{4.41}$$

종파는 시험체 중을 전파하는 경우에 횡방향으로는 작용하지 않는다고 생각할 수 있으므로 $\varepsilon_2 = 0$이라 하면

$$\sigma_2 = \sigma_1 \frac{\nu}{1-\nu} \tag{4.42}$$

$$\varepsilon_1 = \frac{\sigma_1}{E} - \frac{2\nu}{E}\sigma_1 \frac{\nu}{1-\nu} = \frac{\sigma_1}{E}\left[1 - \frac{2\nu^2}{1-\nu}\right]$$

$$= \frac{\sigma_1}{E}\left[\frac{1-\nu-2\nu^2}{1-\nu}\right] \tag{4.43}$$

다시 위 식을 정리하면

$$\varepsilon_1 = \frac{\sigma_1}{E}\left[\frac{(1+\nu)(1-2\nu)}{1-\nu}\right] = \frac{\sigma}{E\dfrac{1-\nu}{(1+\nu)(1-2\nu)}} \tag{4.44}$$

따라서 $E\dfrac{(1-\nu)}{(1+\nu)(1-2\nu)}$는 횡방향으로 진동하지 않을 때의 영률이다. 그래서 종파음속 v_l은 식(4.35)와 같이 주어지게 된다.

종탄성계수 E, 횡탄성계수 μ 및 푸아송비 ν 사이에는 다음의 관계가 있다.

$$\mu = \frac{E}{[2(1+\nu)]} \tag{4.45}$$

이 관계를 이용하여 푸아송비 ν와 음속비 (v_l/v_t)와의 관계를 구할 수 있다. 식(4.35)와 식(4.36)의 비를 취하고 식(4.45)를 대입하고 정리하면

$$\frac{v_l}{v_t} = \sqrt{\frac{2(1-\nu)}{1-2\nu}} \tag{4.46}$$

또 ν를 음속비 v_l/v_t의 함수로 표시하면

$$\nu = \frac{1}{2}\left[1 - \frac{1}{(v_l/v_t)^2 - 1}\right] \tag{4.47}$$

이 식을 사용하여 푸아송비 ν와 음속비 v_l/v_t의 관계를 계산한 결과를 그림 4-23에 나타낸다.

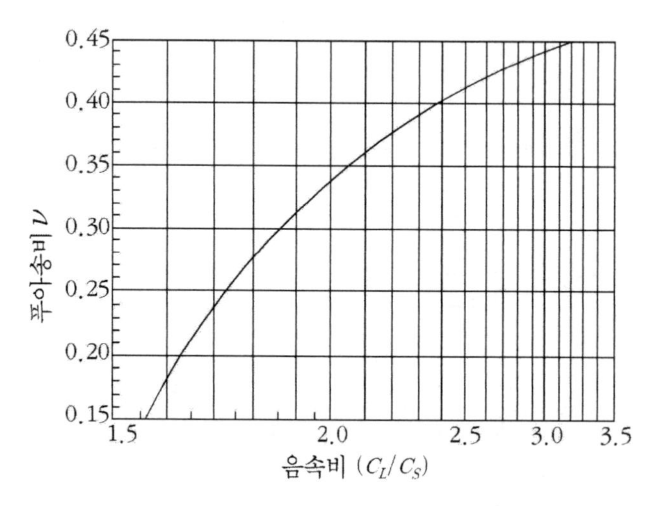

그림 4-23　**푸아송비 ν와 음속비 v_l/v_t의 관계**

식(4.35)와 식(4.46) 및 식(4.47)로부터 종탄성계수 E를 음속과 밀도 ρ로 나타내면

$$E = \rho v_t^2 \frac{3v_l^2 - 4v_t^2}{v_l^2 - v_t^2} = \rho v_t^2 \left[3 - \frac{v_t^2}{v_l^2 - v_t^2}\right] \tag{4.48}$$

v_l과 v_t를 정밀한 초음파두께측정기로 측정하고 밀도 ρ를 별도로 측정하면, 이 식으로 종탄성계수 E를 구할 수 있다. 이 식에서 ρ = 7,700 kg/m^3, v_l = 5,900 m/s, v_t = 3,230 m/s라 하면, E = 20,600×10^6 kg/ms^2 이다. 이것을 kgf/mm^2으로 환산하면

$$E = \frac{20,600 \times 10^6\ kg/ms^2}{[(9.80665 \times 10^6\ kg/ms^2)/(1\ kgf/\text{mm}^2)]}$$
$$= 21,067\ kgf/\text{mm}^2 \fallingdotseq 21,000\ kgf/\text{mm}^2$$

그리고 수학적으로 응력-변형률 관계를 lame 상수(lame constants) λ*와 μ를 사용하여 표현하면 탄성 파동 방정식을 더욱 쉽게 활용할 수 있다.

$$\lambda = \frac{\nu E}{(1+\nu)(1-2\nu)} \tag{4.49}$$

$$\mu = \frac{1}{2}\frac{E}{1+\nu} \tag{4.50}$$

따라서 종파와 횡파 속도를 다음과 같이 나타낼 수 있다.

$$v_l = \sqrt{\frac{\lambda + 2\mu}{\rho}} \tag{4.51}$$

$$\nu_t = \sqrt{\frac{\mu}{\rho}} \tag{4.52}$$

4.2.4 음향 임피던스와 음압

가. 음향 임피던스

초음파가 어떤 제 1매질을 통하여 제 2매질로 투과되어 갈 때, 입사된 초음파 에너지의 일부는 제 1매질과 제 2매질의 경계에서 반사하게 되고 나머지는 제 2매질로 투과된다. 이 반사되는 양을 결정하는 특성은 두 매질의 음향 임피던스에 의존하게 된다. 이다. 음향 임피던스(acoustic impedance)는 초음파가 물질 내를 전파해 갈 때 음향적으로 받는 저항으로 정의할 수 있고, 문자 Z로 표시한다.

어떤 매질 내에서 음향적인 움직임이 있을 경우 물리적이고 전기적, 기계적 또는 화학적인 포텐셜(potential)은 구동력(driving force)의 역할을 하고, 저항(resistance) 또는 임피던스(impedance)는 유한한 속도를 가지고 움직이는 것을 제한하는 역할을 한다. 포텐셜(구동력), 입자 속도, 그리고 임피던스와의 관계는 다음과 같이 정의된다.

$$\text{임피던스}(impedence) = \frac{\text{구동 포텐셜}(driving\ potential)}{\text{입자 속도}(particle\ velocity)}$$

예를 들어, 전기회로의 임피던스 Z는 다음과 같이 정의된다.

$$Z = \frac{V(\text{전압 포텐셜})}{I(\text{전자의 평균속도})}$$

음향파의 경우에는

$$Z = \frac{p}{v_{particle}} \tag{4.53}$$

구동 포텐셜 p는 매질 내 입자에 작용하는 순간적 음압(acoustic pressure)이고, $v_{particle}$은 입자가 순간적으로 진동하는 속도이며, Z는 매질 내 입자의 이동에 저항하려 하는 임피던스(impedance)를 말한다. 음압(acoustic pressure)의 개념을 이해하기 위해서는 입자의 움직임이 없거나 기계적 평형 상태를 이루고 있는 매질 내에 dx만큼 떨어진 거리를 갖는 두개의 평행한 평면 Ⅰ, Ⅱ를 고려한다(그림 4-24 실선 참고). 평면파인 종파(압력파)가 평면 Ⅰ과 Ⅱ에 수직한 방향으로 진행하여 입사한다. 시간 t_0에서 평면 Ⅰ은 거리 u로 표시된다. 파를 발생하게 하는 압력은 x방향으로 계속 변하게 되고 평면 Ⅱ에서는 거리로 표현된다. 평면 1과 2의 변위차로 인해 변형률(ε)이 발생한다.

$$\varepsilon = \frac{\Delta l}{l_0} = \frac{\left[\left(u + \frac{\partial u}{\partial x}dx\right) - u\right]}{dx} \tag{4.54}$$

그러므로

$$\epsilon = \frac{\partial u}{\partial x} \tag{4.55}$$

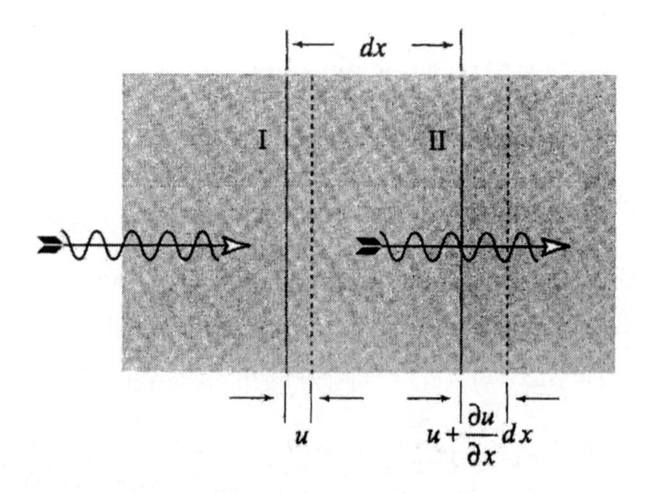

그림 4-24 **균질하고, 등방성인 매질 내에서 두 평행한 평면에서의 압력 종파**

1차원 선형 탄성체에 대한 훅크의 법칙(Hooke's law)으로부터 변형률은 탄성계수와 응력의 관계로부터 다음과 같이 표현할 수 있다.

$$\sigma = E\varepsilon = E\frac{\partial u}{\partial x} \tag{4.56}$$

여기서 응력(단위 면적당 작용하는 힘)은 진행하는 탄성파를 움직이는 음압에 상당한다.

$$p = E\frac{\partial u}{\partial x} \tag{4.57}$$

식(4.26)으로부터 균질한 등방성 매질에 대한 종파의 위상 속도(phase velocity) $v = \sqrt{E/\rho}$ 또는 $E = \rho v^2$이다. 이를 대입하여 식을 정리하면 다음과 같다.

$$p = \rho v^2 \frac{\partial u}{\partial x} \text{ (음압)} \tag{4.58}$$

위 식을 식(4.53)에 대입하면 종파의 경우 다음과 같은 식을 얻을 수 있다.

$$Z = \frac{p}{v_{particle}} = \frac{\rho v^2 \frac{\partial u}{\partial x}}{\frac{\partial u}{\partial t}} = \rho v^2 \frac{\partial t}{\partial x} = \frac{\rho v^2}{v} = \rho v \tag{4.59}$$

위의 식으로 알 수 있듯이 음향 임피던스는 재료의 밀도와 탄성 특성에 의해서 결정되고 파의 모드와 주파수와는 상관이 없다. 높은 임피던스를 가지는 재료는 종종 초음파적(ultrasonically)으로 하드(hard)하다고 불리고, 낮은 임피던스를 갖는 재료는 초음파적으로 소프트(soft)다고 한다. 예를 들어, 밀도 값이 비교 가능한 유리($\rho_{glass} = 2.5g/cm^3$)와 테프론(teflon)($\rho_{teflon} = 2.2g/cm^3$)의 음향 임피던스의 차를 생각해보자. 횡파 속도들은 $v_{glass} = 5.6km/s$ 와 $v_{teflon} = 1.35km/s$이다. 따라서

$$Z_{glass} = \left(2.5\frac{g}{cm^3}\right)\left(5.66\frac{kn}{s}\right) = 14.15 \times 10^6 \frac{kg}{m^2 s}$$

$$Z_{teflon} = \left(2.2\frac{g}{cm^3}\right)\left(1.35\frac{km}{s}\right) = 2.97 \times 10^6 \frac{kg}{m^2 s}$$

좀 더 정확한 음향 임피던스의 일반화된 형식은 흡수와 이방성 재료의 영향들을 포함시켜야 한다. 따라서 이때의 음향 임피던스는 복소수가 되고 다음과 같이 표현된다.

$$Z = R + iX \tag{4.60}$$

R은 실제 저항 성분이고, X는 흡수와 관련된 리엑턴스 성분(reactive component)으로서, $i = \sqrt{-1}$로 표현된다. 경계면에서 두 재료사이의 음향 임피던스의 차는 경계면에서 입사파에 대한 반사 및 투과량을 좌우한다.

음향 임피던스의 값은 만약 두 물질의 음향 임피던스가 완전히 똑같다면 반사되는 양은 없을 것이고, 두 물질의 음향 임피던스가 아주 많이 차이 난다면(예를 들어, 제1매질 금속에서 제2매질 공기 중으로 초음파가 진행 할 때), 실질적으로 완전한 반사가 일어나게 된다. 이러한 특성은, 어떤 검사체내에 존재하는 불연속을 검출 할 때 검사체를 이루는 제1매질과 불연속을 이루는 제 2매질의 음압차에 의한 초음파 반사량을 이용하여 검사하는 펄스반사법에 의한 초음파탐상검사의 기본 원리가 된다.

나. 음압과 음향에너지

음압(acoustic pressure)은 일반적으로 초음파가 물질 내를 진행할 때 물질에 반복적으로 가해지는 응력의 크기를 나타내는데 쓰이는 용어이다. 음압 p, 음향 임피던스 Z와 입자 진동의 진폭 'a'는 다음의 관계로 구해진다.

$$p = Z \cdot a \tag{4.61}$$

여기서, a는 입자 진동의 진폭을 말한다. 초음파 에너지가 다른 층(layer)으로 전파하는데 걸리는 시간이 매우 짧기 때문에 각 층에서 진동의 위상은 매우 짧고 작지만 인접한 층의 위상과 다르다.

진동하면서 음을 발생시키는 원형 진동자(circular disc)를 생각해 보자. 만약 전파되는 물질이 수많은 얇은 층으로 분할되어 있다고 생각하면 음파는 매 층이 진행해 가는 방향으로 가장 가깝게 있는 층을 밀게 될 것이다. 다음에는 그 다음 층으로 이동하고 변위가 계속되어 마지막 층에 까지 도달하고 그 과정이 계속되어 수신기에 최종 수신하게 된다. 이는 물질 내에서의 입자 자체가 아니라 음원에서 수신기까지 이동하는 진동 또는 음향에너지(acoustic energy)이다. 입자 자체는 보통 mm의 매우 미소한 변위 진폭을 갖는 평균 위치 정도로만 진동하게 된다.

4.2.5 계면에서의 반사와 굴절

우리의 일상적인 생활 속에서 파가 계면에서 상호작용(interaction)하는 현상을 흔히 볼 수 있다. 거울로 우리의 얼굴을 볼 때나, 물웅덩이 또는 창문에 부분적으로 반사되는 이미지를 보는 것, 연필을 물속에 일부분만 잠겼을 때 구부러지게 보이는 것 모두는 계면과 상호작용에 의한 빛의 파동 현상을 보여주는 좋은 예이다. 우리가 멀리 떨어져 있는 벽으로부터 되돌아오는 에코(echo)를 들을 수 있다든가, 옆방에서 소곤대는 얘기를 엿듣는다든가 나팔을 불어 음악을 만들 수 있는 것과 같이 음파 역시 계면에서 이와 똑 같은 상호작용을 한다.

계면에서 전파하는 초음파의 변화와 거동을 아는 것이 초음파를 이용한 재료평가의 기본 개념이다. 기공, 균열, 개재물, 코팅 등은 모재와 다른 탄성 특성을 가지고 있기 때문에 식별이 가능하다. 우리는 음향 임피던스가 다른 두 재료로 기공이나 균열 등을 포함하고 있는 모재를 생각할 수 있다. 파가 계면을 만날 때는 다음과 같은 현상이 발생한다.

① 반사 와/또는 투과
② 계면을 따라 전파하는 파
③ 전파 방향의 변화(굴절)
④ 파형의 변화(모드 변환)

위의 현상들은 빛의 파동으로 설명할 수 있다. 대부분의 사람들은 빛이 거울에 부딪칠 때 파가 부분적으로 또는 전체적으로 반사되고 투과되는 개념을 이해한다. 또한 일부만 물속에 잠긴 물체로부터 빛의 굴절 현상을 이해하는 것은 대부분의 사람들에게 매우 친숙하다. 그러나 모드 변환에 대한 개념은 대부분의 사람들에게는 친숙하지 않을 것이다. 모드 변환(mode conversion)이란 입사된 하나의 파가 하나 또는 여러 개의 파로 변환되는 것을 의미한다.

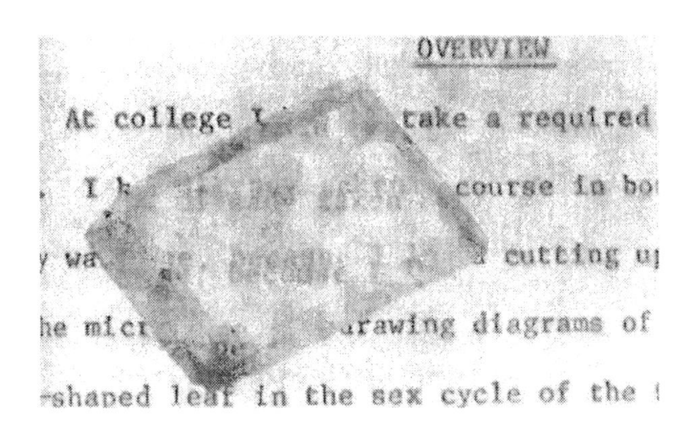

그림 4-25 **공기/수정의 경계면에서의 입사파의 모드 변환(복굴절)**

그림 4-25는 공기와 수정사이의 경계에서 나타나는 빛의 파동 현상을 보여주고 있다. 공기 중을 전파하는 빛은 공기와/수정 사이의 경계면에서 2개의 파로 굴절하게 되고 이 결과로 인해 2개의 이미지가 나타나게 된다. 이는 2개의 파가 서로 다른 각도를 가지고 굴절하기 때문에 서로 다른 속도를 가지고 전파하며 이는 서로 다른 모드로 볼 수 있다. 굴절된 파가 서로 다른 두 개의 파로 변화되는 것을 복굴절(birefringence)이라 한다. 음향에서는 복굴절(birefringence)과 세 개의 모드가 생기는(trirefringence) 현상은 잘 알려져 있다.

구체적으로 어떻게 파동이 계면에서 상호작용 하면서 변하는지 예측하는 것은 전형적인 경계 값 문제이다: 경계 조건(계면에서 물리적 인자들은 반드시 연속성을 가져야함)은 파의 진행을 지배하는 파동방정식을 적용하여 증명되어진다. 초음파가 전파할 때의 경계 조건들은 다음과 같다.

① 입자속도의 연속성(continuity)
② 음압의 연속성
③ 파의 위상의 연속성(스넬의 법칙, Snell's law)

양쪽 계면에서의 입자 속도는 동일해야 한다. 그렇지 않다면 두 재료는 접촉하고 있지 않다고 봐야 할 것이다. 음압의 연속성은 응력의 연속성과 직접 관련이 있는 결과로 본다. 경계 조건 1과 2는 상호 의존적이다. 하나의 조건이 다른 없이는 존재 할 수 없다. 스넬의 법칙을 만족하기 위해서는 계면의 모든 점에서 계면을 통과한 파의 위상은 입사파의 위상과 동일해야 한다. 다시 말하면, 파동 벡터 $\vec{k}$의 접선 성분은 계면에서 연속적이어야 한다.

그렇다면 경계면에서 파동의 거동을 어떻게 예측할 수 있을까? 이 현상을 더욱 확실하게 이해하기 위해서 먼저 가장 단순하게 균질한 등방성 재료에서의 수직 입사(normal incidence)에 대해 살펴보고 그 다음에 좀 더 복잡한 경우인 사각 입사(oblique incidence)에 대해 살펴보자.

가. 수직 입사

수직 입사(normal incidence)에서 평면파는 그림 4-26과 같이 재료 1에서 2의 계면에 90° 로 입사한다. 경사 입사와 달리 투과되거나 반사된 파는 굴절되지 않는다. 이 파는 오직 하나의 파동으로 투과되고 반사됨을 의미한다.

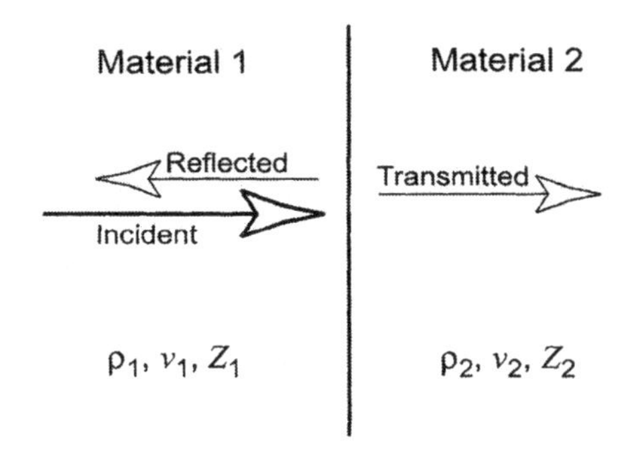

그림 4-26 **계면에서 수직 입사파의 반사와 통과**

그렇다면 입사파(incident wave)는 얼마 정도 반사되고 투과될까? 이 문제는 그림 4-26에 설명되어 있다. 아래첨자 1, 2는 재료 1, 2의 물성치를 각각 나다낸다. 첫 번째 경계 조건은 입자 속도의 연속성이다; 이는 매질 1에서의 경계와 매질 2에서의 경계에서의 입자 속도의 합은 동일함을 의미한다.

$$\vec{v}_{particle_i} + \vec{v}_{particle_r} = \vec{v}_{particle_t} \tag{4.62}$$

$\vec{v}_{particle}$ = $\vec{V}e^{j(\omega t - \vec{k} \cdot \vec{r})} = \partial\vec{u}/\partial t$, $\vec{V}$ 는 진폭 계수이고, 아래첨자 i, r과 t는 입사, 반사, 그리고 투과되는 파를 의미한다. 각 파의 입자속도는 x 방향($\vec{k} \cdot \vec{r} = k_x x$)에 대한 위상(phase)의 전파로 국한된다. 따라서

$$V_i e^{j(\omega_1 t - k_1 x)} + V_r e^{j(\omega_1 t - k_1 x)} = V_t e^{j(\omega_2 t - k_2 x)} \tag{4.63}$$

음압은 $p = Pe^{j(\omega t - \vec{k} \cdot \vec{r})}$에 따라 변한다. 두 번째 경계 조건인 음압(stress)의 연속성(continuity)을 고려하면 다음과 같이 쓸 수 있다.

$$P_i e^{j(\omega_1 t - k_1 x)} + P_r e^{j(\omega_1 t - k_1 x)} = P_t e^{j(\omega_2 t - k_2 x)} \tag{4.64}$$

경계를 $x = 0$로 놓고 파가 x 방향으로 전파하기 때문에, $\vec{k} \cdot \vec{r} = k_x x = 0$ 이다. 경계면에서 주파수가 연속성을 가짐을 가정한다. $\omega_1 = \omega_2$ 경계면에서 식(4.63)과 식(4.64)는 다음과 같이 쓸 수 있다.

$$V_i + V_r = V_t \tag{4.65}$$

그리고

$$P_i + P_r = P_t \tag{4.66}$$

이제 "압력파가 얼마만큼 반사되고 투과되는지?"를 답할 수 있으며, 반사계수(reflection coefficient)는 다음과 같이 정의한다.

$$r = \frac{P_r}{P_i} \tag{4.67}$$

또한, 투과계수(transmission coefficient)은 다음과 같다.

$$t = \frac{P_t}{P_i} \tag{4.68}$$

이 식을 통해 반사되거나 투과된 파의 음압을 계산할 수 있다. 하지만 음압을 실제로 측정하는 것은 어렵기 때문에 이 식은 유용하지 못하다. 처음에 제안된 내용을 다시 생각해보면, 입사파에 대한 반사와 투과는 음향 임피던스 Z_1과 Z_2의 차이에 의해 결정된다. $Z = \rho v$에서 위상 속도와 밀도는 이미 계산되어 표로 제시되어 있다. 식(4.63)으로부터 재료 1과 2에서의 음향 임피던스는 다음과 같이 표현할 수 있다.

$$Z_1 = \frac{p_i}{v_{particl\,e_i}} = \frac{P_i}{V_i}$$

$$Z_1 = \frac{p_r}{v_{particl\,e_r}} = \frac{P_r}{V_r}$$

그리고

$$Z_2 = \frac{p_t}{v_{particl\,e_t}} \quad \text{or} \quad Z_2 = \frac{p_i + p_r}{v_{particl\,e_i} + v_{particl\,e_r}} = \frac{P_i + P_r}{V_i + V_r} \tag{4.69}$$

위의 식들로부터 반사와 투과 계수는 음압 임피던스의 항으로 다시 표현할 수 있다.

$$r = \frac{Z_2 - Z_1}{Z_2 + Z_1} \tag{4.70}$$

그리고

$$t = \frac{2Z_2}{Z_2 + Z_1} \tag{4.71}$$

이 진폭 비는 등방성이면서 균질한 매질에 수직 입사하는 음파에 대한 음향 프레넬 방정식(acoustic fresnel equations)이라 한다.

서로 다른 2개의 매질로 계면이 되어 있는 경우 음의 반사 및 투과에 대해 살펴보자.

예 1

그림 4-26에 기술된 반사와 통과 두 가지의 일반적인 경우에 대해 살펴보자.

이 두 경우는 입사파가 강과 물의 계면에 90도의 입사하는 경우를 나타내고 있다. 그림 4-27(a)는 물에서 강으로, 그림 4-27(b)는 강에서 물로 입사하는 경우이다.

1. 단순화를 위해 $P_i|_{steel} = P_i|_{water} = 1$ 이라 가정하면, 표 4-1로부터 물과 강의 음향 임피던스는 $Z_{H_2O} = 1.5 \times 10^6 Ns/m^3$이고, $Z_{steel} = 45 \times 10^6 Ns/m^3$ 이다.
2. 식(4.62)와 식(4.63)으로부터 반사율과 투과율을 계산할 수 있다.

※ 물/강 계면

$$r_{H_2O/steel} = \frac{Z_2 - Z_1}{Z_2 + Z_1} = \left(\frac{45 \times 10^6 - 1.5 \times 10^6}{45 \times 10^6 + 1.5 \times 10^6}\right) = 0.935$$

$$t_{H_2O/steel} = \frac{2Z_2}{Z_2 + Z_1} = \frac{2(45 \times 10^6)}{45 \times 10^6 + 1.5 \times 10^6} = 1.935$$

※ 강/물 계면

$$r_{steel/H_2O} = \frac{Z_2 - Z_1}{Z_2 + Z_1} = \left(\frac{1.5 \times 10^6 - 45 \times 10^6}{1.5 \times 10^6 + 45 \times 10^6}\right) = -0.935$$

$$t_{steel/H_2O} = \frac{2Z_2}{Z_2 + Z_1} = \frac{2(1.5 \times 10^6)}{1.5 \times 10^6 + 45 \times 10^6} = 0.0645$$

3. $P_i|_{steel} = P_i|_{water} = 1$ 고려하면, 계면에서 반사되고 투과된 음압은 다음과 같다.

※ 물/강 계면

$$P_{r(H_2O)} = r_{H_2O/steel} P_{i(H_2O)} = (0.935)(1) = 0.935$$

$$P_{t(steel)} = t_{H_2O/steel} P_{i(H_2O)} = (1.935)(1) = 1.935$$

※ 강/물 계면

$$P_{r(steel)} = r_{steel/H_2O} P_{i(steel)} = (-0.935)(1) = -0.935$$

$$P_{t(H_2O)} = t_{steel/H_2O} P_{i(steel)} = (0.0645)(1) = 0.0645$$

$P_r|_{steel}$는 음수이고, $P_t|_{steel}$는 원래의 입사파의 음압보다 크다. 이 결과는 에너지보존 법칙에 어긋나지 않는다. 이러한 결과들을 이해하기 위해, $p_i + p_r = p_t$에서 요구되는 경계조건과 일반적 상식을 고려하면서 그림 4-27에 나타난 두 개의 그래프를 주의 깊게 살펴보자.

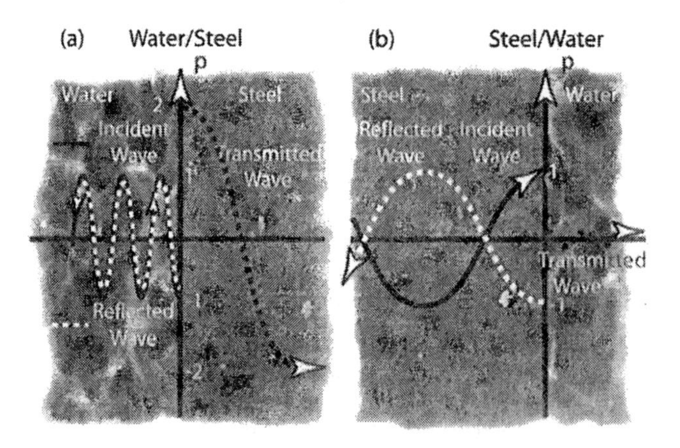

그림 4-27 (a) 강과 물의 계면에서 반사되고 투과된 파의 진폭,
(b) 물과 강의 계면서 반사되고 투과된 파의 진폭

예 2

어떤 파가 계면을 부딪친다고 생각해보자. 파의 음압이 어떻게 될 거라 예상하는가?

이해를 돕기 위해 다음의 극단적인 예를 보면 유용할 것이다.

Case Ⅰ (그림 4-27a) 종파(longitudinal plane wave)가 낮은 음향임피던스 Z를 갖는 매질에서 아주 큰 음향임피던스를 갖는 시험체로 입사하는 경우를 생각해보자. 예를 들어, 물과 강의 경우를 살펴보자. 만약 계면에서 두 재료가 같이 접촉하고 있다면 물에서 Δx만큼 이동하는데 필요한 압력과 강에서 동일한 거리만큼 이동하는데 필요한 압력을 생각해 보자. 강에서 이동하는데 요구되는 초과 음압(excess pressure) 만큼은 반사파로 나타난다고 할 수 있다. 만약 이 내용들이 명확히 이해되지 않는다면, 계면에서 투과파, 반사파, 입사파가 모두 동시에 존재한다는 것을 생각하라.

Case Ⅱ (그림 4-27b) 종파(longitudinal plane wave)가 초음파적으로 매우 강한(hard) 매질에서 극도로 연한(soft) 매질로 전파한다고 가정해보자. 예를 들어 강과 물의 경우를 살펴보자. Case 1에서 두 물질은 접촉한 상태여야 한다. 제1매질인 강에 투과된 파가 제2매질인 물속으로 전파해 갈 수 있는 음압은 강에서 동등한 변위를 발생시키기 위해 요구되는 음압에 비해 매우 작기 때문에, 반사파의 음압은 입사파의 초과 음압(excess pressure)을 상쇄하기 위해서 180° 만큼 위상이 달라져야 한다.

투과 음압이 입사 음압보다 클 수 있다고 생각하는가? 에너지보존의 법칙 관점에서 이 문제를 살펴보자. 파가 전파하는 수직한 방향으로 단위 면적 당 전파하는 초음파에 의한 기계적 에너지의 투과를 초음파의 강도(acoustic intensity) 혹은 파의 에너지 강도(energy intensity, 단위면적과 단위시간당 에너지)라 한다. 음향 강도(acoustic intensity)는 흔히 문자 I로 표시한다. 초음파 강도 I는 음압 p, 음향 임피던스 Z, 입자 진동의 진폭 a와 다음의 관계를 갖는다.

$$I = \frac{1}{2}v\rho v_{paricle}^2 = \frac{1}{2}Zv_{particle}^2 = \frac{1}{2}\frac{p^2}{Z} = \frac{pa}{2} \tag{4.72}$$

즉, $I \propto p^2/Z$ 이다. 그러므로 주어진 음향 에너지(acoustic energy)에서 음압은 음향적으로 높은 음향 임피던스를 갖는 매질에서 훨씬 클 수 있다.

에너지 보존적 관점에서 파의 음향강도는 다음과 같이 표현할 수 있다.

$$I_i = I_r + I_t \tag{4.73}$$

다시 말해, 반사파와 투과파의 강도의 합은 입사파의 강도와 동일하다. 반면, 에너지 강도식과 음압 방정식의 연속성($p_i + p_r = p_t$)과는 대조를 보이고 있다.

실험적으로는, 강도의 비가 음압의 비보다 더 중요하다. 강도의 비는 반사율(reflectance)이라 하고 다음과 같이 정의한다.

$$R = \frac{I_r}{I_i} \tag{4.74}$$

그리고 투과율(transmittance)은 다음과 같이 정의한다.

$$T = \frac{I_t}{I_i} \tag{4.75}$$

결과적으로 에너지보존의 법칙에 의해 $R + T = 1$가 된다. $I \propto p^2$, $R \propto r^2$, 그리고 $T \propto t^2$이기 때문에 입사파와 반사파는 같은 재료에서 진행한다고 하면 $Z_i = Z_r = Z_1$ 이며, 이때 다음과 같이 표현된다.

$$R = r^2\frac{Z_r}{Z_i} = \left(\frac{Z_2 - Z_1}{Z_2 - Z_1}\right)^2 \tag{4.76}$$

$$T = t^2\frac{Z_t}{Z_i} = \frac{4Z_2Z_1}{(Z_1 + Z_2)} \tag{4.77}$$

r, t, R 그리고 T에 대한 이러한 방정식은 계면에 90° 의 각도로 평면 종파가 입사한다고

가정함으로서 유도된 것임을 상기하라.

그림 4-28은 국부수침법에 의한 강판의 탐상 예이다. 이때 탐상기의 화면상에 나타나는 표면에코 S와 저면에코 B의 에코높이를 비교하면 다음과 같다. 표면에코 S는 수중을 전파하여 온 초음파가 물과 강판과의 경계면에서 반사한 비율(반사계수 $r_{1\to2}$)에 대응한다. 한편 저면에코 B는 물과 강판과의 경계면을 투과한 초음파(투과계수 $t_{1\to2}$)가 강판의 저면 다시 말해 강판과 공기와의 경계면에서 반사(100 % → 음압반사율 = 1)하고, 다시 물과 강판과의 경계면을 투과한 초음파(투과계수 $t_{2\to1}$)의 비율(음압왕복투과계수 $T_{1\to2}$)에 대응한다.

그림 4-28과 같이 수중을 전파하여 온 초음파가 물과 강재와의 경계면에 입사하는 경우의 반사계수 $r_{1\to2}$ 및 투과계수 $t_{1\to2}$은 식(4.68), 식(4.69)로부터

$$r_{1\to2} = \frac{Z_2 - Z_1}{Z_1 + Z_2} = \frac{(45.5\times10^6) - (1.5\times10^6)}{(1.5\times10^6) + (45.5\times10^6)} \fallingdotseq 0.94 \to 94\%$$

$$T_{1\to2} = \frac{4Z_1 Z_2}{(Z_1+Z_2)^2} = 1 - r^2_{1\to2} \fallingdotseq 0.12 \to 12\%$$

이 되고, 이것이 각각 표면에코와 저면에코의 크기에 대응한다. 여기서는 초음파의 확산에 의한 감쇠(확산감쇠)는 고려하지 않는다.

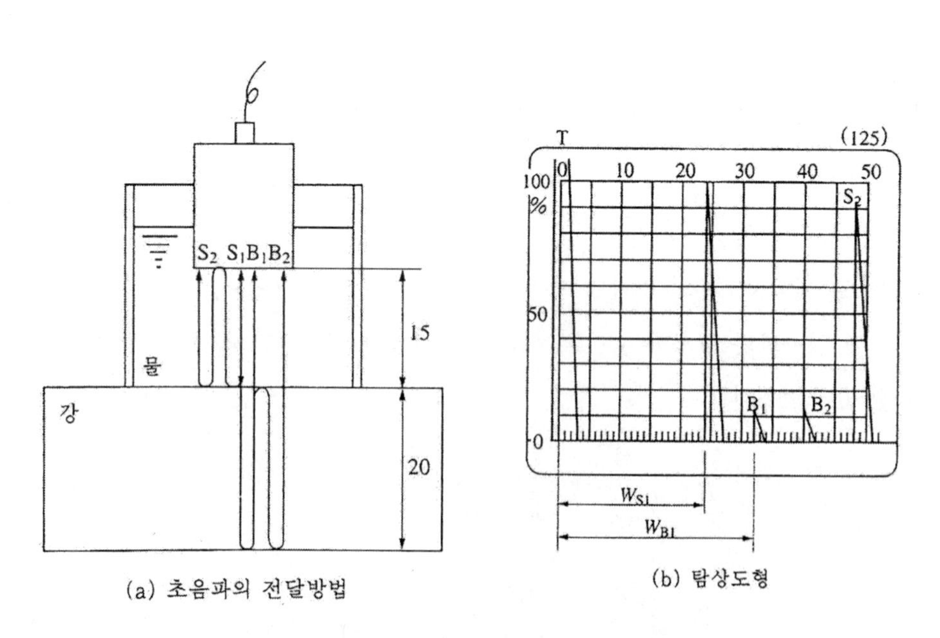

(a) 초음파의 전달방법

(b) 탐상도형

그림 4-28 **수침탐상법에서 초음파의 전달방법과 탐상도형**

초음파가 물로부터 강에 초음파가 입사하는 경우는 입사파의 음압에 대해 반사파는 93.5 %, 투과파는 193.5 %가 되고, 강으로부터 물에 초음파가 입사하는 경우는 입사파의 음압에 대해 반사파는 -93.5 %, 투과파는 6.5 %가 된다. 음압반사율의 부호가 +의 경우는 입사파에 대해 위상(phase)이 같음을 나타내며, -의 경우는 입사파에 대한 위상이 반전되는 것을 나타낸다. 물과 강의 경계면에서 입사, 반사, 투과의 경우 음압의 값과 위상의 변화를 그림 4-27에 나타내고 있다. 위상이 반전되는 것은 초음파가 초음파적으로 연한 매질에 입사할 때 반사파에서 생기는 것으로 초음파탐상에서는 위상의 변화는 그다지 중요하지 않기 때문에 일반적으로 부호를 생략한다.

그림 4-28에서 $r_{1\to2}$= 94 %는 표면에코 S_1에 상당하며, 저면에코 B_1은 물로 부터 경계면을 투과한 초음파 $t_{1\to2}$가 강판의 저면에서 100 % 반사하고(음압반사율 = 1), 다시 경계면을 투과하는 $t_{2\to1}$이 된다.

화면상에 나타나는 에코높이는 초음파의 수신음압에 비례하기 때문에 저면에코높이 h_B와 표면에코높이 h_S의 비는 다음과 같이 된다.

$$\frac{h_B}{h_S} = \frac{T_{1\to2}}{r_{1\to2}} ≒ 0.13$$

제 1회째 표면에코 S_1의 에코높이 h_{S1}을 화면상에 100 %가 되도록 탐상기의 감도를 조정하면 제1회째의 저면에코 B_1의 에코높이 h_{B1}은 약 13 %가 된다. 이 예에서도 알 수 있듯이 초음파는 이물질의 경계면에서 잘 반사한다. 보통 초음파탐상검사의 대상이 되는 결함내부는 기체 또는 비금속개재물로 되어 있기 때문에 결함표면에서 초음파는 잘 반사하고 결함의 검출이 가능하게 된다.

나. 경사 입사(oblique incidence)

경사입사는 수직 입사의 경우에서 나타나는 문제보다 더 복잡하다. 파동이 경계면에 경사로 입사할 때는 다음사항을 고려해야 한다.

① 반사 와/또는 투과

② 파의 전파 방향의 변화(굴절)

③ 다른 형태 파동으로의 변환(모드 변환, mode conversion)

앞의 장에서 산란(투과 또는 반사)된 파에 반사와 투과 진폭 계수는 음향 fresnel 방정식에 의해 결정된다. 하지만 경사 입사된 파(波)는 다중 굴절이 되고 다중 굴절된 파는 각각의 fresnel

방정식에 따라 다중으로 산란된다. 스넬의 법칙(Snell's law)으로 알려진 유용한 삼각법의 관계를 통해 산란된 파의 전파방향을 설명할 수 있다. 이해를 돕기 위해 이번 장에서는 등방성의 균일한 물질에서의 순수 전단파 또는 순수 종파에 초점을 맞추어 설명하기로 한다.

스넬의 법칙에 대해 설명하기 전에, 경계면에서 발생되는 횡파(전단파)의 두 가지 유형을 구별해보도록 하자. 횡파의 입자 변위가 전파 방향의 수직하다할 지라도 변위는 그림 4-29와 같이 계면에 평행(parallel)하거나 경사(oblique)일 수 있다. 만약 변위가 계면에 평행하다면(shear horizontal; SH), 반사파와 투과파 또한 SH파이다. 이때 모드 변환(mode conversion)은 발생하지 않는다. 만약 변위가 계면에 경사(shear vertical; SV)이면 계면에 수직하게 작용하는 어떤 변위 성분은 종파 모드를 발생시킬 수 있다. 스넬의 법칙은 SV파와 SH파를 구분하지 않는다(두 파동 모두 같은 속도로 진행한다).

결과적으로, 스넬의 법칙을 이용하면 입사하는 SH파의 반사 또는 투과되는 종파의 방향을 예측할 수 있다. 하지만, 프레넬 방정식으로 계산된 종파의 진폭은 0으로 나타날 것이다. 요약하면, SH파의 반사파와 투과파는 오직 SH모드로만 산란되는 반면에, SV파의 경우 SH파가 아닌 SV모드와 종파모드로 산란된다.

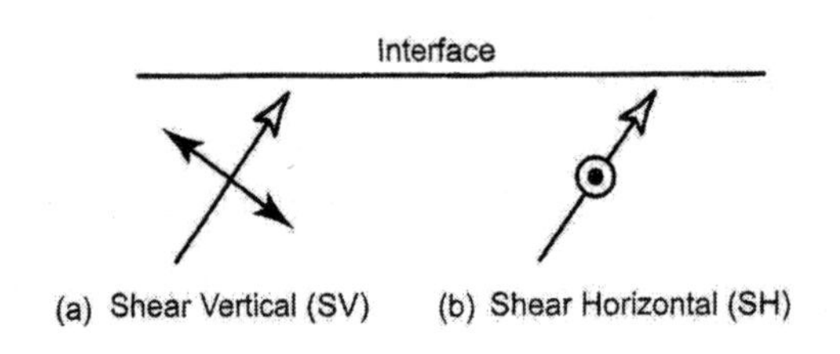

그림 4-29 **계면과 관련된 전단파의 입자 변위**
(a) 수직 전단(SV), (b) 수평 전단(SH)

(1) 스넬의 법칙

스넬의 법칙(Snell's law, continuity-of-phase law)은 투과되고 반사된 파의 전파 방향을 결정하는데 사용된다. 부분적으로, 스넬의 법칙의 유용성은 단순한 적용성에 있다. 스넬의 법칙은 다음과 같이 주어진다.

$$\frac{\sin\theta_i}{v_i} = \frac{\sin\theta_{rs}}{v_{rs}} = \frac{\sin\theta_{rl}}{v_{rl}} = \frac{\sin\theta_{ts}}{v_{ts}} = \frac{\sin\theta_{tl}}{v_{tl}}$$

또는

$$\frac{k_i}{\omega}\sin\theta_i = \frac{k_{rs}}{\omega}\sin_{rs} = \frac{k_{rl}}{\omega}\sin_{rl} = \frac{k_{ts}}{\omega}\sin_{ts} = \frac{k_{rl}}{\omega}\sin_{rl} \qquad (4.78)$$

위의 식에서 $v=\omega/k$ 이고 s와 l은 횡파와 종파 모드를 나타낸다. v_{rs}는 반사 횡파의 속도를 나타낸다. 아래첨자 i로 표현되는 입사파는 횡파 또는 종파 모드 모두에서 존재하는 것을 주목하라. 식(4.78)은 모드 변환에 의해 다중 반사와 투과가 가능함을 나타낸다. 또한 초음파의 입사각 θ는 표면에 법선으로부터의 각을 의미한다. 그러므로 수직 입사파에 대해 $\theta=0°$ 이다.

예

종파가 플라스틱에서 인코넬의 반무한 영역으로 30° 각도로 입사한다고 가정하자. 플라스틱에서 속도는 2.7 km/ms(종파)와 1.1 km/ms(횡파)이다. 인코넬의 경우 5.7 km/ms(종파)와 3.0 km/ms(횡파) 이다.

파의 네 가지 유형은 다음의 상호 작용으로 부터 발생한다. 횡파, 굴절 종파, 굴절 횡파, 굴절 종파. 스넬의 법칙에 따르면

$$\theta_{rs} = \sin^{-1}\left(\frac{1.1}{2.7}\sin 30°\right) = 12°$$

$$\theta_{rl} = \sin^{-1}\left(\frac{2.7}{2.7}\sin 30°\right) = 30°$$

$$\theta_{ts} = \sin^{-1}\left(\frac{3.0}{2.7}\sin 30°\right) = 34°$$

$$\theta_{tl} = \sin^{-1}\left(\frac{5.7}{2.7}\sin 30°\right) = \sin^{-1}1.06$$

반사 종파는 입사파와 동일한 각도를 가진다는 것을 주목하라. 다시 말해 "입사각과 반사각은 같다." 하지만 오직 같은 모드일 때만 적용된다는 것을 명심해야 한다. 또한 인코넬로 입사하는 종파에 대한 굴절각 θ_{tl}이 너무 크다는 것에 주목하라. 따라서 이 경우 플라스틱에서 입사하는 종파의 경우는 인코넬로 오직 순수한 모드 변환된 전단파로 전파해간다.

단 주의하라! 스넬의 법칙은 존재하지 않는 모드에 대한 각도를 예측할 수 있다. 하지만, 프레넬 방정식에 의하면 이들 모드에 대해 진폭값은 0이 될 것이다.

(2) 임계각

위의 예시에서, 스넬의 법칙을 통해 90° 이상으로 투과된 파의 각 θ_{tl}를 계산하였다. 이 결과는 단순히 30° 로 입사하는 종파에 대해서는 특정 모드(이 경우 종파로 투과된)가 존재하지 않고, 에너지가 다른 모드로 변환되는 것을 말한다.

이러한 현상을 더 자세히 설명하기 위해 0 ~ 90° 의 입사각으로 투과하는 종파의 경우에 대해 생각해 보자. 수직 입사에서 논의 되었듯이 $\theta_{il} = 0°$ (수직입사)에서는 굴절이 없고 오직 하나의 투과파(종파 모드) 만이 존재 한다.

투과된 종파(플라스틱 웨지에서 인코넬로 투과하는)에 스넬의 법칙을 적용하면 다음과 같다.

$$\frac{\sin\theta_{tl}}{\sin\theta_{il}} = \frac{5.7\dfrac{km}{ms}}{2.7\dfrac{km}{ms}} = 2.1$$

이는 입사각보다 투과된 종파의 각도가 더 클 때($\theta_{tl} > \theta_{il}$) 투과된 종파가 굴절한다는 것을 의미한다. - 투과파의 각도는 입사각에 의존. 그러므로 투과파는 입사각이 90° 가 되기 전까지 90° 까지 굴절될 것이다. 투과파의 굴절각이 90° 가 되면, 이 파는 시험체의 표면을 따라 전파한다. 따라서 제1임계각(first critical angle) 이상에서는 투과된 종파가 더 이상 더 전파하지 못하고 이 각도는 다음과 같다.

$$\theta_{critical} = \theta_{il} = \sin^{-1}\left((\sin 90°)\frac{2.7}{5.7}\right) = 28.3° \text{ (제1임계각)}$$

예제에서, 모드 변환되어 투과된 횡파 또한 입사하는 종파의 각도와 관련하고 있다. 그러므로 횡파의 임계각은 $\theta_{critical} = 64.2°$ 이 된다. 제2임계각 이상에서는 더 이상 파가 물질내로 전파하지 않고 이때 입사파는 내부 전반사(totally internally reflected)되었다고 말한다. 모든 에너지는 반사 모드로 변환된다.

만약 매질 내에서 투과파의 속도가 입사파의 속도보다 빠르면, 임계각이 될 것이다. 유사하게, 모드 변환된 반사파의 속도가 입사파의 속도보다 빠르다면, 이 경우 또한 임계각이 된다. 표 4-4에서는 입사된 파의 모드와 파의 속도 관계에 따른 임계각의 수에 대해 나타내었다.

표 4-4 평판 계면에서 입사 횡파 또는 종파에서 가능한 임계각

Incident Shear Wave		Incident Longitudinal Wave	
$v_S > v_2 > v_R$	1 critical angle	$v_1 > v_2 > v_R$	No critical angles
$v_2 > v_S > v_R$	2 critical angles	$v_2 > v_1 > v_R$	1 critical angle
$v_2 > v_R > v_S$	3 critical angles	$v_2 > v_R > v_1$	2 critical angles

Source: BA Auld. Acoustic Fields and Waves in Solids. Vol. II. New York: John Wiley and Sons, 1973, p 7.

예

유리 수조에 담긴 물과 손목시계를 이용하여 임계각을 확인할 수 있다.(방수 시계인지 확인할 것!)

먼저 수조에 물을 채운다.

다이얼을 볼 수 있게 수평방향으로 잡고 시계를 물속에 담근다. 수직방향(시계 바로 위) $\theta_i = 0°$ 에서 관찰하면, 시계면이 뚜렷하게 보인다.

시계를 기울여보자. 어떤 각도에서는 시계 표면은 안보이고 수조의 옆면 어느 각도에서는 보이게 된다. 임계각과 임계각 이상에서, 입사하는 빛의 파동은 시계의 크리스탈 부분이 거울처럼 작용하여 빛이 전반사 하게 된다. 만약 시계에 조그만 크라운이 있다면, 임계각에서 시계 크리스탈 부분은 완벽한 거울처럼 되어 투명하게 보일 것이다.

(3) 프레넬 방정식

스넬의 법칙은 오직 산란된 파의 방향을 결정할 뿐 진폭은 결정하지는 않는다. 앞서 기술한 바와 같이 프레넬(fresnel) 방정식은 산란된 파의 진폭을 구하는데 이용된다. 경사입사에 대한 프레넬 방정식은 수직입사의 경우처럼, 경계값 문제의 풀이를 통해 구할 수 있다. 경사입사의 경우 프레넬 방정식은 상대적으로 복잡하여, 여기에 제시하지는 않았다. 대신, 다음의 세 가지 경우에서 선택된 재료에 대한 방정식의 그래픽적인 결과를 나타내었다. 다른 형태의 입사파와 경계에 대한 결과는 상당히 유사하기 때문에, 오직 case I 만 자세하게 나타내었다.

Case I : 고체/자유 경계면

초음파에서 자유 경계면(free boundary)은 자유 경계층 매질이 진공이거나 적어도 희

박한 물질에서는 음파가 진행하기 어렵다는 것을 의미한다. 그림 4-30과 그림 4-31은 각각 입사하는 종파와 횡파(SV)가 고체에서 공기 중으로 입사할 때 산란된 파의 결과를 나타내고 있다. 반사 계수(압력비)는 각도의 함수로 나타내었다. 입사파의 음압(2사분면)은 1로 나타내었다.

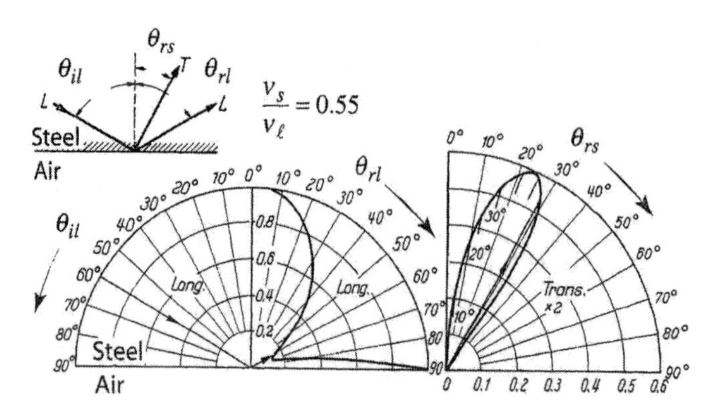

그림 4-30 **강/공기 경계층에 영향을 미치는 입사 종파에 대한 Fresnel 계수의 그림 (아래 첨자 r, t, s 그리고 l 은 각각 반사, 투과, 횡파, 종파를 의미한다)**

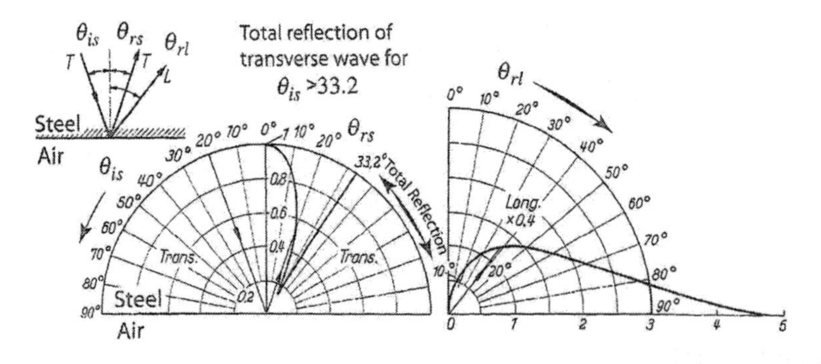

그림 4-31 **강/공기 경계층에 영향을 미치는 입사 종파에 대한 Fresnel 계수의 그림**

인접한 사분면은 동일한 입사파에 대한 반사파의 압력 진폭을 나타내고 있다. 따라서 입사파와 동일한 각도로 반사한다. 따로 분리되어 나타낸 그림은 모드 변환되어 반사된 음파의 음압을 나타내고 있다. 각각의 그래프는 주어진 입사각에 대한 반사 진폭을 나타내고 있다. 스넬의 법칙은 입사파와 산란파 사이의 각도 관계를 결정하는데 사용된다.

횡파가 입사하는 경우(그림 4-29), $\theta_{rl} \cong 50°$ 와 $\theta_{rl} \cong 90°$ 사이 각도에서 모드 변환되어 전파하는 종파로 인해 $\theta_{rs} \cong 25°$ 와 $\theta_{rs} \cong 33°$ 사이의 각도에서는 낮은 진폭을 가지는 횡파가 반사된다. 반사된 종파가 임계각에 도달하는 $\theta_{is} = 33.2°$ $(\theta_{rl} = 90°)$이상에서는 입사 횡파는 모두 횡파로만 반사를 하고 더 이상 반사 종파가 발생하지 않는다.

Case Ⅱ: 액체/고체-고체/액체 계면

물속에서 고체(액체/고체) 로 입사하여 진행하는 파의 경우는 초음파 비파괴 평가에서 매우 중요하다. 초음파로 검사하는 시험편은 주로 물과 같은 액체에 담가 검사를 많이 하게 된다. 이러한 액체는 초음파가 트랜스듀서에서 시험편(가진) 또는 시험편에서 트랜스듀서(수신)로 전파될 수 있도록 해준다. 액체/고체 계면에서 발생한 산란파의 결과를 그림 4-32에 나타내었다.

물의 점도가 너무 낮아서 횡파(전단파)가 발생하지 않는 것을 상기하자.

따라서 액체 내로 입사하고 반사되는 파는 모두 동일한 입사각과 반사각을 같은 종파 모드 이다. 이러한 입사파와 반사파를 그림 4-32의 위쪽 두 사분면에 나타내었다. 그 아래 사분면에는 투과된 종파의 결과를 나타내었고 따로 떨어져 있는 그래프에는 투과되어 모드 변환된 횡파를 나타내었다.

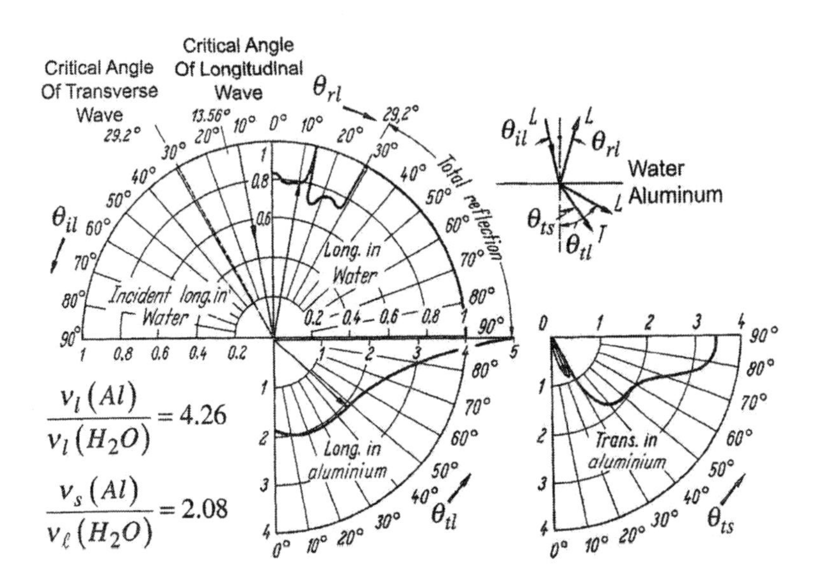

그림 4-32 **물/알루미늄 경계로 입사하는 종파에 대한 프레넬 계수**

물에서의 종파의 속도보다 알루미늄에서 종파와 횡파의 속도가 더 빠르기 때문에, 두 개의 임계각이 발생할 것이다. 수직입사로부터 시작해서 제1임계각은 투과된 종파가 90° 에 도달할 때 발생한다. 입사하는 종파에 해당하는 각도는 $\theta_{il} = 13.56°$ 이다. 투과된 횡파의 진행 방향이 90° 일 때, 제2임계각은 $\theta_{il} = 29.2°$ 이다. 제2임계각 이상에서는 전반사가 발생하고 이는 $\theta_{rl} = 29.2 \sim 90°$ 에서 반사된 종파의 압력 진폭으로 나타난다.

실제는, 두 임계각 사이의 각도가 수침법 초음파에서 중요하다. 이 각도에서 오직 하나의 파만이 두 번째 매질로 진행한다. 입사각이 두 임계각(현재 예시에 대해서는

$13.56° > \theta_{il} > 29.2°$) 사이일 때 오직 하나의 파만이 두 번째 매질로 전파한다. 이렇게 단일파를 사용함으로서 해석 결과의 어려움을 감소시킬 수 있다.

지금까지 모드, 관련 굴절각 그리고 물속에서 전파하는 입사 종파로부터 고체 내에 생성될 수 있는 압력 진폭 등과 같은 "액체에서 고체"로의 경계 문제를 해석하였다. 이와 반대로, 만약 초음파가 고체 내에서 발생한다면 고체/액체 계면에서 입사파에 대한 반사와 굴절 특성은 어떻게 되겠는가? 알루미늄 내에서 물(고체/액체) 로 전파하는 종파에 대한 응답을 그림 4-33에 그래프로 나타나있고, 그림 4-34는 횡파 입사파에 대한 그림을 나타내고 있다. 음속이 빠른 매질에서 음속이 느린 매질로의 전파하는 경우 어떠한 임계각도 생성하지 않는다는 것을 상기하라.

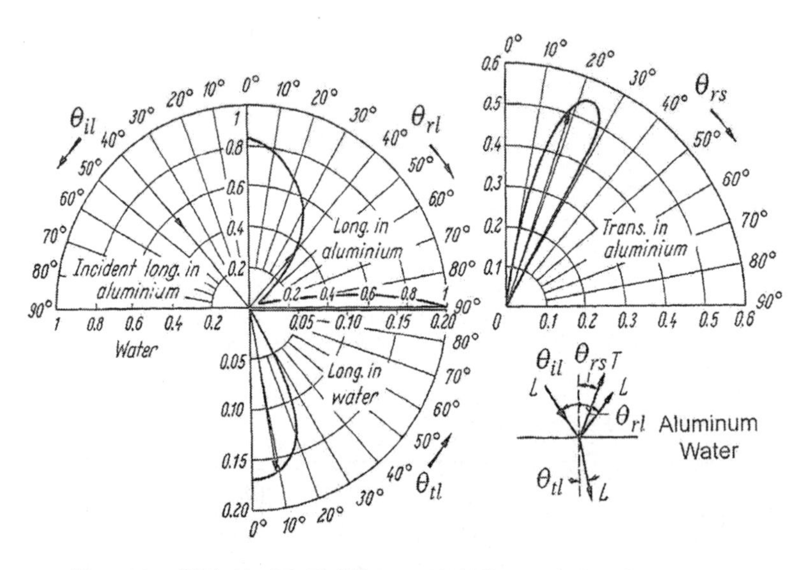

그림 4-33 **알루미늄/물 경계층으로 입사하는 종파에 대한 프레넬 계수**

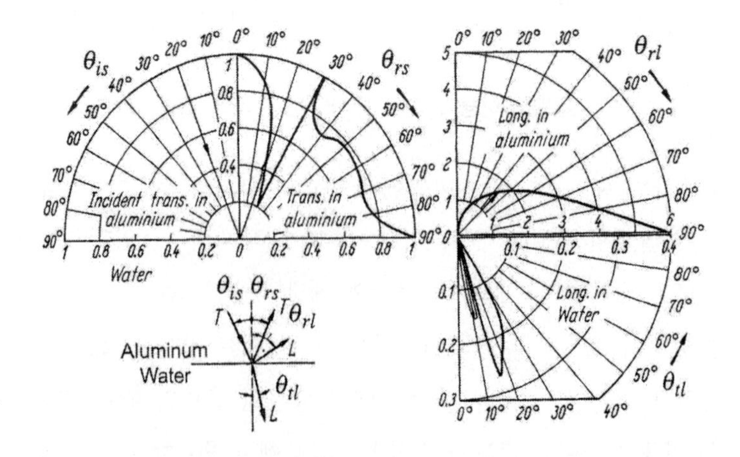

그림 4-34 **알루미늄/물 경계로 입사하는 횡파에 대한 프레넬 계수**

Case Ⅲ: 고체/얇은 액체층/고체 계면

두 개의 고체 사이에 있는 얇은 액체층은 보통 검사되는 재료의 내부 혹은 외부로 초음파를 전파시키기 위한 가장 일반적인 구성이다. 시험편내부로 초음파를 입사하기 위한 일반적인 구성은 (초음파)생성하는 트랜스듀서/액체 접촉 매질/시험편 이다. 그림 4-35는 아크릴 웻지에서 접촉매질을 지나 강으로 입사하는 초음파의반사와 투과음압을 나타내고 있다. 횡파는 대부분의 액체에서 진행하지 않기 때문에, 웻지에서의 입사파는 종파 모드이다. 오직 두 임계각 사이의 입사각만을 설명한다.

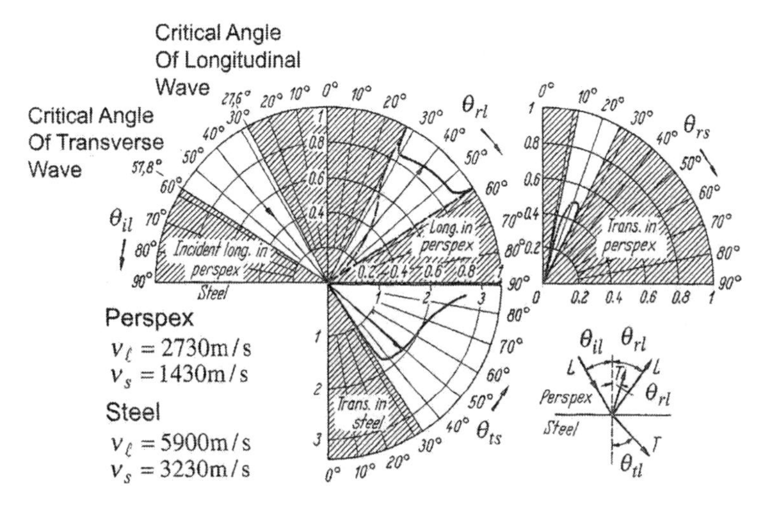

그림 4-35 **액체층의 두께가 파장 보다 얇은 아크릴 수지/액체/강으로 입사하는 종파에 대한 프레넬 계수**

(4) 에코의 전파

일반적인 초음파 비파괴평가의 적용에서, 트랜스듀서로부터 나온 에너지는 시험편으로 선달되고, 그 에너지는 다시 시험편에서 트랜스듀서로 되돌아간다. 이것을 에코(echo)라 한다. 이 과정에서 초음파 경로내의 경계면에서 얼마나 시험체내로 전파하는지 그리고 어느 정도의 파가 트랜스듀서로 되돌아오는지를 결정하기 위해서 프레넬 방정식을 적절하게 적용한다.

Lutsch와 Kuhn는 재료 내에서 에코는 단일 진폭 입사파 그리고 면상 반사원이라고 가정하였다. 그림 4-36은 물/알루미늄 경계면에서 수신된 에너지(에코)를 나타내고 있다. 종파는 물속에서 생성되고 수신된다. 그림 4-36a는 알루미늄에서 전파하는 종파의 응답을 나타내며, 그림 4-36b는 알루미늄에서 전파하는 모드 변환된 횡파에 대한 에코 응답을 나타낸다. 종파의 임계각 $0^\circ < \theta_{il} < 13.56^\circ$ 까지 에서는, 종파가 입사파의 30 % 정

도까지의 에너지를 가진다(그림 4-36a). 두 임계각 사이의 각도 13.56° $< \theta_{il} <$ 29.2° 에서는 대략 입사파의 50 %까지 도달한다(그림 4-36b).

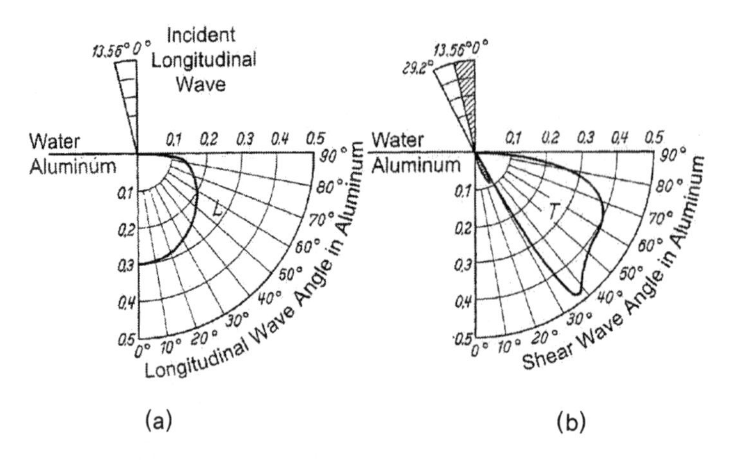

그림 4-36 **물, 알루미늄 경계면에서의 에코: 투과된 (a) 종파와 (b) 모드 변환된 횡파.**

4.2.6 초음파의 발생과 수신

기계적인 신호(초음파펄스)와 전기신호로 상호 변환하는 방법에는 여러 방법이 있고 전자력(電磁力)을 이용하는 방법, 압전소자를 이용하는 방법이 실용화되고 있다. 압전소자는 압전현상, 역압전현상을 일으키는 물질이다. 압전효과란 그림 4-37과 같이 어떤 종류의 물질에 힘이 가해지면 힘의 크기에 비례한 전압이 생기는 현상을 말한다. 역압전현상은 그 반대의 현상 다시 말해 전압을 가하면 가해진 전압에 비례한 변형이 생기는 현상이다. 이들 현상을 압전효과(piezoelectric effect)라 부른다.

한 형태의 에너지를 다른 형태의 에너지로 바꾸는 장치를 변환기 또는 진동자(transducer)라 한다. 초음파 진동자는 압전 효과(piezoelectric effect)라 알려져 있는 현상을 이용하여 전기에너지를 초음파 에너지로 그리고 다시 그 반대로 변환하는 기능을 가지고 있다. 이와 같은 성질을 가지고 있는 물질을 압전 재료(piezoelectric material)라 한다.

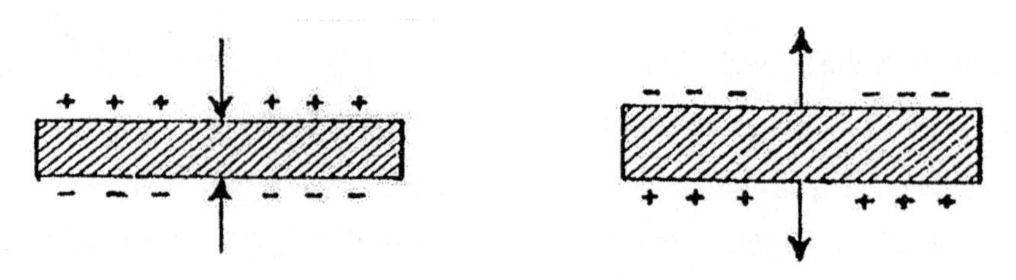

그림 4-37 **(a)압전 효과 및 (b)역압전 효과**

압전 효과는 1880년에 퀴리(Curie) 형제가 처음으로 발견하였으며, 그림 4-37a와 같이 압전 재료에 압력이 가해져서 기계적인 수축과 팽창이 일어나게 되면 전압이 발생하는 현상을 말한다. 역압전 효과(inverse piezoelectric effect)는 1881년 Lippman에 의해 맨 처음 예측되고 그 후 같은 해에 퀴리 형제에 의해 실험적으로 검증된 현상으로 그림 4-37b와 같이 압전 재료에 전압이 걸릴 때 마다 기계적인 변형 즉 진동이 발생한다는 것을 말한다. 압전 효과(piezoelectric effect)는 결함 검출에, 역압전 효과는 초음파의 발생 시에 이용된다.

판형의 압전소자 양면에 전극이 붙어있는 것을 진동자라 부른다. 진동자의 양극에 송신부로부터 송신되어 온 펄스전압을 가하면 진동자는 그 두께에 대응한 신축의 진동(공진)을 개시한다. 이 진동은 수회 반복한 후 감쇠하여 정지한다. 진동자를 시험체에 접촉시키면 시험체의 접촉면은 진동자의 신축에 의해 파가 보내져 들어간다. 이것이 초음파의 송신이다.

진동자가 접촉해 있는 면에 종파가 전파해 오면 면이 진동하기 때문에 진동자에 힘이 가해진다. 그리고 진동자 면에는 가해진 힘에 비례한 전압이 생긴다. 이 전압이 수신신호로 수신부에 송신된다. 이것이 초음파의 수신이다.

이상과 같이 탐촉자에서 가장 중요한 역할을 담당하고 있는 진동자에는 표 4-5와 같은 여러 종류의 압전소자가 목적에 따라 선택 적용되고 있다.

표 4-5 **압전소자의 종류와 특징**

진동자 재질	장 점	단 점	용도
수정 (Quartz)	① 전기, 화학, 기계, 열적 안정성이 우수함 ② 수명성 길고 내마모성이 우수함 ③ 불용성, Currie Point가 높아 고온에서의 용이함 ④ 변환효율이 낮다. ⑤ X-cut 및 Y-cut의 2종류	① 음파의 송신 효율이 가장 나쁘다.	기준 탐촉자
황산리튬 (Lithum Sulfate)	① 수신효율은 가장 우수함 ② 음향임피딘스가 낮아 수침용으로 적당 (물과의 음향임피던스차가 적어져 통과율이 커진다.)	① 깨지기 쉽다. ② 물에 잘 놀아 물에서 사용할 때 방수처리가 필요하다.	고감도가 요구되는 탐촉자
티탄산바륨 (Barium Titanate $BaTiO_3$)	① 가장 좋은 송신효율로 고감도가 요구될 때 많이 사용 ② 불용성, 화학적으로 안정, 좋은 송신효율	① 내마모성이 낮아 수명이 짧다.	
니오비움산 리튬 (Lithium Niobate)	① 가장 높은 큐리점(1210˚C) - 고온사용에 이용	① 분해능이 떨어진다.	고주파수 탐촉자
니오비움산납 (Lead ethaniobate $PbNb_2O_6$)	① 고요의 내부댐핑이 높아 댐핑재를 부착하지 않고 고분해능형 탐촉자에 사용	① 깨지기 쉬워 고주파수용으로 쓸 수 없다.	고분해능 탐촉자

압전 특성을 갖는 많은 재질 중에서 비파괴검사를 목적으로 사용되는 것으로는 지르콘티탄산 납(PZT: lead zirconate titanate), 티탄산 바륨($BaTiO_3$, barium titanate), 니오비옴산 납($PbNb_2O_6$, lead metaniobate), 황산 리튬($LiSO_4$, H_2O, lithium sulfate) 등이 사용된다. 수정은 가장 오래된 압전 재질로써 투명하고 단단하다. 화학적으로도 단지 몇 가지를 제외하고는 부식에 대한 안정성을 갖는다. 수정은 또한 기계적, 전기적으로 안정하며, 불용성이며 큐리점(curie point)이 높기(약 576 ℃) 때문에 고온에서 사용이 용이하다. 수정을 이용할 때의 단점은 불필요한 진동 양식을 발생하기가 쉬우므로 모드변환(mode conversion)가 일어나기 쉽다. 또한 일반적인 결정체 중에서 가장 음향에너지 송신 효율이 나쁘다.

황산 리튬의 송신 효율은 티탄산 바륨과 수정의 중간이지만 수신 효율은 가장 좋다. 전기적 임피던스가 수정과 같기 때문에 수정용으로 설계된 장치에 그대로 사용이 가능하다. 또한 음향 임피던스가 낮아 수침탐촉자용으로 적당하다. 그러나 황산 리튬은 물에 쉽게 녹기 때문에 물에서 사용할 때에는 방수가 잘 되지 않으면 안 된다. 수정이나 티탄산 바륨에 비해 아주 좁은 펄스를 낼 수 있어 좋은 분해능을 낼 수 있다. 다른 압전체에 비해 기계적 저항성이 낮으며 130 °C에서 결정수가 이탈되기 때문에 고온에서의 사용은 불가능하다.

니오비옴산 납은 다른 압전 자기에 비해 특별한 장점을 가지고 있다. 짧은 펄스를 만들기 위해 결정(진동자)의 뒤쪽에 댐핑재를 부착하는 것이 일반적이다. 이 경우 결정을 댐핑할 뿐만 아니라 결정 뒤쪽으로의 방사된 파를 흡수해야 한다. 그러나 높은 음향임피던스를 갖는 결정의 경우에는 요구되는 특성이 서로 상충되기 때문에 실제로는 간단한 것이 아니다. 그러나 니오비옴산 납은 고유의 내부 댐핑이 높기 때문에 추가의 댐핑재를 붙이지 않고 사용이 가능하고 이는 또한 감도에도 좋은 영향을 주게 된다.

초음파탐상을 할 때, 가장 중요한 인자 중 하나는 탐촉자의 선정이다. 탐촉자에는 여러 형식의 탐촉자가 시판되고 있고 그 목적에 따라서 적절한 형식의 탐촉자를 사용한다. 표 4-6은 탐촉자의 종류, 표 4-7은 KS B 0535에 따른 탐촉자의 표시방법을 나타낸다.

표 4-6 탐촉자의 종류(KS B 0535)

구 분	용 도	형 식	
수직용	직접접촉용	표준 (1진동자)	보호막 부착 보호막 없음 지연재 부착
		2진동자 (분할형)	지연재 부착 지연재 없음
	국부수침용	막부착 막없음	
	수침용	—	
	그 외	타이머 탐촉자 집속탐촉자	
사각용	직접접촉용	고정각 가변각 2진동자 분한	
	국부수침용	—	
	그 외	타이어탐촉자 집속탐촉자	고정각 가변각

표 4-7 탐촉자의 표시방법(KS B 0535)

표시 순위	내 용	종 별·기 호
1	주파수대역폭	보통: N(※1), 광대역: B(※2)
2	공칭주파수	수치는 그대로(단위: MHz)
3	진동자재료	수정: Q, 지르콘·티탄산납계자기: Z 압전자기일반: C, 압전소자일반: M
4	진동자의 공칭치수	원형: 지름 (단위: ㎜) 각형: 높이×폭 (단위: ㎜) 2진동자는 각각의 진동자치수이다.
5	형 식	수직: N, 사각: A, 종파사각: LA, 표면파: S 가변각: VA, 수침(국부수침포함) : I, 타이어 : W 2진동자: D를 더함 , 두께측정용: T를 더함
6	굴 절 각	저탄소강 중에서의 굴절각을 나타내고, 단위는 [°] 알루미늄용은 굴절각 뒤에 AL을 붙임.
7	공칭집속범위	집속형이 경우에는 F를 붙이고, 범위는 ㎜단위

㈜ (※ 1) N은 생략가능.
(※ 2) 고분해능탐촉자를 의미
표시 예 (예 1) 5 Q 20 N:
보통 주파수대역을 가지고, 5 MHz, 수정진동자의 지름 20 ㎜의 직접접촉용 수직탐촉자
(예 2) B 5 Z 14 I F15-25
광대역주파수폭을 가지고, 5 MHz, 지르콘·티탄산납계자기의 지름이 14 ㎜,
집속범위가 15~25 ㎜의 집속수침용수직탐촉자

4.2.7 초음파빔의 음장 특성

가. 원형진동자의 중심축상의 음압

탐촉자의 진동자에 전압이 가해지면 진동자는 진동한다. 이때 진동자에 접해 있는 매질도 진동하고 초음파가 되어 매질 속에 빔으로 전달되어 간다. 초음파의 전파양식은 진동자의 크기, 진동자의 진동주파수에 따라 진동자의 전파 매질 속에서 독특한 음의 크기 분포가 형성되는데 이것이 음장이다. 진동자가 만드는 음장의 한 예를 그림 4-38에 나타낸다. 흰 부분은 음압이 높고, 검은 부분은 음압이 낮은 부분이다. 진동자에서 가까운 곳에서는 가는 모양으로 되고 음압의 변화가 심하고 복잡하지만 원거리에서는 음압의 변화가 비교적 단순하다는 것을 알 수 있다. 원형진동자의 음축상(중심축상)의 음압은 다음 식으로 주어진다.

$$P_x \fallingdotseq 2P_0 \sin\left[\frac{ka}{2}\left(\sqrt{(1+(\frac{x}{a})^2} - \frac{x}{a}\right)\right] \quad (4.79)$$

여기서, P_x: 진동자 전면 중심축상에서의 평균음압

$k = 2\pi/\lambda$

a = 진동자의 반지름

식(4.79)에서 $x \geq a$, 즉 충분한 원거리라 가정하면 다음과 같이 표현된다.

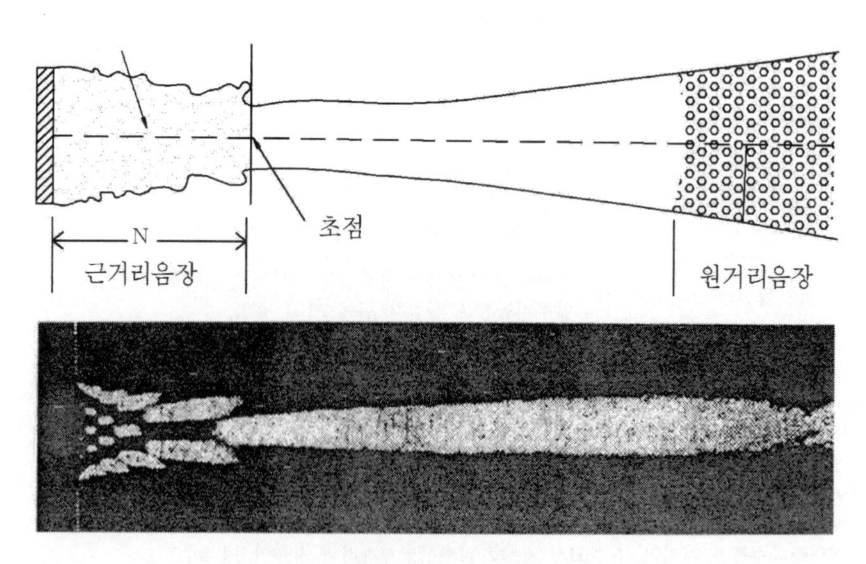

그림 4-38 진동자가 만드는 초음파 빔의 음장

$$P_x = 2P_0 \sin\left[\frac{ka}{2}\frac{x}{a}\left(1+\frac{1}{2}\left(\frac{a}{x}\right)^2-1\right)\right]$$

$$= P_0 \frac{\pi D^2}{4\ \lambda x} = P_0 \frac{A}{\lambda x} \tag{4.80}$$

D: 진동자의 지름 A: 진동자의 단면적 λ: 파장

원형진동자의 중심축상의 음압은 거리 x가 증가함에 따라 점점 작아지는 것을 알 수 있다. x_0보다 가까운 범위를 근거리음장(fresnel zone 또는 near field)이라 하는데, 중심축상의 음압 P_x의 최후의 산의 위치까지의 거리를 나타내고 있으며, 다음 식으로 주어진다.

$$x_0 = \frac{D^2}{4\lambda} = \frac{D^2 \cdot f}{4C} \tag{4.81}$$

D : 원형진동자의 지름 λ : 파장
f : 주파수 C : 음속

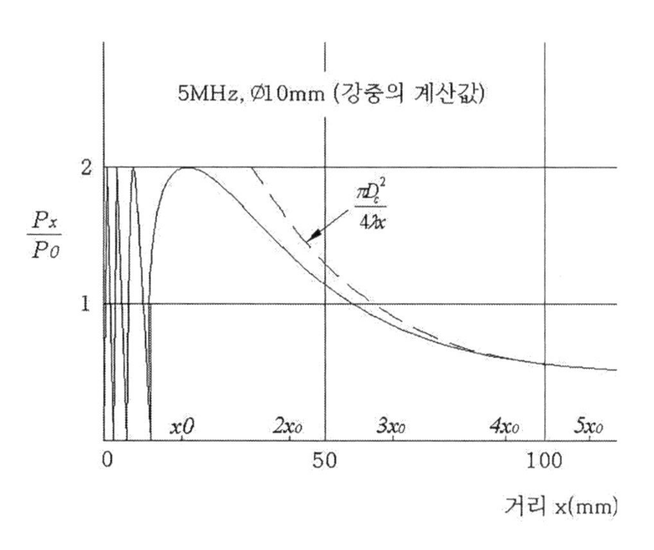

그림 4-39 **음축상에서 음압의 거리에 의한 변화**

식(4.80)으로부터 근거리음장한계거리 x_0는 진동자 지름의 제곱에 비례하고 파장에 반비례하여 변화하는 것을 알 수 있다. x_0보다 먼 거리에서는 중심축상에서의 거리에 의한 음압 P_x는 근사적으로 식(4.80)으로 나타낼 수 있으며 이 범위를 원거리음장(fraunhofer zone 또는 far field)이라 한다. 원거리음장에서 P_x는 진동자의 면적 A에 비례하고, 거리 x에 반비례하고 있다. 중심축상의 음압이 거리에 반비례하여 작아지는 것은 초음파가 확산해가며 전파해가기 때문이다.

표 4-8 근거리음장한계거리 x_0

파동양식	종파					
주파수(MHz)	1	2	2.25		4	5
진동자 지름(㎜)	30	20	18	28	20	20
알루미늄	36	32	29	70	64	80
강	38	34	31	75	68	85
물	152	135	123	298	270	338
기름	162	144	131	317	288	360

나. 지향성

(1) 원형진동자의 지향성

진동자는 일정방향으로 초음파를 강하게 방사하는 성질이 있다. 이것을 지향성(beam spread, angle of directivity)이라 한다. 충분한 원거리에서는 중심축(음축) 상에서 제일 강하고 음축으로부터 멀어질수록 급격히 약해진다. 그 정도는 진동자가 클수록, 주파수가 높을수록 현저해진다.

음축상의 음압을 1로 하고 주목하고자하는 방향의 음압을 나타내는 함수를 지향계수라 부른다. 원형진동자의 지향계수 D_C는 다음 식으로 표시될 수 있다.

$$D_C = \frac{2\ J_1(m)}{m} \tag{4.82}$$

$J_1(m)$: Bessel 함수(bessel function)
m : $(ka)\sin\phi$
k : $2\pi/\lambda$
a : 진동자의 반지름, (진동자의 지름 D)/2
ϕ : 주목하는 방향의 음축으로 부터의 각도

D_C와 m의 관계를 식(4.82)로 계산한 결과를 그림 4-40에 나타낸다. $m = 3.83$에서 D_C = 0이 되고, $m = 3.83$에 대응하는 각도 ϕ를 지향각이라 부른다. 그 각도를 ϕ_0라 하면

$$\begin{aligned}\phi_0 &= \sin^{-1}\frac{3.83}{ka} = \sin^{-1}3.83\frac{\lambda}{\pi D} \\ &= \sin^{-1}[1.22\frac{\lambda}{D}]\ (rad) \fallingdotseq 70\ \frac{\lambda}{D}\ (degree)\end{aligned} \tag{4.83}$$

이 된다.

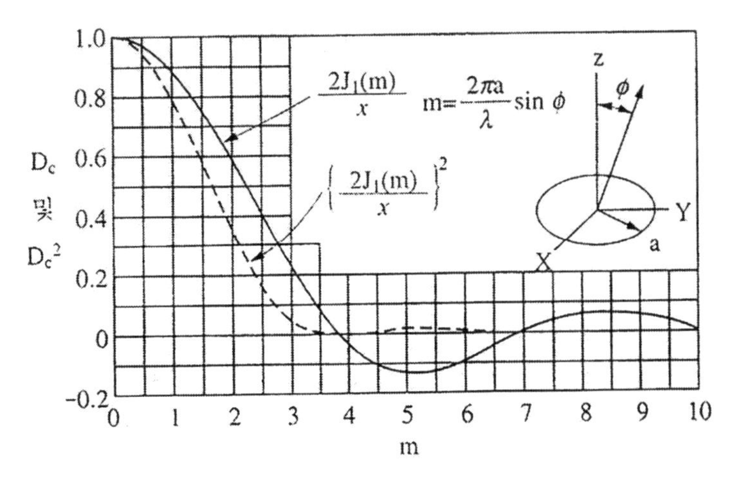

그림 4-40 **원형진동자의 지향계수**

그림 4-40은 원형진동자의 지향성 계산결과이다. 원형그래프의 원주방향은 진동자의 중심축방향을 0도로 할 때의 경사각 ϕ를, 원형그래프의 반지름방향은 진동자의 중심축상의 음압을 1로 할 때의 음압비를 나타낸다. 진동자의 중심축방향의 음압이 가장 강하고, 경사각 ϕ가 커지게 되면 음압은 점점 약해지다가 0이 된다. 이때의 각도 ϕ_0을 지향각(angle of directivity)이라고 한다. 실제로는 진동자에서 송신된 초음파 에너지는 진동자의 중심축 방향을 포함한 지향각까지의 범위에 집중된다. 지향각 ϕ_0(도)은 식(4.83)에서 알 수 있듯이 진동자의 지름에 반비례하고 파장에 비례한다는 것을 알 수 있다. 지향각이 크면 지향성은 둔하다고 하고, 지향각이 작으면 지향성은 예리하다고 한다.

그림 4-41은 주파수가 같아도 진동자의 지름이 2배가 되어서 지향각이 절반이 되어서 지향성이 2배 예리해지는 예를 나타낸다. 같은 탐촉자를 이용하더라도 매질과 음속이 다르기 때문에 파장도 다르고, 지향각도 다르다.

표 4-9 **지향각 ϕ_0** 단위: (도)

파동 양식	종파					
주파수(MHz)	1	2	2.25		4	5
진동자 지름(㎜)	30	20	18	28	20	20
알루미늄	14.7	11.0	10.9	7.0	5.5	4.4
강	13.8	10.4	10.2	6.6	5.2	4.2
아크릴 수지	6.3	4.8	4.8	3.1	2.4	2.0
물	3.5	2.6	2.6	1.7	1.3	1.1

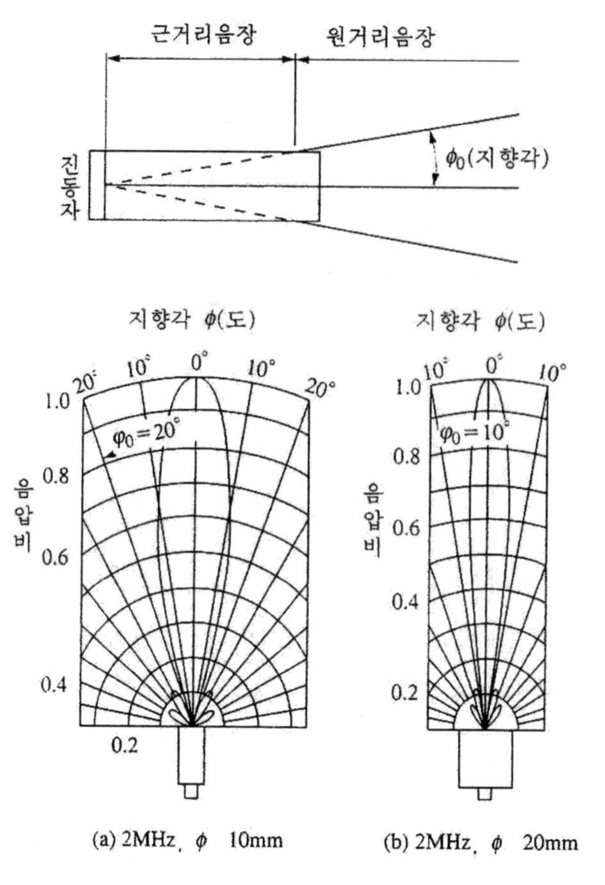

그림 4-41 **원형진동자의 지향성의 계산결과**

(2) 직사각형진동자의 지향성

사각탐촉자에는 직사각형의 진동자를 주로 사용한다. 직사각형진동자의 한쪽 변의 길이를 $2a$라 하고 그 $2a$의 변에 의한 지향성만을 고려하는 것으로 한다. $2a$ 변의 지향계수 D_R은 다음 식과 같다.

$$D_R = \frac{\sin(ka\sin\phi)}{ka\sin\phi} \tag{4.84}$$

여기서 $m = ka\sin\phi$라 하면 다음과 같다.

$$D_R = \frac{\sin(m)}{m} \tag{4.85}$$

식(4.85)의 계산 결과는 그림 4-42와 같다.

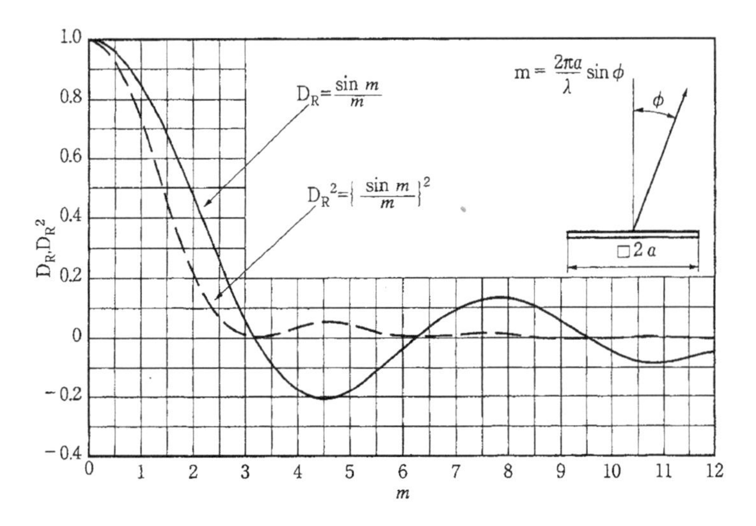

그림 4-42 **직사각형진동자의 지향 계수**

$m=\pi$에서 $D_R=0$이 되고 이것에 대응하는 각도 ϕ을 지향각 ϕ_0이라 하면

$$\phi_0 = \sin^{-1}\frac{\pi}{ka} = \sin^{-1}\frac{\lambda}{2a} \tag{4.86}$$

$$\fallingdotseq 57\frac{\lambda}{2a} \ (\text{도}) \tag{4.87}$$

이 되고, 원형진동자의 경우보다 더 예리하게 된다.

다. 점 집속탐촉자의 음장

점집속탐촉자에는 음향렌즈 식과 구면진동자 식이 있다. 음향렌즈 식은 제작은 용이하지만 음향렌즈 내의 반사파를 피할 길이 없고 초점거리가 짧을 때에 구면 수차가 있게 된다. 구면진동자 식은 음향렌즈 내의 반사나 구면 수차는 없기 때문에 이상적이다.

음향렌즈식이 가장 잘 이용되는 곳이 수침법의 경우이다. 음향렌즈에 의한 초음파의 집속은 그림 4-43과 같이 평오목렌즈에 의해 집속되고 렌즈의 곡률반지름 r과 초점거리 f_{OP}와의 관계는 진동자로부터 초음파는 평면파로 생각해도 좋기 때문에 기하 광학에서와 같이 취급하고 다음 식으로 주어진다.

$$f_{OP} = \frac{r}{1 - C_2/C_1} \tag{4.88}$$

여기서 C_1은 음향렌즈에서의 음속, C_2는 물에서의 음속이다.

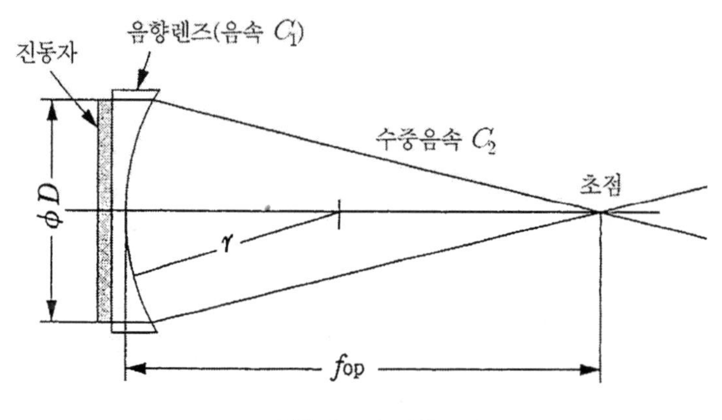

그림 4-43 **음향렌즈에 의한 초음파의 집속**

4.2.8 감쇠

지금까지는 초음파가 평면파라고 생각하여 초음파가 전파할 때 진폭에 대한 감쇠(에너지의 감소)가 없다고 생각하였다. 하지만, 전파하는 파의 진폭은 아래의 메커니즘들에 의해 거리에 따라 감소한다.

- 흡수(absorption) - 열 형태로의 에너지에 대한 기본적인 손실
- 산란(scattering) - 매질의 표면 혹은 내부의 불연속에서 파의 굴절, 반사, 회절.
- 빔 퍼짐(beam spreading)(발산 혹은 기하학적 감쇠) - 비평면 파면에 대한 기하학적 확산
- 분산(dispersion) - 다른 파동 모드에 의한 속도의 차이

대부분의 초음파검사에 대한 가장 큰 문제점은 낮은 신호 대 잡음 비(signal-to-noise ratios)이다. 감쇠(attenuation)에 대한 메커니즘(mechanism)을 이해하고 있는 전문가들은 초음파를 적용함에 있어 신호 대 잡음비를 최대화 할 수 있다. 또한 검출 가능한 결함의 최소 크기와 재료를 투과할 수 있는 신호의 최대치와 같은 감쇠의 한계를 결정할 수 있다.

표 4-10 **주파수에 대한 함수로서의 손실 메커니즘에 대한 대략적인 척도**

저주파수(긴 파장)	고주파수(짧은 파장)
큰 빔 퍼짐 손실 (큰 빔 확산)	큰 산란 손실 ($\lambda \cong$ 혹은 $<$ 입자 크기)
적은 산란 손실 ($\lambda \gg$ 입자 크기)	적은 빔 퍼짐 손실 (매우 평행한 빔)

고정된 구경과 산란하는 입자 크기를 가정하라.

표 4-10은 세 가지의 상충되는 감쇠 메커니즘(흡수, 산란, 빔 퍼짐)에 대한 주파수 의존도를 비교한다. 특정한 응용에 대해 주파수를 선택할 경우 공학 문제들에 대한 기본 요구사항의 하나인 감쇠에 대한 메커니즘도 적절히 잘 고려해야 한다.

이 장에서는 흡수, 산란, 빔 퍼짐에 대한 물리적, 수학적 특징들과 분산에 대해 간단하게 설명한다.

가. 감쇠에 대한 물리적 특징

물리적으로, 모든 이동하는 파들은 결국 사라진다는 것을 알 수 있다. 이 진동하는 에너지는 어디로 갈까? 움직이는 물체와 마찬가지로, 운동에너지는 결국 열에너지로 변환이 되고, 따라서 지속적인 운동을 할 수 없게 된다. 진동하는 스프링에서 운동에너지와 위치에너지가 서로 번갈아 가며 생기는 것과 같이 초음파의 운동량의 전달을 만들어내는 에너지에 의해 존재하는 많은 메커니즘들이 초음파에너지를 열에너지로 변환한다. 일반적으로 이러한 에너지 변환 과정을 흡수(absorption)라고 부른다.

주기적으로 이동하는 파에 의해 재료의 입자들이 평형점으로부터 이동되게 된다. 흡수는 이러한 진동하는 입자들에 힘을 가하여 감쇠 또는 제동과 같은 역할을 하게 된다. 고주파는 짧은 파장을 가지고($\nu = f\lambda$)있어, 파가 물체를 통과하여 전파할 때, 단위 길이 당 더 많은 변위를 야기한다. 그러므로 고주파수의 진동이 저주파수의 진동보다 더 많은 감쇠가 나타나게 된다.

실험(experiment): 음향시스템에, 약간의 베이스를 더하여(저주파수 진동) 음악을 재생하여보아라. 옆방에 가서 벽을 통해 들려오는 음악을 들어보자. 음악소리에 무슨 변화가 생겼는가?

산란(scattering): 파도가 부두에 부딪히는 것처럼, 진행하는 파가 구조적으로 또는 물질 내 성분의 변화에 부딪칠 때에 나타나는 현상이다. 불균질(inhomogeneity)이란 금속이나 세라믹에서 기공, 혼입, 상변화와 같은 재료 내에서의 구조적 변화, 목재에서의 결정구조, 그리고 복합재료에서 한 구성 물질에서 다른 물질로의 변화의 정도를 나타낸다. 파가 이러한 재료 내의 불균질 영역에 부딪치게 되면 입사각, 밀도, 탄성 특성의 변화에 의해 반사, 굴절, 모드변환이 발생할 것이다. 다양한 재료에서의 비균질성은 그 재료의 형상 또는 재료내의 간격 등에 따라 다르다. 결론적으로 파가 산란되고, 이로 인해 원래의 파의 에너지의 일부가 재료 내에서 다른 방향으로 보내지게 된다.

순수한 산란에서는, 운동에너지는 열로 변환되지 않고 원래의 파와 다른 방향으로 방향을 바꾸게 된다. 이 변환된 파는 잠재적으로 원래 빔으로부터의 신호를 차폐하는 불균칙 잡음과 같이 나타난다(그림 4-44).

산란되는 파의 에너지량은 초음파의 파장과 산란입자의 크기에 의존한다.

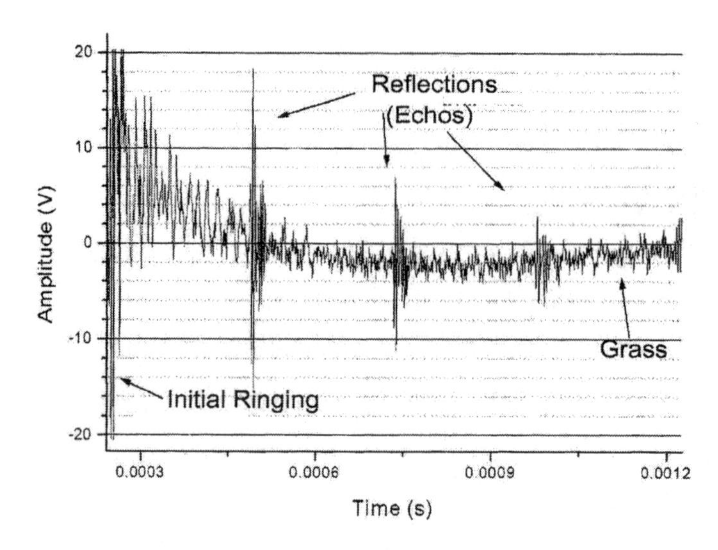

그림 4-44 **거친 입자 재료에 대한 초음파 응답. 산란된 파는 다중 표면과 저면에코가 혼합된 형태의 잡음(noise, grass)처럼 나타난다.**

고찰(consider): 협곡의 벽(큰 입자)에서 산란된 소리가 숲(작은 입자)에서 산란된 소리와 어떻게 다른가? 공기 중에서 사람의 목소리로부터 나온 가청 주파수의 파장은 대략 0.6 - 1.5 m이다.

그림 4-45는 입자크기(particle size)와 파장(wavelength)의 함수로 산란하는 파동을 세 영역으로 나타내었다. 이 그래프에서는 원래 파의 반대 방향으로 후방 산란(backscattered)하는 에너지만을 나타내었다 여기서 입자의 직경은 a, 파장은 λ, 공간 주파수(spatial frequency, wave number)는 k이다.

영역 3 $2\pi a \gg \lambda$ $(ka \gg 1)$:

이 영역에서는 입자가 파장보다 훨씬 더 크기 때문에, 산란된 파의 양과 변환된 파의 방향은 4.2.5절에서 논의된 기하학적 조건들에 의해 지배된다.

영역 2 $2\pi a \cong \lambda$ $(ka \cong 1)$:

이 영역은 기하학적 산란과 Rayleigh 산란의 중간 영역이다. λ와 비슷한 a의 값에서, 계면파는 입자 경계의 표면을 따라 전파할 수 있다. 이 영역은 산란된 파의 진동의 크기

(공진)에 의해 특정지어진다. 최대 산란 에너지는 $2\pi a = \lambda$ 일 때 발생한다.

영역 1 $2\pi a \ll \lambda$ $(ka \ll 1)$:

이 영역에서 산란파의 진폭은 입사파의 파장과 결정 입자의 크기에 크게 의존하다. 이 영역에서 산란은 거의 전 방향으로 일어나고 이것을 rayleigh 산란(rayleigh scattering)이라고 불린다. 초음파를 이용한 입자 크기의 측정은 일반적으로 이 영역에서 수행된다.

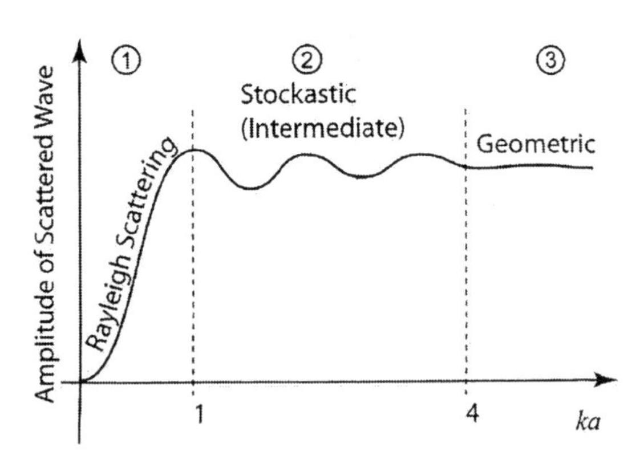

그림 4-45 **입자 크기와 파장에 따른 파의 산란**

흡수와 산란은 모두 감쇠를 야기하여 실제적으로 초음파검사를 수행함에 있어 한계를 가져오게 된다. 하지만 이 두 가지 메커니즘은 기본적으로 다르다(표 4-11). Krautkramer 등은 이 차이를 명확하게 구분하여 설명하였다.

순수한 흡수는 결함과 저면으로 인해 투과된 에너지와 에코를 약하게 만든다. 이 영향을 줄이기 위해, 송신부의 전압을 증가시키거나 수신부의 신호를 증폭 시킨다. 또는 낮은 주파수를 사용하여 흡수를 작게 할 수 있다. 하지만 더 어려운 것은 산란(scattering)이다. 펄스 에코 방식에서, 산란은 결함과 저면으로부터 에코의 높이를 감소시킬 뿐만 아니라, 실제 에코를 잃을 수도 있게 하는, 잡음(grass)이라 불리는 수많은 에코들을 만들어낸다. 이 산란 잡음(grass)은 자동차 운전자가 자신의 헤드라이트로 인해 앞이 잘 보이지 않는 안개 효과와 비교될 수 있다. 송신기의 전압을 올리거나 증폭을 시키면 동시에 잡음도 증가하기 때문에 이러한 문제점을 해결할 수 없다. 한 가지 해결 방안은 저주파수를 사용하는 것이다.

표 4-11 초음파 진폭이 감쇠되는 메커니즘: 물리적, 수학적 표현

진폭 감소 메커니즘	물리적 표현	수학적 표현	비고
흡수	에너지 보존 (운동에너지에서 열에너지)	$e^{-\alpha x}$	운동에너지는 열로 변환되고 따라서, 파를 전파하는데 이용될 수 없다.
산란	다른 파로 에너지 변환 (기하학적)	$e^{-\alpha x}$	운동에너지는 원래의 파에서 다른 방향으로 이동하여 산란되는 파로 변환된다.
빔 퍼짐	에너지는 다른 부분에 걸쳐 재분배되지만 단일파(single wave) 부분은 유지한다.	$\frac{1}{r^2}$(구면파) $\frac{1}{r}$(원통파)	돌이 물에 떨어뜨린다. 연속적으로 상승 또는 하강하는 동심원이 생기고 더 큰 원에서도 동일한 에너지가 분포한다. 결론적으로 파가 방사형으로 전파될 때 물의 변위 진폭은 약해져 간다.

나. 감쇠에 대한 수학적 특성

(1) 흡수와 산란

수학적으로, 초음파의 흡수나 산란에 의한 감쇠는 지수함수적인 감소로 표현될 수 있다. 음향 평면파가 재료 안에서 전파한다고 가정하자. 감쇠(산란 혹은 흡수)는 단순히 거리 Δx에 따른 음향에너지($I-I_o$)나 압력($P-P_0$)의 감소이다. 수학적인 관계는 각각

$$I = I_0 e^{-\alpha_1 \Delta x} \tag{4.89}$$

와

$$P = P_0 e^{-\alpha \Delta x} \tag{4.90}$$

이다.

I_0 는 초기에 측정된 음향 강도, I 는 초기 측정 점으로부터 Δx 거리만큼 떨어진 위치에서 측정된 음향강도, α_I 는 음향 강도에 대한 감쇠계수, P_0 는 초기에 측정된 음압의 크기, P는 초기의 측정 점으로부터 거리 Δx 만큼 떨어진 위치에서 측정된 음압 크기, α = 음압에 대한 감쇠 계수이다. 따라서 $I \propto P^2$를 이용하면, $\alpha_I = 2\alpha$.이다. α_I, α는 모두 특정 기준 신호에 의존하여 사용한다.

거리 Δx에 떨어진 위치에서의 음압의 감쇠는

$$\alpha \Delta x (Np/m)(m) = -\ln e^{-\alpha \Delta x} = \ln \frac{P_0}{P}(Np) \tag{4.91}$$

이다. 여기서 N_P는 음압이나 전기장과 같이 가변하는 영역에서의 감쇠를 나타내는

단위인 네퍼(neper)의 약어를 나타낸다. 감쇠 $\alpha\Delta x$의 음의 부호를 없애기 위해 P/P_0로 사용함을 주의하라.

감쇠계수를 표현하는 또 하나의 방법은 데시벨(dB)로 감쇠를 측정하는 것이다. 데시벨(10 bels)은 에너지나 힘의 비에 대한 대수적 스케일(logarithmic scale)인 10을 사용하는 것을 기반으로 한다.

$$\frac{I}{I_0} = 10^{dB/10} \quad \text{or} \quad dB = 10\log\frac{P^2}{P_0^2} = 20\log\frac{P}{P_0} \tag{4.92}$$

따라서 -20 dB는 강도가 원래 강도의 10^{-2}(0.01)배가 된다. 엔지니어들은 보통 -3 dB 차이가 1/2 강도와 같다고 기억하는데, 이는 $10^{-0.3} = 1/2$로부터 나온 것이다(계산기로 확인해 보아라.).

감쇠는 단위 미터 당 데시벨로 정의될 수 있다.

$$\alpha_{dB/m}\Delta x = 10\log_{10}\left(\frac{I_0}{I}\right) = 10\log_{10}\left(\frac{P_0^2}{P^2}\right) = 20\log_{10}\left(\frac{P_0}{P}\right) \tag{4.93}$$

식(4.90)으로부터 유도된 감쇠계수 α를 식(4.93)에 정의된 $\alpha_{dB/m}$와 관련하여 고려하면 다음과 같은 식을 얻을 수 있다.

$$\begin{aligned} \alpha_{dB/m}\Delta x &= 20\log\left(\frac{P_0}{P}\right) = 20\log\left(e^{\alpha\Delta x}\right) \\ &= 20\alpha\Delta x log(e) \\ &\cong 8.686\alpha\Delta x \\ \alpha_{dB/m} &= 8.686\alpha \end{aligned} \tag{4.94}$$

(2) 기하학적 감쇠

모든 초음파원은 어느 정도 유한하기 때문에 실제적인 평면파는 존재하지 않는다. 이런 이유로 파가 전파할 때, 파는 집속되거나 확산되고 이에 따라 파의 진폭은 기하학적으로 감쇠(geometrically attenuate)하거나 증폭된다. 예를 들면, 물 안으로 떨어진 조약돌은 원형으로 발산하는 파를 만들어 낸다. 파가 표면을 따라 전파할 때, 파의 변위는 진원으로부터 거리가 증가할수록 감소한다. 물의 표면에서 흡수 손실(타당할 정도의 가정)이 매우 작고 산란이 없다고 가정하면, 첫 번째 발생하는 동심원에서의 에너지는 이후에 생기는 각 동심원에서의 에너지와 동일하다. 하지만 동심원의 직경이 커질수록 에너지가 넓은 영역에 걸쳐 분포하게 되어 변위는 감소한다. 집속된 진원이나 수신기를 가지고,

정반대의 현상도 발생될 수 있다. 예를 들어 나팔형의 구형 보청기가 다가오는 파를 집속시킴으로서 변위를 증가시킨다.

다. 분산에 의한 감쇠

많은 초음파 기법에서, 같은 진원으로부터 발생될 파에서 조차 동시에 한 가지 이상의 모드가 전파한다. 이 모드들은 각기 다른 전파 속도를 가지고 있지 때문에 파의 도달시간이 모두 다르게 된다. 따라서 총 파동의 에너지는 도달거리의 증가에 따른 전 시간에 걸쳐 에너지가 분포하게 된다. 분산(dispersion)이라 알려진 이 현상은 분명하게 파의 진폭을 감소시킨다. 분산은 유도초음파(guided mode)의 핵심적인 내용이며 레이저 초음파 기법에서도 이러한 개념이 활용된다. 여기서 초음파는 광범위한 주파수 범위를 포함한다.

라. 조대한 결정입자의 감쇠 특성

고합금강 및 고니켈합금 용접부, 탄소강과 고합금강 및 고 니켈합금 간의 이종금속용접부에 대한 초음파검사는 일반적으로 페라이트계 용접부 검사보다 더욱 어렵다. 고합금강은 철을 제외한 모든 원소의 합이 중량의 10 %를 초과하는 모든 스테인리스강 및 기타 임의의 합금강으로 정의된다. 재료가 가진 고유의 조대한 결정입자와/또는 방향성 구조로 인하여 초음파검사의 어려움이 유발된다. 이 재료가 가진 고유의 조대한 결정입자와/또는 방향성 구조는 입계에서 감쇄, 반사 및 굴절의 변화를 일으키며 입자 내에서 속도변화를 현저하게 유발시킨다.

4.2.9 결함에 의한 반사

가. 원형평면결함으로부터의 에코높이

그림 4-46은 표준시험편 STB-G와 같이 탐상면에 평행한, 즉 초음파 빔에 수직한 원형평면결함(flat bottom hole; FBH)이 거리 x에 위치한다고 가정한다. 지름 D의 원형진동자로부터 발생한 음압 P_0의 초음파가 결함 위치에 도달했을 때의 초음파의 수신음압 P_x는 다음과 같다.

$$P_x = P_0 \frac{\pi D^2}{4\lambda x} = P_0 \frac{A}{\lambda x} (x > 1.6x_0) \quad (4.95)$$

A: 원형진동자의면적

위의 관계로부터

$$P_F = P_x \frac{\pi D_F^2}{4\lambda x} = P_x \frac{A_F}{\lambda x}(x > 1.6x_0) \tag{4.96}$$

P_F : 결함으로부터 반사파가 진동자에 입사하였을 때의 음압(수신음압)

P_x : 결함에서의 입사파의 음압(빔 중심축상의 거리 x점의 음압)

D_F : 결함의 지름

x : 진동자로부터 결함까지의 거리(빔 진행거리로 생각하여도 좋다)

A_F: 결함의 면적

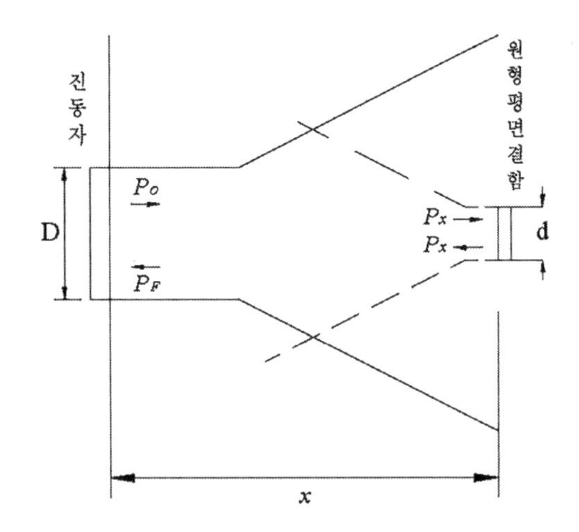

그림 4-46 **원형 평면 결함에 의한 초음파의 반사**

결함에코높이는 결함의 면적에 비례하고 거리의 제곱에 비례한다.

$$P_F = P_x \frac{\pi D_F^2}{4\lambda x} = P_0 \frac{\pi D^2}{4\lambda x} \times \frac{\pi D_F^2}{4\lambda x} = P_0 \frac{A \cdot A_F}{\lambda^2 \cdot x^2} \tag{4.97}$$

따라서 화면에 측정되는 에코높이 h_F(%)는 수신음압에 비례하기 때문에 비례상수를 K라 하면 다음과 같이 나타낼 수 있다.

$$h_F = K \cdot P_F = K \cdot P_0 \cdot \frac{\pi^2 D^2 D_F^2}{16\lambda^2 x^2} \tag{4.98}$$

탐상면으로부터의 깊이 x_s의 위치에서 지름 D_s의 원형평면결함을 가공한 대비시험편을 이용하여 그 에코높이 h_s(%)가 되도록 감도조정을 하였다고 하면 위 식으로부터 다음 식이 성립한다.

$$h_S = K \cdot P_0 \cdot \frac{\pi^2 D^2 D_s^2}{16\lambda^2 x_s^2} \tag{4.99}$$

동일한 탐상감도로 탐상하여 빔거리 x의 위치에 h_F(%)의 결함에코가 검출되었다면 식(4.98)이 성립하고, 두 식의 비를 취하면 결함의 지름 D_F는 다음과 같이 된다.

$$D_F = \sqrt{\frac{h_F}{h_S} \cdot \frac{x}{x_S}} \cdot D_S \tag{4.100}$$

검출된 결함에코가 빔 중심축에 수직인 원형평면결함이라고 가정하였을 때 그 지름은 식(4.100)으로부터 간단히 구할 수 있다. 이것을 시험편방식에 의한 감도조정의 원리라 부른다.

나. 저면에 의한 에코높이

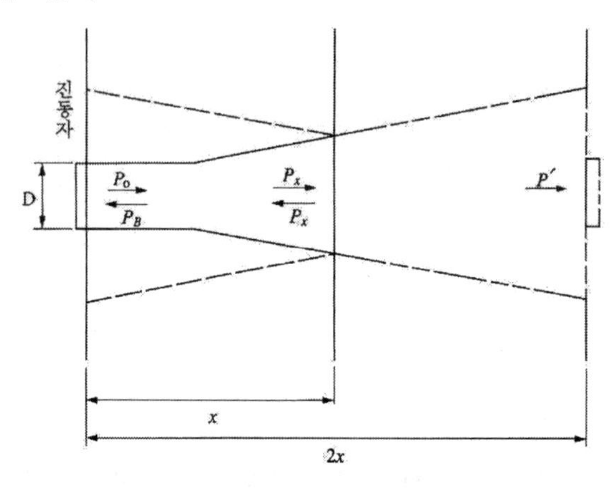

그림 4-47 **큰 평면에 의한 초음파의 반사**

수직탐상의 경우 탐상감도 조정에 저면에코를 이용하는 경우가 있다. 그림 4-47은 두께 T 시험체의 저면에서 초음파의 반사 형태를 나타낸 것으로 진동자에서 발생한 초음파는 거리 T의 위치에 있는 저면에서 전반사하여 진동자에 되돌아온다. 이때 수신된 초음파의 음압 P_B는 점선으로 나타낸 것과 같이 시험체 두께의 2배 즉 거리 $2T$의 위치에 있는 면에 입사할 때의 음압 P_{2T}와 같다고 생각할 수 있다. 따라서 $2T \gg 4x_0$에서 수신음압 P_B는 식(4.97)의 x에 $2T$을 대입하여 다음과 같이 표시된다.

$$P_B = P_{2T} \fallingdotseq \frac{\pi D^2}{8\lambda T} = P_0 \cdot \frac{A}{2\lambda T} = P_0 \cdot \frac{\pi x_0}{2\pi} \tag{4.101}$$

저면에코높이는 어느 정도이상의 두꺼운 시험체에서는 두께에 반비례하게 된다. 또한, 브라운관 상에 나타나는 저면에코높이를 h_B(%)로 하면 다음과 같이 표시할 수 있다.

$$h_B = K \cdot P_B \fallingdotseq K \cdot P_0 \cdot \frac{\pi D^2}{8\lambda T} \tag{4.102}$$

저면에코를 이용하여 탐상기의 감도를 조정한 후 탐상했을 때 높이 h_B(%)의 결함에코가 검출되었다고 하면, 식(4.98)로 표시되고 식(4.102)와의 비를 구하여 결함의 지름 D_F에 대해 정리하면 다음과 같이 된다.

$$D_F = \sqrt{\frac{h_F}{h_B} \times \frac{2\lambda x^2}{\pi T}} \quad (4.103)$$

윗 식에서 우변의 각각의 값은 측정 또는 계산 가능하고 결함을 빔 중심축에 수직한 원형평면결함이라고 가정했을 때의 지름 D_F가 구해진다. 이것은 저면에코방식에 의한 감도조정의 원리라고도 불린다. 여기서 결함크기로 부터 결함크기의 추정이 가능한 것은 결함에코 높이가 동일한 거리에 있는 저면에코보다 작은 경우에 한한다. 저면에코높이와 동일하게 되는 원형평면결함의 최소지름을 D_{cr}이라 하면 식(4.103)에서 $\frac{h_F}{h_B}$, $T = x$로 치환함으로써 다음과 같이 나타낼 수 있다.

$$D_{cr} = \sqrt{\frac{2\lambda x}{\pi}} \quad (4.104)$$

따라서 식(4.101), 식(4.103)에 의해 에코높이로부터 결함크기의 추정이 가능한 것은 식(4.104)에 표시된 한계치수 D_{cr}보다 작은 결함에 한한다. 이것을 초과하는 결함에는 에코높이가 일정하게 되고 탐촉자를 이동시켰을 때의 에코높이의 변화로부터 결함의 크기(다시 말해 결함지시길이)를 측정할 수 있다.

다. 특수한 경로에 의한 에코

(1) 지연 에코

초음파 빔의 퍼짐에 비해 폭이 좁은 시험체 즉 환봉이나 사각봉 등이나 시험체 표면의 주변부에 탐촉자를 닿게 하면 초음파 빔이 측면에 닿게 되어 모드 변환을 일으켜 지연에코(delayed echo)라 부르는 에코가 나타난다. 수직탐촉자를 사용하여 가늘고 긴 재료를 그 단면에서 탐상하면 그림 4-48에 나타내듯이 초음파 빔의 대부분은 직진하여 반사측의 단면(저면)에서 반사하여 탐촉자에 되돌아온다. 초음파 빔의 퍼짐에 의해 종파 초음파의 일부가 측면에 기울어져 입사하면 반사시에 다른 일부의 초음파가 모드 변환(종파→횡파)을 일으킨다.

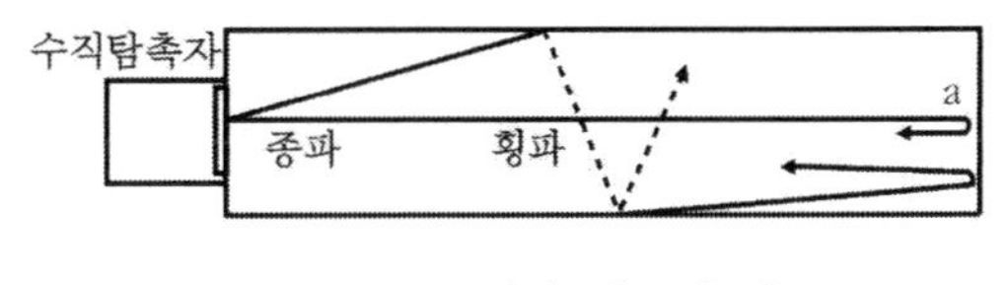

그림 4-48 **지연 에코의 경로**

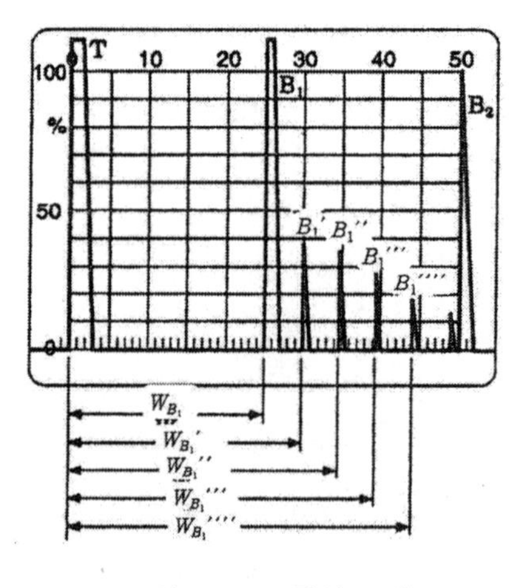

그림 4-49 **탐상 도면**

이 횡파의 초음파가 반대쪽 측면에 기울어져 입사하거나 또한 반사시에 횡파 초음파의 일부가 모드 변환(횡파→종파)을 일으키는 것처럼 측면에 기울어져 입사할 때마다 모드 변환을 일으키면서 탐촉자로 되돌아온다. 탐촉자에서 수신되는 초음파는 모두 화면에 에코로서 나타나지만, 직접 저면에서 반사된 초음파와 비교하여 모드 변환을 일으킨 초음파는 전파 거리가 길고, 게다가 속도가 늦은 횡파로 되어 있기 때문에 저면 에코 B보다 지연되어 수신된다. 이 에코를 지연 에코라 한다.

저면 에코와 지연 에코의 빔 진행거리의 차를 ΔW_n로 하면 ΔW_n은 식(4.105)로 나타낼 수 있다.

$$\Delta W_n = \frac{nd}{2}\sqrt{(\frac{C_L}{C_S})^2 - 1} \quad (4.105)$$

여기에서 d는 시험체의 폭, C_L은 시험체 중의 종파 음속, C_S는 시험체 중의 횡파 음속, n은 시험체 중의 폭을 횡단한 회수로 저면 에코에서 세어 n번째에 나타나는 에코이다.

시험체가 강인 경우에는 종파 음속 5,900 m/s, 황파 음속 3,230 m/s로 계산하면 식(4.106)처럼 된다.

$$\Delta W_n = 0.76nd \quad (4.106)$$

이들은 반드시 저면 에코보다 나중에 발생하기 때문에 결함 에코로 오인하지 않는 것이 중요하다.

(2) 원주면 에코

둥근 봉을 지름 방향으로 수직 탐상을 하면 탐촉자의 접촉 부분의 폭이 매우 좁아져,

그 결과 접촉 부분을 투과하는 초음파 빔의 폭도 좁아지며 지름이 작은 진동자를 편성한 수직탐촉자와 같아져 초음파 빔의 지향각이 커지며, 그림 4-50에 나타내듯이 저면 에코 후에 일종의 지연 에코(N_3, N_3', N, N_5')가 나타난다. 이들 에코는 다음에 나타내는 이유에 의해 발생한다.

둥근 봉의 측면에 수직탐촉자를 닿게 하였을 때 탐촉자가 접촉하는 부분의 폭이 매우 좁아지기 때문에 초음파는 시험체의 내부에는 치수가 매우 작은 진동자를 사용한 것과 같은 전달 방식을 하여 지향각이 커진다. 크게 퍼져 내부에 전달된 초음파는 둥근 봉의 내부를 반사하면서 돌며, 그 일부가 그림 4-50에 나타내는 경로를 따라 탐촉자에 되돌아오며, 저면 에코의 뒤에 에코가 나타난다.

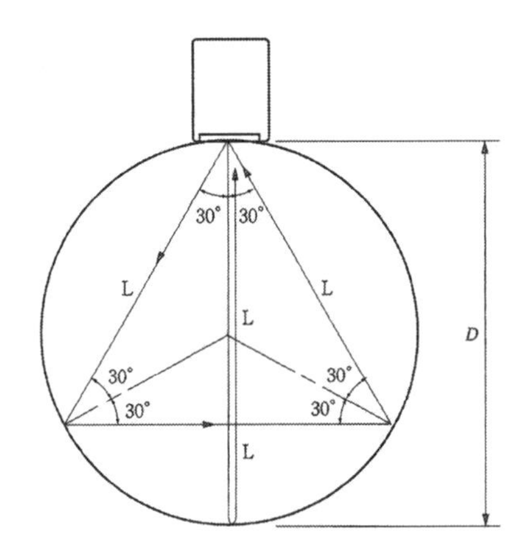

(a) 원주면 에코 N_3 빔 진행거리=1.30D

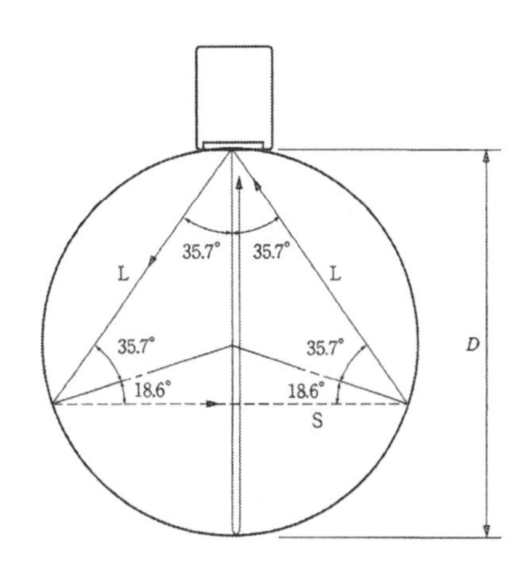

(b) 원주면 에코 N_3의 빔 진행거리 1.68D

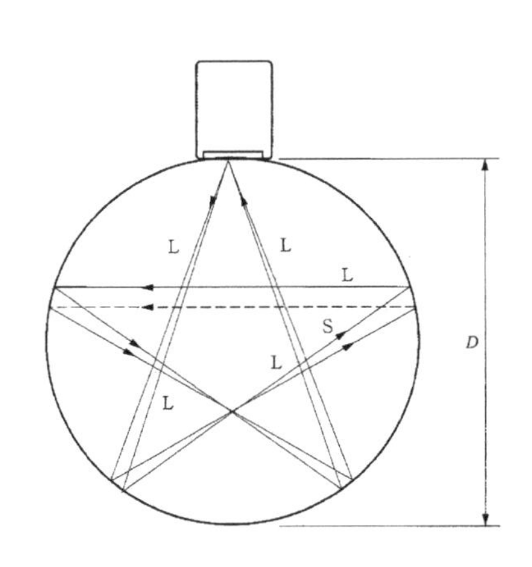

(c) 원주면 에코 N_5의 빔 진행거리=2.38D

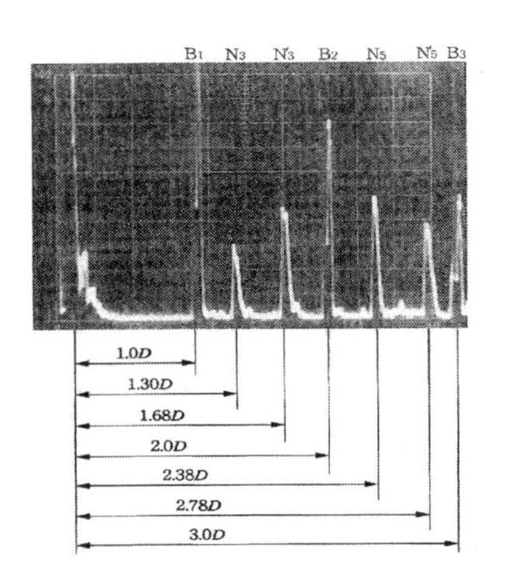

(d) 원주면 에코(강철의 경우) N_5의 빔 진행거리=2.78D

그림 4-50 **원주면 에코(강철의 경우)**

그림 4-50(a)는 초음파가 종파 그대로 둥근 봉에 내접하는 정삼각형의 변을 경로로 한 경우이다. 저면 에코의 빔 진행거리 W_{B_1}(지름 D와 같다.)에 대하여 이 에코 N_3의 빔 진행거리는 1.30D가 된다. (b)그림은 탐촉자의 접촉부가 정점(頂點)에서 둥근 봉에 내접하는 이등변 삼각형의 변을 경로로 했을 때이다. 종파가 진행된 초음파가 1회째의 반사로 모드 변환하여 삼각형의 저변을 횡파로서 진행하며, 2회째의 반사에서 다시 모드 변환하여 종파로서 되돌아온 경우이다.

이 에코 N_3'의 빔 진행거리는 강철의 경우 1.68D가 된다. 또한 (c)그림에 나타내듯이 종파가 성형(星型) 오각형에 반사하는 경우도 있다. 이들을 원주면 에코라 한다. 원주면 에코의 경우도 지연 에코와 마찬가지로 저면 에코보다 나중에 나타나므로 결함 에코로 오인하지 않도록 할 필요가 있다.

4.2.10 에코높이에 영향을 미치는 인자

초음파탐상검사에서 에코높이에 영향을 미치는 인자에는 다음과 같은 것이 있다. ① 결함의 크기, ② 결함의 형상, ③ 결함의 기울기, ④ 전달 손실(표면 거칠기), ⑤ 확산 손실(음장), ⑥ 초음파의 감쇠(산란, 점성), ⑦ 주파수 등

실제의 탐상에서는 이들 인자가 복잡하게 영향 받아 에코높이를 변동시킨다. 초음파탐상검사를 계획하는 경우에 이들 영향을 미리 파악한 후에 탐상하고자 하는 재료, 검출해야 할 결함, 그 밖의 표면의 거칠기 등에 따라 탐상 조건의 설정을 하지 않으면 안 된다. 또한 탐상 결과를 해석하는 경우에도 이들 점에 대하여 감안하지 않으면 안 된다. 여기에서는 전항에서 기술하지 않았던 결함의 크기, 결함의 형상, 결함의 기울기, 주파수에 대하여 기술한다.

가. 결함의 크기

실제 시험체에서 결함 에코의 높이에 큰 영향을 미치는 것은 결함의 크기, 형상 및 그 기울기이다. 결함의 면에 대하여 초음파가 수직으로 입사되는 것이라면 결함의 면적이 큰 것이 초음파 빔을 보다 많이 반사시키기 때문에 에코높이는 높아진다. 탐상 거리가 근거리 음장 한계 거리(x_0)의 1.6배 정도까지는 거의 진동자의 치수와 같이 초음파 빔이 퍼지며 그것보다 먼 곳은 점차로 확산하여 거리 증가에 따라 초음파 빔의 강도는 약해져 간다. 이 1.6x_0근방까지는 결함의 크기가 진동자의 크기(사각 탐상의 경우에는 외관 진동자 사이즈) 정도까지는 결함의 면적에 비례하여 에코높이는 높아지지만, 그것 이상에서는 포화되어 최대 에코높이를 나타내어 일정

해진다.

결함의 크기가 작은 경우에는 탐촉자마다 DGS 선도를 사용하여 결함의 크기를 원형 평면 결함으로 치환하여 추정할 수 있다. 또한 결함의 크기가 근거리 음장에서 진동자의 크기 이상, 혹은 원거리 음장도 빔의 퍼짐 이상의 결함이 있으면 마치 수직 탐상의 저면 에코와 마찬가지의 높은 에코높이를 얻을 수 있다.

일반적으로 에코높이는 결함의 크기의 지표로서 사용할 수 있다. 강판의 수직 탐상과 같이 결함이 평면적이고 결함의 면에 대하여 수직으로 초음파 빔이 입사되는 경우 이와 같은 현상은 현저해진다.

나. 결함의 형상

결함의 크기와 함께 결함의 형상이 에코높이에 미치는 영향은 크다. 강판이나 단강품의 철강 제품이나 강용접부에서 초음파탐상검사로 검출을 목적으로 하는 결함에는 평면상의 균열, 비금속개재물, 블로우홀, 슬래그혼입, 융합불량 등 결함의 형상은 여러 가지가 있다. 초음파 빔이 이들 결함에 닿아 반사하는 경우 빔에 수직 방향으로 퍼져 있는 면상의 결함에서는 큰 에코높이가 얻어지며 기공과 같은 구상(球狀)의 결함에서는 작은 에코높이 밖에 얻을 수 없다.

이것은 초음파가 닿은 반사원이 초음파의 발신 원으로 생각한 경우, 원래의 진동자의 부분에 얼마만큼 강한 초음파 빔을 도달시킬 수 있을지를 생각하면 알기 쉽다.

구상(球狀)의 결함과 같이 넓은 범위에 광각도로 반사하면 진동자로 되돌아오는 초음파는 작아지며, 작은 에코높이가 되며, 반대로 결함 형상이 오목 모양이 되어 원래의 진동자에 집속하는 것 같은 상태로 반사하면 에코높이는 높아진다.

다. 결함의 기울기

평면상의 결함으로 생각한다면 결함이 기울어짐에 따라 초음파의 반사 지향성은 기울며 원래의 진동자로 되돌아오는 초음파 빔은 매우 작아지며 에코높이는 낮아진다.

초음파 지향각 $\phi_0 = 70\lambda/D = C/(fD)$에서 나타나듯이 진동자의 크기가 작고 주파수가 낮을수록 넓어진다. 따라서 기울어진 평면상의 결함이 예상되는 경우에는 낮은 주파수나 진동자 크기가 작은 탐촉자를 사용하는 편이 검출하기 쉽다.

4.3 초음파검사 장치 및 기기

4.3.1 초음파검사 장치

초음파장치는 초음파탐상기, 탐촉자, 탐촉자케이블 등으로 구성된다. 탐상을 할 때에는 탐상장치 이외에 표준시험편(standard test block; STB) 또는 대비시험편(reference block; RB), 접촉매질(couplant), 자(scale), 기록용지, 탐촉자 주사용 치구(治具) 등이 필요하다. 철강 제품이나 강판 용접부에서 자동탐상이 사용되는 경우에는 탐촉자 주사기능, 기록장치, 마킹장치, 비드추종장치 등이 있다.

그림 4-51 **탐상장치**

가. 아날로그 탐상기

일반적인 펄스반사식 초음파탐상기(ultrasonic flaw detector)는 그림 4-52와 같이 송신부, 수신부, 화면(display), 시간축부 및 전원부로 구성된다. 송신부는 고전압(500 V 이상)의 전기펄스를 생성하고 그 전기펄스를 탐촉자 중의 진동자에 인가하여 초음파를 발생시키는 기능을 가지고 있다. 수신부는 반사하여 되돌아온 에코를 수신하고 그 음압을 전압으로 바꿈과 동시에 증폭하는 기능을 갖는 부분이다. 화면의 세로축은 반사원에서 되돌아 온 초음파에 의한 음압을 나타내고 있으며 가로축은 초음파가 송신되어 반사원에서 되돌아올 때까지의 시간으로 거리에 정비례하므로 가로축은 반사원까지의 거리를 나타내며 전 가로축 폭을 "측정범위"라고 부르고 있다. 그림 4-53은 펄스에코 초음파탐상기의 각종 조정 노브를 나타내고 있다.

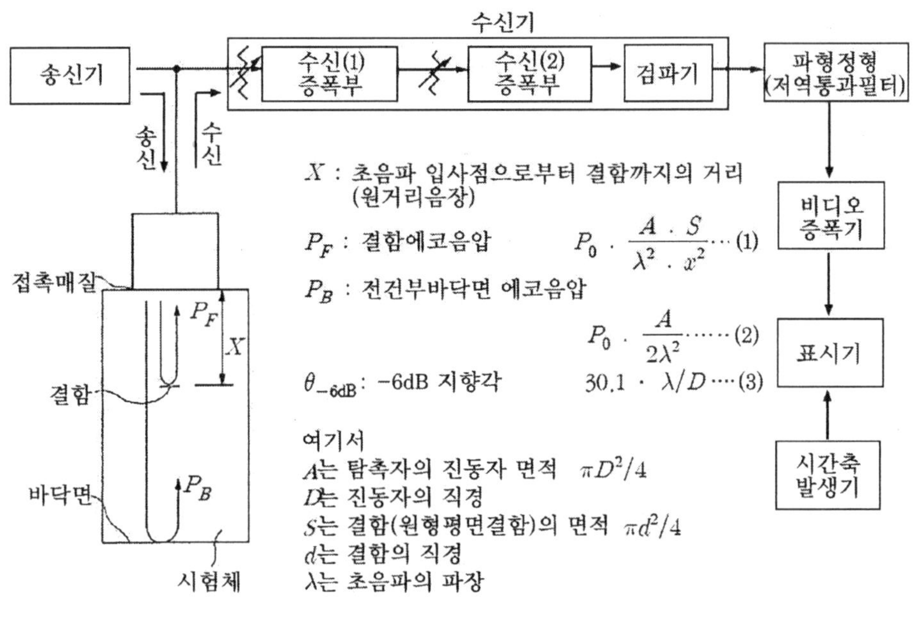

그림 4-52 **초음파탐상기의 구성**

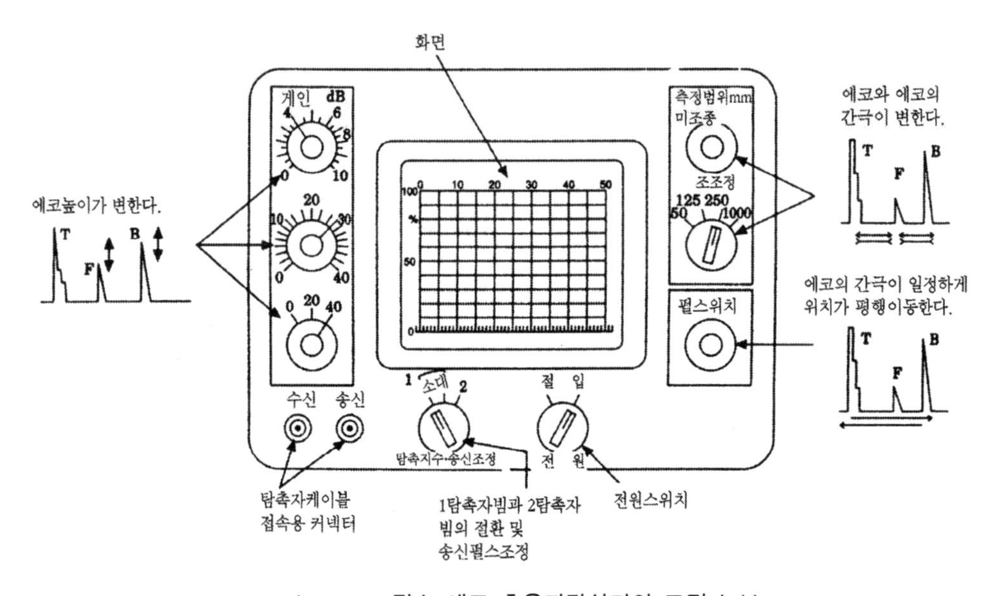

그림 4-53 **펄스 에코 초음파탐상기의 조정 노브**

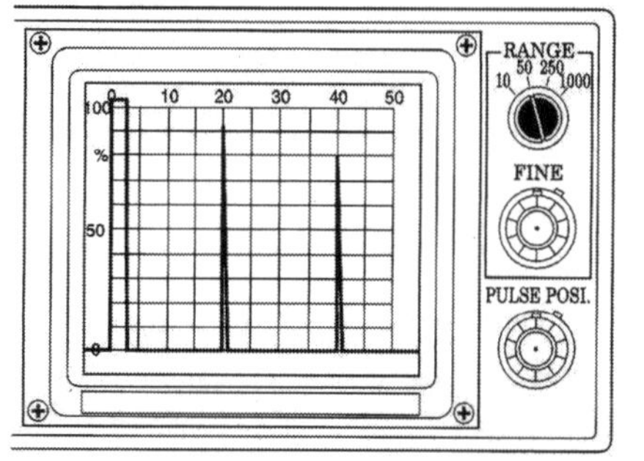

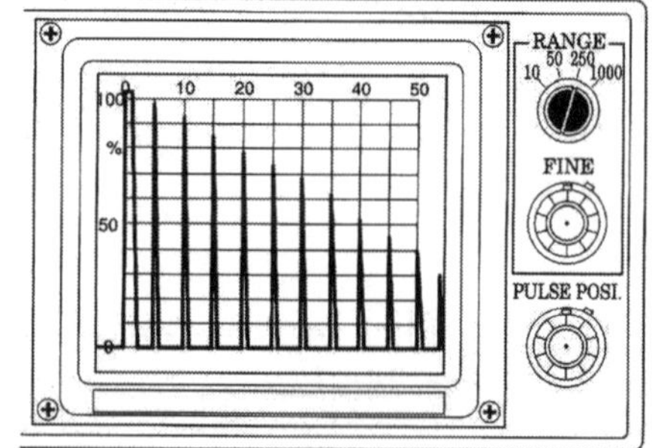

(a) 에코와 에코 간격이 신축한다.

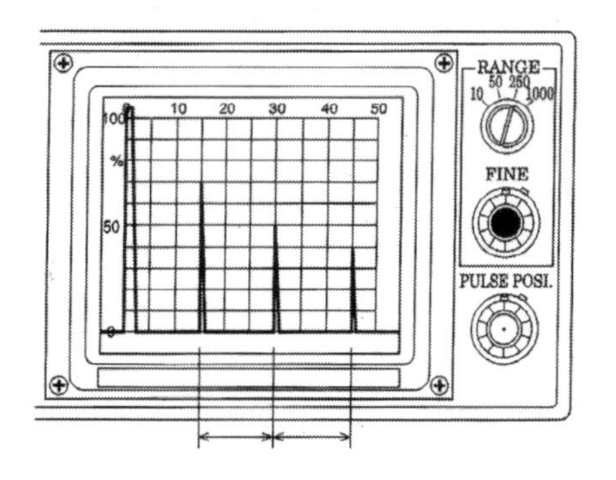

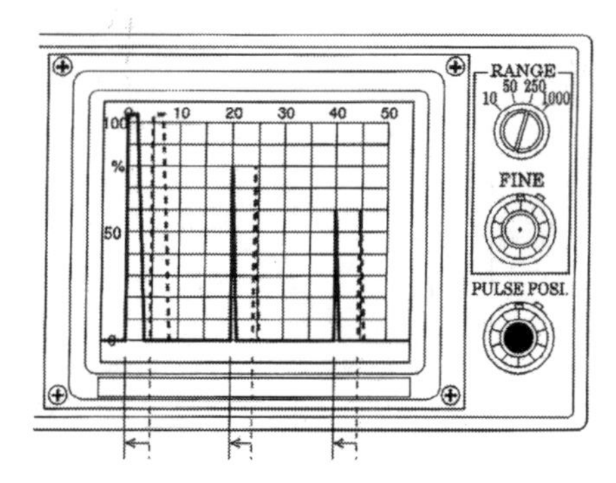

(b) 에코와 에코 간격이 신축한다.　　　　(c) 에코와 에코 간격이 신축한다.

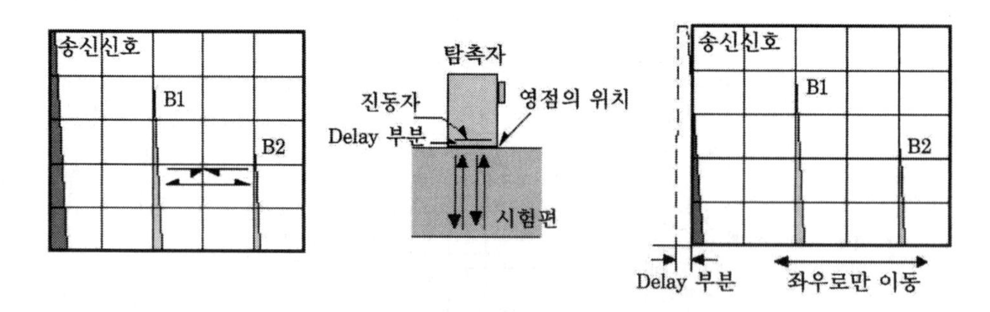

그림 4-54　**측정범위조정노브의 동작**

(1) 세로축 관계 노브

(a) 송신조정

사용하는 탐촉자에 대해 최적의 송신상태를 얻기 위해 조작하는 노브이다. 펄스전압을 변화시키며 이 조작으로부터 탐촉자로부터 송신된 초음파펄스의 전압 및 진동횟수가 변화한다. 진동횟수가 많으면 송신펄스의 폭과 에코의 폭이 넓어지게 되고 분해능이 떨어진다. 수신부의 증폭능력이 부족하다고 판단될 때는 펄스전압을 높게 하는 것이 좋다. 그러나 일단 탐상감도를 설정한 후에 조작하면 결함에 대한 평가가 달라지기 때문에 송신조정은 반드시 탐상감도를 설정하기 전에 행해야 한다.

(b) 게인(gain)조정

탐상감도를 조정할 때 이용된다. 보통 데시벨(dB) 단위로 눈금이 매겨져 있는데, 데시벨은 식(4.107)로 정의되고 에코높이의 비를 나타내는데 이용된다.

$$H(dB) = 20\log_{10}(h_2/h_1) \quad (4.107)$$

$H(dB)$: h_2의 h_1에 대한 비의 값을 dB단위로 표시한 값

h_1(%) : 에코높이(예를 들면 기준에코높이)

h_2(%) : 에코높이(예를 들면 결함에코높이)

(c) 리젝션(rejection)

노이즈를 제거하기 위한 노브로 대부분의 리젝션을 이용하면 에코가 마치 기선밑으로 침몰하는 변화를 일으킨다. 그 결과 표시되는 에코높이는 수신된 초음파펄스의 음압에 비례하지 않을 수도 있기 때문에 "증폭직선성"이 상실될 우려가 있다.

(2) 가로축 관계 노브

화면에 나타난 에코위치를 직접, 결함까지의 거리(빔진행거리)로 읽기 위해 우선 화면의 가로축을 거리의 눈금에 대응시킬 필요가 있다. 이 대응을 취하기 위한 조정(측정범위의 조정)을 할 때에 조작하는 노브이다.

(a) 측정범위 조정 노브

이 노브에는 화면상에 관찰 가능한 범위를 크게 변화시킬 수 있는 거친 조정노브와 연속적으로 변화시킬 수 있는 미세조정 노브가 있다. 이들 노브를 조작하면 화면에 나타나는 에코의 간격을 임의로 변화시킬 수 있다.

(b) 펄스위치 조정 노브

이 노브를 조작하면 화면에 나타나는 에코의 간격을 변화시키지 않고 임의의 위치로 이동시킬 수 있다. 말하자면, 영점위치조정과 같은 역할을 한다.

(c) 음속 조정 노브

화면상에 나타나는 에코의 간격을 변화시킬 때 사용한다.

(3) 그 외 조정 노브

(a) 펄스반복주파수(PRF) 절환

이 노브를 조작하여 펄스반복주파수(pulse repetition frequency; PRF)를 높이면 소인횟수(掃引回數)가 많아지기 때문에 표시화면이 밝아지고, 자동탐상의 속도를 높일 수 있다. 그러나 펄스반복주파수를 너무 높이면 수직탐상의 경우 잔향에코가 나타나기 쉬운데, 특히 지름이 작고, 긴 봉, 또는 검사 두께가 아주 큰 재료를 수직탐상할 경우에 나타나기 쉽다.

(b) 게이트의 기점 및 폭 조정

게이트가 작동되면 일반적으로 기선(基線)의 일부분이 높아지거나 낮아진다. 이렇게 변화한 범위를 탐상게이트라 하는데, 이 범위에 먼저 설정된 문턱값(threshold) 이상의 에코가 나타나면 부자가 울리기도 하고 ON-OFF 신호를 외부에 출력시킨다. 또한, 그 에코높이에 비례한 크기의 신호를 잡아내는 것도 가능하다.

(c) 거리진폭보상(DAC)회로

동일 반사원이라도 반사원의 위치에 따라 표시되는 에코높이가 다르다. 다시 말해 탐촉자로부터 가까운 거리에 위치한 결함과 동일한 크기의 결함이 먼 거리에 위치한 경우, 먼 거리에 위치한 결함으로부터의 에코높이는 작게 된다. 이는 거리가 증가함에 따라 초음파가 확산에 의해 약해지고 재질에 따른 감쇠를 일으키기 때문이다. 동일 크기의 결함에 대해서 거리에 관계없이 동일한 에코높이를 갖도록 전기적으로 보상하는 것을 거리진폭보상(distance amplitude compensation; DAC)회로라 한다.

나. 디지털 초음파탐상기

디지털탐상기는 수신신호를 아날로그로부터 디지털로 변환하고 수치로 저장하기도 하고 신호처리 하는 것이 가능하다. 따라서 탐상데이터로부터 곧바로 음속값이나 측정범위 정보, 에코높이구분선 정보 등 많은 데이터를 저장하는 것이 가능하여 편리하다. 그러면서도 탐상데이터의 샘플링을 짧게 하지 않으면 최대값이 바뀌게 되기도 하고 탐상의 주사속도를 빠르게 할 수 없는 등의 문제가 있다. 최근에는 처리 속도가 빠른 PC가 출현하여 이러한 문제를 해결하고 있다.

그림 4-55는 디지털탐상기의 외관 예이다. 디지털탐상기에는 아날로그탐상기의 소인부에 해당하는 부분이 없고 대신 샘플링 신호 및 변환 신호를 만드는 시간축부가 있다. 수신부에는 수신된 신호를 샘플링 처리하고 저장한다. 샘플링 간격이 짧을수록 실제의 탐상지시에 가깝게 된다.

표시부는 액정 등의 반도체소자가 사용된다. 디지털탐상기에는 아날로그탐상기에는 없는 편리한 기능이 있고, 탐상기의 조도의 저장, 빔진행거리의 수치표시, 사각탐상에서 반사원의 깊이나 반사원-탐촉자거리의 표시가 가능하고 탐상지시의 저장도 가능하다. 그러나 사각탐촉자를 사용하여 탐상하는 경우 디지털탐상기도 아날로그탐상기와 동일하게 표준시험편을 이용하여 입사점, 굴절각의 측정을 해야 한다.

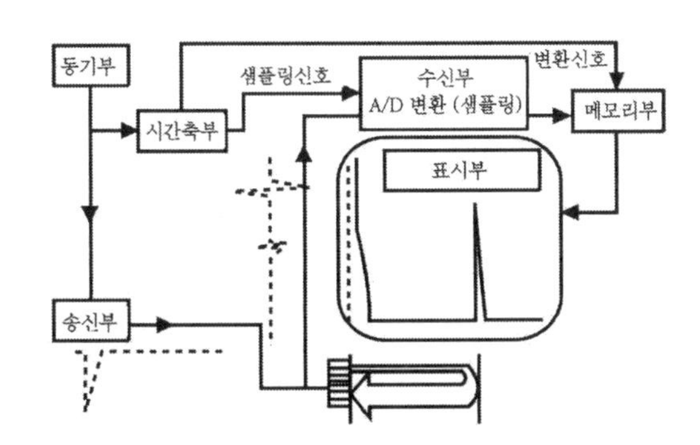

그림 4-55 **디지털 초음파 탐상기의 구성 예**

다. 초음파 두께측정기

초음파탐상기와 동일한 원리로 강판이나 강판의 부식부의 두께를 측정하는 장치로 초음파두께측정기가 있다. 수직탐상으로 빔진행거리를 읽으면 반사원까지의 거리를 측정하는 것이 가능하다. 이 빔진행거리를 재료의 두께로 전기적으로 계측이 가능하도록 한 것이다. 그림 4-56은 디지털초음파두께측정기의 외관 예이다.

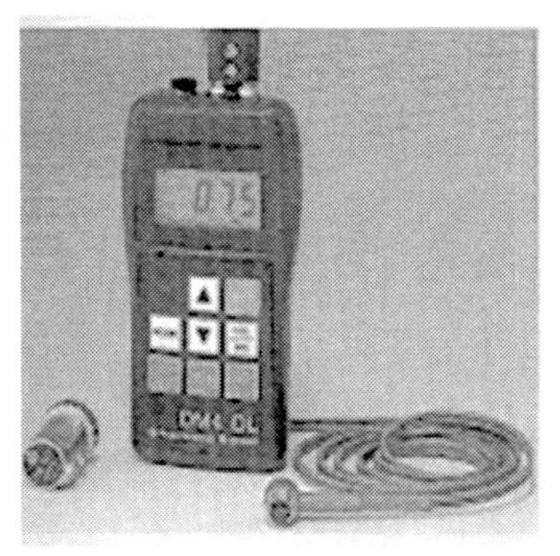

그림 4-56 **디지털 두께측정기의 예**

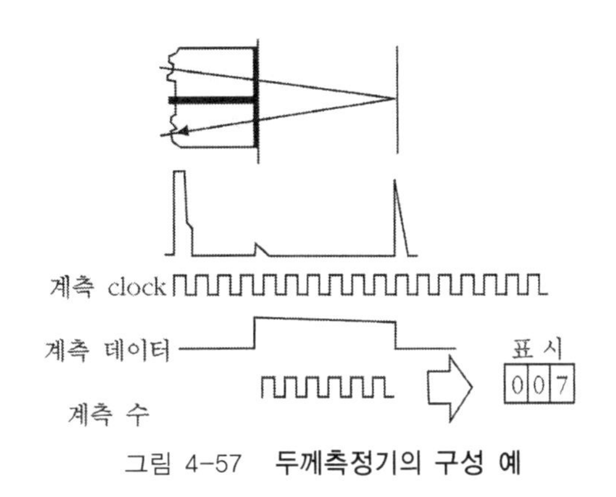

그림 4-57 **두께측정기의 구성 예**

4.3.2 초음파 탐촉자

탐촉자는 탐상기 본체의 송신부로부터 송신되어 오는 전기신호를 초음파 펄스로 변환하고 또 초음파펄스를 수신하면 전기신호로 변환하여 탐상기 본체에 보내는 역할을 한다. 일반적으로 탐촉자의 특성을 나타낼 때에는 진폭응답, 지향성(회절), 댐핑, 하한 및 상한 강도 등을 나타낸다.

가. 탐촉자의 특성

음향시스템에서의 변환기를 생각해보자. 광대역의 주파수 특성을 가지고 있는 음악을 재생하기 위해서 일반적인 음향시스템은 저주파수 대역을 위한 우퍼, 중대역을 위한 미드레인지, 고주파 대역을 위한 트위터를 사용한다. 이 각각의 변환기는 거의 같은 진폭 내에서 다른 주파수 범위를 가진다. 음향시스템에서와 같이 초음파 탐촉자도 주파수에 따른 진폭응답 특성을 가진다. 그림 4-58은 2개의 다른 압전 초음파 센서에 대한 주파수 응답을 나타내고 있다. 트랜스듀서의 주파수 응답을 기술하기 위해서 탐촉자를 제작할 때에는 대역폭, 중심주파수, 스큐주파수를 명시해야 한다.

트랜스듀서의 대역폭은 아래와 같이 정의된다.

$$BW = f_b - f_a \tag{4.108}$$

f_a와 f_b는 탐촉자의 진폭값이 최고점에서 50 % 또는 -3 dB 낮아진 지점을 나타낸다(그림 4-58).

또한 중심주파수는 아래와 같이 정의된다.

$$f_c = \frac{1}{2}(f_a + f_b) \tag{4.109}$$

일반적으로 탐촉자의 주파수 응답 스펙트럼에서 중심주파수는 대칭적이지 않다. 따라서 아래와 같이 스큐 주파수는 정의한다.

$$f_{skew} = \frac{f_{pk} - f_a}{f_b - f_{pk}} \tag{4.110}$$

여기서 f_{pk}는 최대 진폭값을 나타내는 지점의 주파수이다. 만약 주파수응답 스펙트럼이 완전하게 대칭이라면 $f_{pk} = 1$이다. 그리고 탐촉자가 오직 협대역 주파수에서만 응답한다면 전기를 공급하는 장치에서도 유사하게 협대역의 주파수를 보내고 수신할 수 있어야 한다. 일반적으로 협대역 탐촉자는 게이트를 이용하여 10 사이클 이상의 단일 주파수의 톤버스트를 이용하여 가진한다.

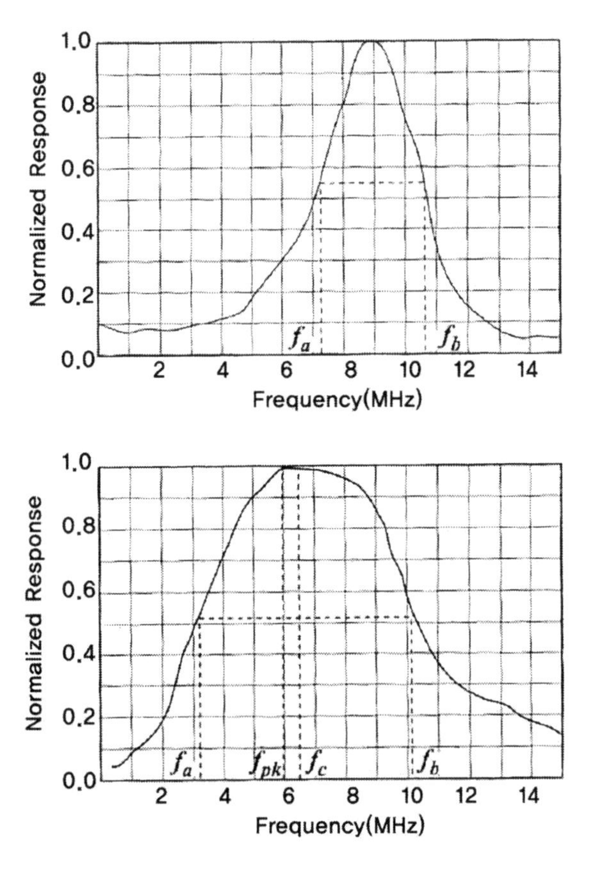

그림 4-58 **압전 탐촉자의 주파수 응답특성(대역폭)**

반면에 광대역 탐촉자는 넓은 주파수 범위를 갖는 펄스 또는 스파이크 형태로 송수신을 한다(스파이크 형태의 초음파는 큰 주파수 범위를 가지며 이는 시스템에서 광대역의 주파수를 가진 할 수 있게 한다).

일반적으로 펄스레이저는 광대역의 초음파를 발생시키고, PVDF와 같은 폴리머 탐촉자는 광대역의 주파수 응답을 가진다. 반대로 세라믹 탐촉자는 상대적으로 협대역을 가진다. 초음파 비파괴평가에서, 최적의 주파수 범위와 대역폭은 검사하고자 하는 시스템을 고려하여 선택한다.

대부분의 초음파검사를 적용하는 경우, 적용하는 분야의 요구에 따라 탐촉자의 주파수를 명시한다. 때로는 주파수에 따른 진폭 응답을 명시해야 하는 경우도 있다. 예를 들어, 주파수에 따른 유도초음파의 응답 특성을 알기 위해서는 일정한 진폭을 가지는 짧은 주기의 톤버스트 파를 가진시키고 주파수를 변화시킨다. 이는 주파수가 변화할 때 일정한 응답을 가지는 초음파 탐촉자가 없기 때문에 다른 주파수에서의 진폭 응답에 대한 데이터를 정규화함으로서 진폭의 변화를 보상해 주기 위함이다.

나. 초음파탐촉자의 구성

초음파탐촉자의 기본구성은 다음과 같다.

- 압전탐촉자: 진동자
- 충진재(backing material)
- 탐상장치의 에너지를 탐촉자에 연결해 주는 탐상 케이블과 압전 진동자 사이의 전기임피던스를 맞춰주기 위한 회로
- 케이스

(1) 압전탐촉자

초음파탐촉자에 주어지는 진압펄스의 여기시간은 10^{-6}초 미만이며 짧은 전압펄스는 일련의 주파수대역(frequency band)으로 구성되어 있어 이들 주파수 중에서 탐촉자의 공진주파수에서 최대의 진동이 일어나게 한다. 즉, 진동자두께의 함수이다.

$$f_r = \frac{v}{2t} \tag{4.111}$$

단, f_r: 탐촉자의 공진주파수, t: 탐촉자의 두께, v: 종파속도

특정주파수의 탐촉자를 제작할 때에는 이 식을 이용하여 진동자의 두께를 결정하게 된다.

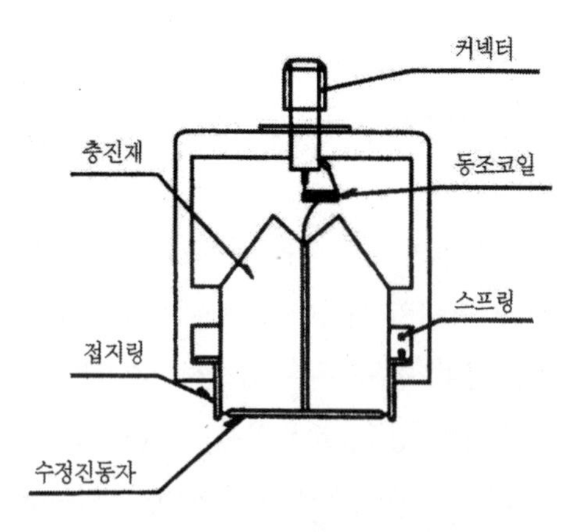

그림 4-59 **초음파 탐촉자**

(2) 충진재

충진재(backing material)는 탐촉자의 중요한 두 가지 특성인 분해능과 감도에 영향을 미치게 된다. 탐촉자의 분해능은 서로 근접해 있는 두 개의 결함을 분리하여 에코로 나타내는 능력을 말하며 탐촉자의 감도는 어느 정도의 작은 결함을 탐상할 수 있는가의 능력

을 말한다.

탐촉자의 분해능을 높이기 위해서는 탐촉자의 진동이 가능한 한 빨리 흡음(damping)되어야 한다. 그러나 탐촉자의 감도를 높이려면 흡음이 낮아야 되므로 이들 두 성질은 서로 상치되게 된다. 그러므로 탐상의 목적에 따라 이들 두 성질을 적당히 조합하여 흡음의 정도를 설정하여 충진재 재질을 결정한다. 흡음재의 음향임피던스가 탐촉자의 재질과 거의 동일할 때 탐촉자진동의 흡음이 가장 이상적으로 된다. 탐촉자와 충진재의 음향임피던스를 맞춰주면 초음파가 탐촉자로부터 쉽게 충진재로 들어가게 된다. 충진재는 효과적으로 초음파를 감쇠시키는 재질이므로 초음파가 충진재에서 다시 반사되어 탐촉자로 되돌아가 허위지시가 나타나는 것을 방지하게 된다. 감도와 분해능을 동시에 좋게 하려면 탐촉자의 진동자와 흡음재의 음향임피던스의 차이를 수정일 때에는 5:1의 비율로, 진동자가 유화리튬일 때는 1.1:1의 비율로 제작한다.

펄스에코탐상에서는 흡음의 정도가 문제가 되므로 흡음재로서 섬유플라스틱(fibrous plastic)이나 금속분말에 여러 종류의 플라스틱물질을 혼합하여 충진재로 사용하기도 하며 흡음재 내에서의 초음파의 감쇠를 크게 하기 위하여 금속분말의 입자의 크기를 조절하던가, 금속분말과 플라스틱의 비율을 조절하던가 하여 음향임피던스를 조정하는 방법 등을 사용한다.

현재 많은 종류의 탐촉자가 시판되고 있는데, 주파수 및 진동자크기가 다른 것, 최근에는 광대역형 탐촉자라고 부르는 것과 집속형 탐촉자 등 선정 폭이 넓어졌다. 예전에는 고온에서의 초음파 측정은 어려웠지만 지금은 300~400 ℃ 까지도 충분히 측정이 가능하게 되었다.

측정대상물에 따라서 실험에 어느 탐촉자를 사용하는 것이 좋은가를 결정하는 것은 어려운 문제이다. 따라서 정밀한 탐상을 하기 위해서는 시행착오법(try and error)에 의지하는 경우가 많다. 일반적으로 주파수가 높은 것을 사용하면 분해능과 더불어 지향성도 향상되고 결함위치나 깊이의 측정정도도 향상되어 근접한 결함의 분리나 표면근방의 결함도 쉽게 검출할 수 있다.

나. 수직탐촉자

일반적으로 "수직탐촉자(normal probe)"는 직접접촉용, 표준용(1진동자) - 보호막 부착, 보호막 없음, 지연재부착-등으로 분류되고 그 구조는 그림 4-60과 같다.

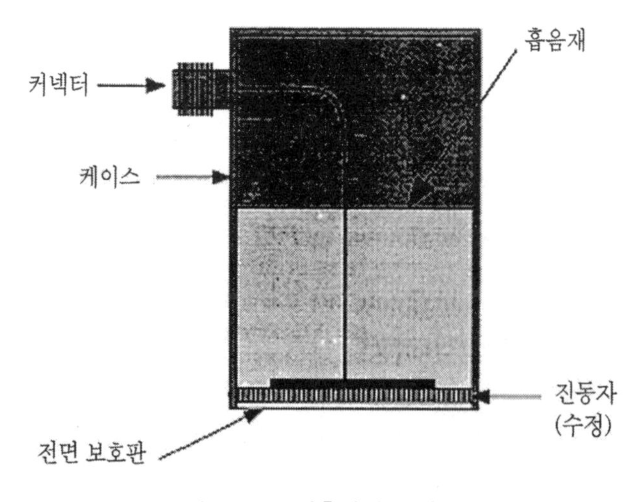

그림 4-60 **탐촉자의 구성 요소**

보호막부착 수직탐촉자는 보호막의 영향에 의해 감도여유치나 분해능이 다소 떨어지지만 주강표면 등과 같이 탐상면이 거친 것에 적용할 경우, 연질의 보호막이 거친 탐상면과 잘 접촉하기 때문에 보호막이 없는 경우보다 안정된 탐상을 할 수 있다. 탐상면이 매끈하게 다듬질되어 있는 경우에는 보호막이 없는 수직탐촉자를 이용하여 감도여유치나 분해능을 양호한 상태로 탐상하는 것이 좋다.

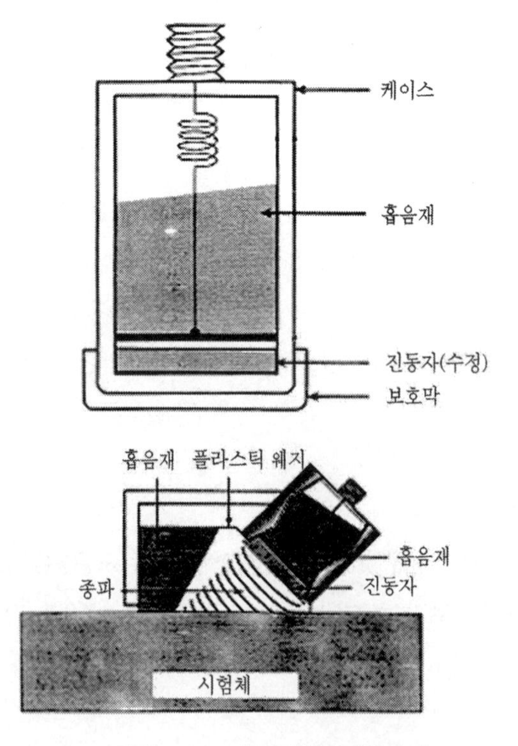

그림 4-61 **수직 및 사각탐촉자**

탐상면이 거친 탐상에서 진동자를 보호하고 탐상의 안정성을 꾀하기 위해 아크릴지연재를 부착시킨 수직탐촉자가 있다. 이 형식의 수직탐촉자는 그림 4-61과 같이 지연재 내에서 다중반사가 나타나기 때문에 지연재의 길이에 따라 탐상이 가능한 범위가 제한을 받으나 탐상면 거칠기의 변화에 의한 영향이 적고 안정된 탐상이 가능하다.

집속수직탐촉자는 그림 4-62와 같이 구면진동자 또는 음향렌즈를 이용하여 시험체 내부의 일정거리에 초점을 설정하면 초점 근방에서는 초음파빔이 가늘게 교축되기 때문에 미소결함으로부터 높은 에코를 얻을 수 있고 방위분해능도(angular resolution) 높아 작은 결함의 검출이나 결함위치·크기의 정밀측정에 적합하다. 또한 임상에코가 나타나는 재료의 탐상에 이용하면 S/N비가 대폭 개선된다. 적용시에는 미리 에코높이의 거리특성 및 지향특성을 측정하여 놓고 목적에 맞는 집속범위 및 빔폭을 갖는 탐촉자를 선택한다. 집속형탐촉자(focused probe)는 초음파빔을 집속함으로서 지향성을 최대한 향상시킬 수 있다.

일반적으로 두께방향으로 진동하는 압전소자를 진동자에 이용하여 종파를 송·수신하지만, 폭방향으로 진동하는 특수한 압전소자를 진동자로 이용하면 횡파수직탐촉자가 되고 횡파를 송·수신하게 된다. 횡파수직탐촉자는 음향이방성의 측정에 이용되나, 기름이나 글리세린으로는 횡파를 전달하지 못하므로 횡파 전파용의 접촉매질이 필요하게 된다.

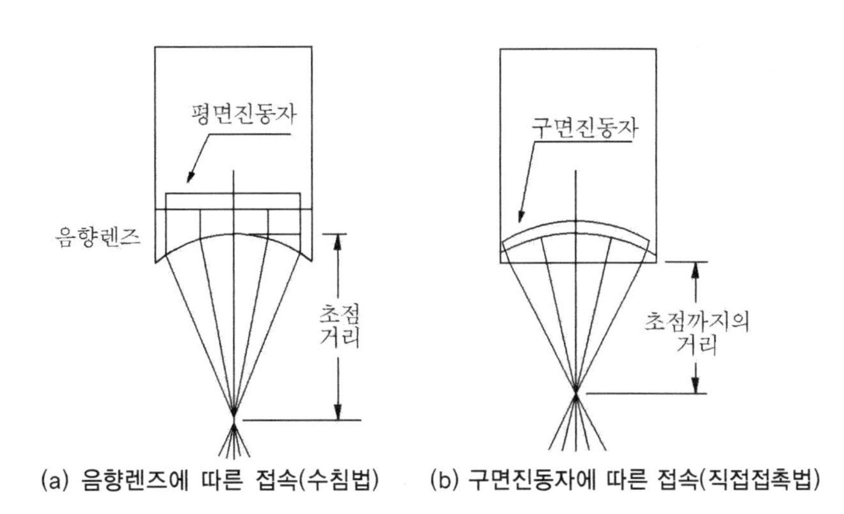

(a) 음향렌즈에 따른 접속(수침법) (b) 구면진동자에 따른 접속(직접접촉법)

그림 4-62 **집속형탐촉자**

다. 사각탐촉자

탐상면에 경사로 초음파를 전파시키는 탐촉자를 총칭하여 사각탐촉자라 부른다. 사각탐촉자에는 그림 4-63과 같이 초음파를 탐상면에 경사로 입사시키기 위해 쐐기가 필요하게 된다. 일반적으로 사각탐촉자(angle probe)는 직접접촉용, 표준형(1진동자, 고정각)으로 쐐기 내부는 진동자로부터 송신된 종파가 전파하지만 시험체와 경계면에서의 모드변환을 이용하여 시험체내부에서는 횡파를 굴절 전파시킨다. 이 경우 입사각이 종파의 임계각 이상이 되도록 설정되어 있기 때문에 종파는 시험체에 전파하지 않는다. 일반적으로 강 내부에서 횡파의 굴절각이 45°, 60° 및 70°가 되도록 제작된 탐촉자가 시판되고 있다. 이 각도를 공칭굴절각이라 부르고 실제의 굴절각은 반드시 45°, 60°, 70°가 되지 않기 때문에 실제 사용하는 경우에는 실측할 필요가 있다.

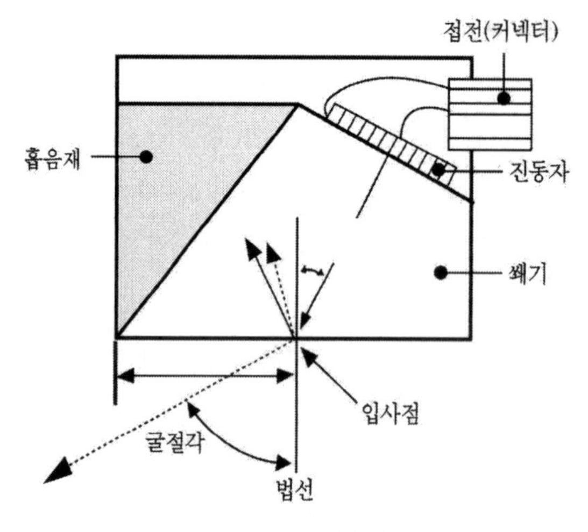

그림 4-63 **사각탐촉자의 구조**

SH파 사각탐촉자는 그림 4-64와 같이 폭방향으로 진동하는 진동자를 이용하여 진동방향이 탐상면과 평행하게 되도록 하면 탐상면에서 모드변환이 없는 횡파의 사각탐촉자가 된다. 이 횡파는 SH파라 부르고 이 탐촉자를 일반적인 횡파(SV파) 사각탐촉자와 구별하여 SH파 사각탐촉자라 한다.

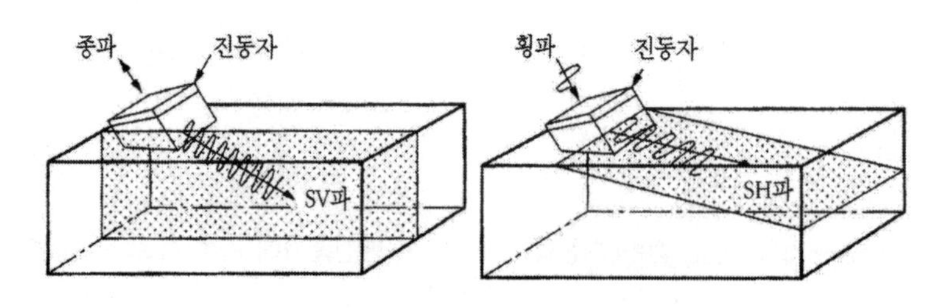

그림 4-64 **SV파와 SH파의 발생 원리**

종파사각탐촉자는 입사각이 종파의 임계각보다 작고, 시험체에 종파가 굴절 전파하도록 제작된 탐촉자이다. 오스테나이트계 스테인리스 강용접부등에서는 조대결정립에 의한 임상에코가 크고 횡파에 의한 탐상은 곤란하여 종파사각탐촉자(굴절각 45°- 60°)가 사용된다. 사용시에는 다음 사항에 유의할 필요가 있다. ① 횡파도 동시에 전파하기 때문에 일반 강재 등 초음파의 감쇠가 작은 재료에 적용하면 횡파에 의한 에코도 화면상에 나타나기 때문에 탐상이 어려워진다. ② 이면에서 반사되면 거의 횡파로 모드변환하기 때문에 직사법에 한정된다.

가변각 사각탐촉자는 그림 4-65와 같이 입사각이 변화 가능한 구조로 되어 있고 설정하는 각도에 따라 일반형, 종파사각 및 표면파탐촉자로 사용이 가능하며, 일반적으로 형상·치수가 다소 크다.

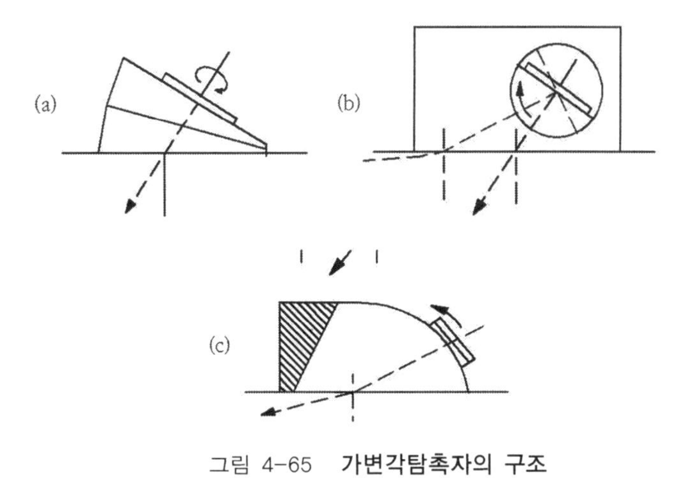

그림 4-65 **가변각탐촉자의 구조**

라. 기타 특수 탐촉자

(1) 2진동자탐촉자

2진동자탐촉자는 송·수신용진동자를 조금씩 경사로 배치하고 1개의 탐촉자에 조립되어 있다. 양(兩)진동자를 음향격리면(隔離面)으로 분리하고 있기 때문에 수침법에서와 같이 표면에코를 수신하는 것이 없으며(표면에코는 거의 나타나지 않는다), 불감대(dead zone)가 없기 때문에(또는 매우 적다) 표면 직하의 결함의 검출이나 두께측정에 사용되고 있다.

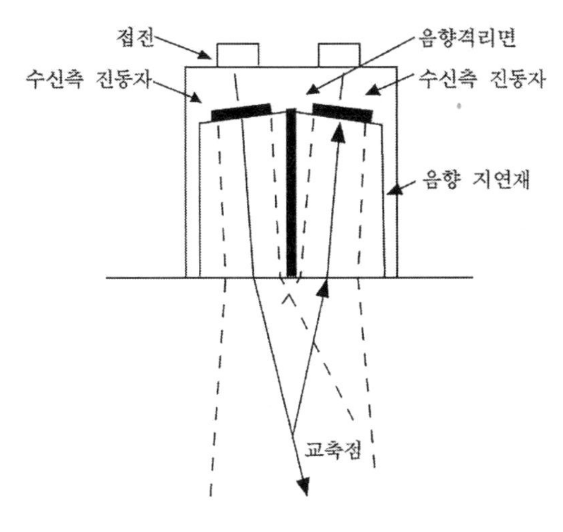

그림 4-66 **2진동자수직탐촉자**

즉, 송·수신의 진동자를 조금씩 경사로 배치하고 있기 때문에 교축점(송·수신진동자 중심축의 교점)이 생기는데, 에코높이는 이 교축점에서 최대가 되고 이곳을 벗어나면 급격히 저하한다. 따라서 2진동자탐촉자는 교축점 근방의 검출능이 높아지므로 특정 부위를 S/N비 높게 탐상하려는 경우에 이용된다.

(2) 광대역형 탐촉자(고분해능탐촉자)

진동의 지속횟수가 매우 적은 초음파펄스를 송·수신하는 탐촉자를 말한다. 진동횟수가 매우 적은 초음파펄스는 그 진동성분의 주파수범위가 넓기 때문에 광대역이라고 불린다. 초음파펄스의 진동회수가 적으면 표시되는 에코의 폭이 좁고 분해능이 높기 때문에 고분해능탐촉자라고도 불린다. 이 분해능을 높이기 위해서는 탐상기 본체의 수신부에도 광대역증폭기가 필요하다.

그림 4-67과 같이 동일 탐촉자라도 탐상기의 조합에 따라서 파형이 변화함을 보여주고 있다. 이 탐촉자는 얇은판의 탐상이나 두께측정, 근거리결함의 분리를 목적으로 사용되는 것 외에 조직이 조대한 재료의 탐상에도 이용되고 있다. 그림 4-68에서와 같이 재료조직으로부터의 임상에코가 작기 때문에 S/N비가 개선된다.

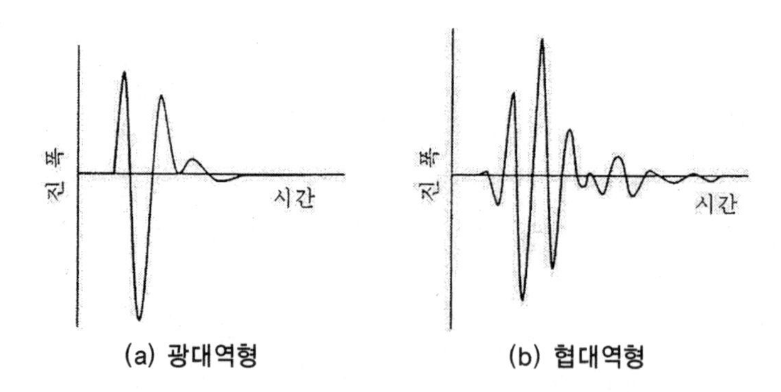

그림 4-67 **광대역형 탐촉자와 협대역탐촉자의 펄스파형 비교 예**

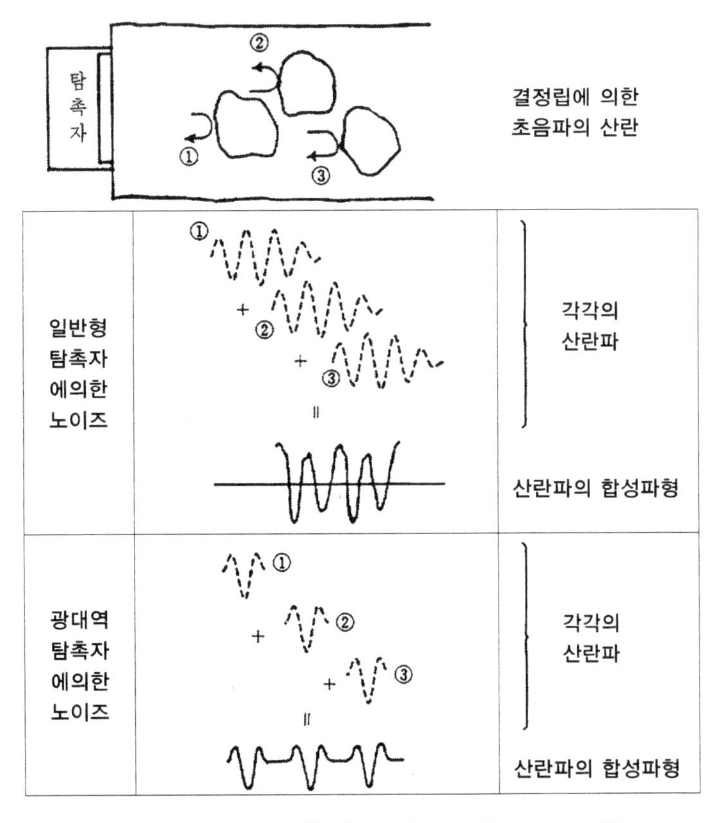

그림 4-68 **광대역형 탐촉자를 이용한 S/N비의 향상**

4.3.3 장치의 교정 및 시험편

가. 교정의 목적

펄스반사식 초음파탐상에서 얻어지는 기본 정보로는 화면에 나타나는 에코의 위치와 높이이므로 이것으로 피검체 내부의 결함 정보를 평가하기 위해서는 비교 평가할 수 있는 시험편이 필요하게 된다. 그러므로 평가의 신뢰도를 확보하기 위해서 시험편에 인공결함인 노치(notch), 평저공(flat bottom hole; FBH) 그리고 측면공(side drilled hole; SDH)을 가공하여 다음과 같은 목적에 사용한다.

① 탐상기와 탐촉자의 특성 검증

② 탐상조건의 설정(측정범위, 탐상감도, 검출레벨 등)

③ 시험편의 인공결함과 피검체의 결함으로부터 반사된 에코높이와 위치를 비교 평가한다.

초음파탐상장치의 교정(calibration) 및 탐상감도의 교정 등에 이용되는 시험편은 규격에 따라 표준시험편(standard test block; STB)과 대비시험편(reference block; RB)으로 분류된다.

나. 표준시험편

표준시험편(STB)은 각 나라마다 정해진 규격에 따라 형태와 용도가 조금씩 다르지만 그 원리는 거의 비슷하므로 시험편의 용도와 그 필요성을 정확히 이해하는 것이 무엇보다 중요하다. 표준시험편은 재질, 형태, 치수 및 성능이 미국재료협회규격(ASTM), 국제용접규격(IIW)이나 일본공업규격(JIS) 등의 규격에 근거하여 제작되고 공인된 기관에서 검증된 시험편을 말한다. 이 시험편은 탐상 장소, 탐상 시기가 달라도 탐상 결과를 상호 비교할 수 있는 보편성을 가져야 한다. 동일형식의 시험편을 사용하여 감도교정을 한 탐상은 상호 비교가 가능하다.

그러나 실제 시험체의 탐상에서는 시험체와 표준시험편 사이에 표면거칠기의 차에 의한 전달손실, 결정립의 대소에 의한 산란 감쇠의 차에 의해 얻어진 탐상 결과에 차이가 생기는 경우가 많다. 표 4-12는 표준시험편과 대비시험편의 종류와 용도를 나타내었다.

표 4-12 **표준시험편의 종류와 용도**

명 칭	주 용 도						관계규격 사용상의 주의 등
	수직탐상			사각탐상			
	측정범위 교정	탐상감도 교정	성능특성 측정	측정범위 교정	탐상감도 교정	성능특성 측정	
STB-G		○	○				KS B 0817
STB-N	○	○	○				KS B 0817 원칙적으로 수침법 또는 갭법에서 사용
STB-A1	○		○	○	○	○	KS B 0817
STB-A2					○	○	KS B 0817
STB-A3				○	○	○	KS B 0817, 현장체크용
STB-A21					○	○	KS B 0817
STB-A22						○	KS B 0817

다. 대비시험편

대비시험편(reference block; RB)은 시험체 또는 시험체와 초음파 특성이 동일한 재료를 가공하고 제작한 것이다. 수직 또는 사각탐촉자의 거리진폭특성곡선(DAC 곡선) 작성용으로 사용되며, 주로 탐상감도의 교정에 활용된다. 이 시험편을 이용하여 탐상감도를 교정하면 표면

상태의 차나 내부 조직의 영향을 받지 않고 시험체의 초음파 특성에 따라 평가가 가능하다. 실제 탐상 관련 규격서에서는 대비시험편에 대한 제작 사양을 언급하고 있으므로 자체 제작하여 사용하는 것이 일반적이다. 표 4-13은 대비시험편의 종류와 용도를 나타내고 있다.

표 4-13 대비시험편의 종류와 용도

명 칭	주 용 도						관계규격 사용상의 주의 등
	수직탐상			사각탐상			
	측정범위 교정	탐상감도 교정	성능특성 측정	측정범위 교정	탐상감도 교정	성능특성 측정	
RB-4		○	○		○	○	KS B 0896, 용접부탐상 사용
RB-5					○		KS B 0896
RB-6 RB-7 RB-8					○	○	KS B 0896, 곡률 이음부 탐상용
ARB		○	○		○	○	일본건축학회
RB-D		○	○				2진동자 수직탐상용

표 4-14 대비시험편의 종류와 특징

대비시험편의 명칭	용도 및 특징
RB-4	용접부의 사각탐상 및 수직탐상의 탐상감도 교정 거리진폭특성곡선의 작성 시험편 또는 시험체와 초음파특성이 근사한 강재로 제작
RB-D	2진동자 수직탐촉자의 성능점검 2진동자 수직탐촉자를 사용하는 경우의 탐상감도의 교정 2진동자 수직탐촉자를 사용하는 경우의 측정범위의 교정 두께측정기의 교정

대비시험편 제작 시 유의할 점으로는

① 재료의 선택 - 시험체와 동등한 초음파특성을 갖는 재료를 선택한다.

② 인공결함의 형상·치수 - 탐상목적으로부터 결정한다. 인공결함의 종류로는 평저공(flat bottom hole; FBH), 측면공(side drilled hole; SDH), 노치(notch), 슬릿(slit) 등이 사용된다.

③ 가공 정밀도의 관리 - 반사원이 되는 부분에는 정밀도가 요구된다. 그리고 표준시험편의 취급 시에는 초음파탐상시험에서 표준이 되는 신호를 얻기 위해 항상 재현성이 확보되도록 흠이 생긴다든가 녹이 발생하지 않도록 해야 한다.

4.3.4 기타 사용기기

가. 탐촉자 케이블

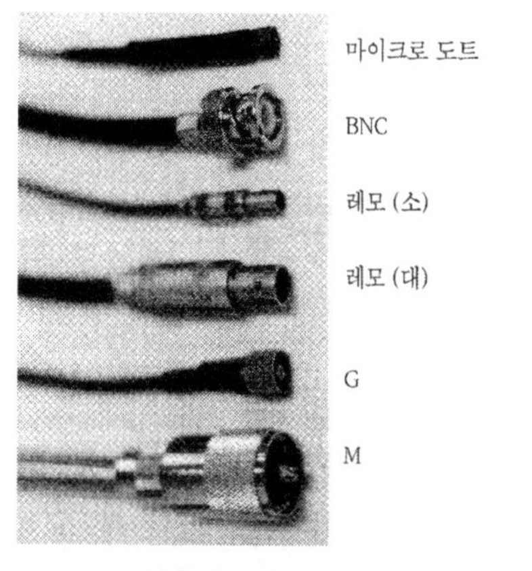

그림 4-69 **탐촉자 케이블과 커넥터의 종류**

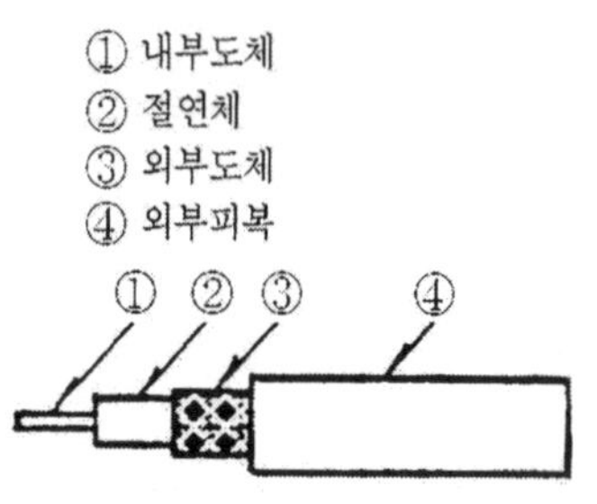

그림 4-70 **동축 케이블의 구조**

탐촉자 케이블은 고주파케이블의 양끝에 접속하기 위해 커넥터(connector)가 부착되어 있다. 탐촉자 케이블의 커넥터에는 그림 4-69와 같이 여러 종류가 있고 탐상기와 탐촉자의 커넥터에 맞는 것을 사용한다. 커넥터의 착탈 방법은 각각의 종류에 따라 다르고 탐촉자 케이블을 급격한 각도로 구부린다든가 잘못 취급하면 접속불량이나 단선의 원인이 되기 때문에 주의할 필요가 있다

나. 접촉매질

초음파의 전달효율을 향상시키기 위해 탐상면과 탐촉자 사이에 도포하는 액체를 접촉매질(couplant)이라 한다. 접촉매질에는 물, 기계유, 글리세린 페이스트 등이 사용되고 있다. 탐촉자가 시험체에 접하는 탐상면이 거칠 경우 초음파의 전달능력은 접촉매질의 종류에 따라 달라진다. 밀도와 음속을 곱한 상태인 음향임피던스가 큰 접촉매질 일수록 초음파의 전달능력이 뛰어나다. 글리세린이나 글리세린 페이스트는 기계유나 물에 비해서 음향 임피던스가 크다.

접촉 매질로는 탐상면이 평면으로 평활한 경우에는 주로 기계유나 물을 이용하고, 표면이 거친 경우나 곡면이 있는 경우에는 주로 글리세린이나 글리세린 페이스트 등을 이용한다. 횡파 수직 탐촉자, SH파 사각 탐촉자 및 표면 SH파 탐촉자를 사용하는 경우에는 횡파 전용의 접촉매질을 사용한다. 표준 시험편을 사용하는 경우에는 방청을 하기 때문에 기계유를 사용한다.

4.3.5 탐상장치의 성능과 검증

가. 점검

초음파탐상장치는 사용 환경이나 사용 시간에 따라 열화되어 간다. 점검에는 일상점검(매 검사 전), 특별점검(원거리 운송, 고장 수리 시), 정기 점검이 있고 점검의 종류에 따라 내용도 다르다. 일상 점검은 초음파탐상검사가 정상적으로 이루어지는가를 점검하는 것으로 탐촉자 및 부속품을 포함하여 점검한다. 정기 점검은 1년에 1회 이상 정기적으로 실시하는 점검으로 아래의 항목 및 점검(측정)방법에 따라 소정의 성능이 유지되어 있는지를 확인한다.

나. 탐상기의 성능

초음파탐상기에 요구되는 성능으로는 초음파탐상기 본체의 시간축직선성, 증폭직선성, 분해능의 3가지가 중요하다.

(1) 증폭직선성

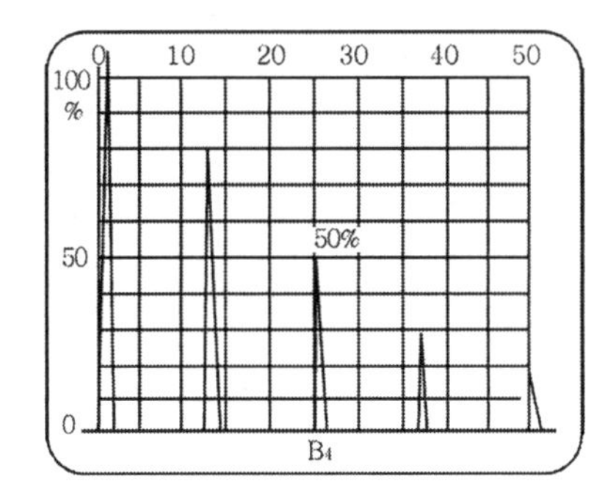

(a) 기준 감도

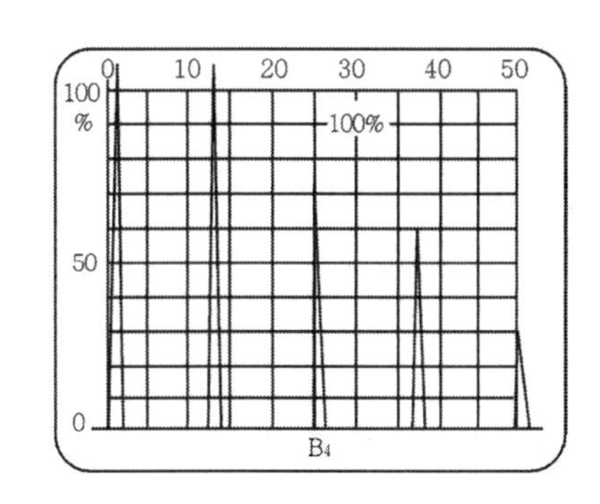

(b) 기준 감도 + 6 dB(100 %)

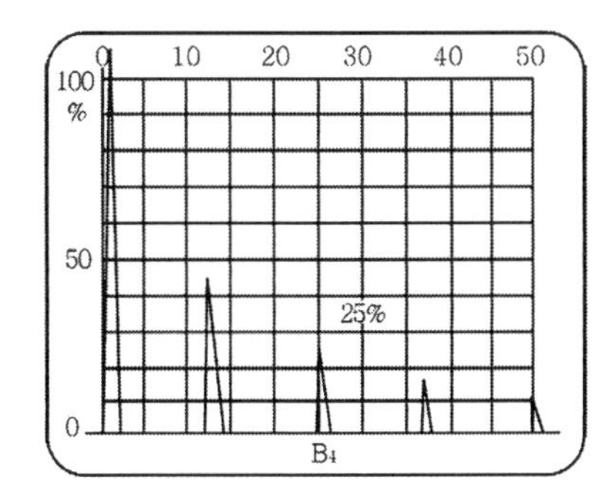

(c) 기준 감도 - 6 dB(25 %)

그림 4-71 증폭직선성의 간이적 확인방법

증폭직선성(amplitude or vertical linearity)은 입력에 대한 출력의 관계가 어느 정도 비례관계가 있는가를 나타내는 성능을 말한다. 즉, 데시벨 조정기의 조절에 따라 신호의 크기가 일정한 비율로 커지거나 또는 작아지는 것을 말한다. 이 성능이 나쁘면 정확한 에코높이가 얻어지지 않고 결함을 빠뜨리기도 하고 또 결함을 과소 또는 과대하게 평가하게 된다. 그림 4-71은 증폭직선성의 간이적 확인방법을 나타내고 있다.

(2) 시간축직선성

시간축직선성(horizontal linearity)은 탐상기의 시간축에 표시되는 저면 다중에코의 간격이 어느 정도 『등간격』인가를 표시할 수 있는 성능을 말한다. 시간 축은 결함까지의 위치 정보이기 때문에 시간축의 직선성이 나쁘면 결함 위치의 측정 오차가 커진다. 시간축직선성을 일상점검에서 간이적으로 확인하는 방법은 그림 4-72(a)와 같다.

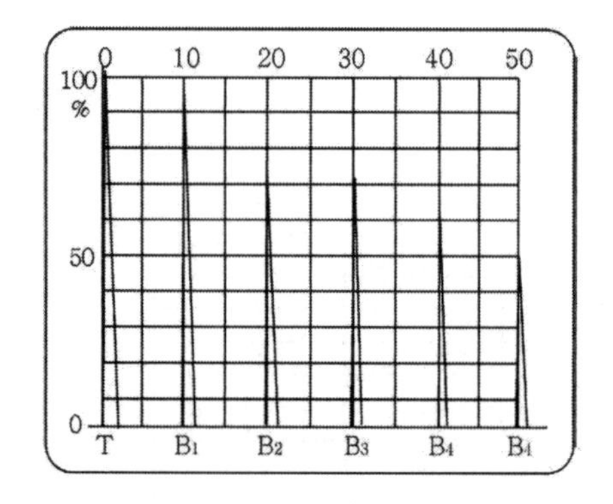

(a) B_1과 B_4로 교정하고, 시간 축 직진성이 양호한 탐상지시의 예

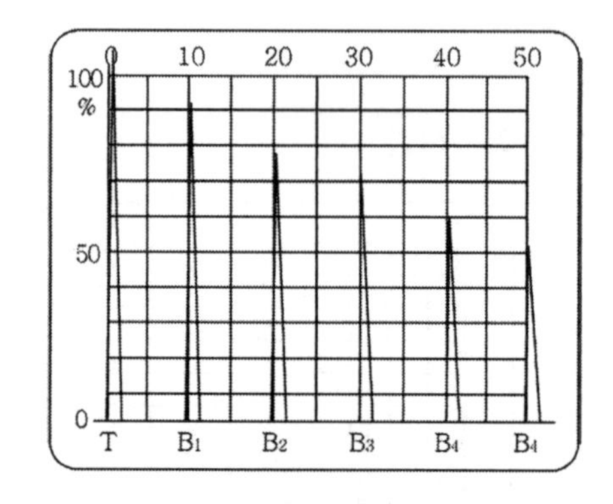

(b)시간 축 직진성이 양호한 탐상지시의 예

그림 4-72 **시간축직선성의 간이적 확인방법**

(3) 분해능

분해능(resolution)은 탐상면 표면으로부터 근접한 결함을 식별할 수 있는 탐촉자로부터의 거리 또는 방향이 서로 근접한 2개의 반사원을 화면상에 2개의 에코로 식별할 수 있는 성능을 말한다. 분해능에는 원거리분해능 및 근거리분해능 이외에 방위분해능이 있다. 원거리분해능은 탐상면으로부터 떨어진 위치에 있는 2개의 반사원으로부터 에코를 식별할 수 있는 능력이다.

근거리 분해능은 수직탐상에서 탐상면에 근접한 반사원으로부터의 에코를 식별할 수 있는 능력이다. 또, 방위분해능은 탐상면으로부터 동일거리에 있는 2개의 반사원을 2개 에코로 식별할 수 있는 능력이다. 분해능은 사용하는 탐촉자의 주파수가 높을수록 또

댐핑이 양호할수록 좋지만 그 성능을 발휘하기 위해서는 탐상기의 수신부가 증폭하는 주파수대역이 넓을수록 좋다.

방위분해능(spatial resolution)은 탐촉자의 폭 방향(좌우방향)에 근접한 결함에 대해 어느 정도 떨어져있으면 2개의 결함으로 식별할 수 있는가를 나타내는 말로 사용되는 것으로 방위분해능은 탐상면으로부터 동일거리에 있는 2개의 반사원을 2개의 에코로 식별할 수 있는 능력이다.

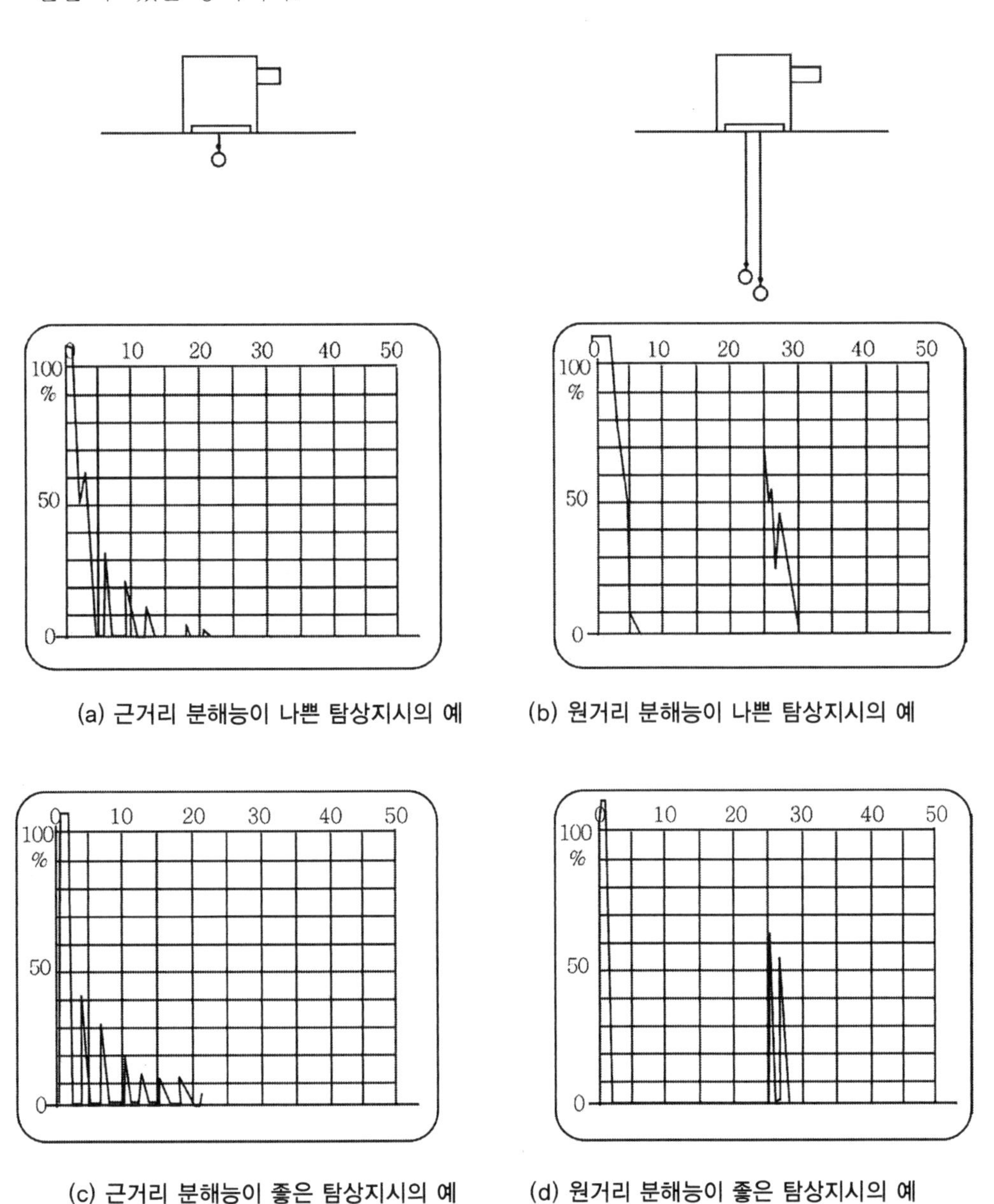

(a) 근거리 분해능이 나쁜 탐상지시의 예　　(b) 원거리 분해능이 나쁜 탐상지시의 예

(c) 근거리 분해능이 좋은 탐상지시의 예　　(d) 원거리 분해능이 좋은 탐상지시의 예

그림 4-73　**근거리 및 원거리 분해능**

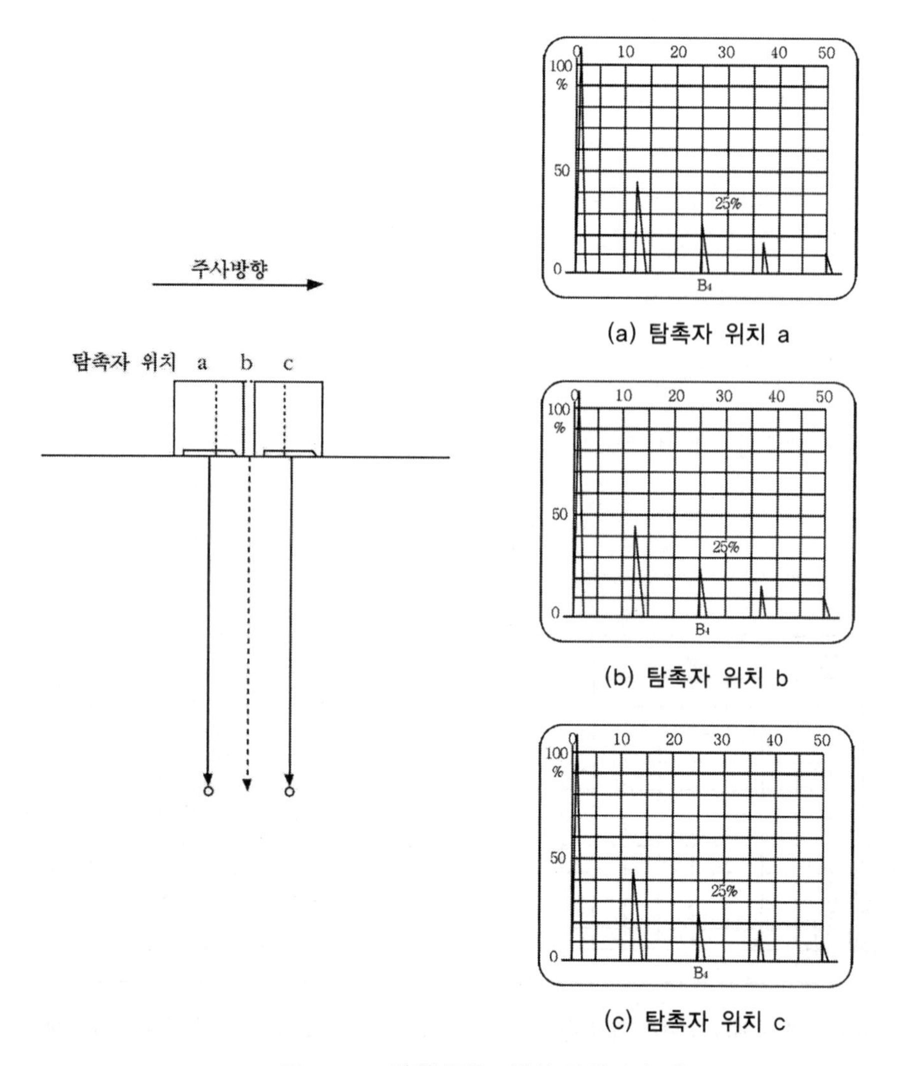

(a) 탐촉자 위치 a

(b) 탐촉자 위치 b

(c) 탐촉자 위치 c

그림 4-74 **방위분해능 특성 탐상지시 예**

(4) 탐촉자의 성능

탐촉자의 성능을 표시하는 항목은 여러 가지가 있으나 이들은 서로 상반되는 성능을 갖기 때문에 한 가지 성능이 다른 것보다 우수하다 해서 반드시 좋은 탐촉자라고 말할 수 없다. 따라서 탐상의 목적에 적합한 특성이나 성능을 갖춘 탐촉자를 선택하는 것이 바람직하다.

(a) 접근 한계 길이

입사점에서 탐촉자 선단까지의 길이를 말하며, 사용 전에는 반드시 측정할 필요가 있다. 이는 덧살이 있는 용접부를 탐상할 때 탐촉자가 근접하는 것이 불가능한 한계를 의미하고 짧을수록 좋다.

(b) STB 굴절각

표준시험편 STB A1 또는 A3형 시험편을 이용하여 측정하는 초음파의 굴절각도이다. 사각탐상에서는 접근 한계 길이와 함께 사용 전에는 반드시 측정할 필요가 있다.

(c) 불감대

송신펄스의 폭이나 쐐기내 에코(사각탐촉자의 경우)로 인해 탐상이 불가능하게 되는 영역을 의미한다. 따라서 불감대(dead zone)는 짧을수록 좋다.

(d) 주파수

탐촉자에 표시되는 주파수를 공칭주파수, 탐상에 적용되는 주파수를 검사주파수라 부른다. 검사주파수는 탐상기의 성능, 시험체의 음향특성 등의 영향을 받기 때문에 반드시 공칭주파수와 일치하는 것은 아니다.

(e) 빔 폭

구(球) 또는 원주형의 반사원에 초음파 빔이 수직방향으로(지름방향) 겨냥하였을 때 얻어지는 반사원 위치와 에코높이와의 관계를 빔폭특성이라 한다. 이 특성은 시험체를 검사할 때 탐촉자의 주사 폭을 결정하는 중요한 요소 중의 하나이다.

(f) 집속 범위

초음파 빔을 접속시켜 미세한 결함을 검출할 목적으로 제작된 집속탐촉자의 특성으로 거리진폭특성을 측정하고, 최대에코를 나타내는 거리를 집속거리라 부른다.

(g) 치우침각(편각)

초음파 빔이 본래 송신되어야 하는 방향과 실제로 송신된 초음파 빔 중심축과의 『각도차』를 말한다. 이 각도의 차가 크면 실제 검사의 판정에 오류가 생기고 가능한 한 작을수록 좋다.

4.4 초음파검사 기법 및 적용

초음파검사는 주로 강판, 단강품 및 이들 용접부 등의 검사에 적용되고 있다. 이때 대상이 되는 시험체의 재질, 형상·크기 및 검출해야 할 결함에 대하여 충분히 파악하는 것을 시작으로 초음파탐상검사의 가능여부를 검토해야 탐상방법과 탐상조건의 선정이 가능하게 된다. 이 장에서는 이들 초음파탐상검사의 적용에 앞서 시험체에 대해 조사해 놓아야할 항목과 탐상방법의 선정과 동시에 초음파탐상검사의 적용 방법에 대해 기술한다.

4.4.1 초음파검사 기법

4.4.1.1 시험체의 조사와 초음파 특성

가. 시험체의 재질 및 형상 · 치수

강판, 단강품 및 용접부의 초음파탐상시험을 하기 전에 도면에 의한 검사체의 재질 및 형상 등에 대해 조사하여 활용할 필요가 있다. 시험체의 형상·치수에 대해서는 도면에 의해 어느 정도 조사가 되지만 구조물은 항상 도면대로 제작되어있다고 보증할 수 없기 때문에 검사기술자가 계측하고 확인하는 것이 중요하다.

나. 시험체 중의 음속

시험체 중의 음속은 파동의 양식(모드)이나 음파가 전파하는 시험체의 종류에 의해 정해지고, 예를 들면 강중에서는 종파음속은 약 5,900 m/s, 횡파음속은 약 3,230 m/s이다. 시험체 음속의 측정방법은 실용적으로는 보통 초음파탐상장비를 이용하는 것이 가능하다. 예를 들면 어떤 재료의 종파음속을 측정하는 경우 그 재료의 두께를 알고 있는 개소와 STB-A1과 같이 두께와 음속을 알고 있는 시험편이 있으면 좋다. 초음파탐상기 표시기의 횡축은 초음파의 전파 시간을 나타내기 때문에 예를 들면 STB-A1을 이용하여 측정범위를 조정했을 때 음속을 측정하고자하는 재료의 기지의 두께 t(㎜)의 저면에코가 CRT상의 횡축의 x(㎜)위치에 나타났다고 하면 시험체의 음속 C_2는 다음 식으로 표시된다.

$$C_2 = \frac{t}{x} \cdot C_1 \tag{4.112}$$

단, C_1은 STB-A1 중의 종파음속이다.

횡파수직탐촉자를 이용하면 동일방법으로 횡파음속의 측정이 가능하다. 또 보통의 사각탐촉자를 이용하여 횡파음속을 측정하는 경우는 STB-A1 등으로부터 측정범위를 조정해 놓으면 초음파의 전파거리 $W_F(W)$를 반사원의 깊이 d_F(판두께 t) 및 탐촉자의 위치 y로부터 구해놓고 CRT상에서 읽은 빔진행거리 x와의 비를 이용하여 식(4.113)으로부터 시험체 중의 음속 C_{S2}를 구하는 것이 가능하다.

$$C_{s2} = \frac{W_F}{x} \cdot C_{s1} \tag{4.113}$$

단, C_{S1}은 STB-A1의 횡파 음속

다. 음속 차의 보정

측정범위의 조정에 이용한 시험편과 시험체와의 음속이 다른 경우는 보정이 필요하게 된다. 보정 방법으로는 미리 음속이 다르다는 것을 고려하여 초음파탐상기의 시간 축을 조정해 놓는 방법과 나중에 음속의 차를 환산하는 방법 2가지가 있다. 여기서 측정범위의 조정에 이용하는 시험체의 음속을 C_1, 검사체의 음속을 C_2라 하면 각각 다음과 같이 보정하는 것이 된다.

전자의 방법을 적용하는 경우 측정범위의 조정에 이용한 시험편의 치수를 t_1라 할 때 CRT상에서 이 치수와 등가한 검사체의 치수 t_2는 다음과 같이 구한다.

$$t_2 = \frac{C_2}{C_1} \cdot t_1 \tag{4.114}$$

여기서 시험편의 치수 t_1으로부터의 에코를 시험체의 치수 t_2라 간주하고 측정범위를 조정한다. 물론 시험체에 기지의 치수가 있으면 그 부분을 사용하여 측정범위 조정이 가능하다. 상기의 방법은 빔진행거리의 읽음이 직접 가능한 이점이 있으나 측정범위 조정에 이용하는 에코가 CRT상의 눈금과 눈금 사이에 나타나는 경우가 있어 조정이 어려운 경우가 있다.

후자의 방법을 이용하는 경우는 표준시험편 등을 이용하여 측정범위를 조정해 놓고 시험체를 탐상하였을 때 나타나는 에코의 위치 x_1을 그대로 읽고 후에 다음 식에 의해 음속비 C_2/C_1을 곱하여 빔 진행거리를 구한다.

$$x_2 = \frac{C_2}{C_1} \cdot x_1 \tag{4.115}$$

이 방법은 표시기 상에 읽은 에코의 위치를 그때 마다 환산하여 빔진행거리를 구할 필요가 있고 사각탐상에서는 CRT상의 빔진행거리의 읽음 외에 굴절각의 보정이 필요하게 된다. 예를 들면 STB-A1을 이용하여 굴절각을 측정하는 경우는 시험체와의 음속의 차를 스넬의 법칙으로 부터 보정해 놓을 필요가 있다. 표준시험편 및 시험체의 음속을 각각 C_1 및 C_2라 놓고 STB 굴절각을 θ_1이라 하면 시험체 중의 굴절각 θ_2는 다음 식으로 표시 된다.

$$\theta_2 = \sin^{-1}[\frac{C_2}{C_1} \cdot \sin\theta_1] \tag{4.116}$$

라. 전달손실 및 감쇠계수

초음파의 손실과 감쇠에 대해서는 탐상면의 표면상태가 시험범위 전체에 걸쳐 일정하며, 탐상면이나 저면에서의 반사손실은 무시할 수 있을 정도로 적다고 가정하고, 전달손실과 산란에 의한 감쇠의 보정방법을 고려한다. 탐상기의 감도조정에 시험편방식을 이용하는 경우 감도 조정용 시험편과 시험체와의 전달손실과 감쇠계수가 양쪽이 다르게 되고(대비시험편을 이용하는 경우도 다른 것으로 취급한다) 보정에는 이들 차를 측정해 놓을 필요가 있다. 또 저면에코방식의 경우 보정이 필요 없다고 생각할지모르나 결함에코와 저면에코와는 시험체 중을 전파하는 거리가 다르기 때문에 산란에 의한 감쇠의 보정만이 필요하게 된다.

마. 시험체의 음향이방성

강재 중에서 초음파의 음속이나 감쇠 등의 초음파의 전파특성이 탐상방향에 따라 다른 경우가 있고 이런 재료를 음향이방성이 있는 재료라 부른다. 예를 들면 압연 강판에서는 주압연방향(L방향)과 이에 직각인 방향(C방향)에서 초음파의 전파특성이 다르다는 것이기 때문에 탐상에 앞서 이들을 측정할 필요가 있다. 음향이방성은 특히 사각탐상에 미치는 영향이 크고 JIS Z 3060에서는 다음과 같이 STB 음속을 측정하고 이 값 어느 것도 규정 값을 넘는 경우에는 음향이방성이 T는 재료로 간주하고 STB 와의 음속비에 의해 사용하는 굴절각을 규정하고 있다.

4.4.1.2 초음파검사 기법의 종류

초음파검사에는 여러 방법이 있고 시험대상물이나 시험의 목적에 따라 탐상방법을 선정한다. 우선 각종 탐상방법의 종류에 대해 설명하고 다음에 기본적인 탐상방법 및 탐상조건을 선정하는 경우 고려해야할 사항에 대해 설명한다.

가. 탐상검사 기법의 종류와 특징

초음파탐상법은 표 4-15에서와 같이 여러 방법들이 있으나 현재 가장 널리 이용되고 있는 초음파탐상검사법은 펄스반사법이다. 연속적으로 탐상하는 자동탐상의 경우에는 펄스투과법이나 연속파를 이용한 장치가 있으나 거의 대부분은 펄스반사법(pulse echo method)이 사용되고 있다.

(1) 원리에 의한 분류

초음파탐상법을 원리에 의해 분류하면 펄스반사법, 투과법, 공진법으로 분류할 수 있다.

(a) 펄스반사법

초음파검사에 이용되고 있는 초음파는 그림 4-75와 같이 펄스파(pulse wave)와 연속파(continuous wave)가 있는데, 현재에는 펄스파가 널리 이용되고 있으며 이 방법은 수μ초(1μ초$=1\times10^{-6}$초)정도의 짧은 시간 내의 진동을 시험체에 전달시킨다. 초음파펄스를 보낸 시간부터 초음파펄스를 수신한 순간까지의 경과시간(time of flight; TOF)을 측정함으로써 결함이나 저면 등의 반사원까지의 거리를 알 수 있다.

펄스반사법은 초음파의 진동지속시간이 수 ㎲ 이하의 매우 짧은 초음파펄스를 시험체에 입사시켜 시험체 저면이나 결함 등의 반사면으로부터 반사 신호를 수신함으로써 반사면의 위치나 크기를 알아내는 방법이다. 이것은 초음파탐상의 가장 일반적인 방법으로 협의의 초음파탐상은 이 방법을 가리킨다.

표 4-15 초음파법의 종류

초음파형태	송수신 방식	탐촉자수	접촉방식	표시방식	진동양식·전파방향
펄스파법 연속파법	반사법 투과법 공진법	1탐촉자법 2탐촉자법	직접접촉법 국부수침법 전몰수침법	A-scan법 B-scan법 C-scan법 D (T)-scope F-scan법 P-scan법	수직법(종파·횡파) 사각법(종파·횡파) 표면파법 판파법 크리핑파법 누설표면파법

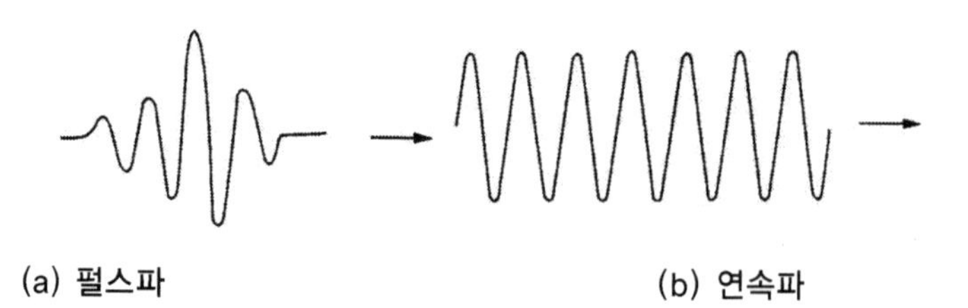

그림 4-75 **펄스파와 연속파**

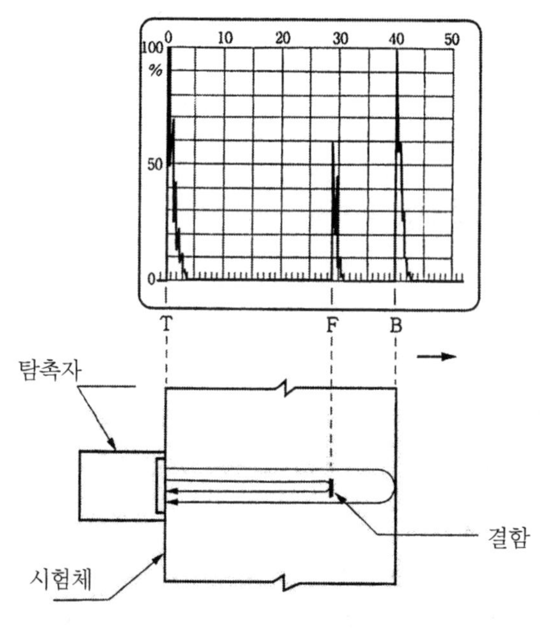

그림 4-76 **펄스반사법의 원리**

(b) 투과법

투과법은 2개의 송·수신 탐촉자를 사용하여 송신탐촉자에서 송신된 초음파가 시험체 중을 투과하여 수신되는 과정에서 시험체내의 결함에 의한 산란 등의 원인에 의해 초음파가 감쇠하는 정도로부터 그 시험체내부의 결함크기를 아는 방법이다.

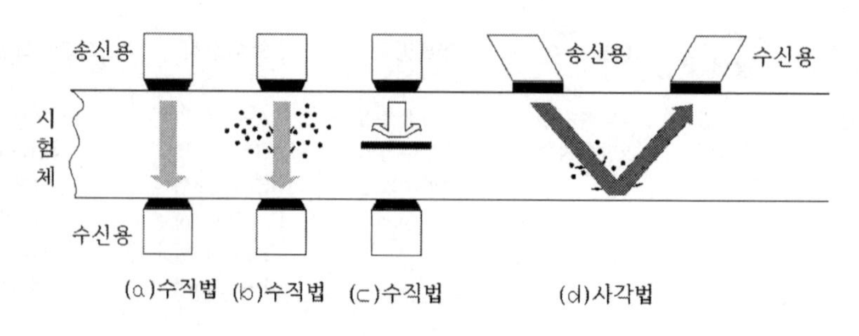

그림 4-77 **투과법의 원리**

이 방법은 결함이나 시험체의 조직에 의한 초음파의 감쇠로부터 판단하는 것으로, 시험체의 다른 표면에서 초음파를 송·수신하는 경우가 많다. 투과법에는 연속파 및 펄스파가 사용 가능하나 대부분 펄스파를 사용하며, 탐촉자와 시험체 사이에서의 초음파의 안정적인 전달이 중요하므로 시험체 표면이 특별히 양호한 경우를 제외하고 수침법이 이용되는 경우가 많다.

(c) 공진법

시편의 두께가 초음파의 반파장 또는 반파장의 정수배에서 공진이 일어나게 되는 원리를 이용한 초음파탐상법이다. 초음파의 파장은 주파수를 이용하여 조종한다. 즉 초음파를 송신할 때 주파수를 변화시켜 검사하고자 하는 시험편의 두께에 맞춰 공진이 일어나도록 한다. 공진의 확인은 수신된 펄스의 크기가 증가하므로 쉽게 알 수 있다. 시험편두께(t)는 기본주파수 또는 공진주파수(f)와 매질에서의 초음파 속도(v)를 이용하여 다음 식으로 계산하여 알 수 있다.

$$t = \frac{v}{2f} \tag{4.117}$$

기본공진주파수는 진동의 기본주파수를 알아내기 어렵기 때문에 두 개의 이웃한 조화음(harmonic)간의 차이를 계산하여 얻는다.

$$t = \frac{v}{2(f_n - f_{n-1})} \tag{4.118}$$

단, f_n, $f_n - 1$: n번째와 (n-1)번째의 조화주파수

공진법은 핵연료봉관과 같은 얇은 시험편의 두께 측정에 사용되고 있으나 근래에는 탐촉자 성능이 좋아져 펄스에코법이 더 한층 많이 사용되고 있다.

(2) 표시방법에 의한 분류

초음파탐상 결과의 표시 또는 기록방식으로는 수신신호(에코) 등의 정보를 화면상에 어떠한 지시로 표시하는 가에 따라 분류된다.

(a) 기본표시(A-scope 표시)

기본표시에서 가로축은 초음파의 전파시간을 거리로 나타내고 세로축은 수신신호(에코)의 크기를 나타내기 때문에 탐촉자를 댄 위치에서 에코높이, 에코위치, 에코파형의

3가지 정보가 탐상기의 화면에 탐상지시로 직접 표시된다. 이 방법은 전체적인 파악에 어려움이 있으나 장치의 사용이 간편하고 저가이기 때문에 현재 가장 널리 사용되고 있다. 에코파형의 표시방법으로 radio frequency(RF)파형 및 direct current(DC)파형이 있으나 현재 초음파탐상기의 대다수가 DC파형이 표시되기 때문에 이 책에 도시되는 탐상지시의 대부분은 DC파형의 기본표시를 나타내고 있다.

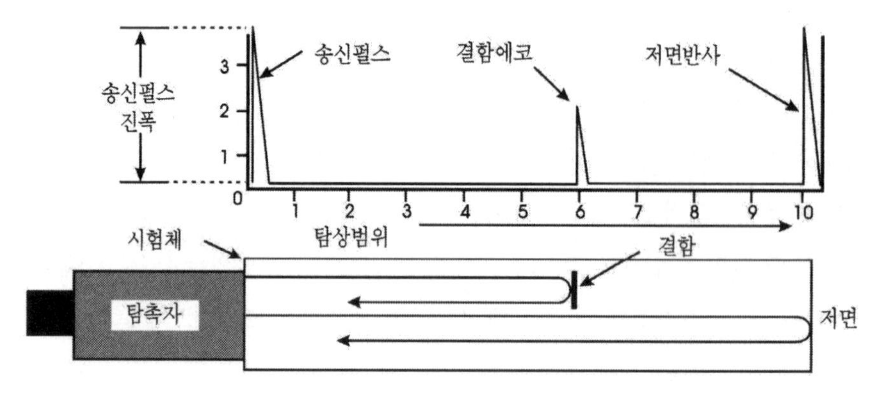

그림 4-78 **A-Scan 표시**

(b) 단면표시(B-scope표시)

단면표시는 그림 4-79와 같이 A-scope의 에코높이의 신호에 휘도변조를 하여 탐촉자의 위치 또는 이동거리와 탐촉자의 전파시간 또는 반사원의 깊이위치를 표시하는 방법이다.

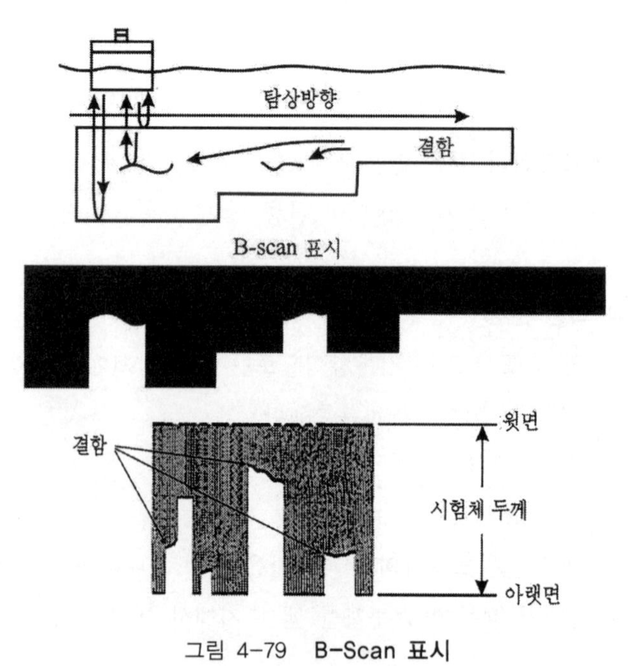

그림 4-79 **B-Scan 표시**

얻어진 지시는 시험체를 탐촉자의 주사선으로 절단하였을 때의 단면상(斷面像)이고, 주사선 아래 이상부의 깊이위치와 그 분포 또는 저면까지의 거리변화에 의한 판두께의 측정 등이 가능하다.

(c) 평면표시(C-scope표시)

평면표시는 그림 4-80과 같이 탐상면 전체에 걸쳐 탐촉자를 주사시키고 결함에코가 나타난 탐촉자 위치, 또는 결함위치를 평면도처럼 표시하는 것이다. 탐상면과 저면 사이에 결함이 있는 경우 그 결함에코높이에 대응하여 표시 점의 휘도를 높인다. 컬러표시의 경우에는 색을 변화시킨다. 결함에코를 채취하기 위한 감시범위(탐상면으로부터의 거리)를 게이트에 의해 이동시키든가 또는 에코높이 대신에 결함에코까지의 시간변화를 색별로 표시하면 탐상면으로부터 어느 일정깊이마다 표시한 결함의 평면도가 얻어진다.

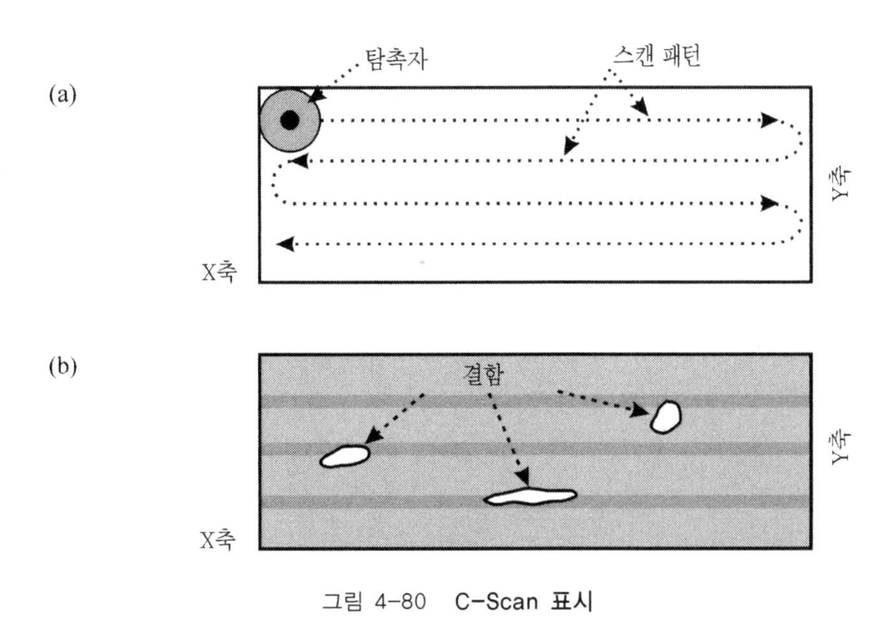

그림 4-80 C-Scan 표시

(d) 그 외의 표시방법

최근에는 컴퓨터기술의 발달과 함께 탐촉자 위치 및 그곳에서 채취한 초음파신호를 저장하고 해석 소프트웨어 등을 이용하여 단면표시, 평면표시, 이들의 조합표시, 확대표시 등이 가능해지고 있다. 예를 들어 D(T)-scope 및 P-scope는 단면표시(종단면 및 횡단면)와 평면표시를 조합시킨 표시방법으로, D(T)-scope는 시험체 저면의 부식 등에 의한 두께감소상태를 corrosion map으로 나타내고 P-scan은 주로 용접부결함의 위치, 크기, 형상표시를 목적으로 하고 있다. 또한 얻어진 결함에코 등의 반사파를 파형 분석하여 그 에코파형의 특징을 추출하고 그 특징을 이용하여 여러 종류의 표시를 하는 feature-scan 표시가 있다. 그림 4-81은 사각탐촉자를 전후 주사시켰을 때의 기본표시를 중첩하여 하나의 도형으로 표시한 것이다. 이것을 MA표시라 하고 결함의 형상을 추정하는 경우 등에 이용된다.

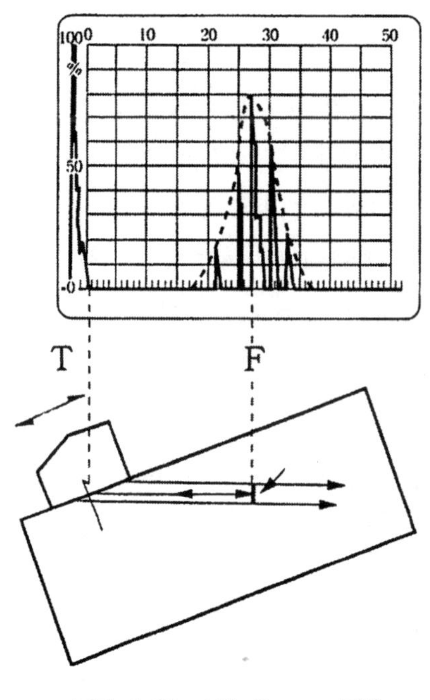

그림 4-81 MA-Scope 표시

(3) 접촉방법에 의한 분류

탐촉자를 시험체에 접촉시키는 접촉방법을 분류하면 그림 4-82와 같다. 직접접촉법은 시험체 표면에 기계유나 글리세린 등의 접촉매질을 도포하고 탐촉자를 직접 접촉시켜 가면서 탐상하는 방법이다. 탐촉자와 시험체표면(탐상면) 사이의 공극(空隙)을 없애기 위해 접촉매질(couplant)을 사용한다. 접촉매질로는 탐상면이 평면으로 평활한 경우에는 주로 기계유나 물을 이용하고, 표면이 거칠 경우나 곡면이 있는 경우에는 주로 글리세린이나 페이스트 등을 이용한다.

수침법은 탐촉자와 시험체 사이에 물을 넣고 탐상하는 방법으로, 에코높이가 시험체 표면상태의 영향을 거의 받지 않고 안정된 탐상이 가능하다. 수침법에는 갭(gap)법, 국부수침법 및 전몰수침법이 있다. 국부수침법은 탐촉자 주위에 케이스 또는 박막을 만들고 국부적으로 물기둥을 형성시켜 탐상하는 방법이다.

물거리는 시험체 두께의 C_W/C_I(C_W는 물의 음속, C_I 는 시험체의 종파음속)배 이상이다. 시험체가 강의 경우 물거리(x_W)는 통상 두께의 1/4 이상으로 설정할 필요가 있다.

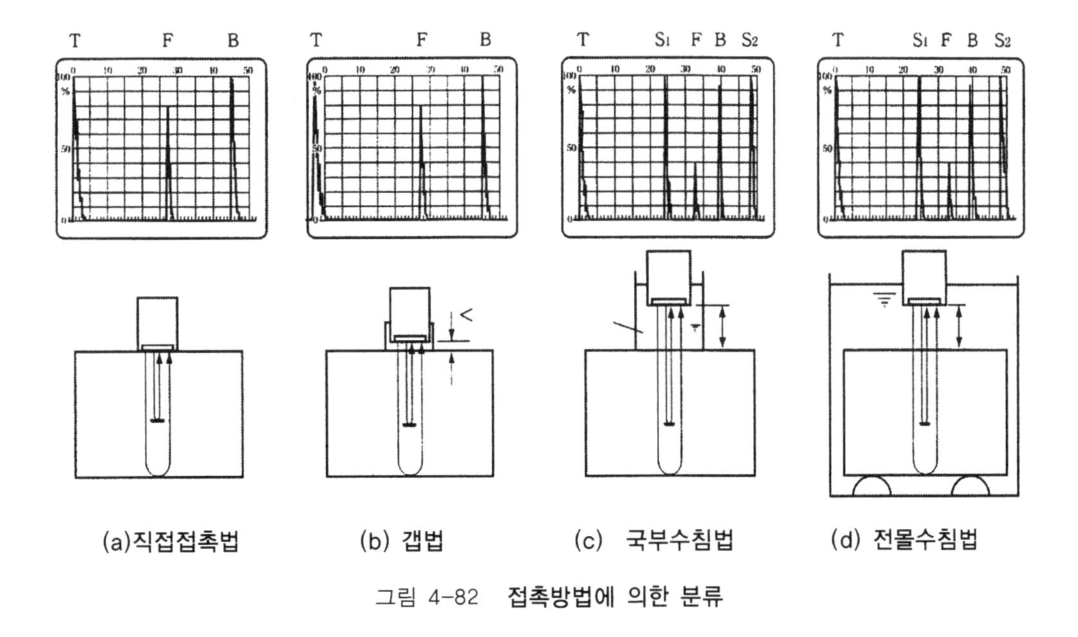

그림 4-82 **접촉방법에 의한 분류**

$$x_W \geq \frac{C_W}{C_I} \cdot t \tag{4.119}$$

국부수침법의 응용으로 분류탐상법이 있다. 이 방법은 시험체의 상하에 탐촉자를 대향시켜 탐촉자와 시험체의 사이를 제트물유동층으로 음향적으로 결합시켜 투과법으로 탐상하는 방법이다. 강판의 연속자동탐상에 이용되고 있다.

전몰수침법은 시험체 전체를 수조에 침몰하여 탐상하는 방법이다. 이 경우의 물거리도 국부수침법과 동일하게 두께의 C_W/C_I 배 이상으로 설정할 필요가 있다. 전몰수침법에는 음향렌즈를 사용하며 빔을 집속하여 탐상하는 것이 많다. 집속빔을 이용하면 에너지가 집중하여 결함으로부터의 에코높이가 커질 뿐만 아니라 방위분해능이 향상되어 미세한 결함의 검출성 향상에 도움이 된다.

갭법은 탐촉자와 시험체 표면사이에 수 파장 정도 이하의 갭을 설정하고 그 사이에 물을 채워 탐상하는 방법이다. 탐촉자의 주사는 직접접촉법과 거의 동일하고 수침법과 같이 안정된 에코를 얻을 수 있다.

비접촉법은 탐촉자와 시험체 사이에 접촉매질을 사용하지 않고 탐상을 하는 방법으로 전자기음향탐상(electromagnetic magnetic acoustic transducer; EMAT), 공기결합탐상(air coupled transducer; ACT)법, 레이저 초음파(laser based ultrasonic; LBU)법, dry couplant 탐촉자에 의한 방법 등이 있으며 이들 방법에 대해서는 제 4.5절에서 자세히 소개한다.

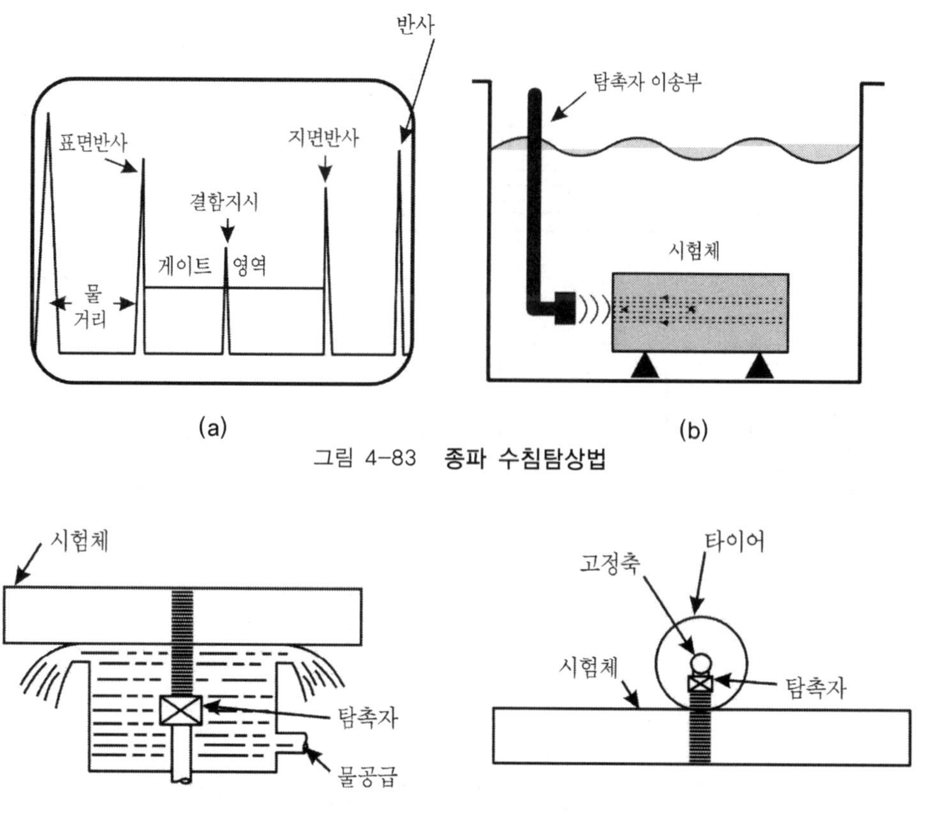

그림 4-83 **종파 수침탐상법**

그림 4-84 **타이어(wheel) 탐촉자 기법**

(4) 초음파의 전파방향과 파동양식에 의한 분류

초음파검사에 이용되고 있는 초음파의 종류(파동양식)는 전술한 바와 같이 종파, 횡파, 표면파와 판파가 있고, 종파와 횡파는 시험체 내부에, 표면파는 탐상면을 따라 전파한다. 초음파의 전파방향과 파동양식에 따라 탐상방법을 분류하면 그림 4-85와 같다. 수직법은 시험체 표면에 대해 수직방향으로 초음파를 전파시키는 방법으로 보통 종파가 사용된다. 주로 단강품, 압연강재, 클래드 등의 검사에 적용된다. 수직법에서는 수직탐촉자가 이용되며, 시험체의 표면부근의 탐상에는 2진동자 수직탐촉자에 의한 방법이 이용되고 있다.

사각법은 초음파를 탐상면에 대해 경사방향으로 전파시키는 방법이다. 통상의 사각탐촉자에는 쐐기각을 굴절종파의 임계각 이상으로 설정하여 횡파만 전파하도록 만들어져 있다. 사각법은 용접부의 탐상법으로 많이 사용되는데, 1탐촉자법 외에 탠덤주사법, V 주사법, K 주사법 및 두갈래 주사법과 같은 2탐촉자법이 평면결함의 검출용으로 채용되고 있다. 사각법의 특수한 응용으로 크리핑파를 이용하는 방법이 있다.

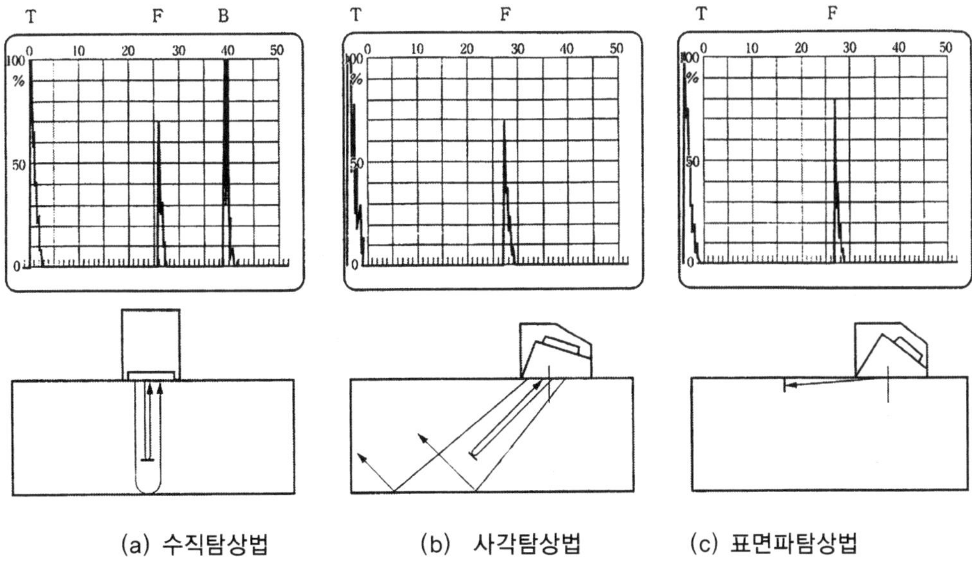

(a) 수직탐상법　　(b) 사각탐상법　　(c) 표면파탐상법

그림 4-85 **전파방향에 의한 분류**

표면파법은 표면파(rayleigh wave)를 사용하여 시험체 표층부의 결함을 검출하는 방법이다. 표면파탐촉자는 굴절횡파에 대한 임계각에 가까운 각도로 쐐기로부터 시험체에 입사하도록 만들어져 있다. 표면파는 그 음압이 거리의 평방근에 역비례하는 원통파형으로 전파하기 때문에 확산에 의한 감쇠가 적어 먼 곳에까지 전파한다. 또 곡면에서도 잘 전파하기 때문에 압연롤, 터빈블레이드 및 하니컴 구조부재 등의 표층결함 검사에 적용되고 있다. 표면파법은 결함검출과 함께 결함깊이 측정에도 이용되고 있다.

판파법은 시험체에 판파(lamb wave)를 전파시켜 탐상하는 방법이다. 판파는 가변각탐촉자를 사용하여 입사각 θ_i 가 $\theta_i = \sin^{-1}(C_i/C_p)$ 의 조건을 만족하도록 설정하여 발생시킨다. 여기서, C_i 는 쐐기의 음속, C_p 는 판파의 위상속도이다. 위상속도는 사용주파수와 판두께의 곱 및 판파의 모드에 의해 결정된다. 입사각을 바꾸면 여러 모드의 판파가 발생한다.

판파법은 표면결함과 내부결함을 동시에 검사하는 것이 가능하고 전파시 확산손실이 적기 때문에 검사가능거리는 1 m 이상에까지 미친다. 단, 수침법을 적용하는 경우 파동의 에너지가 수중에서 방사되기 때문에 전파손실이 크고 검사가능거리는 수 cm 이하로 된다.

(5) 탐촉자 수에 의한 분류

사용하는 탐촉자의 수에 따라 분류하면 1탐촉자법과 2탐촉자법으로 나눌 수 있다. 1탐촉자법은 초음파의 송신과 수신을 1개의 탐촉자로 병용하는 방법이고 2탐촉자법은 그림

4-86과 같이 2개의 탐촉자를 사용하여 초음파의 송신과 수신을 2개의 탐촉자로 별개로 하는 방법이다. 입사각을 바꾸면 여러 모드의 파가 발생한다.

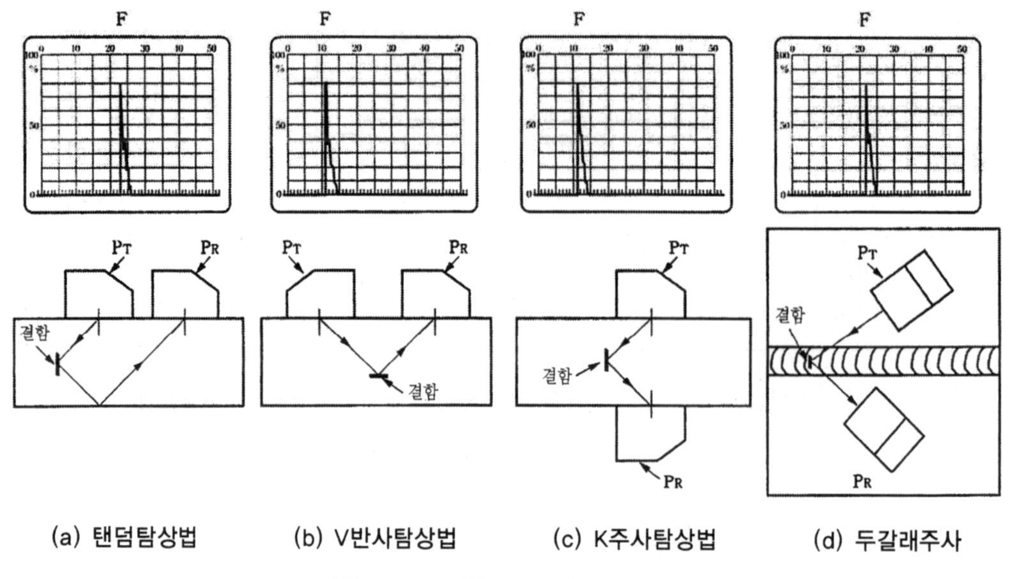

(a) 탠덤탐상법 (b) V반사탐상법 (c) K주사탐상법 (d) 두갈래주사

그림 4-86 **2탐촉자법의 예(P_T: 송신용탐촉자, P_R: 수신용탐촉자)**

4.4.1.3 초음파검사 기법의 선정 시 고려해야할 사항

실제로 초음파검사를 적용 시에 고려해야할 사항으로는 시험체의 형상·치수, 재질과 함께 발생하기 쉬운(검출해야 하는) 결함의 위치, 형상·치수, 방향성 등의 정보이다.

가. 탐상방향의 선정

초음파검사에서는 초음파의 진행방향에 수직하게 결함이 존재할 때 결함으로부터의 반사에코는 크게 나타나 검출이 용이하게 된다. 따라서 수직탐상을 적용하는 경우 시험체 전체가 초음파 빔이 미치지 못하므로 검출해야 할 결함의 발생위치, 방향에 대응한 탐상방향을 선정하지 않으면 안 된다. 다시 말해, 결함을 가장 잘 검출할 수 있는 방향은 일반적으로 결함의 투영 면적이 최대가 되는 방향, 다시 말해 결함을 가장 크게 볼 수 있는 방향이다. 예를 들면 압연재에서는 내부결함이 압연방향에 길게 펴져 있기 때문에 판두께 방향에서의 투영 면적이 최대가 된다. 탐상방향을 선정하는 경우 기본적으로 고려해야할 사항은 다음과 같다.

① 발생이 우려되는 결함의 위치 및 방향을 상정한다.

② 결함에 초음파가 반사되는 면이 수직이 되는 면을 탐상면으로 한다.
③ 시험체의 구조상 ②와 같은 표면이 탐상면이 아닌 경우는 이면으로부터의 탐상이나 반사회수의 변경 등을 고려하여 탐상면을 결정한다.
④ 횡파사각탐촉자를 사용하는 경우 굴절각 40° 이상 70° 이하의 범위에서 결함을 수직에 가까운 방향으로부터 겨냥할 수 있는 굴절각을 선정한다.
⑤ 결함의 발생위치(시험대상 부위) 전체를 커버하도록 주사범위를 결정한다.

사각탐상검사의 경우는 시험체표면(탐상면)에 대해 경사로 초음파를 투입하여 탐상하는 방법으로 표면에 대해 경사를 갖는 결함(표면에 평행하지 않는 결함)의 검출과 평가에 적합하고 용접부나 단조품에 적용된다. 탐상방향을 선정하는 경우 수직탐상과 같이 시험부 전체를 초음파 빔이 미치게 하는 것만 아니고 검출해야 할 결함의 발생위치, 방향을 고려하지 않으면 안 된다.

나. 탐촉자의 선정

(1) 주파수

시험주파수의 선정에서 고려해야 하는 것은 검출한계가 되는 결함크기(파장의 1/10 정도), 탐촉자 및 결함의 지향특성, 산란에 의한 감쇠나 SN비, 탐상면의 거칠기 및 곡률에 의한 전달손실 등을 고려해야 한다. 일반적으로 보통의 사각탐상에는 횡파초음파가 사용되고 있고 용접부의 탐상에는 2~5 MHz 의 주파수가 많이 사용되고 있다. 초음파의 파장이 짧을수록 결함에 의한 초음파는 반사되기 쉽기 때문에 주파수가 높을수록 미소결함 검출능은 높아진다. 검출한계가 되는 결함크기는 보통강에서 파장의 1/2~1/10 정도이다. 주파수가 높을수록 탐촉자의 지향성은 예리하기 때문에 결함위치의 측정정밀도를 높이기 위해서는 높은 주파수가 좋다. 그러나 초음파 빔은 가늘기 때문에 탐촉자의 주사피치는 작게 할 필요가 있다.

초음파의 파장이 금속의 결정립의 크기와 같지 않거나 그 이하일 때 다시 말해 주파수가 너무 높은 경우 또는 결정립이 조대한 경우에는 산란감쇠가 크고 또 결정립계에서 산란 등에 의한 임상에코가 나타나게 되고 결함검출이 곤란해진다. 이와 같은 경우에는 저주파수를 사용한다.

(2) 진동자 치수

진동자 크기의 선정 시 고려해야 하는 것은 수직탐상의 경우와 같이 근거리 음장한계거리와 지향성을 고려해야 한다. 진동자 크기가 크게 되면 근거리 음장 한계가 길어지므로 근거리 결함의 검출에는 적합하지 않다. 따라서 시험대상 부위까지의 최단거리가 적어도 근거리 음장 한계거리 이상이 되도록 진동자크기를 선택하면 최대 에코높이를 나타내는 탐촉자 위치로부터 결함크기를 정밀하게 측정할 수 있다. 진동자의 지향성은 결함위치를 정확히 측정할 수 있으므로 지향성이 예리하도록 진동자치수는 큰 것을 선택하면 좋다.

(3) 굴절각

굴절각의 선정 시 먼저 고려되어야 하는 것은 시험체의 형상과 치수, 예상되는 결함의 방향, 초음파가 결함에 수직에 가까운 방향으로 부딪히게, 가능한 한 짧은 빔진행거리로 탐상할 수 있는 굴절각을 선정할 필요가 있다. 용접부의 사각탐상에서는 접근한계길이로 인해 탐상불능영역이 존재하기 때문에 주의해야 한다. 그리고 편측용접부의 용입불량(루트용입불량)이나 루트균열 등의 이면에 개구해 있는 결함을 사각탐상할 경우 사용하는 탐촉자의 굴절각에 따라 횡파로부터 종파로의 모드 변환이 발생하는 것이 있다.

(4) 불감대

불감대(dead zone)라는 것은 빔진행거리상에서 얼마만큼 가까운 거리에 있는 결함을 검출할 수 있는 가를 나타내는 것으로 불감대가 길면 표면근방의 탐상이 곤란하게 된다.

4.4.1.4 시험조건의 선정

가. 검출레벨

검출레벨이라는 것은 결함의 평가대상으로 하는 하한의 에코높이 레벨로 초음파탐상시험을 실시하고 이 레벨을 넘는 에코가 나타났을 때 그 반사원의 위치나 크기 등을 측정하고 그것들에 의해 시험체를 평가 또는 시험체 그 후의 처치를 결정하게 된다. 따라서 검출레벨은 초음파탐상시험에 의해 검출해야 할 결함을 빠뜨리지 않는 최저레벨로 결정할 필요가 있고 검출해야 할 결함의 최소크기와 그 에코높이를 참고로 하여 설정한다.

나. 탐상감도와 감도표준시험편

초음파탐상검사를 하는 경우 시간축과 함께 반드시 종축의 탐상감도도 조정해야 한다. 탐상감도라는 것은 결함에코(또는 관찰, 감시하려 하는 에코)를 브라운관상에 어느 정도의 크기로 표시하는가를 말하며 결함검출을 목적으로 하는 초음파탐상시험에는 검출레벨이 브라운관상에서 관찰하기 쉬운 적절한 높이가 되도록 설정한다. 감도조정 방법은 시험체의 저면에코를 이용하는 저면에코방식과 표준시험편이나 대비시험편에 정해진 크기의 인공 결함으로부터의 에코높이를 기준으로 하는 시험편방식이 있다.

저면에코방식에 의한 감도조정은 시험체의 건전부에서 저면에코높이를 미리 정해진 값이 되도록 게인조정노브를 조작(경우에 따라서는 펄스에너지도 조작)한다. 이 방식에서는 시험체의 표면 상태에 의한 결함에코 높이의 변화(다시 말해 탐상면에서 전달효율의 변화)가 보정되는 것 외에 두꺼운 판재에서는 산란감쇠에 의한 에코높이의 저하를 보정하는 효과가 있다. 단 탐상면에 가까운 결함일수록 결함에코를 과대평가할 가능성이 있기 때문에 주의해야 한다.

시험편방식에 의한 감도조정은 적당한 표준시험편(STB) 또는 대비시험편(RB)의 표준구멍으로부터의 에코높이를 미리 정해져있는 값이 되도록 게인조정노브를 조작한다. 표준시험편을 사용하는 경우 시험체와의 초음파 특성 다시 말해 탐상면의 거칠기와 재료(산란감쇠)의 차에 의한 전달효율과 감쇠계수의 차가 큰 경우 감도보정이 필요하게 된다. 대비시험편을 사용하는 경우는 시험체와 동일한 초음파 특성을 갖는다는 것을 확인할 수 있으면 감도조정을 할 필요가 없다.

4.4.1.5 수직탐상 기법

수직탐상법이란 시험체 표면에 수직으로 초음파가 진행하도록 탐촉자를 배치하고 접촉매질를 통해 시험체 내에 초음파를 전파시켜 결함이나 저면으로부터의 에코높이나 위치를 구하고 시험체의 건전성을 조사하는 방법이다.

가. 결함의 검출방법

그림 4-87에 수직탐상법의 개요를 나타내고 있다. 결함이 존재하지 않는 건전부에서는 (a)에서와 같이 브라운관에는 저면에코만이 나타나고 결함부에서는 (b)와 같이 저면에코 앞에 결함에코가 나타난다. 따라서 결함을 검출하는 데는 그림 4-87과 같이 탐상면에서 탐촉자를 이동(주사)시키면서 브라운관을 관찰하고 저면에코 앞에 나타나는 에코(결함에코)를 찾아 결함의 유무를 조사한다.

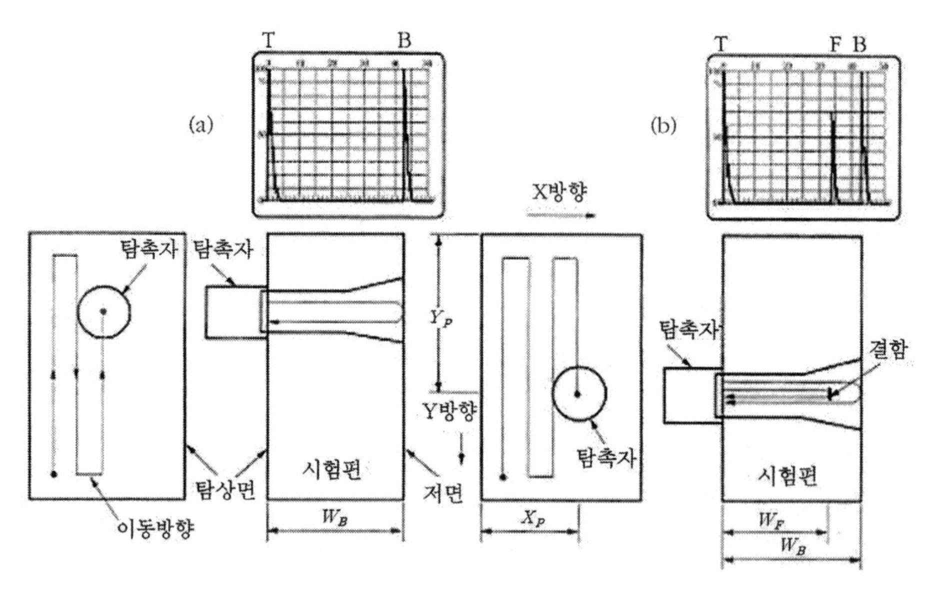

그림 4-87 **수직탐상법의 개요**

나. 결함위치의 측정방법

탐상에 앞서 브라운관 횡축의 각 눈금이 몇 ㎜에 상당하는가를 표준시험편(STB-A1, STB-N1) 또는 대비시험편을 이용하여 조정한다. 이것을 측정범위의 조정 또는 시간축의 조정이라 부른다.

조정된 시간축에 있어서 건전부에서는 브라운관에 나타나는 저면에코의 빔진행거리 W_B가 시험체의 두께 t에 상당하고 t는 다음 식으로 구할 수 있다.

$$t_1 = W_B \tag{4.120}$$

한편, 결함부에서는 결함이 탐촉자의 직하에 있는 것으로 브라운관에 검출된 결함에코의 최대높이를 나타내는 에코의 빔진행거리 W_F 와 그때의 탐촉자 위치(X_P, Y_P), 결함위치(Y_F, Z_F)는 각각 다음 식으로 구하는 것이 가능하다.

탐상의 기점부터 결함까지의 X 방향거리 $X_F = X_p$

탐상의 기점부터 결함까지의 Y 방향거리 $Y_F = Y_p$

탐상면으로부터 결함까지의 Z 방향(두께방향)거리 $Z_F = W_F$

다. 결함에코 높이의 측정과 표시방법

탐상에 앞서 검출해야할 결함에코높이(검출레벨)를 CRT 상에서 보기 쉬운 높이(미리 종축의 몇 눈금으로 할 건지 정해 놓는다)가 되도록 게인을 조정하여 놓는 것을 탐상감도의 조정이라 한다. 탐상감도를 조정한 후 검출한 결함의 최대에코높이에 대해 그 때의 게인조정노브의 값을 읽고 표시한다.

라. 결함크기의 측정

(1) 결함의 크기가 빔 폭보다 작은 경우

결함에코높이와 대비시험편 또는 표준시험편의 표준결함에코의 높이를 비교해서 결함의 크기를 추정한다. 결함크기가 초음파빔 폭 보다 작은 경우에는 에코높이와 결함크기와에는 좋은 상관관계가 있기 때문에 에코높이로부터 결함크기를 측정하는 것이 가능하다. 파장 λ, 진동자 직경 D, 빔진행거리 x, 결함의 직경 d 및 에코높이 F와의 사이에는 DGS 선도라 불리는 선도로 표시되는 관계가 있기 때문에 λ, D, x 및 F의 값을 미리 아는 것으로부터 결함직경 d를 측정하는 것이 가능하다.

이 방법은 초음파 빔의 중심축에 대해 수직한 원형평면결함이라는 가정 하에 등가결함직경을 측정하는 방법이다. 따라서 이와 같은 조건을 만족하는 두꺼운 강판이나 단강품의 미압착 균열 등에는 고정밀도로 측정하는 것이 가능하나 용접부에서 발생하는 슬래그혼입, 융합불량 등에 대한 사각탐상에는 과소평가하는 경우가 있다. 즉, 이 방법이 적용 가능한 원거리음장에서의 결함의 한계치수 d_{cr}은 아래 식으로 주어지고 이 이상의 크기에는 적용할 수 없다.

$$d_{cr} = \sqrt{\frac{2\lambda x}{\pi}} \tag{4.121}$$

결함에코높이 F와 결함부에서 얻어진 저면에코높이 B_F의 비가 결함직경 d와 상관관계가 있는 것을 이용하여 결함크기를 측정하는 것이 가능하다.

(2) 결함 크기가 빔폭 보다 큰 경우

초음파탐상검사에서는 그림 4-88과 같이 탐촉자의 이동거리에 따라 측정된 결함의 겉보기 결함의 지시길이라 한다. 결함의 지시길이를 측정하는 방법은 규격 또는 사양서 등에 정해져 있다. 결함크기가 초음파빔 보다도 큰 경우에는 에코높이와 결함크기와 상관관계가 없기 때문에 에코높이로 부터 결함크기를 구하는 것은 불가능하다. 이와 같은 경우에는 탐촉자를 이동하였을 때 에코가 나타나는 탐촉자의 이동거리를 잡고 결함크기(결함지시길이)로 하는 방법이 적절하다. 이들 방법에는 대별하여 dB drop법과 문턱값에 의한 방법이 있다. 일반적으로는 6 dB, 10 dB, 20 dB 등이 이용되고 있다. 용접부의 탐상에는 L선 cut법이 많이 이용되고 있다.

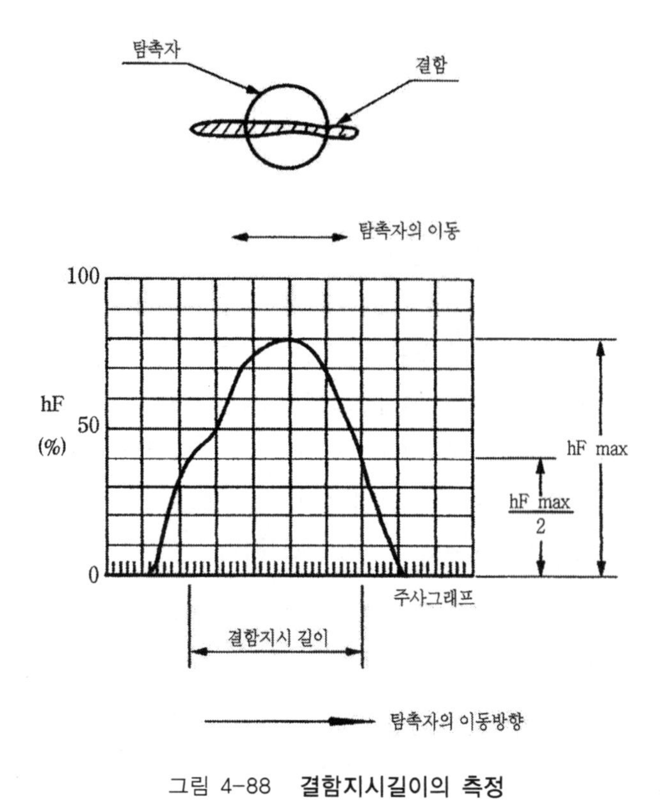

그림 4-88 **결함지시길이의 측정**

4.4.1.6 사각탐상 기법

사각탐상법은 초음파를 탐상면에 대해 경사방향으로 전파하는 초음파 빔을 이용하여 탐상하는 방법이고, 용접부 등의 검사에 많이 이용되고 있다. 일반적으로 사용되고 있는 사각탐촉자에서는 진동자로부터 발생한 종파가 쐐기 속을 경사로 전파하고 탐상면에서의 굴절에 의해 종파가 횡파로 모드 변화하고 횡파만이 시험체 속을 어떤 각도로 전파해 간다. 따라서 결함을 검출하였을 때의 탐상도형은 송신 펄스 T 및 결함 에코 F가 나타나고 수직 탐상에서의 저면에코 B는 나타나지 않는다. 또 초음파 빔의 중심이 부딪칠 때 결함 에코 F의 에코높이는 최대가 된다.

이 장에서는 사각탐상을 할 경우에 반듯이 알아야 할 결함의 검출방법, 탐상방향의 선정, 검출레벨과 탐상감도의 설정, 결함지시길이의 측정방법, 탐상 시 주의점, 탐상결과에 대한 평가방법 등을 설명한다.

가. 결함의 검출 방법

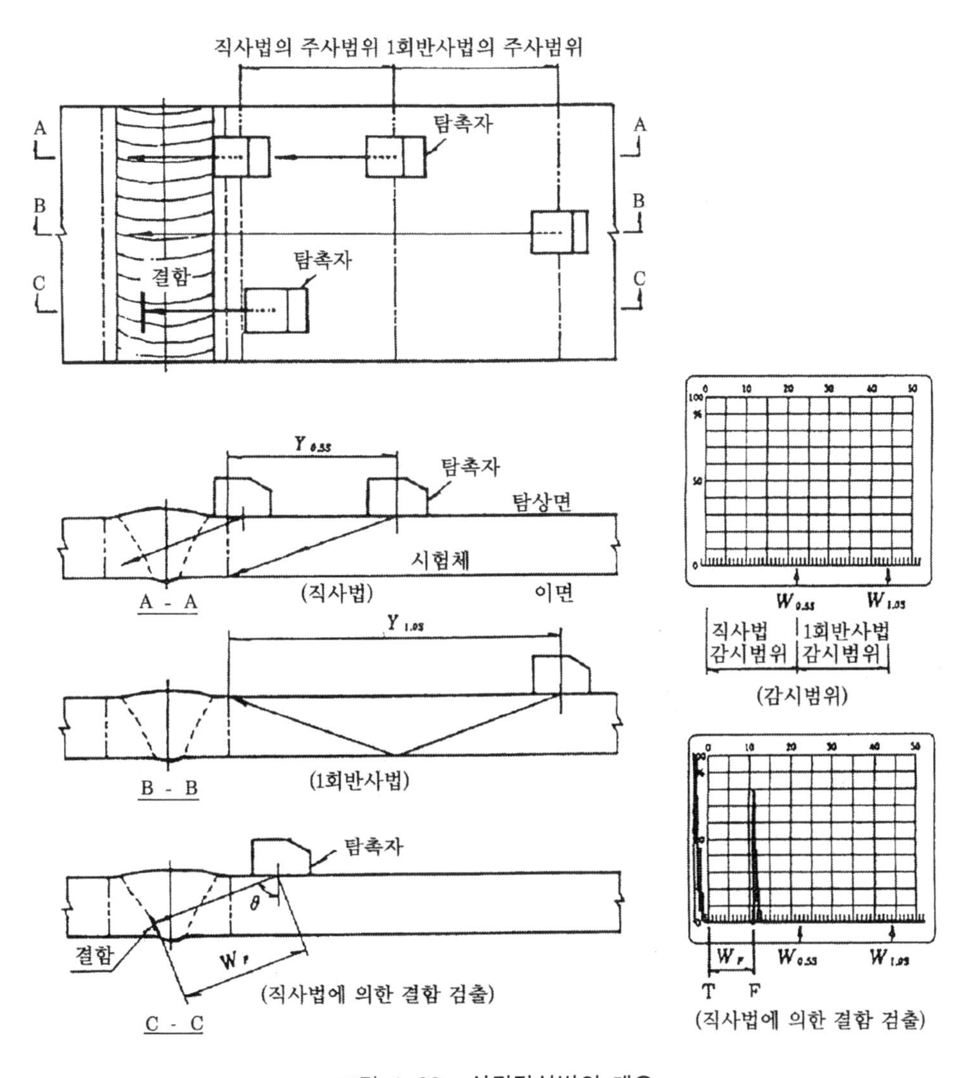

그림 4-89 **사각탐상법의 개요**

직사법 및 1회 반사법에서 탐촉자를 전후로 주사하는 범위(전후주사범위)와 결함에코를 감시하는 범위는 각각 다음 식으로 표시된다.

① 직사법의 경우

$$\text{전후주사범위} \leq Y_{0.5S} = t \cdot \tan\theta \qquad (4.122)$$

$$\text{감시범위} \leq W_{0.5S} = t / \cos\theta \qquad (4.123)$$

② 1회 반사법의 경우

$$Y_{0.5S} < \text{전후주사범위} \le Y_{1.0S} = 2t \cdot \tan\theta \qquad (4.124)$$

$$W_{0.5S} < \text{감시범위} \le W_{1.0S} = 2t / \cos\theta \qquad (4.125)$$

나. 결함 위치의 측정방법

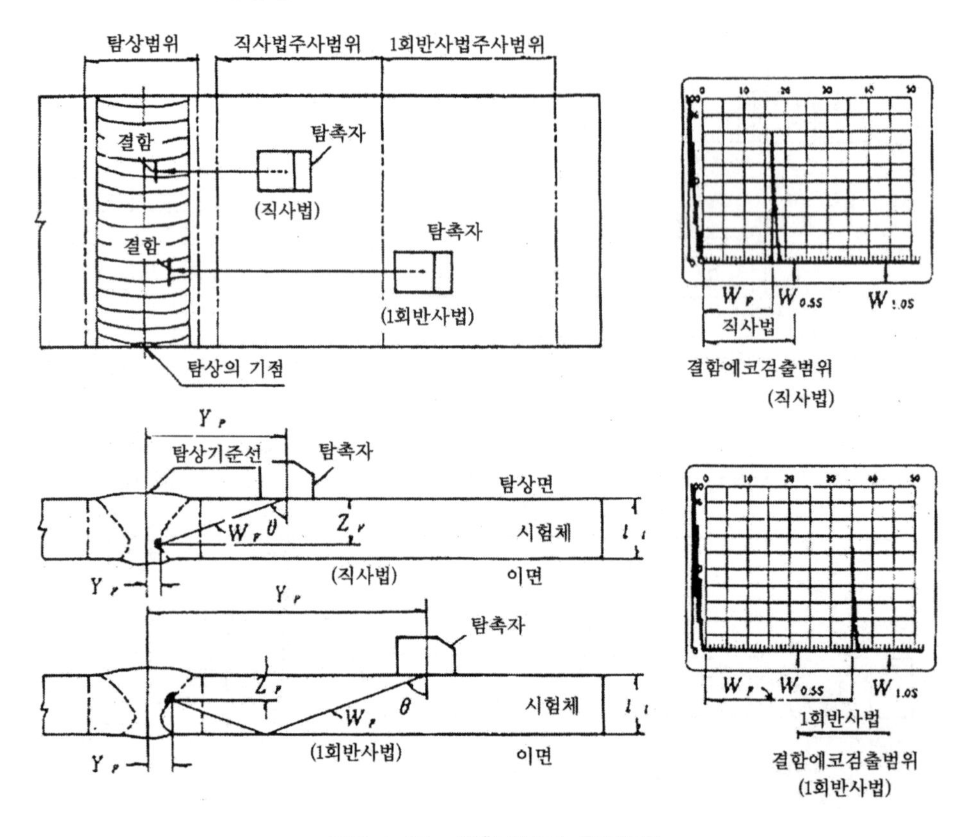

그림 4-90 **결함위치의 측정방법**

탐상에 앞서 탐상기의 측정범위의 조정 및 사각탐상의 탐촉자의 입사점과 굴절각을 측정하여 놓는다. 결함위치는 그림 4-90과 같이 탐상방법(직사법인지 1회 반사법인지)에 따라 결함의 최대 에코높이를 검출했을 때의 탐촉자 위치(X_F, Y_F) 및 결함에코의 빔진행거리 W_F로부터 다음 식에 의해 구하는 것이 가능하다. 이와 같이 사각탐상에서는 초음파 빔이 경사 방향으로 전파하기 때문에 수직 탐상에서와 같이 빔진행거리 W_F 만으로는 결함의 위치를 구할 수가 없다. 따라서 먼저 사각탐촉자의 입사점과 굴절각을 측정하고 측정범위를 조정한 후 결함에코가 최대가 되는 위치에서의 빔진행거리 W_F 로부터 결함의 위치를 기하학적으로 추정한다.

① 직사법의 경우

$$X \text{ 방향 결함 위치: } X_F = X_p \quad (4.126)$$

$$Y \text{ 방향 결함 위치: } Y_F = Y_p = W_F \cdot \sin\theta \quad (4.127)$$

$$Z \text{ 방향 결함 위치: } d_F = W_F \cdot \cos\theta \quad (4.128)$$

② 1회 반사법의 경우

$$X \text{ 방향 결함 위치: } X_F = X_p \quad (4.129)$$

$$Y \text{ 방향 결함 위치: } Y_F = Y_p = W_F \cdot \sin\theta \quad (4.130)$$

$$Z \text{ 방향 결함 위치: } d_F = 2t - W_F \cdot \cos\theta \quad (4.131)$$

여기서

X_F: X 방향(용접선 방향)의 탐촉자 위치에서 탐상 기점으로부터 탐촉자 중심까지의 거리

Y_F: Y 방향(용접선에 수직한 방향)의 탐촉자 위치에서 탐상 기준선으로부터 입사점까지의 거리

t: 시험체의 두께

다. 탐상감도의 조정

탐상감도의 조정은 STB-A2 또는 RB-41 등의 감도조정용 시험편의 표준 구멍을 탐상하고 그 에코높이를 정해진 높이에 맞춘다.

① STB A2 ∅4×4 표준구멍을 1.0 스킵(skip)으로 탐상하고 그 에코높이를 80 %에 조정한다.

② RB 41 No. 2의 표준구멍을 탐상하고 그 에코높이를 100 %에 조정한다.

③ RB-41 No 3의 표준 구멍을 이용하여 거리진폭특성곡선을 작성하여 놓고 표준구멍으로부터의 에코 높이를 이 곡선(H선)에 맞춘다.

이와 같이 하여 탐상감도를 조정한 후 시험체를 탐상하여 결함에코를 검출하고 그 최대에코 높이는 다음의 어느 방법으로 측정, 표시한다.

라. 결함 크기의 측정

우선 결함 끝에 상당하는 결함에코높이 h_{SB}(%)를 정해 놓는다. 최대에코높이를 나타내는

탐촉자 위치로부터 결함의 크기 방향을 따라 탐촉자를 주사한다. 그림 4-91과 같이 결함에코높이가 h_{SB}(%)와 일치할 때 탐촉자 위치를 결함의 끝으로 하고 결함의 양 끝단을 구한다. 다음에 양단의 간극을 측정하여 결함의 크기(결함지시길이)로 한다. 결함 끝에 상당하는 결함에코높이는 규격이나 기술 기준에 정해져 있고 대표적인 것으로 다음이 있다.

① 결함의 최대에코높이의 1/2높이

② 감도조정에 사용한 에코높이구분선(H선)의 1/4높이(에코높이구분선 L선)

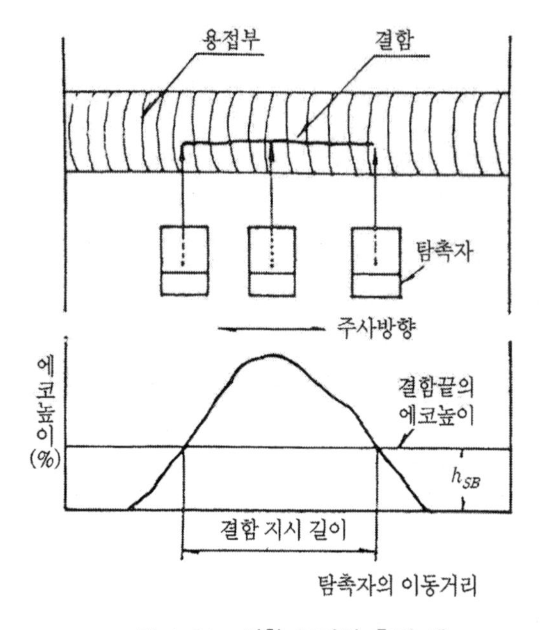

그림 4-91 **결함 크기의 측정 예**

4.4.1.7 특수탐상 기법

가. 표면파 탐상

표면파는 시험체 표면의 1파장 정도의 깊이 이내에 에너지가 집중하여 표층부를 전파하는 파이다. 표면탐촉자는 그림 4-92와 같이 굴절 횡파에 대한 임계각에 가까운 각도로 쐐기로부터 시험체에 입사시켜 만들어진다. 표면파 탐상은 압연용 롤과 같은 표면 결함의 탐상에 유용하다. 균열(crack)과 같은 표면 결함이 있는 롤을 강판의 압연에 사용하면 압연 중에 균열이 진전하여 롤이 흠지는 등의 문제가 발생하기 때문에 사전에 표면파로 표면 결함의 유무를 검사하게 된다. 표면파법은 이 표면파를 사용하여 결함의 높이를 측정하는 방법이다. 이 방법에는 다음과 같이 1탐촉자법 및 2탐촉자법의 두 가지의 측정법이 있다.

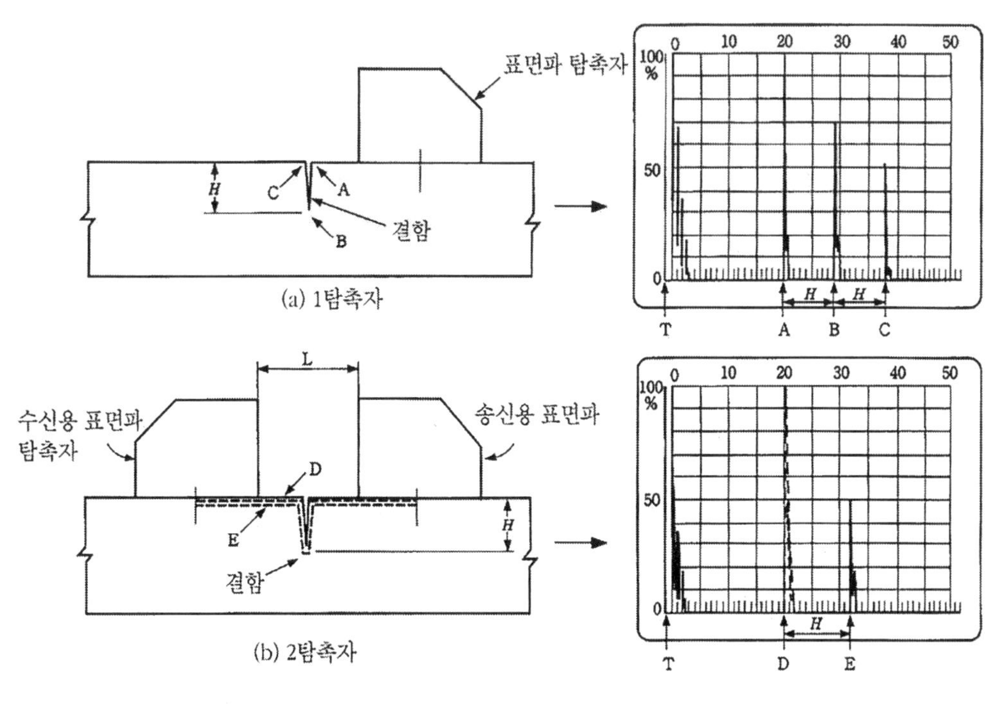

그림 4-92 **표면파법**

나. 1 탐촉자법

그림 4-92(a)에 나타내듯이 송·수신 겸용의 표면파 탐촉자에 의해 표면파를 전파시켜 결함의 모서리(A, C) 및 끝부분(B)에서 반사하는 에코를 포착, 그것들의 빔진행거리차에서 결함의 높이(H)를 구하는 방법이다.

다. 2 탐촉자법

그림 4-92(b)에 나타내듯이 결함을 사이에 두고 송신용 및 수신용 표면파 탐촉자를 일정 거리 L에서 대향 배치하고 결함이 없는 건전부의 수신 신호 D의 빔진행거리를 우선 판독하고, 다음으로 결함을 걸쳤을 때의 수신 신호 E를 판독하여, 이 빔진행거리차에서 결함의 높이(H)를 측정하는 방법이다. 표면파법을 적용하는 경우 사전에 시간축의 조정을 해 둘 필요가 있다.

그림 4-93은 판 두께 t의 조정용 시험편의 상하단의 모서리 A, B를 사용하여 시간축의 조정을 하는 예를 나타낸 것이다.

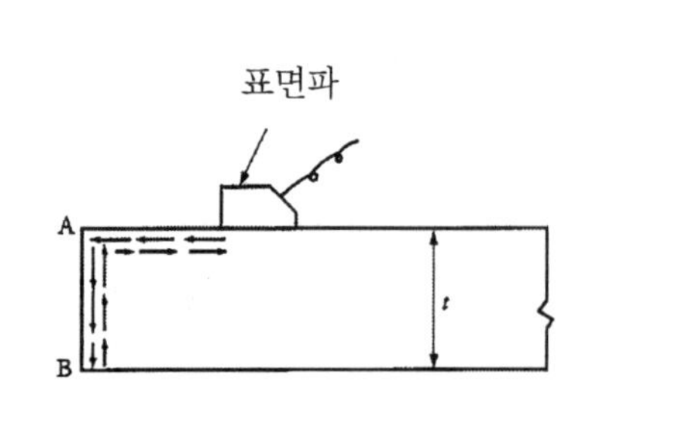

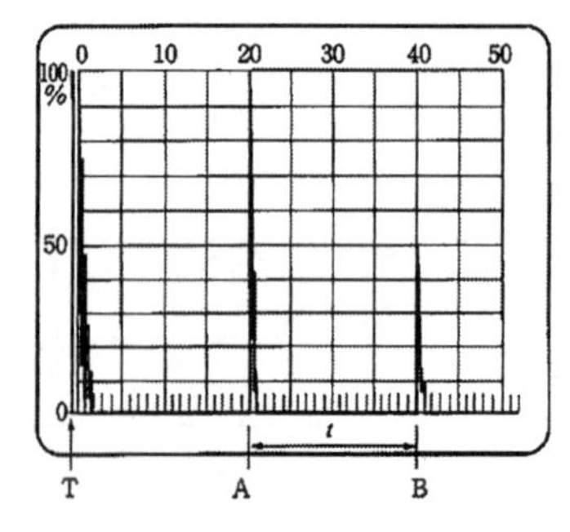

그림 4-93 **시간축의 조정방법**

A 및 B에서의 에코를 적당한 눈금 간격으로 맞추는 것으로 쉽게 표면파의 시간축의 조정이 가능하다. 표면파법은 측정을 간단하게 할 수 있기 때문에 현장적이기는 하지만 결함의 사이에 기름 등의 액체가 있다든가 결함이 밀착되어 있는 경우, 혹은 결함의 끝부분이 날카로운 경우 등에서는 결함 끝부분의 에코를 얻을 수 없으며 측정이 불가능하기도 하고 측정 결과에 오류를 발생시키는 경우가 있기 때문에 주의가 필요하다.

그림 4-94는 표면파 탐촉자에 의해 압연 롤(이하 시험체라 한다)의 원둘레 방향으로 표면파를 전파시켜 표면 결함을 검출하는 예이다. 표면파 탐촉자는 공칭 주파수 2 MHz가 사용되는 경우가 많다. 회전하는 시험체의 회전 방법과는 반대방향으로 표면파를 송신하여 표면 결함에서의 에코를 수신하면서 표면파 탐촉자를 시험체의 축 방향으로 주사함으로써 압연 롤 전 표면의 표면 결함의 탐상이 가능하다. 표면파 탐촉자와 시험체와의 음향 결합에는 갭 수침법이 사용되며, 갭의 치수는 약 0.5 ㎜가 적당하다고 되어 있다.

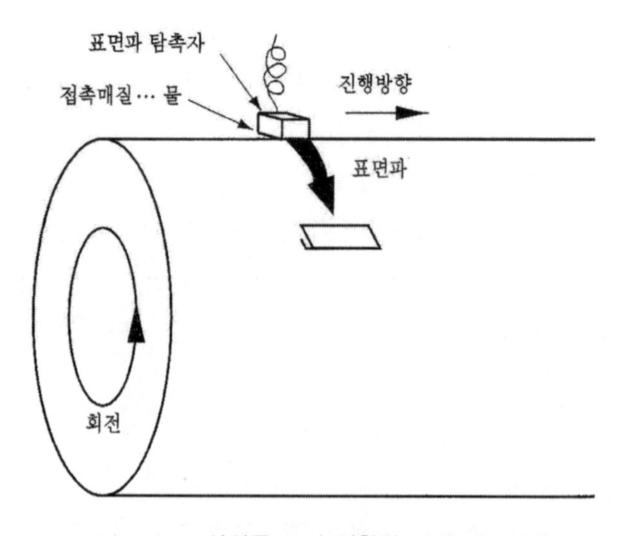

그림 4-94 **압연롤 표면 결함의 전면 탐상방법**

라. 탠덤 탐상

탠덤탐상법(tandem method)은 그림 4-95와 같이 X-개선용접부의 내부 용입부족이나 I 개선용접부의 융합불량 등 탐상면에 수직한 면상결함을 효과적으로 검출하는 방법이다. 그림과 같이 송신용, 수신용 2개의 사각탐촉자를 전후로 배치하고 양방의 탐촉자로부터 초음파를 송신했다고 가정했을 때 중심축의 교점(교축점)에서 결함이 잡히도록 탐촉자를 주사한다. 루트면 또는 개선면 등 검사 대상으로 하는 면을 탐상단면이라 부르고 탐상단면으로부터 탐상면을 따라 0.5 스킵 거리의 위치에 탠덤기준선을 긋고 송수신탐촉자의 입사점을 이 탠덤기준선에 대해 대칭하게 전후로 배치하면 교축점이 탐상단면 상에 일치한다.

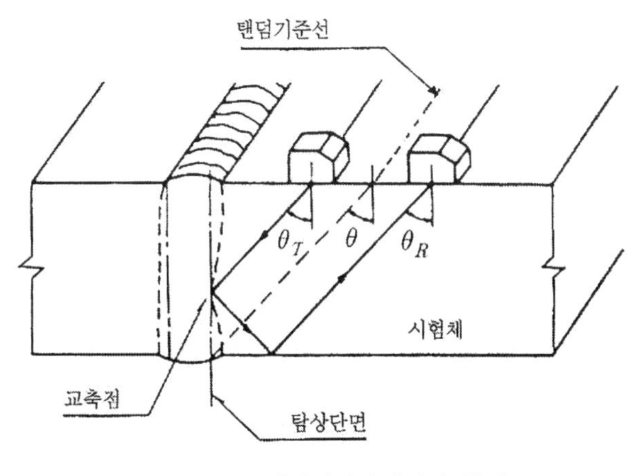

그림 4-95 **탠덤사각탐상법의 원리도**

또 탠덤탐상법에는 그림 4-96과 같이 1탐촉자법과 동일하게 탐상불능영역이 존재하기 때문에 단면도를 그려 확인할 필요가 있다. 탐촉자가 작을수록 굴절각이 클수록 탐상불능영역이 작아진다. 일반적으로는 판두께 40 ㎜ 이상의 시험체에 대해서는 45°, 이보다 두께가 얇은 시험체에 대해서는 70°의 굴절각을 선택한다.

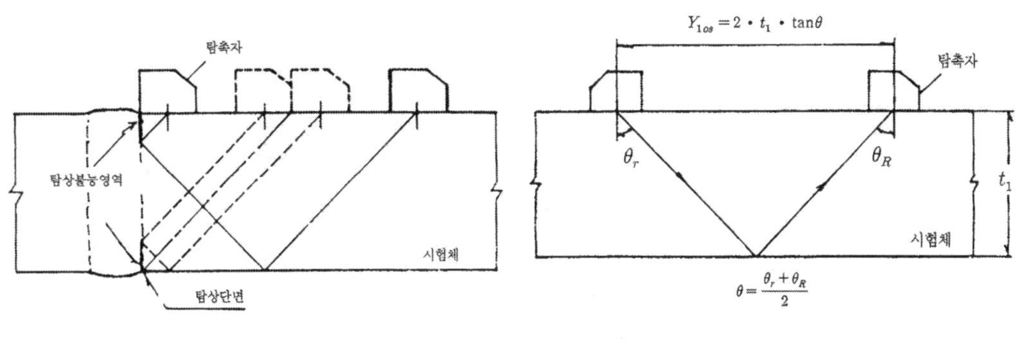

그림 4-96 **탐상불능영역**

그림 4-97 **V 투과 펄스의 측정**

탐상감도의 조정은 그림 4-97과 같이 2개의 탐촉자를 1 스킵 떨어진 위치에서 서로 대향시켜 위치하고 검출된 V투과 펄스의 크기가 화면 세로축의 40 %가 되도록 게인조정노브를 조정한다. 이 40 %의 높이를 M선이라 한다. 굴절각 45°의 경우는 감도를 10 dB 더 높인다. 굴절각 70°의 경우는 결함면에 대해 모드변환손실 양을 가미하여 감도를 16 dB 더 높인다. 이 결과 화면의 80 % 높이가 H선이 되고 굴절각이 달라도 결함검출 정도는 같아진다. 검출레벨은 굴절각 45° 및 70° 어느 경우도 H선보다 12 dB 낮은 L선(화면 세로축의 20 %)으로 하는 경우가 많다.

마. TOFD법

Time of flight diffraction(TOFD)법은 결함 단부에서의 회절 에코를 이용하여 결함의 높이를 측정하는데 유효한 발전소와 석유화학산업에서 사용되고 있는 표준화된 검사 기법이다. 또한, TOFD는 위상배열 탐촉자를 사용할 수 있는데, 이는 송신-수신(pitch-catch) 모드에서 2개의 탐촉자를 사용하는 단순한 방법이다. 그림 4-98에 나타내듯이 결함을 사이에 두고 송신 및 수신용 종파사각탐촉자를 시험체 표면에 두고 초음파를 송신시키면 표면을 전파하는 파(A)와 저면 반사파(B) 이외에 결함이 있는 경우 결함의 상단부 및 하단부에서 회절한 에코(C 및 D)가 수신된다.

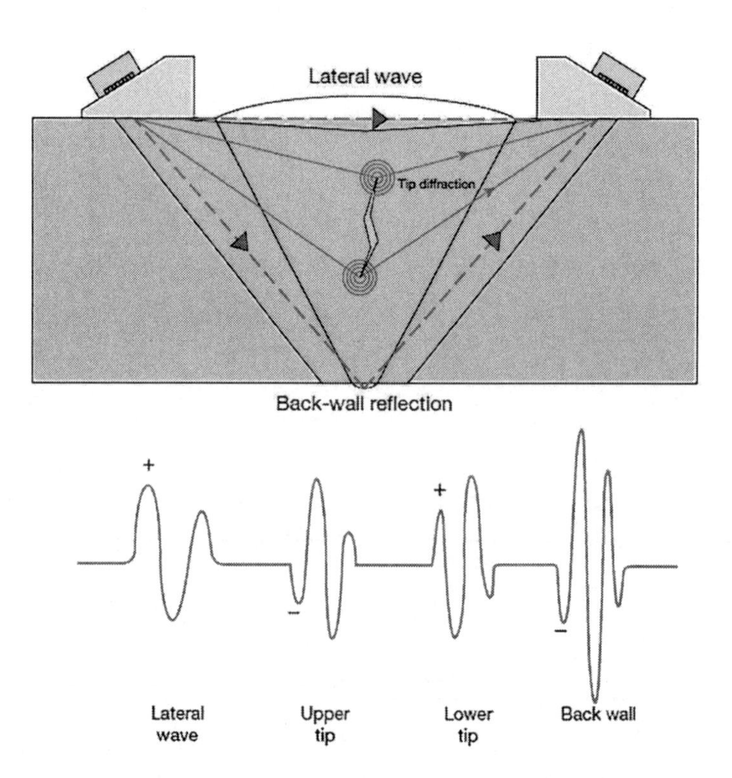

그림 4-98 TOFD의 원리와 4개 주요 신호의 위상 부호. 결함은 탐촉자 사이에 대칭적으로 놓여 있다고 가정한다. RF 신호의 위상은 "+"와 "-"로 표시된다.

이때의 상단부 회절 에코의 도달 시간(t_C), 하단부 회절 에코의 도달 시간(t_D) 및 탐촉자 간 거리(L)로부터 식(4.132)에 의해 결함의 높이(H)를 구한다.(단 C는 종파음속)

$$H = \sqrt{\left(\frac{Ct_D}{2}\right) - \left(\frac{L}{2}\right)^2} - \sqrt{\left(\frac{Ct_C}{2}\right)^2 - \left(\frac{L}{2}\right)^2} \qquad (4.132)$$

TOFD에는 다음 4가지 종류의 파가 사용된다.

- 측면파 또는 크리핑파(lateral wave or creeping wave) - 탐촉자의 넓은 빔(wide beam)으로부터 발생하는 표면하(sub-near-surface) 종파
- 저면 반사파(backwall reflection) - 저면으로부터 반사되는 종파
- 반사파(reflected wave) - 라미나 평면결함에 의해 반사되는 종파
- 선단 회절파(tip diffracted wave) - 결함의 가장자리에 의해 회절하는 원형 파(circular wave). 종파와 횡파 모두 정상적으로 생성되지만, 일반적으로 TOFD에는 종파를 사용한다.

TOFD의 장점으로는 단일 패스(single pass), 실시간 A-scan, B-scan, C-scan 표시가 가능하며, 결함 크기 측정 정확도가 높고, 집속빔에 의해 신호/잡음비(SNR)가 높으며 결함 위치파악 정확도가 높고, 탐상 결과의 기록 보존이 용이하다.

TOFD법을 적용하는 경우 회절 에코를 쉽게 나오도록 하기 위해 탐촉자는 진동자 지름이 작고 넓은 지향각의 고분해능 종파사각탐촉자가 사용된다. 보통 주파수 5 MHz, 진동자 지름 10 ㎜ 전후, 굴절각 45°, 60°, 70°의 종파 사각탐촉자가 사용된다. 이 방법은 결함의 형상이나 경사에 그다지 영향을 받지 않고 측정할 수 있다는 장점이 있는 반면 시험체의 표면 근처에 있는 결함의 측정이 곤란하다는 단점도 있다. 그림 4-99는 TOFD D-scan에 의한 융합불량 결함의 검출 예이며, 그림 4-100은 용접부 결함의 TOFD 이미지를 나타내고 있다.

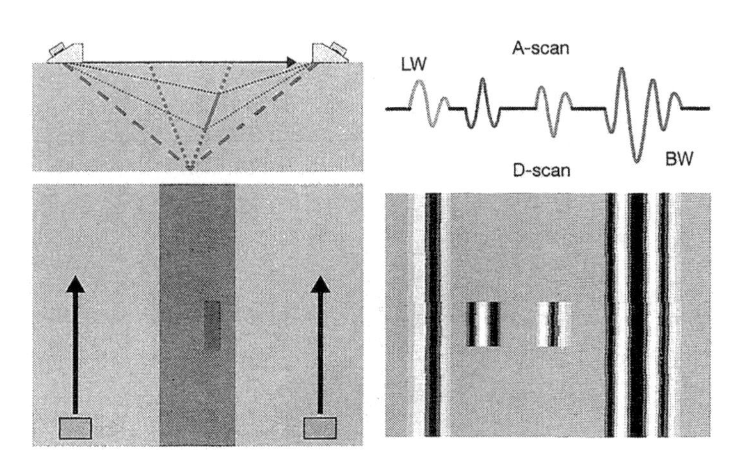

그림 4-99 **TOFD법 D-scan에 의한 융합불량 결함의 검출 예**

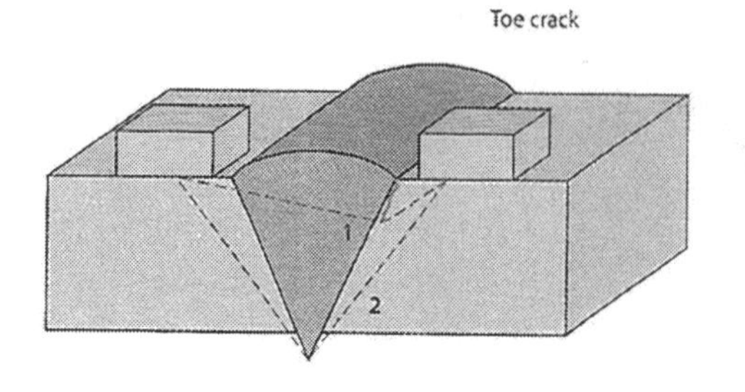

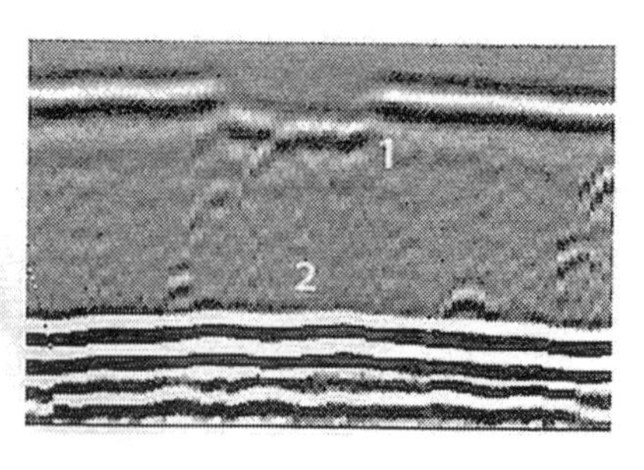

(a) 토우 균열의 경우 지연파(laterral wave)는 영향을 받게 되므로 균열의 하단부를 볼 수 있게 된다. 이는 표면개구균열(surface breaking defect)의 특징을 나타낼 수 있으므로 깊이도 측정 가능하다.

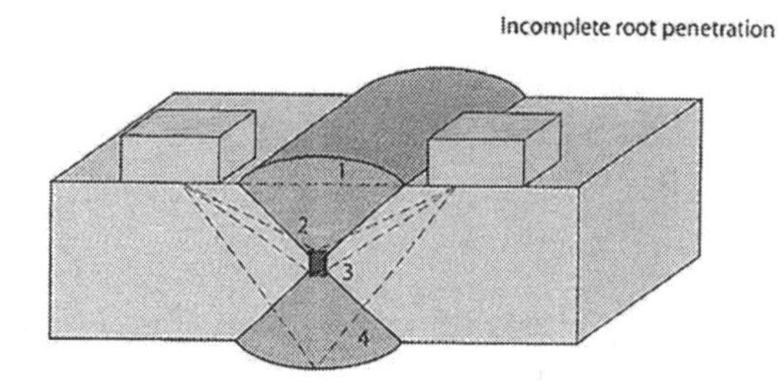

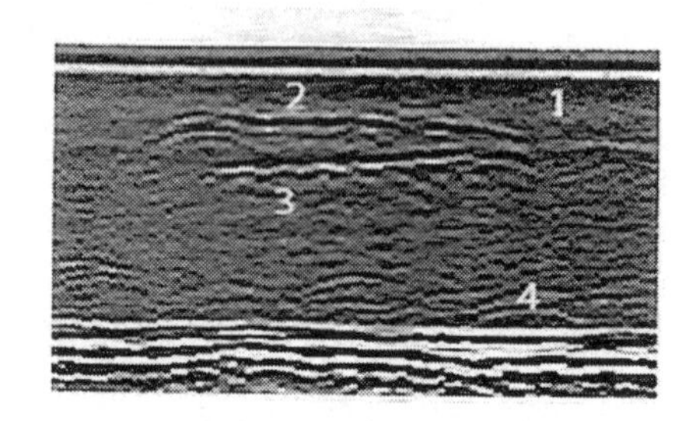

(b) 루트 불완전용입의 경우 간섭받지 않는 지연파와 저면반사파는 묻혀있는 결함을 나타내게 되고, 결함 상하로 부터의 회절된 신호들은 구분이 가능하게 된다.

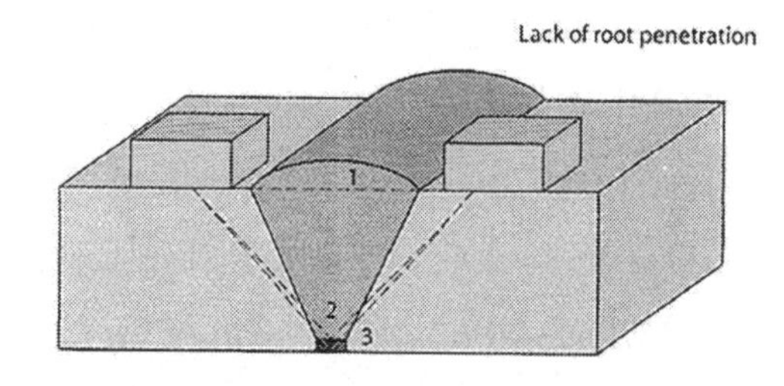

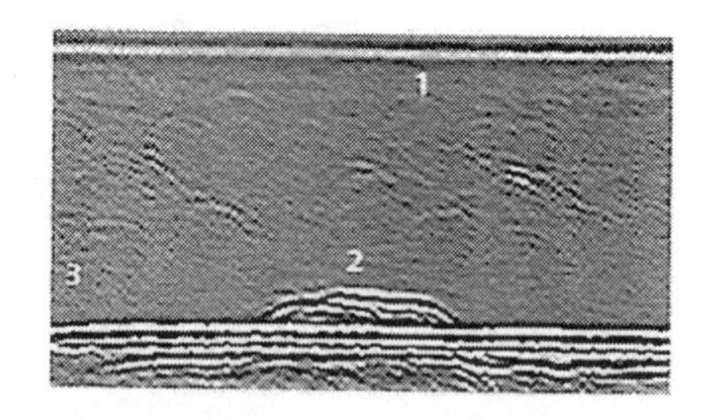

(c) 루트 용입부족의 경우 저면신호는 간섭은 받지만 끊어지지는 않는다. 반면 위쪽의 회절 신호는 구분이 가능하다. 이것이 표면개구균열을 나타낸다.

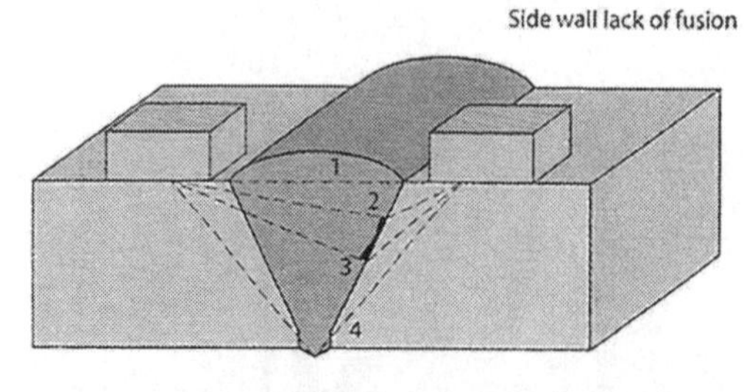

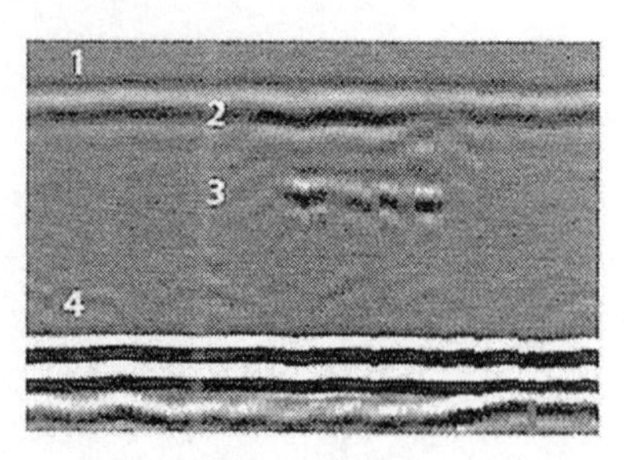

(d) 측벽(sidewall) 융합불량은 지연파나 저면 간섭은 나타나지 않고 묻혀있는 결함을 나타낸다. 결함의 아래 부분에서 회절된 신호는 선명한 반면 위 부분으로부터 회절된 신호는 지연파에 부분적으로 묻혀있게 된다.

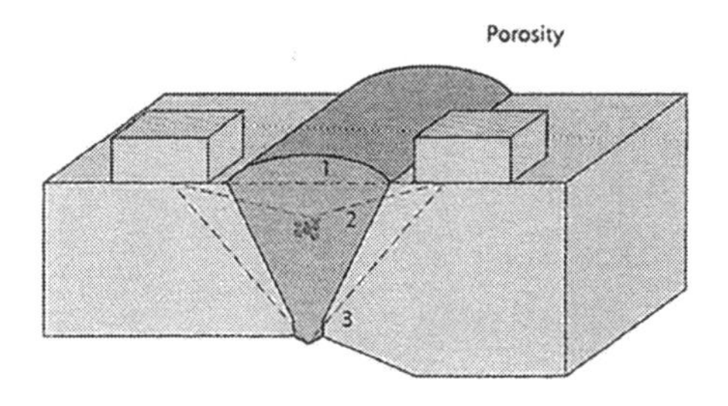

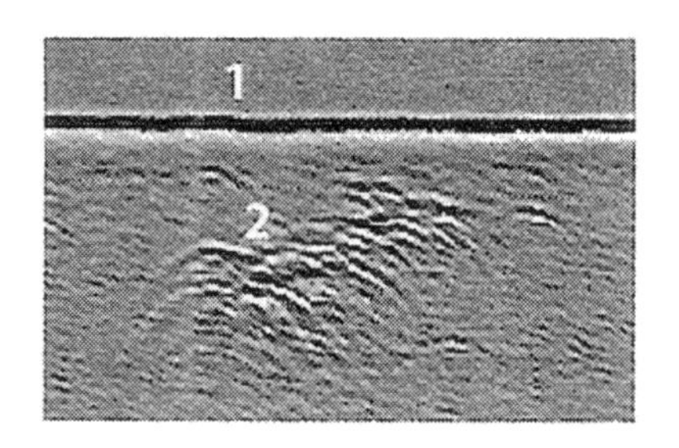

(e) 기포(porosity)는 쌍곡선 꼬리와 관련된 일련의 점결함(point defect)의 양상으로 나타나다. 다수로 존재하는 기포는 해석이 어려우나 쉽게 특징을 나타낼 수 있다. 여기서 저면신호는 TOFD 이미지에 나타나지 않는다는 것에 주의해야 한다.

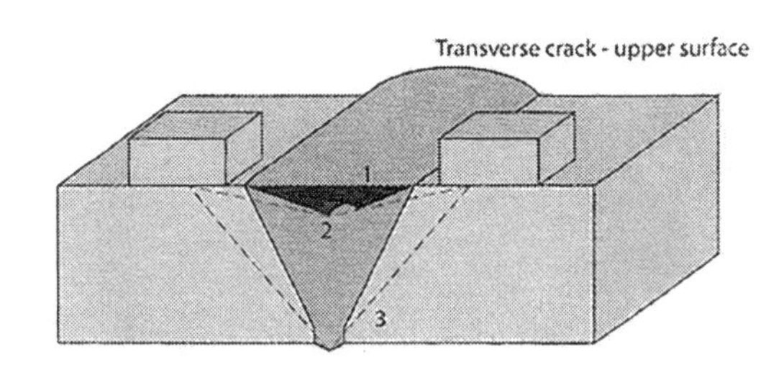

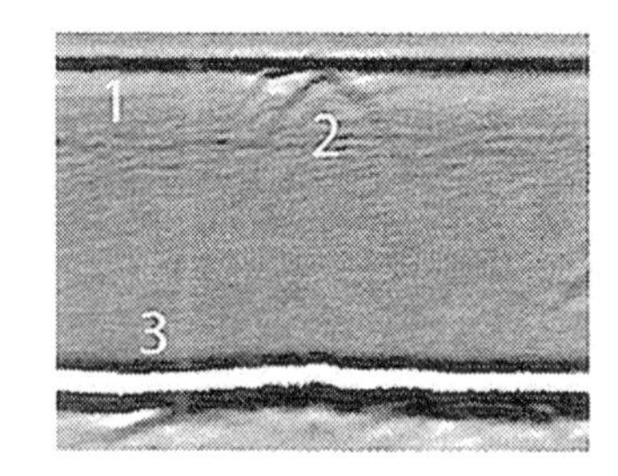

(f) 횡방향 결함은 기본적으로 기포와 유사하게 점결함으로 나타난다.

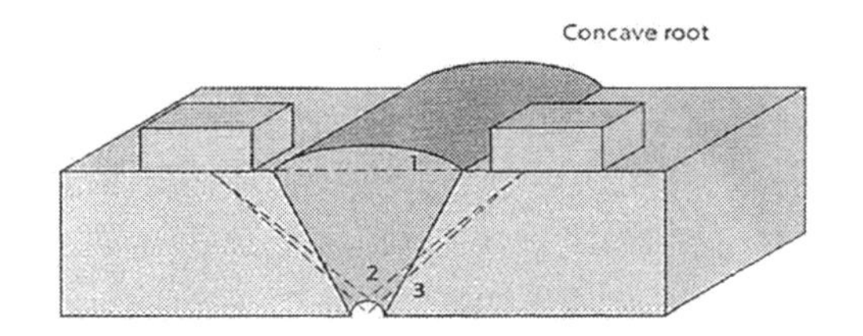

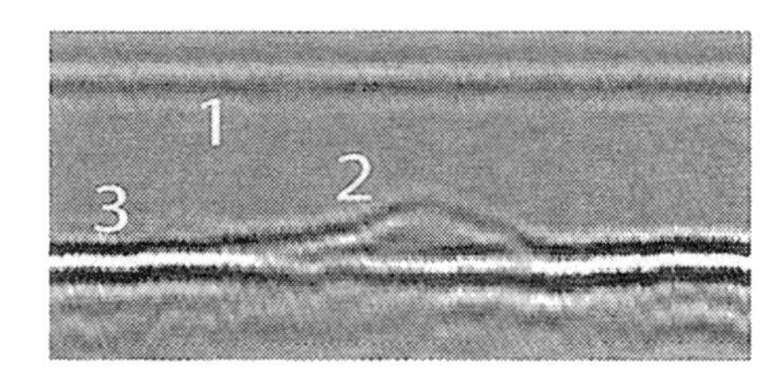

(g) 오목한 루트결함은 저면신호를 교란하게 한다(그것은 표면개구임을 보여주며). 반면 끝부분(tip)은 보인다.

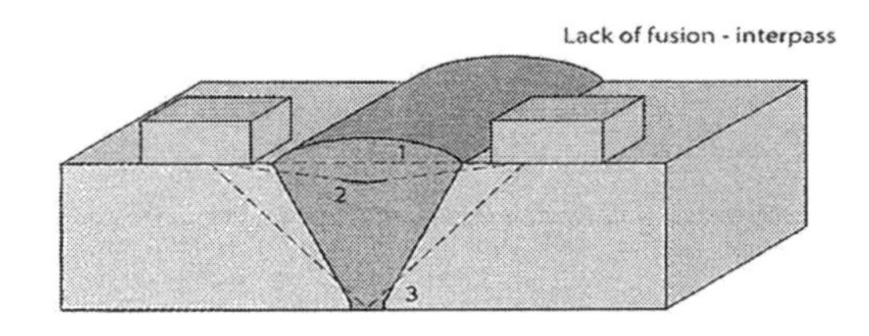

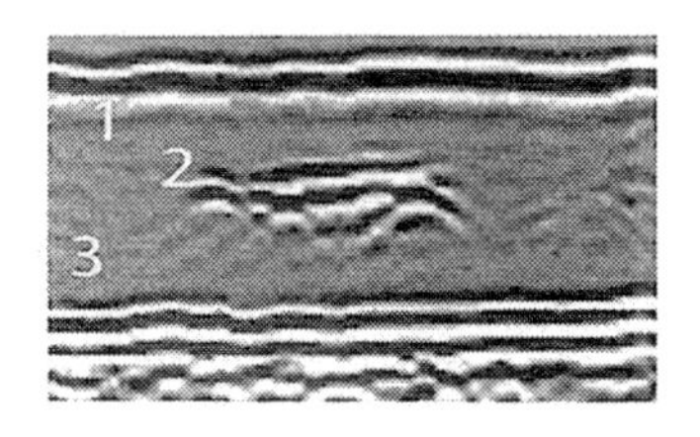

(h) 층간융합불량은 큰 진폭을 갖는 단일 반사파로 나타나다. 그러나 펄스에코채널로는 검출할 수 없다.

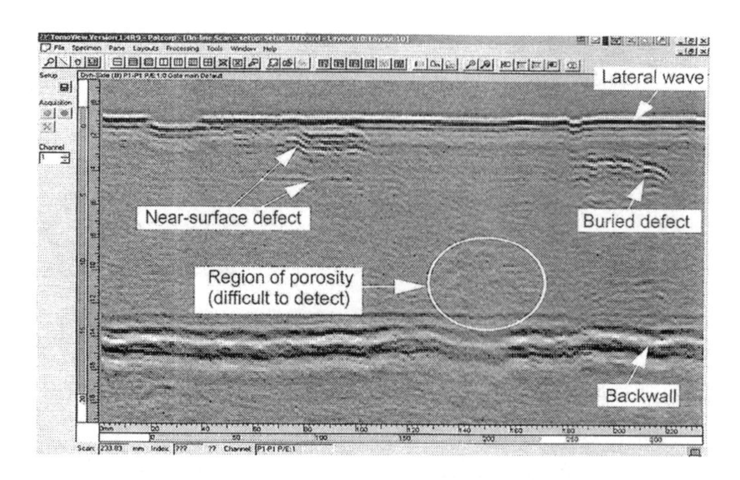

그림 4-100 **용접부 결함의 TOFD 이미지**

4.4.2 초음파검사의 적용 예

초음파검사를 실제로 구조물이나 완제품에 적용할 때는 규격, 절차서, 지침서 등에 따라 실시한다. 일반적인 검사대상물에 적용할 수 있는 규격의 각각에는 검사방법, 검사조건이 명기되어 있으므로 규격을 충분히 이해하고 그것에 따라서 검사를 실시하게 되면 필요한 결함을 놓치지 않고 검출할 수 있으며 결함의 합부판정을 할 수 있게 되어 있다.

가. 대상이 되는 결함의 초음파적 특징

강판에 주로 발생하는 결함은 제강 과정에서 발생한 파이프, 기포, 탈산생성물로 비금속개재물 등이 있고, 압연에 의해 늘어난 표면에 평행한 층상의 결함이 있다. 결함에는 내부 결함과 표면 결함이 있지만, 일반적인 초음파탐상검사의 대상이 되는 것은 내부 결함으로 대부분은 슬래브 제조시의 기포나 비금속개재물이 원인이다. 주로 많이 발생하고 검출 대상이 되는 결함으로는 ① 라미네이션(lamination), ② 비금속 개재물(nonmetallic inclusion), ③ 표면결함(surface defect) 등이 있다. ① 라미네이션은 압연방향으로 얇은 층이 발생하는 내부결함으로, 강괴(鋼塊, ingot)내에 수축공(收縮空, shrinkage cavity), 기공(blowhole), 슬래그(slag) 또는 내화물이 잔류하여 미압착 부분이 생기게 되고 이것이 분리되어 빈 공간이 형성된 것이다. ② 비금속 개재물은 강괴 제조시 슬래그, 탈산생성물(Al_2O_3, MnO, SiO_2, MnS) 등의 불순물이 들어간 것으로, 미세한 크기로 존재한다. 이들 미세한 비금속 개재물은 존재위치, 크기, 밀도 등에 따라서 용접결함의 발생 원인이 되기도 하고 기계적 성질에 영향을 미치기도 하지만, 강재의 용도에 따라 유해성의 정도가 다르기 때문에 하나의 개념으로 양부를 판단하기는 어렵다. ③ 표면결함에는 부풀음(blister), 각종균열, 강괴 제조시의 스플래시(splash)나 기공이 존재하는 경우에 발생하는 스캡(scab), 큰줄무늬의 흠(macro-streak flaw) 등이 있다.

이들 결함의 크기는 완전히 얇게 떨어진 라미네이션이라 불리는 큰 것으로부터 현미경이 아니면 관찰 할 수 없을 정도의 미소한 비금속개재물까지 여러 종류가 있다. 강판의 결함은 압연에 의해 늘려져 판면에 평행하게 편평해져 있기 때문에 판 두께 방향의 수직 탐상을 주로 하게 된다. 검출된 결함의 종류를 추정하는 것은 각각의 결함에 의한 탐상지시의 특징도 중요하지만 결함의 분포 상태도 중요한 판단요소가 된다. 표 4-16에 강판에서 발생하는 대표적인 결함의 종류와 초음파탐상지시의 특징을 나타내고 있다.

일반적으로 판재의 탐상에서는 결함 면에 대해서 수직으로 초음파를 입사시키기 때문에 수직탐상이 사용되고 있다. 판재를 수직 탐상하였을 때 탐상지시의 예를 그림 4-101에 나타내고 있다.

표 4-16 두꺼운 판의 내부 결함과 그 특징

결함 명칭	대표적 탐상지시	특징
비금속 개재물	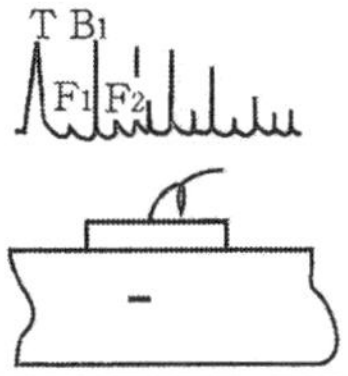 T B_1 F_1 F_2	· Al, Si, Mn 등 산화물로 Al_2O_3, SiO_2 형태로 존재 · ○ 결함이 흩어져 존재
수소성 결함 (흩어져 존재하는 미소한 결함)	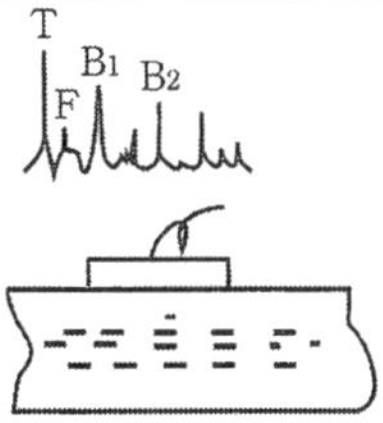 T B_1 B_2 F	· 수소가 확산하기 때문에 압연 후 1~2일 정도 후에 검출 · ○ 또는 △의 점상의 결함으로 분포 면적은 넓음
미소한 라미네이션(lamination)	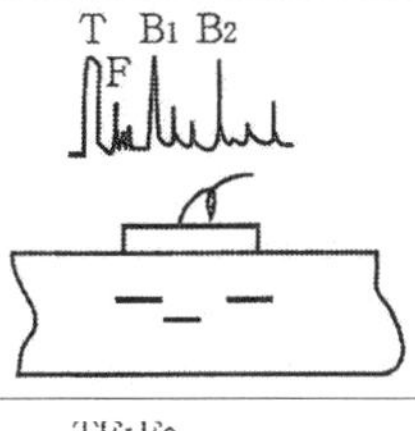 T B_1 B_2 F	· 얇은 두께 중앙부에 주로 발생 · 선상의 △ 결함 또는 ○ 결함
2장 균열 또는 라미네이션	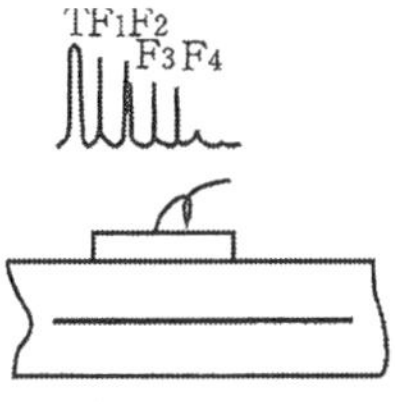 T F_1 F_2 F_3 F_4	· 면적을 갖는 X결함이 주로 발생 · 판 끝에 주로 분포

○, △, X: KS D 0233에 의한 결함의 정도

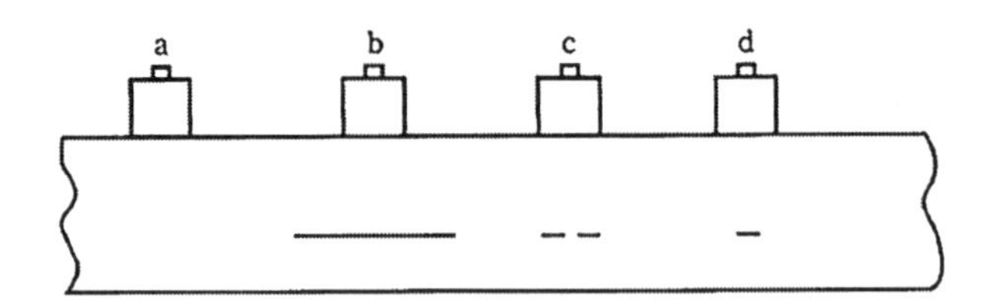

판재의 수직탐상단면도

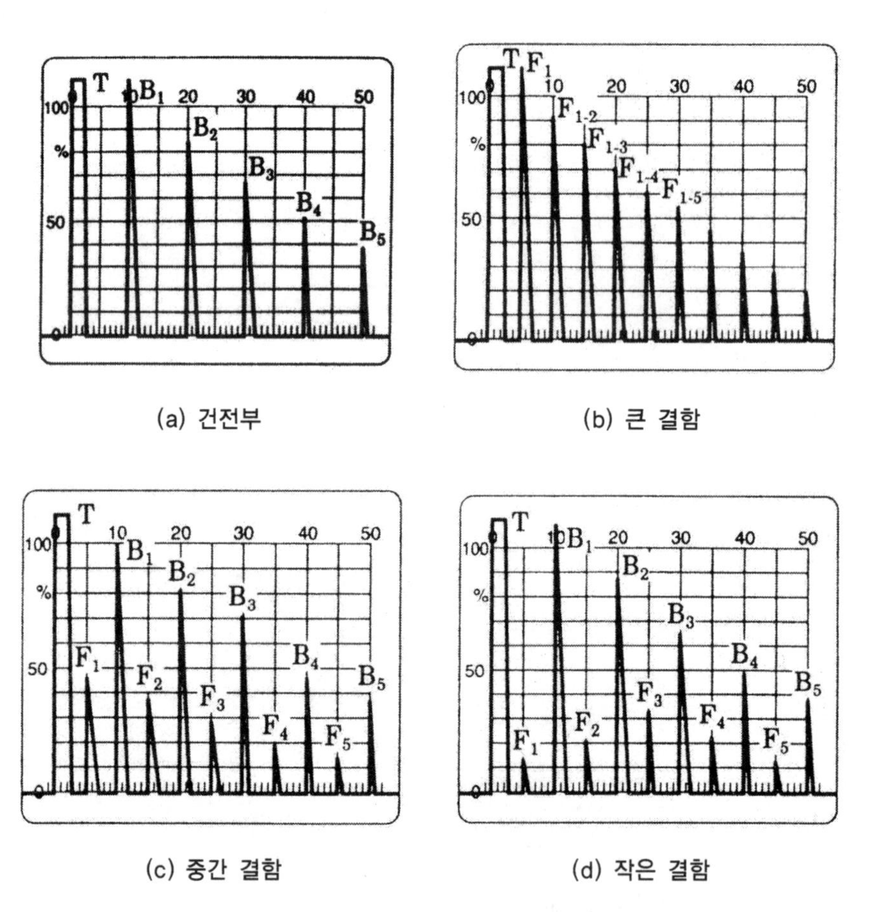

(a) 건전부

(b) 큰 결함

(c) 중간 결함

(d) 작은 결함

그림 4-101 **판재 수직탐상의 탐상지시의 예**

시험체 건전부를 탐상하면 (a)와 같이 저면으로부터 규칙적인 다중반사지시가 얻어진다. 라미네이션 등의 매우 큰 결함(초음파 빔 보다 큰 결함)이 있을 때는 (b)와 같이 탐상면과 결함 사이에 초음파가 왕복하여 저면에코는 얻어지지 않고, 결함에코의 다중반사가 나타난다. 중간 정도 크기의 결함(초음파 빔의 크기보다 작지만, 비교적 큰 결함)을 탐상할 때는 (c)와 같이 제1회 저면에코 B_1 앞에 제1회 결함에코 F_1이 나타난다.

결함이 판 두께 방향의 중앙에 있는 경우는 그림과 같이 제2회 저면에코 B_2의 앞에 제2회 결함에코 F_2가 나타나고, 에코높이는 점점 더 저하되어 간다. 결함이 판 두께 방향의 중앙에 있는 작은 결함(초음파 빔의 크기보다 매우 작은 결함)을 탐상하였을 때는 (d)와 같이 제1회 저면에코 B_1 앞에 제1회 결함에코 F_1이 나타나지만, 그림과 같이 F_2, F_3가 되면서 에코높이는 점점 높아진다. 이것을 적산효과(supreimpose effect)라고 부르고, 그림에서와 같이 F_1에서는 초음파의 진행거리가 첫 번째인데 비하여 F_2, F_3가 되면서 그 경로가 많아지고 이것들이 더해져서 화면상에 에코로 나타나기 때문이다.

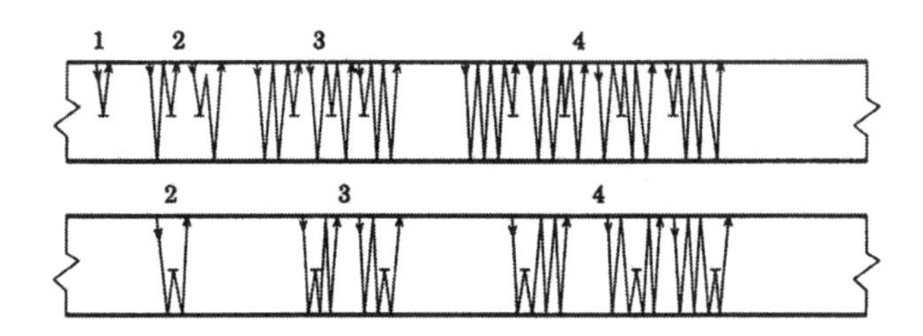

그림 4-102 **작은 결함에 의해 적산효과가 나타나는 경우 초음파의 전파경로**

그림 4-103과 같이 결함위치가 판 두께 방향의 중앙에서 벗어난 위치에 있으면 탐상방향에 따라서는 제1저면에코 B_1의 앞에 2개의 결함에코가 나타나는 것이 있다. 이것은 1개의 결함에 의한 결함인가, 2개의 결함에 의한 결함인가는 저면에서 탐상하는 것에 의해 판단하는 것이 가능하다. 또 2개의 에코가 1개의 결함에 의한 것인 경우 각 에코에 대해서는 그림 4-103 (a), (b)와 같이 기호를 붙인다.

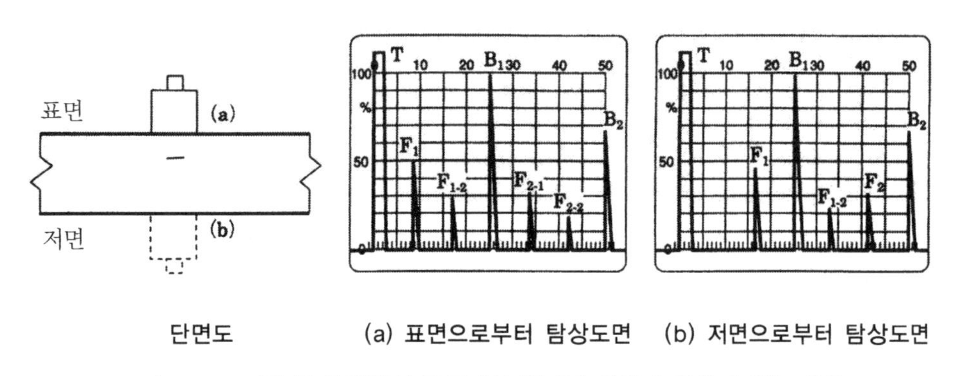

그림 4-103 **판 두께 방향의 중앙에서 벗어난 위치에 결함이 있는 경우**

나. 강판의 탐상 규격

강판의 대표적인 수직탐상 규격으로는 표 4-17의 원자로, 보일러, 압력 용기 등에 사용하는 고품질 킬드강을 대상으로 한 KS D 0233과 강 구조 건축물의 구조재로 판 두께 방향에 현저하게 높은 응력이 작용하는 부재를 대상으로 한 KS D 0040이 있다. 또한 외국 규격에는 압력용기용 강판의 초음파 탐상 검사를 대상으로 한 JIS G 0801, 건축용 강판의 초음파 탐상 검사에 의한 등급 분류와 판정 기준을 대상으로 한 JIS G 0901, 압력 용기용 강판을 대상으로 한 ASTM A 435, 특수용 용도 강판 등을 대상으로 한 ASTM A 578 등이 있다.

표 4-17 강판의 수직 탐상 규격

규격 번호	규격품
KS D 0233	압력 용기용 강판의 초음파 탐상 검사 방법
KS D 0040	건축용 강판 및 평강의 초음파 탐상 검사에 따른 등급 분류와 판정 기준
JIS G 0801	압력 용기용 강판의 초음파 탐상 검사
JIS G 0901	건축용 강판의 초음파 탐상 검사에 의한 등급 분류와 판정 기준
ASTM A 435	압력 용기용 강판의 수직 초음파 탐상 검사
ASTM A 538	특수용 용도 강판 및 클래드(clad) 강판 초음파 탐상 검사

다. 탐상 시 주의해야 할 사항

(1) 적산효과

적산효과(superimpose effect)란 결함이 작은 경우에 결함 에코가 1회째 보다, 2회째, 3회째가 더 높아지는 현상을 말한다. 에코의 적산은 결함이 판 두께의 중앙부에 있는 경우, F_1에서는 하나의 반사 경로이지만, F_2에서는 3경로, F_3에서는 5경로와 같이 반사 경로가 증가하기 때문에 이들 에코가 더해져 합쳐짐에 의해 수 회째까지의 결함 에코는 점점 높아지며 그 후에는 확산, 감쇠에 의해 결함 에코 높이는 낮아진다.

이와 같은 현상은 결함이 작고 판 두께가 얇으며(특히 20 ㎜ 이하가 많음) 감쇠가 적은 경우에 나타나는 현상이다.

(2) 전달 손실

초음파가 시험체 내로 전파할 때 탐상면에 투과할 때의 전달 손실, 시험체를 전파할 때의 확산과 결정립계에서의 산란에 의한 감쇠, 시험체의 표면에서 반사할 때의 반사 손실이 발생한다.

탐상면에서의 전달 손실은 시험체의 표면거칠기, 주파수, 접촉매질 등의 영향을 받으며 표면이 거칠고 주파수가 높을수록 또한 접촉 매질의 음향 임피던스의 값이 작을수록 전달 손실은 커진다. 따라서 탐상면이 거친 경우나 곡률이 있으면 전달손실이 크게 되고, 재료의 결정입이 조대하면 초음파의 감쇠가 크게 된다.

이와 같은 재료에 표준시험편으로 탐상감도를 조정하고 탐상하면 결함을 놓치거나 과

소평가할 수 있다.

따라서 감도보정에 사용한 표준시험편과 대상물이 되는 시험체와의 초음파특성의 차이를 미리 조사하여 감도조정을 할 필요가 있다.

라. 단강품의 탐상

강판은 소재의 검사이며, 재료의 건전성 보증으로서 검사가 실시되지만, 단강품은 그대로 또는 기계가공을 해서 구조물의 일부나 기계부품으로서 사용되므로 반제품의 검사로서 실시되는 경우가 많다. 또 그 용도도 선박, 자동차, 철강, 화학, 기계, 토목건설 등 넓은 분야에서 사용되고 있다. 이것들은 어느 것도 사용되는 조건이 명확하며 검출해야 할 결함의 종류 및 크기가 확실하게 되어 있다.

단강품은 그 무게가 1 kg으로부터 10톤 이상이 되는 대형 제품에 이르기까지 형상이 매우 단순한 것부터 복잡한 것까지 여러 종류가 있고, 또 크기도 각종 제품에 따라서 다르다. 또한 회전기기에 사용되는 제품은 정지 상태로 사용하는 단조품에 비하여 피로강도가 더욱 문제시 되므로, 초음파 탐상의 중요성이 더욱 강조된다. 결함의 종류로는 모래 흔적이나 편석과 같은 단조 과정에 나타나는 가늘고 긴 결함과 파이프 결함과 같은 기공형 그리고 수소에 의한 머리카락과 같은 단조 방향에 특히 관계없이 발생하는 결함으로 나눌 수 있다.

단강품에 주로 발생되는 결함으로는 ① 담금질 균열, ② 다공질 기공, ③ 비금속 개재물, 모래 흠 등이 있다.

① 담금질 균열의 경우는 담금질(quenching)을 하면 심하게 급냉되기 때문에 외면은 강하게 수축하고 내부는 냉각에 의한 수축이 지연된다. 다시 말해 담금질을 하면 표면이 먼저 마르텐사이트 상태로 경화하고, 그보다 다소 늦게 내부가 마르텐사이트 변태를 한다. 마르텐사이트 변태는 상당히 큰 체적팽창을 일으키기 때문에 이미 경화해 있는 외면에 의해서 강한 인장응력이 작용한다. 특히 모서리나 두께 차가 있는 부분 등에서는 이와 같은 강한 인장응력이 집중하여 균열이 발생하게 되는 경우이다.

② 다공질 기공의 경우는 강괴 중심 부근에는 미세한 입계균열 또는 입계에서 발생한 미소한 공동에 의해 결정립의 결합력이 약해진 부분이 존재한다. 이와 같은 부분은 단조 시에 충분히 단련되어 압착되는 것이 보통이지만 공극(空隙)이 현저하게 나타나기도 하고 단련이 불충분할 때에는 압착되지 않고 일부가 남아 결함이 된다. 이와 같은 결함을 다공질기공(loose structure porosity)이라 한다.

③ 비금속 개재물, 모래 흠 등의 경우는 강괴의 내부에 존재하는 비금속 개재물은 일반적

으로 상당히 미세한 것이다. 그러나 불순물이 많고 냉각응고 과정을 천천히 거치면 모여서 커지게 된다. 또, 주형의 일부가 탈락되어 혼입되는 것이 있다. 육안으로 볼 수 있을 정도로 큰 것을 모래흠(sand mark)이라 부른다. 이들 결함은 단조에 의해 가늘고 길게 늘어나기도 하지만 평판형 으로 되어 있는 것이 보통이다.

단강품의 탐상방법은 주강품 탐상과는 달리 결정입의 크기가 크지 않기 때문에 높은 주파수를 사용할 수 있으며, 결함도 입자성형 방향으로 비교적 직선형이므로 탐상이 용이하다. 다만, 균열일 경우에는 방향성이 없으므로 주의하여야 한다. 보통 단강품의 탐상에는 수직탐상이 흔히 사용되며, 근거리음장을 보정하기 위하여 분할형 탐촉자를 사용한다. 탐상 주파수는 4~6 MHz가 많이 사용되며, 경우에 따라서는 10 MHz의 높은 주파수를 사용하는 경우도 있다. 사각탐상은 수직탐상으로 확인된 결함의 모양이나 깊이 등을 확인하기 위한 특수한 경우에 사용되며, 피검체의 모양으로 인하여 수직탐상이 불가능할 때 사용된다.

표 4-18 **단강품에서 주로 발생되는 내부 결함과 대표적인 탐상지시**

결함의 종류	탐상지시	검출 부위와 특징
편석 결함	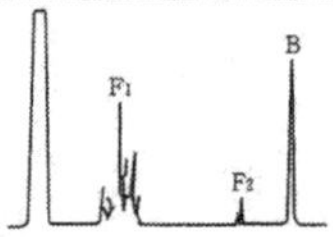	둥근 축 모양의 시험체에서는 외주에서 지름 방향으로의 탐상으로 결함 에코가 검출되어 F_1 및 F_2는 지름 또는 두꺼운 중간부에서 띠 모양으로 층이 되어 보인다(F_2는 검출되지 않는 경우가 있음).
백점	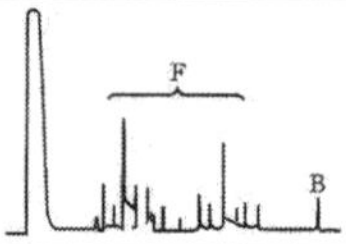	합금강 등으로 드물게 검출된다. 매우 날카로운 결함 에코가 발생하여 중간부에서 중심부에 걸쳐 광범위하게 검출되며 또한 저면 에코의 저하가 크다. 길이 방향에서는 저면부를 제외한 부위에서 검출되고 축방향의 탐상에서도 검출된다.
미소기공	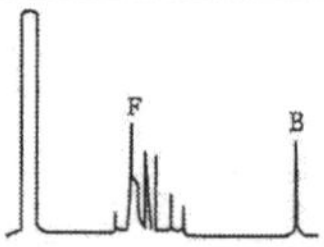	거의 중심 부근에 집중되어 결함 에코가 검출되어 개개의 결함 에코는 중복된 형태로 명료하게 분리하는 일이 적다. 결함이 큰 경우에는 저면 에코의 저하가 뚜렷하다. 길이 방향에서는 강괴의 표층부에서 중앙부에 검출되어 축 방향에서의 탐상에서도 검출된다.
모래 흠	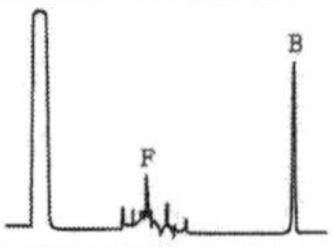	강괴에서의 저면부 또한 중심부에 검출되는 경우가 많으며 각 결함 에코는 분리하여 나타나는 경우가 많다. 특히 국부적으로 검출되는 경우가 많다. 편석 내에 개재하는 경우 편석 결함과의 구별이 어렵다.
파이프	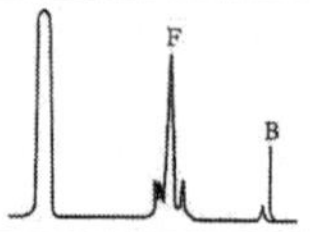	강괴의 표층부 그리고 중심부에 결함 에코가 검출되며 그 수는 비교적 적다. 결함 에코 높이는 변화가 있어도 축 방향으로 연속되어 나타나며 저면 에코의 저하를 동반하는 경우가 많다.
단조 균열 (forging crack)	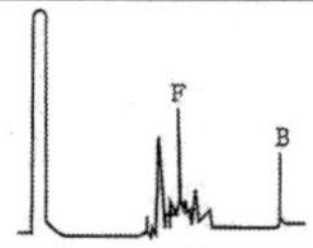	파이프와 유사한 탐상지시이지만, 강괴에서 위치에 관계없이 검출되는 경우가 많다.

결함의 종류	탐상지시	검출 부위와 특징
조대 결정립		표면 근처에서 임상 에코가 발생한다. 저면 에코의 변화에 주의하여 사용 주파수를 바꾸어 다른 결함과 구별할 필요가 있다. 일반적으로 감쇠가 크기 때문에 감쇠계수의 측정이 바람직하다.

*: 탐상지시는 B_{G1}(건전부의 제 1회째의 저면 에코 높이): 80%로 한 경우를 나타냄.
F: 결함 에코, B: 저면 에코

사용 중 피로로 인하여 발생하는 서비스 형태의 결함은 발생부위가 정해져 있으므로 시방서 등으로 규정하여 정기적으로 그 부분만을 선택하여 검사를 하는 것이 통례이다. 크기가 큰 단조품에 발생되는 결함은 피로 균열이나 구속으로 인한 균열 등이 성형과정의 결함이므로 많은 공정을 거치기 전에 탐상하여 불필요한 경비를 줄이는 방법으로서도 사용된다.

마. 단강품의 탐상 규격

단강품의 초음파탐상검사에 사용되는 규격으로서는 미국의 ASTM A388이 있으며 단강품의 대표적인 수직 탐상 규격을 표 4-19에 나타낸다. 두께 20 ㎜ 이상 및 외경부의 곡율 반지름이 50 ㎜ 이상의 탄소강 및 저합금강의 단강품을 대상으로 한 KS D 0248이 있다. 또한 그 외 외국규격으로는 탄소강 및 저합금강의 단강품을 대상으로 한 JIS G 0587, 선용(船用) 크랭크축 등을 대상으로 한 JFSS 13 등이 있으며, 터빈 및 발전기 로터를 대상으로 한 ASTM A 418 등이 있다.

표 4-19 **단강품의 탐상 규격**

규격 번호	규격품
KS D 0248	탄소강 및 저합금강 단강품의 초음파 탐상 검사 방법
JIS G 0587	탄소강 및 저합금강 단강품의 초음파 검사 방법 및 검사 결과의 등급 분류 방법
JFSS 13	선박용 단강품에 대한 초음파 탐상 기준
ASTM A 388	두꺼운 단강품의 초음파 탐상 검사 방법
ASTM A 418	단강품 터빈 및 발전기용 로터의 초음파 탐상 검사 방법

바. 용접부의 탐상

용접은 조선, 차량, 압력용기, 건축철골, 교량 등 각종구조물이나 기계제작의 기반 기술로써 이들 각종 용접구조물의 품질관리·품질보증에 매우 중요한 기술이다. 검사원은 검사대상의 대부분인 용접에 대해 용접방법, 용접이음, 용접부의 성질 등(특히 용접결함)에 대해서는 충분한 지식과 경험이 필요하다. 용접결함은 용접설계의 잘못, 용접공의 기량 부족이나 부주의 또는 용접시공관리 상의 문제 등에 의해 발생한다. 이러한 의미에서 용접공을 포함한 용접관리가 매우 중요한데 이것이 품질관리와 품질보증으로 이어지게 된다.

용접 결함 중 대표적인 내부 결함은 균열, 용해 불량, 융합 불량, 슬래그 혼입 및 블로우홀(blow hole)이다. 근래 대부분의 구조물에는 용접부가 있으며 그 검사에는 과거의 방사선투과 검사를 대신해서 초음파탐상검사가 많이 적용되고 있다. 용접부에 발생하는 결함은 재질, 개선 형상, 용접자세 등에 따라 발생하기 쉬운 결함의 종류에 다소 치우침이 있지만 일반적으로 기공, 슬래그 혼입, 용입부족, 융합불량, 균열 등이다. 이러한 용접부의 결함을 검출하기 위해서는 용접부 전체를 초음파빔이 커버하도록 여러 방향에서 탐상한다. 용접시공 전에 개선면을 체크하고 개선각도, 루트간격, 홈면의 상태를 관찰해 놓으면 발생할 가능성이 있는 결함을 예상 할 수가 있다. 또 용접 후에 루트면의 위치를 정확히 알 수 있도록 적당한 위치에 표시를 해둘 수도 있다.

발생할 결함의 종류는 어느 정도 예상되므로 그것에 따라서 중점적으로 탐상 하는 것도 가능하다. V개선이나 베벨홈용접부의 용입부족에 대해서는 직사법에 의해 용접선으로 따라서 탐상 한다. 개선면의 융합불량에는 홈면에 될 수 있으면 수직에 가까운 각도에서 초음파 빔이 입사하도록 탐상면, 반사 횟수 및 굴절각을 선정해도 좋다.

좁은 개선 용접부에서는 개선면의 융합불량이 탐상면에 대해서 수직방향이 되기 때문에 탐촉자를 2개 사용하는 탠덤 탐상법의 적용이 좋다. 횡균열은 초음파 빔이 용접선과 평행 또는 근접해거 탐상 한다. 용접 덧붙임을 제거했을 경우 용접선 위에서 탐촉자를 용접선 방향으로 향해 탐상하면 검출하기 쉽다. 모서리 이음이나 T이음 등 수직탐상이 효과적인 용접부에는 수직탐상을 병용한다. 탐상면은 일반적으로는 거친 경우가 많이 있으므로 접촉매질은 글리세린 또는 글리세린 페이스트를 사용한다.

사각 탐상에서는 특히 굴절각이 커지면 같은 두께를 탐상하는 경우 작은 굴절각에 비교하여 빔진행거리가 길어진다. 따라서 전반 거리에 의한 초음파의 감쇄를 고려하여 결함 에코를 검출하여 평가하는 것이 중요해진다. KS B 0896에서는 STB A2의 ϕ 4×4 ㎜의 세로 구멍 또는 RB-41의 가로 구멍을 이용하여 거리 진폭 특성에 의한 에코 높이 구분선을 작성한다.

표 4-20에 각종 결함에 대한 탐상지시 및 주사지시의 특징을 나타낸다. 기공 등의 작은 단독 결함 개선면의 융합불량 등의 편평한 평면결함이나 균열 등의 거친 평면결함 및 밀집 기공 등과 같은 밀집결함 등에 의해 탐상지시(에코의 형상이나 패턴)이나 전후 및 좌우 주사에 의한 주사지시가 기본적으로 다르다. 따라서 이들의 특징은 결함의 종류나 형상을 추정하는 경우에 중요한 도움이 된다.

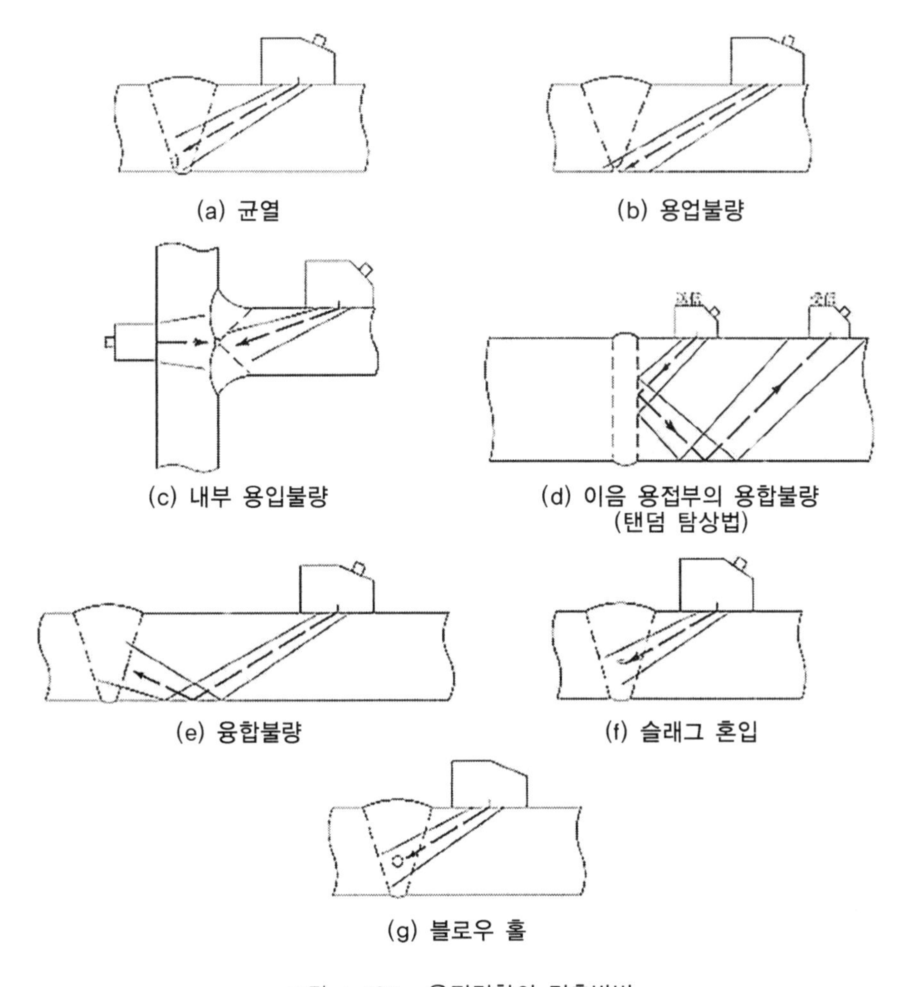

그림 4-104 **용접결함의 검출방법**

표 4-20 각종 결함에 대한 탐상지시 및 주사지시의 특징

결함종류 / 내용	단독소결함 (블로우홀)	평활한 평면결함 (개선면융합불량 등)	거친 평면상결함 (수직입사의 경우)	거친 평면상결함 (경사입사의 경우)	밀집결함 (밀집블로우홀 등)
탐상도형	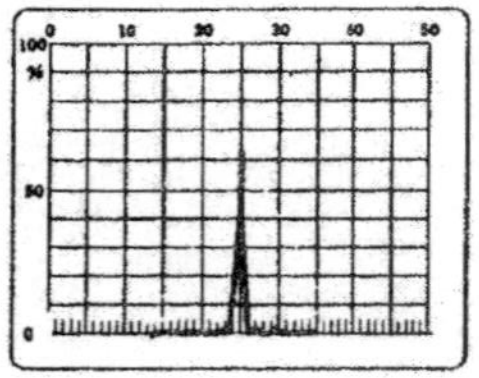	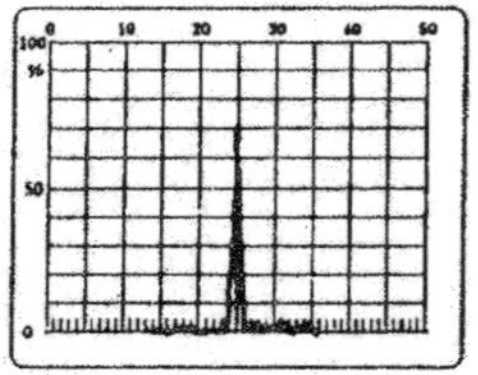	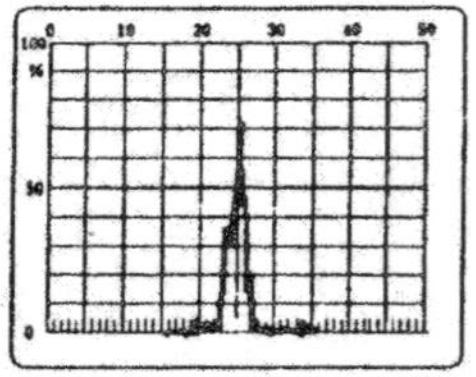	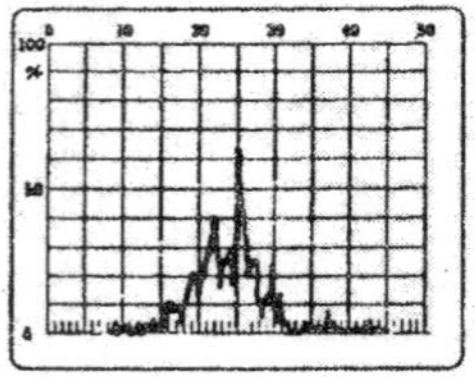	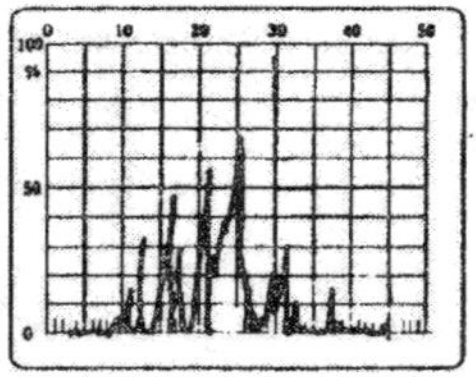
주사도형 (전후, 좌우 주사도형)	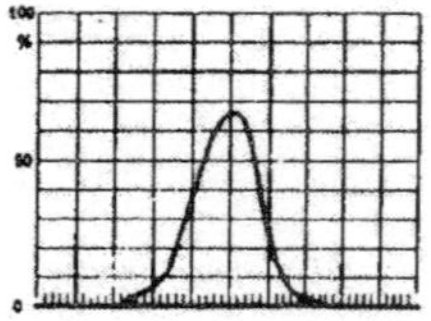	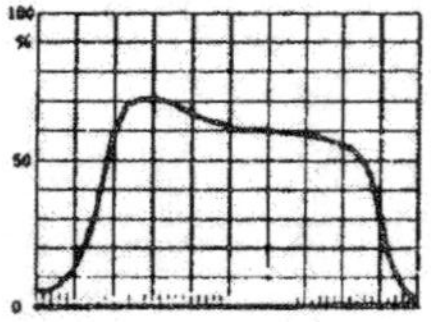	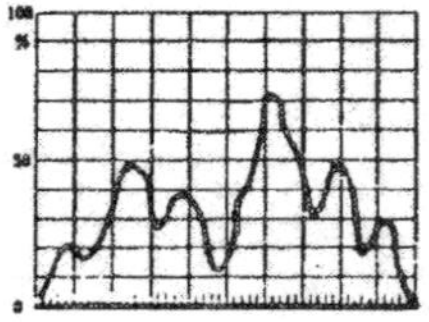	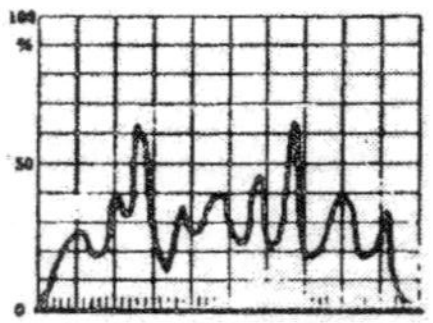	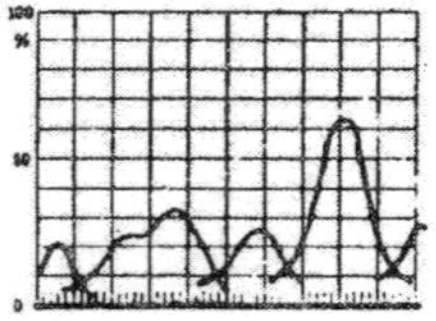
주사방법 (전후 또는 좌우주사)	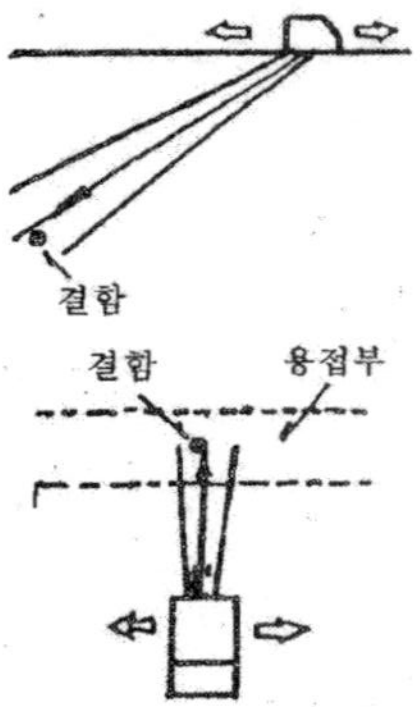 결함 결함 용접부	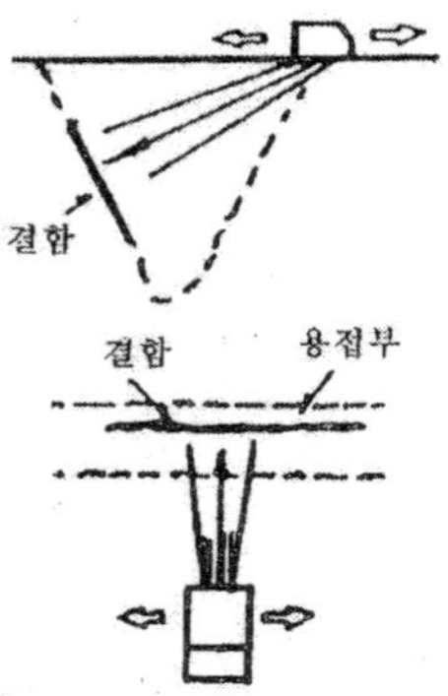 결함 결함 용접부	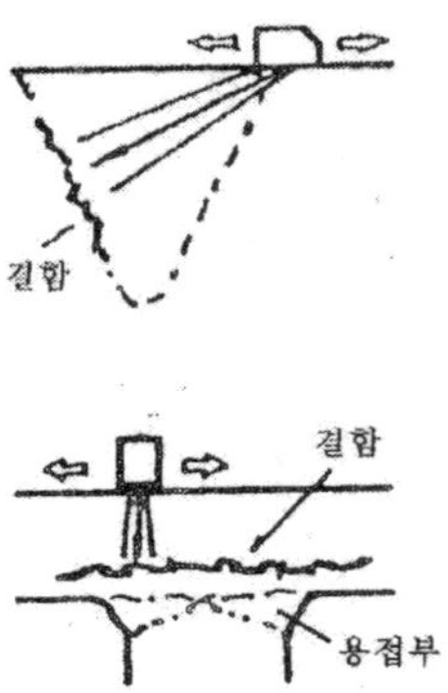 결함 결함 용접부	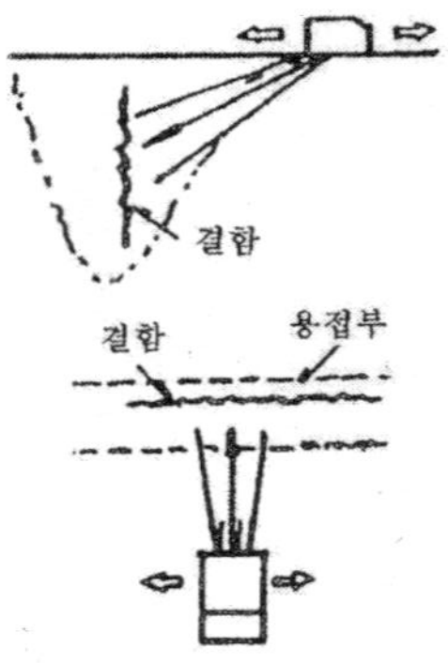 결함 결함 용접부	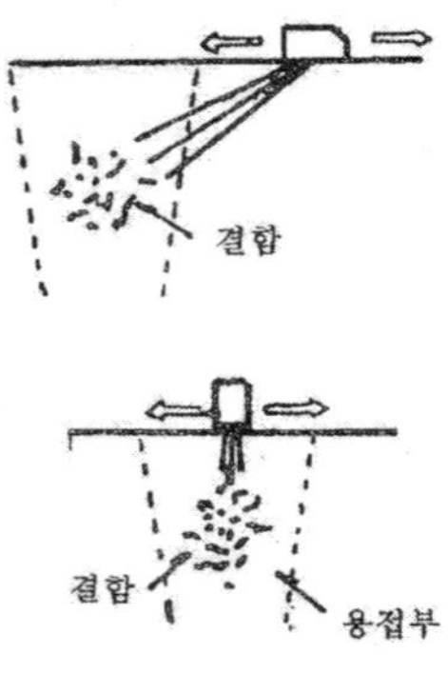 결함 결함 용접부

4.4.3 초음파검사 결과의 평가와 기록

가. 결함의 특성

물질 내에는 결정격자(crystal lattice)의 불완전부(imperfection)와 전위(dislocation)와 같은 고유하게 내재하는 미세(microscopic)한 크기의 흠(flaw)이 존재하는 것으로 알려져 있다. 또한 이들 흠은 용접, 주조, 단조, 표면 처리(surface treatment) 등과 같은 제조 공정에 중에 발생하기도 한다. 재료는 응력, 피로, 부식 등 다양한 조건 하에 사용되기 때문에 이로 인해 추가로 결함(defect)이 발생하거나 이미 존재하고 있는 결함이 더 성장하기도 한다. 대부분 재료의 파괴는 응력이 더 이상 견디지 못할 정도의 위험 수준의 크기까지 성장하면서 결국 연성(ductile)이나 취성(brittle) 파괴의 형태로 진행하게 된다.

따라서 이러한 결함을 검출하고 이 결함들에 대한 특성(characterization of defects), 크기, 위치 등에 대해 평가하는 것이 필요하다. 그 다음으로는 이들 결함의 위해도(severity)를 평가 후, 결함을 제거해야 할지, 그 제품 자체를 폐기해야 할지 아니면 결함이 있는 제품이라도 계속 사용하는 것으로 허용할지를 평가해야 한다. 이 같은 판단과 결정을 하는 과정을 "평가(evaluation)"라고 하며, 그래서 최근에는 실제로 비파괴검사(non-destructive testing; NDT) 라는 용어 대신에 비파괴평가(non-destructive evaluation; NDE)라는 용어를 사용하게 된다.

평가(evaluation)란 실제로 두 가지의 의미를 담고 있다. 첫째는 심각한 돌발 고장(catastrophic failure)으로 이어질 수 있는 허용할 수 없는 결함을 지닌 제품이 비파괴검사에서 누락되어 계속 사용이 되지 않도록 하는 것이다. 둘째는 위험 수준이 낮은 결함을 지닌 부품들은 막대한 생산 감소 및 재료의 손실을 가지고 올 수 있기 때문에 이를 중단하지 않도록 하는 것 또한 매우 중요하다. 그래서 두 가지의 기본 요건이 있게 되는데, 첫째는 결함에 대한 특성, 크기, 위치를 정확하게 검출해야 한다. 둘째는 다음 단계의 조치를 할지에 대해 판단하고 결정하는 일이다. 첫 번째의 요건은 결함의 특성, 크기, 위치를 검출하고 파악하기 위한 적절한 NDT 방법을 사용해야 하고, 두 번째는 허용 기준을 참조하여 적합성(suitability)을 판단해야 한다. 이러한 판단은 결함의 크기 특히 균열(crack)에 대해 다양한 하중 조건 하에서 계산을 통한 거동을 예측하고 매우 엄격한 파괴 역학(fracture mechanics)의 접근에 기반을 두고 수행되어야 한다.

나. 결함의 위치 측정

결함의 위치(position of defects)는 교정된 탐상기의 스크린으로부터 바로 읽을 수 있다. 수직 탐상의 경우 탐상면 아래의 결함의 위치는 그림 4-105와 같이 바로 알 수 있다. 반면에 사각 탐상의 경우 결함의 위치는 빔 진행거리(beam path length)와 탐촉자의 굴절각(probe angle)을 이용하여 계산한다.

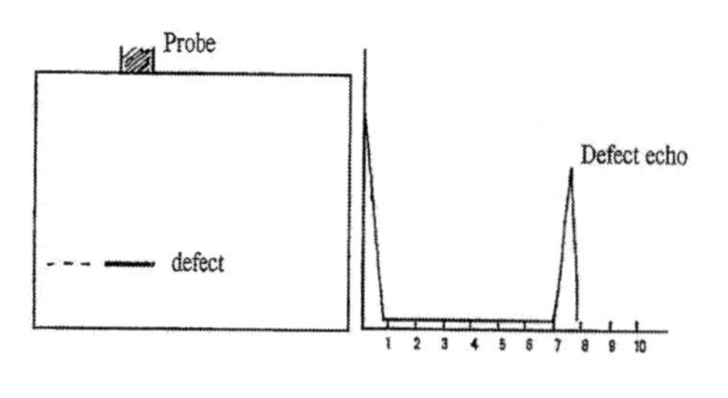

그림 4-105 **수직 탐상에서 결함의 위치**

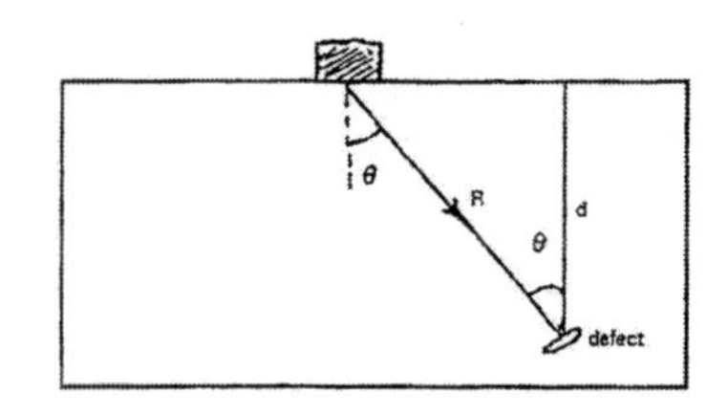

그림 4-106 **사각 탐상에서 결함의 위치**

다. 결함의 크기 측정

일반적으로 결함 크기 산정(defect sizing)은 결함 신호의 진폭으로 구한다. 이들 방법에는 대비시험편을 이용한 방법, DGS 선도법 그리고 스캐닝(scanning)법이 있다. 앞의 두 방법은 초음파 빔의 크기보다 작은 크기를 가지는 결함에 대해 에코 진폭을 이용하여 평가하는 방법이다. 스캐닝법은 일반적으로 초음파 빔의 크기보다 결함의 크기가 큰 경우에 대하여 에코 진폭을 이용하여 평가하는 방법이다.

대비시험편을 이용한 방법은 DAC를 이용하여 결함의 크기를 산정한다. DAC의 작성은 게인 값을 변경하고 에코 높이를 DAC 레벨까지 올린 다음 새로운 게인 값을 설정하고 기록한다. 이 새로운 값과 PRE(여기에다 해당되는 경우 전달 손실(transfer loss)과 감쇠 교정을 더한 값) 사이의 차는 DAC에 관한 상대적 높이, 즉 dB를 나타낸다. 이 차는 초음파 검사 보고서에 기록되어야 한다.

DGS 선도법에서는 dB 단위의 에코 높이를 앞선 설명한 방법과 유사하게 에코 높이를 게인 조정기(gain control)를 이용해 기록 곡선까지 올린 후 새로운 게인 설정 값과 G_{rec}와의 차를 파악함으로써 찾아낸다. 이 차는 기록 곡선과 관련하여 dB로 표현된 에코 높이를 초음파검사 보고서에 기록되어야 한다.

결함 크기가 초음파 빔 보다 클 경우에는 다음과 같은 방법들을 결함 크기 산정에 이용한다.

(1) 6 dB 드롭법

6 dB 드롭법(6 dB drop method)은 최대 진폭이 나오는 결함의 위치에서 탐촉자를 좌우로 이동시키면 결함 가장자리에서의 에코 높이가 절반으로 줄어드는, 즉 6 dB 만큼 감소하는 탐촉자의 이동거리를 결함지시길이로 산정하는 방법이다. 이때 빔의 중심축은 그림 4-107과 같이 결함의 끝단부에 위치하게 된다. 6 dB 드롭법은 초음파 빔 폭 보다

큰 결함의 산정에 적합하고, 반대로 초음파 빔 폭 보다 작은 결함에 대해서는 정확한 크기 산정이 어렵다.

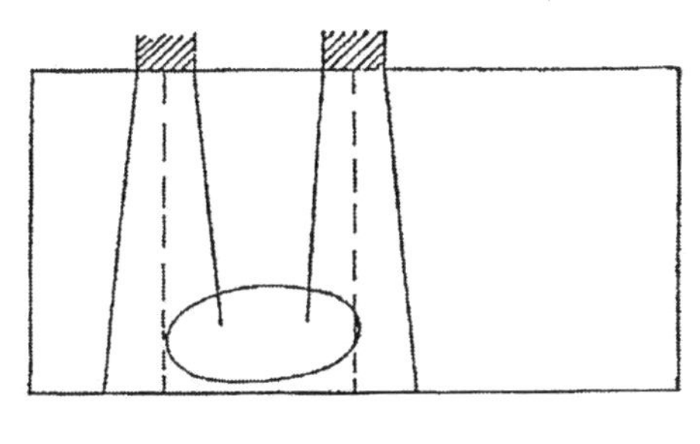

그림 4-107 **6 dB 강하법**

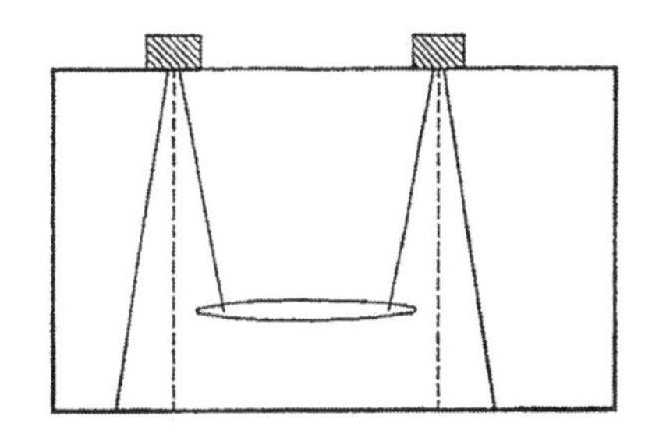

그림 4-108 **20 dB 드롭법**

탐촉자의 이동에 의해 결함의 길이를 측정하는 절차는 다음과 같다.

① 결함에서 최대 에코가 나오도록 탐촉자를 위치시킨다.
② 탐상기의 게인 조정노브를 이용해 CRT 스크린상의 읽기 쉬운 크기로 에코 높이가 나타나도록 조정한다.
③ 에코 높이가 처음에 조정된 높이의 절반이 될 때까지 한 방향으로 탐촉자를 이동시킨다.
④ 탐촉자의 중심 위치를 시험편 표면에 표시한다.
⑤ 그 다음에 탐촉자를 반대 방향으로 움직여 최대 에코가 나오는 위치를 통과해 에코 높이가 다시 최대 진폭의 절반으로 떨어지는 위치까지 탐촉자를 이동한다.
⑥ 그 위치에서 탐촉자의 중심 위치를 시험편 표면에 표시한다.
⑦ 두 표시점 사이의 거리를 결함지시길이(flaw length)로 산정한다.

결함의 감도가 다양하게 변한다면, 에코 높이가 급격히 떨어지기 바로 직전까지 탐촉자를 이동시킨다. 이 피크가 전체 스크린 높이까지 상승하면 탐촉자를 ③에서와 같이 이동시킨다. 결함의 반대편 끝단으로 이와 같은 절차를 수행한다.

(2) 20 dB 드롭법

이 기법은 결함 길이의 산정을 위해 초음파 빔 끝단부의 강도(intensity)가 빔 중심 축 강도의 10 %(즉, 20 dB)로 떨어지는 결함 위치에서의 감도를 이용한다.

20 dB 드롭법을 이용하여 결함의 길이를 산정하는 절차는 다음과 같다.

① 결함에서 최대 에코가 나오도록 탐촉자를 위치시킨다.

② 탐상기의 게인 조정노브를 이용해 CRT 스크린상에 읽기 쉬운 크기로 에코 높이가 나타나도록 조정한다.

③ 그 다음 에코 높이가 원래 높이의 1/10(즉 20 dB 만큼)로 떨어질 때까지 한 방향으로 탐촉자를 이동한다.

④ 탐촉자의 중심 위치를 시험편 표면에 표시한다.

⑤ 반대 방향으로 이동하면서 최대 에코 높이가 다시 1/10로 떨어지는 위치까지 탐촉자를 이동한다.

⑥ 그 위치에서 탐촉자의 중심 위치를 표시한다.

⑦ 두 표시점 사이의 거리를 측정한다.

⑧ 빔 프로파일 선도(bean profile diagram) 또는 다음의 방정식을 이용하여 결함의 깊이 d에서의 빔폭 Φ를 구한다.

$$\Phi = D + 2(d - X_0)\tan\theta \tag{4.132}$$

여기서 Φ = 빔폭(beam width)
d = 결함 깊이(defect depth)
X_0 = 근거리 음장 길이(near field length)
D = 탐촉자 지름

⑨ ⑦에서 ⑧을 빼면 초음파 빔의 이동방향과 평행을 이루는 결함의 길이를 구할 수 있다.

20 dB 드롭법은 6 dB 드롭법 보다 더 정밀한 결과를 얻을 수 있다. 하지만 6 dB 또는 20 dB 드롭법을 이용하여 결함의 길이를 산정 할 경우 결함 끝단부에서 감쇠되는 요인 외의 다른 요인에 의해 진폭이 떨어질 수 있는 문제점을 가지고 있다. 몇 가지의 요인을 들어보면 다음과 같다.

- 결함이 빔 폭 내에서 점점 가늘어 지는 경우, 이 부분에서 결함에 대한 신호가 결함 끝단부에 이르기 전에 20 dB 또는 6 dB 만큼 감소하게 되어 결함을 과소평가하게 된다.
- 결함의 방향성에 의해 최대 진폭을 얻기 위한 탐촉자의 각도가 바뀔 수 있고 이 경우에는 다른 탐촉자를 사용하여야 한다.
- 결함의 방향이 바뀔 수 있다.
- 탐촉자가 변형될 수 있다.
- 표면 조도에 따라 바뀔 수 있다.

(3) DGS 선도법

DGS 선도법(DGS diagram method)은 Krautkramer에 의해 1958년에 개발되었으며, 이 기법은 탐촉자로부터 다양한 거리만큼 떨어져 있는 서로 다른 크기의 평저공(FBH)에서 나오는 에코와 저면 에코의 진폭 차이를 dB로 표시하여 만들어진 DGS 선도를 이용하는 방법이다. 이 선도는 근거리 음장 단위로 다양한 크기와 주파수를 가지는 탐촉자로부터의 거리 D와 특정한 저면 반사체에 대한 평저공(FBH)의 dB 단위 게인값 G 그리고 진동자 직경에 대한 평저공(FBH)의 크기 S와 관련이 있는 선도이다.

DGS 선도를 이용하여 결함을 평가하려면 기공, 이물질, 균열 등과 같은 실제적인 결함들이 평저공과 같은 기하학적 특징, 모양 또는 방향을 갖지 않는다는 것을 주의해야 한다. 또한 특정 결함의 에코 진폭이 결함의 크기 뿐 만 아니라 입사하는 빔의 방향과 관련된 입사각과 거칠기 형상 등의 다른 인자들에 대한 영향을 고려해야 한다. 따라서 등가결함크기(equivalent reflector size; ERS)에 대한 규정의 필요성이 증가되고 있다. ERS는 빔이 빔 축에 수직으로 놓을 경우 평저공과 같은 원형 반사체(가 스크린 상에 동일한 에코 높이를 나타내게 된다. 이러한 현상은 실제 결함의 반사 특성이 원형 반사체의 반사 특성과 유사한 경우에만 적용할 수 있다. 이러한 상관관계는 실제 결함의 특성이 원형평면결함의 특성과 유사하다고 가정하는 경우에만 적용 가능하다. 이는 모든 방향에서 빔의 범위를 넘지 않은 작은 반사체에 적용가능하다. 따라서 DGS 선도를 이용한 결함 평가는 ERS를 통해 이루어지지만 ERS가 항상 결함의 실제 크기를 나타내는 것은 아니라는 것을 명심해야 한다.

라. 결함 높이의 측정

결함의 높이를 측정하는 것은 결함을 갖는 부재의 건전성 평가 및 수명 예측의 정밀도를 향상시키기 위해 매우 중요하다. 특히 파괴역학을 이용하여 결함을 평가할 경우 결함 높이를 정확하게 측정할 필요가 있다. 여기서 결함의 높이란 결함의 판 두께 방향의 치수를 말한다.

그림 4-109는 현재까지 개발 또는 실용화되어 있는 결함높이의 측정 방법을 정리한 것이다. 이들 결함 높이의 측정 방법 중 단부에코법, TOFD법 및 표면파법 등 중요한 몇 가지에 대해서만 소개한다.

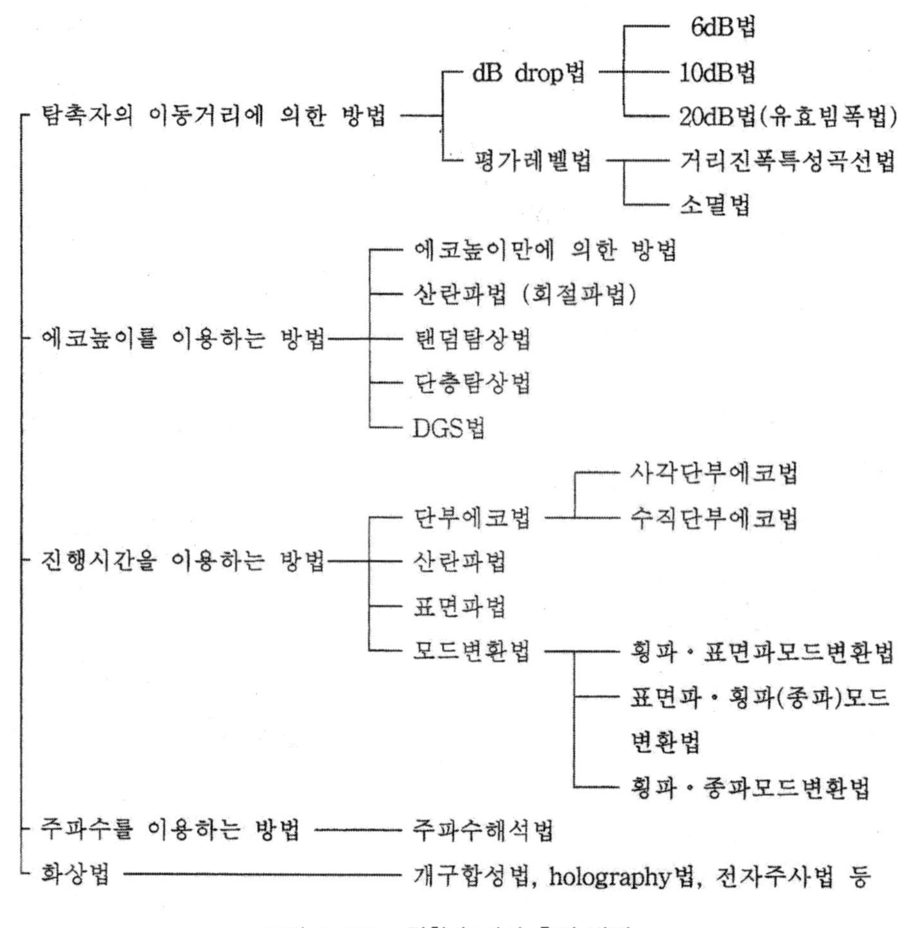

그림 4-109 **결함 높이의 측정 방법**

(1) 탐촉자의 이동거리에 의한 방법

이 방법은 초음파의 빔폭보다도 큰 평판형 결함이면서 동시에 결함 면에 수직으로 초음파빔이 입사하는 조건을 만족할 때 고정밀도 측정을 기대할 수 있다. 이 방법에는 데시벨 드롭법, 유효빔폭법 및 문턱값에 의한 방법 등이 있다.

(2) 에코높이를 이용하는 방법

사각탐상에서 결함의 에코높이는 결함의 높이 이외에 결함의 위치, 형상, 길이, 거칠기, 기울기 및 개구량 등에 의해 영향을 받기 때문에 에코 높이로부터 결함의 높이를 측정하는 것은 일반적으로 곤란하다. 그러나 결함의 위치나 성질과 상태를 미리 상정함과 동시에 적당한 측정 조건을 설정함으로써 어느 정도의 측정이 가능하게 된다. 이 방법에는 표면 개구 결함 측정법, 복합형 종파 사각탐촉자를 이용하는 방법, 표면 SH파에 의한 방법, 산란파법 그리고 탠덤탐상법 등이 있다.

마. 검사결과에 대한 기록과 보고

제조업자는 초음파탐상검사에 대한 보고서를 작성해야 하며 이 보고서 사본은 제조업자의 데이터 보고서에 검사원이 서명 할 때까지 제조업자가 보관해야 한다. 이 보고서에는 요구하는 정보가 포함되어야 한다. 또한 수리된 제품에 대한 기록과 수리된 제품에 대한 재검사 결과도 기록되어야 한다. 제조업자는 기준레벨의 50 %를 초과하는 응답을 갖는 교정되지 않은 영역에서 나오는 모든 반사에 대한 기록도 지속적으로 관리되어야 한다. 이 기록은 각 영역, 응답레벨, 크기, 표면 이하 깊이, 분류를 포함하고 있어야 한다.

결함이 기록되어야 한다고 판단되었을 때, 제조 중에 사용되는 ASME Section V(Article-5), AWS D1.1(1988), API-1104(1994)와 같은 대부분의 초음파탐상검사 표준에 따라, 다음의 (i) 결함의 특성, (ii) 결함의 길이, (iii) DAC 곡선이나 기준 레벨 이상 또는 이하의 반사율 등을 결정하여야 한다. 이 같은 특성은 결함의 합·부 판정 시 필요하게 된다.

비파괴검사의 최종 결과는 검사 보고서이다. 비파괴검사로 검출된 결함에 대한 향후 조치에 관한 모든 결정은 대부분 이 보고서에 근거한다. 보고 결과가 얼마나 신뢰할 수 있는지, 만약 신뢰하기 어렵다면 검사자에게 이러한 검사 결과에 대해 재점검 및 재확인하도록 요청할 수 있다. 결과가 재현성이 있는지, 그리고 보고서가 결과의 재현성에 얼마만큼의 도움을 주는가. 이러한 많은 다른 요건의 관점에서 NDT 검사 보고서는 최대한 명확하게 작성하는 것이 필수적이다. 많은 경우에 있어 보고서는 부품의 제조 및 설치 시 부품의 상태와 건전성을 파악할 수 있는 유일한 수단이다. 이 정보는 특히 초기 고장(premature failure)을 평가하는데 매우 가치가 있다. 보고서는 검사 및 점검 기관에 의해 철저히 검토되어 분석된 것으로 품질보증(quality assurance)을 위한 필수 요건이다.

우수한 NDT 보고서의 필수 요건은 명료함(unambiguity)과 재현성(reproducibility)에 있다고 말할 수 있다. 따라서 보고서를 작성할 때 특정 NDT 법에 대한 결함 검출감도에 영향을 미치는 모든 다양한 인자들을 염두해 두어야하며, 원칙상 이 모든 인자들에 대한 정보가 보고서에 표기되어야 한다. 이렇게 함으로서 반복적인 검사 시 정확한 조건으로 시험을 재수행할 수 있고 또한 수리가 된 경우 검사된 부분을 정확히 찾는데 도움을 줄 수 있다. 우리는 초음파탐상검사의 예를 통해 이러한 사항에 대해 자세히 설명할 것이며, 다른 NDT 기법에 대한 보고서로 그 내용을 넓혀 갈 것이다.

시험편의 종류, 두께, 기하학적 형상, 모양, 초음파로 검사 되어지는 영역에 대한 구체적인 내용을 보고서에 기록해야 한다. 고유한 식별 번호를 검사 시 시험편과 보고서에 기록해야 한다. 더 나아가 이 식별 번호를 설계도면 번호와 연계시켜 놓아야 한다. 부품들이 불합격되거나 수리할 수 있을 경우 또는 원하는 경우 검사를 반복하는 경우 이 식별 번호는 검사를 용이하게 해준다. 자체적으로 독자적인 식별 번호를 갖는 적용 절차를 보고서에 기재하여야 한다.

보고서 양식은 상이할 수 있으나 상기에 언급한 목적을 이루기 위해서는 보고서 양식에 다음의 정보가 명료하고 간결하게 포함되어야 한다.

(1) 확인(identification)

① 검사 일자

② 검사 시간

③ 검사 장소

④ 검사를 필요로 하는 고객

⑤ 검사를 수행하는 검사원

⑥ 검사되는 부품, 부품의 일련 번호, 설명서 및 재료

⑦ 사용된 코드, 사양서, 표준

(2) 장비(equipment)

① 탐상기

② 탐촉자의 크기, 주파수, 각도

③ 사용된 교정 및 대비 시험편

④ 접촉매질

(3) 교정(calibration)

① 사용된 모든 탐촉자의 감도

② 사용된 모든 탐촉자의 시간 축 범위

③ 적절한 곳에서의 감쇠(attenuation) 및 전이보상(transfer corrections)

(4) 기법(technique)

① 주사 방법(각 탐촉자의 한계와 적용 범위)

② 사용된 크기 산정법

③ 사용되는 기록 및 보고 레벨

④ 시험체의 형상 또는 상태, 시간 또는 기타 요인에 의한 검사 품질의 한계

(5) 결과(results)

① 검출된 지시

② 결함의 위치와 크기를 표시한 축적 도면

③ 발견된 결함과 허용 표준과의 관계

보고서는 간단명료하게 써져야 한다. 전문 용어(technical term)는 올바른 의미로 사용되어야 하며 이니셜이나 약어들은 전체 단어를 한 번 사용한 이후에만 사용될 수 있다.

검사보고서 이외에도 초음파탐상검사를 포함한 비파괴검사 절차의 중요한 부분을 차지하는 많은 문서들이 존재한다. 이 문서는 검사 보고서와 직접 관련이 있으며 보고서를 확인하려 할 때, 검사를 반복하려 할 때, 또는 품질 점검을 하려 할 때 반드시 필요한 문서들이다. 이 기록들은 해당 기관의 품질보증 프로그램의 중요한 요건이며 추적성(traceability)을 위한 수단이 된다.

초음파탐상검사를 수행하기 위해 문서화된 절차서는 해당 기관의 기록에 포함되어야 할 뿐 만 아니라 이와 함께 절차를 수행하는 사람들도 이 기록에 포함되어야 한다. 절차서에는 최소한 다음의 내용들이 포함되어야 한다.

① 절차서 식별 번호와 작성된 날짜
② 범위
③ 해당 문서
④ 검사원
⑤ 장비/교정/기준 표준
⑥ 절차를 적용하는 시험체의 식별 및 종류
⑦ 검사 방법
⑧ 보고 수준/검사
⑨ 허용 기준
⑩ 검사체에 대한 표시 계획
⑪ 보고서 작성

검사 장비의 교정에 대한 문서화된 기록은 꾸준히 관리 되어야 한다. 장비가 주기적인 교정을 필요로 하는 경우에는 현재 및 향후 교정 날짜를 파악해야 한다. 교정이 전문 기관에 의해 수행되었거나 확인되었다면 그 전문 기관의 이름을 밝혀야 한다. 비파괴검사를 수행하고 보고서를 작성하고 서명을 담당하는 모든 사람의 자격과 증명서에 대한 기록은 공개되어야 하며 필요시 서면으로 작성되어야 한다. 증명서에 대한 유효 기간을 밝혀야 하며 모든 검사원에 대한 시력 검사 증명서를 보관해야 한다. 또한 연수 및 교육과 경력에 대한 자료도 보관해야 한다. 모든 비파괴검사원에 대한 법적인 등록증을 보관한다면 가장 이상적이라 할 수 있다.

간략하게 말해서 문서화 된 서류는 검사와 검사된 부품의 추적성(traceability), 재현성(reproducibility), 궁극적으로 신뢰성(reliability)을 높이기 위한 최적의 방법이다. 비파괴검사 절차서의 경우는 능력이 있는(인정된, qualified) 사람에 의해 작성된 종합적 절차서를 의미하며 인정된 검사원에 의해 수행된 검사는 검사 보고서 양식에 정확하게 기록되어야 한다.

4.5 새로운 초음파검사 기술

4.5.1 개요

최근 들어 미국에서 발생한 일련의 군용기 사고, 원자력 발전소 사고, Columbia 우주선 폭발, 일본의 로켓 발사 실패, 미하마 원전 누출사고로부터 비파괴 안전진단의 필요성과 중요성에 대한 인식이 더욱 깊어지고 있다. 특히 소득 2만 불 시대에 접어들면서 안전진단기술에 관한 사회적 관심 역시 증대되어 국민들은 깨끗한 환경에서 건강하고 안전하게 살기를 원하며, 이를 위해 삶의 질 향상을 위한 비파괴검사 분야의 차세대 핵심 원천 기술의 연구 개발의 필요성이 크게 부각되고 있다. 특히 고도의 신뢰성과 안전성이 요구되는 원자력산업, 방위산업, 항공 우주산업 등의 발달과 더불어 NDT 기술의 활용성과 중요성이 증대되고 있으며, 정확도와 정밀도에 대한 요구가 커지면서 미세결함과 재료특성에 미세변화까지 정확하게 검사할 수 있는 첨단기술의 개발이 더욱 요구되고 있다.

특히 국내에서는 비파괴검사 기술을 고부가가치의 기술서비스 산업으로 육성하고, 비파괴검사 적용분야의 확대를 위해 법령·제도를 보완하고, 비파괴검사업의 발전 기반을 강화하고 있다. 구조물 진단에 주로 사용되던 비파괴검사 기술은 보안 및 재난 방지, 반도체 등 첨단제품의 품질관리와 물리량 측정에 적용되고 있으며, 특히, 우주항공, 부품·소재, 의료 등 첨단 산업분야에서 활용이 활발하고, 작업종사자들의 방사선피폭 우려가 없는 검사기술로 전환하기 위해 초음파·적외선·레이저 등을 활용한 다양한 기법이 개발·적용되고 있다.

비파괴검사 기술은 어디까지나 재료나 구조물 등을 비파괴적으로 즉 그 형상이나 기능을 전혀 변화시키지 않고 평가하는 유니크(unique)한 기술로 ① 표면, 내부에 존재하는 결함의 비파괴적 검출, ② 재질, 미세구조 등의 비파괴적 검출, ③ 위에 기술한 결과를 이용한 대상물의 성질, 건전성, 잔존수명 등의 평가가 가능하다. 따라서 비파괴적 재료 특성 평가에 의해 신소재의 개발, 제조, 출하, 사용 중 등의 각 단계에 있어 ① 재료의 개발 과정에서 재료를 비파괴적으로 평가하여 이것을 피드백(feedback)함으로써, 이상 원인을 분석하고 최적조건을 선택하는 것이 가능해 신재료 개발을 가속화할 수 있다. ② 재료 제조 공정에서 반(半)제품을 비파괴검사하고 불량품을 제거함에 따라 나머지 공정에서 필요하지 않은 비용을 제거할 수 있다. ③ 출하 전의 재료, 구조물의 품질관리, 품질보증, 안전성보증이 가능하고, ④ 사용 중의 재료, 구조물의 안전성 보증, 잔존 수명예측, ⑤ 고객으로부터 반품된 재료, 부품의 불량해석에도 비파괴검사가 필요하다.

최근에는 파인세라믹(fine ceramics), 첨단 복합재료(advanced composite materials; ACM) 등의 신소재, 새로운 코팅기술 등이 개발되었다. 파인세라믹은 우수한 내열성, 내마모성, 강성, 절연성 등을 갖기 때문에 자동차용 엔진 부품, 전자부품, 정밀기계부품, 의료부품 등의 분야에서 주목받고 있다. 또, 발전효율을 비약적으로 높이기 위한 발전용 고온 가스터빈 부품 재료에의 응용도 주목받고 있다. 첨단 복합재료는 경량·강인하여 항공기, 자동차의 본체(body), 브레이크슈(brake shoe)나 전자실드 재료 및 그 외 여러 분야에서 이용되고 있다.

이와 같은 분야에 사용되는 신재료는 예기치 않는 파괴에 의한 사고로 인명피해나 중대한 경제적 손실을 초래할 수 있기 때문에 충분한 신뢰성과 안전성이 요구되고 있다. 따라서 이를 보증하기 위해 신재료의 강도, 건전성 등을 비파괴적으로 진단·평가하는 기술을 확보하는 것이 매우 중요하다.

즉 테라헤르츠 이용 기술, laser-induced breakdown spectroscopy(LIBS), 중성자 반사율 측정 장치(neutron reflectometer) 등 산업설비·공공시설의 안전성 극대화를 위한 새로운 첨단 비파괴검사 진단 신기술의 출현은 다가오는 21세기의 새로운 산업사회를 향한 핵심기술(key technology)분야라 해도 과언이 아닐 것이다.

첨단 비파괴검사 기술의 특징적인 연구 동향.

① 정량적비파괴평가(quantitative NDE) 기술의 개발과 그 지능화를 통한 타 기술과의 융합화(fusion technology) 및 복합화(IT, NT, BT 등) 방향으로 발달되고 있다. 선진국에서는 비파괴검사(진단)와 관련하여 IT 기술과의 융합 및 복합기술 개발이 활발하게 진행되고 있고, 모든 물리적 수단의 이용과 복수기법의 종합화(레이저, 초음파, X선, γ선, 중성자선, AE, 양전자선, 열파동, 적외선, 전자기, 와전류, 침투 등)로 가고 있다.

② 선진국에서는 비파괴검사를 전주기적으로 적용하여 산업설비·공공시설의 안전성 극대화를 시도하고 있다. 즉 구조물 및 설비의 설계단계에서부터 비파괴검사를 고려하여 완성된 구조물 및 설비의 안전진단을 매우 편리하게 하고 있다. 최근에는 스마트구조(smart structure) 또는 지적구조(intelligent structure)라 불리는 새로운 개념의 출현, 즉 재료 또는 구조물의 설계 단계에서부터 자기진단기능, 자기수복기능을 갖기도 하고 센서를 그들에 내장하는 방법도 활용

③ 검사공정의 자동화, 검사결과의 화상화와 애니메이션 등의 활용과 비파괴검사 장비의 전문가시스템(expert system)화

④ 현재 실기 부재에 적용되고 있는 비파괴검사 기술의 적용 한계의 극복, 측정 정밀도의 고도화, 검사효율 향상을 위한 검사 속도의 초고속화에 대한 연구가 진행되고 있다.

⑤ 레이저 초음파(laser based ultrasonic; LBU), 공기결합초음파탐촉자(air coupled transducer; ACT), 전자기음향탐촉자(electromagnetic acoustic transducer; EMAT) 등을 이용한 비접촉 비파괴검사 기법의 개발

⑥ 초음파현미경(scanning acoustic microscopy; SAM), 초음파원자현미경(ultrasonic AFM; UAFM) 등에 의한 나노 스케일 표층부 결합의 측정과 재료특성 평가 등이 있다.

4.5.2 위상배열초음파검사법

가. 기본 원리

위상배열 초음파탐상검사(phased array UT, 이하 PAUT라 함)는 하나의 탐촉자 내에 여러 개의 진동자가 일렬로 배치되어 있는 위상배열탐촉자(phased array probe)를 사용하여 시험체 내부로 진행하는 초음파의 전파각도와 집속위치 그리고 초음파 신호의 수신 시 각각의 탐촉자가 받아들이는 신호를 전자적으로 처리하여 시험체 내부의 영상을 실시간으로 획득할 수 있는 기존의 초음파탐상검사에 비해 매우 개선된 새로운 탐상 방법이다. 이 방법은 초음파를 원하는 부위에 전자적으로 집속시키는 것이 가능하고, 각각의 배열 탐촉자는 서로 다른 시간에 전기펄스에 의해 초음파를 발진하는데, 각 소자의 발진 시간을 적절히 조절하여 배열 탐촉자에서 나오는 초음파 빔의 집속위치나 전파각도를 변화시킬 수 있다.

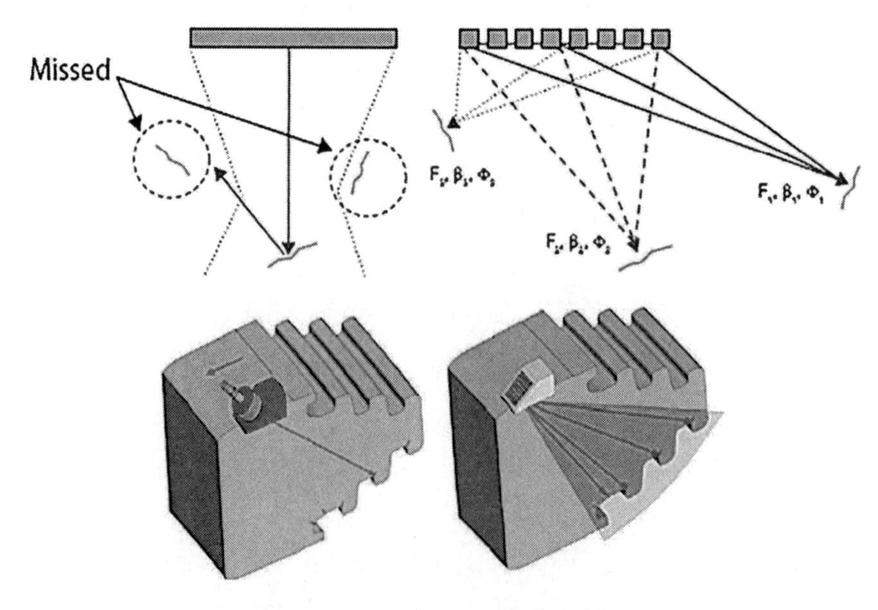

그림 4-110 PAUT의 기본 원리와 특징

그림 4-110은 단일 진동자 탐촉자(왼쪽)와 배열 진동소자 탐촉자(오른쪽)에 의한 다른 방향으로 놓인 균열 검출(단일 진동자 탐촉자의 빔은 한 방향으로 퍼지면서 전파되는 반면에 위상배열탐촉자는 집속되고 여러 각도로 조사가 가능)이 가능함을 보여주고 있다. 이러한 전자적 조향과 집속 기능은 시험체 내부를 여러 가지 입사각으로 검사할 경우 매우 유용하며, 전자적으로 집속위치를 신속히 변화시킬 수 있기 때문에 여러 점에서 돌아오는 신호를 조합하여 시험체 내부의 2차원 영상을 실시간으로 획득할 수 있는 장점이 있다.

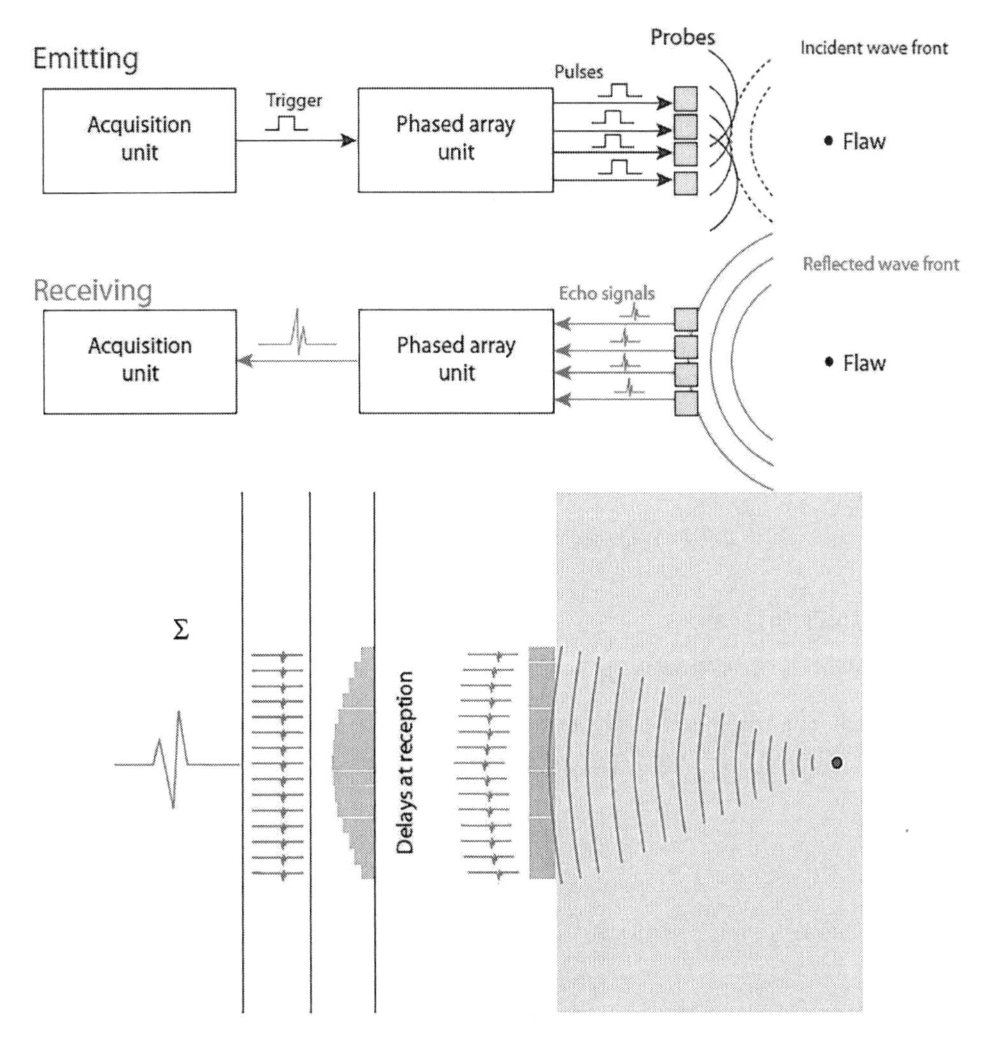

그림 4-111 여러 개의 빔(같은 위상과 진폭)을 수신하고 발신하는 것에 대한 시간 지연과 빔 형성

PAUT 기술의 주요 특징은 하나의 탐촉자에 있는 각 개별 소자(element)를 컴퓨터로 제어하여 가진(진폭 및 지연)하는 것이 가능하다. 압전복합재료(piezocomposite)의 가진은 소프트웨어를 통하여 빔 각도, 초점거리, 초점크기와 같은 빔 속성을 변화시켜 그림 4-111과 같이 여러

개의 빔(같은 위상과 진폭)을 수신하고 발신하여 시간 지연과 빔 형성을 다양하게 전자적으로 조절할 수 있게 된다.

나. 위상배열 시스템의 구성요소

기본적인 위상배열 스캐닝 시스템에 필요한 주요 구성품은 그림 4-112와 같다. 스캐너에 의해 배열형 탐촉자의 기계 주사를 수행하고 일정 거리(검사 피치) 이동하면서 1 라인분의 전자주사를 동시에 수행한다. 이때 수신된 RF 신호를 피크검출기 및 A/D변환기를 거쳐 디지털 데이터로 컴퓨터에 입력되고 어드레스 변환 후 컬러 모니터 상에 256색조로 실시간(real time)으로 표시된다.

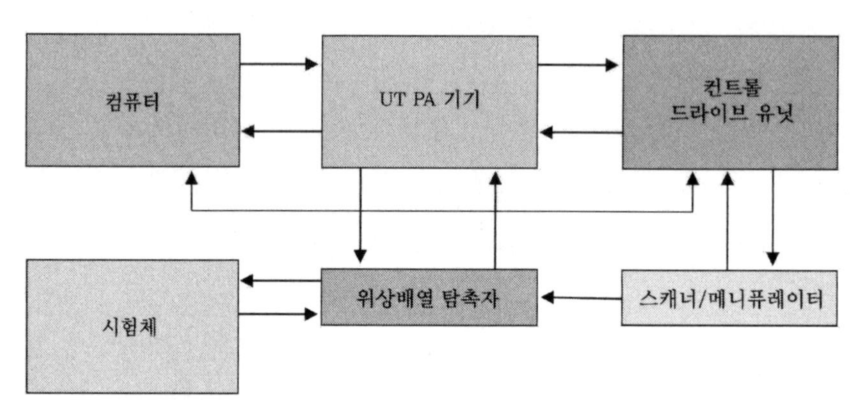

그림 4-112 **위상배열초음파 탐상장치의 블록선도**

다. 주사 방식과 영상 예

PAUT에 의한 수직 및 사각 빔의 집속 원리는 그림 4-113과 같다. 각 소자에서 지연된 값은 위상배열 탐촉자 활성 소자의 애퍼처(aperture), 파의 형태, 굴절각 및 초점 깊이에 따라 달라진다. 컴퓨터로 제어하는 빔 스캐닝에는 다음과 같이 3가지 방법이 있다.

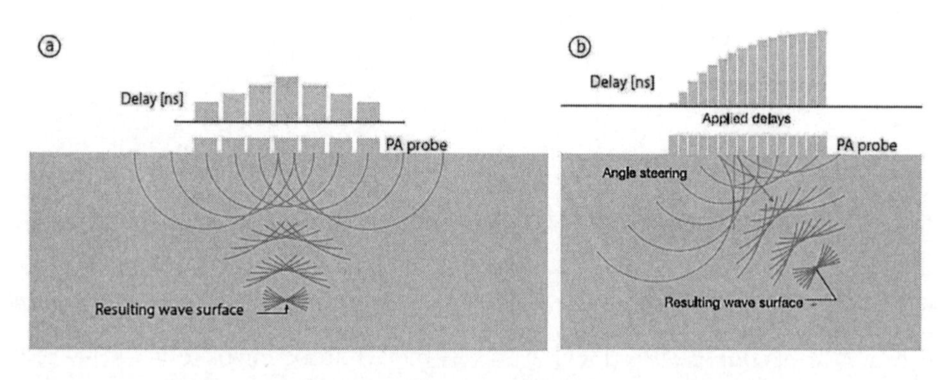

그림 4-113 **PAUT에서 빔의 집속 원리(ⓐ 수직 및 ⓑ사각입사)**

• 리니어 전자 스캐닝(linear electronic scanning)

그림 4-114와 같이 동일한 집속법칙과 지연은 동작하는 소자 그룹을 가로질러 다중화된다. 일정한 각도로 위상배열 탐촉자 길이(aperture)를 따라서 스캐닝이 이루어진다. 이것은 재래식 초음파 탐촉자가 부식 매핑(corrosion mapping) 또는 횡파 검사를 위하여 수평 스캔(raster scan)을 하는 것과 같다. 만약 사각 웨지를 사용하게 되면, 집속법칙이 웨지 내에서의 시간 지연차를 보상한다.

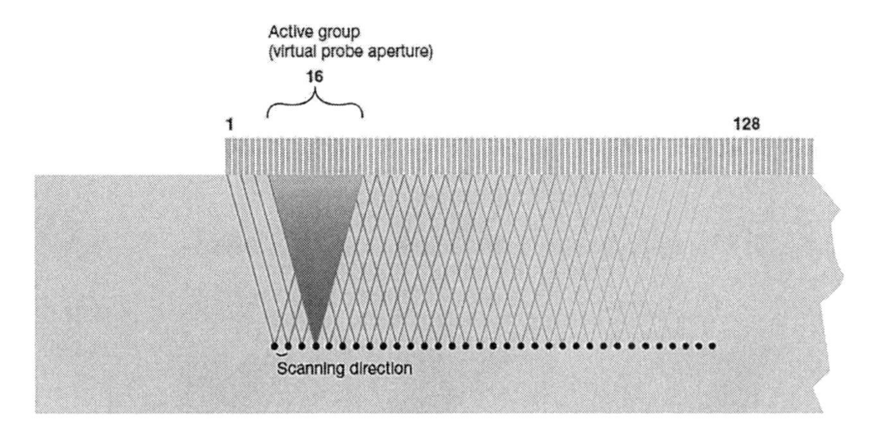

그림 4-114 **리니어 전자스캔의 원리**

• 다이나믹 깊이 포커싱(dynamic depth focusing) 또는 DDF(빔 축을 따라)

그림 4-115와 같이 다른 초점 깊이로 스캐닝이 이루어진다. 실제로는 하나의 집속 펄스가 전송되고, 수신시에 모두 프로그램 된 깊이에 대해 재집속이 이루어진다.

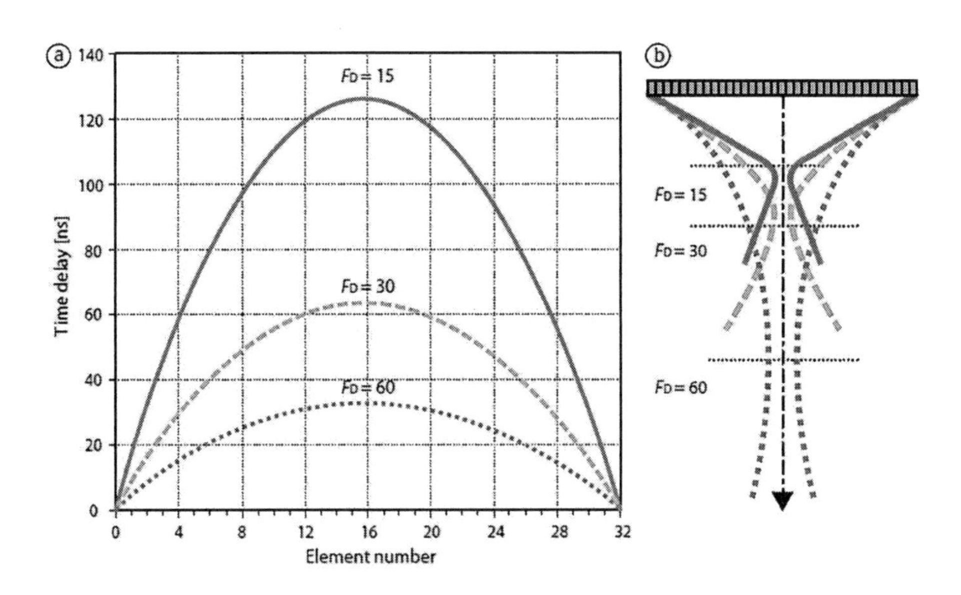

그림 4-115 **다이나믹 깊이 포커싱(DDF)축의 기본 원리**

• 섹터 스캐닝(sectorial scanning; S-scan, azimuthal 또는 angular scanning)

위상배열형 탐촉자를 이용하여 전자적으로 초음파 빔을 부채형으로 주사가 가능한 섹터 스캐닝(sector scanning; S-scan)방식의 개념도를 그림 4-116에 나타낸다. 이때 초음파 빔은 각 진동자의 송·수신 타이밍을 제어하여 피검체 내의 원하는 위치(깊이)에 집속하는 것이 가능하다. 그리고 상기 진동자 군의 동작을 전자적으로 절환 주사함으로써 초음파 빔의 섹터 스캐닝이 가능하게 된다. 빔은 특정 초점 깊이에 대해 스윕(sweep) 범위로 움직이고, 동일한 소자들을 사용하여 다른 초점 깊이에 대해서는 다른 스윕 범위가 추가될 것이다.

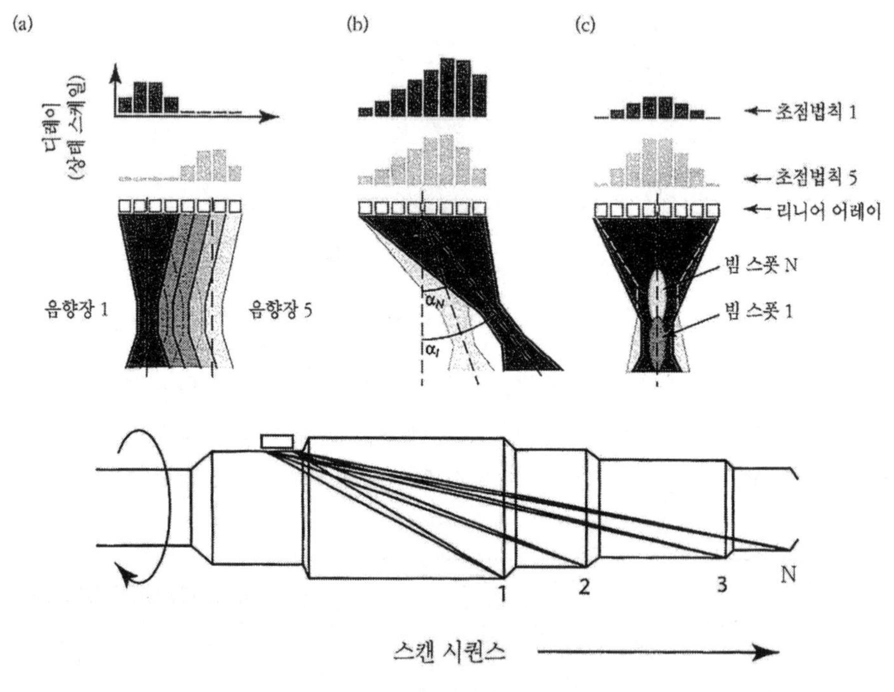

그림 4-116 **섹터 스캐닝과 터빈 로터에의 적용 방법**

이러한 특성에 의해 PAUT는 그림 4-117과 같이 기존 UT로는 탐상이 어려운 복잡한 형상의 시험편에 대해서도 보다 용이하게 검사할 수 있을 뿐 아니라 디지털화된 영상을 저장하므로 정밀검사를 위한 자료로 활용할 수 있다. 이 방법을 이용하면 초음파 빔을 자유자재로 편향시키거나 집속하는 것이 가능하다. 또 전자적으로 초음파빔의 주사를 제어할 수 있기 때문에 고속탐상이 가능하다.

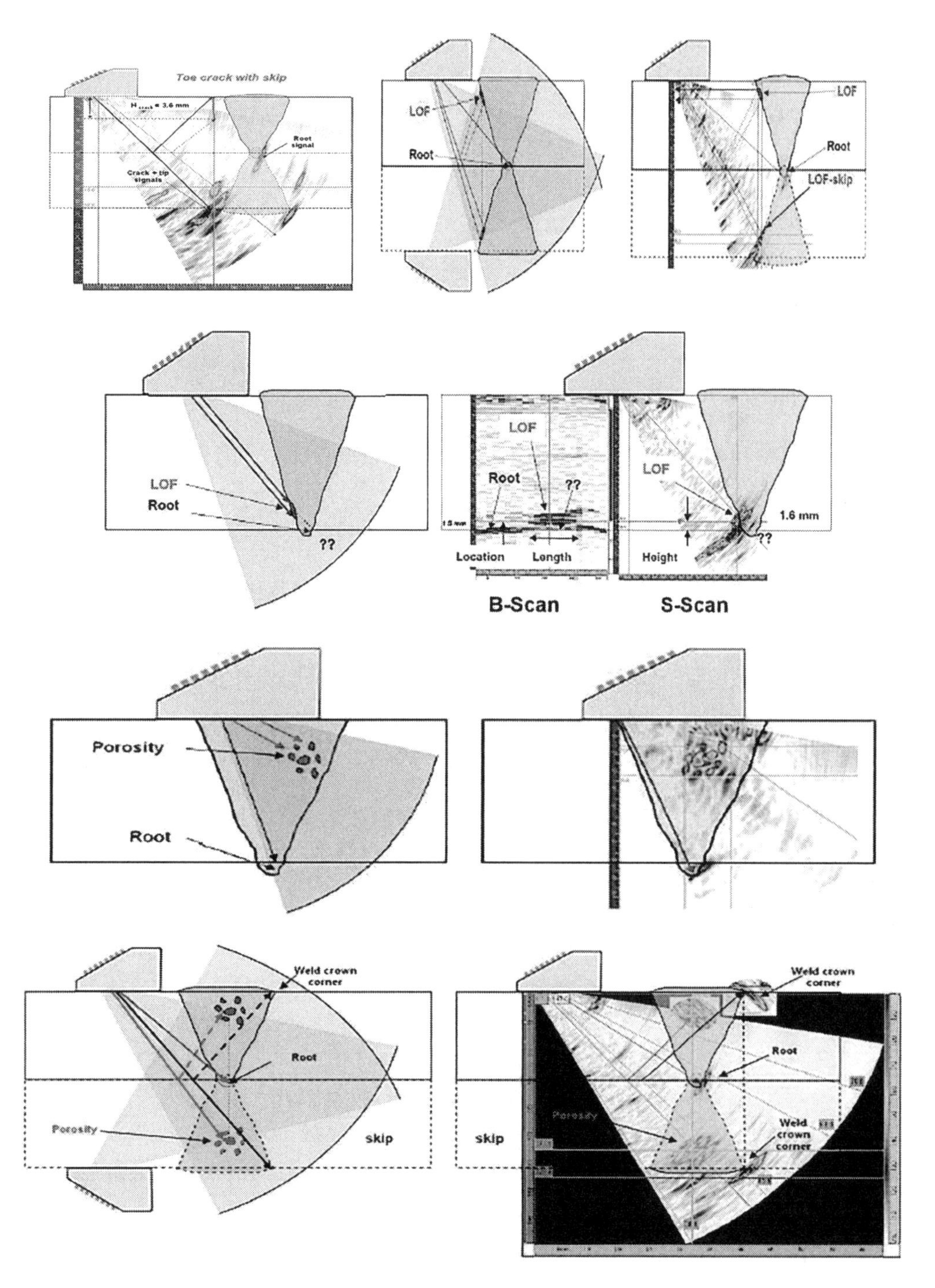

그림 4-117 PAUT 결함탐상 및 결함 이미지의 예

4.5.3 유도초음파법

가. 개요

유도초음파(ultrasonic guided wave)는 구조물의 기하학적인 구조를 따라 전두께 범위로 전파하는 응력파를 말한다. 그림 4-118과 같이 피검사체의 내부로 사각 입사된 종파나 횡파는 경계면에서의 반사시 모드변환(mode conversion)을 통해 수많은 종파 및 횡파로의 다중반사를 일으키게 되고 피검사체의 두께에 비해 모드 변환된 종파 및 횡파의 파장이 무시될 수 없는 경우 반사된 이들 부분 파동 모드(partial wave modes)들 사이에는 상호 간섭(interference)과 중첩(superposition)이 발생되게 된다. 이 같은 파동의 중첩은 상·하 경계면에서 반사된 종파와 횡파, 각 부분 파동 모드의 파동벡터(wave vector)성분 중 피검사체의 종방향으로 진행하는 파동벡터 성분을 나타내는 성분을 제외한 두께방향으로의 파동벡터 성분 사이의 상쇄간섭(destructive interference)효과를 발생시킨다. 피검사체 길이 방향으로의 보강간섭(constructive interference)효과를 통해 두께방향이 아닌 종방향으로 전파하게 되는 새로운 형태의 초음파가 합성되게 되는데 이를 유도초음파라고 부른다. 유도초음파가 기존의 종파나 횡파에 비해 상대적으로 재료의 감쇠영향을 덜 받으며 원거리를 전파할 수 있다는 물리적 특성은 고정된 위치로부터 대형 피검사체에 대한 원거리탐상이 가능한 기술적 장점을 제시해 준다.

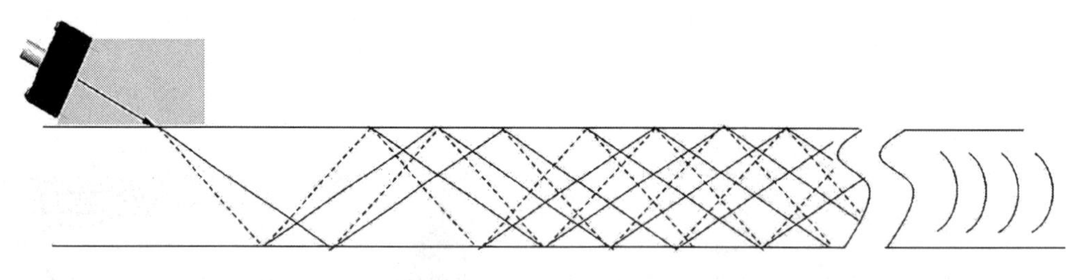

그림 4-118 **유도초음파 가진과 형성과정**

유도초음파는 기존의 초음파탐상법인 사각탐상방법과 유사하지만 검사대상체의 두께와 가진 주파수의 파장에 따라 발생 유무가 달라진다. 유도초음파는 검사체의 두께가 가진 주파수의 파장 대비 비교적 얇을 경우에만 발생하므로 기존의 초음파 검사법에 사용되는 5 MHz이상의 주파수 대역의 파장은 매우 짧기 때문에 유도초음파가 발생되기 위해서는 검사체의 두께가 매우 얇아야만 유도초음파가 발생된다. 따라서 유도초음파 검사법을 적용하기 위해서는 일반적으로 낮은 주파수 영역(20 kHz~1 MHz)를 사용한다. 장거리 배관 검사를 위해서는 다양한 모드의 중첩현상을 피하기 위해 20~80 kHz 영역을 사용한다.

표 4-21 일반적인 UT와 유도초음파법의 비교

	국부 검사기법	유도초음파 검사 기법
검사 속도	많은 시간 소요	빠름
검사 범위	탐촉자 위치의 검사	검사체의 광범위 진단
접근성	검사범위에 접근해야만 검사 가능	원거리 검사 가능

이와 같이 유도초음파는 장거리(long distance)·광범위(wide range) 비파괴탐상을 효율적으로 수행할 수 있다는 점에서 여러 분야에 적용될 수 있고, 기존의 종파나 횡파를 사용한 국부검사(point by point)법에 비해 탐촉자의 이동 없이 고정된 지점으로부터 대형 설비 전체를 한 번에 탐상할 수 있을 뿐만 아니라 절연체나 코팅재의 제거 없이 구조물이 설치된 그대로 검사를 수행할 수 있어 기존의 비파괴기법에 비해 시간적, 경제적 효율이 뛰어나다. 또한 보온재나 제한된 공간으로 인하여 검사자의 접근이 곤란하고 복잡하다든가, 다양한 피검사체의 형상을 따라 원거리 초음파탐상이 어려운 발전설비의 보수검사에 적극 활용되고 있다. 유도초음파는 상기와 같은 장점을 가지고 있음에도 불구하고 발전설비의 보수검사 등에 적용하는데 아직 해결되어야할 어려움이 남아있다. 이는 유도초음파가 전파해가는 모드가 무한히 많이 존재함으로 인해 다양한 모드의 선택을 통한 측정 민감도를 향상시킬 수 있는 장점도 있지만, 여러 개의 모드가 동시에 수신될 때 신호해석과 모드확인(mode identification)이 어렵다는 것이다.

그러나 이러한 문제를 극복하기 위한 노력으로 1990년대에 열 교환기 튜브나 파이프에 비파괴검사에 적용하기 위해 이론적 연구와 실험적 연구가 진행되었고 배관에서 유도초음파를 적용한 연구로는 미국의 Penn State와 영국의 Imperial College에서 comb transducer나 array transducer를 이용한 장거리 배관을 신속히 탐상하고 유도초음파의 해석을 단순화하기 위해 저주파 영역의 모드를 선택하고, 초음파 신호의 효율적 해석을 위한 전용프로그램을 자체적으로 개발하였다. 미국 텍사스에 위치한 연구소인 southwest research institute(SWRI)에서는 배관에서 유도초음파를 발생시키기 위해 자왜 센서(magnetostrictive sensor)를 채택하고 시스템 또한 자체적으로 개발하여 장거리 배관의 결함을 신속하게 탐상하고 있다.

나. 유도초음파의 종류와 특징

유도초음파는 검사체의 형상을 따라 전파하는 특성을 가지고 있으므로 그 종류 또한 다양하다. 판형 구조물에서 전파하는 유도초음파는 그림 4-119와 같이 구분이 된다. 평판형 구조물 중 반무한체의 구조물에서 표면 또는 그 근처를 따라 전파하는 탄성파이다. 표면으로부터의 깊이가 클수록 그 에너지는 급격히 감소하는데 레일리파, 러브파, 스톤리파 등이 있다. 표면파는 Rayleigh에 의해 최초로 설명되었으며, 시험체의 표면결함검출에 주로 사용되며, 음속은 횡파의 약 90 % 정도이다.

그림 4-119(a)는 자유경계면, 즉 공기에 접해있는 경계면에서 표면파의 설명도를 나타내고 있으며, 입자의 진동은 면에 수직한 횡파 성분과 면에 평행한 종파성분이 있다. 따라서 입자는 그 위치에서 타원형으로 진동하며 재료의 표면층만을 전파해 간다. 표면파(surface wave, rayleigh wave)는 표면으로부터 한 파장 정도의 매우 얇은 층에 에너지의 대부분이 집중해 있고, 표면부근의 입자는 종진동과 횡진동의 혼합된 거동을 나타낸다.

그림 4-119(b)와 같이 판파(plate wave)는 재료의 비파괴검사에 이용되는 초음파의 또 다른 형태로 유도초음파(guided wave) 또는 램파(lamb wave)라고도 한다. 자유경계면(free boundaries)을 가지는 재질의 전 두께를 통하여 장거리 진행하는 복합된 진동형태로 구성된다. 판파의 진동양식의 특성은 밀도, 금속의 탄성 특성과 구조, 금속시편의 두께 및 주파수에 영향을 받으며 평판구조물내에서 전파하는 특성을 가지고 있다.

그림 4-119(c)와 같이 특정한 조건 하에서 두 매질의 경계면을 따라 전파되는 일종의 표면파인 스톤리파(stonely waves)는 고체-액체 경계면에서는 항상 생성되며, 이때 전파 속도는 동일한 고체의 자유면을 따라 전파되는 레일리파의 속도보다 낮다. 반무한 고체 매질의 상부에 두께에 비해 파장이 짧을 경우에만 스톤리파가 나타난다. 이 경우 스톤리파의 위상속도는 두 매질의 횡파 속도 중 큰 값과 레일리파 속도 사이의 값을 갖는다.

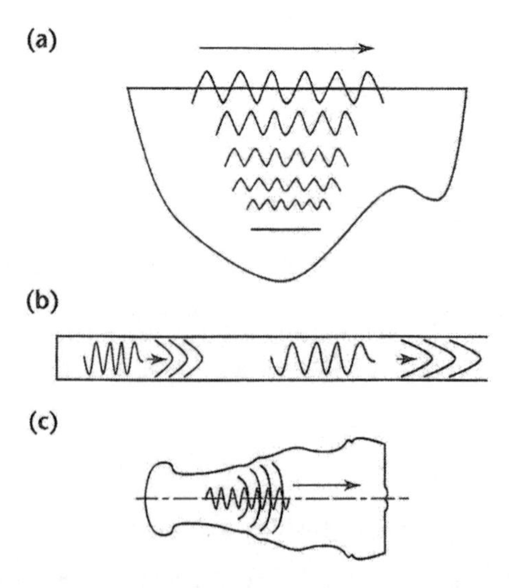

그림 4-119 **유도초음파의 종류:** (a) **레일리파**(rayleigh wave) **혹은 표면파**(surface wave), (b) **램파**(lamb wave) **혹은 판파**(plate wave), (c) **스톤리파**(stonely waves)

배관에서 전파하는 유도초음파는 평판형 구조물에서 전파하는 유도초음파와는 다른 형태의 모드들이 존재한다. 배관에서 전파하는 유도초음파는 축방향으로 전파하는 유도초음파 모드와 원주방향으로 전파하는 유도초음파로 나누어진다. 원주방향으로 전파하는 유도초음파는 일반적으로 산업현장에서 잘 활용되고 있지 않으며, 현재 상업용으로 사용되는 배관에서의 유도초음파는 축방향으로 전파하는 유도초음파를 사용하고 있다. 따라서 축방향으로 전파하는 유도초음파는 전파하는 형상에 따라 크게 3개의 모드형상으로 나뉘며, 평판형 구조물에서의 모드와는 다르게 두 개의 첨자 원주방향 차수와 모드수를 사용하고 있다.

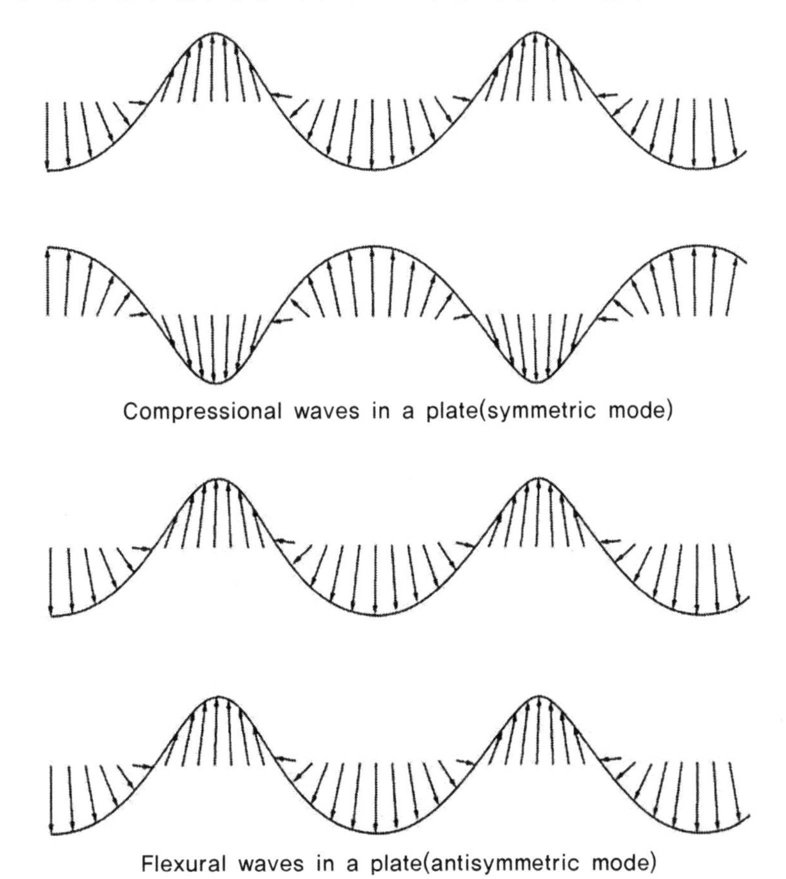

그림 4-120 **램파의 대칭형(S)과 비대칭형(A) 모드의 전파 형상**

원주방향 차수가 0인 경우에는 관의 축에 대해 대칭이고 0이 아닌 경우에는 비축대칭 모드를 나타내는데, 축 대칭인 모드는 다시 종형 모드와 비틀림형 모드로 파가 관내에서 진동하는 양상에 따라 구별되어진다. 종형 모드는 파의 진동하는 성분이 관의 길이방향과 반지름방향으로만 있는 경우로서 L(0,n)으로 나타내며, 비틀림형 모드는 파의 진동성분이 원주방향으로만 있을 경우로서 T(0,n)으로 나타낸다. 그리고 원주방향 차수가 1, 2, 3...인 경우에는 비축대칭인 모드를 나타내는데 굽힘형(flexural) 모드로 부르며 F(M,n)으로 표시한다. 굽힘형 모드의 경우에는 관의 벽 속에서 파의 진동성분이 세 방향(반지름, 원주 그리고 길이방향)으로 모두 존재한다.

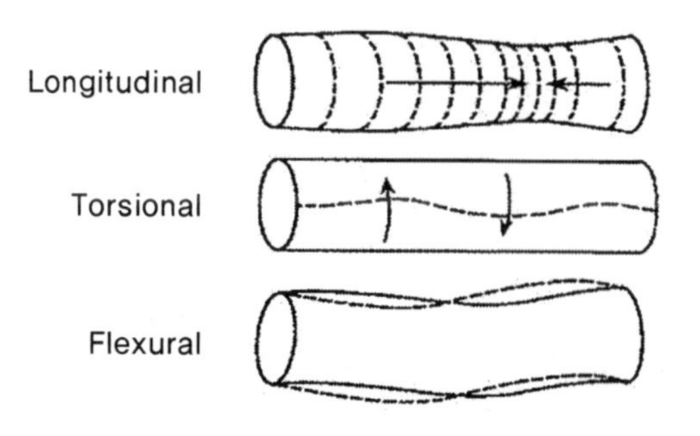

그림 4-121 **배관에서 전파하는 유도초음파 모드**

종형 모드 : L (0,n) 축대칭 모드
비틀림형 모드: T (0,n) 축대칭 모드
굽힘형 모드 : F (M,n) 비축대칭 모드

종형(longitudinal) 모드와 비틀림형(torsional) 모드는 원주방향 차수가 0에서 무한한 수의 모드를 가지고 있고, 원주방향 차수가 1, 2, 3.... 에서도 원주방향 차수에 대해 무한한 수의 굽힘형 모드를 가지고 있다. 유도초음파가 배관을 전파할 때는 종형 모드, 비틀림형 모드, 굽힘형 모드의 세 종류의 모드가 존재할 수 있다.

다. 유도초음파의 분산 특성과 모드 식별

유도초음파의 분산성(dispersity)은 기존의 무한체내 종파나 횡파와는 달리 유도초음파의 전파속도가 재료상수로서 고정된 값이 아닌 검사 시 교정과 선택이 필요한 변수임을 나타낸다. 아울러 시간영역상에서 수신된 초음파신호는 여러 주파수성분에 해당되는 시간조화(time harmonic)신호의 합으로 이루어진 군집형(group-type) 신호이며 이들 개별 시간조화신호가 진행하는 속도인 위상속도가 주파수별로 각기 다르다는 점을 고려할 때, 오실로스코프상의 시간영역에서 수신된 군집형 신호의 전파속도를 위상속도와 물리적으로 다르게 정의할 필요가 생기게 된다. 이를 유도초음파에서는 군속도(group velocity)라 정의하며 실제 비파괴검사 시 수신된 다중 주파수성분의 유도초음파 신호의 에너지가 피검사체내로 전파되는 속도를 의미한다는 뜻에서 에너지속도(energy velocity)라고 하기도 한다. 이에 비해 군집형 신호의 개별 신호가 진행하는 속도를 위상속도(phase velocity)라고 한다.

유도초음파의 각 모드는 해당 주파수×두께($f \cdot d$) 범위에 따라 차이는 있으나 일반적으로 위상속도가 주파수에 따라 변화하는 분산성을 갖고 있으며, 그 분산적 특성이 주파수나 구조물의 두께에 대해 매우 민감하게 변화하게 된다. 따라서 평판형 구조물에서의 두께에 따라 전파하는 특성을 분석해서 검사체의 결함 유형에 맞는 모드를 선정해야한다.

그림 4-122는 두께 2 ㎜의 알루미늄 박판에서의 발생 가능한 판파의 위상속도(phase velocity)와 군속도(group velocity) 분산곡선의 예를 나타낸다. 판파 모드 중, 영문자 A는 비대칭형(anti-symmetric)모드를 의미하며 S는 판재의 중심축에 대해 대칭형(symmetric)변형을 나타내는 모드를 나타낸다.

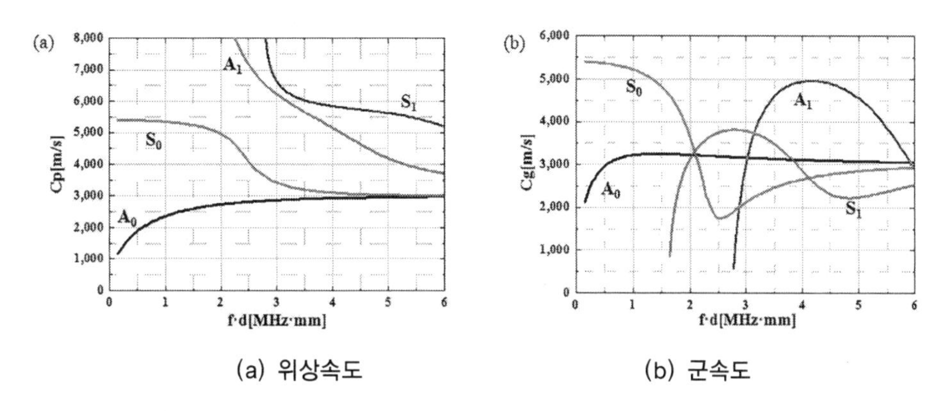

(a) 위상속도 (b) 군속도

그림 4-122 박판에서의 위상속도, 군속도 분산선도(알루미늄, 두께 2㎜)

각 모드는 해당 $f \cdot d$범위에 따라 차이는 있으나 일반적으로 위상속도가 주파수에 따라 변화하는 분산성을 갖고 있으며, 그 분산적 특성이 주파수나 구조물의 두께에 대해 매우 민감하게 변화하게 된다.

유도초음파가 관을 전파할 때는 그림 4-123과 같이 종형 모드, 굽힘형 모드, 비틀림형 모드의 세 종류의 모드가 존재할 수 있다.

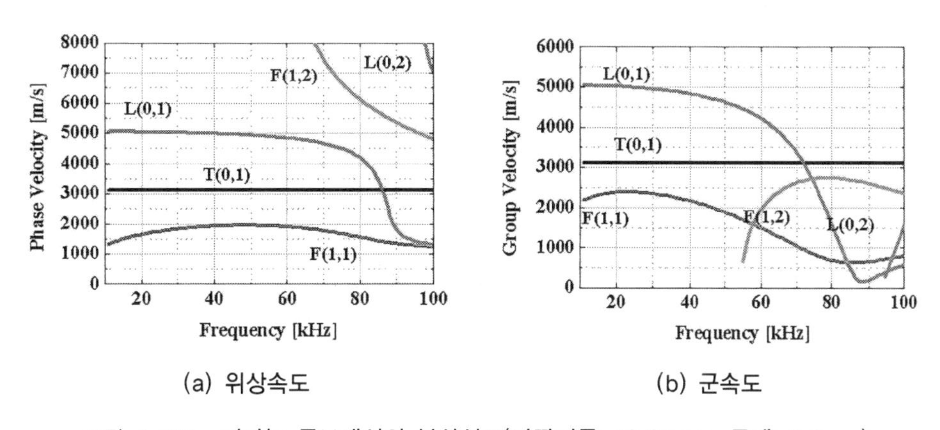

(a) 위상속도 (b) 군속도

그림 4-123 **티타늄 튜브에서의 분산선도(바깥지름: 19.05mm, 두께: 0.9mm)**

실험적으로 주로 사용되는 모드는 축 대칭인 종형 모드이다. 그 이유는 일반적인 초음파 센서로 잘 발생될 수 있으며, 축 대칭으로 분석이 간단하기 때문이다. 그러나 비축대칭 센서의 사용 또는 비축대칭 결함으로부터의 반사 등으로 인하여 비축대칭인 모드, 즉 굽힘형 모드가 생성될 수 있기 때문에 비축대칭 모드에 대한 연구가 필수적이다. 그리고 비틀림형 모드는 실험적으로 발생·수신하는데 일반적인 초음파 센서로는 효율이 떨어져서 잘 사용되지 않고 있다.

유도초음파는 적절한 모드와 주파수를 선정하면 유도체를 따라 장거리로 전파하기 때문에 재료 내부에 존재하는 불연속부를 신속하게 검사하는데 유리하다. 그러나 유도초음파는 유도체의 형상에 따라 복잡한 다중의 모드가 존재하고 분산하는 특성으로 인해 파의 전파특성이 복잡하여 해석하는 것이 어렵다.

초음파 신호의 주파수 분석에는 일반적으로 고속푸리에변환(fast fourier transform; FFT)을 이용하는데, 유도초음파의 경우는 시간영역에서 신호가 분산되거나 두 개 이상의 모드가 중첩된 경우에는 푸리에 변환한 분석 결과로는 어느 시점에서 특정 주파수 성분이 분포되어 있는지 분석하는 것이 불가능하다.

대부분의 유도초음파가 분산 신호이기 때문에 모드 식별(mode identification)을 하기 위해서는 2D-FFT(two dimensional fast fourier transform)나 시간-주파수 신호해석법인 단시간 푸리에변환(short time fourier transform; STFT), 웨이블릿변환(wavelet transform; WT) 등이 흔히 이용되고 있다. 그림 4-124는 STFT에 의한 유도초음파의 모드 식별 예를 보여주고 있다.

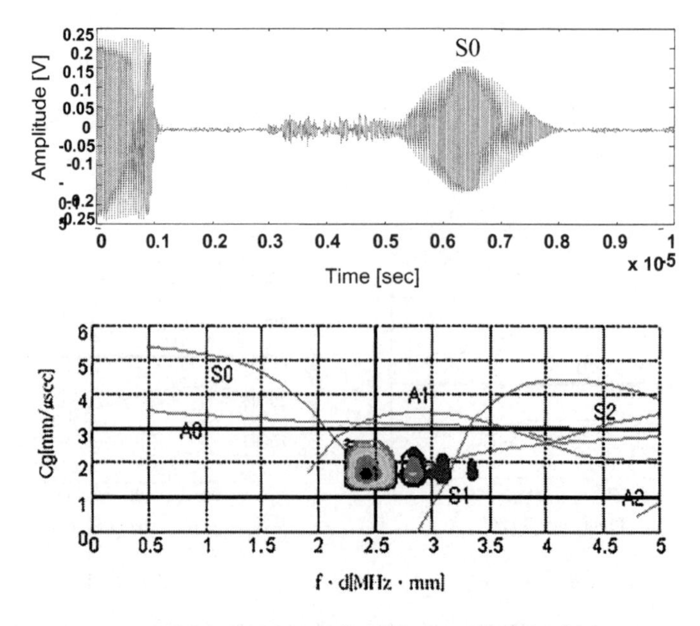

그림 4-124 **STFT에 의한 모드 식별의 예**

모드의 선택에는 결합의 판 두께 방향으로의 위치에 따른 최적 모드를 선택하기 전에 유도초음파의 송수신에 대해 ① 송수신 효율이 좋고, 충분히 큰 진폭의 에코를 얻을 수 있는 것, ② 에코 형상이 날카롭고 시간 분해능이 높은 것 등이 모드 선택의 조건이 될 수 있다. 유도초음파모드의 전파 속도는 주로 군속도로 결정되지만 모드의 분산이 크면 전파 중에 파형의 왜곡이 일어나기 때문에 날카로운 에코 형상을 얻기 위해서는 분산의 영향이 적은 모드를 선택하는 것이 중요하다.

유도초음파는 각 모드에서 전파하는 특성이 달라질 뿐만 아니라 가진 주파수에 따라서도 그 특성이 달라진다. 따라서 정밀한 유도초음파 진단을 위해서는 해당 모드의 특성을 파악해야 한다. 평판형 구조물에서 각 모드별로 나타나는 파형선도의 예를 그림 4-125에 나타내고 있다.

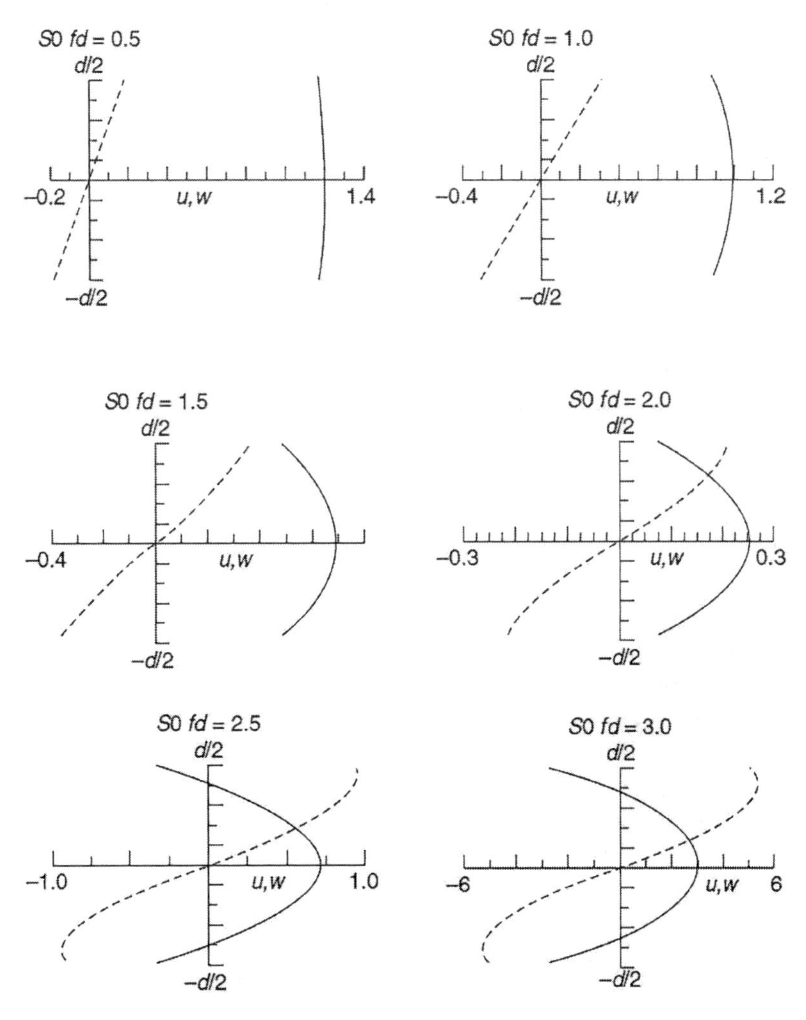

그림 4-125 **알루미늄 평판에서 각 f · d(주파수×두께)에 따른 S0 모드의 파형선도 (실선: in-plane displacement profile, 점선: out-of plane displacement profile)**

같은 모드에서도 f·d(주파수×두께)의 값에 따라 다른 형태를 나타내는 것을 알 수 있다. 파형선도는 S-mode와 A-mode 뿐만 아니라 주파수에 따라서도 구조물 내에서 전파되는 유도초음파의 변위 분포도가 달라지는 것을 알 수 있다. 따라서 예상되는 결함의 형상 및 위치에 따라 적절한 모드를 선정할 수 있도록 해야 한다.

라. 유도초음파의 센서 및 장치

유도초음파를 가진하기 위해 다양한 종류의 탐촉자가 사용된다. 일반적으로 가장 많이 사용되는 탐촉자는 압전 소자를 사용하는 PZT 탐촉자이다. PZT 탐촉자를 활용하여 유도초음파를 가진하는 방법은 그림 4-126과 같이 두 가지로 나눌 수 있다. 첫 번째 방법은 입사각을 조절하여 유도초음파를 가진하는 방법이다. PZT 탐촉자를 활용하여 특정 입사각으로 입사시킬 경우 특정 유도초음파 모드를 가진할 수 있다. 이때, 입사각은 snell의 법칙을 활용하여 선정한다. 또 다른 방식은 탐촉자의 간격을 조절하여 가진 모드를 선정하는 방식이 있다. 이는 평판, 배관에서 동일한 형태로 적용이 된다.

유도초음파 가진 방식에 따라 분산선도에 적용하는 방식은 그림 4-126에 표현된 것과 같이 입사각을 조절하는 방식과 가진 탐촉자 간격을 조절하는 방식으로 나눌 수 있다. 입사각을 조절하는 방식은 실선으로 표현된 것과 같이 분산선도의 수평방향의 직선이 위, 아래로 변화하게 된다. 가진 간격을 조절하는 경우 점선의 기울기가 변화하게 된다. 탐촉자 간격을 조절하여 점선의 기울기에 해당하는 분산선도에 해당하는 가진점에 맞는 주파수를 선정하여 해당 모드를 가진할 수 있다. 가진하는 방식은 위와 같이 두 가지로 나뉘며, 가진하는 탐촉자는 여러 종류가 있다. PZT, EMAT, MsT 등 다양한 초음파 가진 방식을 활용하여 유도초음파를 발생시킬 수 있다.

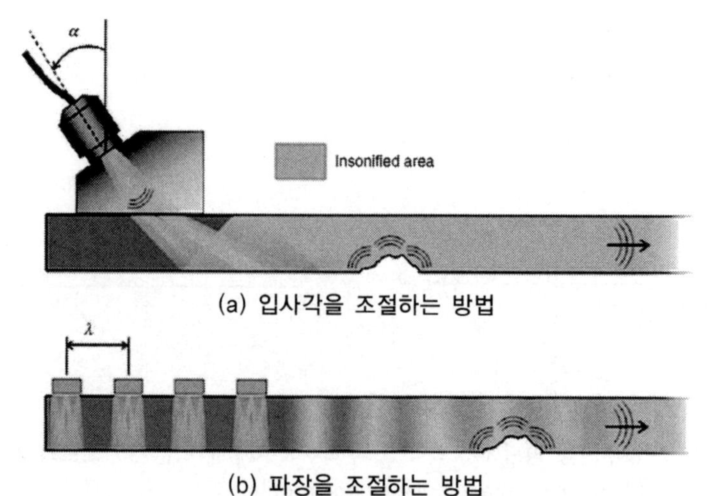

(a) 입사각을 조절하는 방법

(b) 파장을 조절하는 방법

그림 4-126 **유도초음파 가진 방식**

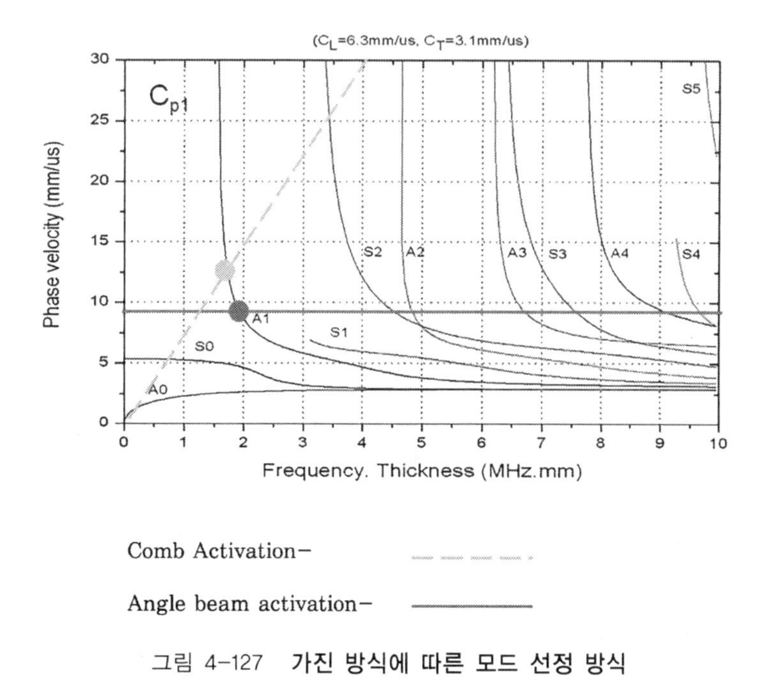

그림 4-127 **가진 방식에 따른 모드 선정 방식**

일반적인 유도초음파탐상 시스템은 다양한 검사 대상체에 적절하고 적합한 모드를 발생시키기 위해서 기하학적인 형상을 고려하여 가진 주파수를 조절할 수 있어 선택적으로 여러 모드들을 발생할 수 있도록 구성되어 있다. 그러나 유도체 내에서 발생하는 수많은 유도초음파 모드는 각각 고유한 특성을 가지고 있어 적합한 모드를 선택적으로 발생시키는 것이 중요하다. 또한 많은 모드들이 서로 다른 분산특성을 가지고 함께 발생되기 때문에 각각의 모드들이 중첩하고 간섭하여 신호 해석하는데 어려움이 있다. 이러한 문제의 해결방법으로 매우 좁은 주파수 대역을 사용하여 특정 모드를 선택적으로 발생시키는 방법을 사용하며, 주로 톤 버스트(tone burst) 시스템이 적용되고 있다. 톤 버스트 시스템은 특정 주파수 범위를 가진할 수 있어 특정 모드를 발생시키기에 유리하다. 현재 상업용으로 개발된 장비들도 톤 버스트 시스템을 활용하여 구성되어있다.

그림 4-128은 장거리 배관 검사용 유도초음파 진단 시스템의 한 예를 나타내고 있다. 이 시스템은 다른 초음파 장비보다 높은 출력뿐만 아니라 다양한 주파수로 초음파를 가진 시켜줄 수 있으며, 크게 연속파신호발생기, 게이트증폭기, 수신필터기 및 수신증폭기의 세부 장치로 구성되어 있다. 연속파신호발생기에 의해 원하는 사이클 수에 맞게 게이트증폭기로 잘라내어 톤 버스트파를 발생시킴으로써 단일 사이클을 갖는 일반적인 펄스형 초음파신호에 비해 협대역(주파수성분이 특정 중심주파수로 집중되는) 신호의 송수신이 가능하다. 따라서 유도초음파 실험과 같이 주파수에 따라 초음파모드가 민감하게 변화하는 초음파실험에서 특정의 초음파모드신호를 선택적이고도 효율적으로 송수신하는데 매우 효과적이다. 또한 최대 전기출력이

1kW까지 가능한 고출력장비로 일반 펄스형 초음파탐상기보다 큰 진폭의 초음파신호를 발생시켜 신호 대 잡음비를 개선시켜 민감한 신호를 송·수신할 수 있다.

그림 4-128 **장거리 배관 진단용 유도초음파 진단 시스템**

마. 유도초음파의 진단 예

그림 4-129는 급수가열기 튜브에 인공적으로 가공된 결함을 기존 검사방법인 와전류탐상검사(ECT)와 유도초음파탐상검사 결과를 비교 검증하기 위한 것이다. 열교환기 튜브에서는 주로 pitting, 크랙, 마모결함 등이 발생하기 때문에 그 중에 하나인 마모결함을 모의한 인공결함이 가공되어 있다. 유도초음파 결과로부터 곡관부에 위치한 마모결함뿐만 아니라 끝단부 신호 등을 확인할 수 있지만 ECT 결과는 결함신호와 비슷한 신호가 발생하여 결함을 구별하는데 어려움이 있다. 이는 검사자의 주관적인 판단과 검사 숙련도에 의존하게 되어 객관적이고 신뢰성이 있는 결과를 얻는데 어려움이 있다. 이러한 비슷한 신호는 주로 열교환기 튜브의 지지대에

서 발생하게 되는데, 그 이유는 튜브와 지지대의 재질 차, 즉 투자율의 변화로 인해서 발생하게 되므로 주의 깊게 신호해석을 수행해야 한다. 또한 일반적인 와전류탐상검사는 곡관부 특히 반지름이 작은 경우에 검사를 수행하는데 어려움이 있는 반면에 유도초음파는 튜브를 따라 전파하게 되어 쉽게 곡관부를 투과하여 70 이상 부위를 검출하는 것이 가능하여 그 활용이 기대된다.

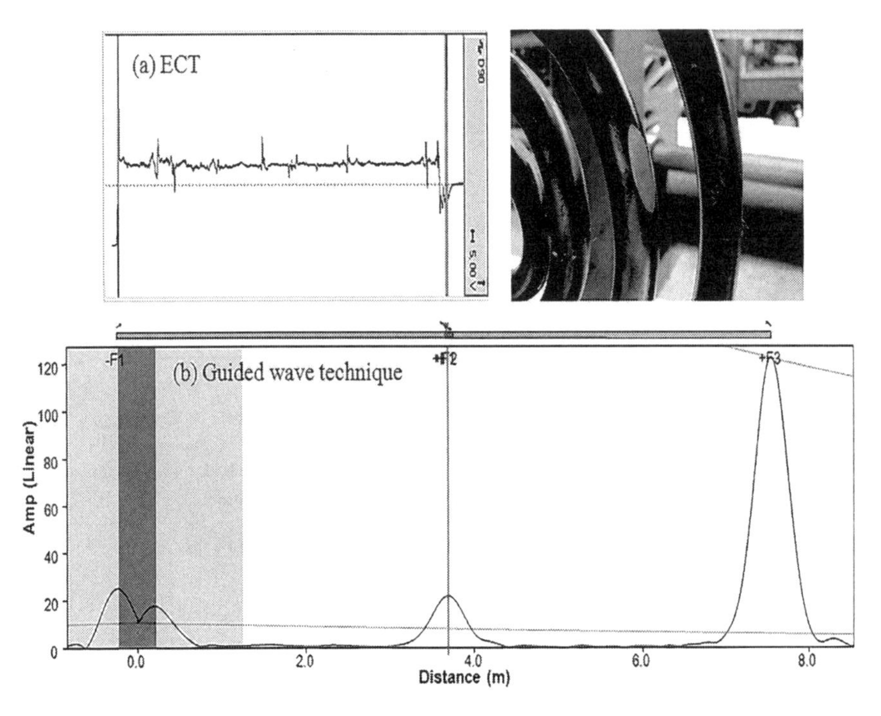

그림 4-129 **급수가열기 튜브의 인공결함에 대한 (a) ECT 와 (b) 유도초음파 탐상에서의 탐상지시의 비교 예**

4.5.4 누설램파법

그림 4-130과 같이 수침 2탐촉자 사각법으로 배열하면 판상 재료에 경사로 입사한 종파가 판두께와 주파수에 의해 결정되는 조건하에서 램파로 변환하여 판재 내부를 전파한다. 누설램파(leaky lamb wave)가 발생하면 반사파의 음장에는 경계면반사파의 성분과 누설파 및 그들과의 위상간섭대(null 영역)가 생긴다. 두 장의 판재를 접합한 재료의 접합계면의 양부 판단에 이용된다.

이 널(null)영역의 음압은 경계조건의 영향을 강하게 받기 때문에 두 장의 판재를 접착한 재료의 접합면의 상태에 대해 민감하게 반응한다. 이 때문에 접합계면평가에 기존의 종파탐상법보다 훨씬 유리하다. 알루미늄판에 접착한 40 ㎛ 티탄박막의 접착불량의 진단, 탄소섬유의 1방향 강화적층판 중의 인공박리가 고감도로 검출할 수 있다.

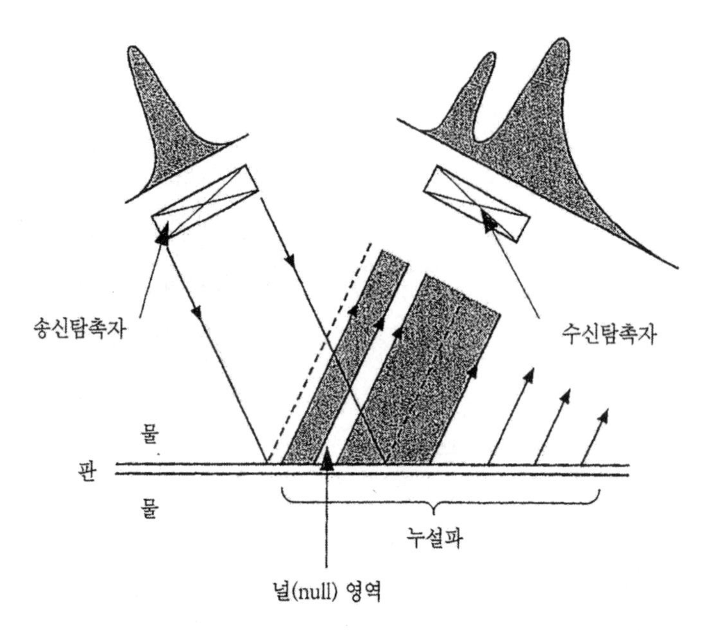

그림 4-130 **누설 램파에서 송수신탐촉자의 배열과 널 영역**

4.5.5 EMAT법

가. 개요

일반적으로 초음파 진단에 사용되는 센서는 압전 재료의 변형을 접촉매질을 통하여 재료에 전달하지만, 경우에 따라서는 접촉매질의 사용이 제한되어 일반적인 접촉식 탐상법 보다는 비접촉식(non-contact) 초음파 탐상법이 필요한 경우가 많다. 비접촉식 초음파 진단 기법으로는 레이저 초음파(laser based ultrasonic; LBU)법, air coupled transducer(ACT)법, electro-magnetic acoustic transducer(EMAT)법이 대표적이다. LBU는 원거리에서의 초음파 송수신이 가능한 완전한 비접촉식 초음파 진단 기법으로 각광을 받고 있지만 고가의 탐상 장비가 필요하고, 아직까지는 초음파 모드의 선택적 발생에 한계가 있다.

EMAT은 초음파 송수신의 기구(mechanism)만이 접촉식 초음파 탐상법과 다를 뿐 유사한 장비를 이용할 수 있고, 탐촉자의 설계에 따라 초음파 모드를 선택적으로 결정할 수 있는 장점을 가지므로 아직까지는 비접촉식 초음파 탐상법으로 가장 많이 이용되고 있다. 그러나 탐촉자와 재료 사이의 거리가 수 mm 이내로 제한되므로 LBU에 비하여 원거리에서의 탐상에는 크게 제약을 받는다.

EMAT법은 그림 4-131과 같이 탐촉자와 시험체가 전자기적으로 결합하기 때문에 기계적으로 접촉할 필요가 없어 접촉매질이 필요 없는 것이 종래 초음파탐촉자와 가장 크게 다른 점이다. 압전진동자를 이용하는 탐상법에 비해 전기, 음향변환 능률이 떨어지고 탐상감도가 약간 저하되지만 비접촉이라는 장점이 있어 이러한 특징을 살려 열간 압연재나 표면이 거친 시험체의 탐상이나 두께 측정 등이 가능하다. 그리고 접촉매질의 두께의 영향을 받지 않기 때문에 정밀한 두께 측정이나 음속측정에 적합하다.

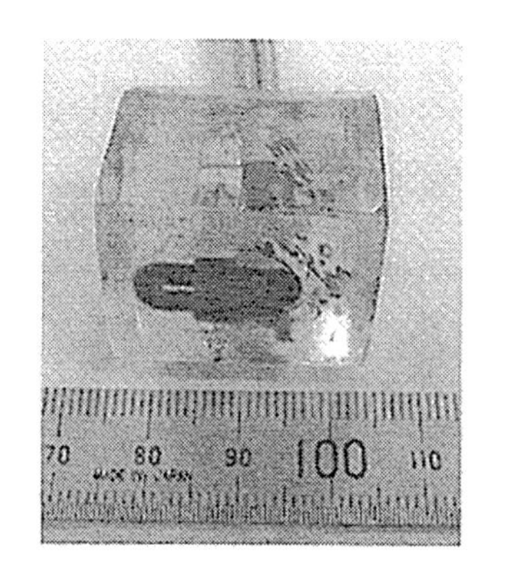
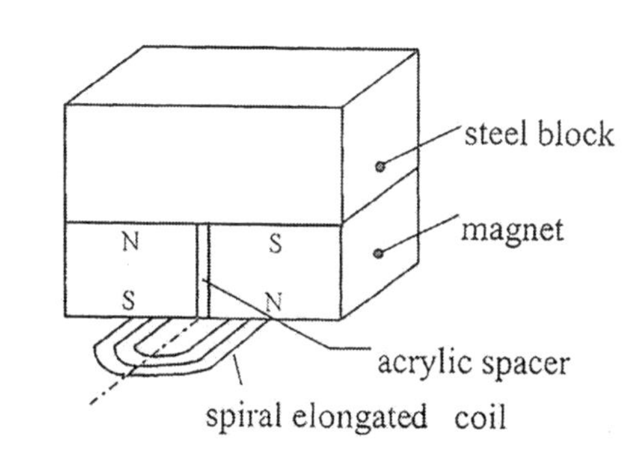

그림 4-131 **벌크파 EMAT의 구성과 외형**

비접촉 방식으로 음향결합을 위한 접촉매질의 사용이 필요하지 않지만 시험체의 표면과의 간격, 리프트 오프(lift-off)에 초음파 송수신 감도가 크게 영향을 받는 단점이 있다. 또한 기존 압전진동자를 이용하는 탐상법에 비해 전기, 음향변환능률이 떨어져 탐상감도가 약 40~60 dB 정도 낮아 상대적으로 S/N 비가 낮기 때문에 높은 송신 펄스 전압이 요구되며 고성능 수신증폭기를 사용하여 S/N 비를 높여주고 있다. 또 다른 장점으로는 송·수신 코일 형식 및 자석의 배열 등을 적절히 바꿈에 따라 여러 종류 모드의 초음파를 송·수신할 수 있다. 예를 들면 보통 탐촉자에서는 SH파를 발생시키기가 어려운데 그 이유는 초음파를 시험체로 전달시키기 위해 매우 큰 점성을 가지는 접촉매질을 사용해야 하기 때문이다. 이와 달리 EMAT는 자석과 코일의 기하 형상을 적절히 구성하면 비접촉으로 손쉽게 SH파를 송·수신할 수 있다.

EMAT는 1960년대 말에 비접촉으로도 초음파를 송수신 할 수 있다는 연구결과가 발표 되면서부터 활발하게 연구되기 시작했다. 1970년대 초기의 EMAT에 대한 연구는 주로 움직이고 있는 물체나 고온상태인 재료 내부의 결함 검출에 관심이 집중되었다. 재료의 표면온도가 약 1200 ℃인 철강 재료의 내부 결함 탐상이 가능한 EMAT가 개발되기도 하였으며, 와전류 탐상법으로 주로 수행되어 오던 열교환기 튜브의 결함을 보다 빠른 시간에 검출할 수 있는 EMAT가 개발되기도 하였다. 또 하나의 적용분야로는 용접부의 탐상을 들 수 있다. 초음파의 여러 모드 중에서 수평횡파(horizontally polarized shear wave)는 용접부내에서 beam skewing이 적고, 경계 면에서의 반사시에 모드 전환이 없는 특성을 가지므로 용접부 탐상에 매우 유리한 모드로 알려져 있다. EMAT로는 수평횡파를 비교적 손쉽게 송수신 할 수 있기 때문에 용접부 내의 결함 탐상에의 적용을 위한 연구들이 많이 이루어져왔다. 또한 EMAT는 비접촉으로 초음파를 송수신 하기 때문에 접촉식 탐촉자에 비하여 초음파 속도를 보다 정밀하게 측정할 수 있다. 초음파 속도를 정밀하게 측정하면 재료의 집합조직이나 잔류응력의 측정이 용이해지고, 재료 내부의 미세조직적 특성을 분석할 수 있기 때문에 EMAT를 이용한 재료물성평가 기술이 많은 연구자들로부터 관심을 모으고 있다.

국내에서는 발전설비 배관의 주재료인 알루미늄, 황동, 그리고 inconel 튜브의 결함 탐상을 위한 EMAT를 제작하고, 초음파 진행 특성 및 결함검출능을 평가한 연구결과가 발표되고, 자왜형 센서를 이용한 석유화학설비 배관의 결함 탐상에 적용한 연구 결과가 발표된바 있다. 또한 생산 중인 재료 또는 기차의 바퀴와 같이 움직이고 있는 재료의 표면 및 내부 결함 탐상, 고온상태에 있는 재료 내부 결함 탐상, 유도초음파를 이용한 배관 결함탐상 등에 이용되고 있으며, 초음파의 전달을 위한 접촉매질 없이 초음파를 송수신하므로 잔류응력이나 결정이방성, 그리고 재료의 미세구조의 평가 등과 같은 재질평가에도 폭넓게 이용되고 있다.

나. 초음파의 송 · 수신 메카니즘

EMAT의 초음파 송·수신 원리는 로렌츠힘(lorentz force)과 자왜(magnetostrictive) 현상으로 나누어 설명할 수 있다. 비자성 금속에서는 lorentz force에 의해서 초음파의 발생과 수신의 비교적 간단하게 설명될 수 있으나, 자성 물질 특히 EMAT의 응용분야가 가장 많은 강의 경우에는 그 현상이 매우 복잡하다.

그림 4-132는 로렌츠힘(a)과 자왜(b)에 의한 벌크파의 발생 메커니즘을 설명하고 있다. 그림 4-132(a)의 lorentz 힘을 이용하는 EMAT는 금속 재료 표면에 와전류를 형성하기 위한 코일과 정자기장을 부가하기 위한 자석으로 구성되어 있다. 표면 근처에 놓인 코일에 교류전류를 흘려주면 재료 표면에는 와전류 J가 유도되며, 여기에 정자기장 B를 가하면 재료 표면의 입자들은 식($F=J\times B$)의 lorentz 힘 F를 받는다. 코일에 흘려주는 전류가 교류이므로 표면에 유도되는 와전류는 시간에 따라 방향이 바뀌고 이에 따라 힘의 방향도 시간에 따라 바뀐다. 이와 같이 시간에 따라 바뀌는 힘에 의해서 표면 입자들은 진동하게 되며 이 힘의 초음파를 발생시킨다.

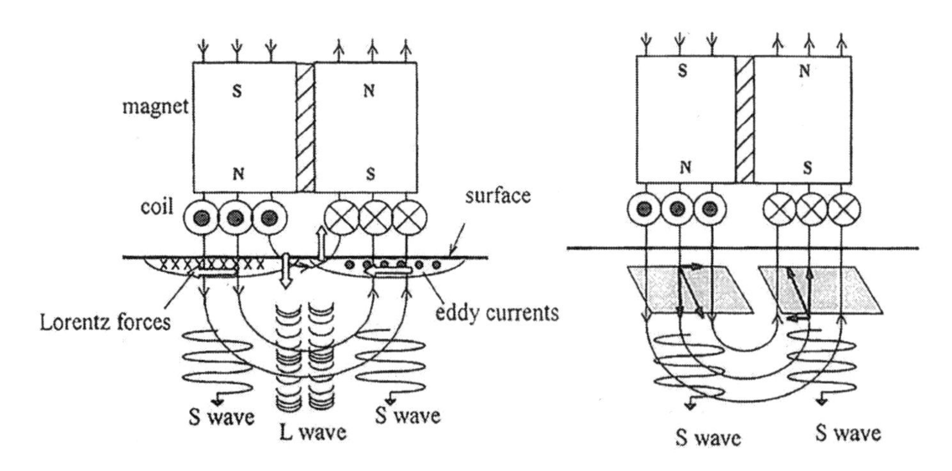

그림 4-132 **로렌츠힘(a)과 자왜(b)에 의한 벌크파의 발생 메커니즘**

F=J×B 식의 와전류와 정가지장이 벡터양이기 때문에 힘의 방향은 항상 와전류와 정자기장에 수직되는 방향이다. 그러므로 그림에서와 같은 구조와 EMAT로는 횡파 모드의 초음파가 발생되면, 만약 와전류의 방향 또는 정자기장의 방향을 모두 재료 표면에 수평하게 형성하면 힘의 방향이 표면에 수직하게 되므로 종파 모드의 초음파가 발생된다.

그림 4-132(b)의 자왜(magnetostrictive) 현상은 자성 재료에만 적용되는 초음파 발생 기구이다. 그림 4-133과 같이 물질 내에 아무런 전압이 인가되어 있지 않을 때 도메인(domain)들은 무질서한 배열을 하고 있게 된다. 그러나 전압이 인가되면 도메인들은 자기장 방향을 따라 일직선으로 정렬하려는 경향을 가진다. 도메인의 모양이 두께 방향 보다 전기 분극(polarization) 방향이 더 길면 물질은 결국 전체적으로 팽창 효과를 갖게 된다. 다시 전압을 역으로 인가하면 도메인들의 방향도 역으로 바뀌게 되어 물질은 다시 팽창한다. 이는 어느 한 방향으로 전압을 인가할 때는 수축하다가 반대 방향으로 전압을 인가하면 팽창하게 되는 자기변형이 주기적으로 일어나며 이 변형 힘에 의해서 초음파가 발생된다. Lorentz 힘에 의해서 발생된 초음파의 세기는 자기장의 세기에 비례하여 계속 증가하지만 자왜 현상에 의하여 발생된 초음파의 세기는 비례하지 않는다. 즉, 자성재료의 자왜는 재료의 종류에 따라 모두 다르며, 외부 자기장의 세기에 따라 비선형적으로 변하므로 자왜계수(magnetostrictive coefficient)의 변화가 가장 큰 자기장의 영역에서 초음파의 송수신을 하여야 효율을 극대화시킬 수 있다. 자왜 현상과 함께 lorentz 힘도 강자성 재료의 초음파 송수신에 기여하지만 낮은 정자기장 영역에서는 주로 자왜 현상에 의해서 초음파가 발생된다.

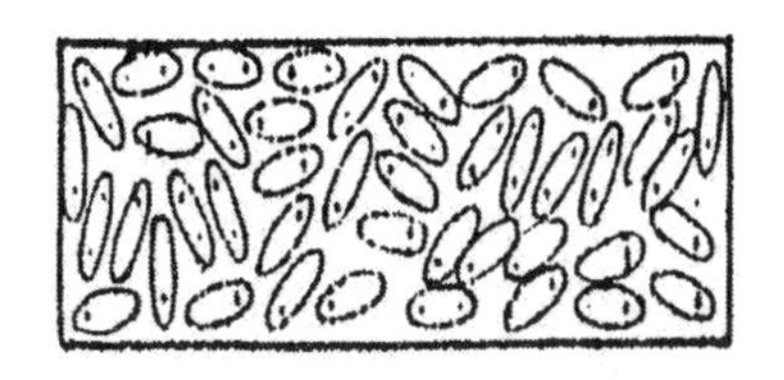

(a) 전위가 인가되지 않았을 때

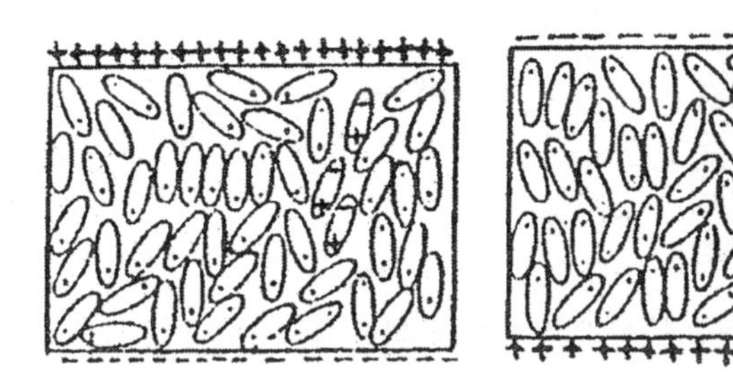

(b) 전위가 인가되었을 때

그림 4-133 **물질 내의 도메인의 변화**

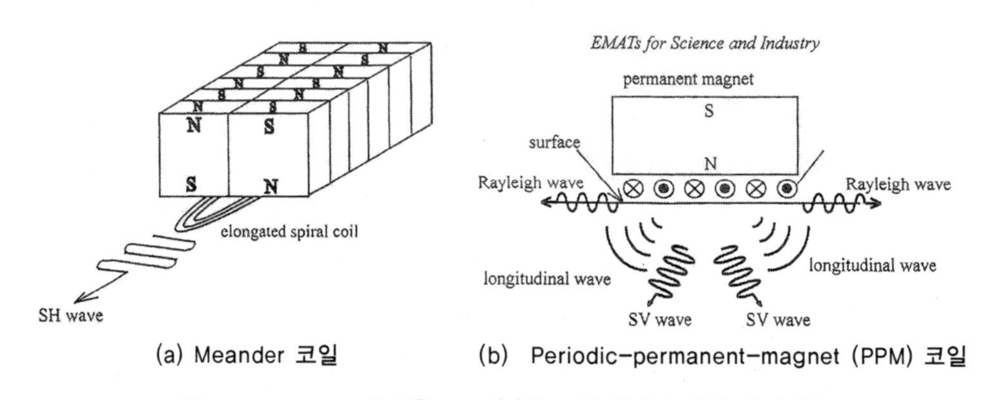

(a) Meander **코일** (b) Periodic-permanent-magnet (PPM) **코일**

그림 4-134 **EMAT에 의한 SH파(a)와 표면파(b)의 발생 메커니즘**

다. EMAT의 장비 구성과 적용 예

그림 4-135는 유도초음파를 이용하여 알루미늄 얇은 판의 두께변화를 평가하기 위해 구성된 EMAT 시스템이다. EMAT는 전자석과 송신부의 와전류를 발생시키는 발생코일 및 수신부의 검출코일로 구성되어 있다. 이 탐촉자를 금속 시험체에 접근시키면 시험체 내부는 전자석에 의해 정자기장에 영향을 받게 되고 탐촉자 내부의 발생코일에 흐르는 교류전류에 의해 시험체 표면에 와전류가 형성하게 된다. 이 와전류와 자력선 사이에 로렌츠힘(lorentz force)이 발생하여 시험체 표면에 기계적 변위가 발생, 즉 초음파가 발생하게 된다. 그리고 역과정에 의해 초음파를 수신하게 된다.

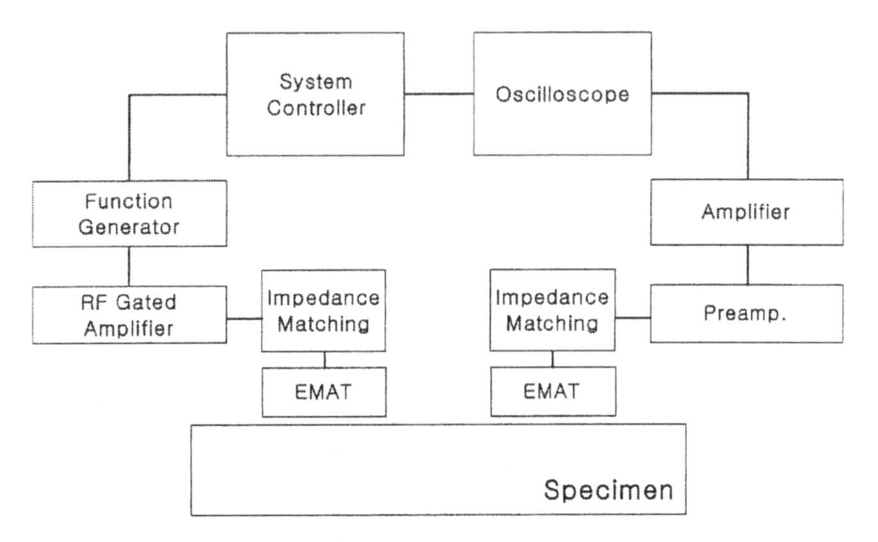

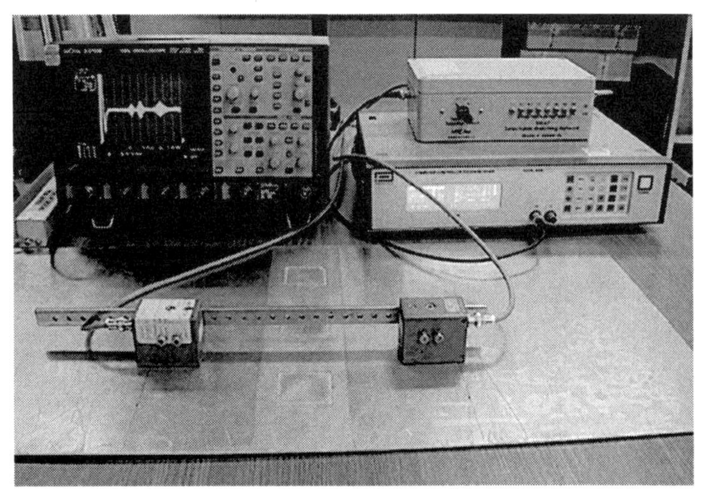

그림 4-135 **EMAT장치의 구성도**

한 쌍의 EMAT으로 구성되어 유도초음파를 송·수신하기 위해 초음파 펄서/리시버를 사용하였다. 펄서/리시버에 의해 발생된 초음파 펄스는 임피던스 매칭박스를 통해 송신 EMAT에 보내져 초음파를 발생시킨다. 그리고 발생된 SH파는 동일한 형태의 EMAT으로 수신되어 프리앰프에서 증폭된 후 신호처리를 위해 디지털 오실로스코프와 연결되어 신호처리를 수행할 수 있도록 구성된다. 알루미늄 박판에서 두께변화를 평가하기 위해 EMAT을 이용하여 비접촉으로 초음파를 송·수신하였다.

이때 초음파 펄서/리시버의 주파수 범위는 0.1~5 MHz이고, 유도초음파의 가진 주파수는 이론적인 분산선도에서 파장과 위상속도의 관계로부터 그림 4-137에서 확인할 수 있다. 예를 들어 파장이 4.30 mm인 유도초음파 모드를 발생하기 위한 가진 주파수는 2.17 MHz 이다.

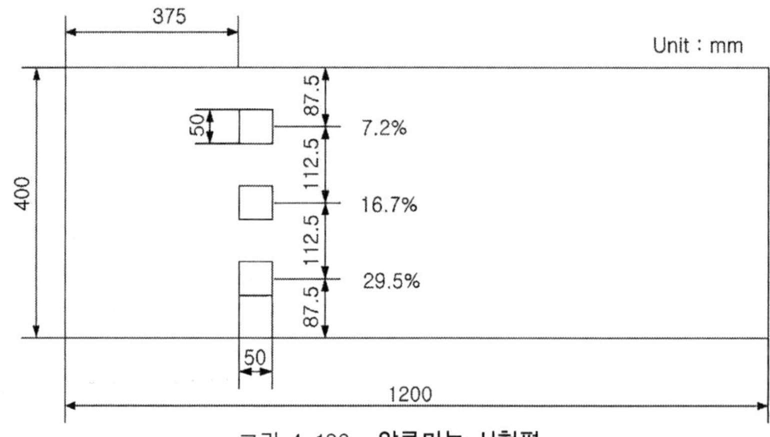

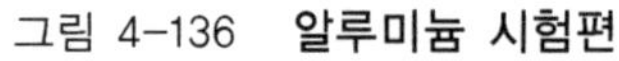
그림 4-136 **알루미늄 시험편**

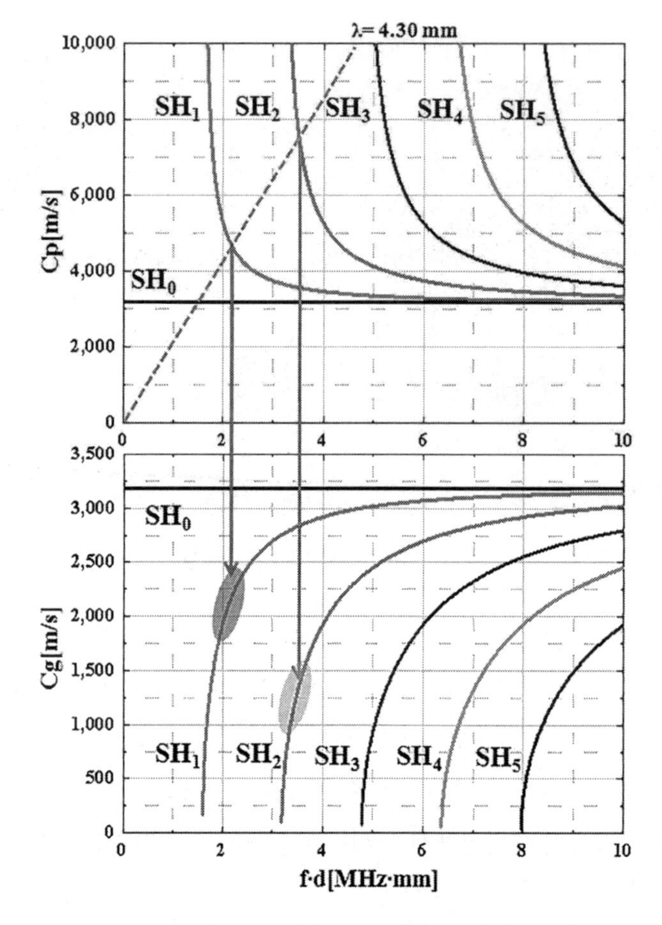

그림 4-137 **알루미늄 얇은 판에서의 이론적인 분산선도**

그림 4-137은 유도초음파 모드가 두께감육 결함 부위를 지나 수신된 신호로 두께 변화에 따른 초음파 모드의 전파시간차 변화를 나타낸다. 이 결과로부터 두께감육이 증가할수록 전파

시간차가 증가함을 확인할 수 있다. 이는 이론적인 군속도 분산선도에서 두께 d가 감소하면 모드의 군속도가 감소하는 결과와 일치한다. 또한 파장이 4.30 mm일 때 두께 변화가 30 %인 결함으로부터 수신된 모드에서 신호가 사라짐을 확인할 수 있는데, 이에 대한 이유는 두께가 변화하면 분산선도의 가로축인 f·d가 감소하게 되고 모드가 사라지게 되는 모드컷오프(mode cutoff) 현상이 발생하게 된다.

그림 4-138과 같이 두께변화가 발생하면 모드의 분산성으로 인해 전파시간차가 발생하게 된다. 전파시간차의 변화, 즉 군속도 변화는 두께변화를 나타내기 때문에 군속도를 정확하게 측정할 수 있다면 두께 변화의 정량적인 평가가 기대된다.

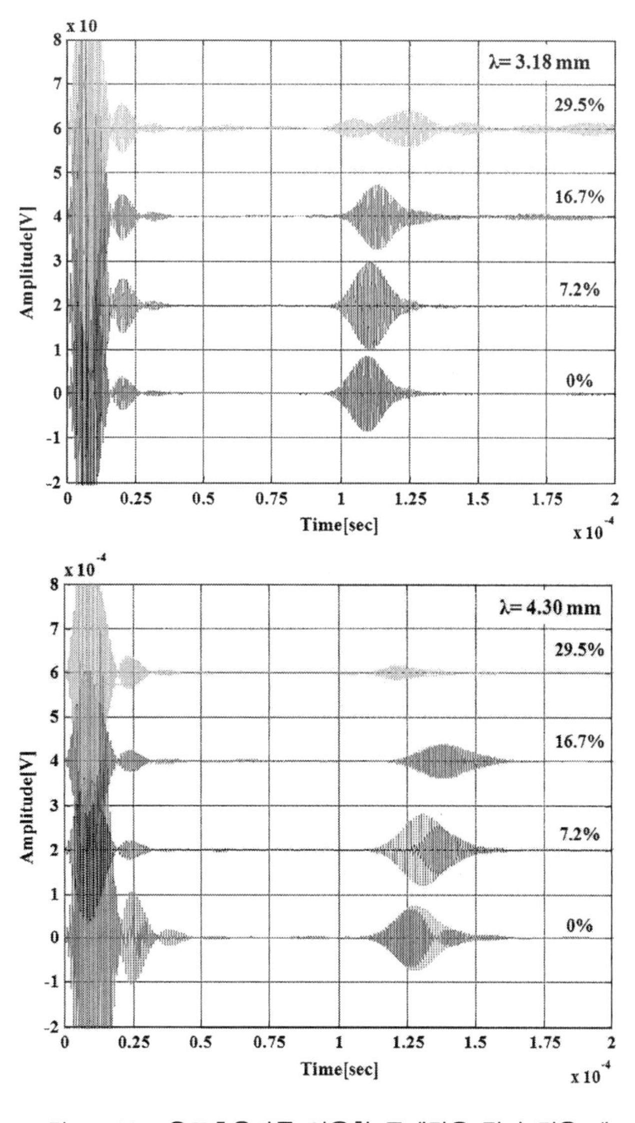

그림 4-138 **유도초음파를 이용한 두께감육 평가 적용 예**

4.5.6 레이저-초음파법

레이저-초음파법(laser based ultrasonic; LBU)는 레이저광을 이용하여 비접촉으로 초음파 진동을 발생시키고 검출하는 기술이다. 광을 이용하여 완전 비접촉으로 초음파를 송·수신하는 것이 가능하기 때문에 압전소자 등을 이용하는 종래의 초음파 송·수신법에서는 적용이 어려웠던 고온에서의 검사를 가능하게 한다. 이 기술은 다른 비파괴평가방법에 비해 ① 비접촉 측정, ② 1600℃ 이상의 초고온영역에서 측정이 가능, ③ 종파와 횡파 초음파의 동시 송수신이 가능하기 때문에 재료의 탄성계수와 푸와송 비를 동시에 측정 가능하다는 등의 장점을 가진다. 레이저 초음파는 수십 나노초 이하의 짧은 시간 폭을 갖는 펄스 레이저를 시료 표면에 조사함으로써 발생시킬 수 있다. 이때 초음파가 발생되는 원리는 조사하는 레이저의 세기에 따라 그림 4-139와 같이 열응력(thermal stress)과 융발(ablation) 2가지 모드로 나눠진다.

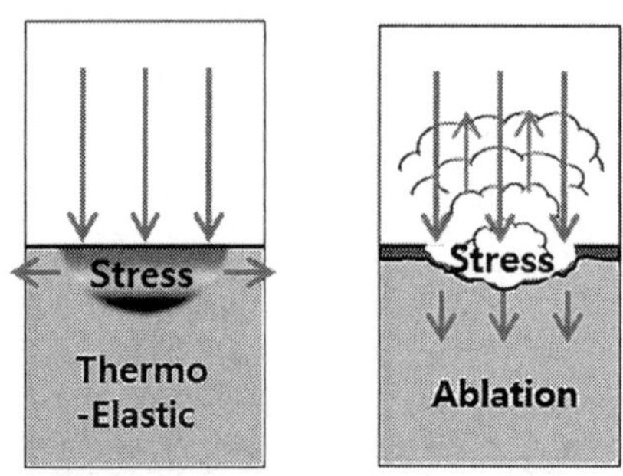

그림 4-139 **열응력(thermo-elastic) 모드와 융발(ablation) 모드에서 초음파를 발생시키는 주된 응력성분의 방향**

열응력 모드는 레이저의 세기가 상대적으로 낮은 경우로 조사되는 레이저 에너지는 시료 표면에서 흡수되어 열로 변환되는데 레이저가 짧은 시간동안만 조사되므로 시료표면은 순간적으로 가열되었다가 냉각되게 되고, 이 과정에서 열응력이 발생한다. 가열 부분은 표면에 한정되기 때문에 열응력에 의한 팽창은 표면에 대해 평행한 방향으로 국한되며, 이것이 초음파의 발생원이 된다. 따라서 열응력 모드에서는 종파보다 횡파와 표면파가 강하게 발생하는 경향이 있다.

반면, 레이저의 세기를 더욱 증대시키면 표면 물질의 용융 증발이 생기고 기화 팽창에 수반하는 압력이 표면에 대해 수직한 방향으로 생겨 이것이 주된 초음파 발생원이 된다. 이를 융발 모드(ablation mode)라고 하는데, 여기서는 열응력 모드에서와 다르게 표면에 수직한 방향으로의 응력이 주요하므로 종파가 강하게 발생하게 된다. 단, 그림 4-140에 보인 바와 같이 이들 두 가지 모드에서 종파, 횡파, 표면파 성분이 모두 발생하는 것은 마찬가지이며, 모드에 따라 강하게 발생하는 성분이 다를 뿐이다. 또한 융발 모드에서는 레이저가 조사된 부분에 약간의 변색 또는 흠이 남게 되므로 주의할 필요가 있다.

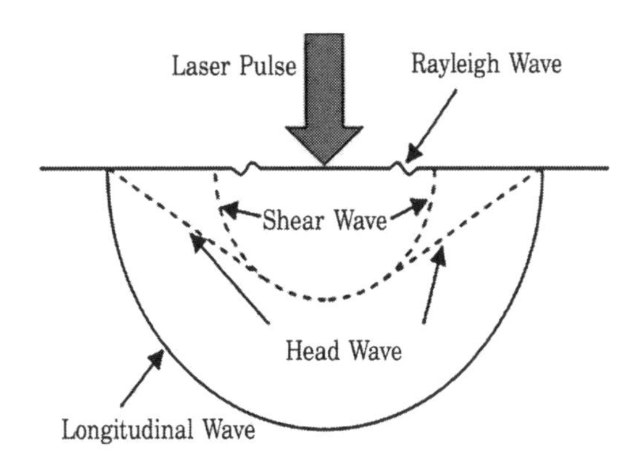

그림 4-140 **레이저 펄스 조사에 의해 발생되는 초음파 성분들**

그림 4-141은 열탄성 모드에 대한 시뮬레이션 결과로 표면파가 강하게 발생함을 알 수 있으며, 또한 종파와 횡파의 주된 전파방향이 수직방향에 대해 경사져 있음을 알 수 있다.

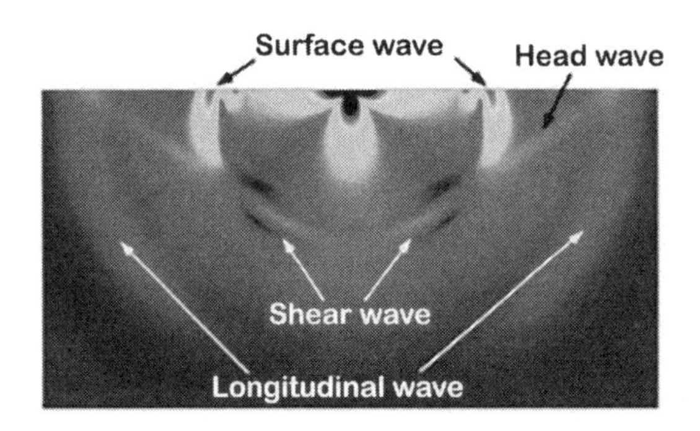

그림 4-141 **열탄성 모드 시뮬레이션**

그림 4-142는 융발 모드에 대한 시뮬레이션 결과로 종파가 강하게 발생하고 주된 전파방향이 수직방향임을 보여준다.

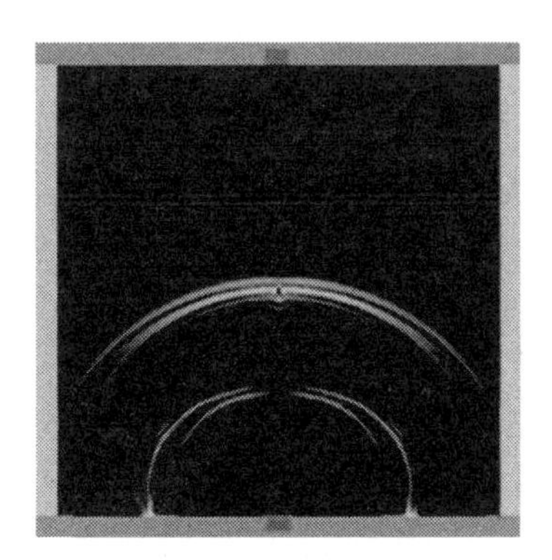

그림 4-142 **융발모드 시뮬레이션(중앙에 작은 결함이 있으며, 이 결함에서 종파가 반사되는 것을 보여준다)**

레이저 초음파를 수신하면 종파와 횡파 성분이 함께 검출되는데 전파속도의 차이 등을 이용하면 신호성분을 규명할 수 있다. 그림 4-143은 사각봉의 한쪽 면에서 레이저 초음파를 발생시키고 이와 정반대 위치에서 일반 압전소자 탐촉자를 이용하여 수신한 예이다. 두 모드에서 종파와 횡파가 모두 수신되는 것을 볼 수 있다. 반대면에서 수신하였기 때문에 표면파는 나타나지 않는다. 열탄성 모드와 비교하여 융발모드에서 종파가 횡파보다 강하게 발생함을 알 수 있다.

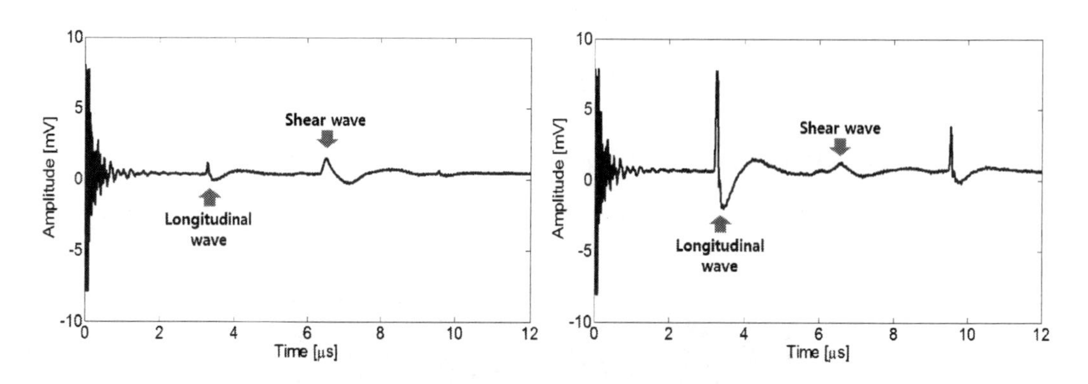

그림 4-143 **사각봉 시료의 한쪽 면에서 레이저 초음파를 발생시키고 이와 정반대 위치에서 일반 압전소자 탐촉자를 이용하여 수신한 신호 예**

이와 같이 종파와 횡파가 동시에 발생하는 특징은 한 번의 레이저 조사에 의해 종파와 횡파에 대한 정보를 동시에 얻을 수 있으므로 오히려 유리한 장점도 있다. 대표적인 예가 레이저 초음파를 이용한 탄성계수 측정이다. 초음파를 이용한 탄성계수 측정에는 일반적으로 종파 속도와 횡파 속도 정보가 필요하기 때문이다.

일반적으로 발생되는 초음파는 레이저 펄스의 시간 폭에 비례하는 시간 폭을 갖는 펄스 형태가 되고 진폭은 레이저 세기에 비례한다. 그리고 비파괴검사에 적합한 펄스폭과 세기의 초음파를 발생시키기 위해 5-10 ns 시간 폭을 갖는 Nd-YAG 펄스 레이저(Q-switch)가 많이 사용되고 있으며, 발생되는 초음파는 금속재료에서 수십 MHz의 주파수 대역을 갖는다. 최근에는 피코(10^{-12})초의 매우 짧은 펄스 레이저를 이용하여 매우 높은 주파수 대역의 초음파를 발생시켜 이용하기도 한다.

한편, 레이저 초음파를 검출하는 방식은 다양하다. 엄밀하게 레이저 초음파란 레이저에 의해 발생된 초음파를 의미하며 반드시 레이저를 이용하여 검출하여야 하는 것은 아니다. 그러나 레이저 초음파가 비접촉의 특징이 강하므로 일반적으로 비접촉식 검출기법과 함께 이용하게 되는데 대표적인 방법이 레이저 간섭을 이용하는 방법이다.

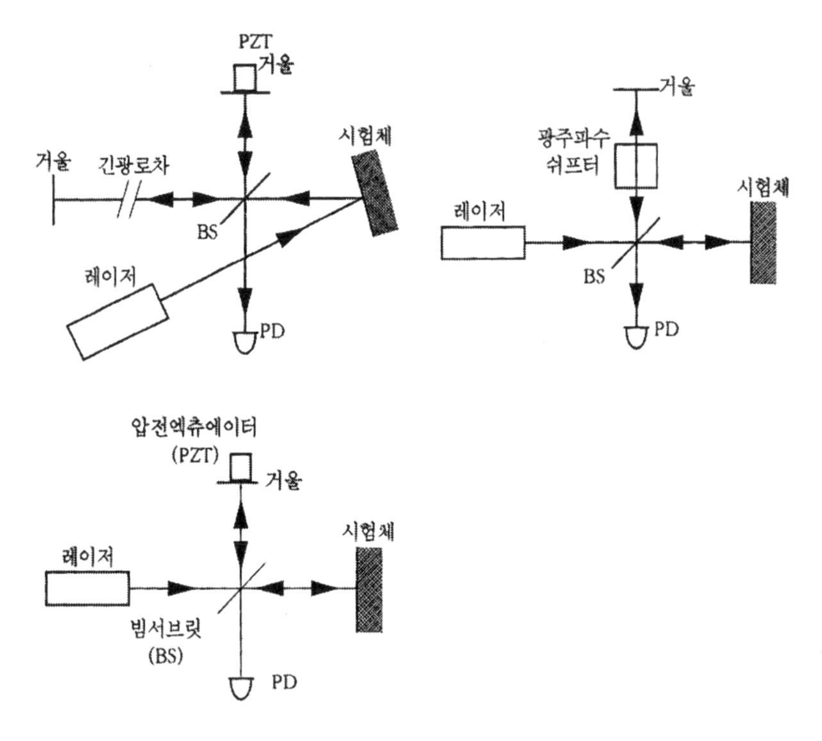

그림 4-144 **레이저-초음파에서 대표적인 초음파 진동 검출법**

그림 4-144는 레이저를 이용한 초음파 검출 기술의 대표적인 기법을 나타내고 있다. 가장 기본적인 것은 호모다인(homodyne)간섭법이다. 시료 표면에서 반사한 프로브 광을 참조광으로 중첩하여 간섭시키고 그 간섭광의 강도 변화로부터 초음파 진동 파형을 얻는 방법이다. 시간차 간섭법은 반사해 온 레이저 광을 둘로 나누어 한쪽의 광로길이를 크게 하여 중첩시키는 방법이다. 얻어진 신호는 속도 파형이고 호모다인법에 비해 저주파의 기계 진동에 영향이 적고 거울-위치제어가 용이한 장점이 있다. 그러나 광로차를 수 m로 크게 할 필요가 있기 때문에 광섬유(fiber)가 이용되고 있다.

광 헤테로다인(heterodyne) 간섭법은 광주파수가 다른 2개의 레이저 광을 이용하고 도플러(doppler)효과에 의한 광의 주파수 변화를 광 검출기에 의해 검출하는 것으로 반사광량의 변화에 의한 감도 변동을 주파수 검출로부터 피하는 방법이다.

페브릿 페롯 간섭계(fabry-perot interferometer)는 투과율이 작은 2개의 반사 거울을 대향시킨 구조로 되어 있고, 협대역의 광 대역필터(band pass filter)의 역할을 하는 분광용의 광학계이다. 반사 거울의 간격 조절로 투과하는 광 주파수 대역을 조절하는 것이 가능하고 도플러효과에 의한 레이저 광의 주파수 변조를 투과광량 변화로 얻을 수 있게 한다. 거울-간격의 제어가 필요하나 공초점용 페브릿 페롯 간섭계(confocal fabry-perot interferometer)는 레이저 광의 파면의 산란에 관계없이 간섭성이 보존되고 시료로부터의 반사광량이 유효하게 이용될 수 있는 장점을 가지고 있다.

레이저에 의한 초음파 검출에서는 시료 표면의 거칠기 등의 상태에 의한 초음파 검출 감도나 S/N비 열화가 실용화 부분에 과제가 되고 있고 그 해결법으로 비선형광학소자를 이용하는 기술이 검토되고 있다.

레이저에 의한 초음파의 검출은 단순히 비접촉인 것 이 외에도 몇 가지의 장점을 생각할 수 있다. 우선 측정 대상에 영향을 주지 않는 것이다. 초음파 탐촉자를 접촉시키는 방식에서는 시료와의 접촉으로부터 초음파 진동의 진폭이나 음압의 변화를 발생하나 레이저에 의한 검출에는 검출하는 초음파에 영향을 주는 것이 거의 없고 세라믹 용사 피막이나 거친면의 시료 등에도 레이저의 간섭 신호가 얻어지기만 하면 초음파 진동을 정량적으로 검출할 수 있다. 집광에 의한 미소 점에서의 측정이 가능하고 작은 시료에서도 간단히 초음파 신호를 얻을 수 있다.

레이저-초음파의 비파괴계측에의 응용에 대해서는 접착된 재료나 FRP의 박리 검출, 표층 결함 검출, 수신의 관점에서는 초음파 변위 파형 검출, AE검출 등의 예가 있다. 그러나 무엇보다 고온 재료에의 응용은 레이저-초음파의 중요한 응용 분야이다. 예를 들면, 가열로에 시료를 놓고 시료 온도를 올리면서 시료의 양면에서 초음파를 송·수신하여 종파와 횡파의 음속을 측정하면 탄성계수가 온도에 따라 어떻게 변화하는지를 알 수 있게 된다.

레이저 초음파법을 적용하는 방식은 그림 4-145와 같이 일반 접촉식 초음파법과 동일하다.

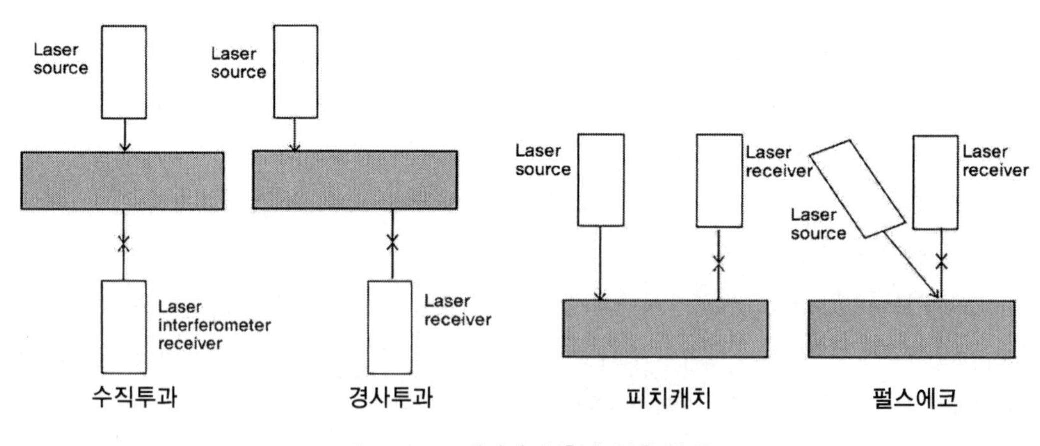

그림 4-145 **레이저 초음파 적용 방식**

그림 4-146은 융발모드를 이용하여 투과법으로 결함을 탐상하는 사례를 보여준다. two wave mixing(TWM)은 일종의 레이저 간섭계로 시편 내부에서 반사되어 돌아오는 초음파를 검출한다. 시편 내부에는 그림에 나타낸 것처럼 동일한 크기의 여러 결함이 서로 다른 위치에 존재한다.

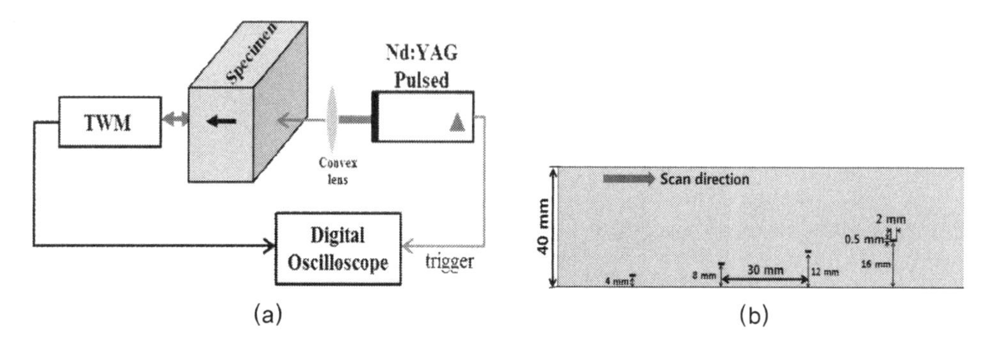

그림 4-146 **레이저 초음파 시험 예**

그림 4-147은 시험 결과를 나타낸 것으로 투과신호가 먼저 도달하고 그 후에 저면에서 반사되어 다시 결함에 의해 반사된 신호가 도달한다. 결함의 위치가 저면에서 멀수록 늦게 도달하는 것을 알 수 있다. 첫 투과신호는 결함의 유무에 관계없이 같은 시각에 도달한다. 이렇게 해서 결함의 위치를 찾을 수 있다. 물론 펄스-에코법을 적용해도 마찬가지이다.

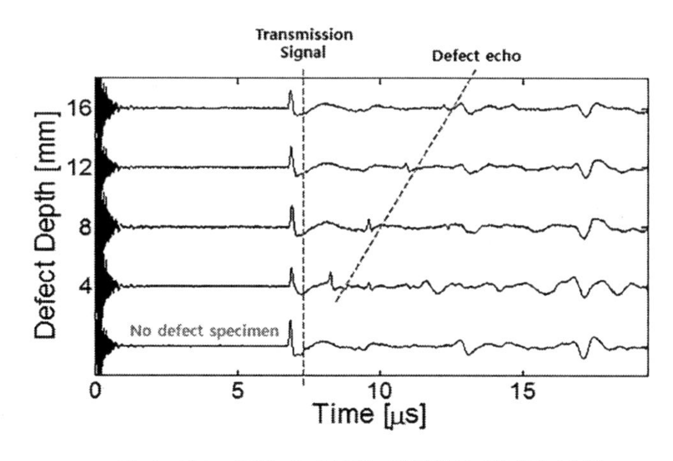

그림 4-147 **그림 4-146의 시험에서 얻어진 파형**

4.5.7 비선형초음파법

비선형 초음파법(nonlinear ultrasonic testing; NUT)은 초음파의 비선형효과를 이용한 비파괴검사기술이다. 또한 초음파의 비선형효과(nonlinear effect)란 초음파가 매질에 따라 전파할 때 매질의 비선형적인 탄성에 의해 나타나는 현상인데 기본적으로 초음파의 전파속도가 진폭에 의존하는 현상으로 설명할 수 있다. 그림 4-148은 초음파가 전파하면서 진폭에 따라 전파속도가 달라서 결과적으로 파형이 점차 변화되어 가는 것을 나타낸다. 즉, 초음파의 진폭이 영인 위치를 기준으로 양의 진폭을 갖는 위상과 음의 진폭을 갖는 위상에서 전파속도가 달라서 결과적으로 파형이 순수 사인파형에서 톱니형태로 변화하게 되는 것이다.

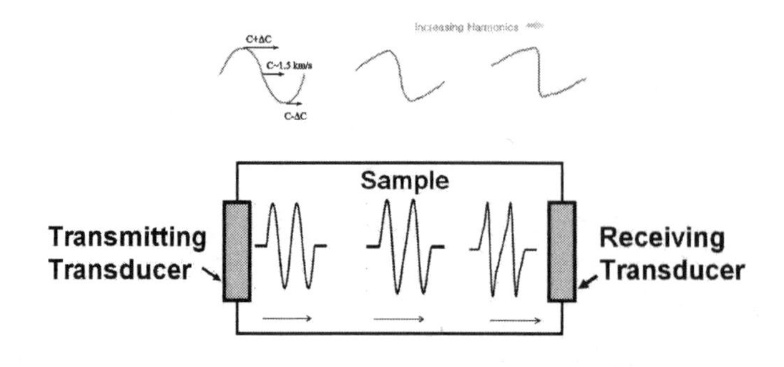

그림 4-148 **초음파의 비선형효과에 따른 파형의 변화**

이 같은 현상은 그림 4-149에 보인 바와 같이 키가 다른 사람들이 행진하는 경우에서도 볼 수 있다. 즉 키가 큰 사람이 가운데 서고 가장자리로 갈수록 키가 작은 사람이 일정한 간격으로 서있다고 했을 때 행진을 시작하면 키가 큰 사람의 보폭이 크므로 키가 작은 사람에 비해 이동속도가 빠르고 따라서 점차 앞쪽의 간격은 좁아지고 뒤쪽의 간격은 벌어지게 될 것이다.

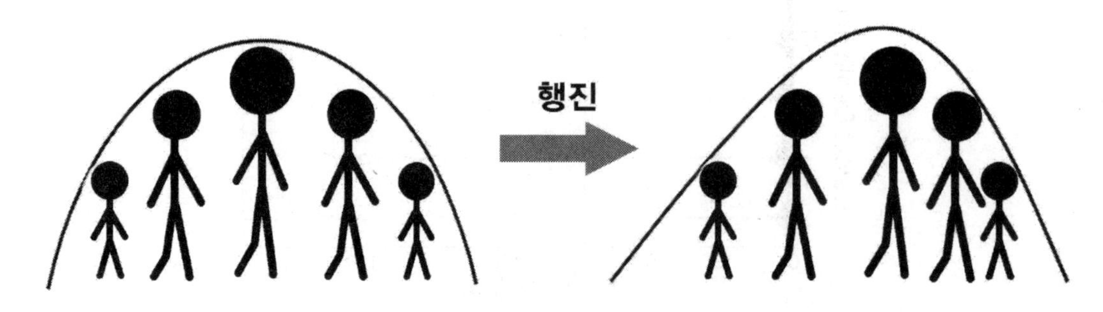

그림 4-149 **이동속도가 다른 사람들의 행진에서 나타나는 간격의 변화**

반면, 선형 탄성에서는 초음파의 전파속도가 매질의 밀도와 탄성계수에 의해 결정되며 진폭과 무관하게 일정하다. 대부분의 초음파 비파괴검사 기법은 이런 선형 성질을 이용한다. 그러나 최근 구조물의 파괴를 미연에 예방하기 위해서 큰 결함으로 성장되기 이전의 미세결함(마이크로 크랙, 마이크로 보이드, 미세구조적 변화 등)을 진단할 필요성이 높아지고 있다. 그런데 대부분의 선형 초음파법에서는 이와 같은 미세결함을 판별하는 것이 어렵다. 이에 반해 비선형 음향효과는 상대적으로 미세결함에 대해 높은 감도를 갖는 것으로 보고되고 있어 향후 구조물의 열화 및 미세손상에 대한 진단기법으로 활용될 것이 예상된다. 현재 많이 활용되고 있는 비선형 음향효과는 크게 다음과 같이 분류된다.

가. 고조파의 발생(harmonic generation)

단일 주파수의 초음파가 비선형 탄성매질에 입사되어 전파하면서 입사주파수의 2배, 3배와 같은 고조파가 발생하는 현상이다. 이와 같은 현상은 매질을 비선형성을 갖는 시스템으로 간주하면 쉽게 이해할 수 있다. 예를 들어, 2차의 비선형 시스템은 그림 4-150에 나타낸 바와 같이 입력의 제곱에 해당하는 출력이 얻어지게 되므로 단일 주파수 성분을 입사시켰을 때 입사주파수의 2배수에 해당하는 주파수 성분이 출력되게 된다. 이를 일반화하여 매질의 비선형성을 3차 이상으로 확장하면 3배수 또는 그 이상의 고조파 성분이 나타나게 된다. 따라서 비선형 탄성특성을 갖는 매질에 단일 주파수의 초음파를 입사시키고 매질을 전파한 후의 초음파신호를 수신하여 그 스펙트럼을 얻으면 그림에서와 같이 2차, 3차의 고조파 성분이 관찰된다. 그림 4-150에서 변화된 파형의 주파수성분을 분석하면 이와 동일한 결과를 얻게 된다. 비선형성이 클수록 고조파 성분의 진폭이 커진다.

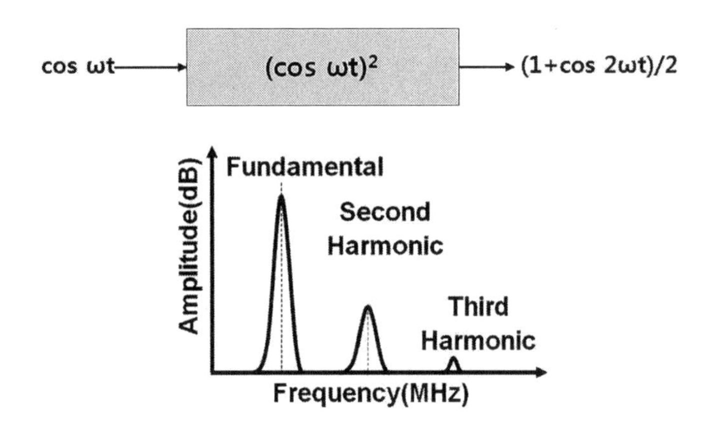

그림 4-150 2차 비선형 시스템의 입력과 출력 및 출력의 스펙트럼

나. 혼합주파수의 비선형 응답(mixed frequency response)

이 현상은 2개의 서로 다른 주파수 성분을 갖는 초음파 신호를 입사시키는 경우에 나타나는 현상으로 발생 기구는 고조파의 경우와 동일하다. 예를 들어, 매질의 비선형특성을 2차까지의 비선형성을 갖는 시스템을 생각할 때, 그림 4-151에 보인 바와 같이 입력의 제곱에 해당하는 출력이 얻어지게 되므로 입사 주파수 성분의 합과 차에 해당하는 주파수 성분이 발생한다. 비선형성이 클수록 이들 주파수 성분의 크기가 커진다.

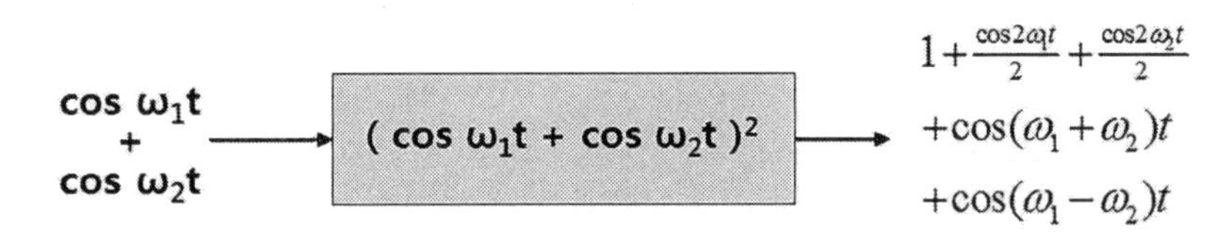

그림 4-151 2차 비선형시스템에 두 개의 혼합 주파수성분이 입력되었을 때의 출력

다. 공진주파수의 천이(shift of resonance frequency)

초음파의 공진주파수가 진폭에 따라 변화하는 현상이다. 선형 탄성에서는 초음파의 공진주파수가 전파속도와 마찬가지로 기계적 물성에 의해 결정되고 진폭과는 무관한데, 비선형 탄성에서는 공진주파수가 진폭에 의존하여 변화한다. 대개는 진폭이 커지면 공진주파수가 약간 감소하는데, 비선형성이 클수록 감소폭이 커진다.

라. 분조파의 발생(sub-harmonic generation)

이 현상은 균열간극이 초음파의 변위진폭보다도 작은 닫힌 균열을 초음파가 투과하거나 반사될 때 입사주파수의 1/2, 1/3과 같은 분조파가 나타나는 현상이다. 재료의 비선형 탄성특성과는 무관하여 재료의 변질을 평가하기보다는 닫힌 균열의 검사를 목적으로 활용될 수 있다.

모든 재료는 정도의 차이가 있을 뿐 고유의 비선형적인 탄성특성을 가지므로 초음파가 전파할 때 위와 같은 비선형효과를 나타내게 된다. 따라서 비선형 초음파법은 비선형효과에 의해 나타나는 상기의 특징들이 재료의 변질이나 미세손상의 발생 이전과 이후에서 달라지는 정도를 측정하여 열화 또는 미세손상의 정도를 평가하는 기술이라고 할 수 있다.

여기서는 가장 고전적인 현상인 고조파 발생을 이용하는 기술의 원리에 대해 보다 상세히 소개한다.

그림 4-152는 재료의 비선형적인 탄성특성을 응력-변형률 곡선으로 나타낸다. 즉, 응력(σ)과 변형률(ε)의 관계는 선형 탄성에서는 직선 비례관계를 갖지만 일반적으로는 그림과 같은 곡선의 형태를 갖게 되며 이를 1차원 후크의 법칙으로 나타내면 식(4.133)과 같다. 선형 탄성에서와 다르게 변형률의 제곱, 또는 그 이상의 고차항이 포함된다. 여기서는 쉬운 설명을 위해 2차의 비선형성까지만 고려한다.

$$\sigma = E\varepsilon(1+\beta\varepsilon+\cdots) \tag{4.133}$$

여기서 E는 선형 탄성계수, β는 2차의 비선형 파라미터이다.

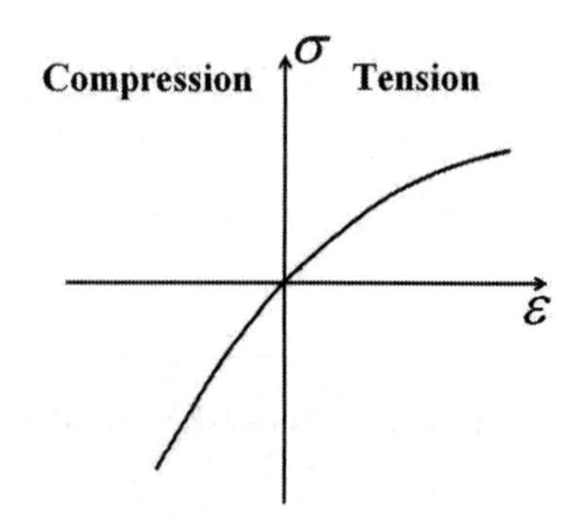

그림 4-152 **응력 변형률 사이의 비선형적 관계**

이런 비선형적인 탄성특성을 갖는 매질에 단일 주파수의 종파 초음파가 입사되어 전파한다고 하자. 감쇠는 무시할 수 있다고 하면 운동방정식은 다음 식(4.134)와 같이 표현된다.

$$\rho\frac{\partial^2 u}{\partial t^2}=\frac{\partial\sigma}{\partial x} \tag{4.134}$$

여기서 ρ는 매질의 밀도, u는 초음파의 변위, x는 전파방향, t는 시간이다.

식(4.133)과 식(4.134) 그리고 변형률과 변위의 관계 $\varepsilon(x,t)=\frac{\partial u(x,t)}{\partial x}$를 이용하면 다음의 비선형 파동방정식을 얻을 수 있다.

$$\rho\frac{\partial^2 u}{\partial t^2}=E\frac{\partial^2 u}{\partial x^2}+2E\beta\frac{\partial u}{\partial x}\frac{\partial^2 u}{\partial x^2} \tag{4.135}$$

이 식은 선형 파동방정식에 우변 둘째 항이 추가된 형태이며, 정리하면 다음과 같이 쓸 수 있다.

$$\frac{\partial^2 u}{\partial t^2}=C_0^2(1+2\beta\epsilon)\frac{\partial^2 u}{\partial x^2} \tag{4.136}$$

여기서 $C_0^2=\frac{E}{\rho}$ 이고, C_0는 전파속도이다. 즉, 선형 탄성에서는 전파속도가 C_0로 일정하지만 비선형 탄성에서는 전파속도가 $C_0\sqrt{(1+2\beta\epsilon)}$가 되어 변형률 ε에 의존하게 된다. 변형률은 변위와 관계되므로 결과적으로 전파속도는 변위에 의존하게 되는데, 여기서 변위는 초음파의 진폭이므로 전파속도가 진폭에 의존하는 것이다. 선형 초음파는 초음파의 진폭이 매우 작아 $2\beta\varepsilon \ll 1$이 되어 전파속도는 C_0로 진폭에 무관하게 일정하다고 가정하는 것이다.

한편 고조파의 발생을 설명하기 위해 비선형 파동방정식의 해를 얻어 보자. 일반적으로 비선형 파동방정식의 해를 구할 때 섭동법을 이용한다. 먼저, 초음파의 변위를 다음과 같이 가정한다.

$$u=u_0+u' \tag{4.137}$$

여기서 u_0 는 입사 초음파의 변위, u'은 1차 섭동해로 미소항이다.

그리고 u_0 를 다음과 같이 진폭 A_1인 단일 주파수의 조화함수라고 하면,

$$u_0=A_1\cos(kx-wt) \tag{4.138}$$

u는 다음과 같이 구해진다.

$$u=u_0+u'=A_1\cos(kx-wt)-A_2\sin 2(kx-wt) \tag{4.139}$$

여기서, k는 파수, x는 전파거리이고, A_2는 1차 섭동해의 진폭으로 입사주파수의 2배수에 해당하는 주파수를 가지며, A_2는 다음 식과 같이 주어진다.

$$A_2 = \frac{\beta}{8} A_1^2 k^2 x \tag{4.140}$$

이로부터, 2차 고조파가 발생하는 것을 알 수 있으며 그 크기가 비선형 파라미터 β에 의존하는 것을 알 수 있다. 즉, 발생되는 고조파의 크기는 매질의 비선형 특성이 얼마나 큰 가에 따라 다르다.

또한 식(4.140)로부터 2차 비선형 파라미터 β가 다음과 같이 구해 질 수 있다는 것도 알 수 있다.

$$\beta = \frac{8}{k^2 x} \frac{A_2}{A_1^2} \tag{4.141}$$

한편 식(4.140)에서 알 수 있듯이 2차 고조파의 진폭은 입사 초음파의 진폭(기본파 진폭)의 제곱에 비례하는데, 그림 4-153은 이 관계를 손상 전후에 대해 비교하고 있다.

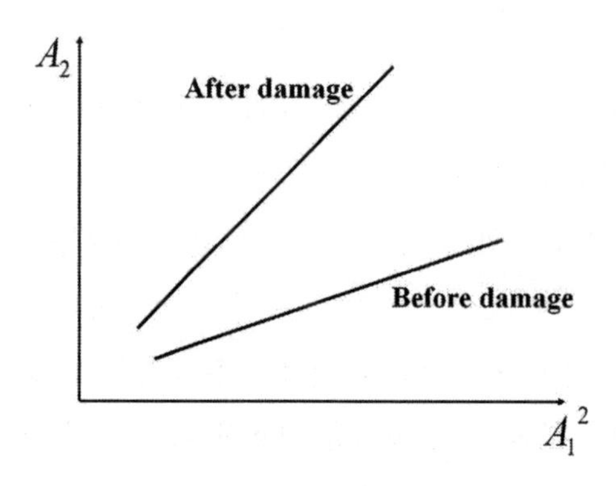

그림 4-153 **고조파 성분의 크기와 기본파 성분의 크기 관계**

즉, 비선형 파라미터가 클수록 A_2 - A_1^2 선도의 기울기가 크고, 비선형 파라미터가 작을수록 A_2 - A_1^2 선도의 기울기가 작다. 만일 어떤 재료가 손상 후에 상대적으로 비선형성이 커진다면 A_2 - A_1^2 선도의 기울기가 커지게 된다. 그리고 그림 4-154는 피로의 증가에 따라 재료의 비선형성이 초기 상태를 기준으로 어떻게 변화하는지를 보여준다. 여기서 β_0는 피로가 시작되기 전 초기 상태에서의 비선형 파라미터이다. 즉, 초기 상태 대비 비선형 파라미터의 증가 정도를 알 수 있다면 피로의 정도를 알 수 있게 된다는 것이다.

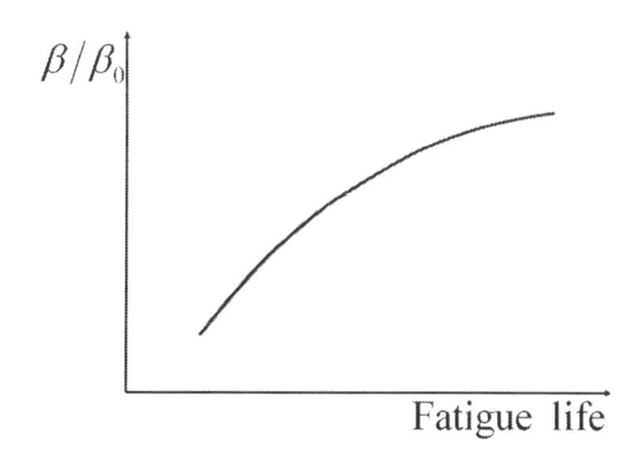

그림 4-154 **비선형 파라미터를 이용한 비파괴평가 예(피로)**

그림 4-155는 비선형 초음파법을 이용하여 피로열화를 평가한 사례를 보여준다. 시편은 그림에 나타낸 것과 같이 중심부를 좁게 하여 시편에 피로하중을 가했을 때 중심부의 피로도가 가장 크게 되도록 만들었다. 그리고 피로하중을 가하기 전후의 비선형 파라미터의 변화율을 시편의 여러 위치에서 측정하여 비교하여 나타내었다. 먼저 피로를 가하기 전의 경우 시편의 어느 위치에서도 비슷한 비선형 파라미터 값을 나타내는 것을 알 수 있다. 그러나 피로를 가한 후에는 중심부에서가 상대적으로 비선형 파라미터 값이 크게 증가하는 것을 볼 수 있다. 오른쪽 사진은 시편의 그립부(가장자리)와 게이지부(중심부)에서의 미세조직을 TEM으로 관찰하여 비교한 것이다. 피로도가 적은 그립부에서보다 피로도가 큰 게이지부에서 전위가 크게 증가한 것을 알 수 있는데, 일반적으로 전위의 증가는 초음파 비선형파라미터를 증가시키는 것으로 알려져 있다. 결과적으로 피로에 의해 전위가 증가하면 초음파 비선형 파라미터가 증가하고, 따라서 비선형 파라미터의 변화를 측정하면 피로열화의 정도를 평가할 수 있는 것이다.

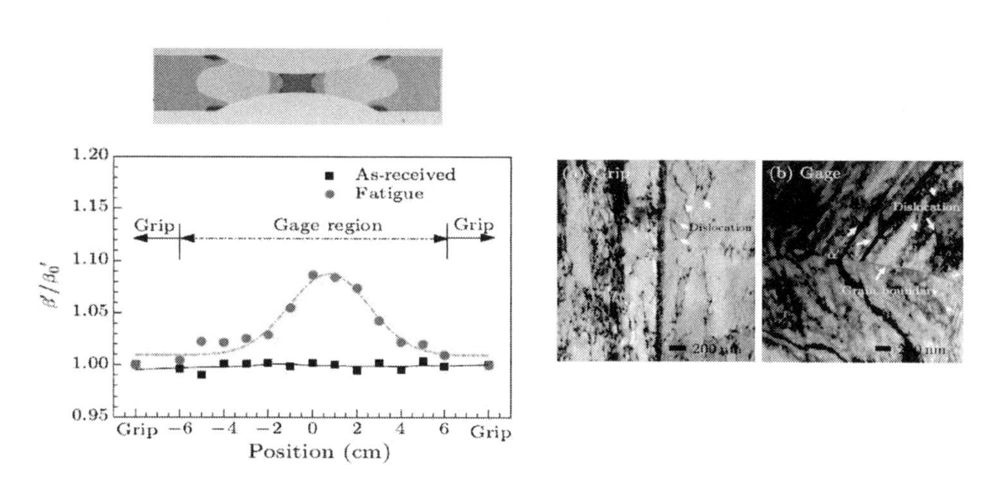

그림 4-155 **피로시편에 대한 비선형 초음파법 적용 예**

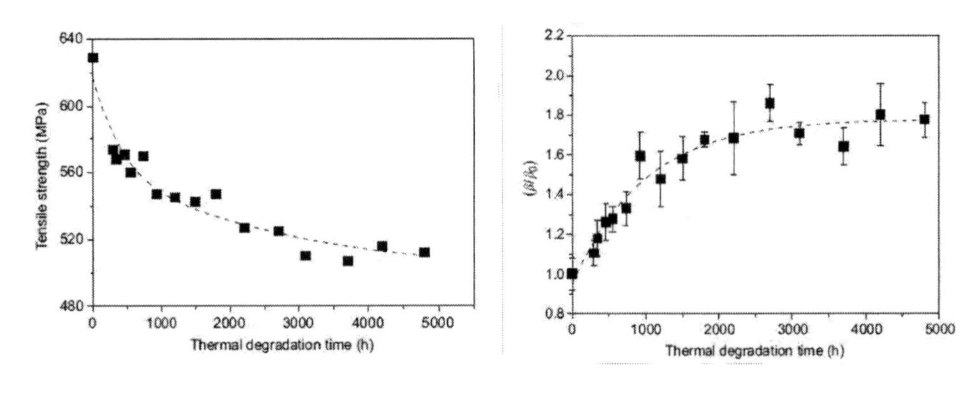

그림 4-156 **고온열화시편에 대한 비선형 초음파법 적용 예**

그림 4-156은 비선형 초음파법을 이용하여 강재의 고온경년열화를 평가한 사례를 보여주는 것으로, 왼쪽에 열화시간에 따른 인장강도의 변화를 나타내었고 오른쪽에 초음파 비선형 파라미터의 변화를 나타내었다. 인장강도와 비선형 파라미터는 높은 상관성을 나타내는데, 고온에 노출된 시간이 경과함에 따라 인장강도는 점차 감소하고 비선형 파라미터는 점차 증가한다. 이로부터 비선형 파라미터의 변화를 측정하면 기계적 강도의 저하를 평가할 수 있음을 알 수 있다.

4.5.8 음향현미경법

가. 개요

초음파현미경(scanning acoustic microscope; SAM)은 초음파를 이용하여 재료의 표층부(surface/subsurface), 내부(internal) 그리고 계면(interface)을 포함하는 영역에 대한 마이크로한 탄성적 성질의 변화를 초음파신호의 출력신호를 검출하여 화상으로 표시하거나 음향특성을 정량적으로 계측하여 고정밀도로 음속이나 감쇠계수 등을 측정함으로서 재료의 미세구조 및 탄성특성을 평가할 수 있는 기법이다. 또한 초음파는 물체의 표면뿐만 아니라 내부로도 입사되기 때문에 내부에 대한 정보를 이미지화 할 수 있다. 초음파 빔은(10^{-6}크기 이하까지) 집속되고 또한 초고주파(100 MHz에서 1 GHz)를 사용하기 때문에 광학현미경 수준의 분해능을 가지게 된다. 이미지 이외에도 반사된 초음파의 진폭과 위상을 검출할 수 있고 이를 분석하면 재료의 탄성 특성을 정량적으로 측정할 수 있기 때문에 비파괴검사나 재료의 특성 평가에 많이 이용되고 있다.

나. 구성

초음파 현미경은 고주파 발생기(RF generator)로부터 발생된 전기적인 신호를 압전소자로 인가되고 인가된 전기적인 신호가 압전소자에서 초음파로 변환되고 단결정 사파이어로 구성된 음향렌즈로 집속되어 시험편으로 조사된다. 시료로부터 반사된 초음파는 거의 동일한 역 경로로 음향렌즈를 통해 되돌아오고 이 초음파는 다시 압전소자에 의해 전기적인 신호로 변환된다. 이때 수신된 신호의 전압은 인가전압에 비해 약 30 dB에서 80 dB정도 작아 증폭기에 의해 증폭 되고 A/D 변환기를 통해 CRT상에 휘도 변조 신호로 나타내어지고 신호처리 등을 위해 저장된다. 초음파현미경은 1회의 초음파의 송·수신으로 화면상의 아주 작은 1개의 화소(single spot)가 메워지게 된다. 따라서 2차원의 음향 이미지를 생성하기 위하여 기계적으로 X-Y 축으로 시험편 스테이지가 이동되거나 또는 탐촉자가 이동하며 한 장의 영상을 만들어 낸다. 또한 Z축 방향으로 렌즈를 이동하여 디포커싱 시킴으로서 내부 이미지 획득 및 시험체의 탄성특성과 밀접하게 관련된 누설탄성표면파(leaky surface acoustic wave; LSAW)의 속도를 정밀하게 측정할 수 있는 V(z) 곡선을 얻는다. 초음파현미경에 사용되는 초음파의 주파수는 수 MHz로부터 수 GHz까지이나 피검체의 검출 사이즈나 깊이에 따라서 최적의 주파수를 선택해야 한다.

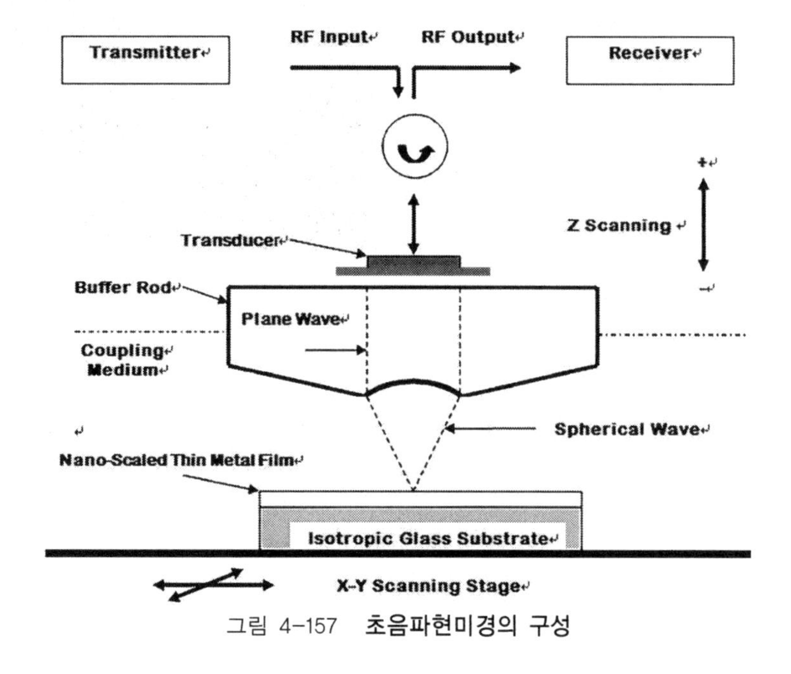

그림 4-157 초음파현미경의 구성

다. 기본원리

(1) 이미지 생성 원리

탐촉자의 음향렌즈를 구형으로 하여 초음파 빔을 집속시켜 시료에 입사시키면 내부를 전파하는 과정에서 음향임피던스 차가 있는 경계면에서는 초음파가 반사하거나 산란하여 반사파와 투과파가 발생한다. 이 변화를 검출하여 영상으로 표시하면 표면 및 내부 이미지를 관찰할 수 있다. 초음파현미경은 펄스파와 함께 톤버스트(tone-burst)파가 사용하며 기본적으로 이미지 생성을 위해서는 펄스파 모드가 사용되며 V(z) 곡선법에서는 톤버스트파가 사용된다. 초음파 렌즈는 표면 및 내부를 이미지화하기 위해 시편과 렌즈 사이의 거리를 변화시키기 위해 z축 방향으로 정밀 이동할 수 있다. 시험편의 표면을 이미지화할 때에는 초음파 렌즈가 시험편 표면에 집속되게 하는 포커스 모드(focus mode, $z=0\mu m$)가 사용되며, 시험편의 표면직하 및 내부를 이미지화 할 때에는 탐촉자를 시험편에 근접시켜 초점이 시험편의 내부에 형성되도록 하여 이미지를 검출하는 디포커스 모드(de-focus mode, $z=-x\mu m$)를 사용한다.

그림 4-158은 나노 구조의 은(silver) 박막에 나노인덴테이션으로 압입하중을 가하여 표면 및 표면직하에 결함을 형성시켜 초음파현미경을 이용하여 표면 및 표면 직하에서 발생하는 결함을 이미지화한 예이다.

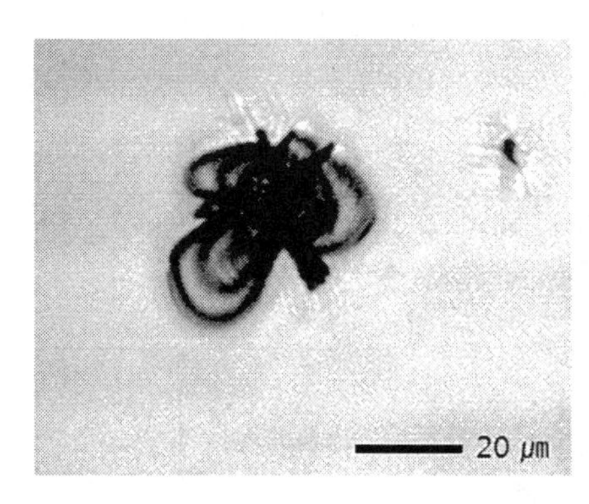

(a) Z = 0 μm

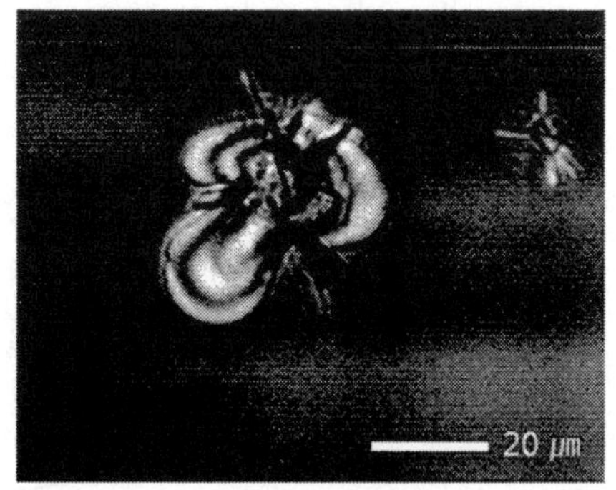

(b) Z = −1.5μm

그림 4-158 **음향 이미지(사용주파수; 1GHz)**

초음파 현미경에 사용되는 초음파의 파장은 표 4-22에서와 같이 사용 주파수 범위 내의 물에서의 경우 대략 15.0 μm에서 1.5 μm정도이다. 이 파장은 측정 가능한 깊이와 분해능과 관련된다. 일반적으로 측정 가능한 깊이는 초음파의 반사, 굴절, 산란, 감쇠 등이 관계하기 때문에 정확히는 산출 할 수 없다. 그림 4-159는 각종 재료의 측정 결과를 참고하여 추정한 주파수와 측정 가능한 깊이의 관계이다. 주파수를 높이면 분해능이 향상되어 미세 구조의 측정이 가능하게 되나 측정 가능한 영역은 표면 근방으로 이동하게 된다.

표 4-22 **물속에의 주파에 따른 파장**

Freq.(GHz)	0.1	0.2	0.4	0.6	0.8	1.0
Wavelength(μm)	15.0	7.5	3.7	2.5	1.8	1.5

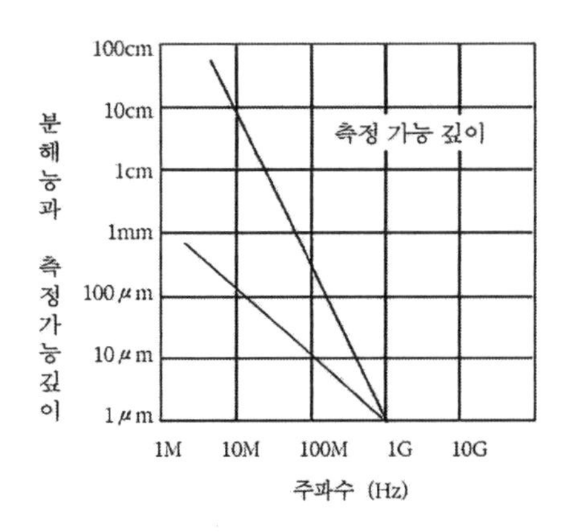

그림 4-159 **초음파의 주파수와 측정 가능한 깊이 · 분해능과의 관계**

(2) V(z)곡선과 음속측정법

앞서 기술한 바와 같이 초음파현미경은 이미지 측정과 더불어 V(z)곡선법 통해 시료의 탄성특성과 밀접한 관련이 있는 누설탄성표현파의 속도를 정밀하게 측정할 수 있다. 음향렌즈와 시료와의 상대적인 위치 관계를 그림 4-160에 나타낸다. 구경각이 넓은 음향렌즈로 방사된 초음파는 시료에 수직 입사하고 경계면에서 반사하여 음향렌즈로 되돌아오는 성분(경로 #1)과 임계각 근방으로부터 입사하여 탄성표면파로 모드로 변환된 파의 일부가 수중으로 누설되어 음향렌즈로 되돌아오는 성분(경로 #2)이 있다. 이때 톤버스트파를 사용하게 되면 이 2개의 파가 서로 간섭을 일으켜서 보강 및 상쇠 간섭이 발생한다. 이때 음향렌즈를 Z축으로 디포커싱(defocusing)시키게 되면 Z에 따라 출력 신호가 주기적으로 변화하는 곡선(V(z) 곡선)이 얻어진다.

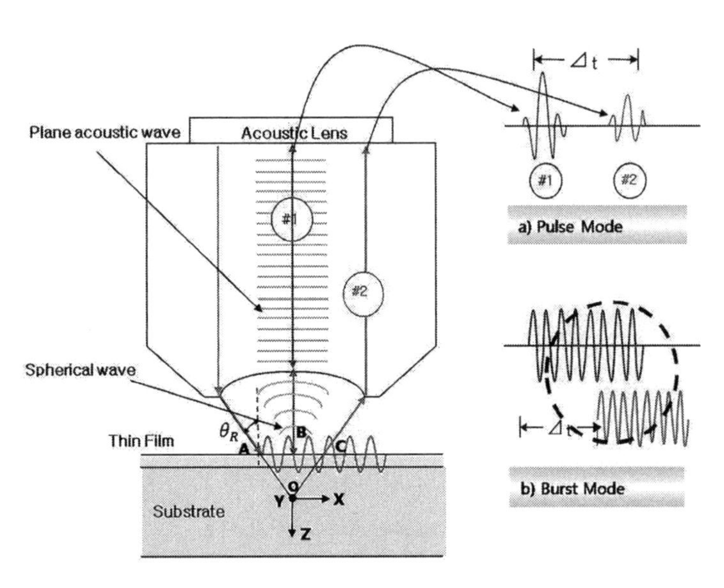

그림 4-160 **V(z) 곡선의 생성 원리**

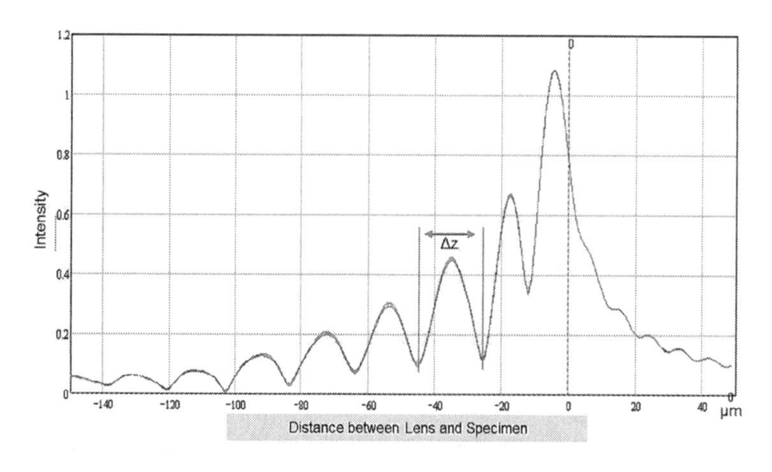

그림 4-161　V(z) 곡선의 예

그림 4-161과 같은 V(z) 곡선에서 피크와 피크사이의 간격 또는 골과 골 사이의 간격인 $\triangle z$를 정밀하게 측정한 후 식(4.142)를 이용하여 누설탄성표면파의 속도를 계산할 수 있다. 이 탄성표면파의 속도를 정밀하게 계산하여 미소 영역의 대한 탄성 특성의 평가가 가능하다.

$$V_{saw} = \frac{\nu_{\omega}}{\sqrt{1-\left(1-\frac{\nu_{\omega}}{2\cdot f\cdot \triangle z}\right)^2}} \tag{4.142}$$

여기서 V_{saw}는 누설탄성파의 속도, v_w는 물에서의 음속, f는 사용주파수를 의미한다.

4.5.9 초음파CT법

Computed tomography(CT)는 물체의 단면상을 그 표면 위에 관측할 수 있는 물리량으로부터 가시화하는 기술의 총칭이다. 통상의 X선 CT는 X선 강도 촬영상으로부터 얻어진 흡수계수의 분포를 역연산하여 영상화한 것이다. 한편 초음파 CT는 예를 들면 음속에 의한 CT상은 음속의 역수의 분포를 그 전파시간의 촬영상으로 구한다. 실제로 초음파에 의해 CT상을 구성하기 위해서는 가시화하려 하는 단면 주위의 다수의 점간의 측정이 필요하다.

그림 4-162는 기본적인 초음파 CT의 주사방식을 나타낸 것이다. 물속에 놓인 시험체를 가까이서 송·수신용의 탐촉자를 대향시켜 회전을 하면서 탐촉자의 대향을 평면상에 주사하는 것에 의해 여러 점에서 촬영 데이터를 채취한다. 촬영 데이터로는 일반적으로 음속(전파시간) 및 감쇠(진폭)가 이용되고 이들 정보를 기본으로 하여 영상화된다.

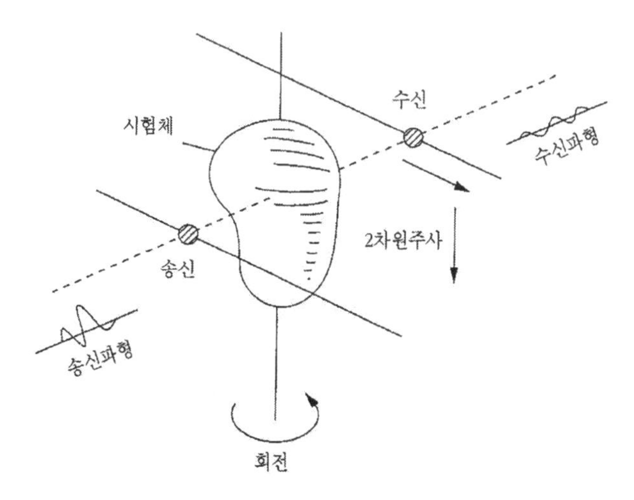

그림 4-162 **기본적인 초음파 CT의 주사방법**

그림 4-163은 음속 CT법에 의한 목재 불균질부를 검출한 한 예이다. 주파수 78 kHz를 이용하고 그림 4-163(a)와 같이 송수신 탐촉자를 배치시켜 전파시간을 측정한다. 불균질부는 공극으로 되어 있어 초음파는 직접 투과하지 못하나 파장이 길기 때문에(약 2 ㎝) 그림 4-163(b)와 같이 회절에 의한 우회한 신호가 얻어진다. 따라서 이 측정점에서의 전파시간은 길어진다. 이와 같이 하여 여러 점에서의 촬영 데이터를 모아 CT 재구성상을 구한 예가 그림 4-163(d)이다. 그림 4-163(c)에 실제의 단면 사진을 나타내나 CT 영상은 실제 단면과 거의 근사한 상을 나타내고 있다.

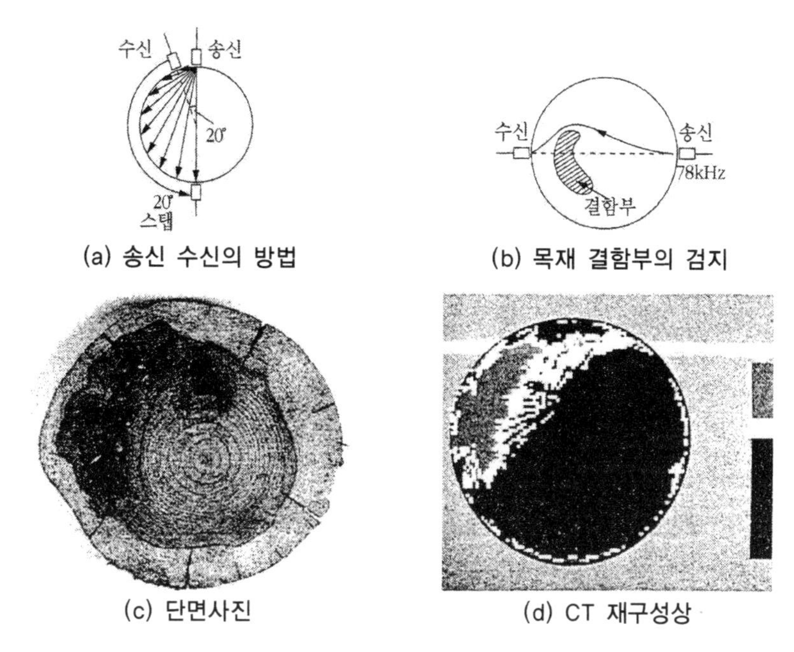

그림 4-163 **음속 CT법에 의한 목재 불균질부의 검출 예**

4.5.10 초음파홀로그라피법

연못 가운데에 돌을 던져 떨어뜨리면 물결파가 동심원을 그리며 퍼져 나가게 된다. 연못가의 각 점에 도달하는 파를 관측하고 그 관측한 파와 동일한 파를 연못가의 각 점에서 발생시키면 각 지점에서 발생한 파가 간섭하게 된다. 돌이 떨어진 위치와 동일 지점에 파가 모이게 된다. 이것이 홀로그래피(holography)의 원리이다.

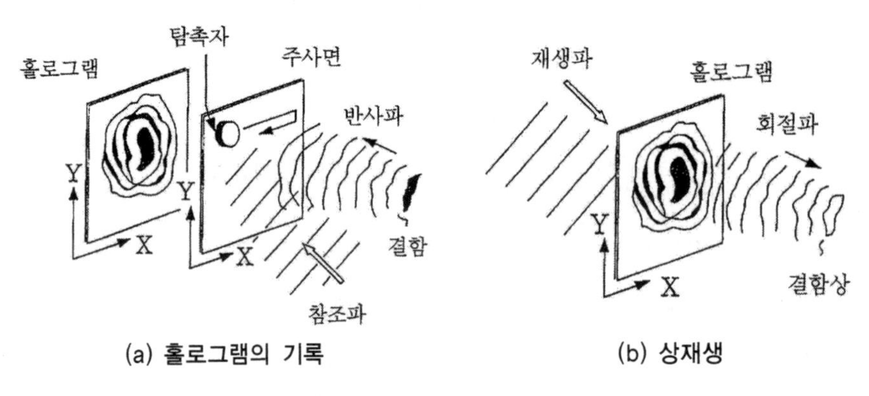

(a) 홀로그램의 기록　　(b) 상재생

그림 4-164 **초음파 홀로그래피의 원리**

연못가에서 파를 관측하고 파의 위상이나 강도를 기록하는 것이 홀로그램(hologram) 기록, 연못가에서 기록한 파의 정보로부터 파의 발생원을 역산하는 것이 상재생의 과정이다. 실제의 탐상에서 홀로그램 기록과 상재생의 2개의 과정을 각각 그림 4-164에 도식적으로 나타낸다.

홀로그램의 기록에는 초음파 탐촉자를 시험체 표면을 따라 2차원 주사하면서 초음파를 발신하고 시험체 중의 결함으로부터 반사파를 수신한다. 이 수신 시각의 초음파 발신에 동기된 클록 펄스(clock pulse) 출력 레벨 "0", "1"을 각각 +부호로 한 반사파 강도를 홀로그램으로 디지털 기록한다. 이 홀로그램이 형성되는 홀로그램 면은 탐촉자 주사면이 아니고 초음파 빔 초점의 주사면이 된다. 재생성에서는 홀로그램 강도를 갖는 재생성을 홀로그램 각 점으로부터 발신한다. 각 재생파가 간섭하여 집속하는 것으로부터 실제로 반사체가 존재하는 위치에서 반사체 상을 완성시킨다. 이 완성된 상의 현상은 컴퓨터를 사용한 계산기 상재생(3차원 간섭 계산)으로 얻어진다.

이제까지 반사파 강도만을 사용한 C-scope, B-scope 등의 초음파탐상법에서는 결함의 상세한 형상을 관측하는 것이 곤란하였다. 초음파 홀로그래피는 영상재생을 위한 결함 상의 실시간 표시가 어려운 단점이 있으나 고해상도의 결함 상을 나타낼 수 있고 그 결함 형상을 3차원적으로 파악할 수 있는 장점이 있다. 또한 고주파 클록 펄스를 사용하면 여러 단계의 정밀한 홀로그램이 기록되고 그 만큼 고해상도의 결함 상을 얻을 수 있다.

익 힘 문 제

4.1 개요

1. 초음파의 정의와 초음파검사에 활용되고 있는 초음파의 정보는 어떤 것이 있는가?

2. 비파괴검사에 활용되는 초음파의 기본적인 성질에 대해 기술하시오.

3. 펄스반사식 초음파검사의 원리에 대해 기술하시오.

4. 다른 비파괴검사에 비해 초음파검사의 장단점과 적용한계에 대해 기술하시오.

5. 초음파검사에서 초음파가 기본적으로 가지고 있는 문제점은 어떠한 것이 있는가?

4.2 초음파검사의 기초이론

1. 초음파의 진동양식 중에서 SV 횡파와 SH 횡파의 발생방법과 전파 특징에 대해 비교·설명하시오.

2. 표층부의 결함 검출에 활용되고 있는 표면파(rayleigh wave), 크리핑파(creeping wave)의 발생 방법과 전파 특징에 대해 기술하시오.

3. 유도초음파(ultrasonic guided wave) 또는 램파(lamb wave)의 발생 방법과 전파 특징에 대해 기술하시오.

4. 누설탄성표면파(leaky surface acoustic wave; LSAW)의 발생 방법과 특징에 대해 기술하시오.

5. 초음파의 모드변환(mode conversion)에 대해 기술하시오.

6. 초음파 파장과 결함검출의 한계치수와 횡파가 종파보다 미세 결함검출에 유리한 이유를 기술하시오.

7. 1MHz 탐촉자로 강(steel, 음속 5,900 m/s)에 초음파가 전파할 때 파장은 얼마인가?

8. 2.25 MHz, 지름 10 mm 인 탐촉자를 강재 표면에 대고 초음파탐상을 하였을 때, 오실로스코프 상에서 첫 번째 저면신호와 두 번째 저면 신호와의 전파시간차(time of flight; TOF)가 20 μs였다면 피검체의 두께는 몇 mm 인가?

9. 압전효과(piezoelectric effect)란 무엇이며, 초음파의 발생과 수신 방법을 설명하시오.

10. 진동자의 재료로 사용되고 있는 압전재료의 종류에 대해 기술하시오.

11. 초음파 탐촉자의 감도(sensitivity)와 분해능(resolution)에 대하여 펄스폭(pulse width)과 Q-값 및 대역폭(band width)의 상관관계에 대해 기술하시오.

12. 음향임피던스식을 유도하고 음향임피던스가 초음파검사에서 갖는 물리적 의미를 기술하시오.

13. 수침법으로 주파수 5 MHz 탐촉자로 수직탐상을 하였다. 이 때 강재 표면에서 음압반사율은 몇 %인가? 재료의 정수는 다음과 같다.

	탄소강	물
음속	5,900m/sec	1,486m/sec
밀도	7.9g/cm^3	1.0g/cm^3

14. 한쪽에 동을 클래드(clad)한 강판을 강을 탐상면으로 하여 주파수 5 MHz의 탐촉자로 수직탐상하였다. 접합경계면에서 경계면에코가 나타났을 때 경계면에서 음압반사율은 몇 %인가? 단 재료의 정수는 다음과 같다.

	탄소강	동
음속	5,900m/sec	4,700m/sec
밀도	7.9g/cm^3	8.9g/cm^3

15. PZT(lead zirconate titanate)소자와 PMMA 웨지(wedge)로 구성된 초음파 탐촉자에서 반사계수(reflection coefficient) 및 투과계수(transmission coefficient)를 계산하시오. 단, backing material은 공기(air)이고 PZT와 PMMA의 음향임피던스는 각각 33.0×106 kg/m^{2}s, 3.2×106 kg/m^{2}s이다.

16. 수침법에서 초음파가 14°의 각도로 강재에 전달되었다면 강재 내에서 횡파의 굴절각은 몇 도가 되겠는가?(단, Vs = 3,200 m/s, Vw = 1,500 m/s)

17. 초음파가 물에서 강으로 진행할 때와 강에서 물로 진행할 때의 음압반사율 및 투과율을 구하고 음압반사율이 음수(-)인 경우에 대한 물리적 의미를 설명하시오(단, 물의 음향임피던스 = 1.5×10^6 kg/m^{2}sec, 철의 음향임피던스 = 45×10^6 kg/m^{2}sec).

18. 스넬(snell)의 법칙이란 무엇이며, 제1임계각과 제2임계각의 관계로부터 사각탐촉자에서 횡파만 발생시키기 위한 아크릴 쐐기의 각도(입사각)와 횡파 굴절각의 범위를 계산하라. 단, 재료는 강이다(단, V_l = 5,900 m/s, V_s = 3,200 m/s, V_{acr} = 2,700 m/s).

19. 수침법에서 초음파가 14°의 각도로 강재에 입사되었다면 강재 내에서 횡파의 굴절각은 몇 도가 되겠는가?(단, V_s = 3,200 m/s, V_w = 1,500 m/s)

20. 국부수침법에 의해 강재를 사각탐상할 때 강재 중에 횡파 굴절각 45˚로 전파시키기 위해서는 입사각을 얼마로 하면 되는가?(단, V_s = 3,200 m/s, V_w = 1,500 m/s)

21. 강에서 횡파굴절각 60°인 초음파탐촉자를 사용하다 쐐기의 불규칙한 마모로 인해 쐐기 각도가 2° 감소하였다. 횡파 굴절각은 몇도 변하였는가를 계산하고 계속 사용 가능 여부를 판단하시오(단, 굴절각이 60°±2° 이내이면 합격이다. 여기서, 쐐기에서의 종파의 속도는 2730 m/s, 강에서의 종파 및 횡파의 속도는 각 각 5900 m/s, 3230 m/s이다.).

22. 5 MHz, 지름 10 mm인 초음파탐촉자가 음속 5,920 m/sec인 철강내로 초음파를 발생시켰다. 근거리 음장한계거리 x_0와 빔분산각 ϕ_0는 얼마인가?

23. 2 MHz, 지름 20 mm 인 초음파탐촉자로 18-8 스테인레스강을 탐상하는 경우의 근거리음장한계거리와 지향각은 얼마인가? 단, 18-8 스테인레스강의 종파속도는 5,790 m/s, 횡파속도는 3,100 m/s이다.

24. 초음파의 감쇠의 원인과 감쇠계수의 정의에 대해 기술하시오.

25.두께 50 mm 의 강판을 5C20N 탐촉자로 수직탐상하였을 때 건전부에서 $B_1 = 75\%$, $B_2 = 15\%$의 저면 에코가 얻어졌다. 확산손실을 0.4 dB, 탐상면에서의 반사손실을 1.9 dB, 저면에서의 반사손실을 0.2 dB이라 하면 이 강판의 초음파 감쇠계수는 몇 dB/mm인가?

26. 표면거칠기 100S로 가공한 두께 200 mm 의 단강품을 2C20N 탐촉자로 탐상하였을 때 건전부에서 B_1/B_2의 값이 12.0 dB였다. 이 단강품의 감쇠계수는 몇 dB/mm 인가?
(단, 저면에서의 반사손실과 탐상면에서의 반사손실은 무시한다)

27. 두께 500 mm, 표면거칠기 25S로 가공한 단강품을 2Z28N으로 탐상한 결과 건전부에서 B_1/B_2값이 10 dB/mm였다. 이 단강품의 감쇠계수는 몇 dB/mm인가?(단, 이 조건에서는 반사손실의 영향은 매우 적기 때문에 무시하기로 한다.)

28. 2 MHz, 지름 20 mm 의 탐촉자를 사용하여, 두께 100 mm 의 저면에코를 측정하였더니 B_1 및 B_2의 크기가 각각 HB1=25 dB, HB2=16 dB였다. 감쇠계수를 구하라. 단, 반사손실은 무시한다.

29. 초음파검사에서 결함에코 높이가 결함면적에 비례하여 높아지는 것은 한계가 있다. 상한이 되는 원형평면결함의 한계치수 $D_{cr} = \sqrt{\frac{2\lambda x}{\pi}}$ 을 유도하시오. 저면에코방식에 의한 감도조정의 원리를 이용하여 에코높이로부터 결함치수를 추정하는 한계치수 D_{cr}은 무엇을 의미하는가?

30. 결함에코높이에 영향을 미치는 인자는 무엇이 있는가?

4.3 초음파검사 장치 및 기기

1. 디지털 초음파탐상기의 블록 다이아그램을 그리고 각 구성요소에 대하여 설명하시오.

2. 게이트(gate)의 기능과 사용목적에 대해 기술하시오.

3. 리젝션(rejection)의 기능과 사용 시 주의할 사항에 대해 기술하라.

4. 펄스반복주파수(PRF) 사용 시 주의해야 할 사항과 PRF를 너무 높여 사용하면 어떠한 결과가 발생할 수 있는가?

5. DAC 회로의 기능과 사용목적에 대해 기술하시오.

6. KS B 0535의 탐촉자의 표시방법에 근거한 B5Z14I F15~25 탐촉자를 설명하시오.

7. 수직탐촉자에 비해 사각탐촉자 만이 갖는 특유한 성능에 대해 기술하시오.

8. 점집속형 수직탐촉자의 특성과 적용분야에 대해 기술하시오.

9. 광대역탐촉자에 대해 그 특징과 적용에 대해 기술하고 적용 시 주의 점에 대해 기술하시오.

10. 종파 사각탐촉자의 사용상의 주의 점을 기술하시오.

11. 초음파검사에서 접촉매질(couplant)의 사용목적과 접촉매질의 종류와 선정 시 고려해야 할 인자 에 대해 기술하시오.

12. 초음파탐상 장치의 교정(calibration)을 하는 목적은?

13. 현재 주요 각국의 규격에서 초음파검사에 사용되고 있는 표준시험편(STB)과 대비시험편(RB)의 종류와 대비시험편을 제작할 때 주의할 점을 기술하시오.

14. 초음파 탐상기에 요구되는 성능과 초음파 탐촉자에 요구되는 성능을 설명하시오.

4.4 초음파검사 기법 및 적용

1. 초음파검사 기법의 종류와 특징에 대해 기술하시오.

2. 수직탐상에서 탐상방향의 선정 시 고려해야 할 사항을 서술하시오.

3. 수직탐상에서 최적검사조건의 선정을 위한 탐촉자 선정 시 고려해야 할 사항을 기술하시오.

4. 검출레벨과 감도에 대해 기술하시오.

5. 수직탐상에서 시험편방식과 저면에코방식에 의한 탐상감도조정의 방법을 비교 설명하시오.

6. 임상 에코(grass)의 발생요인과 대책에 대해 기술하시오.

7. 초음파검사 시 나타나는 적산효과에 대해 간단히 설명하시오.

8. 음향이방성의 정의와 KS B 0896에 따른 초음파 탐상검사에서 음향이방성을 검정하기 위하여 측정방법을 기술하시오.

9. 강의 종파음속은 5,920 m/sec, 횡파음속 3,255 m/sec, 알루미늄의 종파음속 6,260 m/sec, 횡파음속을 3,080 m/sec라 할 때 5Z10×10A70(실측굴절각 70°) 탐촉자로 알루미늄을 초음파 탐상할 때 굴절각은 몇 도인가? 또, 5Z10×10A45(실측굴절각 45°)의 경우는 몇 도 인가?

10. 50 mm 두께의 맞대기 용접부를 굴절각 70°의 탐촉자로 탐상하였을 때 빔 진행거리가 87 mm 거리에서 결함지시가 나타났다. 결함의 깊이는?

11. 가늘고 긴 봉강(지름 d, 길이 L)을 끝면으로부터 길이 방향으로 수직탐상할 때 나타나는 지연에코(delayed echo)의 발생 원인을 설명하고, 그들이 나타나는 위치를 구하는 식을 유도하시오.

12. 초음파탐상시험의 결함 신호처리에 활용되고 있는 고속퓨리에변환(fast fourier transform; FFT)과 웨이브릿 변환(wavelet transform; WT)의 차이점에 대해 기술하시오.

13. 결함지시길이 측정방법 중 KS B 0896의 「L 선 Cut 법」과 ASME Sec. V의 De 데시벨 드롭(dB drop)법에 대해 비교 설명하시오.

14. TOFD(time of flight diffraction) 기법의 원리 및 파동형식에 대하여 그림을 그리고 설명하시오

15. 초음파 펄스반사법에 의한 두께 측정의 원리와 측정방식을 구분하여 설명하시오.

4.5 새로운 초음파검사 기술

1. 전자주사형 초음파탐상기에 사용되는 위상배열(phased array) 탐촉자의 주된 특징은 무엇인가?

2. 방사선투과검사(radiographic testing; RT)를 대체할 수 있는 체적 비파괴검사 기술로 검토되고 있는 위상배열 초음파검사(phased array ultrasonic testing; PA-UT) 기술에 관련된 다음의 용어에 대해 설명하시오.

3. 리니어 주사(linear scanning)와 섹터주사(sector scanning)에 의한 음향의 집속 원리와 차이점을 기술하시오.

4. 방사선투과검사(RT)를 대체할 수 있는 1) 위상배열초음파탐상검사(PAUT) 원리 2) PAUT 신뢰도를 실증하기 위한 방법과 절차에 대해 기술하시오.

5. 유도초음파(guided wave, lamb wave 또는 plate wave)에서 유도초음파의 발생원리, 모드의 종류, 분산성과 분산선도에 대해 기술하시오.

6. 군속도(group velocity)와 위상속도(phase velocity)에 대해 간략히 설명하시오.

7. 탠덤탐상법의 원리와 특징에 대해 설명하시오.

8. 자왜효과(magnetostrictive effect)의 정의와 초음파의 발생 메카니즘을 간략히 설명하시오.

9. 전자기음향탐상(electromagnetic acoustic transducer; EMAT) 법에서 각종 초음파 모드의 발생 메카니즘과 로렌츠힘에 대해 기술하시오.

10. 전자기음향탐상(EMAT)법의 장단점과 적용 분야에 대해 기술하시오.

11. SH(horizontally polarized shear wave)-EMAT(electromagnetic acoustic transducer)을 이용한 초음파의 발생 메카니즘과 비파괴탐상의 특징 및 적용 예에 대해 설명하시오.

12. 비접촉(noncontact) 초음파비파괴검사 기법의 종류와 특징을 비교하여 설명하시오.

13. 비선형 음향효과(nonlinear acoustic effect)의 정의, 발생원인 그리고 비파괴적 응용 분야에 대해 기술하시오.

14. 비파괴검사 결과의 영상화 목적과 표시방법에 대해 간략히 설명하시오.

15. 기계주사형 초음파현미경(scanning acoustic microscope; SAM)의 특징과 적용범위에 대해 기술하시오.

16. 초음파현미경(scanning acoustic microscopy; SAM)에 활용되고 있는 누설탄성표면파(leaky surface acoustic wave; LSAW)의 발생 메카니즘과 V(z) 곡선을 설명하고, 활용 예를 설명하시오.

17. 마이크로/나노 구조물의 표연 미세조직 관찰에 활용되고 있는 주사전자현미경(scanning electronic microscopy; SEM)이나 원자간력현미경(atornic force microscopy; AFM)에 비해 초음파원자현미경(ultrasonic AFM; UAFM)이 가지고 있는 장점과 UAFM의 기본원리를 설명하시오.

18. 전자현미경(SEM)에 비해 초음파현미경(SAM)이 가지고 있는 장점에 대해 기술하시오.

19. Photoacoustic effect(광음향효과)를 간단히 정의하고 그 응용 예를 열거하시오.

20. 테라헤르츠의 정의와 테라헤르츠를 이용한 비파괴검사의 원리와 특징을 설명하시오.

21. 광음향 효과(photoacoustic effect)와 음탄성(acoustoelasticity)의 기본 원리상의 차이점과 비파괴검사 측면의 응용 예에 대해 설명하시오.

익힘문제 해설은 출판사 홈페이지(www.enodemedia.co.kr) 자료실에서 받을 수 있습니다. 파일은 암호가 걸려 있으며, 암호는 ndt93550입니다.

MEMO

5. 음향방출검사

5.1 개요

초음파계측법의 대부분은 레이더와 같이 초음파 신호를 시험체에 직접 입사한 후 결함으로부터 되돌아오는 수신파를 검출하여 재료의 불균일 조직, 결함 등에 관한 정보를 제공해주고 상호작용을 조사하는 능동적(active)인 비파괴계측기법이다. 이에 비해 음향방출검사(acoustic emission testing; AT)에서는 그림 5-1에서의 지진의 계측과 같이 재료 내부에서 전위(轉位), 균열(龜裂)등의 결함생성이나 질량의 급격한 변위가 생기면 에너지 해방과 함께 탄성파(elastic wave)가 발생한다. 그것이 재료 내를 전파하는 것이 AE파인데, 변환자(재료 내를 전파하는 기계적 진동인 AE파를 전기적 신호로 변환한다)로 이 AE파의 진동을 포착하고 해석하여 재료 내부의 동적 거동을 파악하고 결함의 성질과 상태를 평가하는 수동적(passive)인 비파괴계측기법이 AE법이다. AE법은 지진의 계측에서 복수의 지진계를 설치하여 지진의 발생위치나 규모 그리고 지진의 발생 메커니즘을 검출하는 것과 동일한 원리로 시험체에 복수의 AE센서를 설치하고 균열발생위치를 추정하는 동시에 수신파의 파형해석으로 균열의 형태나 정도 등의 많은 정보를 해석할 수 있다.

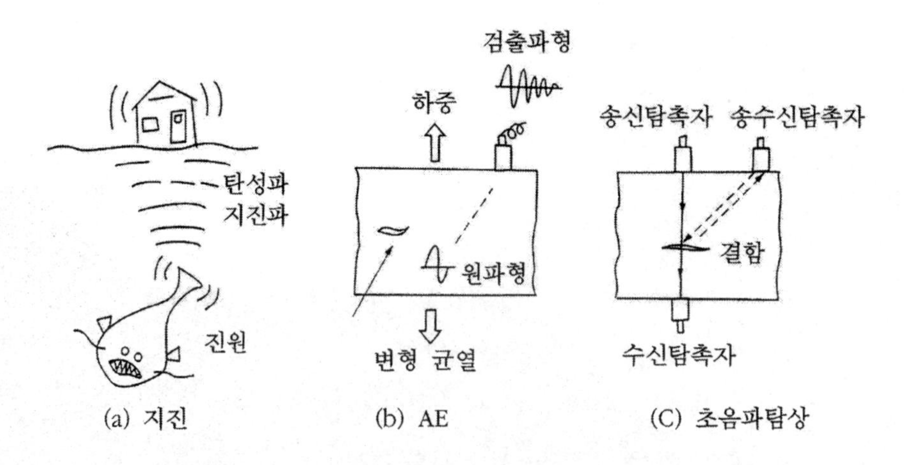

그림 5-1 **지진, 음향방출검사(AE)와 초음파검사(UT)의 개념도**

AE계측에서는 초음파법에서 보다 낮은 100 kHz 에서 1 kHz 정도의 초음파를 수신, 해석하는 것이 일반적이다. 이 변환자에 의한 검출파형은 진폭이 예리하고 큰 돌발(burst)형과 작은 파가 연속적으로 생기는 연속(continuous)형으로 나눌 수 있다. AE파의 검출에는 강유전체의 압전소자가 사용되는데, 이 소자는 초음파법의 경우와 다르게 AE파의 수신에만 이용된다. 수신된

AE파는 증폭되어 데이터 축적·해석 장치에 이송된 후 기록·해석된다. 측정자가 초음파법과 같이 파형을 측정하는 타이밍을 측정자가 제어할 수 없기 때문에 발생하는 AE파의 일부를 데이터 수집에서 트리거 신호로 사용하거나 파형정보를 카운트해서 AE파의 수를 기록, 정보량을 줄일 필요가 있다.

AE파는 미끄럼변형, 쌍정변형, 상변태, 균열의 발생·전파 등에 의해 발생하기 때문에 이러한 현상의 해석에 유용하다. AE파의 측정 파라미터는 AE파의 수, 평균 강도, 진폭, 주파수 스펙트럼, 발생위치 등이 있다.

AE파의 가장 중요한 이용은 압력용기에 압력을 가했을 때, 또는 압력이 걸려있을 때 발생하는 균열에 수반하는 AE파를 검출하고 그 발생원의 위치를 파악하여 파괴를 미연에 방지하는데 있다. 발생원의 위치를 파악하는 데에는 지진에서 진원의 결정과 동일한 기법이 이용된다. AE법과 유사한 것이 그림 5-2(a)에 도시된 지진 모니터링이다. 지진파는 지구를 통과해 나가는 탄성파 또는 음파로써 전 세계에 설치되어있는 지진계 망으로 검출된다. 지진파의 발생원은 단층 메커니즘(지진)뿐만 아니라 지하 핵실험과 같은 거대한 폭발까지도 포함될 수 있으며 지진과 핵은 서로 구별될 수 있다. 또한 지구의 핵, 맨틀과 같은 다양한 층의 깊이와 깊이에 따른 밀도 정보와 같은 지구 구조에 대한 세부 사항들은 지진학으로부터 결정되어져왔다. 그림 5-2(b)에 도시된 것과 같이 지진학과 AE 모니터링은 매우 유사하다.

AE 모니터링은 다른 NDE 기법과 비교했을 때, 특별한 장점을 가지고 있다. 첫 번째로는 배열된 AE 센서를 사용함으로써 재료의 넓은 면적과 체적을 검사할 수 있다. 시간을 낭비할 필요가 없고 포인트 별로 광범위한 스캐닝이 요구되지 않는다. 두 번째로 AE는 대부분 가동 중에도 현장에 있는 그대로의 구조체를 검사하는데 사용될 수 있다. 현장에 있는 그대로 전체적인 영역을 연속적으로 검출한다는 점에서 발생되는 엄청난 경제적 이득과 안전성 향상에 대한 잠재력은 일반적인 NDE 기법들을 대신하여 AE 기술을 개발하고 적용시키기에 충분한 필요성이 있음을 나타낸다.

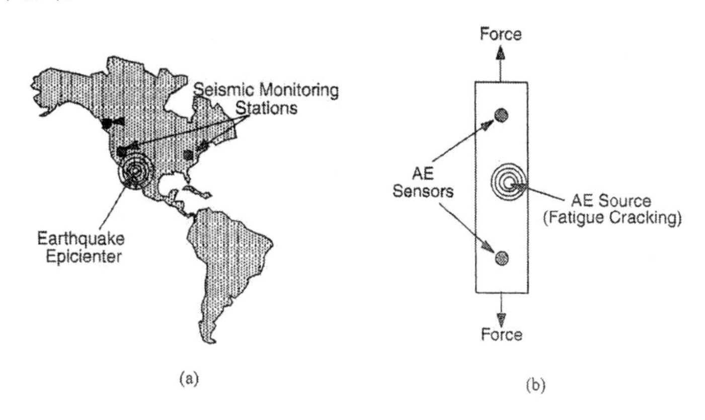

그림 5-2 **지진학과 AE 모니터링의 유사점 (a) 지진학, (b) AE 모니터링**

5.2 AE의 역사

파단으로부터 발생된 소리를 듣는다는 가장 단순한 형태라는 점에서, AE는 인류 역사상 가장 오래된 NDE 기법중 하나이다. 하나의 예로, 초기에 도예가들은 가마 속에서 점토 용기를 냉각시킬 때 발생하는 소리를 이용하여 세라믹의 품질을 평가하는데 이용하였다. 이렇듯 커다란 음향 방출은 제품의 품질을 나타내는 지표로 사용되었다. 그 후로 사람들은 주석과 같은 금속에서 발생하는 주석 쇄음에 주목을 하게 되었다. 하지만 1930년대에서 1950년대까지는 음향방출을 연구하는데 전기적인 변환자를 사용하지는 않았다. 초기에는 금속의 변형과정에서 발생하는 음향 신호만을 모니터링 하였다. 초기의 음향방출에 Kaiser의 연구가 가장 대표적이다. 이 연구에는 그는 AE는 비가역 현상이라는 것을 입증하였다. 크랙과 같은 손상 메커니즘은 하중과 응력이 증가함에 따라 음파를 방출시키고 전파되기 시작한다. 만약 하중이 제거되었다가 다시 점진적으로 가해질 때 이전의 최대 하중을 초과하기 전까지 추가적인 AE는 발생되지 않는다. 기존의 손상이 진전되던지 새로운 손상이 시작되던지 이전의 최댓값을 넘어서게 되었을 때 AE가 발생한다. 이러한 AE의 비가역 현상을 Kaiser 효과라고 정의한다. Kaiser 효과는 구조물에서 파단 이전의 최대응력을 예측하는데 많이 사용되어 왔다.

이러한 초기 AE에 관한 연구들은 1950년 후반부터 1970년대까지 상당한 연구가 수행되어졌다. Tatro 등은 음향 방출이 생성되는 기본적인 물리적 과정에 대하여 연구하였고 AE를 이용하여 재료내부의 변형 과정을 연구하였다. 그의 연구는 Liptai 등*에 의해 재검토되었고 다수의 문헌으로도 기록되었다. 또한 핵 구조와 우주선의 건전성을 검사하기 위해 AE를 사용하려는 수많은 시도가 있었다. 이러한 연구 중 일부는 Miller와 McIntire에 의해 수정되고 검토되었다**. AE 현상의 이해로 얻어진 기술의 진보와 이 시기에 개발된 현실적인 적용들은 그 당시 기계 장비의 한계치를 고려해 볼 때 매우 놀라운 것이었다. 그 당시의 신호 디지털 기기는 높은 주파수의 순간적인 AE파를 기록할 수 없었다. 대부분의 측정은 RMS 전압계나 단순한 계측기에 의해 이루어졌다.

1970년대 후반 이후로 상당한 기술의 진보로 인해 파형 기록 장비가 만들어졌다. 고주파

---

* RG Liptai, DO Harris, RB Engle, CA Tatro, Acoutic Emission Techniques in Materials Research, Int J Nondestructive Testing 3(3), pp. 215-275, 1971

** RK Miller, P McIntire, eds., Nondestructive Testing Handbook, Vol. 5, Acoustic Emission Testing, American Society for Nondestructive Testing, pp. 2-6, 1987

AE 신호에 필요한 수 MHz의 디지털화된 샘플링 주파수를 갖는 임시 기록장치가 개발되었다. 고속 디지털 장치의 개발 초기에는 느린 자료 전송 속도와 초당 한 개 또는 몇 개의 데이터 획득만이 가능한 저장률 때문에 어려움을 겪고 있었다. 게다가 컴퓨터 저장 메모리의 한계로 많은 양의 데이터 획득이 불가능 하였다. 그러므로 이러한 초기 임시 기록 장치들은 일반적인 AE를 적용하는 데에 있어 비현실적이었지만 연구실 환경에서 단일 AE 이벤트를 연구하는 데에는 사용될 수 있었다. National bureau of standards(지금은 national institute of standards and technology)의 한 그룹에서는 개선된 파형 기록 장치를 이용하여 초기 연구를 수행하였고 그들의 연구는 AE 센서 교정, 소스 반전, 이론적인 AE 모델링 분야에 있어 상당한 발전을 가져왔다. 벌크(bulk) 모드의 AE 신호의 반전 및 예측하기 위해 사용된 모델들은 지질학으로부터 적용된 것이다.

최근에는 벌크 모드보다는 유도초음파 모드로 전파되는 AE 신호를 이용하여 얇은 막 구조에서 음파에 관한 연구가 중요시 되었다. 현장 검사에서 주로 하는 대부분의 구조물들은 막대, 얇은 판, 쉘(shell), 파이프와 같은 구조 요소들로 이루어져 있다. 박판에서 발생원의 방향이 다른 모드의 유도초음파 생성에 얼마나 영향을 미치는지 실험적으로 입증되었다. 그러므로 AE 신호의 모드 해석은 잡음 및 발생원(source) 식별을 개선할 수 있는 잠재적인 방법을 제시한다. 유도초음파의 높은 분산성으로 인해 발생된 발생원(source) 위치 표정에 대한 오차들이 설명되었고 개선된 발생원(source) 위치 표정 알고리즘이 개발되었다. 이와 동시에 캡처 기능과 저장 기능이 향상된 디지털 장치들은 파형의 전체적인 캡쳐와 실제적인 AE 검사를 가능하게 하였다. 게다가 컴퓨터의 가용 메모리와 속도의 향상은 분석 능력을 크게 향상시켰다.

5.3 음향방출검사의 기초이론

5.3.1 AE원의 종류

각종 재료의 AE원(源, source)을 표 5-1에 나타내고 있다. AE원은 그 발생기구의 특징으로부터 재료의 균열이나 변형에 수반하는 것을 1차 AE, 마찰, 액체나 기체의 누설(leak)등에 수반하는 것을 2차 AE로 분류하고 있다.

표 5-1 AE 기술에 이용되는 정보

재료	형태	요인	AE의 종류	
			연속형 (2차 AE)	돌발형 (1차 AE)
금속	미끄럼 변형	항복, Luders 변형, 세레이션	○	
	쌍정 변형, 상 변태	용해, 응고, 마르텐사이트 변태		○
	미소 균열	(탄화물, 개재물) 균열, 박리 (수소에 의한) 입계균열, 입내벽개균열		○
	거시 균열	미소균열의 합체, 주 균열의 성장	○	○
복합재	매트릭스 균열	항복, 이물질 혼입		○
	섬유파단	초기결함(흠)		○
	박리	매트릭스-박리, 적층간	○	○
	파면의 마찰	매트릭스-박리, 적층간	○	
세라믹	미소 균열	조대입자, 기공, 제 2상 입자		○
	거시 균열	미소 균열의 합체, 주 균열의 성장		○

AE 변환자에 검출되어 증폭된 AE신호파형을 오실로스코프 화면에 나타내면 그림 5-3(a), (b)와 같은 2가지 파형이 관찰된다. (c)는 검사시의 환경잡음을 포함한 계측계의 잡음(배경잡음, background noise)이다. (a)는 1차 AE의 경우로 대부분이 단발(短發)현상인 급격한 상승과 지수함수적인 감쇠를 나타내며 시간적으로 이산된 파형으로 관찰되기 때문에 돌발형 AE(burst

AE, burst emission)이라 한다. (b)는 2차 AE의 경우로 돌발형 AE가 개개로 분리될 수 없을 정도의 높은 빈도로 발생되기 때문에 (c)의 연속상의 잡음과 그다지 큰 차 없는 파형으로 관찰된다. 다시 말해 2차 AE의 대부분은 단발현상이 단시간에 연속하여 생기기 때문에 연속형 AE(continuous AE, continuous emission)라 한다.

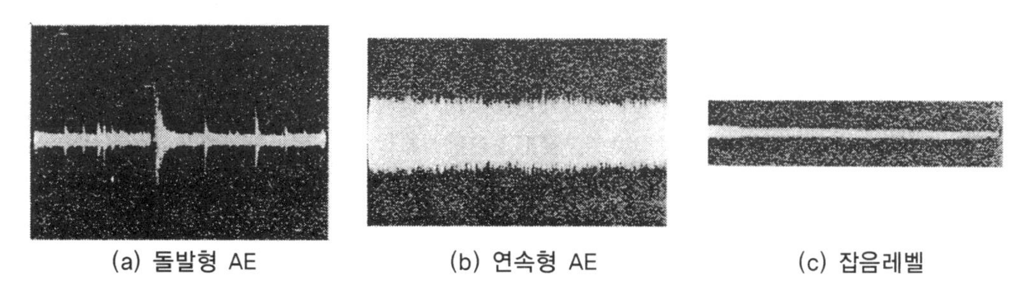

(a) 돌발형 AE (b) 연속형 AE (c) 잡음레벨

그림 5-3 **오실로스코프에서 관찰된 AE신호파형**

AE현상원은 그림 5-4와 같이 균열이나 변형의 변위 ϕ가 시간 τ_1에서 발생하는 step상의 돌발현상에 근사하는데, 연속형이나 돌발형 어느 것도 AE현상의 기본은 리크(leak)음원을 제외하면 과도적인 현상이므로 주기진동과는 다르다. AE발생원에 있어서 AE파는 갑작스럽게 방출되기 때문에 돌발형과 연속형이라는 분류는 어디까지나 파형 관찰 상의 분류에 지나지 않는다는 것에 주의해야 한다. 그러므로 AE신호를 그림 5-5와 같이 진폭이 감쇠하는 정현파적 파형으로 가정하여 설명할 수 있다. AE계측을 하는 경우 배경잡음으로부터 AE신호를 판별하기 위해 수신증폭기의 출력신호를 그림 5-5와 같이 잡음레벨(noise level)보다 조금 또는 상당히 높은 문턱값(AE문턱값, AE threshold voltage) V_t를 미리 설정하는 것이 기본이다.

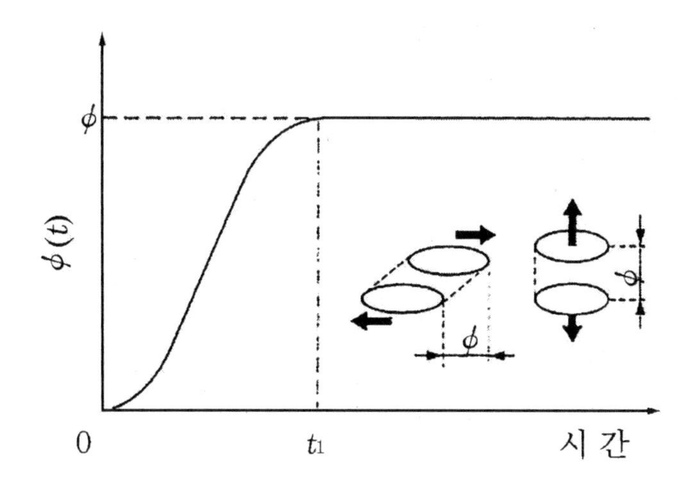

그림 5-4 **Step응답으로 표시되는 AE원**

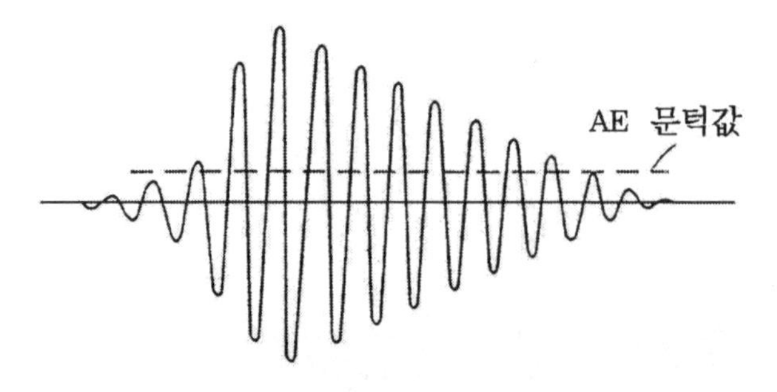

그림 5-5 AE신호의 모식도

5.3.2 AE 발생원 메커니즘

측정된 음향 방출(AE) 파형들은 발생원으로부터의 생성, 전파, 측정이라는 세 가지 효과들이 복합적으로 결합되어 나타난 결과이다. AE 관점에서의 세 가지 기초이론을 그림 5-6에 나타내었다. 이 조합은 지진학에서 개발된 이론으로부터 수식적으로 표현될 수 있다. 이 모델에서 AE 센서 전압(V(t))은 내부 응력($\Delta\sigma_{jk}$)의 변화를 나타내는 AE 발생원 메커니즘에 관한 함수, Green 텐서의 공간 도함수에 의해 주어지는 전파 항($G_{ij,k}$), 그리고 변환기 응답(T)으로 표현된다.

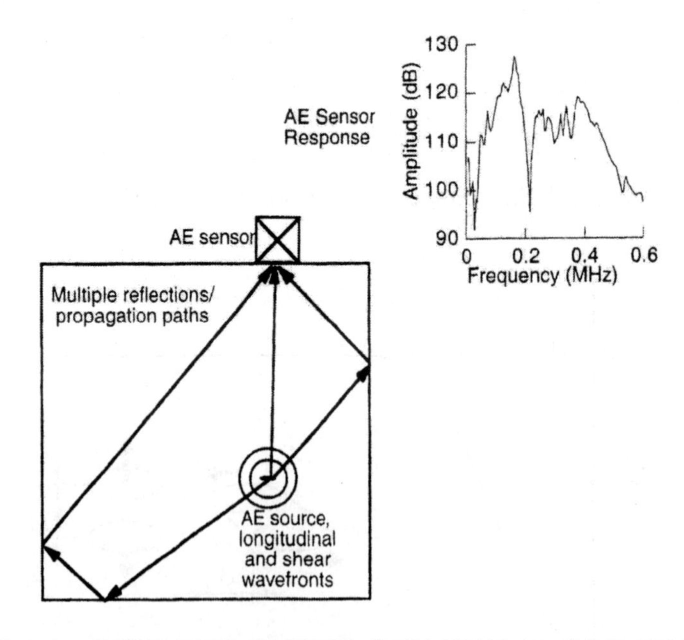

그림 5-6 발생원으로부터 센서까지의 음파의 전파와 AE 신호의 주파수 응답

Green 텐서는 주어진 발생원 위치에서 좌표축들을 따라 가는 단위 충격 힘의 결과로써, 명시된 수신기 위치에서의 주어진 기하학적 구조의 탄성체의 변위 성분으로 정의된다. 이 이론

의 도출은 이 도입부 범위를 벗어나지만 결과로 나오는 수식은 아래와 같다.

$$V(t) = \iint_{S_T} T(r, t-t')G_{ij,k}(r, r_0', t'-t'')\Delta\sigma_{jk}(t'')drdt'' \tag{5.1}$$

여기서 발생원은 재료의 내부 r_0'에 위치해 있고 수신기는 재료 표면 r에 있으며 변환기 면적은 S_T에 의해 주어진다. 이 모형을 개발할 때 몇 가지 가정들이 이루어지며 이 가정들은 발생원이 무한히 작다는 것(즉, 발생원에서 수신기까지의 거리에 비해서 작다는)과 변환기가 표면에 힘을 가하지 않는다는 것을 포함한다. AE를 성공적으로 적용하기 위해서는 음향 발생, 전파, 검출이라는 3가지 측면과 측정된 신호에 대한 각각의 영향에 관한 근본적인 이해가 필요하다.

가. 발생원

음향방출에서 다수의 발생원 메커니즘들이 논의되어 왔다. 이들 중 몇 가지를 측정된 재료들과 함께 표 5-2에 나타내었다. 이 발생원들의 크기는 지진과 같이 육안으로 보이는 것에서부터 전위와 같이 미세한 것에까지 다양하다. 또한 음향 방출에 대한 정의를 엄격하게 충족하지 못하지만 구조적 모니터링 측면에서의 발생원들도 있다. 예를 들면 액체 및 가스의 누출, 발사체 충격, 그리고 회전하는 베어링 및 기계로부터의 마찰음 등이 이에 포함된다.

표 5-2 AE가 측정된 재료 및 발생된 AE의 발생원 메커니즘

Materials in which AE has been measured
Metals
Ceramics
Polymers
Composites(including those with metal, ceramic, and polymer matrices and a wide variety of reinforcement materials
Wood
Concrete
Rocks and geologic materials
Potential AE sources
Microcrack sources such as intergranular cracking
Microcrack sources such as fatigue crack growth
Slip and dislocation movement
Phase transformations
Fracture of inclusion particles
Fracture of reinforcement particles or fibers
Debonding of inclusions or reinforcements
Realignment of magnetic domains(Barkhausen effect)
Delamination in layered media
Rockbursts
Fault slip(Earthquakes)

AE 발생원들과 결과 신호들은 종종 불연속이거나 연속적인 것으로 특정되며 균열 성장 및 파괴와 같은 개별적인 손상 메커니즘들은 시작과 끝이 분명하게 나타나는 불연속적인 신호들을 만들어 낸다. 누출과 같은 발생원들은 시작과 끝이 분명하지 않은 연속적인 신호들을 만들어 낸다. 신호는 발생원이 활성화 되어있는 한 검출된다. 어떤 경우에는 급속하게 발생된 불연속적인 발생원들도 연속적이거나 거의 연속적인 AE를 만들어 낼 수 있다. 이 장에서는 주로 불연속적인 AE 발생원 메커니즘과 신호들을 다룬다.

손상 메커니즘과 관심 대상인 발생원 이외에도 추가적으로 수많은 발생원 잡음들이 있다. 모터 및 유압 시스템의 작동에 의한 기계적, 구조적 진동이 그 예이다. 검사체와 접촉된 부품 또는 기계적 조임, 쇠의 마찰이나 프레팅도 잡음을 만들어 낼 수 있다. 옥외 시험 환경에서는 비, 우박, 및 바람에 날리는 잔해들이 잡음이 될 수 있다. 또 다른 잡음 원인은 전자파장애(electro magnetic interference; EMI)다. AE 센서, 케이블, 증폭기, 및 계측 장비도 EMI에 민감할 수 있다. 이러한 잡음들은 AE 시험 및 분석에 몇 가지 문제를 초래하는데, 관심 대상 발생원로부터 AE 신호들을 탐지하는 것을 어렵게 만들 수 있다. 또한 올바르게 정의되지 않거나 제거되지 않고 측정된 잡음들은 잘못된 손상 지시를 나타낼 수 있다.

발생되는 음파들에 영향을 미치는 몇 가지 중요한 발생원 특성들이 있다. 이 특성에는 내부 응력 변화에 대한 시간 응답 및 크기, 변화가 일어나는 동안의 면적 또는 부피, 발생원의 방향이 포함된다. 그러나 이러한 실제 AE발생원들의 메커니즘에 대해서는 잘 알려져 있지 않거나 분류가 되어 있지 않다. 발생원 파라미터들을 정확하게 결정하는 것은 쉽지 않다. 또한 전파와 측정에서의 영향을 제거하기 위해서는 복잡한 도치(inversion) 및 디콘볼루션(deconvolution)이 요구된다. 또한 발생원 파라미터들이 쉽게 측정 되더라도 같은 발생원 메커니즘 특성들이 서로 다른 물질에서 달라지거나 같은 물질 내에서도 서로 다른 하중 조건에서에 따라 달라질 수 있다고 알려져 있다. 따라서 발생원을 규명하고 이해하는데 도움이 될 만한 발생원의 특성과 결과 음파들 사이의 일반적인 관계들에 대해 설명한다.

(1) 시간적 응답

음향 방출은 재료 내부 응력의 급속한 변화에 의해 발생된다. 응력변화가 일어나는 동안의 시간 응답은 결과 신호들에 몇 가지 영향을 미친다. 첫째로, 응력이 얼마나 빠르게 변하는지, 또는 발생원 동작 시간들은 AE 파형들의 주파수 성분에 영향을 미친다. 센서 필터링 및 감쇠와 같은 전파 영향에 의해 발생되는 주파수 성분의 변화를 무시한다면, AE 신호의 대역폭은 일반적으로 발생원 동작 시간에 반비례한다. 주파수 성분은 지진과 같은 가청치 이하 주파수(20 Hz 이하)부터 나무가 갈라지는 소리와 같은 가청주파수(20 Hz-20 kHz), 그리고 금속에서의 초음파 범위에 MHz 까지 이른다. 또한 발생원의 시간 응답은 측정된 신호의 진폭에 영향을 미친다. 취성 균열 전파와 같은 빠르게 작용하는 손상 메커니즘에서는 더 큰 진폭의 파형들이 발생된다. 금속에서의 기공 형성 및 유착과 같이 느린 발생원들은 측정하기 충분하지 않은 AE 신호를 만들어 낼 수도 있다. 금속, 유리, 및 콘크리트와 같은 재료에서 AE 발생원들의 시간 응답이 실험실 환경의 연구에서 밝혀졌다. 금속과 유리에서는 균열 발생원들의 동작 시간이 대략 1 ㎲ 이하이다. 콘크리트에서 AE 발생원들의 측정된 동작 시간은 대략 100 ㎲이고 지진 발생원들의 경우에는 동작 시간이 훨씬 더 길다.

(2) 크기

손상 메커니즘들에 의해 발생된 내부 응력 변화와 이와 관련된 내부 변위 및 변형의 변화는 재료 내에 저장된 변형에너지를 방출시킨다. 이 변형 에너지는 열과 음파와 같은 다른 형태의 에너지로 전환된다. 동일한 시간적 응답이라 가정하면 AE파의 진폭은 방출되는 변형 에너지의 크기에 비례할 것이다. 그러나 몇 가지 유의해야 할 점들이 있다. 첫째, 균열 성장과 같이 동일한 발생원 메커니즘은 서로 다른 재료, 서로 다른 하중 조건에서 서로 다른 양의 변형 에너지를 방출할 수 있다. 또한, 위에서 논의된 대로 시간 응답이 서로 다른 경우에는 신호 진폭에도 영향을 미칠 수 있다. 게다가 전파 중의 감쇠와 같이 측정된 신호의 진폭에 큰 영향을 미치는 많은 요인들이 있다. 그러므로 측정된 AE 신호의 진폭들과 여러 가지 발생원 메커니즘 사이에서 단순한 관련성을 기대해서는 안 된다.

(3) 방향

식(5.1)의 발생원 항에서 텐서 형태와 같이, AE 발생원들은 시간 응답 및 크기뿐만 아니라 방향 및 방향에도 관련성을 가지고 있다. 이러한 발생원 방향은 방사 패턴을 만들어내며 결과 AE 파의 진폭은 전파의 방향 함수로 나타난다. 그러나 지금까지는 AE 발생원들이 마치 발생원의 시간 응답, 크기 및 방향에 따라 단일 음파만 방출되는 것처럼 논의되었다. 하지만 일반적으로 단일 AE 발생원에서는 종파 및 횡파 모드가 모두 발생된다. 두 가지 모드의 방사 패턴은 발생원의 방향에 의존하며 일반적으로는 서로 다르다.

예를 들면 종파 및 횡파 모드에 대한 방사 패턴의 수식은 단극 점 힘처럼 단순한 발생원 모형들로부터 유도될 수 있다. 그 힘은 λ와 μ의 탄성특성을 갖는 무한한 등방성 탄성 재료에서 $F_z(t)$의 시간에 의존하여 원점 및 z축을 따라서 작용하는 것으로 가정된다. 이 경우에 z축에 대한 전파(θ) 함수로써 종파의 변위(u_l)는 아래와 같이 주어진다.

$$u_l = [\cos(\theta)/4\pi(\lambda+2\mu)r]F_Z(t-r/v_l) \tag{5.2}$$

여기서 v_l는 종파 속도이다. 횡파 변위(u_s)의 방사 패턴은 아래와 같다.

$$u_s = [\sin(\theta)/4\pi\mu r]F_z(r-r/v_s) \tag{5.3}$$

여기서 v_s는 횡파 속도이다. 일정한 전파 거리에 대한 결과로 나오는 변위 방사 패턴들이 그림 5-7에 나타나 있다. 종파의 경우에는 피크 진폭이 0°와 180°, 또는 가해진 단극 힘의 방향을 따라서 또는 그 반대 방향으로 나타난다. 횡파의 경우 이 방향을 따라가는 진폭은 0이고 최대 진폭은 90°와 270°의 전파방향을 따라서 발생된다. 등방성 재료의 공학적 탄성 특성에 대해 lame 상수를 탄성계수(E) 및 푸아송 비(ν)에 관련시키는 식은 추후에 논의한다.

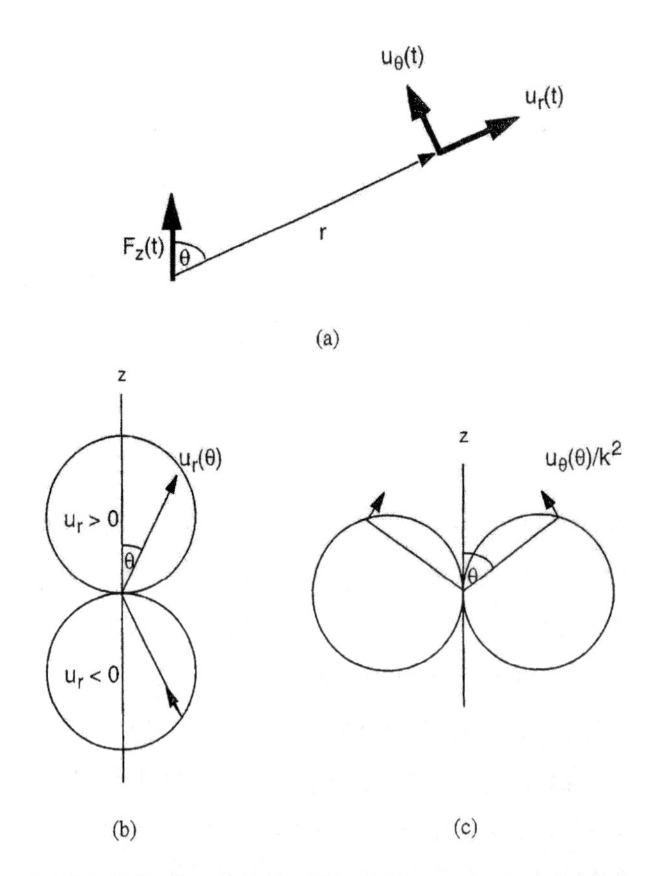

그림 5-7 **경계가 무한한 재료에서 z축 방향에 따라 가해진 힘과 변위 진폭의 각도에 의존하는 z축에 대한 각도(θ)에서의 방사상 및 접선 (b) 종파에 의해 발생된 방사선 편차, (c)횡파에 의해 발생된 접선 변위**

예 1

일정한 전파거리(r)와 힘(F_3)에 대해서 λ= 55.94 GPa 및 μ= 25.95 GPa 의 탄성특성을 가진 알루미늄에서 0° 에서의 피크 종 방향 변위(u_l)와 90° 에서의 피크 횡 방향 변위(u_s)에 대한 비율을 계산하라.

$$\frac{u_l(Peak)}{u_s(Peak)} = \frac{[\cos 0° / 4\pi(\lambda + 2\mu)]}{[\sin 90° / 4\pi\mu]} = \frac{\mu}{(\lambda + 2\mu)}$$

$$\frac{u_l(Peak)}{u_s(Peak)} = \frac{(25.95 \times 10^9)}{((55.94 \times 10^9) + 2(25.95 \times 10^9))} = 0.24$$

단순한 힘 단극 모델은 연필 심 파단 AE 시뮬레이션과 같이 외부적으로 가해진 발생원인 경우에 적용 가능하다. 그러나 실제 내부 AE 발생원들은 쌍극자 힘과 이중 전단 결합의 조합을 요구한다. 그러한 발생원들에 대한 방사 패턴들은 더 복잡하다. 실제 발생원로부터의 다양한 방사 패턴들이 도출되었다. 유리의 균열 발생원로부터의 실험적인 방사 패턴 측정도 이루어져서 수식적으로 검증되었다. 대형 콘크리트 재료의 균열에 대한 방사 패턴도 측정되었고 AE 분석으로부터 균열 방향이 규명될 수 있으며 인장 및 전단 균열이 구별될 수 있다는 것을 나타내었다. 실제적인 AE 시험에서 방사 패턴 분석을 복잡하게 만드는 요인은 실제 구조에서의 반사와 모드 변환이 발생되기 때문이다. 이러한 파동의 간섭 때문에 각각의 개별 모드의 진폭을 정확하게 측정하기 어렵다.

발생원의 방향 효과는 박판과 파이프에서도 관찰되었다. 이 구조에서 발생원에 의해 발생된 벌크 종파 및 횡파 모드는 다중 반사 및 모드 변환을 거치며 간섭되어 유도초음파가 발생된다. 이보다 복잡한 경우에는 유도초음파 모드 방사 패턴에 해당되는 발생원 방향 분석 모델을 쉽게 사용할 수 없다. 그럼에도 불구하고 모의 실험된 AE 발생원의 방향과 판 모드의 진폭 의존성이 실험적으로 입증되었다. 이 연구는 금속과 복합재료의 박판 및 절취된 시편의 인장 시험에서 균열 성장으로부터 나오는 AE 신호를 잡음 신호로부터 구별하는 보다 실제적인 적용으로 확장되었다.

나. 음파의 진행

손상원에서부터 음파가 발생된 후에, 음파는 구조물을 통해서 표면에 위치한 검출기까지 전파한다. 수많은 전파 영향에 의해 AE파가 변환될 수도 있다. 다중모드, 속도 분산성, 감쇠, 반사, 모드 변환, 유도초음파의 전파가 이에 해당된다. 이러한 내용들은 초음파 장에서 좀 더 세부적으로 논의될 것이다. 그러므로 여기서는 AE 신호에 대한 주된 영향만을 간략히 소개한다.

(1) 전파 속도와 분산

음파의 속도에 대한 정보는 AE 신호를 분석하는데 매우 중요하다. 특히 위치 결정에 매우 중요하다. 고체에서, 음파의 속도는 재료의 밀도와 탄성계수에 의해 결정된다. 유도초음파와 같은 전파 모드에서, 속도는 기하학적 요소들에 의해 달라질 수도 있다. 음속은 유도초음파 모드처럼 속도 분산성을 갖거나 점탄성 재료처럼 주파수에 의존할 수도 있다. 또한 재료 방향에 따라 다른 탄성계수를 갖는 복합재료와 같은 이방성 재료에서의 속도는 음파의 전파 방향에 대한 함수로 나타난다. 일반적인 AE파의 속도 분산 관계는 다음과 같다.

(가) 등방성 재료 내에서 벌크 모드

AE 발생원은 종파와 횡파 모두를 발생시키며, 이 파들은 전파되어 벌크한 재료 또는 큰 시험편에서 AE 신호처럼 검출된다. 등방성 재료에서는, 종파 속도(v_1)와 횡파 속도(v_2)에 대한 속도 관계는 밀도와 lame's 탄성 계수에 의해 다음과 같이 주어진다.

$$v_1 = \sqrt{\frac{\lambda + 2\mu}{\rho}} \tag{5.4}$$

$$v_2 = \sqrt{\frac{\mu}{\rho}} \tag{5.5}$$

만약 발생원에서 충분히 큰 종파 성분이 발생되었다면, 종파 모드가 가장 빠른 속도로 진행하기 때문에 이 종파 모드는 첫 번째로 측정된 AE 신호이다. 종파 모드는 분산적이지도 않고 주파수에 의존하지도 않는다. 또한 서로 다른 전파속도를 가질 뿐만 아니라 전파 방향에 해당하는 입자 변위의 방향까지도 다르다. 종파모드에서는 입자 변위의 방향과 종파 진행 방향이 서로 같다. 횡파모드에서는 입자 변위의 방향은 진행 방향에 수직방향이다. AE 센서가 표면 변위의 특정 방향에 대해서만 민감할 수 있기 때문에, 입자 변위 방향에 대한 정보는 검출된 AE 신호를 이해하는데 있어서 중요하다.

예 2

알루미늄의 종파 속도와 횡파 속도를 계산하라. 알루미늄의 밀도(ρ)는 2700 kg/m^3, 탄성계수 λ는 55.94 GPa, μ는 25.95 GPa이다.

$$v_l = \sqrt{\frac{\lambda + 2\mu}{\rho}} = \sqrt{\frac{(55.94 + 2(25.95))GPa}{2700kg/m^3}}$$

$$= \sqrt{39.94 \times 10^6 \frac{kgm/\sec^2/m^2}{kg/m^3}} = 6320m/\sec$$

$$v_s = \sqrt{\frac{\mu}{\rho}} = \sqrt{\frac{25.95\,Gpa}{2700kg/m^3}} = 3100m/\sec$$

(나) 등방성 재료에서 레일리파(Rayleigh (surface) waves in isotropic materials)

AE 센서는 표면에 위치하기 때문에, 검출된 AE 신호는 종종 rayleigh 또는 표면파 성분을 포함한다. Rayleigh파의 속도(v_R) 계산은 벌크 모드의 속도 계산보다 복잡하다. 등방성 재료에서, v_R은 다음 식을 통해 계산된다.

$$\alpha^6 - 8\alpha^4 + (24 - 15\kappa^{-2})\alpha^2 + 16(\kappa^{-2} - 1) = 0 \tag{5.6}$$

$$\alpha = \frac{v_R}{v_s} \quad \text{and} \quad \kappa = \frac{v_l}{v_s} \tag{5.7}$$

Rayleigh 속도에 대한 근사해는 다음과 같다.

$$v_R = v_S\left(\frac{0.87 + 1.12\nu}{1 + \nu}\right) \tag{5.8}$$

Rayleigh파에 대한 입자 변위는 더 복잡하며, 이 입자들은 파의 진행방향을 따라서 타원 경로를 그리며 이동한다. Rayleigh파는 표면을 따라 진행하고 표면으로부터 깊어질수록 진폭이 감소한다.

예 3

알루미늄에서의 rayleigh파의 속도를 대략적으로 계산하여라. 알루미늄의 밀도(ρ)는 2700 kg/m^3, 탄성계수 λ는 55.94 GPa, μ는 25.95 GPa이다.

푸아송의 비(ν)는 다음과 같이 lame's 상수로 표현되어진다.

$$\nu = \frac{\lambda}{2(\lambda + \mu)}$$

그러므로

$$v = \frac{55.94}{2(55.94 + 25.95)} = 0.3146$$

$$v_R = v_s\left(\frac{0.87 + 1.12(0.3146)}{1 + 0.3146}\right) = 0.9337v_s$$

$$v_R = 0.93337(3100m/\sec) = 2894m/\sec$$

(다) 등방성 재료에서 판파

검사대상이 되는 실제 구조물에는 평판, 골조, 파이프, 빔, 봉, 막대와 같은 기하학적 구조 요소들이 포함된다. 이러한 기하학적 구조에서 벌크파는 표면에서 다중반사와 모드 변환이 발생된다. 이러한 다중 음파가 겹쳐져 유도초음파가 형성될 수도 있다. 유도초음파의 속도는 탄성계수뿐만 아니라, 평판의 두께 또는 막대의 직경과 같은 기하학적인 변수에 따라 달라질 수도 있고 종종 분산 특성을 갖거나 주파수에 의존한다. 유도초음파의 또 다른 문제는 주어진 기하학적 요소에 따라서 다중 모드로 진행할 수도 있다는 것이다. 사실 이론적으로는 무한한 수의 다중 모드가 존재한다. 그러나 주어진 대역폭에 대해서는 AE 센서에 의해 얻어지거나 AE 신호에 포함되므로, 고정된 개수의 모드가 검출된다.

벌크파와 유사하게, 유도초음파의 분산 관계는 선형 탄성 운동방정식에 변위 해를 대입함으로써 유도할 수 있다. 그러나 적절한 경계조건을 만족시켜야 한다. 유도초음파의 분산 방정식의 결과는 매우 복잡하며, 일반적으로 수치해석 기법이 요구된다. 이에 관한 예는 평판에 대한 유도초음파의 rayleigh-lamb 방정식에 의해 제시되고 초음파 장에서 더 자세히 기술하기로 한다. 알루미늄에서 1차부터 3차까지의 대칭모드 및 비대칭 lamb 모드에 대한 분산선도를 그림 5-8에 나타내었다. 그림에서 속도가 주파수와 평판의 두께에 반비례 하는 것에 주목할 필요가 있다. 이는 분산선도가 주파수와 두께에 의존하기 때문이다.

그림 5-8에서와 같이, 두께·주파수가 낮은 값에서는 가장 낮은 차수의 대칭 및 비대칭 모드가 전파된다. 이것은 박판과 같은 구조물에서 근사화될 수 있기 때문에 실질적인 AE 시험에서 매우 흥미로운 경우이다. 이에 관한 예로 컷팅된 시험편, 항공 우주산업 구조물, 얇은 막의 압력 용기와 배관이 포함된다. 심지어 다소 두꺼운 판재에서 높은 차수의 모드가 발생되더라도, AE 신호는 두 개의 가장 낮은 차수 모드에 의해 지배될 수도 있다. 이러한 모드들에 대해 훨씬 더 간단한 분산 관계를 제공하기 위해 판재 근사치 이론이 개발되었다. 확장 평판 모드라고 불리는 가장 낮은 차수의 대칭 모드에 대해, 판재 근사치 이론에서는 속도가 분산적이거나 판재 두께에 의존하지 않는다고 예측하며, 이 수식은 다음과 같이 주어진다.

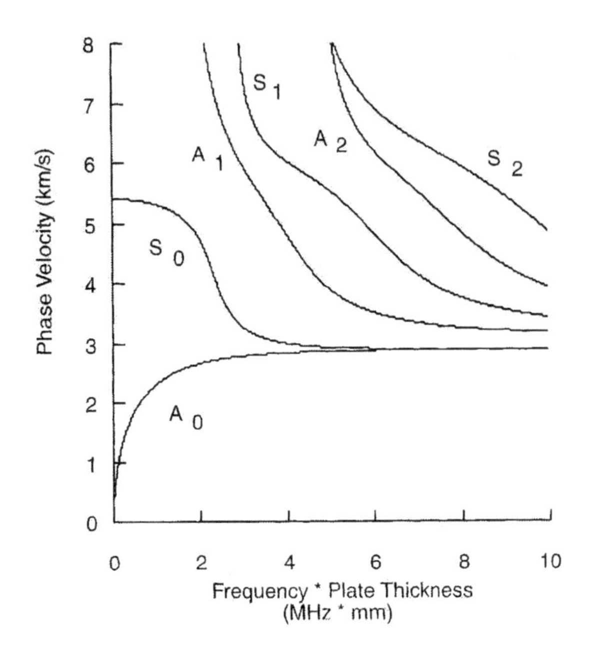

그림 5-8 **1차부터 3차까지의 대칭 〈S〉 모드와 비대칭 〈A〉 lamb 모드의 분산선도**

$$v_e = \sqrt{\frac{E}{\rho(1-\nu^2)}} \tag{5.9}$$

가장 낮은 차수의 비대칭 모드 또는 굴곡 판재에 대해, 판재 이론의 분산성은 다음과 같다.

$$v_f = \sqrt{w\sqrt{\frac{D}{\rho h}}} \tag{5.10}$$

h는 판재의 두께이고 D는 판재의 굽힘 강성이다.

$$D = \frac{Eh^3}{12(1-\nu^2)} \tag{5.11}$$

그림 5-9는 lamb 모드의 분산선도와 판재 이론의 분산선도 예측 값을 비교한 것으로 두께·주파수가 낮은 값에서는 비교적 잘 일치하는 것을 볼 수 있다.

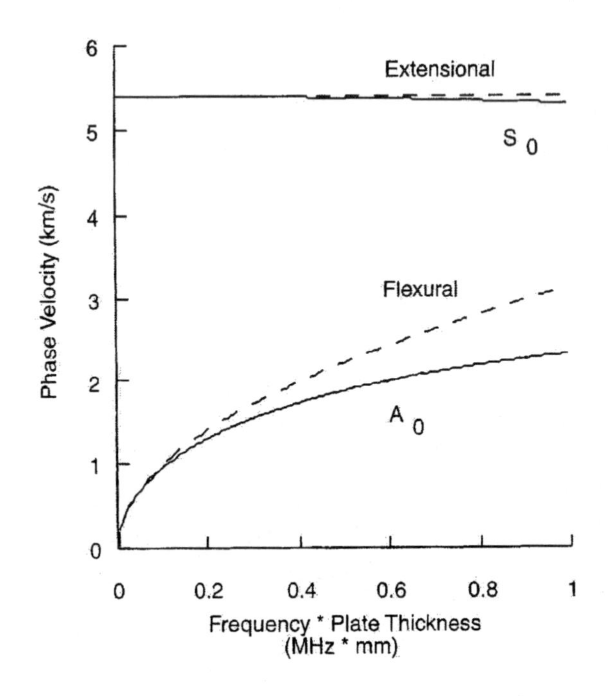

그림 5-9 **Lamb 모드 분산 선도(실선)와 판재 이론의 분산선도(점선)의 비교**

예 4

(a) 밀도(ρ) 2700 kg/m^3, 푸아송의 비(ν) 0.3416, 탄성계수(E) 69.63 GPa 인 알루미늄에 대하여 판재 이론을 이용하여 확장모드의 속도를 계산하여라.

$$v_e = \sqrt{\frac{69.93\,Gpa}{2700kg/m^3(1-(0.3416)^2)}} = \sqrt{29.20\times10^6 m^2/\sec^2} = 5404m/\sec$$

(b) 두께가 3.175 mm인 알루미늄 판재에서 특정주파수 10 kHz 및 100 kHz에서의 굽힘모드의 속도를 계산하여라.

$$v_e = \sqrt{\omega\sqrt{\frac{210.2kgm^2/\sec^2}{2700kg/m^3 3.175\times10^{-3}m}}} = \sqrt{4.952\omega m^2/\sec}$$

10 kHz에서, $\omega=2\pi f = 6.283\times10^4\sec^{-1}$

$$v_f = \sqrt{4.592(6.283\times10^4)m^2/\sec^2} = 557.8m/\sec$$

100 kHz에서, $\omega=2\pi f = 6.283\times10^5\sec^{-1}$

$$v_f = \sqrt{4.592(6.283\times10^5)m^2/\sec^2} = 1764m/\sec$$

유도초음파의 입자 변위는 더욱 복잡하다. Rayleigh파와 유사하게, 확장 판재 모드에 대한 입자 변위는 음파의 진행 방향 성분과 수직으로 진행하는 성분을 모두 가지고 있다. 그러나 입자 변위의 가장 큰 성분은 판재의 평면을 따라 전파 방향으로 진행한다. 굽힘 모드에서, 입자 변위의 가장 큰 성분은 진행 방향에 수직이며 판재의 평면에 대해서도 수직이다.

(라) 이방성 재료

구조물에 적용되고 있는 복합 재료들은 이방성 재료(anisotropic materials)의 한 예이다. 이방성 재료의 강도와 탄성계수는 방향에 대한 함수로 나타난다. 음속이 방향에 따라 달라지기 때문에 AE와 초음파 비파괴검사를 더욱 복잡하게 만든다.

이방성 재료에서 강성의 방향 의존성을 수학적으로 설명하기 위해, 더 많은 수의 독립적인 탄성계수 값이 필요하다. 요구된 독립적인 계수의 수는 재료의 대칭성에 의존한다. 모든 축에 대해, 그리고 모든 방향에 대해 대칭성을 갖는 등방성 재료에서는 오직 두 가지만 필요하다. 횡축으로 등방성이라 가정되는, 단일 방향으로 구성된 강화섬유복합재료는 다섯 가지가 필요하다. 이 같은 재료는 섬유들이 불규칙하게 분포된 가운데 섬유 방향의 수직인 면으로는 등방성을 나타내지만 섬유의 각도와 결에 따라 다른 강성을 갖는다. 단일방향 복합재료의 다층으로 적층된 복합재 합판에 대해서는, 무려 9개나 되는 독립적인 탄성 계수들이 필요하다.

대칭성을 고려하여 탄성계수와 탄성계수들 간의 연관성이 결정되고 나면 전파방향에 대한 함수와 같이 음속에 관한 수식들이 유도된다. 이와 같은 수식들은 벌크파와 유도초음파 모두에서 적용 가능하다. 그러나 대부분의 복합재료들은 얇은 판으로 적층되어 있으므로, 여기서는 유도초음파의 진행에 관한 예만 언급할 것이다. Whitney 등은 서로 다른 탄성계수의 조합으로 얇은 합판으로 적층된 판재의 탄성 거동을 설명하였다. 적층된 판의 강성 계수는 적용된 평면응력(N_x, N_y, N_z)과 굽힘 모멘트(M_x, M_y, M_z), 그 결과로 생긴 중간 층 변형(ε_x^0, ε_y^0 ,ε_z^0)과 판재의 곡률($\kappa_x, \kappa_y, \kappa_z$)과 연관이 있다. 두께 h, 판재의 평면에 수직인 z와 x, y축으로 나타낸 평면에 대해, 응력과 굽힘 모멘트는 다음의 식에 의해 결정된다.

$$(N_x,\ N_y,\ N_z) = \int_{-h/2}^{h/2} (\sigma_x^{(k)}, \sigma_y^{(k)}, \sigma_{xy}^{(k)})dz \tag{5.12}$$

$$(M_x, M_y, M_z) = \int_{-h/2}^{h/2} (\sigma_x^{(k)}, \sigma_y^{(k)}, \sigma_{xy}^{(k)})zdz \tag{5.13}$$

위 식에서 위 첨자 k는 판재의 k번째 층을 나타낸다. 중간층의 변형은 보통 변형률로 정의되지만 여기서는 판재의 중앙 두께로 적용된다. 반면에 곡률은 다음과 같이 정의된다.

$$\kappa_x = -\frac{\partial^2 w}{\partial x^2},\ \kappa_y = -\frac{\partial^2 w}{\partial y^2},\ \kappa_{xy} = -2\frac{\partial^2 w}{\partial x \partial y} \tag{5.14}$$

여기서 ω는 z 방향을 따르는 변위이다.

분석의 단순화를 위해, 대칭적인 직교형 또는 직교이방성 층으로 고려된다. 이와 같은 판은 평판의 중앙 면에 대하여 대칭으로 적층된 층을 가지고 있으며, 이 판은 x축 방향으로 평행(0도)하거나 수직(90도)인 섬유들을 포함한다. 이 단일 층에서는 평면과 굽힘 변형의 조합은 따로 없고 오직 4개의 평면 강성(A_{ij})과 4개의 굽힘 강성(D_{ij})만이 요구된다. 탄성거동은 다음과 같이 표현된다.

$$\begin{bmatrix} N_x \\ N_y \\ N_{xy} \end{bmatrix} = \begin{bmatrix} A_{11} & A_{12} & 0 \\ A_{21} & A_{22} & 0 \\ 0 & 0 & A_{66} \end{bmatrix} \begin{bmatrix} \varepsilon_x^0 \\ \varepsilon_y^0 \\ \varepsilon_{xy}^0 \end{bmatrix} \text{ 와 } \begin{bmatrix} M_x \\ M_y \\ M_{xy} \end{bmatrix} = \begin{bmatrix} D_{11} & D_{12} & 0 \\ D_{21} & D_{22} & 0 \\ 0 & 0 & D_{66} \end{bmatrix} \begin{bmatrix} \kappa_x \\ \kappa_y \\ \kappa_{xy} \end{bmatrix} \tag{5.15}$$

적층 배열이 더욱 복잡한 층에서는 0이 아닌 계수가 필요하다($A_{16}, A_{26}, D_{16}, D_{26}$).

진행 방향의 함수로서 확장 및 곡면 판파 속도를 결정하기 위해서는, 회전된 좌표축에 따라 변형된 판재 강성 계수에 대한 수식이 필요하다. 적층된 층의 평면 좌표축과 같이 새로운 좌표축 x'과 y'축이 정의되어야 하고, 이때 x'축은 기존의 x축으로부터 θ만큼 회전된 축이다. 새로운 좌표축에 대한 변형된 평면 강성은 다음 식으로 표현된다.

$$
\begin{aligned}
A_{11}^{'} &= m^4 A_{11} + n^4 A_{22} + 2m^2n^2 A_{12} + 4m^2n^2 A_{66} \\
A_{22}^{'} &= n^4 A_{11} + m^4 A_{22} + 2m^2n^2 A_{12} + 4m^2n^2 A_{66} \\
A_{12}^{'} &= m^2n^2 A_{11} + m^2n^2 A_{22} + (m^4 + n^4) A_{12} - 4m^2n^2 A_{66} \\
A_{66}^{'} &= m^2n^2 A_{11} + m^2n^2 A_{22} - 2m^2n^2 A_{12} + (m^2 - n^2)^2 A_{66} \\
A_{16}^{'} &= -m^3n A_{11} + mn^3 A_{22} + (m^3n - mn^3) A_{12} + 2(m^3n - mn^3) A_{66} \\
A_{26}^{'} &= -m^3n A_{11} + mn^3 A_{22} + (mn^3 - m^3n) A_{12} + 2(mn^3 - m^3n) A_{66}
\end{aligned}
\tag{5.16}
$$

여기서 $m = \cos\theta$, $n = \sin\theta$이다. 굽힘강성 계수는 동일한 방식으로 변형된다. 변형된 계수 $A_{16}^{'}$, $A_{26}^{'}$, $D_{16}^{'}$, $D_{16}^{'}$ 의 값들은 0이 아니다. 확장 및 굽힘 모드에 대한 분산관계의 결과는 다음과 같다.

$$
v_e = \sqrt{\frac{A_{11}^{'} + A_{66}^{'} + \sqrt{(A_{11}^{'} - A_{66}^{'})^2 + 4A_{16}^{2}}}{2\rho h}} \tag{5.17}
$$

$$
v_f = \sqrt{w\sqrt{\frac{D_{11}^{'}}{\rho h}}} \tag{5.18}
$$

(2) 감쇠

감쇠(attenuation)는 진행거리에 따른 음파 진폭의 감소이며, 이것은 실제 AE 검사와 분석에서 나쁜 영향들을 준다. 감쇠는 센서 간격을 제한하며 일정 수의 센서들에 의해 감지될 수 있는 영역 또한 제한한다. 감쇠는 음파가 발생되는 발생원 위치의 정확도에 영향을 미친다. 신호의 진폭 감소는 먼 거리에 있는 발생원으로부터 센서까지 도달하는데 걸리는 시간을 정확하게 계산하기 어렵게 만든다. 또한 감쇠는 일반적으로 주파수에 의존하며, 이는 신호의 진폭 변화뿐만 아니라 파동의 형태까지도 바꾸며 이것 또한 발생원 검출 분석을 더욱 어렵게 한다.

발생원의 차이에 따라 감쇠는 AE 신호의 진폭을 크게 변화시킨다. 그러므로 로그 스케일의 진폭 크기가 종종 사용된다. AE 신호의 진폭(A)은 다음 식에서와 같이 데시벨(dB)로 주어진다.

$$
A\,dB = 20\log\frac{V_{sig}}{V_{ref}} \tag{5.19}
$$

V_{sig}는 측정된 신호의 전압 값이고, V_{ref}는 임의로 선택된 기준전압 값이다. 센서의 출력 값에서 1μV의 전압은 AE에서 표준 기준전압으로 사용된다. 로그 스케일의 진폭

크기는 넓은 범위의 AE 신호를 쉽게 나타낼 수 있다는 것 이외에도 또 다른 이점이 있다. 로그 함수의 특성은 게인(gain 입, 출력에 대한 비)과 감쇠 값이 가감에 의해 쉽게 계산된다는 것이다. 예를 들면, 40 dB 게인 값의 프리엠프 시스템에 20 dB 게인 값의 추가적인 시스템이 더해지면 최종 60 dB의 게인 값을 갖는다.

감쇠(α)는 종종 단위 길이당 dB 단위로 쓰이며 감쇠 변수에 대해 두 가지 주목해야할 점들이 있다. 첫 번째로, 감쇠 메커니즘이 서로 다르고, 모든 경우는 아니지만 단순 대수적 진폭 손실 감쇠를 야기할 수 있다. 또한 주어진 재료에 대한 감쇠 계수가 인용되었더라도, 감쇠는 주파수, 파형 모드, 유도초음파에서 판의 두께와 같은 기하학적 변수들에 의존한다.

예 5

(a) 프리엠프의 게인 값이 40 dB이고 AE 신호의 시스템 게인 값이 20 dB라 하면, 최고 진폭을 dB 값으로 계산하여라. 단, 센서의 기준 전압은 $1\mu V$ 이고, AE 신호의 최대 전압은 $153mV$ 이다.

이 문제는 두 가지 방법으로 풀 수가 있다. 첫 번째 방법으로 센서의 기준 전압을 $1\mu V$로 하여 신호의 최대 진폭을 데시벨 값으로 계산하고 전체 게인 값을 빼주면 다음과 같다.

※ 첫 번째 풀이

$$A(\text{dB}) = \left(20\log\left(\frac{153\times10^{-3}V}{1\times10^{-6}V}\right)\right) - 60dB$$

$$A = 43.7\text{dB}$$

두 번째 방법은 전체 게인 값을 구하고 나서 새로운 기준 전압을 계산하여 이 새로운 값을 기준으로 하여 신호의 진폭을 계산하는 것이다.

※ 두 번째 풀이

$$60\ \text{dB} = 20\log\left(\frac{V_{Nref}}{1\times10^{-6}V}\right)$$

$$V_{newref} = (1 \times 10^{-6} V)(10^3) = 1 \times 10^{-3} V$$

$$A = 20\log\left(\frac{153 \times 10^{-3} V}{1 \times 10^{-3} V}\right) = 43.7 \text{ dB}$$

(b) 10 dB/m의 감쇠를 갖는 재료에서, 2배로 감소되는 최고 전압 신호에서의 전파거리를 계산하여라.

먼저, 2배로 증가되는 로그 진폭을 계산한다.

$$A_{loss} = 20\log\left(\frac{1}{2}\right) = -6 \text{ dB}$$

6 dB 손실에 대한 거리는 다음과 같이 주어진다.

$$D = \frac{6dB}{10\,dB/m} = 0.6m$$

음파에는 4가지 감쇠 메커니즘이 있다. 첫 번째는 음파의 흡수 또는 내부 마찰이며, 음향 에너지가 재료 내부에서 열에너지로 바뀐다. 이 메커니즘에서는 일반적으로 진행거리에 대한 대수 손실이 발생된다. 흡수는 주로 높은 주파수에서 발생되며 주파수에 의존하는 매우 높은 손실이다. 두 번째 메커니즘은 음파의 기하학적 빔 퍼짐이다. 음파는 발생원으로부터 표면 밖으로 진행하기 때문에, 점점 재료의 넓은 부분에 걸쳐 방해를 받는다. 에너지의 보존 법칙에 의해, 음파의 진폭은 상대적으로 감소해야 한다. 그러므로 에너지의 손실은 없지만 재료 내에서 재분배 된다. 벌크파에서, 진폭은 $1/r$에 비례하여 감소하고 여기서 r은 전파거리를 나타낸다. 표면파와 판파와 같은 2차원적인 전파에서는, 진폭은 $1/r^2$에 비례하여 감소한다. 그림 5-10에서와 같이, 기하학적 빔 퍼짐은 발생원의 아주 가까이에서 지배적인 감쇠 메커니즘이며, 상당한 진폭 감소를 유발한다. 원거리음장에서 흡수가 대단히 큰 손실을 일으킬 수도 있다. 이 그림에서 진폭과 거리는 각각 흡수와 기하학적 빔 퍼짐에 대한 좌표를 나타낸다. 이러한 효과들 때문에 발생되는 감쇠는 주어진 거리에서 각각의 곡선에 대한 도함수 또는 순간기울기이다. 이 그림에서 흡수에 의한 감쇠는 10 dB/m로 일정하다. 반면에 기하학적 빔 퍼짐 때문에 발생하는 감쇠는(다시 말하면 곡선의 기울기) 발생원에 가까운 곳에서 매우 크지만 발생원에서 멀어질수록 줄어든다.

예 6

흡수 감쇠계수(α_A)에 대한 함수로부터 거리를 계산하여라. 단, 기형학적 빔 퍼짐(α_{gs})과 흡수로 인한 감쇠는 벌크파와 동일하다.

벌크파의 기형학적 빔 퍼짐에서 측정된 신호의 진폭은 1/r에 비례하여 감소한다. 그러므로 로그 진폭은 다음의 식에 비례한다.

$$A\,dB \propto 20\log\left(\frac{\left(\frac{1}{r}\right)}{V_{ref}}\right) = ((20\log(1) - 20\log(r)) - 20\log(V_{ref}))$$

기하학적 빔 퍼짐으로 생기는 감쇠는 전파 거리에 따른 진폭의 손실이며, 다음의 식과 같다.

$$\alpha_{gs} = -\frac{dA}{dr}(dB/m) = -\frac{d}{dr}((20\log(1) - 20\log(r)) - 20\log(V_{ref}))$$

$$= -\frac{d}{dr}(-20\log(r)) = 20\frac{d}{dr}(\log(r))$$

$$\alpha_{gs} = 20\left(\frac{0.43429}{r}\right) = \frac{8.6858}{r}$$

$$\alpha_{gs} = \alpha_A \text{ 라면, } r = \frac{8.6858}{\alpha_A}$$

r값보다 발생원이 가까이 있으면 기하학적 빔 퍼짐이 지배적이고, 반대로 r값이 더 크면 흡수가 지배적이 된다.

세 번째 감쇠 메커니즘은 인접한 물체에서의 음향 에너지의 손실이며 표면 코팅 및 용기 내부의 액체들이 이러한 방식의 손실에 해당된다. 금속의 입자(grain)와 복합재의 보강재와 같은 불균질로부터 발생되는 신호의 산란은 이런 경우의 감쇠를 발생시킨다.

분산은 네 번째 감쇠 메커니즘이다. 속도 차이 때문에 발생원에서 겹쳐진 주파수 성분들은 진행 거리를 따라서 퍼져나간다. 그 결과 최대 진폭이 감소된다. 이러한 감쇠는 유도 초음파와 같이 분산성이 큰 모드에 대해 특히 더 커질 수 있다. 예를 들면, 복합 판재의 굽힘파 모드에서 원거리 음장 감쇠는 80 dB/m 보다 훨씬 크게 측정되어왔다.

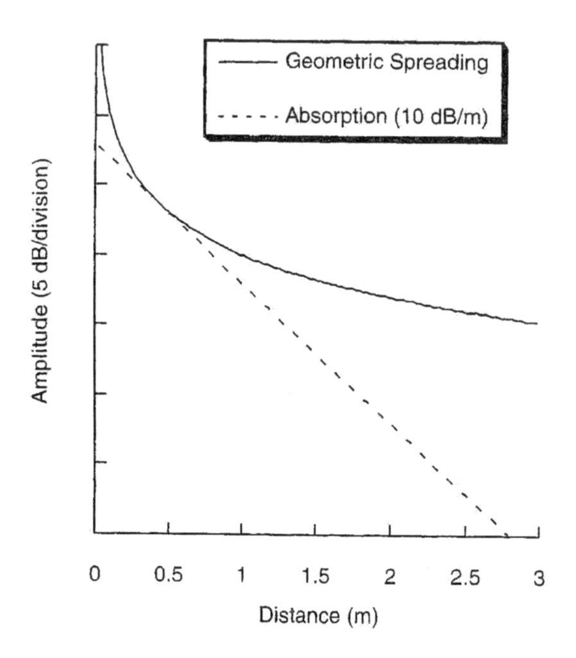

그림 5-10 **판재에서의 기하학적 빔 퍼짐 및 10 dB/m 흡수에 대한 거리-진폭의 비교. 주어진 거리에서의 각 선의 도함수 또는 순간기울기는 각각의 손실에 대한 감쇠를 나타낸다.**

(3) 반사, 굴절 그리고 모드변환

탄성특성이 서로 다른 매질의 경계면에 음파가 도달하면 반사, 굴절, 모드변환(reflection, refraction, mode conversion)이 발생될 수 있다. 음파의 반사는 거울 표면에서 빛이 반사되는 것과 같은 전자기파와 유사하며 이때 반사각은 입사각과 같다. 또한 음파의 굴절은 공기층에서 물속으로 빛이 전파될 때 굴절되는 것과 유사하다. 굴절된 파는 입사각과 다른 굴절각을 갖는다. 각도는 스넬의 법칙에 의해 음속 비와 관련이 있다.

$$\sin\theta_1 = \frac{v_1}{v_2}\sin\theta_2 \tag{5.20}$$

v_1과 v_2는 두 매질에서의 음파 속도이고 θ_1과 θ_2는 입사각과 굴절각이다. 이것은 입사, 투과되는 종파와 횡파에 모두에 적용된다. 하지만 경계면에서 모드 변환이 생길 수 있다는 점에서 음파와 전자기파는 서로 다르다. 입사되는 종파는 반사 종파 및 굴절 종파를 만들뿐만 아니라, 수직 방향 편광으로 반사 횡파와 굴절 횡파 또한 만들 수 있다. 마찬가지로, 수직으로 편광된 횡파는 반사 종파와 굴절 종파뿐만 아니라, 수직으로 편광된 반사 횡파 및 굴절 횡파도 만들 수 있다. 수평으로 편광된 횡파는 모드 변환된 종파를 만들지 않는다. 다시 말해, 스넬의 법칙은 모드 변환된 파, 반사파, 굴절파에 대한 각도를 계산하는 데에 사용된다. 임계각의 영향을 포함한 이러한 현상들에 대한 상세한 설명과 입사,

반사, 굴절, 모드 변환 사이에서의 진폭의 관계는 초음파 장에서 설명하며, 여기서는 생략한다. 대신에, AE 신호들에 대한 반사 현상의 영향과 그에 대한 분석들에 관해 논의한다.

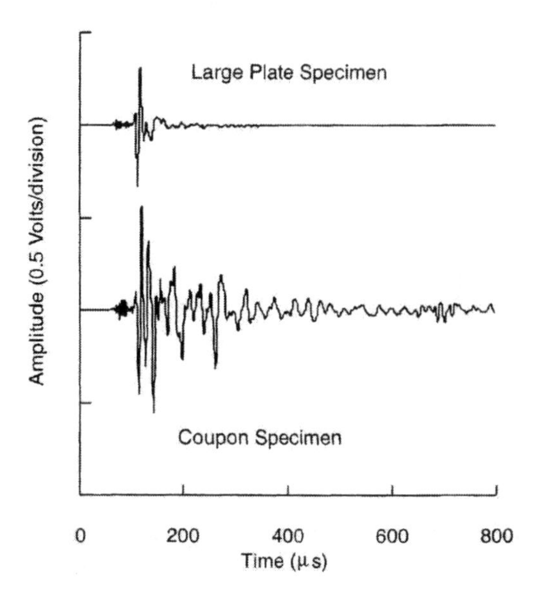

그림 5-11 **큰 복합재 시험편(38.1cm×50.8cm)과 작은 조각 시험편 (2.54cm×30.48cm)에서 시뮬레이션 된 AE 신호의 비교**

유한기하학 구조물에서 AE 검사를 수행할 때, 검출된 신호는 발생원으로부터 직접적으로 전파되는 신호와 센서까지 전파되면서 반사되고 모드 변환된 모든 신호들이 중첩된 결과이다. 대상물의 크기와 형태의 복잡함에 따라, 이 신호들의 중첩은 원래의 발생원 신호와 완전히 다른 파형을 만들어 낼 수도 있다. 그림 5-11에서와 같이 연필 심 파단에 의해 발생된 모의 AE 신호 등이 다른 형상 크기를 갖는 두 개의 시험편에서 동일 거리를 전파한 후에 검출되었다. 한 시험편은 38.1×50.8 cm 크기의 탄소 에폭시 복합재료의 큰 판재이고 다른 시험편은 동일한 재료로써 2.54×30.48 cm 크기의 작은 인장시편 조각이다. 작은 조각 시편에서의 신호에는 많은 반사 신호 성분이 포함된다. 일반적으로 반사를 포함하는 AE 신호는 그림에서와 같이 최대 진폭이 더 크게 나타난다. 그 외의 퍼져나간 에너지는 반사되거나 수신 센서 쪽으로 모이게 된다. 최대 진폭이 변화되는 것뿐만 아니라 반사와 모드변환으로부터의 신호 중첩은 AE 신호의 전체적인 파형 또한 변화시킬 수 있다. 진폭의 변화 및 반사, 모드변환으로부터의 파형 변화는 발생원 분석과 잡음 식별을 복잡하게 만든다. 주어진 발생원 메커니즘은 동일한 시험편의 경계에서 서로 다른 위치에 있을 때 또는 형상이 다른 시험편에서는 완전히 다른 AE 신호를 만들어 낼 수도 있다.

5.3.3 AE원의 위치표정

AE 발생원의 위치를 찾아내고 그로부터 잠재적인 손상 위치를 찾는 것이 AE의 가장 중요한 특징 중 하나이다. 정확한 발생원 메커니즘이나 정확도가 AE 분석으로 확인될 수 없더라도 그 위치는 추후에 수행될 비파괴검사 대체 기법의 지침으로 사용될 수 있다. AE를 최초 검사로 활용함으로써 시간이 소모되고 값이 비싸며 지점 별로 스캔해야하는 비파괴검사 기법들로부터 구조물을 검사할 때 필요한 요건들을 배제할 수 있다.

위치 표정은 동일한 발생원으로부터 여러 개의 센서들로 수신되는 AE 신호들을 획득하는 것을 기반으로 한다. 서로 다른 센서의 위치에서 신호 도달 시간과 음파 전파 속도에 대한 정보들은 삼각 측량법을 적용하기 위해서 사용된다. 다음으로 각각의 AE 발생원들의 위치를 찾는 방법들을 제시하였다. 누출 AE 신호와 같이 연속형 AE 신호의 위치를 찾는 방법들도 있지만 여기서는 다루지는 않는다. 일반적으로 AE 분석을 위해서 위치를 찾는 방법은 구역 위치표정과 점 위치표정으로 나누어진다.

가. 구역 위치표정

구역 위치표정은 발생원의 위치를 정확히 나타내지 않지만 하나 이상의 센서 주변 구역이나 지역 내에 있다는 데에서 비롯된다. 구역 위치표정 방법은 보통 지점 위치를 알 수 없거나 결과의 신뢰성이 떨어질 때 사용한다. 한 가지 예로는 센서들의 간격이 너무 넓거나 또는 재료 감쇠가 너무 높아서 다수의 센서에 의해서도 지점 위치 신호를 검출하지 못하는 경우이다. 지점 위치는 다중 모드, 속도 분산성, 다수의 반사가 일어나는 구조에서는 적용하기 어려울 수 있다. 구역 위치는 이방성 재료에 대해서도 종종 사용되는데 이 때, 지점 위치에서 방향에 따라서 변화하는 속도에 대한 정확한 정보가 필요하다.

센서가 1차원 또는 선형으로 배열된 경우, 구역은 센서의 어느 한쪽으로부터의 길이로 정의된다. 2차원 또는 평면 배열의 경우, 구역은 면적으로 나타내며 3차원 배열의 경우, 체적으로 나타낸다. 신호가 배열 내의 단 하나의 센서에 의해서만 검출될 경우, 그 발생원은 센서 주변 지역에 위치한 것으로 간주되며 두 센서의 중간 지점 보다 발생원이 더 멀리 떨어져 있지 않다는 것을 의미한다. 평면 센서의 배열이 그림 5-12(a)에 나타나있다.

신호가 하나 이상의 센서에 의해 검출될 경우에는 서로 다른 센서로부터의 도달 시간 및 진폭과 같은 신호 정보를 사용하여 구역을 더 좁힐 수 있다. 평면 센서 배열에서 두 센서의 도달 시간의 순서를 사용하여 구역을 좁힌 예가 그림 5-12(b)에 나타나 있다. 이 그림에서 순서쌍은 좁혀진 구역 내에서 신호를 탐지할 두 개의 센서를 나타내며 신호가 이 두 개의 센서에 도달하는 순서를 나타낸다. 만약 도달 시간이 다중 모드, 분산 모드, 신호 반사와 같은 전파특성 때문에 신뢰성이 떨어지는 경우에는 최대 진폭을 이용한 방법을 사용할 수도 있다. 이는 서로 다른 센서에서 서로 다른 경로로 전파될 때 감쇠 메카니즘이 유사하다면 발생원은 가장 높은 진폭을 보이는 센서에 가장 가까이 있다고 추정하고 두 번째로 높은 진폭을 보이는 센서에 두 번째로 가까운 것으로 추정하는 것이다.

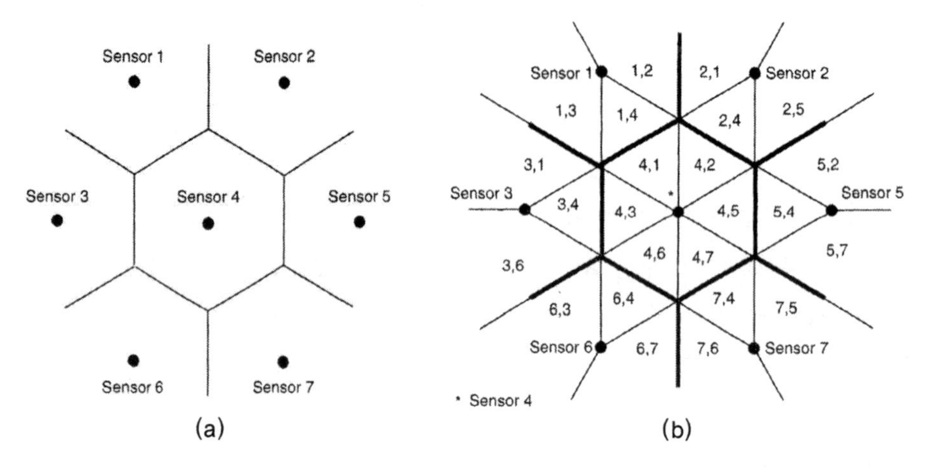

그림 5-12 **센서의 2차원 배열에서의 평면도 (a) 단일 센서로 검출하는 경우, (b) 최소 2개의 센서에 의해 검출하는 경우. 그림 (b)에서 각각의 위치에 대한 순서쌍은 두 개의 센서에 대한 신호의 도달 순서를 나타낸다.**

나. 점 위치표정

지점 위치를 파악하기 위해서는 몇 가지 기준이 충족되어야 한다. 첫째, 신호가 충분한 수의 센서에서 탐지되어야 한다. 센서의 1차원 배열의 선형 위치의 경우에는 신호가 적어도 2개의 센서에서 탐지되어야 한다. 평면 위치에서는 최소한의 센서 수는 3개이고 체적 또는 3차원 위치에 대한 최소한의 센서의 수는 4개이다. 최소한으로 요구되는 것보다 많은 센서들에서 신호가 측정될 경우에는 최소 자승법 또는 다른 최적화 기법들에 의해 지점 위치의 정확도를 개선시킬 수 있다. 최소한의 수의 센서로 탐지하는 것 이외에도 각각의 센서는 동일한 전파 모드에 의한 도달 시간을 정확하게 측정할 필요가 있다. 이는 첫 번째 임계값 교차점에서 가장 자주 얻어지지만 첫 번째 임계값 교차점이 항상 신뢰성이 있는 것은 아니다. 그러므로 최대 진폭이 나타나는 시간도 도달시간을 파악하기 위해서 같이 사용되어 왔다. 최대 진폭을 사용한다는 것은 모드가 동일하다면 모든 센서에서 가장 큰 피크를 가질 것이고 최대 진폭은 동일한 주파수 또는 근접한 주파수에서 일어날 것이라는 가정이 내포되어 있다. 지점 위치 결정을 위한 또 하나의 필요조건은 재료 내에서의 음파의 전파 속도에 대한 정확한 정보와 센서 위치의 정확한 측정이 요구된다.

AE 발생원의 점 위치표정에 대해서 수식적으로 표현할 수 있다. 가장 단순한 경우는 센서의 1차원 배열의 선형 위치에 있는 경우다. 그러한 센서 배열은 봉이나 관을 모니터링 하는데 사용될 수 있다. 이 수식을 유도하기 위해서 발생원은 그림 5-13에서와 같이 두 개의 센서 사이에 위치한다고 가정되고 이 경우 관 상의 선형 위치에 있는 것으로 간주된다. 발생원과 가장 가까운 센서와의 거리는 d 이며 센서와 센서 사이의 거리는 D 이다. 만약 v가 양 쪽의 두 센서 모두에 도달하는 시간에 대한 전파속도라면, 신호가 가장 가까운 센서까지 전파되기 위해 요구되는 시간은 아래의 식에 의해 주어진다.

그림 5-13 **관 상의 선형 위치에서의 센서 사이의 거리**

$$t_1 = \frac{d}{v} \quad (5.21)$$

AE 발생원이 생성되는 시간을 모르기 때문에 두 번째 센서에서 신호 도달 시간이 측정되어야 한다. 두 번째 센서까지의 전파 시간은 아래와 같다.

$$t_2 = \frac{D-d}{v} \quad (5.22)$$

도달 시간 차이($\triangle t$)는 다음과 같이 계산된다.

$$\triangle t = t_2 - t_1 = \frac{D-d}{v} - \frac{d}{v} \quad (5.23)$$

이것은 다음과 같이 다시 쓸 수 있다.

$$\triangle t = \frac{D-2d}{v} \quad (5.24)$$

d에 대해서 이 식을 풀면 아래와 같은 수식이 얻어진다.

$$d = \frac{D - \triangle tv}{2} \quad (5.25)$$

발생원이 두 센서 사이의 영역 밖에서 생성될 경우에는 특이하게 발생원의 위치를 찾을 수 없다고 알려져 있다. 그럴 경우에는 측정된 Δt는 발생원까지의 거리에 상관없이 같은 값이 된다.

예 7

두 개의 센서들이 알루미늄 봉 위에 20 cm 간격으로 떨어져 있고(6,320 m/s의 종파 속도) 이 센서들 사이에 있는 AE 발생원에 의해 생성된 종파의 도착 시간으로부터 측정된 Δt가 12.66 μsec라고 가정한다. 가장 가까운 센서로부터 발생원까지의 거리를 계산하라.

$$d = \frac{D - \Delta t v}{2}$$

$$d = \frac{20 \times 10^{-2} m - 12.66 \times 10^{-6} s 6320 m/s}{2}$$

$$d = 10 \times 10^{-2} m - 4 \times 10^{-2} m = 6cm$$

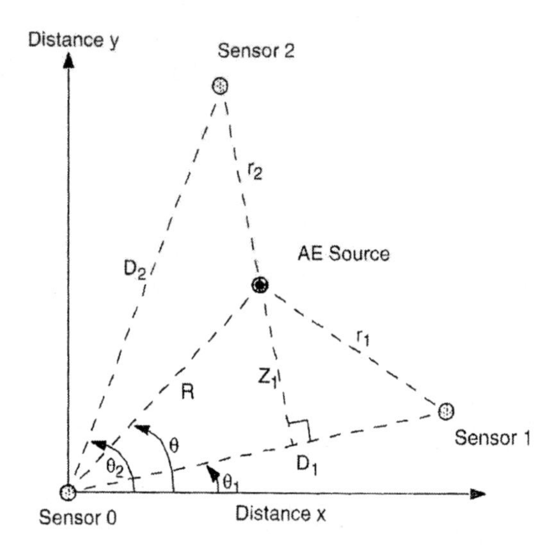

그림 5-14 **평면상의 발생원 위치에 대한 센서 배열 위치**

2차원, 또는 평면 발생원 위치는 다소 더 복잡하다. 발생원에 관련된 필요한 3개의 센서들이 그림 5-14에서와 같이 위치한다고 가정하고 좌표계의 원점이 0과 일치하는 것으로 정의한다. 그러면 위치 문제는 원점부터 발생원까지의 거리인 R과 x축으로부터 발생원에 대한 각도 θ을 결정하는 것이다. 3개의 센서들로부터의 도달 시간은 아래의 식에 의해 주어진다.

$$t_0 = \frac{R}{v} \quad t_1 = \frac{r_1}{v} \quad t_2 = \frac{r_2}{v}$$

도달 시간의 차이는 원점에 있는 센서와 연관되며 아래와 같이 정의된다.

$$\Delta t_1 = t_1 - t_0 \quad \Delta t_2 = t_2 - t_0$$

치환하면 다음의 수식이 유도된다.

$$\Delta t_1 v = r_1 - R \quad \Delta t_2 v = r_2 - R$$

삼각함수에 의해 다음과 같이 나타낼 수 있다.

$$Z_1 = Rsin(\theta - \theta_1)$$

그리고

$$Z_1^2 = r_1^2 - (D_1 - Rcos(\theta - \theta_1))^2$$

이 수식들을 대입하고 소거하면 아래와 같은 수식이 유도된다.

$$R^2 = r_1^2 - D_1^2 + 2D_1 Rcos(\theta - \theta_1)$$

아래와 같은 식을 대입하고

$$r_1 = \Delta t_1 v + R$$

R에 관하여 풀면 아래의 식이 유도된다.

$$R = \frac{1}{2}\frac{D_1^2 - \Delta t_1^2 v^2}{\Delta t_1 v + D_1 \cos(\theta - \theta_1)}$$

마찬가지로 아래의 식으로 나타낼 수 있다.

$$R = \frac{1}{2}\frac{D_2^2 - \Delta t_2^2 v^2}{\Delta t_2 v + D_1 \cos(\theta - \theta_2)}$$

위 두 식을 R과 θ에 대해서 풀면 발생원의 위치를 판단할 수 있다. 유사한 방식으로 3차원 발생원 위치에 대해서도 수식을 유도할 수 있다. 3차원의 경우에서는 4개의 센서와 3개의 도달 시간차를 계산해야 한다.

평면상의 발생원의 위치는 그림 5-15와 같이 도식적으로 나타낼 수 있다. 우선 0과 1의 센서 쌍에 대해서 $\Delta t_1 v$는 면 상에서 발생원이 위치할 수 있는 쌍곡선을 나타낸다. 마찬가지로 0과 2 센서에 대한 $\Delta t_2 v$로부터 발생원이 위치할 수 있는 또 하나의 쌍곡선을 나타낸다. 이 쌍곡선들의 교차점에 발생원들이 위치하게 된다. 이론상으로 발생원의 위치는 3개의 센서들이 위치한 면 상에 어디서든지 결정될 수 있다. 발생원의 위치는 선형 발생원 위치의 경우처럼 센서 배열 영역 이내로 제한되지 않는다. 하지만 전파 거리가 증가되면 도달 시간의 오차가 증가하는 것처럼 실질적인 제한조건들이 센서 배열에 의한 모니터링 영역을 제한할 수도 있다. 또 하나의 문제는 평면상의 발생원 위치에서 두 개의 쌍곡선에 의해 두 개의 위치에서 교차될 수 있다는 것이다. 이것은 잘못된 발생원 위치 표시를 제공하게 되는데, 이것은 네 번째 센서와 Δt 계산을 추가하거나 서로 다른 센서에 도달하는 순서를 고려함으로써 배제할 수 있다.

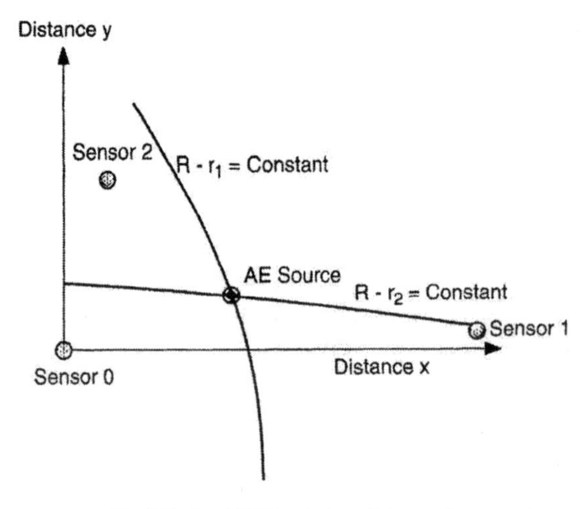

그림 5-15 **평면상의 발생원 위치표정을 위한 쌍곡선의 교차점**

예 8

종파 속도가 6,320 m/s인 알루미늄에서 도달 시간차가 각각 $\Delta t_1 = 15 \times 10^{-6}$s 와 $\Delta t_2 = 8.3 \times 10^{-6}$s 일 때, (0,0), (20,0), (0,20) cm에 위치한 센서들에 대하여 R 과 θ의 위치를 계산하라.

먼저 센서의 순서쌍들 사이의 거리가 계산되어야 한다.

$$D_1 = \sqrt{(y_1 - y_0)^2 + (x_1 - x_0)^2} = \sqrt{(0-0)^2 + (20-0)^2}$$

$$= 20cm$$

$$D_2 = 20cm$$

x_1축과 관련하여 센서 1과 센서 2를 원점과 연결하는 벡터의 각도(θ_1 과 θ_2)가 아래의 식으로부터 결정된다.

$$\theta_1 = \sin^{-1}\left(\frac{y_1 - y_0}{D_1}\right) = \sin^{-1}\left(\frac{0-0}{20}\right) = 0\deg$$

$$\theta_2 = \sin^{-1}\left(\frac{20-0}{20}\right) = \sin^{-1}(1) = 90\deg$$

첫 번째 수식에 R과 θ에 대해 정리하면 다음과 같다.

$$R = \frac{1}{2}\frac{D_1^2 - \Delta t_1^2 v^2}{\Delta t_1 v + D_1 \cos(\theta - \theta_1)}$$

$$R = \frac{1}{2}\frac{20^2 cm^2 - (15 \times 10^{-6})\sec^2(6.32 \times 10^5)^2 cm^2/\sec^2}{(15 \times 10^{-6})\sec^2(6.32 \times 10^5)cm/\sec + 20cm\cos(\theta - 0)}$$

$$R = \frac{400 - 89.87}{18.96 + 40\cos theta}cm = \frac{310.13}{18.96 + 40\cos theta}cm$$

두 번째 수식을 정리하면 아래와 같은 식이 유도된다.

$$R = \frac{372.48}{10.49 + 40\cos(\theta - 90)}cm$$

두 수식을 풀면 아래와 같은 수식을 얻을 수 있다.

$$\frac{310.13}{18.96 + 40\cos theta} = \frac{72.48}{10.49 + 40\cos(\theta - 90)}$$

$$\sin\theta - 1.2\cos theta = 0.31$$

이것을 수치해석적으로 풀면 아래와 같다.

$$\theta = 61.65\,^\circ$$

이 θ의 값을 위의 수식 중 하나에 대입하면 아래와 같은 값을 얻을 수 있다.

$$R = 8.2cm$$

발생원 위치의 정확도는 전파 현상과 측정 시스템의 특성 모두에 관련이 있으며 주로 영향을 미치는 몇 가지 요인들이 있다. 감쇠, 분산, 다중 모드, 반사 현상들은 모두 도달 시간을 정확하게 판단하기 어렵게 만들고 모든 센서들을 같은 모드로 검사하는 것도 어렵다. 그러나 이러한 전파 현상들은 검사 시에 구조상 내재되어 있기 때문에, 이들의 영향을 정확하게 인식하고 센서의 수와 간격과 같은 측정 시스템의 특성들을 최적화하는 것 이외에는 할 수 있는 것이 거의 없다. 특성 측정 시스템들에서 발생원 위치 정확도에 영향을 미치는 또 다른 요인은 도착 시간을 측정하는데 사용되는 시계의 정밀도다. 그러한 시스템은 보통 고정된 속도로 작동하는 디지털 클록 시스템으로 도착 시간을 기록한다. 클록 속도가 느리면 도달 시간 판단에 불확실성이 더 높아지며 발생원 위치 파악에 더 큰 오차를 발생시킨다.

5.4 AE 계측시스템

그림 5-16은 보통 AE검사에 활용되고 있는 AE계측계의 기본적 구성을 나타내는 블록선도이다. 계측시스템은 AE변환자, 증폭기, 필터 등으로 구성되는 AE검출부, AE신호 변별회로(comparator), 데이터 레코더 등으로 구성되는 신호처리부, 이들 결과를 나타내는 표시부 등으로 구성된다.

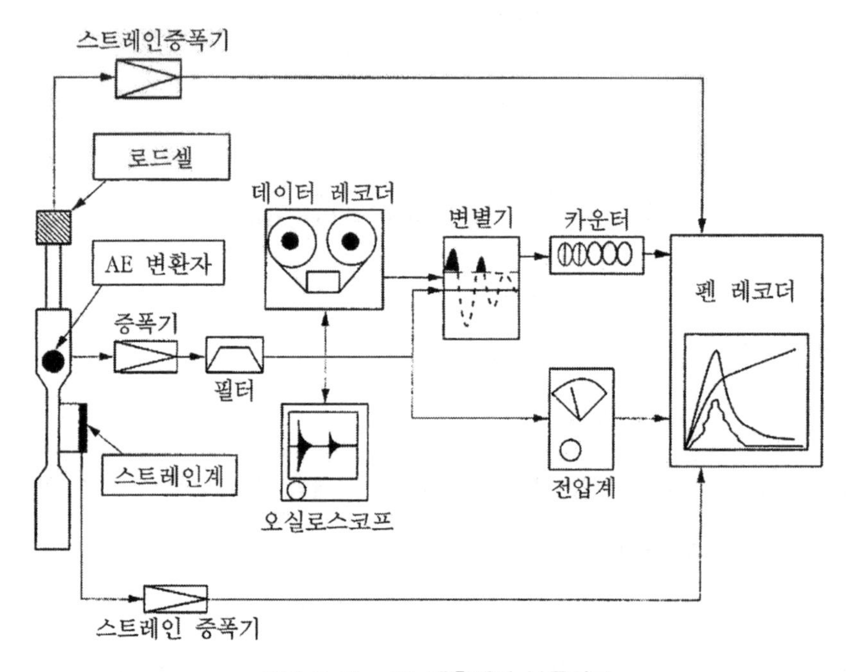

그림 5-16 **AE 계측계의 블록선도**

5.4.1 측정계

가. AE 변환자

AE 변환자(AE sensor, AE transducer)는 강유전체의 압전성을 이용한다. 보통 PZT라 불리는 지르콘티탄산납 10 ㎜ 직경 전후의 종파진동자를 많이 이용한다. AE 변환자는 그 주파수특성에 의해 크게 고감도 협대역공진형과 저감도 광대역비공진형으로 나눌 수 있다. 이 두 가지 AE 센서의 개략적인 구조는 그림 5-17과 같다. 고감도 협대역공진형은 목적으로 하는 계측대역에 공진을 갖는 압전소자를 이용하여 공진점에서 감도를 높이고 이 공진특성을 어느 정도 완화시켜(Q값을 낮춘다) 검출대역을 넓게 한 압전소자를 AE 센서에 가장 많이 이용되고 있다. 공진형 AE 센서는 압전 소자의 공진 응답에 대한 감쇠가 거의 없도록 설계되고 공진주파수나 그에 가까운 주파수에서 최대 민감도를 나타낸다. 그러나 이 응답은 공진이 아닌 주파수에서는 상당히 저하된다. 그러나 공진형 AE 센서는 다수의 공진을 가질 수 있고 넓은 주파수 범위에 대해서 높은 민감도를 가진다.

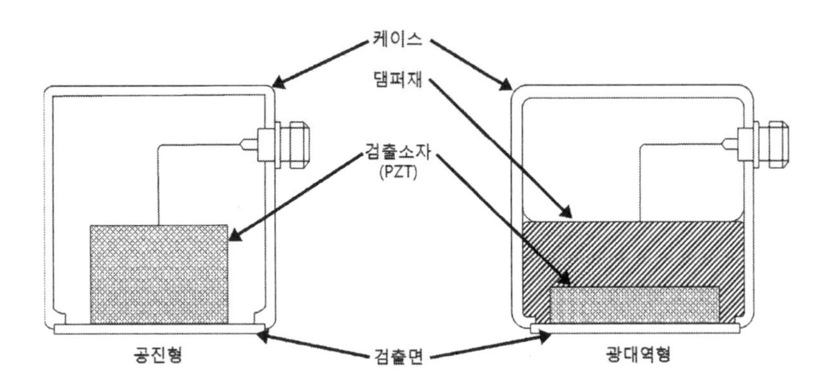

그림 5-17 **협대역 공진형 / 광대역 비공진형 AE 센서의 구조도**

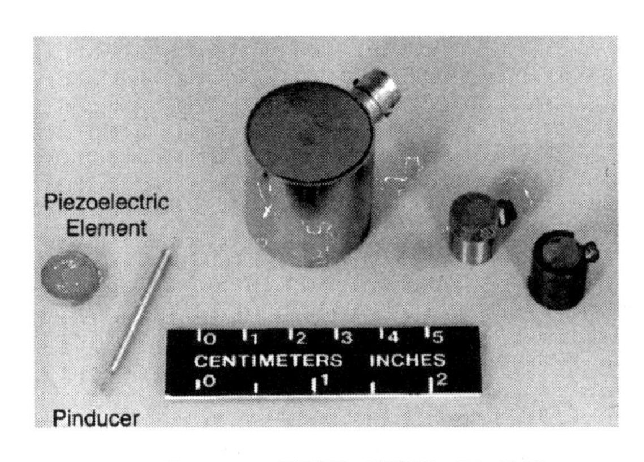

그림 5-18 **다양한 상용화 AE 센서**

그림 5-19(a)는 공진형 AE 센서의 일반적인 주파수 응답 특성을 나타낸다. 이 공진형 AE 센서는 150 kHz 가까이에 일차 공진 피크를 가지지만 넓은 대역폭에 걸쳐서도 많은 공진 피크를 갖는다. 150 kHz 범위의 공진 주파수를 가진 센서들이 AE 검사에서 가장 널리 사용되며 일반적으로 100-300 kHz 대역폭에 걸쳐서 검사된다. 이 주파수 대역폭은 구조적 진동과 관련된 잡음의 주파수 대역폭보다 훨씬 더 높다. 즉, 높은 주파수에서 발생되는 전자기 간섭 및 감쇠의 증가에 관한 문제를 최소화시킬 정도로 충분히 낮은 값이다. 한편, 저감도 광대역비공진형은 계측영역 대역보다 높은 대역인 5 MHz나 10 MHz에 공진을 갖는 압전소자를 이용하고

공진점 이외의 대역에서 신호를 검출하는 것이다. AE 신호로 취급하는 주파수영역은 100 kHz~1 MHz가 일반적으로 이용하고 있다. 비공진형 AE 센서들은 주파수에 일치하는 출력을 제공하므로 이상적인 센서에 더 가깝다. 비공진형 AE 변환자는 감쇠가 큰 공진 압전소자 또는 흡음 특성이 높은 원추형 압전소자로 제작되어진다. 두 가지의 비교를 위해 비공진형 AE 센서의 주파수 응답을 그림 5-19(b)에 나타내었다. 일반적으로, 비공진형 AE 센서는 공진형에 비해 낮은 피크 민감도를 가지지만 실제 파동의 변위를 더 정확하게 재현한다. 공진형 AE 센서들이 높은 피크 민감도를 갖지만 이들의 복잡한 주파수 응답은 AE 신호들을 크게 변화시킬 수 있다. AE 검사의 환경에 따라서, 공진형 AE 센서에 의한 신호 변화가 크게 중요하지 않거나 민감도를 증가시키는 것이 덜 중요할 수도 있다. 그러나 발생원 메커니즘을 결정하기 위한 정확한 파형 분석을 위해서는 비공진형 AE 센서들이 필요하다.

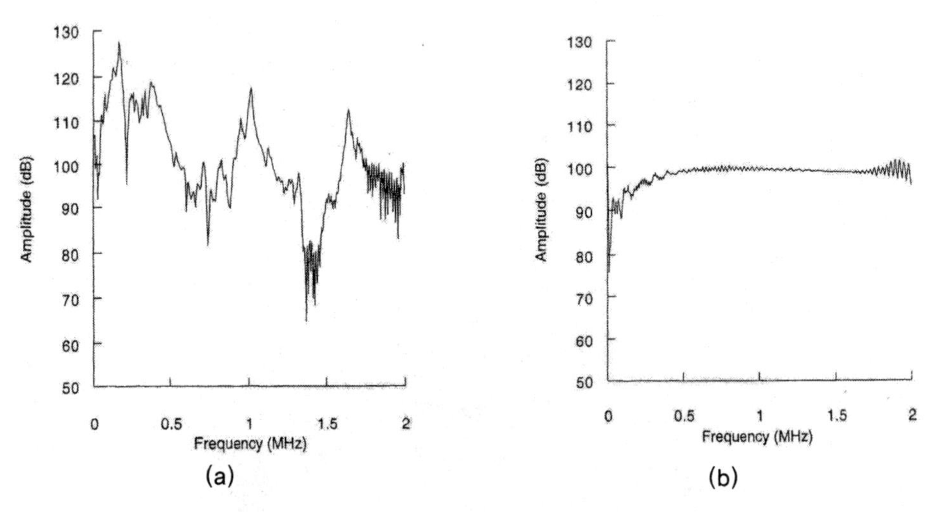

그림 5-19 **변환기의 주파수 응답 곡선 (a) 150kHz의 공진형 AE 센서, (b) 광대역 비공진형 AE 센서**

나. 증폭기(pre-amp, main-amp), 필터(filter), 잡음대책

AE 변환자로부터의 출력은 보통 프리엠프(pre-amp) 입력 환산으로 수 μV 에서 수 mV 정도의 미약한 신호이기 때문에 여러 종류의 신호처리를 하려면 50~100 dB 정도의 증폭이 필요하다. 흔히 사용되는 프리앰프들은 20-60 dB의 범위의 게인 값들을 제공한다. 센서 케이스 내부에 프리앰프를 가지고 있는 센서들도 사용되며 프리앰프가 내장된 센서는 케이블 연결이 적기 때문에 검사를 쉽게 할 수 있다. 그러나 몇 가지 단점도 있는데, 첫째로 프리앰프의 전자 부품들이 사용 환경에서 센서만큼 견고하지 않을 수도 있다. 적용 온도 범위 및 진동 한계가 센서 자체만의 값들보다 낮을 수 있다. 또한 센싱 부품이나 프리앰프가 통합된 센서 내에서 고장 날 경우 수리하기에는 경제성이 낮다. 또 다른 단점으로 각각의 프리앰프들은 일반적으로 게인 값을 변동할 수 있지만 통합된 센서 내의 프리앰프들은 대부분 고정된 게인 값을 갖는다. 증폭기의 내부 잡음은 낮을수록 바람직하지만 그 하한은 열잡음으로 규정되어 있다. AE 신호에는 이 외에도 시험기의 진동 등에 의한 환경잡음이 포함되어 있기 때문에 이들을 제거하기 위해 변환자의 공진주파수에 해당하는 특정주파수 영역만을 계측하는 대역필터(band pass filter)를 조합할 필요가 있다.

5.4.2 AE 신호처리 파라미터

AE 변환자로부터 검출된 신호의 AE 파라미터는 전기적 신호처리법에 따라 다음의 3 종류로 나누어진다.

① 잔류잡음을 포함하는 모든 파형의 실효치(root mean square; RMS)전압을 구한다.
② 신호레벨에 문턱값(threshold)을 걸고 포락선(ringing)파형을 펄스카운트 처리한다.
③ 신호레벨에 문턱값을 걸고 파형을 A/D변환하여 수록하고 연산처리 한다.

①은 문턱값을 걸지 않고 연속적으로 신호강도의 변화를 검출하지만 ②, ③은 문턱값을 걸어 잔류잡음과 AE 신호를 식별하고 문턱값을 넘는 신호에 대해 그 빈도나 신호강도를 검출한다.

가. 실효치 전압(RMS 전압)

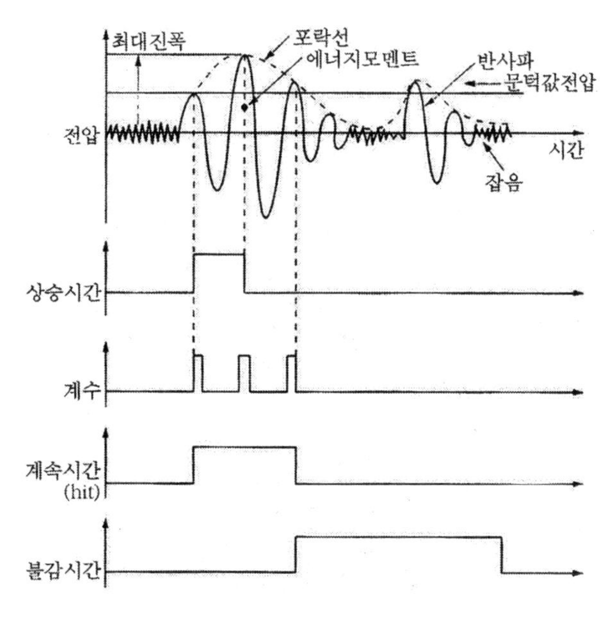

그림 5-20 AE 검출파형처리법의 파라미터와 처리방법

AE 신호 실효치(AE root mean square value)는 측정이 간단하고 AE의 크기를 평가할 수 있어 AE 계수(計數)와 함께 AE 발생율을 나타내는 유효한 파라미터이다. 실효치는 신호의 평균에너지를 제곱근한 것으로, 계측의 원리는 신호(교류)전류를 열에너지로 변환하고 거기에 상당하는 직류에너지를 표시하는 것이다. AE 실효치는 연속형 AE의 경우 AE 계수율과 동일한 AE 발생율 특성을 나타내고 있으며 문턱값의 영향을 받지 않는 점이 유리하다.

나. AE 계수

AE 신호의 발생 수나 발생빈도를 계수하는 방식으로는 그림 5-21과 같이 AE 문턱값을 설정하고 그것을 넘는 파의 수를 전부 변별기(弁別器, comparator)와 pulse count를 이용하여 세는 AE 계수법이 가장 일반적으로 이용되어 왔다.

AE 계수방식에서 임의로 설정한 단위시간당의 AE 계수(計數, AE count, emission count, ring down count)를 AE계수율(AE count rate)이라 하고, AE 검사를 통해 누계한 수를 누계 AE계수(cumulative AE count) 또는 AE계수 총수(AE total count)라 한다.

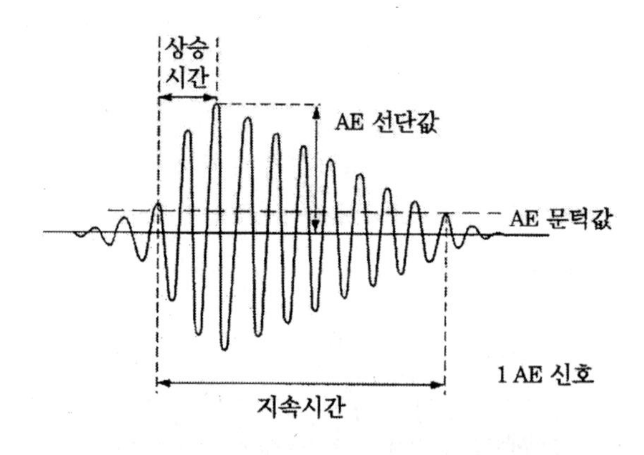

그림 5-21 **AE 신호의 특성 파라미터**

다. 사상

AE 발생수와 검출수를 대응시키기 위해 이용되는 파라미터가 사상(事象, hit, event)이다. hit의 신호처리방법에는 아날로그법과 디지털법이 있다. 아날로그법은 검출파형을 포락선검파하고 그 신호가 문턱값을 넘는 곳부터 문턱값 이하가 되는 곳 까지를 hit로 한다. 디지털법에서는 계수펄스를 변환자의 flip-flop회로에 입력하고 계수펄스의 연속을 일괄 처리한다.

hit 처리에는 반사파를 독립한 hit로 세지 않도록 hit 종료 후 일정시간 count를 정지시킨 불감시간(dead time)을 설정한다. 종래에는 hit를 사상이라 불렀으나 최근 복수의 계측채널을 갖는 계측장치가 등장하면서 새로운 정의가 필요하게 되었다. 따라서 하나의 계측채널에 식별된 AE 신호를 hit라 하고, 후에 기술하는 위치표정으로부터 하나의 AE원으로부터 검출된 hit의 집단을 사상이라 한다. 그러므로 계측채널이 하나인 계측장치에서는 hit = 사상이지만, 2채널 이상의 위치표정 기능을 갖는 계측장치에는 위치표정 hit(located event)가 사상이 된다.

라. 최대진폭

1 hit 중의 최대진폭전압을 최대진폭 또는 AE 선두치(先頭値, AE peak amplitude)라 한다. 또한, 사상의 최대진폭이라 부르는 경우에는 최초로 변환자에 도달한 hit 채널(first hit)의 진폭을 가리킨다.

마. AE 에너지

AE 사상에너지의 추정에 이용되고 있는 파라미터로 AE 에너지(AE event energy)가 있다. 사상에너지는 AE 신호의 순시치를 $f(t)$로 하였을 때 순시치의 2승 적분의 값에 비례한다고 가정하여 AE 에너지 E는 다음 식으로 주어진다.

$$E = \int_0^T f(t)^2 dt \qquad (5.26)$$

여기서 T는 1 AE 사상의 지속시간(AE 신호의 포락선이 문턱값을 넘고 있는 사이의 시간)이다.

바. 에너지 모멘트

AE신호의 파형형상의 특징을 표시하는데 에너지 모멘트(energy moment)라 불리는 파라미터가 제안되고 있다. 이것은 AE신호의 포락선 검파파형의 순시치를 $a_i(t)$라 하였을 때

$$Tem = \sum_{i=0}^{n} a_i^2 \cdot ti \cdot \frac{dt}{Et} \qquad (5.27)$$

$$Et = \sum_{i=0}^{n} a_i^2 \cdot dt \ \text{(총에너지)} \qquad (5.28)$$

로 정의된다.

n 은 시각 t_s로부터 t_{ei}까지 sampling수이고 dt는 샘플링 간극이다. 에너지 모멘트는 신호파형의 에너지 중심을 나타내기 때문에 보통 관찰되는 AE신호에서 파형의 예리함과 집중도를 나타내는 파라미터로 불린다.

에너지 모멘트는 피로나 복합재료의 파괴 등에 있어서 발생 원인이 다른 AE식별 등에 특히 유리한 파라미터가 된다. 또, 에너지 모멘트는 상승시간이나 진폭 모멘트에 비해 잡음이나 계측 문턱값 변화에 대해 안정한 결과가 얻어진다.

사. 신호지속시간

신호의 지속시간(duration)은 1 hit의 지속시간으로, 아날로그법에서는 포락선 검파된 AE 신호가 문턱값을 넘어서 문턱값 이하가 될 때까지의 시간을 말하고 디지털법에서는 계수펄스의 연속 간극이다.

아. 상승시간

상승시간(rise time)은 1 hit가 문턱값을 넘어서부터 최대진폭에 이를 때까지의 시간이다.

자. 주파수해석

변형, 파괴에 수반하는 AE파의 주파수 스펙트럼(power spectrum)은 그 재료의 변형기구나 파괴기구를 반영하고 있음을 예측할 수 있기 때문에 여러 가지 방법으로 측정되고 있다.

주파수해석은 검출파형을 고속 파형 수록장치에서 A/D변환하여 수록하고 컴퓨터나 전용연산회로를 이용하여 푸리에 변환(FFT)을 한 후, 그 파워스펙트럼(power spectrum)을 구하는 것이다. 최근에는 AE대역까지 계측 가능한 고속 FFT analyzer가 비교적 저가로 시판되고 있어 돌발형AE에서는 개개의 AE hit의 패턴분류에 이용되고 연속형AE에서는 현상 변화의 식별에 이용되고 있다.

5.5 AE 계측 순서

그림 5-22는 AE 계측의 흐름도를 나타내고 있다. AE 계측의 순서는 ①부하방식·상태, ② AE 변환자의 설치위치·방법, ③ 잡음대책, ④ 계측감도의 조정, ⑤ 데이터 수록속도, ⑥ 데이터 해석 등이다.

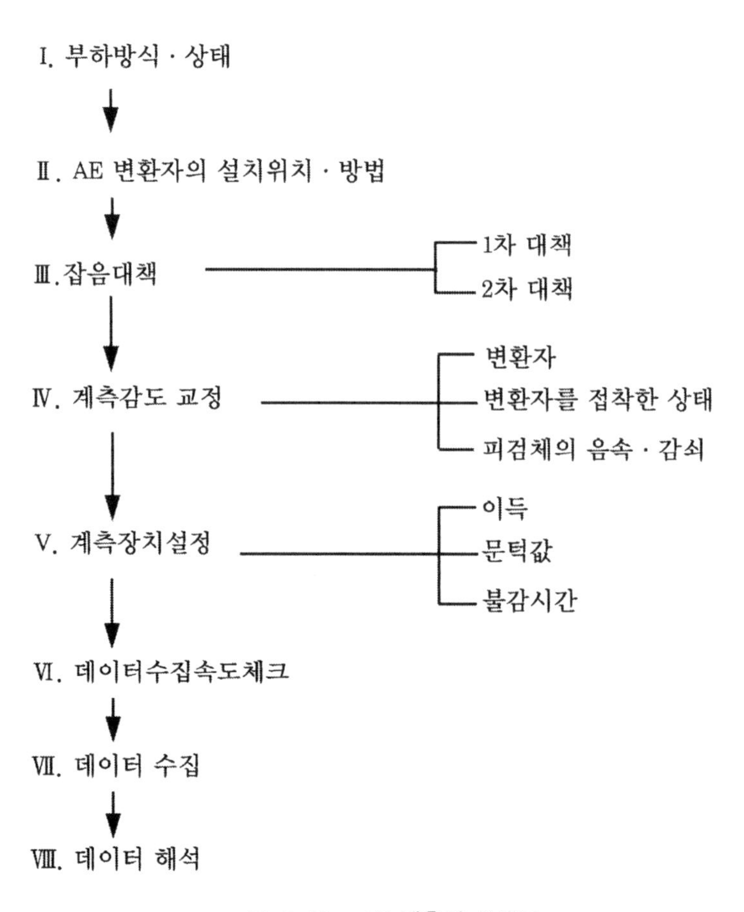

그림 5-22 **AE 계측의 흐름도**

가. 부하방식·상태

AE계측에서는 우선 목적으로 하는 현상을 검출하기 위해 외적조건으로 부하방법·상태를 선택 또는 파악 한다. 부하방식·상태에 따라서 목적으로 하는 현상을 가장 높은 감도로 검출하는 AE 변환자의 설치위치 및 방법을 검토해야 한다.

나. AE 변환자의 설치위치 및 방법

AE변환자의 설치위치 및 방법을 결정할 때에는 ⓐ 커플링 방법, ⓑ 탄성파 전파경로, ⓒ 변환자의 설치환경, ⓓ 재현성 등을 고려할 필요가 있다. ⓐ에서 제품검사 등에 구조상·기능상의 문제로 커플링을 사용할 수 없는 경우에는 AE변환자의 수신파 측의 면에 고무판을 붙인 피검체에 압접하거나 물을 매체로 검출한다. 이들 경우에는 투과율과 감쇠율의 문제로 인해 계측감도가 20 ~ 40 dB 저하하는 경우가 많기 때문에 문턱값의 설정에 주의해야 한다. ⓑ에는 샤프연필심이나 펄스 등의 의사 AE원을 음원의 위치로부터 입력하고 변환자의 설치위치를 변화시킴으로써 검출감도의 변화를 구한다. 탄성파 전파경로로부터 탄성파의 반사·모드변환·합성이 생기기 때문에 최적의 설치장소를 설정해야 한다. ⓒ에서는 압전소자의 큐리점을 넘지 않는 온도, 외부잡음의 영향을 가능한 한 받지 않는 장소에 설치한다. ⓓ에서는 계측감도의 재현성이 있는 AE 변환자의 접촉법 및 교정법을 선택할 필요가 있다.

다. 잡음대책

AE는 피시험체에 부하를 주지 않으면 발생하지 않기 때문에 부하 시에 부하장치, 치구 등으로부터 잡음이 발생하는 것을 피해야 한다. 사용중인 피시험물에서는 더욱 많은 잡음발생이 예상된다. 예를 들어 압력용기 등에서는 수압시험시의 노즐로부터의 기포발생음 등이 예상된다.

라. 계측감도의 교정

계측감도의 교정에는 ① 변환자 자체의 감도교정, ② 변환자 부착 감도교정, ③ 피검체의 음속·감쇠특성의 계측이 있는데 이들의 총합특성에 의해 계측감도를 결정한다.

마. 계측장치의 설정

AE 장치의 기본설정항목에는 ① 게인, ② 문턱값, ③ 불감시간이 있다.

(1) 게인(gain)의 설정

게인설정은 pre-amp와 main-amp에서 한다. pre-amp에서는 계측 dynamic range를 확보하기 위해 최대진폭의 AE신호가 pre-amp최대출력 전압 이하가 되도록 게인을 설정한다. main-amp에서는 각사상의 AE 파라미터의 변화가 크고 계측 dynamic range를 넓게 취하도록 게인을 설정한다.

(2) 문턱값(threshold)의 설정

문턱값의 최소레벨은 Pre-Amp의 입력저항과 내부 잡음에 의해 정해진다. 문턱값은 계측 가능한 최소레벨의 설정 외에 계측대상으로 하는 AE신호레벨의 설정에도 이용한다. 문턱값이 변하면 카운트하는 hit의 수나 계수, 여러 가지 AE 파라미터 값이 달라지기 때문에 주의를 요한다.

(3) 불감시간의 설정

불감시간(dead time)은 반사파를 독립한 hit로 세지 않기 위한 시간으로, 정도 높은 AE수와 hit수를 대응시키기 위해서는 검사 전에 미리 반사경로를 조사해 놓고 유효한 불감시간을 설정할 필요가 있다. 그러나 일반적으로 불감시간은 구조물의 비파괴검사 등 비교적 단시간에 연속적으로 AE가 발생할 가능성이 없는 경우는 유효하지만, 재료시험과 같이 단시간에 연속하여 AE가 발생하는 경우에는 세는 것을 빠뜨리는 원인이 되기 때문에 주의를 요한다.

바. 데이터 수록속도

최근 컴퓨터를 이용한 계측장치에 데이터를 수록하는 것이 일반화되고 있다. 컴퓨터베이스의 계측장치의 데이터 수록속도는 계측채널수, 불감시간, 데이터 전송속도,데이터 기록속도의 함수로 최대수록속도가 정해지고, 실시간(real-time)의 경우에는 여기에 연산속도가 더해진다. 따라서 계측설정 조건에서 최대 hit 또는 사상수록 속도가 변화하므로 계측에 앞서 데이터 수록속도의 확인이 필요하다. 데이터 수록속도의 확인방법은 AE 시뮬레이터를 이용하는 것이 정확하지만 간이적으로는 문턱값을 잔류잡음레벨까지 내려 데이터 수록을 함으로써 구할 수 있다.

사. 데이터 해석

재료평가법의 데이터 해석에는 ⓐ 파괴개시점, ⓑ 파괴진전상황, ⓒ 파괴기구의 식별, ⓓ 파괴위치 등이 중요하고, 구조건전평가기법에서는 ⓔ 파손위치와 ⓕ 손상상황이 중요하다.

5.6 AE의 적용 예

5.6.1 AE 활성도

AE 데이터를 해석하기 위한 다양한 기법들 존재한다. 주어진 검사 환경에서 가장 적절한 해석방법을 찾는 것은 검사체, 하중 인가 조건, 음향 및 전자파 장해(electro magnetic interference; EMI) 잡음 환경, 센서들의 유형과 수량, 측정 시스템의 유형, 적용 표준 및 코드, AE 모니터링의 목표나 목적 등을 고려하여 결정된다. 본 절에서는 AE 활성도(activity)로부터 얻어진 데이터를 이용하여 분석하는 방법에 대해 간략하게 기술한다.

AE 활성도의 측정은 RMS 전압계로 AE를 기록하는 간단한 방식이다. 이러한 접근 방식으로는 개별 사상에 대한 정보가 측정되지 않으므로 AE 발생원들을 식별하거나 발생원 위치를 측정할 수가 없다. 또한 개별 신호 파형이나 특징들을 분석할 수가 없기 때문에 검사 후에 잡음을 식별하거나 제거할 수가 없다. 따라서 잡음원들은 데이터가 획득되기 이전에 제거되어야 한다. 즉, 하중을 부여하지 않은 상태에서 모든 계측기기들과 검사시스템에 전원을 공급하고 구조상의 AE 활성도를 모니터링 함으로서 잡음원에 대한 징후를 예측할 수 있으며 이러한 조건에서 검출되는 신호는 잡음으로 간주하고 제거하여야 한다. 하중이 가해지는 조건에서는 하중을 고정하는 장치나 시편을 잡고 있는 부분에서의 마찰도 잡음원이 있으며 이러한 잡음원을 검출하거나 제거하기가 훨씬 어렵다. 일반적으로 잡음의 영향을 받았을 가능성이 있는 AE 데이터의 사용할 경우에는 많은 주의를 기울여야 한다.

이렇게 잡음이 제거된 AE 데이터를 분석하는 몇 가지 방법들이 있는데 그 중 가장 단순한 방법 중에 하나가 활성도 곡선의 형태를 분석하는 것이다. AE 활성도 곡선에는 AE 측정 변수(즉, RMS 전압이나 총 수)들이 하중, 응력, 변형, 온도, 검사 시간과 같은 주요 파라미터에 따라 그래프로 그려진다. 이때 AE 활성도 곡선의 기울기가 그림 5-23에서와 같이 손상 발생 정도에 따라 크게 증가하기도 한다. 기울기가 급격하게 증가하는 시점은 다수의 발생원으로부터 발생된 AE 신호와 연관성이 있다. 실제적으로, 다수의 동일한 시험편을 검사하여 기울기가 급격하게 변화하는 현상이 생기는 지점에서 최종 파단에 발생되었으며 이러한 현상을 정량적으로 측정하고자 하는 시도가 이루어져 왔다.

하지만 이러한 방법을 사용하는 데에는 몇 가지 단점이 있다. 첫 번째는 다수의 시험편을 검사해야하므로 시간이 오래 걸리고 비용이 매우 높다. 두 번째는 시험편, 탐촉자, 기기 설정 등의 변동으로 인해 반복적인 검사 결과의 재현성이 떨어진다는 것이다. 세 번째로 잡음이 제거되지 않으면 잡음의 갑작스러운 증가로 인해 AE 활성도 곡선의 갑작스런 증가 현상이 생길 수도 있다. 네 번째로 실제로 특정 시험편에서는 파단이 발생되어도 기울기 변화가 매우 완만할 수도 있으며 다중 손상 메커니즘 또는 다른 하중이나 다른 위치에서의 동일한 손상 메커니즘으로 인해 다수의 급격한 변화가 일어날 수도 있다. 이러한 이유들로 인해 이러한 현상을 정량화하는 것은 매우 어렵다.

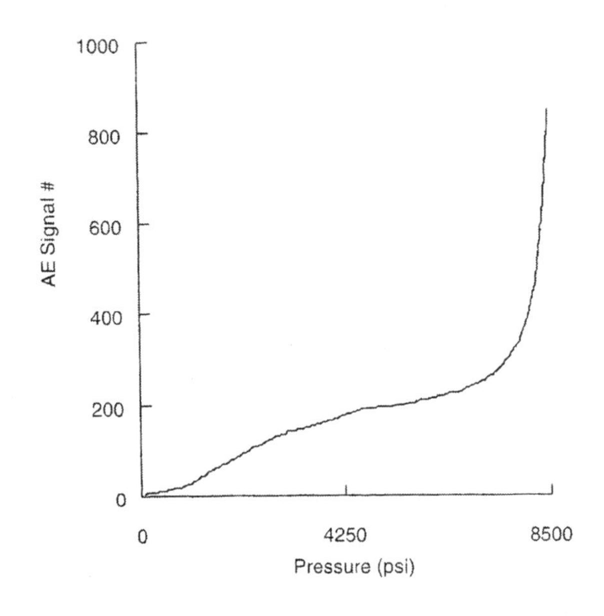

그림 5-23 **압력 용기 복합재 검사 시에 고압에서 기울기가 급격하게 증가하는 AE 활동 곡선**

5.6.2 소성변형의 AE

AE 활성도는 불균일변형의 척도가 되고 있다. 따라서 항복이나 세레이션에 수반하여 큰 AE가 관측되고, 가공경화 영역에서 그 활성도는 저하한다.

그림 5-24와 같이 소성변형에 의한 AE의 발생은 5가지의 패턴으로 나눌 수 있다.

① Type1 - 강과 같은 luders band를 수반하는 변형

② Type2 - 강, 알루미늄과 같은 면심입방 순금속에서 볼 수 있는 항복점 근방에서 큰 AE Peak가 나타나는 것

③ Type3 - Al-Mg, α-Brass 합금 등에서 볼 수 있는 separation에 수반하는 AE

④ Type4 - 시효경화합금, 고탄소강, 티타늄합금에서 관찰되는 항복점 이하에서 큰 AE가 관찰되는 type

⑤ Type5 - 스테인레스강, 고합금강 등에서 보이는 항복점 근방에 약간 관찰되는 것 이외에는 거의 AE신호가 나타나지 않는 type을 나타낸다. 일반적으로 결정입자가 작을수록, 고용원자가 작을수록, 분산 ↔ 입자의 간격이 작을수록, 적층결함에너지가 큰 재료일수록 AE활성도가 높다.

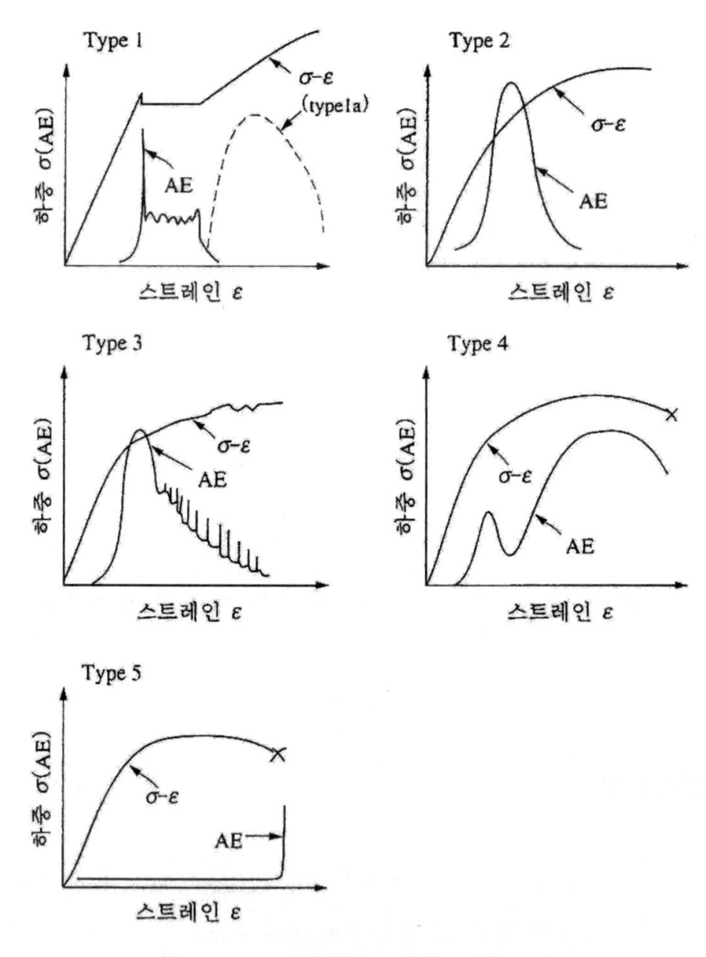

그림 5-24 **소성변형에 의한 AE발생 패턴**

카이저효과(kaiser effect)란 그림 5-25와 같이 소성변형에 있어서 동일방향으로 변형을 계속하는 경우 응력을 제거하면 본래 응력의 크기에 이를 때까지 AE 는 관찰되지 않는 현상이다.

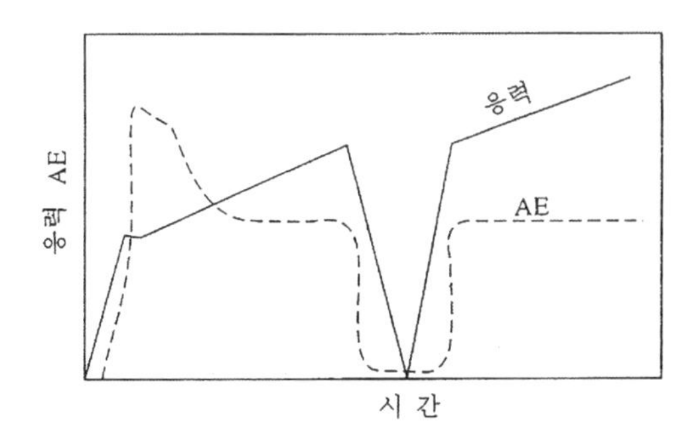

그림 5-25 Kaiser 효과

즉, 일단 한번 응력을 받은 재료에 대해 재차 하중을 부과할 때 이미 경험한 응력레벨 이하에서는 AE신호가 방출되지 않는다. 다시 말해서 AE 신호가 발생되기 위해서는 전보다 높은 하중이 부가되어야만 한다는 것이다. 소성변형을 수반하는 재료에서 재료의 응력이력을 알 수 있는 중요한 현상이다. 또한 파괴시험 전에 잡음의 발생이 염려되는 핀연결부나 고정지그 부분에 예상되는 최고 시험응력 이상의 응력을 사전에 부과해두면, 시험 시에 시편의 변형과는 관계없는 잡음을 제거할 수 있는데 이것 또한 카이저 효과를 이용한 예라고 할 수 있다. 최근에는 카이저 효과의 적용한계와 함께 AE를 이용한 구조물의 안전도 평가기준을 논한 페리서티효과(felicity ratio; FR)가 발표되었는데 AE 연구에 있어서 이 두 가지의 법칙은 매우 중요한 위치를 차지하고 있다.

페리서티 효과란 FRP제 용기에서 관찰되는 현상 중 하나로, 이미 경험한 응력보다 낮은 응력이 작용한 경우에도 AE가 발생되는 수가 있다. FRP는 점탄성 거동을 나타내는 재료이기 때문에, 변형기구에 관여하는 인자로 응력의 크기 이외에 응력의 작용 경과시간을 들 수 있다. 파괴기구 또한 매우 복잡하기 때문에 이미 경험한 응력의 크기와 작용시간의 대소에 따라 생성된 균열선단은 금속재료에 비하여 불안정한 상태라 할 수 있다. 이러한 불안정성 때문에 경험응력 보다 낮은 응력 하에서도 AE 신호가 발생할 수 있는 것이다. 한편, 금속재료에서도 응력의 작용방향이 변화하였다거나 환경요인에 의해서 균열선단의 상태가 열화되었을 경우에 이와 같은 현상이 일어날 수 있으며, 이것은 앞서 말한 카이저 효과에 반하는 것이다. 이와 같이 카이저 효과의 제한을 보완한 것이 페리서티 효과이며, 아래 식과 같이 정의된다.

$$FR = \frac{P_{AE}}{P_{1st}} \tag{5.29}$$

식(5.29)에서 P_{1st}는 이전에 경험한 하중을, P_{AE}는 현재 검사시의 AE가 발생하는 하중을 나타낸다. 결국 FR비가 1보다 클 때에는 대상 시험체는 안전함을, 1보다 작을 때는 균열 선단이 열화되었다는 불안정한 상태를 의미한다. 따라서 $FR < 1$의 조건은 대상체의 열화도를 평가하

는 하나의 기준으로 삼을 수 있다.

그림 5-26과 같이 부하응력의 반전에 의해 AE peak가 나올 때 이를 전위의 AE(bauchinger effect - AE peak 거동) peak거동이라 한다. 이것은 응력반전영역에서 역방향의 항복이 불균일하게 진행하고 있음을 나타내는 것으로 전이의 거동해석으로부터 명확히 되어 있다. 그리고 이 피크를 해석함으로써 변형저항에 해당하는 역응력(back stress)값을 평가할 수 있다.

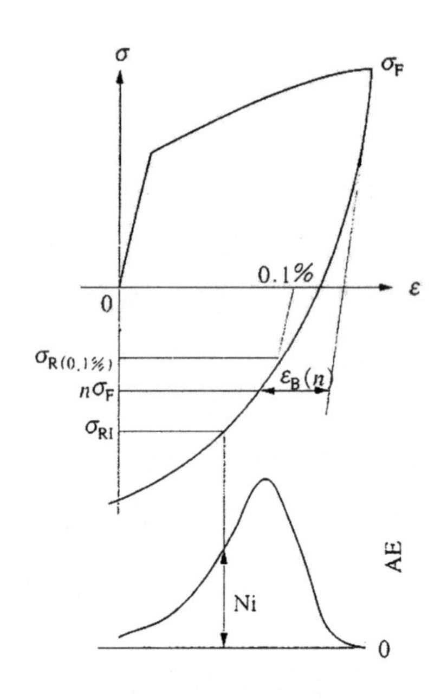

그림 5-26 Bauchinger effect에 따른 AE peak

5.6.3 파괴의 AE

균열진전과 함께 AE가 계측된다. 그림 5-27과 같이 파괴인성시험에서는 주균열진전에 수반하여 AE사상수가 급증하고 AE계측으로부터 파괴개시조건, 즉 K_{IC},, J_{IC} 등의 결정 가능성을 보이고 있다. 일반적으로 응력확대계수 K와 누적계수 N_C 사이에는 다음과 같은 관계가 성립하는데 A, n을 정수라 하면

$$N_C = A \cdot K^n \quad (n = 2 \sim 3) \tag{5.30}$$

으로 표시된다.

AE발생이 균열선단소성역(크기 r_p)에서 일어나고 AE사상이 소성역의 체적 V_p에 비례하여

계측되었다고 하면, $V_p \propto \pi r_p^2 \propto K^4$의 관계로부터 $n=4$가 유지된다. 실제로는 n값이 $n=4$에 가까운 경우가 많다. 그러나 연성재료에서는 주균열진전 이전에 많은 AE가 관측되고 주균열진전과 함께 그 활성도가 저하하는 경우가 있다.

그림 5-27에서 각종재료의 파괴인성시험에 의한 AE발생 패턴을 나타내고 있다. 이는 3가지 type으로 분류되는데, type I은 저강도 고인성재료의 경우로 개재물의 균열, 박리에 수반하여 주균열진전에 앞서 많은 AE가 관찰되고 있다. typeIII는 고강도재의 경우로 주균열진전에 따라 AE활성도가 급증하고 있다. typeII는 type I과 typeIII 중간의 거동을 보인다.

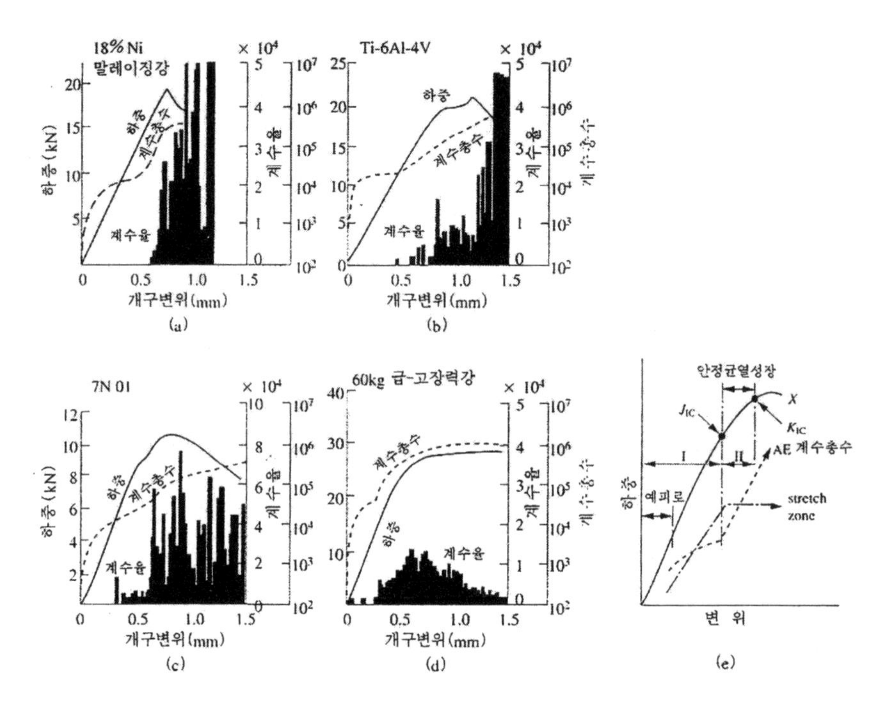

그림 5-27 **여러 재료의 파괴인성시험에서 AE((a)~(d))와 AE발생의 모식도(e)**

5.6.4 금속 압력 용기의 적용 예

널리 사용되는 AE의 적용 사례는 그림 5-28에 보이는 것과 같이 금속 압력 용기들에 대한 검사이다. 이 그림의 가스 튜브 실린더는 공업용 가스의 운송에 사용되며 ASTM Standard E 1419에서 음향 방출을 사용한 이음매 없는 가스 압력용기의 표준 시험 방법에 대한 지침을 제공한다. 이 용기들은 매우 크기 때문에 UT, PT, X-ray와 같은 다른 NDE 기법들이 사용되고 이러한 검사 기법은 매우 시간이 오래 걸릴 수 있다. 하지만 그에 비해 AE 시험은 상당한 비용을 절감할 수 있어 수천 개의 가스 실린더들이 매년 AE로 검사되는 것으로 추정된다.

그림 5-28 **음향 방출 보증 시험이 이루어지고 있는 튜브 트레일러**
(courtesy of city machine and welding, Inc., Amarillo, TX)

AE 검사가 수행되는 금속 압력 용기들의 크기는 다양하지만 그림 5-28의 일반적인 트레일러 튜브의 치수는 길이 10 m, 직경 50 cm, 벽두께 1.27 cm이다. ASTM 표준에 따라 최소 2개의 센서들이 각각의 튜브 한쪽 끝에 하나씩 설치된다. 그 후에 튜브는 미리 설정된 값으로 가압된다. 이 압력 값은 시험동안 크랙의 성장이 야기될 수 있는 임계값을 고려한 파괴역학적 분석을 통해 결정한다. 그 후에 튜브에서 검출된 모든 사상(event)들을 통해 위치 결정을 위한 선형 위치 분석이 적용된다. 미리 정해진 수의 사상이 주어진 위치에서 일어나면 결함 확인과 크기 측정을 위해서 그 부위에 추가적인 UT 검사가 수행된다.

튜브에서 AE 파동은 그림 5-29에서 연필 심 파단의 모사 AE 발생원에 의해 나타난 것처럼 유도초음파 모드로 전파된다. 실린더 반경이 두께의 20배보다 클 경우에는 판에 대한 파동의 전파로 모델링될 수 있다. 고급 모드(modal) AE 해석 기법을 사용함으로써 특정한 모드의 도달 시간을 측정하고 재료, 판 두께, 파동 모드, 주파수에 근거하여 이론적으로 계산된 속도를 사용함으로써 보다 정확한 발생원의 위치를 제공할 수 있다. 이 접근방법을 사용할 경우에는, 발생원의 위치 정확도는 대략 튜브 길이의 1 %에 해당한다.

검출된 파형의 모드(modal) AE 해석은 잡음 식별에도 도움이 될 수 있다. 초음파의 A-스캔과 유사한 파형의 육안검사는 경험 있는 사용자가 실제 균열들에 의해 생성된 신호인지, 다른 잡음원으로부터의 신호인지 신속하게 확인할 수 있게 한다. 그러한 분석은 신호에 내재된 모드, 주파수 성분, 서로 다른 센서들에서의 도달 시간에 근거하며 이들 요소 모두가 파형의 형태를 변화시킬 수 있다. 또한 웨이블렛 분석, 필터링, sonar 알고리즘과 같은 접근 방법을 사용한 후처리 기법들로 이 분석을 자동화할 수 있다.

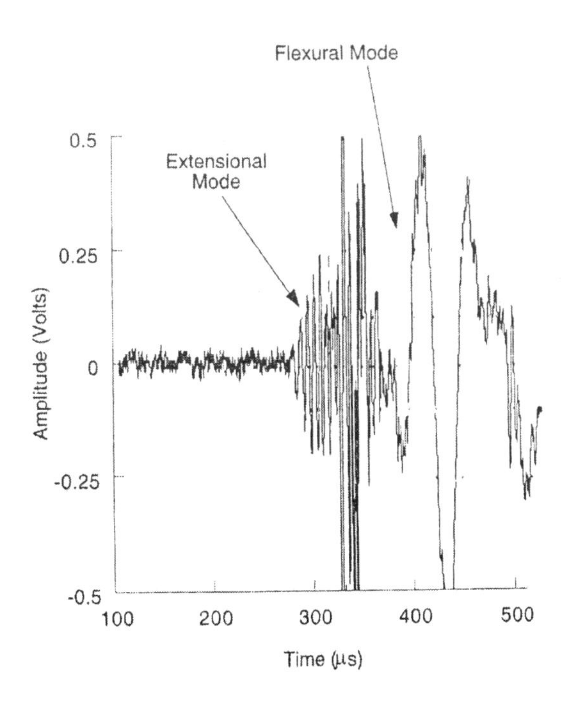

그림 5-29 **튜브 표면에서 연필심 파단 모사 AE발생원을 통해 검출된 신호.**
(튜브 직경 50.8cm, 벽두께 1.27cm, 전파거리 약 76.2cm)

5.6.5 복합 재료에의 적용 예

다음은 복합 재료 내에서 손상이 진전되는 것을 연구하기 위해 실험적으로 적용된 AE 검사의 사례이다. 여러 방향으로 교차된 흑연/에폭시 적층판에서 횡방향 기지 균열이 시작될 때의 하중 및 응력을 결정하기 위해 AE 파형 취득과 모드(modal) 해석이 사용되었다. AE 검사는 결함의 발생 및 성장 거동에 대한 정보를 제공하고 하중이 가해지는 조건 속에서도 시험편을 검사하는 동안 그 자리 그대로의 위치에서 계속 모니터링 할 수 있다는 장점 때문에 주로 적용된다. 방사선투과기법이나 현미경 관찰과 같은 다른 기법들은 시험편의 하중 조건이 제거되거나 별도의 하중이 일정 간격으로 주어진 검사에서만 적용 가능하다.

AS4/3502 흑연/에폭시 복합 재료의 인장 시험편(폭 2.54 cm, 길이 27.94 cm)이 스트로크 제어로 인가 하중(0.127 mm/min) 조건에서 검사되었다. 6 개의 서로 다른 교차 적층판이 검사되었다. 적층 순서는 $[0_n, 90_n, 0_n]$이었고 여기서 n은 1부터 6의 범위이다. 그러므로 시험편의 두께는 3겹에서 18겹까지 다양하다. 손잡이(grip)부분의 손상에 의해 생성되는 잡음 신호를 줄이기 위해 AE 시험에서 종종 사용되는 시험편 끝단의 엔드 탭은 사용되지 않았다. 확인된 잡음 신호들은 파형 모드(modal) 해석에 기반하여 제거하였다.

파형 검출을 위해 광대역 비공진형 센서들(digital wave corporation(DWC) B1000)이 사용되었다. 시험편의 한쪽 끝에 단일 센서를 사용한 것과는 달리 4개의 센서들을 사용하였다. 152 mm 길이의 시험편 양 끝단에 한 쌍의 센서들이 설치되었다. 그림 5-30에 센서 위치와 손잡이(grip) 부위를 나타내었다. 균열 위치에 대한 선형 위치표정을 제공하는 것 이외에도 이러한 센서 배열은 균열 발생부의 측면 부위의 검출을 가능하게 한다(즉, 2-D 평면상의 위치를 제공한다). 측정 시스템(DWC F4000)은 검출된 AE파형을 디지털화하고 로드셀 출력으로부터의 전압을 기록하여 각각의 신호가 발생되었을 때의 하중과 응력을 측정하였다.

한 개 또는 그 이상의 횡방향 기지 균열의 AE 신호가 취득되면 하중 시험을 중지하고 시험편은 실험 장치로부터 제거하였다. 시험 전에 시험편의 한쪽 가장자리를 정밀 연마하여 광학 현미경으로 관찰하였다. 시험편은 AE 데이터와 비교하여 균열 위치를 측정할 수 있도록 이송 장치 위에 장착하였다. 후방 산란 초음파, 투과 강화 방사선 기법, 파괴 시험 및 현미경 관찰과 같은 다른 기법들도 사용하여 균열 위치를 추가적으로 확인하였고 균열의 측방 범위에 대한 정보를 나타내었다.

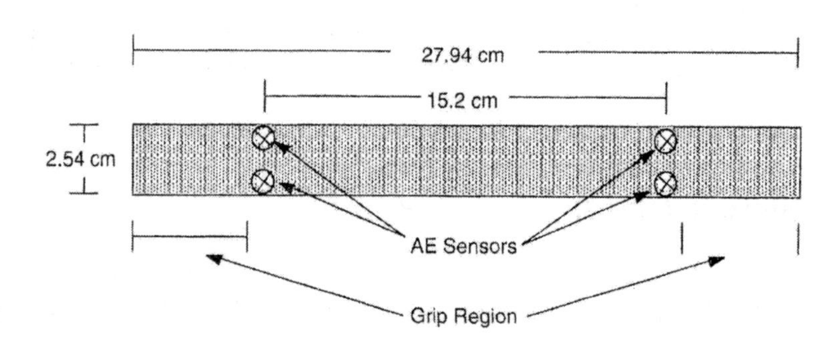

그림 5-30 **횡방향 기지 결함의 AE 신호 검출을 위한 센서의 위치와 시험편 형상**

횡방향 기지 균열 발생원으로부터의 파형을 그림 5-31(a)에 , 잡음원에서 발생하는 파형을 그림 5-31(b)에 나타내었다. 이 신호는 폭이 좁은 시험편을 왕복하여 전파하면서 발생되는 여러 개의 반사 신호 성분들 때문에 매우 복잡하다. 하지만 균열 신호는 고주파의 확장파 모드 성분을 가지고 있고 반면에 손잡이(grip) 잡음 신호는 저주파의 굽힙파 모드 성분을 포함하고 있다.

평면 위치 분석을 통해 모든 균열들이 시험편 가장자리에서부터 시작되었다는 것이 확인되었다. 그림 5-32에 균열로부터 발생된 일반적인 4개의 파형들이 나타나있다. 이 신호들은 균열 시작 부위에 해당하는 가장자리에 위치한 센서들에서의 시간 지연을 분명히 나타내고 있다. 또한 센서들 간의 진폭 차는 시험편을 통과하는 전파 신호를 감쇠시킨다. 시험편의 반대쪽 끝에서 검출된 신호에 대한 진폭과 주파수 성분의 차이도 유의해야 한다. 감쇠 및 분산에 의해 초래되는 이 차이들은 위치 정확성 및 종래의 진폭 분포 분석에 상당한 영향을 미칠 수 있다.

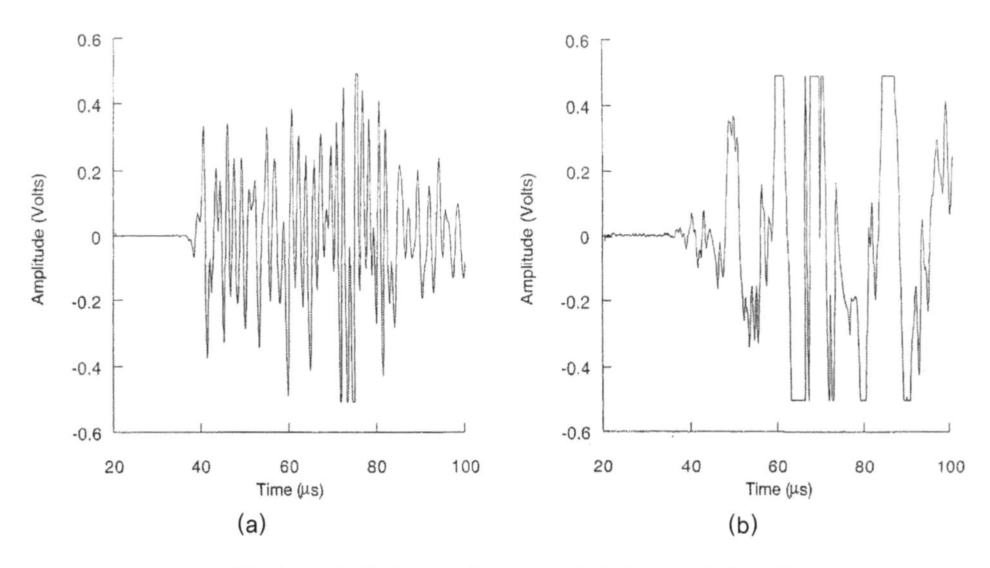

그림 5-31 **파형 비교 (a) 횡방향 기지 균열 발생원, (b) 손잡이(grip)에 인한 잡음원**

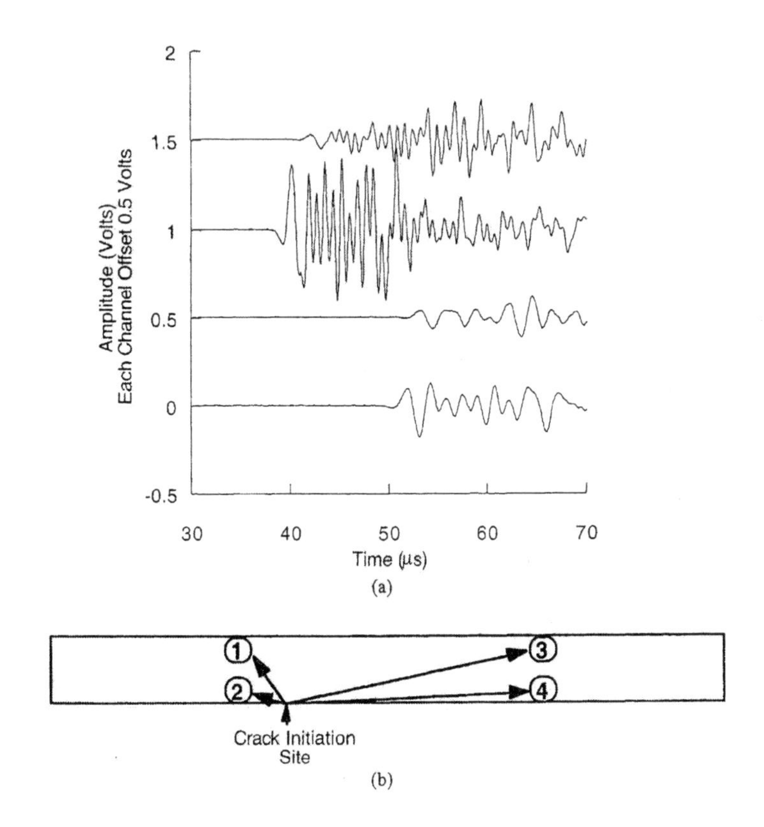

그림 5-32 (a) 시험편 가장자리에서의 크랙 발생 시 나타나는 4개의 파형
(b) 도식화된 센서의 위치, 크랙의 발생 위치, AE 신호의 전파 방향

감쇠 및 분산성이 위치 표정의 정확성에 어느 정도 영향을 미치는지 알아보기 위해서 한쪽 가장자리에 있는 두 쌍의 센서에 대해서와 시험편 상의 서로 다른 위치들에 있는 균열에 대해서 선형 위치 표정 결과를 비교하였다. 가장 정확한 선형 위치 표정은 동일한 가장자리에 있는 두 개의 센서들에 의해 균열 시작 부위에서 얻어졌다. 반대쪽 가장자리에 있는 센서들에서는 다음의 몇 가지 영향 때문에 더 부정확한 위치를 얻게 되었다. 첫째, 음파는 시험편의 폭을 가로질러서 증가된 거리를 직접적으로 전파하였다. 또한, 복합 재료의 이방성 때문에 시험편을 비스듬하게 가로질러서 전파하는 음파의 속도는 시험편 가장자리를 따라서 직접 전파되는 신호보다 더 느렸다. 마지막으로 전파 거리의 증가와 전파 방향에 따른 감쇠는 진폭을 감소시켜 도달시간을 결정하는데 더 어렵게 만들었다. 이러한 영향들은 일반적으로 시험편의 폭 중심에 설치된 센서에 의한 위치 측정에도 영향을 미친다. 균열 시작 부위와 동일한 쪽 가장자리에 있는 센서로부터의 결과를 살펴보면, AE 검사와 현미경 관찰로부터의 균열 위치 차이의 평균은 게이지의 길이가 152 mm일 때, 3.2 mm였다. 일반적으로 중심 쪽을 향해 형성된 균열들은 AE 검사로 더 정확하게 위치가 확인되었고 시험편의 끝 쪽에 가깝게 형성된 균열들은 더 큰 오차를 보였다. 이것은 중심부에 가까운 균열이 발생되어 전파 거리가 거의 같은 경우에, 신호들이 감쇠 및 분산의 영향을 보다 더 동일하게 받기 때문인 것으로 예상된다. 그림 5-33은 9개의 균열이 검출될 때까지 하중이 가해진 시험편에 대하여 현미경 관찰 위치를 비교한 결과이다.

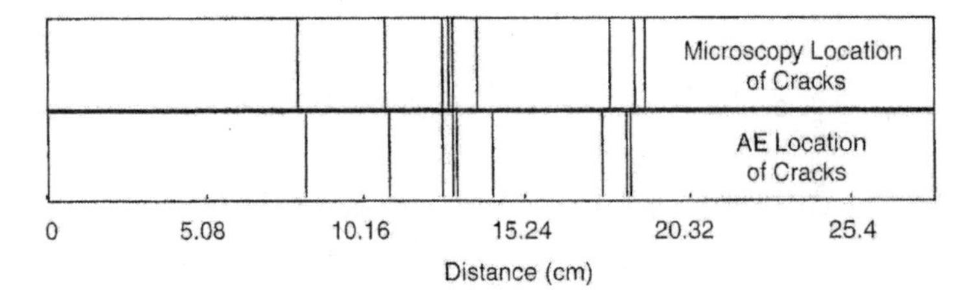

그림 5-33 **9개의 균열이 발견될 때까지 하중이 가해진 시험편에서 횡방향 기지 균열의 위치 확인 결과**

90° 방향의 두꺼운 적층($n=3$개 이상) 시험편과 90° 방향의 얇은 적층 시험편에서 균열의 시작 및 전파 거동의 차이가 관측되었다. 90° 방향의 두꺼운 적층 시험편의 경우에는 균열들이 시험편 가장자리에서 시작되었고 시험편의 폭을 가로질러서 빠르게 전파되었다. 그러한 균열 성장에 의해 생성된 AE 신호들은 일반적으로 진폭이 컸고 신호 진폭은 90° 방향의 층 두께에 비례했다. $n=1$ 또는 $n=2$ 인 시험편의 경우에는 균열의 AE 신호의 진폭이 너무 낮아서 몇몇 경우에는 검출이 불가능했다. 방사선 투과기법과 같은 다른 기법에 의한 분석에서는 이러한 시험편들이 균열 시작 직후에 시험편을 가로지르며 빠르게 성장하지 않았다는 것을 나타내었다. 즉, 동일한 발생원 메커니즘인 횡방향 기지 균열이 균열의 길이와 폭, 방출된 에너지의 양에 따라 다양한 AE 신호를 생성시킬 수 있음을 확인하였다.

요약하면 이 연구는 복합 재료에서 균열 성장의 특성을 확인하기 위해서 AE 검사를 사용한 것이 매우 유용하다는 것을 나타낸다. AE 신호에 대한 모드(modal) 해석은 잡음 신호들을 식별하고 제거하는 방법을 제공한다. 평면상의 위치 분석은 균열 시작 부위에 대한 정보를 제공하였고 위치 정확도에 대한 감쇠 및 분산의 영향이 명확히 설명되었다. 또한 동일한 발생원 메커니즘으로부터의 신호의 진폭 변화가 설명되었다.

5.6.6 항공 우주 구조체에의 적용 예

마지막 적용의 예로, F-16 벌크헤드(FS479) 서브 부품의 피로 시험 과정에서 균열의 성장 검출을 위해 파형 데이터의 모드(modal) 해석이 사용된 사례이다. 이 벌크헤드는 F-16의 수직 안정 장치가 부착되는 지점에 쓰인다. 실제 벌크헤드(FS479)에서는 수직 안정 장치의 극도의 하중이 가해지기 때문에 부착 패드의 바닥에서 피로균열의 성장이 일어난다. 벌크헤드에 대한 접근이 제한되기 때문에 이 부품의 검사가 어렵고 침투탐상검사 및 와전류탐상검사와 같은 NDE 기법들은 표면 균열 성장 정보만을 제공해 줄 수 있기 때문에 깊이 정보에 대해서는 알 수가 없다. AE 모드(modal) 해석은 전체적인 균열 정보를 제공해 줄 수 있고 또한 수명 예측 모형을 개선하고 개발하기 위해서도 사용될 수 있다. 최대 속도로 엔진이 가동되고 항공 전자 시스템들이 운용되고 있는 F-16에서의 AE 잡음 환경 평가를 수행하는 것은 AE가 운항 중에도 균열 검출에도 사용될 수 있다는 것을 의미한다.

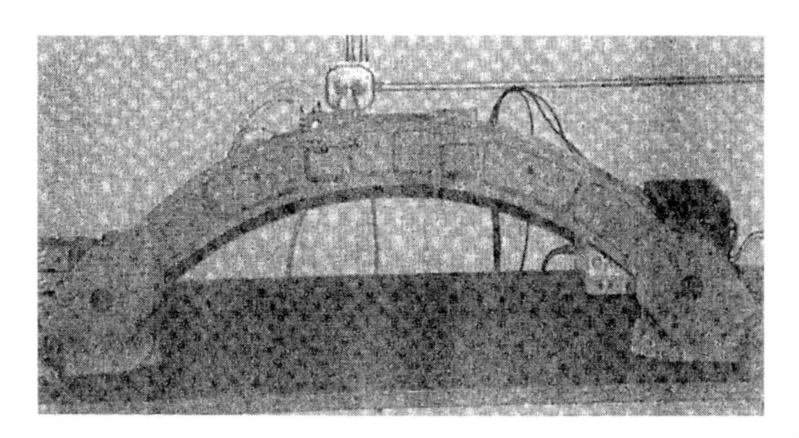

그림 5-34 **F-16 벌크헤드 서브 부품, F-16의 수직 안정장치는 벌크 헤드 상단의 부착 패드에 체결된다.**

그림 5-34에 나타난 것처럼 8개의 AE 센서들이 접착 패드의 주변에 배열되었다. 검출된 파동이 볼트와 접한 구멍이나 날카로운 모서리 주위로 전파되지 않도록 센서들이 배치되었다.

이는 음파를 왜곡시켜 발생원 위치 분석을 부정확하게 만들 수 있다. 접착 패드의 두께 때문에, 판파가 아닌 종파가 검출되었고 균열원로부터의 파형 집합이 그림 5-35에 나타나 있다. 여러 센서들에 의해 종파의 도달시간이 측정되었고 발생원의 위치표정을 위해 비선형 최소 제곱법에 의한 삼각 측량법이 적용되었다. 실험 결과는 균열 성장이 시험 도중에 관측될 수 있다는 점과 파형에서 관찰된 파동 모드를 기반으로 하여 균열의 성장을 잡음원으로부터 분리할 수 있다는 것을 나타내었다. 또한 3차원 발생원 위치 표정은 정확한 균열 위치 검사가 수행될 수 있었다는 점과 피로 균열 성장의 금속학적 분석과 연계될 수 있다는 것을 나타내었다. 그림 5-36(a)는 최종 파괴 이전에 피로 균열의 대략적인 범위를 나타낸 결합 시험편이고 그림 5-36(b)는 시험편에 개별적인 AE 발생원의 위치를 중첩시켜 나타낸 것이다.

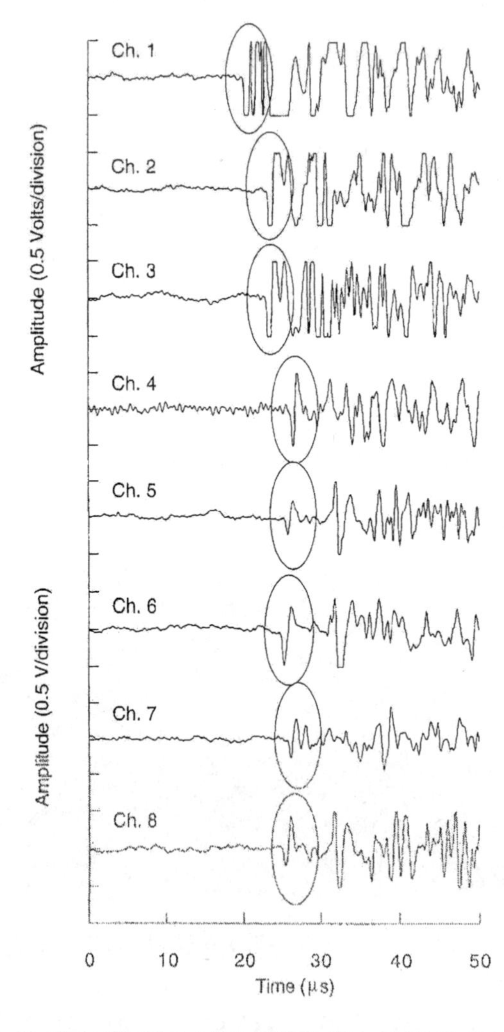

그림 5-35 **F-16 벌크 헤드에서 피로 균열의 성장 파형(원 표시는 종파의 도착).**

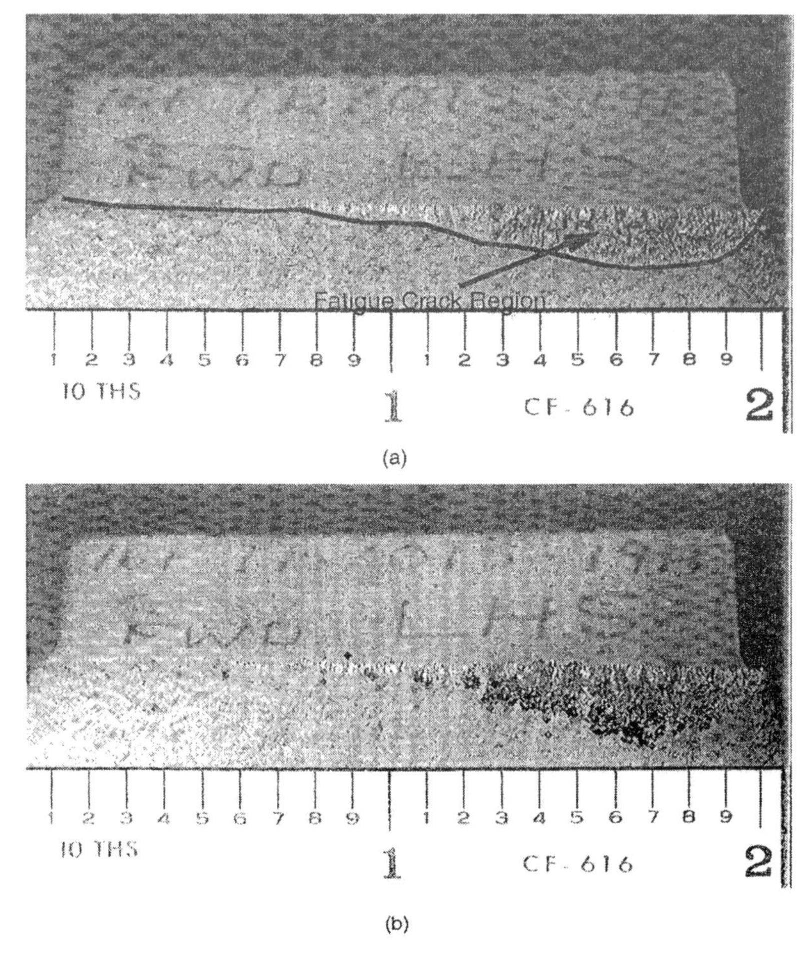

그림 5-36 (a) 파괴가 일어나기 전의 피로균열을 나타낸 결함 시험편
(b) AE 발생원 위치를 중첩시켜 나타난 결함

추가로 항공 전자, 엔진, 표면 제어로부터 발생된 잡음원이 균열 성장의 검출을 방해하는지의 여부를 판단하기 위한 검사를 수행하였다. F-16에 AE 센서를 장착하고 나서 지상에서 애프터버너가 완전히 가동할 때까지 가동시켰다. 파형 AE 데이터는 엔진 가동 시작에서부터 애프터버너가 완전히 가동될 때 까지 모든 단계에서 수집되었다. 이 시험에서는 엔진, 항공 전자, 표면 제어로부터의 잡음이 균열 성장 주파수 보다 훨씬 더 낮은 주파수 성분을 가지고 있다는 것이 확인되었고 이 잡음들이 균열 성장 데이터로부터 필터링 될 수 있다는 점이 확인되었다.

익 힘 문 제

1. 음향방출검사(AE)와 초음파검사(UT)의 원리상의 차이점을 설명하시오.

2. AE의 주요 적용 분야와 적용 예에 대해 기술하시오.

3. AE 신호파형의 종류와 특징에 대해 기술하시오.

4. 금속구조물의 음향방출검사(AT)에서 AE원(acoustic emission source)의 형태를 4가지로 구분하여 그 요인을 쓰고, 1차 AE(연속형) 또는 2차 AE(돌발형)의 종류를 설명하시오.

5. AE시험 시 활용되는 주요 파라미터에 대해 기술하시오.

6. 소성변형에서 AE의 발생패턴에 대해 카이저효과(kaiser effect)와 페리서티 효과(fellicity ratio) 대해 기술하시오.

7. Bauchinger effect에 대해 기술하시오.

8. AE원의 위치표정에 대해 기술하시오.

익힘문제 해설은 출판사 홈페이지(www.enodemedia.co.kr) 자료실에서 받을 수 있습니다.
파일은 암호가 걸려 있으며, 암호는 ndt93550입니다.

6. 침투검사

6.1 개요

6.1.1 침투검사의 기본 원리

침투검사(penetrant testing; PT)은 표면에 존재하는 개구 결함인 불연속 내에 침투한 침투액이 만드는 지시모양을 관찰함으로써 결함을 검출하는 방법으로 표면 결함을 경제적으로 발견해 낼 수 있어 다양한 산업분야에서 이용되고 있다. 그림 6-1은 기본 원리를 설명한 것으로 표면에 개구되어 있는 균열이나 핀 홀 등의 결함에 대해 육안에 의한 관찰이 쉽도록 착색염료나 형광염료를 함유한 "침투액"을 적용한 후, 모세관현상을 이용해서 결함 내부에 침투시킨다(침투처리).

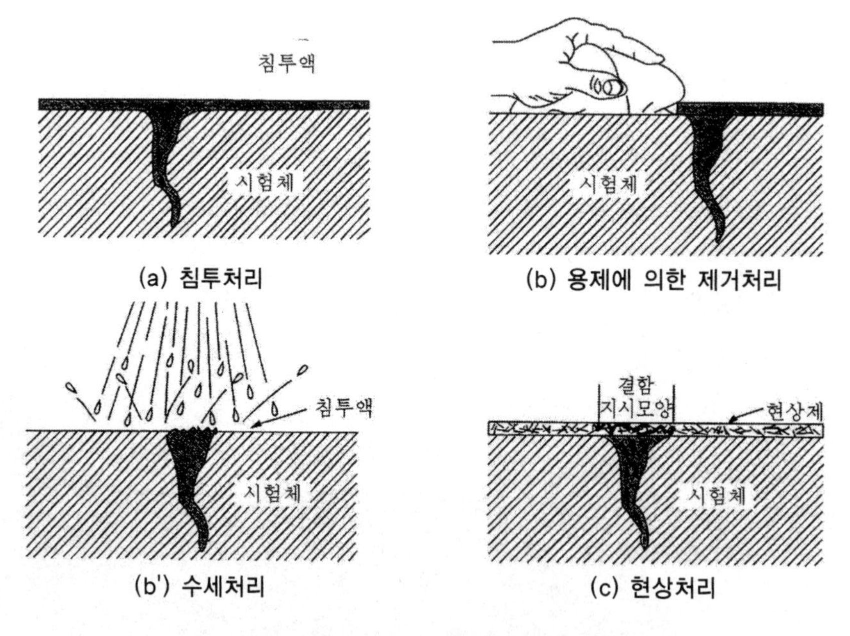

그림 6-1 **침투검사의 원리와 결함지시모양의 형성**

그 후 표면에 잔류하는 여분의 침투액(잉여침투액)을 제거하고(세척처리), 다음으로 미분말로 된, "현상제"를 표면에 도포하면, 미분말간에 형성된 극히 좁은 틈이 무수히 형성되고, 모세관 현상에 의해 결함 내부에 잔류한 침투액이 다시 빨려 나와 이것이 현상막으로 퍼져 결함지시모양이 형성되는데, 이 결함지시모양은 결함 개구 폭 보다 커서 관찰이 가능하게 된다. 이와 같은 공정으로 이루어지는 침투검사는 시험체의 재질에 거의 관계없이 표면 개구결함은 검사가 가능하므로 다양한 재료의 검사에 이용되고 있으며, 각종 구조물 및 제품의 가공 공정 등에도 널리 활용되고 있는 비파괴검사 방법의 하나이다.

침투검사는 빠르고, 간단하며, 경제적인 비파괴검사 중 하나이다. 침투검사는 다양한 재료, 구성품, 시스템의 표면 개구결함을 검사할 수 있다. 이러한 불연속은 제조 공정상에서 발생될 수 있으며 또한 환경적 요소 및 제품의 사용에 따라 발생될 수 있다. 침투검사는 휴대가 가능하기 때문에, 외진 곳에서도 사용이 가능하다.

효과적인 침투검사를 위한 요구사항으로는 ① 표면 개구 불연속(표면 아래에 불연속 또는 표면의 불연속이 열려있지 않으면 검사되지 않는다), ② 전처리 공정 필요, ③ 좋은 시력 등이 있다.

6.1.2 침투검사의 역사

침투검사는 19세기 초에 균열이나 눈으로 잘 보이지 않는 결함으로 담금질액이나 세정액이 스며드는 것을 발견한 금속 제조업자에 의해 사용되어져왔다. 19세기 말의 침투검사는 철도 차축, 바퀴, 결합기, 기관차 부품을 검사하는 "oil and whiting"을 의미하는 것이었다. 철도 검사원은 "오일"(등유로 희석된 윤활유로 만들어진 침투제)을 표면결함을 찾기 위해 사용했다. 관심 영역에 오일 코팅을 하고 적절한 시간을 유지한 후(결함에 최대한 들어가게 하기 위해) 과잉 오일을 제거한다. 오일을 적용 후 "현상액(whiting)"(분필과 알코올의 혼합물)을 부품에 적용하고 알코올을 증발시켜 표면에 백색의 분필 분말 코팅층만을 남게 하였다. 부품을 망치로 강타했을 때, 불연속에 갇혀 있던 오일이 밀려 나오고, 분필 분말층에 거무스름한 얼룩이 만들어진다. 이로 인해 불연속의 존재를 쉽게 찾을 수 있다. 철도 검사원들은 강자성체의 자분검사로 대체될 때까지 약 1940년까지 oil-and-whiting 기술을 사용하였다.

1940년 이후에는 oil-and-whiting 기술에 두 가지를 개선함으로서 지속적으로 사용을 할 수 있게 하였다. 첫 번째는 표면으로부터 과잉 오일을 제거한 후에 시험편에 자외선(UV, 자외선 조사장치) 램프를 사용하여 시험체에 자외선을 조사하는 것이었다. 강한 자외선 아래서 오일은 옅은 푸른빛을 내기 때문에 작은 결함으로부터 나온 오일의 흔적을 보다 선명하게 볼 수 있다. 두 번째는 불연속으로의 침투를 개선하기 위하여, 오일과 시험편을 가열하는 것이었다. 얇고 뜨거운 오일은 불연속이 확장됨으로서 더 쉽게 침투해 들어갈 수 있고, 시험편의 냉각은 표면의 불연속으로 침투제가 끌려 들어갈 수 있도록 해 준다. 그러나 이러한 "hot oil method"도 오늘날 사용되는 침투법보다는 감도가 떨어진다. 2차 세계대전동안, 항공 산업 분야에서는 자기법으로는 검사가 불가능한 비강자성체 부품에 대한 침투검사가 필요하였고 또한 표면 개구 불연속을 가지는 강자성체보다 더 감도가 좋은 기법이 요구되었다.

1941년에 Robert C와 Josheph L. Swizer는 현재까지도 사용되고 있는 형광침투와 염색침투 기법으로 개선을 하였다. 강하게 발광하거나 밝은 색상을 가진 염료를 더 침투력이 좋은 특별히 제작된 오일에 넣었다(이러한 이유로 염색침투법으로 알려짐). oil-and-whiting 또는 hot-oil 기법과 비교했을 때, 형광이나 염색(일반적으로 붉은색)침투 검사는 훨씬 더 좋은 감도를 가진다. 형광 침투제는 자외선에 노출되었을 때 황록색의 빛을 방출하고 이 황록색의 빛은 인간의 지각 능력에서 가장 민감하게 반응하는 파장 범위이다. 또한 백색 현상액은 붉은색의 염색 침투액이 가장 민감하게 검사를 할 수 있는 배경색이다. 많은 산업 분야에서는 이러한 침투 기술을 빠르게 받아드려 다양한 제조업체들이 상업적인 검사시스템을 개발할 수 있도록 하였다. 이러한 제나 기법은 지속적으로 발전해 오고 있다. 현재는 산업계와 정부의 안전 요구사항에 따라 탄화플르오로나 특정한 탄화수소 화합물을 제거하여 더 환경 친화적인 유기 용매를 만들어 화재 위험성 및 제의 독성을 줄이는 등의 몇몇 개선사항들이 수행되고 있다.

유화제(물과 혼합된 유기재료로 만들어진 것)를 첨가하고 그 다음에 후유화성 침투제(유지 시간후)로부터 제거하는 방식이 현재 더 선호되고 있다. 유화제는 물로 침투제를 제거할 수 있게 만든다. 특수한 침투제는 일부 물질에 부식을 유도할 수 있는 할로겐(초기 침투제에 존재)을 특정 상황(항공 우주 및 원자력 산업)에 사용하기 위해 개발되었지만, 지금은 낮은 수준으로 사용되고 있다. 침투제는 액체 산소(LOX) 또는 강력한 산화제를 이용한 시스템을 위하여 개발되어 왔다. 침투제와 기록(폴라로이드 사진, 비디오 녹화 및 플라스틱 필름)을 위한 다른 개발들은 지속적으로 침투법의 유용성을 확장시키고 있다.

6.1.3 침투검사의 특징

침투검사는 모세관현상을 이용하여 표면으로 열린 결함에 침투액을 침투시킨 다음 잉여침투액을 제거하고 현상제를 적용하여 결함지시를 형성시키는 검사법으로써 거의 모든 재료에 적용이 가능하다. 심지어 특별한 침투 방식을 적용하여 다공성 재료에서의 검사도 가능하다. 또한 침투검사는 다른 비파괴검사방법에 비해 상대적으로 검사가 간단하며 경제적이다. 시험 키트도 한 검사자가 원거리의 검사장소로 쉽게 이동시켜 검사를 적용할 수 있다. 다양한 형상 및 크기의 시험편에 검사를 할 수 있다. 침투검사는 숙련된 검사자를 통해 거짓 지시를 줄이고 신뢰할 만한 검사 결과를 제공할 수 있다. 침투검사는 간단한 시험편 형상을 가지는 대면적 검사나 다량의 유사한 시편편에 대해 자동화를 통해 빠른 검사가 가능하다.

침투검사의 주요 단점은 시험편 표면에 결함만을 검출 할 수 있다는 점이다. 또한, 관리자의 경험과 기술에 따라 결과가 달라질 수 있다. 다공성, 표면의 오염, 거친 표면을 가지는 시험편에서는 불연속이 검사되지 않을 수 있다. 비록 몇몇 특별한 침투제가 고온(350°F/175℃이상)이나 저온(10°F/-12℃이하)에서 사용되어지기는 하지만 일반적인 침투제는 고온(120°F/49℃이상)이나 저온(40°F/4℃이하)에서 사용 불가능하다. 재료 및 불연속의 유형 그리고 온도 및 습도와 같은 시험 조건이 검사의 민감도에 영향을 줄 수 있다. 비록 침투검사에 사용되는 세척액이 환경 및 안전 요구사항을 충족시키기 위해 점진적으로 개선되고는 있지만 지속적으로 환경 및 안전에 중요성을 고려하며 사용하여야 한다. 침투검사의 특성을 요약하면 아래와 같고 표 6-1은 침투검사의 장단점을 정리하여 기술하고 있다.

① 금속, 비금속에 관계없이 거의 모든 재료에 적용이 가능하지만 단지 다공질 재료에는 적용이 곤란하다.
② 표면으로 열린 결함만 검출이 가능하다.
③ 형광법, 염색법이 있으며, 결함 폭의 확대율이 높아 미세 결함의 검출능력이 우수하다.
④ 결함의 깊이, 내부의 모양 및 크기를 알 수 없다. 검출된 결함 지시로부터 알 수 있는 것은 결함 유무와 결함의 위치 및 표면에 나타난 결함의 개략적인 모양뿐이다.
⑤ 검사가 비교적 간단하여 교육 및 훈련을 받으면 비교적 숙련이 쉬우나, 수작업이 많아 검사원의 기량에 검사결과가 크게 좌우된다.
⑥ 주변 환경 특히 온도의 영향을 많이 받는다.
⑦ 밀집되어 있는 결함이나 매우 근접해 있는 결함을 분리한 결함 지시모양으로 나타내는 것은 일반적으로 곤란하다.

표 6-1 침투검사의 장단점

장점	단점
경제적임	표면 개구결함만 검사 가능
쉽게 적용가능	고온, 또는 표면이 오염되거나 거친 표면을 가지는 시험편은 검사가 힘들다.
다양한 재료에 적용 가능	다공성 재료의 검사가 힘들다.
빠르다	환경과 안전문제
휴대가능	온도 범위의 제한
쉽게 배울 수 있다.	페인트 또는 다른 보호 코팅제를 제거해야 한다.
시험체의 형상과 대면적 검사가 가능하다.(복잡한 모양에 잘 적용된다.)	검사자의 숙련도에 많은 영향을 받는다.
전원이 불필요함	쇼트 피닝, 연마, 버프연마, 기계가공 등으로 표면을 가공시 균열이 닫힐 수 있다.
결함의 위치, 방향, 대략적인 크기와 모양을 검출 가능	최종적 검사는 눈으로 해야 한다.
체적 검서-제품을 침투액에 넣어 검사 가능	
100% 표면 검사	

6.2 침투검사의 기초이론

침투검사의 기본원리는 시험편 표면을 탐상제로 완전히 도포한 후 표면의 개구 불연속의 깊이 방향으로 탐상제가 침투하는 원리이다. 표면 장력, 접촉각 그리고 표면 적심성, 모세관 현상 그리고 침투시간을 통해 이를 설명할 수 있다.

6.2.1 모세관 현상

침투검사의 기본원리는 액체의 표면장력에 기인한 이른바 "모세관 현상(capillarity)"이다. 모세관현상은 그림 6-2와 같이 액체가 표면장력에 의해서 미세한 관으로 빨려 올라가는 것처럼 상승하여, 그 액면이 외부의 액면보다 높아지는 현상이다. 즉, 극히 좁은 틈이나 천 등의 가는 망사가 존재하면 액체는 틈으로 이동하여 침입하게 된다.

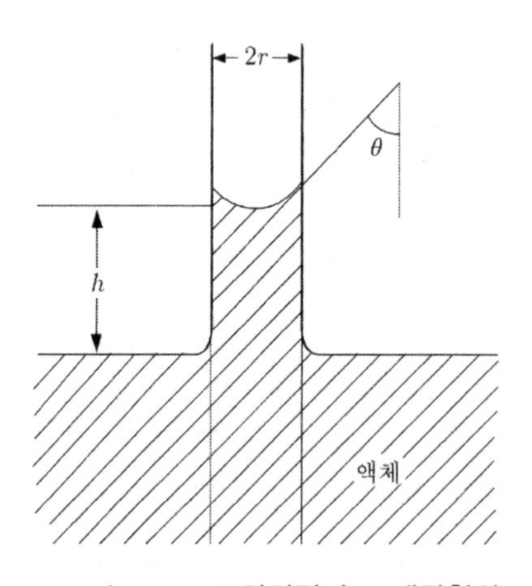

그림 6-2 **표면장력과 모세관현상**

그림 6-2에서 액체는 반지름 r 인 모세관을 높이 h 까지 상승한다. 관 안에서 액면은 일반적으로 가운데가 아래 오목한 곡면이 된다(관의 벽과 액면과의 각 θ를 가진다). 이 곡면은 메니스커스(meniscus)라 한다. 액면의 메니스커스 둘레가 모세관 면과 접촉한 곳에서 액체의 표면에너지(표면장력)를 γ이라 하면, 힘의 수직으로 상방향 성분은 이 접촉원의 단위 길이 당 $\gamma\ \cos\theta$가 된다. 그러므로 $2\pi r$의 접촉원 전체에서의 합력은 $2\pi r\gamma\ \cos\theta$가 되고, 이는 액체가 위로

올라간 부분의 질량과 평형을 이루므로

$$2\pi r\gamma\cos\theta = \pi\rho h r^2 g \tag{6.1}$$

이 성립된다. 단, ρ는 액체의 밀도이고 g 는 중력가속도이다. 따라서

$$h = 2\gamma\cos\theta/\rho g r \tag{6.2}$$

가 얻어진다. 이 식에서

$$\frac{2\gamma}{\rho g} = \frac{rh}{\cos\theta} = a^2 \tag{6.3}$$

이고, a^2는 비응집력이기 때문에 표면장력에 상응해서 이용된다. a^2는 물에서 15[㎟]정도, 메칠 알코올에서 5.8[㎟]정도이다. 식(6.3)에서 액체의 비응집력 a^2이 커지고 개구 반지름 r이 작아지면 액체는 좁은 관으로 빨려 올라가기 쉬워진다. 한편, 표면장력 γ는 온도가 높아지면 감소한다.

식(6.2)에서 각도 θ를 접촉각이라 하는데, 액체-고체 표면간의 "적심성"을 나타내는 파라미터의 하나이다. 물이나 알코올이 모세관 현상에 의해 미세한 유리관 속으로 상승할 경우, θ는 대부분 0에 가깝다고 생각하는 것이 좋다. 모세관 속으로 상승하는 액체의 속도, 즉 침투속도는 액체의 표면장력 γ, 그 접촉각, 액체의 점도, 모세관의 직경 등의 영향을 받는다. 특히 개구반경 r이 작고 액체의 점도가 낮을수록 침투속도는 빠르다.

시험편 표면을 적실 때 첫 번째로 고려해야 하는 사항은 침투제이다. 표면에 침투제가 도포되면 표면 불연속의 깊이방향으로 침투제가 들어가게 된다. 모세관 현상은 중력 방향에 무관하게 유체가 좁은 틈으로 끌려 들어가게 하는 원동력이다.

유리 용기에 담겨있는 물은 반경 r을 따라 기준 물의 높이보다 벽면에서 벽을 타고 약간 더 올라가게 된다(그림 6-3a). 반면에, 만약 유리가 왁스로 코팅되어 있다면 벽면에서 물은 아래로 내려가게 된다(그림 6-3b). 이 접촉각의 차이는 표면 장력과 접착력 A의 균형으로 설명 할 수 있다. 용기의 두 벽 사이의 거리가 곡률의 두 배 보다 작을 경우 힘의 불균형으로 인해 유체는 추가적으로 올라가거나 내려가게 된다(그림 6-3c, 6-3d). 이러한 용기를 모세관이라 부르며 이 기준높이로부터 유체가 이동하는 것을 모세관현상이라고 부른다. 그리고 이 유체의 곡면을 매니스커스라 불린다.

유체가 담겨있는 개방된 모세관을 생각해 보자. 만약 접촉각이 90°보다 작으면 유체는 표면을 적시고 모세관에서 원래의 높이보다 더 올라가게 된다(그림 6-3c). 또한, 접촉각이 90°보다 작으면 모세관 내의 액체는 원래의 높이보다 내려가게 된다(그림 6-3d).

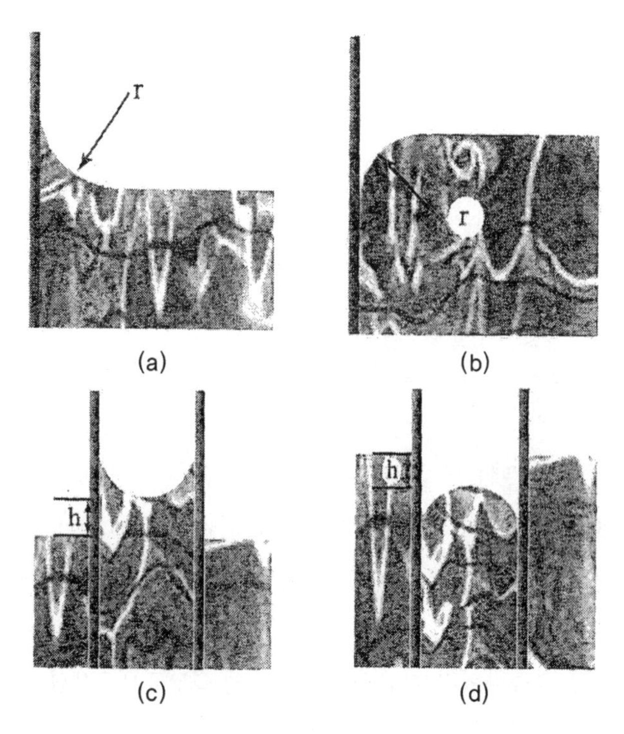

그림 6-3 **큰 용기의 벽에서 유체의 상승(a) 및 하강(b). (c,d) 용기 벽이 반경 r의 2배보다 작은 곳의 액체의 모세관 현상.**

액체의 상승이나 하강 높이는 고체와 액체의 접촉각과 액체의 표면장력 사이의 함수로 표현된다(접촉각은 표면장력의 차이의 함수이다). 이 높이 h는 모세관 내 액체에 작용하는 힘의 합으로 계산할 수 있다. (a)표면장력과 (b)중력. 모세관 벽에 선상으로 닿아있는 액체 표면은 인력(표면장력)을 받게 된다(원통형관에서는 $2\pi r$). 따라서 모세관의 길이방향으로 책체를 끌어당기는 힘은 다음과 같이 표현할 수 있다.

$$(2\pi r)\gamma_{gl}\cos(\theta) \tag{6.4}$$

반면에 이 움직임에 반대되는 중력은 다음과 같이 표현된다.

$$(\pi r^2 h)\rho g \tag{6.5}$$

여기서, ρ는 유체의 밀도, g는 중력가속도를 나타낸다. 액체의 최종 높이는 두 힘이 평형을 이룰 때 나타난다.

$$(2\pi r)\gamma_{gl}\cos(\theta) = \pi r^2 \rho g h;$$

$$h = \frac{2\gamma_{gl}\cos(\theta)}{r\rho g} \tag{6.6}$$

일반적으로, 실제 균열에서 액체의 침투는 식(6.6)과는 다르다. 그 이유는 세 가지가 있다. 첫 째로 균열 넓이가 일정하지 않다. 일반적으로 균열은 폭이 좁고 깊다. 둘째로, 균열 벽의 일부만이 접촉 될 수 있다, 즉, 균열의 일부가 닫혀 있을 수 있다. 셋째로, 균열 내부에 갇혀있는 기체나 오염물질이 액체의 침투를 제한할 수 있다. 그렇기는 하지만 침투 깊이는 표면 장력에 비례하고 균열 넓이와 침투제의 밀도에 반비례한다.

또한, 유체의 점성이 표면 적심과 침투에 영향을 줄 수 있다(점성은 운동하는 고체의 마찰과 유사하다고 고려함). 높은 점성(마찰)계수는 유체(고체)의 움직임을 방해한다. 비록 침투 시간이 점성에 크게 영향을 받지만(점성이 높으면 침투비가 낮음) 침투탐상에 사용되는 점성의 범위 내에서는 미소균열에 침투하는 유체의 침투력이나 감도에 크게 영향을 미치지 않는다.

6.2.2 지각현상

인간의 눈이 물체의 형태나 색깔이나 크기를 포착한다든지 감지하는 현상을 "지각현상"이라 한다. 인간의 지각은 형태가 크고 밝으며 선명한 색깔을 가지는 것일수록, 그리고 환경이 어두우면 어두울수록 작고, 약한 빛에 대해서도 민감하게 작용하는 것이다. 물체가 가지는 색깔의 종류나 밝기의 정도, 크기 등에 따라 누구나 즉시 있는 것을 알 수 있으며, 그 모습이나 형상으로부터 그것이 무엇인가도 바로 판단할 수 있다.

또 이것과는 별개로 어두운 곳으로 들어갔을 경우에 금방은 아무 것도 볼 수 없지만 시간이 좀 지나면 바늘구멍 정도의 작은 구멍에서라도 빛이 들어오면 쉽게 찾아볼 수 있게 되는 현상이 있다. 즉 인간의 눈에 관찰할 수 있는 환경조건을 갖추고 물체에도 쉽게 볼 수 있는 조건을 부여해 주면 일반적으로 완전히 볼 수 없는 것이라도 확실하게 볼 수 있게 된다.

이상 두 가지의 원리를 이용해서 재료표면으로 개구폭이 좁은 결함이나 직경이 작은 결함 속에 우리들이 눈으로 보기 쉬운 색깔을 띄고 있는 액체 혹은 형광을 발하는 물질을 함유한 액체를 침입시키고, 그 후에 미세한 구멍이 무수히 있는 미립자로 된 피막을 시험체 표면에 만들면 입자간 틈새에 의한 모세관현상에 의해 결함 속에 침투해 있는 액체가 표면으로 흡출되면서 피막 중으로 퍼져 실제의 결함보다도 확대된 크기, 그리고 보기 쉬운 색깔이나 밝기를 가진 지시모양으로 나타난다. 이렇게 해서 결함을 검출하는 것이 침투탐상검사이다.

침투탐상검사를 이용한 결함 검출에서 결함의 지시는 눈에 보여야 한다. 일반적으로 이러한 가시성은 조명이 필요하다. 조명의 종류와 조도는 아래의 사항에 의존한다.

- 검사를 수행하는 장소, 특별한 검사 시설(빛 조절이 쉬운 곳) 또는 현장(배경 조명

조절이 불가능한 곳)

- 부품의 크기와 형상
- 검사가 자동(레이저 스캐닝이나 전면적 이미징 사용)인지 아니면 사람에 의해 수행되는지

침투검사가 다른 비파괴검사법들에 비해 간단하고 더 범용성이 있는 이유 중 하나는 검사관이 간단하게 결함을 볼 수 있기 때문이다. 실제로, 자동 시스템(레이저 스캐닝이나 전면적 이미징 사용)은 높은 반복성이 요구되는 곳에 사용된다. 하지만 이 시스템은 비용이 크고 복잡하고 범용성이 크게 떨어진다. 따라서 침투탐상검사에서 사용되는 가장 일반적인 방법은 다른 기구가 필요 없는 인간의 눈으로 하는 것이다. 인간의 눈의 스펙트럼 응답은 모든 사람이 거의 일정하다(사람 중 오직 8 %만이 색맹 증상이 있다). 소위 말하는 가시 스펙트럼에서 ($780 > \lambda > 390nm$ or $384 < f < 769THz$), 인간의 눈은 다양하게 반응한다. 그림 6-4는 밝은 빛(명소시: 원추체 반응)과 어두운 빛(암소시: 간상체 반응)을 사람의 눈을 기준으로 정규화한 주파수 반응을 나타내고 있다. 시감도는 노란색-빨간색 스펙트럼(밝은 빛)에서 녹색-파랑 스펙트럼(어두운 빛)을 향해 이동한다.

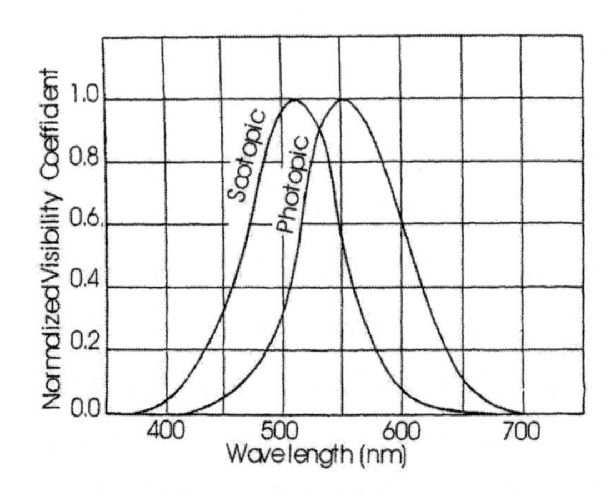

그림 6-4 **밝은 빛 및 어두운 빛 조건에서 사람 눈의 주파수 반응. 각각의 곡선은 정규화된 최대 감도이다. 만약 절대 휘도 단위로 표시한다면, 암소시 곡선은 명소시 곡선보다 매우 작다.**

이는 형광물질의 원자가 자외선 입사광자를 흡수하면 전자의 에너지 상태가 증가하게 된다. 이 여기된 원자들은 진동에너지 변환 또는 비복사 내부전환의 형태로 다른 분자에 에너지를 주고 원래의 에너지 또는 바닥상태로 떨어질 때 까지 가시광을 방출하며 에너지를 잃는다. 따라서 방출된 광자의 에너지는 흡수된 광자의 에너지보다 작게 되고 이 방출된 광자는 청록색의 파장을 가지는 가시 스펙트럼으로 나타나게 된다.

형광침투액의 가시성은 자외선 광원의 세기와 배경과의 대비에 비례한다. 자외선은 가시광선 밖의 영역이므로 육안으로는 검은색으로 나타난다. 따라서 이를 블랙 라이트라고 부른다.

불연속에서 형광침투액에서 오직 청록색의 가시광선만이 나올 때 결함검출이 가장 쉽다. 고선명도를 유지하기 위해 검사관은 일반적으로 특별한 암실에서 작업을 수행한다.

형광침투액을 사용하여 불연속을 검출하기 위해 검사관의 눈은 어두운 환경에 적응이 되어야한다. 소위 말하는 암순응은 즉각적이지 않다. 그림 6-5는 밝은 빛에서 어두운 환경으로 들어갔을 때 사람의 눈이 적응하는데 걸리는 시간을 나타내고 있다. 1분 이내에는, 어두운 환경에서 시감도는 10배 정도 증가한다. 즉, 눈은 밝은 조명 조건의 주변광에서 1/10만큼 응답할 수 있다.

10분 경과 시, 빛에 대한 시감도는 80배 정도 증가를 하고 곡선에서 이 부분에 주목해야 한다. 그 이유는 어두운 환경에 들어갔을 때 초기 10분 이내에, 광수용기(추상체)는 신속하게 반응하여 최대 감도에 도달한다. 10분이 넘으면, 느리게 반응하는 광수용기(간상체)는 지속적으로 낮은 빛의 강도로 적응하여 약 40-50분에 최대 감도를 나타난다.

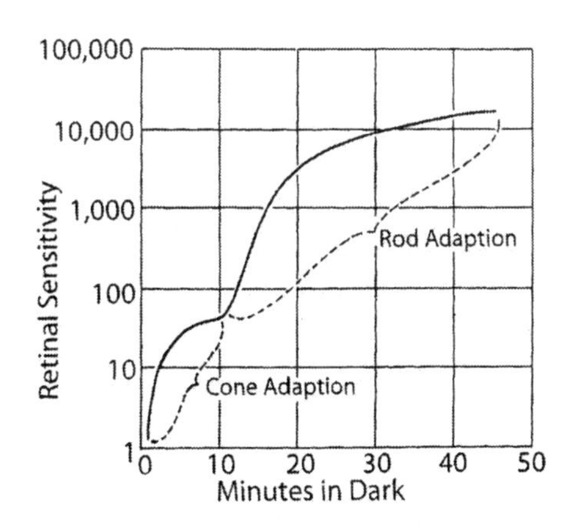

그림 6-5 **밝은 빛에서 20분 이상 노출된 눈의 암순응**

6.2.3 침투액의 물리적 성질

침투액은 침투탐상검사에서 가장 중요한 역할을 하는 탐상제로, 표면 전체로 퍼져나가는 특성을 갖는 액체를 적용하여 열려있는 미세한 결함에 침투가 잘 되도록 하는 역할을 한다. 침투액의 침투에 영향을 미치는 중요한 원인으로는 표면장력과 적심성 그리고 탐상 면의 청결과 결함의 표면이 열려 있는 모양 및 크기 등이다.

가. 표면장력

같은 체적을 가진 여러 형상의 액체나 고체에서 표면적이 가장 작은 것은 공(球)모양이다.

이것은 액체의 표면에 항상 표면적을 최소로 하려는 힘이 작용하기 때문으로, 이 힘을 표면장력(surface tension) 또는 계면장력이라 한다.

이 표면장력은 침투액의 침투 성능을 나타내는 중요한 특성으로, 가급적 표면장력이 큰 것이 좋은 침투액이 된다. 그러나 침투액의 표면장력이 크게 되면 시험체 표면과의 접촉각(contact angle)이 증가하여 접촉 면적이 작아지므로, 침투액이 시험체 표면에 잘 분산되지 않게 된다.

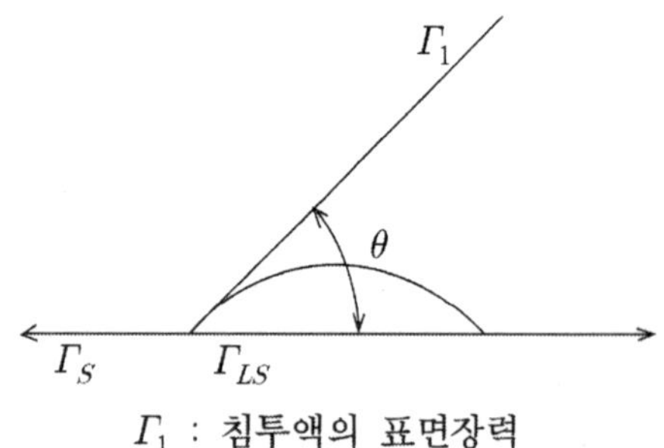

Γ_1 : 침투액의 표면장력
Γ_S : 시험체의 표면장력
Γ_{LS} : 고/액체 계면장력
θ : 접촉각

그림 6-6 **접촉각과 표면장력**

표면장력의 물리적 현상은 비눗방울의 거동으로 설명할 수 있다.; 또한 이는 왜 완전하게 코팅된 차에 비가 구슬처럼 맺히는지, 광이 없는 차위에 약간의 물방울이 형성되는지로 설명할 수 있다.

표면장력의 본질을 알기 위해서는 먼저 표면 에너지에 대한 개념을 알아야 한다. 우주 왕복선(중력 무시)에 떠있는 물방울을 생각해 보자. 물방울(표면으로부터 떨어진) 내의 입자들은 입자주의로부터 전방향으로 분자간의 척력(응집력)을 받게 된다. 이때 입자에 작용하는 알짜힘은 0이다.

하지만 물방울 표면이나 그 근방에서의 총 응집력은 반구형방향으로 작용한다. 예를 들면 물방의 표면 밖에는 물 입자가 없다. 결론적으로, 물방울의 표면에 있는 입자에 작용하는 힘의 합은 0이 되지 않고, 이 입자는 액체의 안쪽 방향과 표면에 수직한 방향으로 알짜힘을 받게 된다.

최종적으로 이 압축력은 외향 탄성력과 균형을 이루게 된다. 사실상, 표면 또는 표면 근방에 존재하는 물 분자들은 이 안쪽으로 작용하는 힘을 극복하기 위해 운동을 한다. 이 운동과 관련된 에너지는 탄성 위치 에너지의 형태로 표면층에 저장되고 이를 표면 에너지라 부른다.

열역학법칙과 뉴턴의 운동방정식에 의해 유체 표면은 최소 에너지 상태로 이동한다. 이 운동은 고도(즉, 위치에너지가 주어진다)에서 지구 표면(즉, 위치에너지가 최소)으로 공이 낙하하는 것과 유사하다. 물방울의 표면적이 최소화 되며 즉, 물방울이 구형이 될 때 표면에너지는 최소화 된다.

만약 표면에너지가 표면적의 감소로 작아지면, 이는 면적을 줄이기 위해 유체의 접선방향으로 작용하는 탄성력과 관련이 있다. 이러한 힘을 표면 장력이라 한다. 그림 6-7은 특정 유체의 표면 장력을 측정하는 고전적인 실험 장치를 나타낸다.

U자 지지대에 슬라이드가 있는 U형 와이어 프레임은 부분적으로 유체에 수침된다. 슬라이드를 천천히 유체 밖으로 끌어 액막을 형성한다. 이때 주어진 힘에 따른 액막의 면적을 증가시키기 위해 필요한 힘을 측정한다. 흥미롭게, 이 힘은 전체 액막 면적에 독립적이다. 이것은 우리가 이해하고 있는 고무 풍성과 같은 탄성막과는 대조적인 현상이다. 여기서 막의 면적을 증가시키는데 필요한 힘은 기존 면적에 직접적으로 비례한다. 그러나 유체 막의 분자는 막 두께보다 작기 때문에 이는 체적 유체이다. 막 면적이 증가함에 따라, 대부분의 액체의 분자가 단순히 표면으로 이동한다. 다시 말해, 유체는 막 운동이 느린 경우 전단응력을 고려하지 않아도 된다.

그림 6-7 **표면장력을 설명하기 위한 고전적 실험장치**

길이가 l 인 이동식 와이어에 작용하는 힘 F는 막의 전면과 후면의 표면적을 증가시킨다. 이 실험에서의 표면 장력 γ는 다음과 같이 주어진다.

$$\gamma = \frac{F}{2l} \tag{6.7}$$

비눗방울에 대한 표면 장력은 비눗방울의 외부와 내부의 압력차($P_o - P_i$)와 곡률 반경 r의 관계로부터 다음과 같이 표현된다.

$$P_o - P_i = \frac{4\gamma}{r} \tag{6.8}$$

반면에 액체 방울에 대한 표면 장력은 다음과 같이 표현된다.

$$P_o - P_i = \frac{2\gamma}{r} \tag{6.9}$$

표면 장력은 비슷한 분자(액체-액체, 기체-기체)들과 표면(계면)이 다른 분자들(기체와 액체)로 구성된 분자들 간의 분자인력의 차로 설명되는 힘으로 생각할 수 있다. 따라서 액체와 기체 사이의 표면장력 γ은 $\gamma_{liquid-gas}$ or γ_{lg}와 같이 쓰는 것이 적절하다.

나. 적심성

침투검사에서는 침투액이 결함내부로 침투하여야 하며, 이렇게 되기 위해서는 표면으로 열린 결함의 내부가 비어있어야 하고, 침투액의 침투성이 우수해야 한다. 침투액의 침투성을 나타내는 인자로 "적심성(wettability)"이 있다. 적심성은 액체를 고체표면에 떨어뜨렸을 때 액체가 기체를 밀면서 넓히는 성질을 말하며, 일반적으로 접촉각 θ가 작을수록 적심성이 좋다. 한편 침투액의 점성은 적심성과 관계가 있는 경향이 있다고 하지만, 적심성과는 관계가 없고, 침투속도에만 관계된다. 점성이 클수록 침투속도는 늦어진다. 일반적으로 액체의 점성은 온도가 낮아질수록 커지기 때문에 저온일 때 탐상은 침투시간을 길게 하는 등의 주의가 필요하다.

다. 접촉각과 표면 적심

표면 장력은 액체만의 고유한 성질이 아니다. 실제로, 표면 에너지와 표면 장력은 고체나 액체 같은 응집물의 표면 경계에서 정의된다. 이 장에서는 고체, 액체, 기체의 계면에서 서로 다른 표면력의 균형의 영향에 대해 설명한다.

고체에 접촉해있는 액체는 여러 가지 형태로 나타나는 것을 경험적으로 알 수 있다. 유체는 작은 방울 형태로 수축된다.(새로 왁싱한 차 위의 빗방울 또는 유체가 고여 있는 것, 무광택의 차위의 비, 완전히 젖은 표면, 팬에 부어진 기름). 위와 같은 다양한 현상들을 이해하기 위해 고체에 접촉해 있는 액체를 생각해보자(그림 6-8). 액체나 고체에 접촉해 있는 기체도 물론 포함된다.

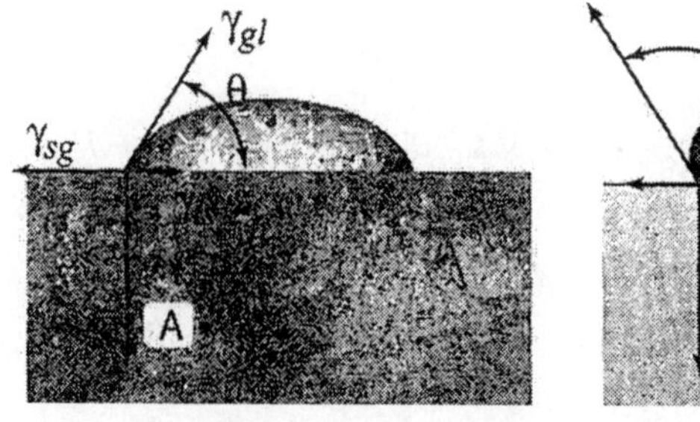

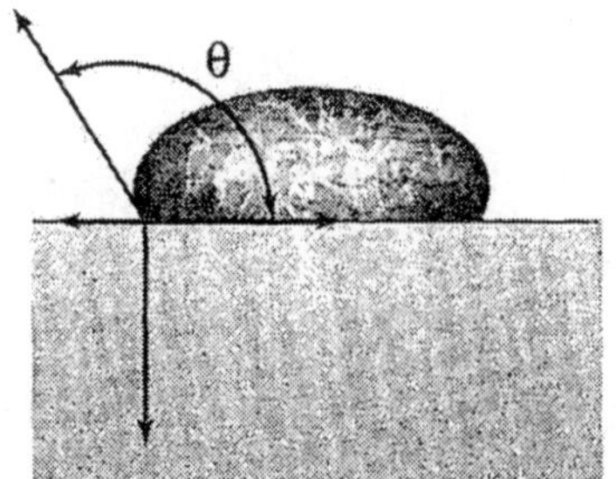

그림 6-8 액체, 고체, 기체 사이의 경계면에 작용하는 힘은 각각의 물질들 사이의 표면장력이다(아래 첨자로 표시). 경계에서의 결과로 액체와 고체 사이의 인력을 표현.

다음은 고체에 액체가 접해있는 때 다양한 계면에 작용하는 표면장력을 나타내고 있다.

- γ_{gl} 기체와 액체 사이의 표면 장력
- γ_{ls} 액체와 고체 사이의 표면 장력
- γ_{sg} 고체와 기체 사이의 표면 장력

세 가지 상태(기체, 고체, 액체)가 만났을 때의 경계면에 대해 생각해보자. 힘은 각각의 표면에 접선 방향으로 작용한다. 고체의 표면은 흐르지 않기 때문에 γ_{sg}와 γ_{ls}는 고체의 면 방향이다. 하지만 액체-기체 표면에 접하는 γ_{gl}의 방향은 경계면에서 작용하는 모든 힘의 균형으로 정의된다. - 세 표면의 표면장력과 접착력은 세 개의 서로 다른 재료의 각기 다른 힘들의 상호작용의 균형으로 나타낸다. 고체의 평면에서 힘의 합은 다음과 같이 정의된다(x방향).

$$\sum F_x = \gamma_{ls} - \gamma_{sg} - \gamma_{gl}\cos\theta = 0 \tag{6.10}$$

다음으로 고체 표면에 수직인 힘의 합은 다음과 같이 정의된다(y방향).

$$\sum F_y = \gamma_{gl}\sin(\theta) - A = 0 \tag{6.11}$$

A는 접착력을 나타낸다. A는 일반적으로 고체 표면의 내부 방향으로 작용한다. 따라서 액체의 표면은 고체에 접착된다. 접촉각 θ는 유체 표면과 고체 표면이 만나는 지점의 각도로 정의된다. 이 접촉각(contact angle)은 접촉하는 재료의 물성에 대한 함수로서 유체가 표면에 습윤되는 정도를 나타낸다. 아래의 표는 네 가지 경우를 나타내고 있다.

표 6-2 접촉각에 따른 유체가 표면에 습윤 되는 정도

$\theta = 0$	유체가 고체 표면에 완전히 젖었을 경우(기체가 더 이상 고체에 접촉하지 않음)
$0 < \theta < 90^\circ$	유체가 고체 표면에 퍼져있고 젖는 경향이 있을 경우
$90^\circ < \theta < 180^\circ$	유체가 고체 표면에 접촉하고 방울 형태일 경우
$\theta = 180^\circ$	유체가 수축하고 고체 표면에 접하지 않으며, 서로 분리된 지점에 구슬로 되어있는 경우

유체의 접촉각이 90° 보다 작은 경우 표면을 적시고 90° 보다 큰 경우에는 표면을 적시지 못한다. 일반적인 침투 검사제는 대략 10°의 접촉각을 가진다.

라. 점성

일반적으로 서로 접촉하는 액체끼리는 떨어지지 않으려는 성질을 가지고 있는데, 이 성질이 점성(viscosity)이다. 침투액의 점성은 침투력 자체에는 그다지 영향을 미치지 않으나, 침투액이 결함 속으로 침투하는 속도에는 중요한 변수가 된다. 점성이 높은 침투액은 점성의 반대되는

성질인 유동성이 좋은 것보다 천천히 이동하며, 침투액을 결함 속으로 빨아들이는 힘에 대한 저항력이 크다. 일반적으로 액체의 점성은 온도가 낮을수록 점성이 높아지므로, 온도가 낮은 환경에서 탐상할 때에는 침투속도가 떨어져서 결함 속으로 침투액이 침투하는 시간을 길게 늘려야 한다.

마. 밀도

밀도(density)는 액체의 침투성에 직접적인 영향을 미치지 않는다. 대부분의 침투액으로 사용되는 액체는 비중이 1보다 낮다. 이는 침투액의 주성분이 보통 비중이 낮은 유기화합물로 이루어져 있기 때문이다. 침투액이 1 이하의 비중을 갖는 것은 침투액에 물이 섞여도 통의 바닥에 가라앉게 되므로, 제 기능을 발휘할 수 있고, 운반할 때 가볍게 하기 위함이다.

바. 휘발성

침투액은 휘발성(volatility)이 있으면 안되며, 비휘발성이어야 한다. 그 이유는 침투액을 개방된 용기에 넣고 사용할 때, 증발되어 그 양이 줄어드는 것을 방지하고, 시험체에 침투액을 적용했을 때 침투시간 중에 침투액이 건조되기 때문이며, 현상처리를 할 때 결함 속에 침투되어 있던 침투액이 건조되어 지시모양을 형성할 수 없기 때문이다.

사. 인화점

침투액은 인화점(flash point)이 높아야 한다. 인화점이 낮으면 검사장소 주위의 열에 의해 온도의 상승으로 화재의 위험이 높으며, 시험체 자체의 온도가 높을 때도 화재를 일으키기 쉽기 때문이다.

아. 침투시간

주어진 크기의 균열을 검출하기 위해 침투제가 모세관 현상으로 인해 결함 속으로 빨려 들어갈 수 있는 경과 시간이 요구된다. 침투제를 적용하고 과잉 유체를 제거하기까지의 시간을 침투시간(dwell time)이라 부른다. 침투시간을 예측하기 위한 다양한 수학적 모델이 존재하지만 일반적으로 실제 검사관들은 경험을 통해 얻은 시간을 선호한다. 최소 침투시간을 결정하는 가장 효과적인 방법은 알려진 불연속 부를 포함하는 부품에 대하여 인증된 절차로 시험을 수행하는 것이다. 온도, 사용된 특정 재료, 시간, 등과 같이 결과에 영향을 미치는 필수적인 시험 변수들은 문서화시켜야 한다.

6.3 침투검사 장치 및 재료

6.3.1 침투탐상제

침투검사는 침투액, 유화제, 세척액, 현상제를 검사목적에 맞도록 조합하여 사용하며, 이들의 탐상제가 검사 정밀도를 만족시키기 위해서 알맞은 성분, 성능을 가지고 있어야 한다.

가. 침투액

침투액은 가시성에 따라 형광, 염색 및 이원성 침투액으로 나누어지며, 또 이들의 제거성에 따라 수세성, 후유화성(기름베이스, 물베이스) 및 용제제거성의 3종류로 분류한다.

나. 유화제

유화제에는 기름베이스와 물베이스 2종류가 있다. 후유화성침투액에 유화성을 주어 수세를 가능하도록 하기 위해 사용되므로 계면활성제를 주체로 하며, 점성 및 침투액과의 친화성이 고려의 대상이다.

다. 세척액

주로 용제제거성 침투액에 사용하므로 침투액을 잘 용해하고, 휘발성이 세척에 알맞아야 하며, 저장 안정성을 가져야 한다. 또한 금속을 부식, 변색시키지 않아야 하고, 나쁜 냄새가 나지 말아야 하며, 독성이 없어야 한다.

라. 현상제

현상제는 적용 방법에 따라 습식, 속건식, 건식의 3종류로 대별된다. 성분은 다르지만 주체는 결함의 내부에 스며든 침투액을 빨아내는 현상분말이다. 현상제를 구성하고 있는 성분은 현상분말, 계면활성제, 방청제, 용제 등을 목적에 따라 달리 배합하고 있다. 근래에 들어 유기용제에 관한 규제가 점점 강화되기 때문에 저독성의 탐상제가 시판되고 있다. 저독성 탐상제는 일반용에 비해 값이 비싸지만 인체에 대한 해가 적다. 또 배수처리 측면에서는 수질오염방지법이 적용됨으로 물을 사용하여 세척처리 하는 경우에는 미리 확인 할 필요가 있다.

6.3.2 침투검사 장치

침투검사 장치는, 단순한 휴대형 장치에서 고정형 대형장치까지 여러 종류가 있으며, 그 형식과 크기는

① 시험체의 형상
② 크기
③ 처리수량
④ 탐상제의 종류
⑤ 작업목적
⑥ 작업조건
⑦ 경제적 제약

등에 의해 선택된다.

장치가 갖추고 있어야 할 중요한 기능은 침투검사의 시방서가 목적하는 결함을 확실하게 검출할 수 있고 작업성이 우수한 것이어야 한다.

가. 정치식 장치

일반적으로 수세성 및 후유화성 침투탐상검사법에 사용된다. 장치의 기본적인 구성은, 전처리, 침투, 유화, 세척, 건조 및 현상장치, 검사실, 후처리 장치, 자외선조사장치 등으로 되어있다.

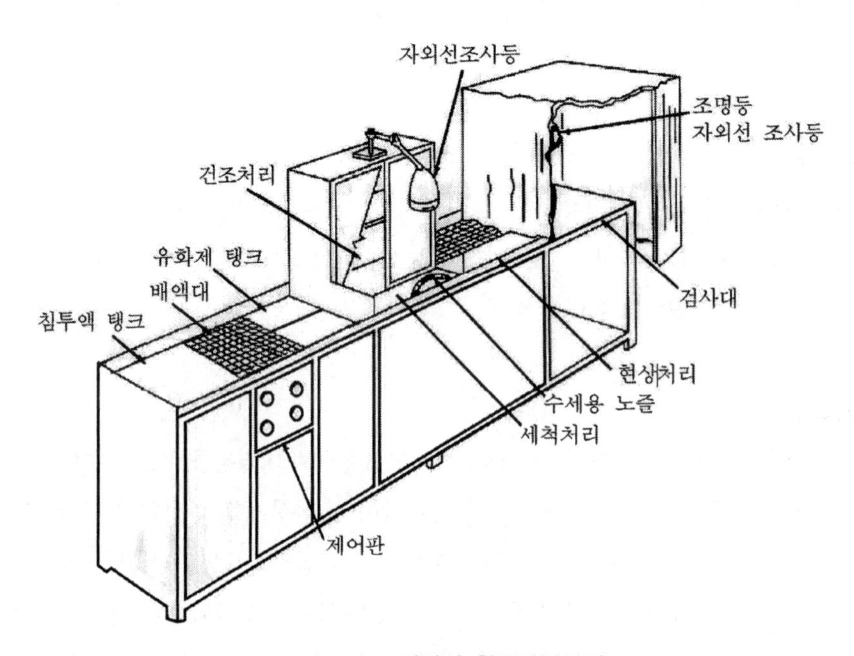

그림 6-9 **정치식 침투탐상장치**

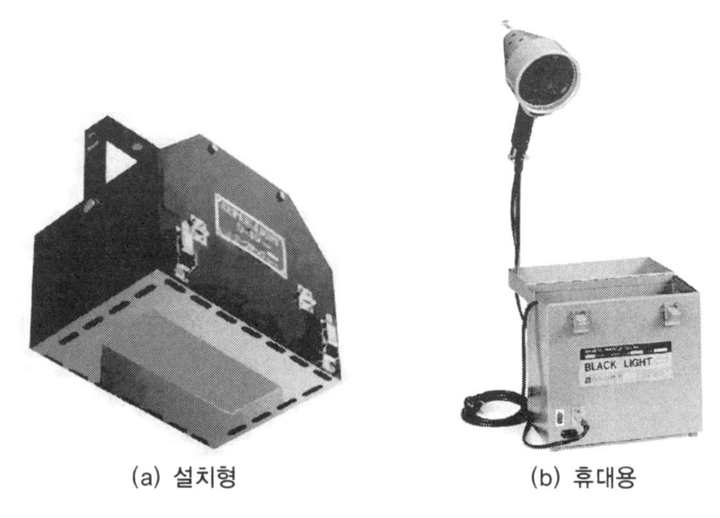

(a) 설치형 (b) 휴대용

그림 6-10 **자외선 조사장치**

형광침투검사법에서 결함지시를 발광시켜 식별하기 위해 파장이 320 ㎚ ~ 400 ㎚의 근자외선을 조사하는 장치로서 블랙라이트(black light)라고도 한다.

나. 조도계

조도계(lux meter)는 가시광선의 밝기를 측정하는 기기이다. 형광침투검사의 경우는 20 lx 이하, 염색 침투 탐상 검사의 경우에는 500 lx 이상의 밝기가 요구된다.

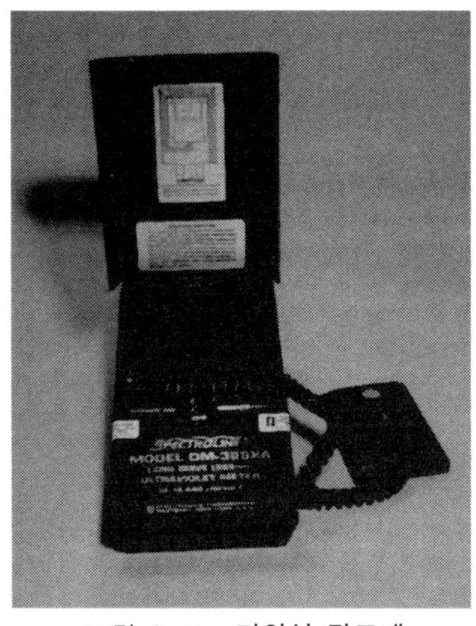

그림 6-11 **자외선 강도계**

그림 6-12 **조도계**

6.3.3 대비시험편

대비시험편은 침투검사의 탐상조작에 대한 적합 여부와 탐상제, 장치의 성능을 평가하기 위한 목적으로 사용되는 것으로, 검사의 신뢰성을 확보하는데 없어서는 안 되는 것이다. 그래서 KS B 0816-1993에서는 알루미늄 합금판의 표면에 담금질 균열을 발생시킨 A형 대비시험편과 평판 위의 도금 층에 도금 균열을 만든 B형 대비시험편의 2종류를 규정하고 있으며, 또 KS B ISO 3452-3-2006에서는 ISO 대비시험편인 1형 및 2형 대비시험편을 규정하고 있다.

대비시험편의 주된 사용 목적은 ① 탐상제를 선정하여 구입할 때의 성능 비교, ② 사용 중인 탐상제의 성능 점검, ③ 조작방법의 적합여부 조사 등이다. A형 대비시험편은 알루미늄 합금판의 표면에 발생시킨 담금질 균열을 이용한다.

가. A형 대비시험편

A형 대비시험편은 알루미늄 합금판의 표면에 담금질 균열을 발생시킨 것이다. 이 시험편은 우리나라와 ASTM(미국 재료시험협회), MIL(미국 국방규격), ASME(미국 기계학회) 등에서 채택하고 있다. A형 대비시험편은 그림 6-13과 같으며, 재료는 KS D 6701에 규정하는 A2024P (*Al*)가 사용된다. A형 대비시험편의 제작방법은 판의 한 면 중앙부를 가스버너로 520~530℃로 가열한 후, 이 온도에서 녹는 온도 표시용 크레용(템필스틱(tempilstik) 등)이나 페인트를 사용하여 시험편의 중앙에 동전 크기 정도로 칠하고, 이것이 녹으면 가열된 면에 흐르는 물을 넣어서 담금질하면 급냉에 의한 미세한 균열이 원형으로 일정하게 발생된다. 그리고 같은 조작을 뒷면도 반복한다. 이렇게 균열을 발생시킨 시험편의 중앙부에 홈을 기계 가공한다. 사용방법은 원칙적으로 홈을 기준으로 마주보는 양쪽을 1조로 사용한다. 홈은 각각의 면에 적용한 탐상제가 혼합되지 않도록 하기 위한 것으로, 경우에 따라서는 각인을 한 후에 홈을 기준으로 절단하여 1조로 사용해도 된다.

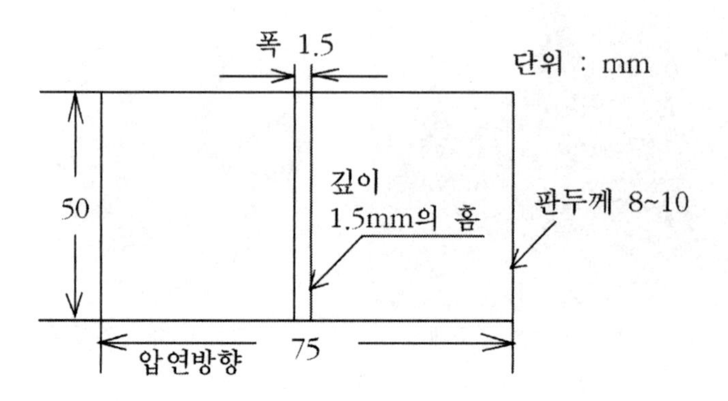

그림 6-13 A형 대비시험편의 크기와 모양

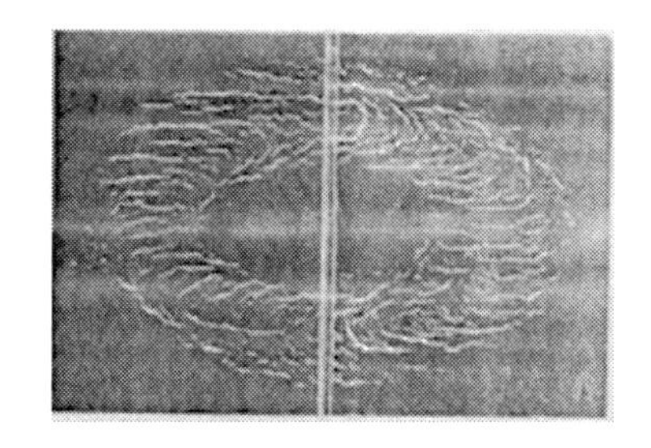

그림 6-14 **A형 대비시험편의 지시모양**

나. B형 대비시험편

B형 대비시험편은 도금 균열을 이용하는 것으로, 시험편에 사용하는 황동판(黃銅板)은 KS D 5201에서 규정하는 황동판을 사용한다. 그림 6-15와 같이 길이 100 ㎜, 폭 70 ㎜의 황동판에 두껍게 니켈 도금을 하고, 그 위에 보호막으로 얇은 크롬 도금을 하여, 도금 면을 바깥쪽으로 굽혀서 도금 층에 미세한 균열을 발생시킨 다음에 굽힌 면을 원래대로 평평하게 한 것이다.

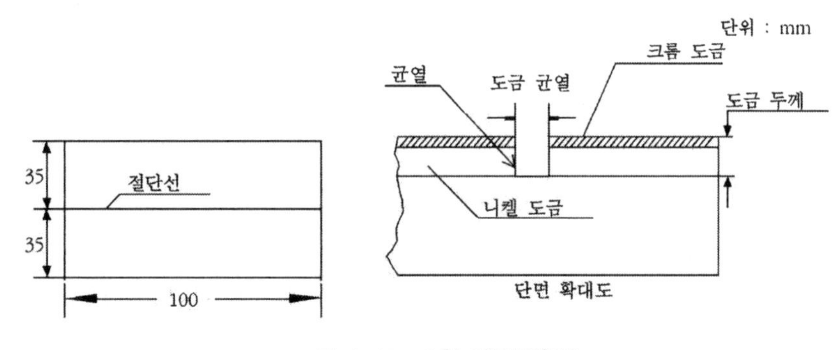

그림 6-15 **B형 대비시험편**

판두께에 대해서는 특별히 규정하고 있지 않다. 이렇게 균열을 발생시킨 시험편은 원칙적으로 판의 중앙에서 균열에 직각인 방향으로 절단하여 2등분 또는 중앙에 테이프를 붙여서 좌우로 구분한 2개의 면을 1조로 하여 사용한다. KS B 0816에는 표 6-3과 같이 4 종류의 B형 대비시험편을 규정하고 있다.

표 6-3 B 형 대비 시험편의 종류

기호	도금 두께	도금 균열 폭(목표 값)
PT - B 50	50 ± 5	2.5
PT - B 30	30 ± 3	1.5
PT - B 20	20 ± 2	1.0
PT - B 10	10 ± 1	0.5

단위: ㎛

6.4 침투검사 방법

6.4.1 침투검사 방법의 종류

침투검사에서는 침투액, 세정제 및 현상제(이하 탐상제라고 함)의 종류와 그 처리방법에 따라 여러 가지 검사방법이 존재한다. 먼저 침투액에는 염색침투액과 형광침투액의 2종류가 있다. 염색침투액은 소위 "color check"라고 하는 것으로, 자연광 또는 백색광으로 지시모양을 관찰할 수 있다. 형광침투액은 침투액에 형광물질을 추가한 것으로, 어두운 장소에서 시험면에 320~400 ㎚의 파장을 가진 자외선을 조사하면 형광이 발광되어 결함 지시모양을 식별할 수 있다.

잉여 침투액을 제거하는 방법에는 물 스프레이로 이것을 씻어내는 방식, 침투액 피막상에 유화제를 적용하여 유화제가 침투액 피막중에 융합되는 시간동안 방치한 후 물 등으로 세척하고(후유화방식), 석유계 용제 또는 할로겐계 용제 등의 유기용제를 사용해서 걸레나 종이타월 등으로 기계적으로 제거하는 용제제거방식의 3가지 방법이 있다. 2가지 침투액과 3가지 잉여 침투액의 제거방법을 조합해서 여러 탐상방법이 있을 수 있고, 이 중에서 용접부의 결함 탐상에는 용제제거성 염색침투탐상법이, 기계부품의 결함 검사에는 수세성 형광침투탐상법이 많이 사용되고 있다.

가. 관찰 방법에 따른 분류

사용하는 침투액의 종류에 따라 표 6-4와 같이 분류한다.

표 6-4 사용하는 침투액에 따른 분류

명칭	방법	기호
V 방법	염색 침투액을 사용하는 방법	V
F 방법	형광 침투액을 사용하는 방법	F
D 방법	이원성 염색 침투액을 사용하는 방법	DV
	이원성 형광 침투액을 사용하는 방법	DF

나. 세척 방법에 따른 분류

잉여 침투액의 제거방법에 따라 표 6-5와 같이 분류한다.

표 6-5 잉여 침투액의 제거 방법에 따른 분류

명칭	방법	기호
방법 A	수세에 의한 방법	A
방법 B	기름베이스 유화제 사용 후유화에 의한 방법	B
방법 C	용제 제거에 의한 방법	C
방법 D	물 베이스 유화제 사용 후유화에 의한 방법	D

다. 현상방법에 따른 분류

현상방법에 따라 표 6-6과 같이 분류한다.

표 6-6 현상 방법에 따른 분류

명 칭	방 법	기호
건식 현상법	건식 현상제를 사용하는 방법	D
습식 현상법	수용성 현상제를 사용하는 방법	A
	수현탁성 현상제를 사용하는 방법	W
속건식 현상법	속건식 현상제를 사용하는 방법	S
특수 현상법	특수한 현상제를 사용하는 방법	E
무현상법	현상제를 사용하지 않는 방법	N

라. 침투 탐상 검사의 표시 방법

한국산업규격에서 규정하는 표시방법은 그 분류된 기호의 조합으로 표시한다. 예를 들어 염색 침투액(V)과 용제 제거성(C)-속건식 현상제(S): VC-S

6.4.2 침투검사 절차

침투검사를 침투제와 현상제를 무엇으로 사용하느냐에 따라 여러 가지 종류로 나누어지지만 여기서는 가장 일반적으로 사용되고 있는 속건식현상제를 사용한 용제제거성 염색침투검사을 예로 들어 침투탐상검사의 기본절차에 대해 설명한다.

침투검사의 기본 작업은

① 전처리 ④ 현상처리 ⑦ 기록
② 침투처리 ⑤ 관찰 및 결함의 분류
③ 잉여침투액 제거처리 ⑥ 후처리

의 처리과정으로 이루어지고 있다. KS-B-0816에 규정된 대표적인 침투검사법에 대하여, 사용하는 침투액과 현상법의 종류에 따른 검사순서를 표 6-7에 나타내었다.

표 6-7 **침투검사의 절차**

검사방법의 기호	시 험 순 서 ①→②→③→④→⑤→⑥→⑦→⑧→⑨→⑩
FA-D,DFA-D	①→②→④→⑥→⑦→⑨→⑩
FA-W,VA-W	①→②→④→⑦→⑧→⑨→⑩
FA-S,VA-S	①→②→④→⑥→⑦→⑨→⑩
FB-A,FB-W	①→②→③→④→⑦→⑧→⑨→⑩
FB-S,VB-S	①→②→③→④→⑥→⑦→⑨→⑩
FC-A,VC-W	①→②→⑤→⑦→⑧→⑨→⑩
FC-S,VC-S	①→②→⑤→⑦→⑨→⑩
FD-A,VD-W	①→②→③→④→⑦→⑧→⑨→⑩
FD-S,VD-S	①→②→③→④→⑥→⑦→⑨→⑩

주: ① 전처리 ② 침투처리 ③ 유화처리 ④ 세척처리 ⑤ 제거처리
⑥ 건조처리 ⑦ 현상처리 ⑧ 건조처리 ⑨ 관찰 ⑩ 후처리

1. 전처리

침투검사에서는 시험체 표면에 열려있는 결함에 침투액을 침투시키는 처리가 제일 중요한 작업이다. 그러나 결함이 표면으로 열려있어도 결함 속에 먼지, 기름류 또는 다른 액체가 들어 있으면 침투액은 결함 속으로 충분히 침투할 수 없다. 그러므로 미리 결함의 내부 또는 표면에서 침투액의 침투를 방해할만한 물질을 제거하지 않으면 안 된다. 이 목적으로 이루어지는 것이 전처리이다.

일반적으로 유지류를 시험면에서 제거하는 것이 주된 목적이므로 아세톤 같은 석유계 용제, 할로겐계 용제 등의 유기용제가 사용된다. 먼저 시험체의 전력을 살펴 오염의 형태를 미리 알고 이에 알맞은 전처리방법을 선택해야 한다.

특히 검사직전에 행해지는 전처리에서는 유지류를 시험면에서 제거하는 것이 주된 목적이기 때문에 전처리용의 세척제로는 아세톤이라든가, 석유계 용제, 할로겐계 용제 등의 유기용제가 쓰인다. 보통 유기용제를 에어로졸 캔에 봉입한 세척제를 쓰며, 가까운 거리에서 스프레이로 적용한다. 이때에는 충분한 양의 세척제를 사용하고 또 에어로졸 캔의 내압을 이용해서 표면의

凹부 속까지 충분히 세척제를 불어넣고 유지류를 용해 제거하도록 해야 한다.

이와 같이 유기용제를 적용한 후 표면 또는 결함내부에 부착되어 있던 유지류가 녹은 유기용제를 헝겊 또는 종이 타월로 잘 닦아내고, 필요하면 온풍 등을 불어서 표면 및 결함내면을 건조시키는 것이 바람직하다

2. 침투처리

침투처리라는 것은 침투액을 결함 속으로 침투시키는 처리로서 결함 속에 침투액이 침투하지 않으면 침투탐상검사는 이루어지지 못한다. 따라서 침투액을 필요한 곳에 충분히 적용하고, 또 침투액이 결함 속으로 침투하는데 필요한 충분한 시간을 확보하지 않으면 안 된다.

침투시간은 재질, 온도, 침투액의 종류 등에 따라 다르기 때문에 미리 실험적으로 결정해 놓는 것이 좋다. 표 6-8은 각종 재료와 결함의 종류에 따른 적정 침투시간과 현상시간의 예시이다.

표 6-8 침투시간과 현상시간

재 질	형 태	결함의 종류	모든 종류의 침투액	
			침투시간 (분)	현상시간 (분)
알루미늄, 마그네슘, 구리, 티타늄, 강	주조품, 용접부	쇳물경계, 균열, 융합불량, 기공	5	7
	압출, 단조, 압연	랩(lap), 균열	10	7
카바이드팁 붙이 공구		융합불량, 터짐, 빈틈	5	7
프라스틱, 세라믹스	모든 형태	터짐	5	7

침투액을 적용할 때 가장 많이 사용하는 것은

① 에어졸 통에 들어있는 침투액을 뿜칠법으로 도포하는 방법이 있으며,
② 또 솔칠법으로 적용하기도 하고,
③ 작은 부품 등은 담금칠법의 적용도 가능하다.

어떤 방법을 사용하더라도 필요한 대상영역에 한정적으로 도포하는 것이 바람직하다. 용제제거성 침투액 이외의 침투액일 경우에는 탱크 등의 개방용기에 넣어 침적 또는 붓칠 등으로 적용하지만 대형부품의 경우에는 뿜칠법으로 적용하는 경우도 있다. 에어졸캔에 들어 있는 침투액을 이용해서 국부 탐상할 경우에는 침투액이 될 수 있는 한 주변으로 비산되지 않도록 대상영역에만 한정해서 한다.

침투처리의 경우에 대단히 중요한 것은 배액이다. 용제제거성 침투탐상검사에서는 표면에

부착되어 있는 잉여침투액은 단지 닦아서 제거하기 때문에 문제없지만, 그 외의 침투탐상검사에서는 침투처리 후 유화처리를 한다든지 물세척을 하기 때문에 잉여침투액의 피막층을 될 수 있는 대로 균일하게 해 주는 것이 표면을 균일하게 세척하는데 필요하다.

이 때문에 침투액조에서 들어낸 시험체는 형상을 고려하고, 거치법을 고려하여 잉여침투액이 흘러내려서 균일한 피막이 되도록 하는 것이 바람직하다. 이것을 배액처리라 하며, 이것은 물 세척을 균일하게 하기 위해서 뿐만 아니라 유화처리를 필요로 하는 검사일 경우에는 균일한 유화처리가 가능하도록 하기 위해서도 필요한 처리이다.

3. 유화처리

이 처리는 후유화성 침투탐상검사에만 필요한 처리이다. 기름을 기본 성분으로 하는 침투액을 물로 세척 가능하도록 하기 위해서는 유화제를 첨가하지 않으면 안된다. 침투처리에서 균일한 침투액의 피막을 만든 시험체를 유화제속에 침적하거나 또는 유화제를 흘려주는 방법으로 적용한다.

그 후 배액을 하는 것과 마찬가지로 유화제 피막을 균일하게 침투액 피막위에 만들어 주고 유화제가 침투액 피막 속으로 균일하게 용입되도록 한다. 이렇게 함에 따라 건전부에 묻었던 잉여침투액 피막만이 세척되게 되며, 결함속의 침투액은 세척되지 않게 된다. 이때 중요한 것은 시간 관리이다. 이것을 유화시간이라 하며 유화처리에서 중요한 항목이다.

4. 잉여침투액의 제거처리

제거처리는 침투처리가 끝난 시점에서 시험체 표면에 부착되어 있는 잉여침투액을 제거할 목적으로 이루어지는 처리로서 걸레로 닦아내는 것부터 시작한다. 표면에 부착되어 있는 대부분의 침투액을 그렇게 제거한 다음 세척제를 걸레에 묻혀 작은 홈같은데 끼어있는 침투액을 잘 닦아낸다. 이때 세척제를 직접 시험체에 뿌려서는 안 된다. 다량으로 세척제를 사용하여 침투액을 씻어 낼 경우 결함 내부에 침투되어 있는 침투액까지 씻겨 나갈 우려가 있어 바람직하지 못하다.

용제제거성 침투액은 용제 등을 묻힌 걸레, 종이타월 등으로 잉여액을 닦아낸다. 수세성이나 후유화법에서는 분무형 노즐을 이용, 적당한 거리(30~40 ㎝ 정도)에서 흐르는 물로 세척한다. 일반적으로 2~3 kg/cm^2의 수압이 좋다.

수세성침투검사이나 후유화성침투검사의 경우 물스프레이를 이용하여 세척한다. 형광침투액을 사용할 경우에는 세척조 속에서 black light를 조사하면서 정온, 정압으로 관리되는 물스프레이를 쓰며, 적절한 세척정도가 되도록 한다.

5. 현상처리

현상처리라는 것은 시험체 표면에 미세한 틈을 무수히 가지고 있는 현상제분말을 가지고 적층 피막을 형성시키려고 하는 처리이다. 속건식현상제는 에어졸식으로 되어있는 것을 사용한다.

보통 뿜칠법으로 도포하며 도포되는 피막의 두께는 결함지시를 형성하는데 밀접한 관계가 있으므로 적절한 피막의 두께가 어느 정도인지 알아서 일정한 두께의 피막을 만들어야 한다.

현상제를 도포하고 나면 현상제중에 휘발성분은 바로 휘발하므로 따로 건조처리를 할 필요는 없다. 현상제가 건조하여 흰색의 현상제 도막이 형성되고 나면 결함 속에 침투되어 있던 침투액이 현상제 피막으로 흡출되어 지시가 형성되기 시작한다. 그리고 그 지시는 시간이 경과함에 따라 확대된다. 그러므로 평가를 일정하게 하기 위해서 현상시간을 미리 정해두는 것이 편리하며 현상시간이 경과하게 되면 바로 지시를 평가해야한다. 여기서 현상시간이란 현상을 개시해서 지시를 관찰하고 평가할 때까지 시간을 말한다.

습식현상제는 시험체를 현상제 속에 침적하거나, 혹은 붓는 등의 방법으로 적용한다. 적용 후 곧바로 건조로에 넣어서 수분을 증발시키면 흰색 미립분말에 의한 박막이 형성된다. 이것이 현상피막이다. 이 피막은 결함속의 침투액을 빨아올려 표면에 확산시킨다. 그러나 피막의 두께가 얇기 때문에 시험체의 표면바탕을 완전히 덮지 못하고, 피막 속으로 확산된 지시모양의 색깔을 바탕의 색깔과 섞인 색깔로 되어, 바탕과의 구별이 어렵게 된다. 그 때문에 주로 형광침투액을 이용한 경우에 사용한다. 이 경우도 건조온도에는 충분히 주의하고 열풍순환식 건조로를 사용하며, 열풍으로 표면에 부착되어 있는 수분만을 제거하도록 신중하게 해야 한다. 또 습식현상제를 잠깐 방치해 놓으면 섞여 있던 분말이 침전되어 현상제가 변해 버리므로, 사용할 경우에는 반드시 교반하고 나서 사용하도록 한다.

건식현상제는 건조된 가벼운 흰색 미립분말이며, 숨을 쉬는 것만으로도 주변으로 비산되기 때문에 취급에 특별한 주의를 기울여야 한다. 이 현상제 속에 시험체를 묻은 채 2~3분 두거나 혹은 이 분말을 조용히 위에서 뿌리는 방법으로 현상처리를 행한다. 현상제에서 꺼낸 시험체는 가볍게 두드려서 표면에 가볍게 부착되어 있는 현상제를 떨어뜨리고 나서 관찰을 시작한다.

이상은 각종 현상제를 사용할 경우의 현상법인데, 무현상법의 경우는 세척처리가 끝나면 곧바로 열풍건조로에 넣어 현상처리를 한다. 따라서 이 방법은 온도관리에 현상처리의 성공이 달려 있다. 가열방법에서 전열선 등이 노출된 것이나, 측벽이 높게 가열되어 복사열로 시험체의 일부가 세게 가열될 만한 가열로는 피해야 하며, 열풍을 순환시켜 시험체 표면을 가능한 한 균일하게 건조할 수 있을 만한 가열방법을 선택해야 한다.

6. 관찰 및 결함의 분류

관찰은 현상제 피막 위를 눈으로 살펴보는 것으로, 결함지시가 있는지 없는지 또는 무관지시가 아닌지 여부를 판단하고 평가할 목적으로 이루어진다. 그러므로 가장 중요한 것은 관찰 대상이 되는 시험면이 관찰할 수 있는 조건을 만족시켜야 하며 먼저 이것을 점검해야한다. 즉

① 시험면의 밝기 ③ 현상피막의 농도
② 현상시간 ④ 현상피막의 균일성

등이 만족되어야 한다. 이러한 조건이 만족될 때, 지시의 유무를 살펴보고 그 지시가 결함지시인지 판별해야 의미가 있다. 침투탐상검사를 할 때 보통 이러한 조건의 중요성을 잊어버리는 경우가 많으므로 주의해야 한다.

결함지시모양의 관찰은 염색침투액을 이용하는 경우 자연광이나 조명광 아래에서 육안으로 이루어지지만, 형광침투액은 일정 강도이상의 자외선을 조사하고(보통 시험면에서 800~1000 $\mu W/cm^2$ 이상), 파장 500~550 nm 정도의 황록색의 형광을 발광시켜서 관찰한다.

만약 지시모양이 인지되었다면 우선 위치와 형상, 분포상태로부터 대략 그 결함의 종류를 사정하는 것은 좋지만, 전술한 바와 같이 침투탐상검사는 결함을 확대해서 인간의 눈으로 보기 쉬운 상태로 만들어 관찰하는 검사법이고, 또 표면 개구결함에 한정되고 있다는 것을 고려한다면 반드시 현상피막을 제거하고 시험체 표면을 확대경 등을 이용해서 조사하여 결함의 존재를 확인한 후 결함의 종류, 형상, 크기를 결정하도록 해야 한다.

결함의 분류는 침투 지시 모양을 분류한 후에 실시한다. 현상제 피막을 제거하고 시험체 표면을 확대경 등을 이용해서 조사하여 결함의 존재를 확인한 후 결함의 종류, 모양, 크기를 결정하도록 해야 한다. 결함은 모양 및 집중성에 따라 다음과 같이 분류한다.

① 독립 결함
  - 균열(갈라짐) - 균열이라고 인정되는 것
  - 선상 결함 - 균열 이외의 결함으로 그 길이가 나비의 3배 이상인 것
  - 원형상 결함 - 균열 이외의 결함으로 선상 결함이 아닌 것

② 연속 결함: 균열, 선상 결함, 원형상 결함이 거의 동일 직선상에 존재하고 그 상호거리와 개개의 길이의 관계에서 1개의 연속한 결함이라고 인정되는 것. 결함길이는 특별한 지정이 없을 때는 결함의 개개의 길이 및 상호거리를 합친 값으로 한다.

③ 분산 결함: 정해진 면적 내에 존재하는 1개 이상의 결함. 분산결함은 결함의 종류, 개수, 또는 개개의 길이의 합계값에 따라 평가한다.

7. 후처리

관찰이 끝난 다음 시험체 표면의 부식을 방지하고 잉여 침투액을 제거할 목적으로 이루어지는 처리를 후처리라 한다. 우선 시험체 표면에 부착되어 있는 현상제를 억센 솔 같은 것으로 털어내고 마른 걸레로 잘 닦아낸 다음에 용제나 물 등으로 씻어내며 필요에 따라 방청처리도 한다.

8. 기록

결함 지시 모양의 기록 방법에는 스케치, 사진 촬영, 전사에 의한 방법이 있다. 전사의 방법은 비교적 전사가 잘되는 염색 침투액과 속건식 현상제를 사용한 경우에 이용하다. 점착성테이프를 사용하여 현상제 피막에 나타난 침투지시모양을 전사하는 방법이다.

검사조건 및 검사결과의 기록을 작성할 때는 실제로 검사에 참여하지 않은 사람도 검사결과를 보고 충분히 이해할 수 있도록 정확히 작성하여야 한다. 즉, 언제, 누가, 어디서, 어떤 방법으로, 어떤 시험체의 어느 부분을, 어떤 목적으로 어떤 검사조건으로 검사를 해서 어떤 결과를 얻었는지가 포함되어야 한다.

6.5 침투검사의 적용 예

침투검사는 다른 비파괴검사에 비하여 사용할 설비 또는 재료는 검사방법의 선택에 따라 간편화를 꾀할 수 있는 이점을 가지고 있다. 그러나 신뢰성이 높은 검사를 하려면 우수한 성능을 가진 탐상제를 사용하여야 하며, 아울러 안정된 탐상조작을 적절한 환경조건하에서 실시해야 한다.

그리고 각종 침투검사법 중에서 어떤 방법을 선정하여 사용할 것인가는

① 시험체의 재질
② 크기와 수량 및 표면거칠기
③ 그리고 예측되는 결함의 종류와 크기
④ 전원 및 수도 사정
⑤ 탐상제의 성능
⑥ 작업성과 경제성

을 고려하여야 한다.

침투검사는 인체에 해를 줄 수 있는 여러 가지 재료를 사용한다. 따라서 사용 중 안전에 유의해야 한다. 사용되는 액체는 대부분 인화성을 가지며 피부에 접촉되었을 때 자극을 일으킬 수 있다. 현상제 분말은 비독성이지만 제한된 공간에서 공기오염으로 인한 건강장해를 가져올 수 있다. 또한 자외선 조사 등에서 나오는 자외선은 피부를 그을게 하며 눈에 해가 있다.

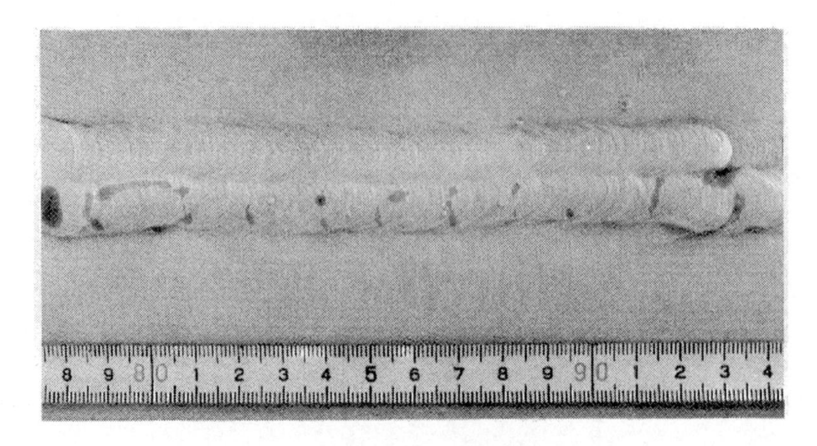

그림 6-16 **용제제거성 염색침투탐상 결과 예**

침투검사 결과의 예로 그림 6-16에서 용제제거성 염색침투탐상법(속건식현상법)으로 검사한 게이트 밸브 기계가공면의 결함지시모양과 그림 6-17에 용제제거성 염색침투탐상법으로 검사한 밸브 기계부품의 결함지시모양(열응력피로균열)을 나타낸다.

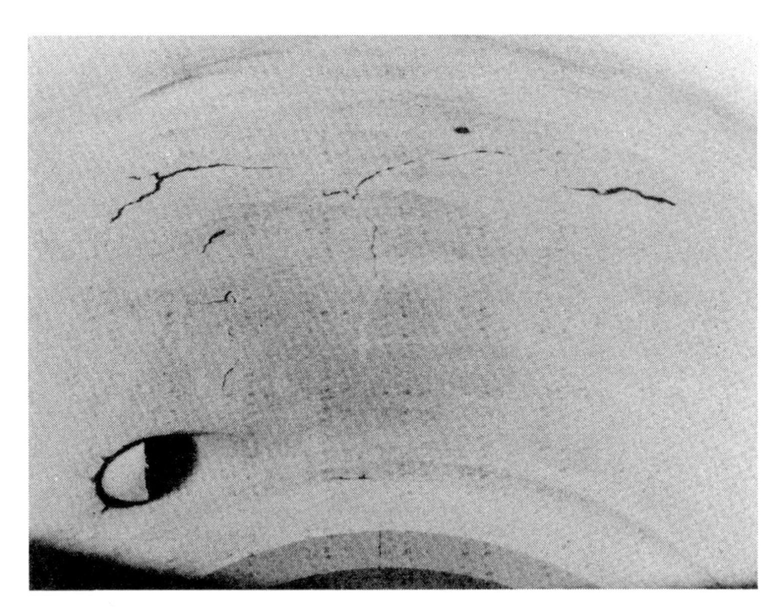

그림 6-17 **용제제거성 염색침투탐상법(열응력피로균열)**

6.6 안전위생

6.6.1 화재예방

침투검사에 사용하는 탐상제는 현상제 및 유화제의 일부를 제외하고는 거의 대부분이 유성(油性)의 가연성물질로 구성되어 있다. 또 에어로졸 제품과 같이 충전가스로 액화석유가스를 사용한 강연성의 것도 있다. 이와 같은 탐상제를 사용할 때는 보통의 유류 또는 용제류의 취급과 마찬가지로 화재예방에 대한 관리가 필요하다. 물론 소방법에 의한 위험물의 지정에 해당되므로 저장 및 사용상의 수량 및 사용시설 등 법으로 규제되어 있는 사항을 준수해야 한다. 대량의 탐상제를 저장할 때는 저장고가 필요하다.

6.6.2 안전위생

① 침투검사에 사용하는 탐상제는 본질적으로는 무해하다고 하지만 침투액, 세정제, 속건식현상제 등을 직접 신체내로 흡인하거나 분무상태의 것을 다량으로 흡입하게 되면 기분이 나빠질 수가 있다. 특히 밀폐된 용기내 또는 실내에서 탐상할 경우 휘발성 가스나 독성가스가 체류되기 쉬우므로 충분하게 환기를 하고 필요에 따라서는 가스검지기로 안전성을 확인해야 한다. 또 탐상제가 피부에 닿았을 때 피부가 다소 가려울 수도 있으므로 이것을 예방하기 위해 고무장갑을 사용하면 좋다. 또한 유기용제를 사용할 경우는 유기용제 중독예방을 위해 작업환경의 유기용제의 농도 관리를 소홀히 하지 않도록 해야 한다.

② 규정 파장역의 자외선 조사 등에 의한 자외선은 눈이나 피부에 대해 무해하지만, 직접 눈이나 피부에 장시간 조사하게 되면 눈이 피로하다든지 피부가 탈 수 있으므로 주의할 필요가 있다.

③ 현상제로는 금속산화물의 미세분말이 많이 사용되고 있으며, 검사할 때 공기 속으로 미세분말이 비산되기 때문에 환기에 주의함과 동시에 흡입이 되지 않도록 해야 한다.

6.6.3 기타

최근에는 공해방지법에 의한 배수처리의 규제가 엄격하게 되러 있어 침투검사에 있어서 세정처리 등에 의한 배액을 유출시킬 때는 기름이나 그 외의 성분에 의해 환경이 오염되지 않도록 충분한 배수처리를 행할 필요가 있다. 또, 에어졸병(캔)은 0.5 MPa(5 kgf/cm^2)의 내압에 견딜 수 있도록 설계되어 있는 일종의 소형압력용기이다. 따라서 온도를 높게 하면 병(캔)내의 가스가 팽창하여 폭발할 우려가 있기 때문에 보존 시에는 50℃ 이상이 되지 않도록, 또 폐기 시에는 반드시 캔에 구멍을 내어 폐기시켜야 한다.

익 힘 문 제

1. 침투검사의 기본 원리와 장단점에 대해 설명하시오.

2. 침투검사에서 모세관현상, 적심성(wettability) 그리고 표면장력(surface tension)에 대해 설명하시오.

3. 침투시간(dwell time)이란 무엇이며, 침투시간에 영향을 미치는 인자들은 무엇인가?

4. 용제제거성 염색침투검사의 7단계 기본 절차에 대해 기술하시오.

5. 용제제거성침투액과 속건식현상제를 이용하여 침투탐상시험을 실시한 결과 매우 콘트라스트가 낮은 지시모양이 얻어졌다. 이와 같이 낮은 콘트라스트가 얻어진 원인과 대책에 대해 기술하시오.

6. 침투검사에 사용되는 대비시험편의 사용목적과 종류에 대해 설명하시오.

익힘문제 해설은 출판사 홈페이지(www.enodemedia.co.kr) 자료실에서 받을 수 있습니다. 파일은 암호가 걸려 있으며, 암호는 ndt93550입니다.

7. 자분검사

7.1 개요

7.1.1 자분검사의 기본 원리

자분검사(magnetic particle testing; MT)는 강자성체의 표면 근처에 있는 결함을 하는 가장 경제적인 비파괴평가기법 중 하나이다. 자기현상을 이용한 법은 철강 등의 강자성 재료의 표면 개구 결함이나 표면 근처(subsurface)에 있는 결함의 검출에 유효하다. 이 법은 크게 자분검사(MT)와 누설자속검사(magnetic flux leakage testing; MFLT)로 나눌 수 있다. 그림 7-1과 같이 표면이 매끄러운 강자성 시험체를 자화시키면 내부에 자기(자속의 흐름)가 생긴다. 이 때 표면 또는 표면 근처에 결함이 존재하면 자기 저항 차에 의해서 자속선이 흐트러지게 되고, 시험체 내부의 자속밀도가 높으면 자속의 일부가 외부공간으로 누설된다. 이것을 누설자속(leakage flux)이라고 한다.

이 시험체의 표면에 강자성체의 분말 입자를 도포시키면 이 누설자속부에 그 입자들이 부착되는데, 부착되어 모인 강자성 입자들에 의해 형성된 지시모양(자분모양이라고도 함)을 관찰함으로서 결함의 존재여부·길이·형상 등을 알아낼 수 있는 비파괴검사 방법 중의 하나가 자분검사이다.

자분모양의 폭은 결함의 폭보다 커지기 때문에 미세한 균열도 검출이 가능하지만 균열깊이에 대한 정보는 얻을 수 없다. 한편 자분을 사용하는 대신에 적당한 자계감응센서를 이용해서 균열의 누설자속밀도의 분포와 강도를 계측하고, 이것을 직접 전기신호로 변환시켜 결함을 평가하는 것이 누설자속검사(MFLT)이다. 검출소자로서 Hall소자, 자기저항소자, SMD소자 등이 있고, 누설자속을 자속테이프의 자성막에 전사하고, 그것을 자기헤드에서 전기신호로 재생하는 방법(magnetography)도 있다. 균열 등의 결함 깊이, 결함 폭과 누설 자속밀도의 크기는 밀접한 관련이 있기 때문에 검출소자에서 누설자속밀도의 크기와 그 분포(또는 누설 자계의 강도와 분포)를 정량적으로 계측하면 결함 깊이도 평가할 수 있게 된다. 단, 이 기술로는 결함누설자속밀도의 크기가 시험체 표면에서 검출소자까지의 거리(이를 리프트 오프(lift off)라고 함)가 길어짐에 따라 현저하게 감소하기 때문에 리프트 오프를 작게 고정하여 측정해야 한다. 자분검사를 수행하기 위해서는 다음의 사항들을 결정해야 한다. ① 어떤 자화 방법을 사용할 것인가?, ② 어떤 종류의 전류를 사용할 것인가?, ③ 건식 또는 습식 자분가루를 사용할 것인가?

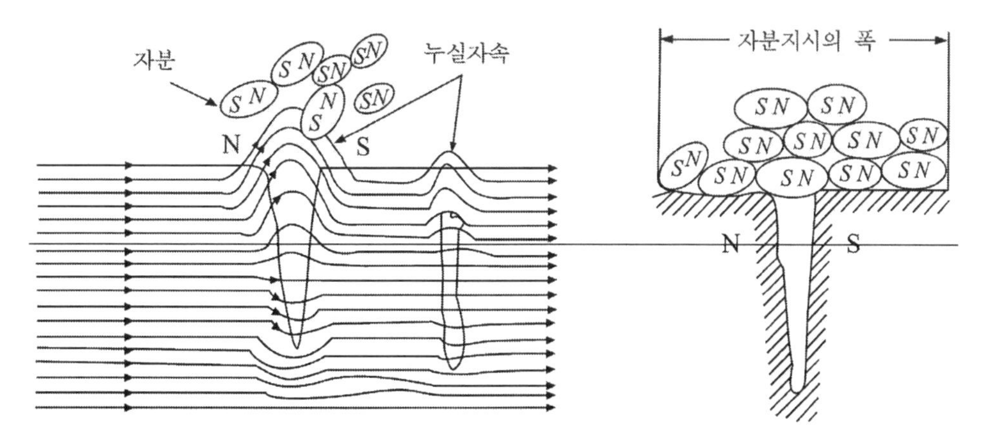

그림 7-1 **표면 개구결함 및 표면직하 결함에서의 자속의 누설과 자분모양**

7.1.2 자분검사의 역사

대부분의 과학 기술이 그러하듯이 자분검사도 우연히 개발이 되었다. 1918년 표준국에서 일하는 Major Hoke는 자기척에 접지되어 있는 경강 부분의 금속제 분쇄봉의 표면에서 균열과 일치하는 패턴이 형성되는 것을 발견하였다. Major Hoke는 이것으로 특허를 받았지만 전 과정을 표준화 하지는 못하였다. Hoke의 특허는 석유 시추 실패의 원인을 밝혀내기 위해 임명된 매사추세츠 공대의 Dr. DeForest에 의해 확인되었다. DeForest는 부속품의 모든 방향에 결함들을 찾아낼 수 있도록 "원형" 자화 개념을 개발하였다. 1929년 DeForest는 피츠버그 Testing laboratory의 F. B. Doane과 파트너쉽을 맺고 Hoke의 특허를 구입하였다. 그 후 Doane은 자분의 종류와 크기를 제어하는 개념을 개발하였다. 1934에 파트너쉽을 통해 Magnaflux corporation이 설립되었다. 1934년도에는 뉴저지의 패터슨에 있는 Wright Aeronautical company에서 자분을 액체 속에 넣어 사용하는 기술을 개발하였다.

자분검사는 1941년 Robert와 Joseph Switzer가 더 적은 자분을 사용하면서도 감도가 더 좋은 형광자분을 개발하면서 한층 더 진보하였다. 그 외에도 (a) 여러 번 시험을 해야 하는 시험편에 대하여 다방향으로 자화할 수 있는 방법과 (b) 인공결함을 가공하여 시스템의 성능 보증하기 할 수 있는 방법들이 자분검사를 한 층 더 발전시켰다. 방법과 적용이 진보하였음에도 불구하고 자분검사는 1940년 중반 이후로 거의 진보가 없었다. 전 세계적으로 비파괴검사의 필요성이 증가함에 따라 자분검사 기술도 탄생되었기 때문에 자분검사는 어느 정도는 성공적이며 많은 사람들이 사용을 하였다. 1930년대와 1940년대는 놀라울만한 성장을 보인 다양한 산업분야의 시스템들이 고장으로 인해 비극적인 결과를 가져왔다. 이러한 상황으로 인해 비행기, 선박, 잠수함, 자동차 그리고 원자력 분야에서 자분검사 많이 사용이 되어왔다. 사실, 자분검사는 맨해튼 프로젝트의 일환으로 우라늄 용기와 원자로의 다양한 부속품을 검사하기 위한 방법으로 사용되어졌다고 알려졌다. 오늘날 다양한 적용법으로 도체 재료에서 사용되고 있는 자분검사는 매우 강력하고 유연한 비파괴적인 방법으로서 입증되어 있으며, 앞으로도 산업 안전의 중요한 부분을 차지하게 될 것이다.

7.1.3 자분검사의 특징

다른 비파괴검사에 비해 자분검사의 일반적인 특징은 다음과 같다.

① 시험체는 강자성체가 아니면 적용할 수 없다.
② 표면 또는 표면 근방에 있는 미세하고 얕은 표면의 균열검사에 가장 적합하다.
③ 결함모양이 표면에 직접 나타나므로 육안으로 관찰할 수 있다.
④ 최대누설자속이 발생할 때 결함검출능이 가장 우수하므로 자속은 가능한 한 예상되는 결함 면에 직각이 되도록 한다.
⑤ 대형 구조물과 단조물 등 시험체가 큰 경우에는 아주 높은 자화전류치가 요구되기도 한다.
⑥ 전기가 접촉되는 부분에서 국부적인 가열 또는 아크로 인하여 시험체 표면이 손상될 우려가 있다.
⑦ 시험체 표면에서의 결함의 위치, 모양과 크기에 관한 정보는 대체로 알 수 있으나, 결함의 깊이 및 모양에 관한 정보는 얻을 수 없다.
⑧ 검사 및 탈자를 한 후 표면에 달라붙어 있는 자분에 대하여 후처리가 요구되기도 한다.

자분검사에 대한 장단점을 표 7-1에 나타내었다.

표 7-1 자분검사 장단점

장점	단점
• 정확성 및 신뢰성 • 작동하기 쉬움 • 결함의 지시가 검사체의 표면에서 직접 발생 • 검사체의 형상 또는 크기에 대한 제한이 없음 • 페인트와 같은 얇은 코팅 또는 다른 비자성막을 통해서도 검사 가능 • 이물질로 채워진 균열을 찾을 수 있음 • 균열 깊이 정보를 제공 • 저렴한 단가 / 작업자의 능력에 덜 민감 • 표층부 결함에 대한 감도가 좋음 • 자동화가 용이함	• 재료는 반드시 자성 물질이어야 함 • 표면 및 표층부 결함만 가능 • 최대 감도를 얻기 위해, 표면은 철저하게 깨끗하고 건조되어야 함 • 종종 탈자가 필요함 • 매우 큰 주물 또는 단조물을 검사하는 경우 큰 전류 필요 • 검사가 마무리된 시험체의 전기적 접촉점에서 열과 그을림이 발생될 수있음. • 표면과 접촉이 때때로 요구 • 일부 검사체들은 다중 검사가 필요

7.2 자분검사의 기초이론

7.2.1 철강 재료의 자기적 성질

가. 자기장

평판위에 놓인 막대자석 주위로 둘러싸인 철가루를 생각해보자. 만약 마찰을 이겨내기 위해 평판을 가볍게 두드린다면, 철가루는 막대자석의 자력에 의해 영구자석의 N극과 S극 사이에 정렬될 것이다(그림 7-2). 이러한 선을 자기장 선(magnetic filed lines)이라 불리고(때로는 자기력선 또는 자속밀도선이라 불린다) 문자 B로 표기한다. 자기장의 양은 자기장 선의 밀도에 의해 결정된다. B의 단위는 SI 단위로는 테슬라(tesla(T))를 사용하고 CGS 단위로는 가우스(gauss(G))를 사용한다. 자석의 바깥쪽에 위치한 자기장선은 N극에서 시작해서 S극에서 끝난다. 또한 자석의 안쪽 자기장선은 S극으로 시작해 N극에서 끝난다. 자기장선은 서로 겹쳐지지 않는다. 이러한 특성은 모든 자기장 선에서 일반적인 현상이다. 마지막으로 자선의 밀도와 자장의 세기는 극에 점점 가까워질수록 강해진다.

그림 7-2 **막대자석의 자기장을 나타내는 철가루**

1820년에 간단한 실험으로 영구자석만이 자기장선을 형상 할 수 있는 것만이 아니라는 것이 밝혀졌다. 이 실험에서는 나침반을 전선에 근접하여 놓고 강한 전류를 전선에 흘려보냈을 때, 나침반의 바늘은 방향이 바뀌는 것이 확인되었다. 이때 전선 주변의 나침반의 위치에 관계없이 바늘은 항상 전류에 비례하여 같은 방향으로 움직였다(그림 7-3). 전류와 자기장은 간의 관계는 전류의 세기에 따라 결정되고, 전선의 방향과 전선까지의 거리에도 영향을 받는다. 그러나 방향은 항상 전선과 수직을 이루고, 바늘은 빙빙 돌게 된다. 도선으로부터 자기장의 방향을 결정하기 위한 일반적인 방법을 오른손의 법칙(right hand rule)이다. 이는 오른손 엄지를 전류가 흐르는 방향으로 향하게 하면, 손가락의 방향이 자기장의 형성 방향을 나타내는 것이다(그림 7-4).

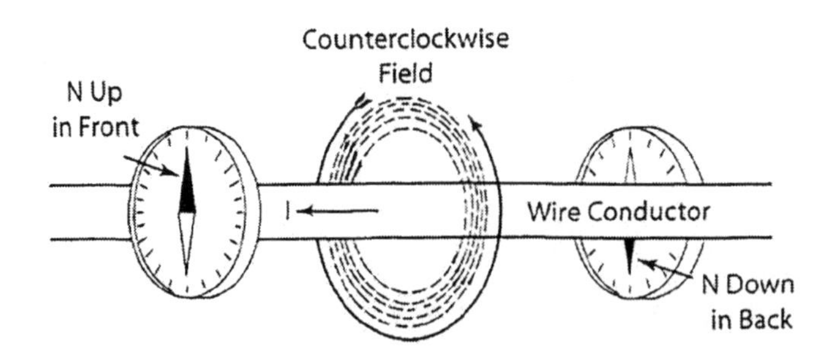

그림 7-3 **전선으로 둘러싸인 자기장의 방향이 나침반바늘 방향으로 의해 표시되고 있다.**

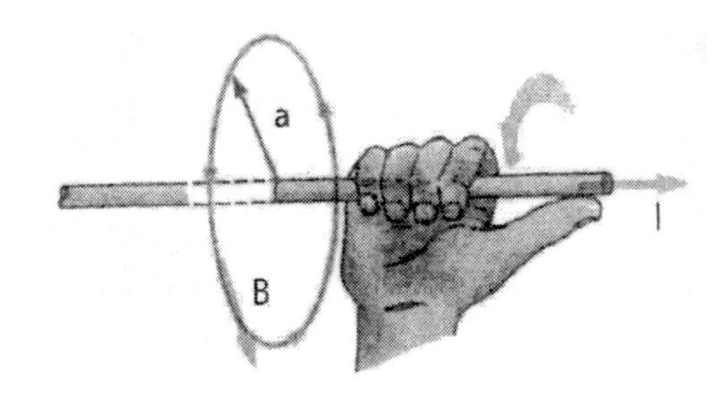

그림 7-4 **도선에 발생하는 자기장의 방향을 결정하기 위한 "오른손 법칙"**

전류가 흐르는 도선에서의 자기장에 대한 수식은 매우 복잡하다. 따라서 직선의 긴 도선, 원형 고리, 원통 코일과 같은 간단한 세 가지 경우만을 고려한다.

위에서 언급한 바와 같이 만약 전류가 도선에 여기 되면, 전선 주위에 자기장이 형성된다. 이 때, 긴 직선의 도선에 형성되는 자기장은 다음과 같이 표현된다.

$$B = \mu_0 \frac{I}{2\pi a} \tag{7.1}$$

I는 도선에서의 전류이며, a는 도선 표면에서의 거리이다. 그리고 μ_0는 자유 공간의 투자율이라 불리는 상수 값이다.

원형 고리 도선의 경우는 그림 7-5와 같이 자기장이 형성된다. 이 경우에는 고리 안쪽에 매우 큰 자기장이 형성된다. 고리 중앙의 자기장의 세기는 다음과 같이 표현된다.

$$B = \frac{\mu_0 I}{2R} \tag{7.2}$$

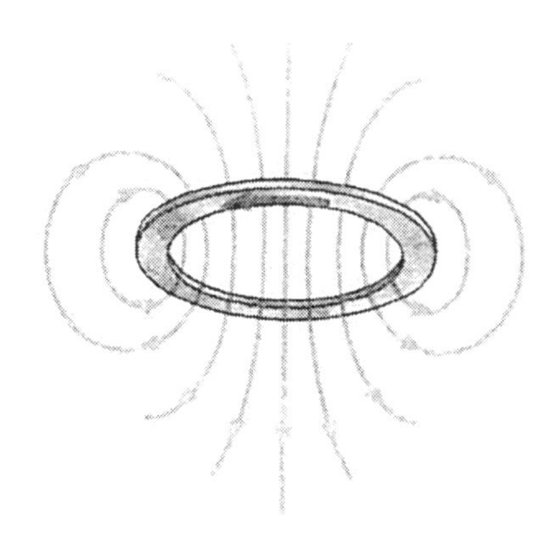

그림 7-5 **고리형 전선에서 자기장**

I는 전류이고 R은 고리의 반경이다. 하나 이상의 도선이 감겨 있는 경우를 원통 코일이라 부른다.

전류가 이 도선을 통과 할 때, 자기장은 고리형 도선이 쌓여 있는 것처럼 보인다. 안쪽과 바깥쪽의 고리의 자기장은 더해지고, 각각의 고리들 사이의 자기장은 없어지는 경향을 나타낸다. 길고 빽빽한 원통 코일에 대해 안쪽 자장은 거의 일정하며, 바깥쪽 자장은 막대자석의 자기장과 유사하다(그림 7-6). 이러한 원통 코일에 대한 안쪽 자기장은 다음과 같이 표현된다.

$$B = \mu_0 N I \tag{7.3}$$

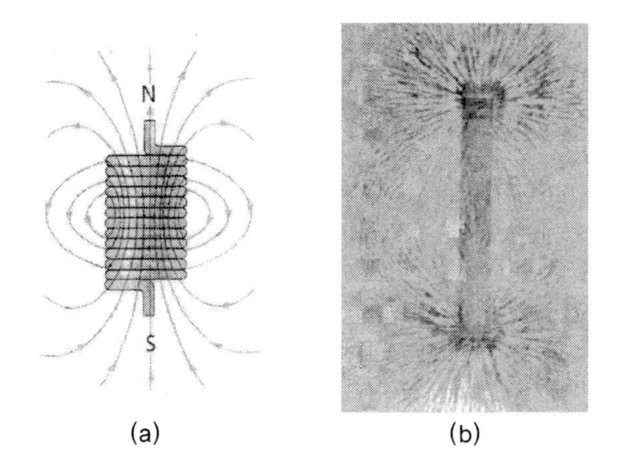

그림 7-6 **(a)원형 코일과 (b)막대 자석의 자기장 비교**

여기서, N은 단위 길이 당 코일이 감겨있는 횟수를 의미한다. 이 식에서 알 수 있듯이 자기장은 원통 코일의 크기와 무관하다. 원통코일은 식이 간단하고 자기장을 형성하고 자기장의 세기를 제어하는 것이 용이하여 영구자석을 이용하여 자기장을 만드는 방법보다 산업계어서 더 자주 사용된다.

나. 자화와 자속밀도

강자성체는 각각 작은 자기량을 가지고 있는 무수히 많은 작은 자석(자구(磁區)라 한다)의 집합체라고 간주할 수 있다. 강자성체에 자석의 S극을 가까이 하면, 가까이한 강자성체 쪽에는 자기 유도에 의해 N극이 형성되기 때문에 서로 끌어당기게 된다. 걸어준 자석의 세기(자계의 세기)가 강한지에 따라 자계의 방향으로 자석이 나란하게 된다. 이 상태를 강자성체가 자화된 것이라 한다.

개개의 작은 자석은 각기 자기량을 갖고 있으므로 자계의 방향으로 방향을 바꾼 자석 수만큼 평형이 깨어져 결과적으로 자계의 방향으로 자기량이 발생하여, 그 방향으로 자기량의 흐름이 생겨났다고 간주할 수 있다. 이렇게 새로 발생한 자기량과 처음에 걸어준 자계가 지니고 있는 자기량과의 합을 자속이라 하며, 단위 단면적 당의 자속(자속을 그 통로의 단면적으로 나눈 것)을 자속밀도 (flux density)라 한다. 자속밀도는 자화의 강도를 근사적으로 나타내는데 사용한다. 그리고 자속밀도 B와 자계의 세기 H사이에는 식(7.4)와 같은 관계가 있다.

$$B = \mu \cdot H = \mu_o \mu_s \cdot H \tag{7.4}$$

여기서 μ는 투자율(permeability)이라 하며, 단위는 H/m(henry/meter)이다.

투자율 μ가 높은 재료일수록 강한 자석이 된다. 진공 투자율은 μ_o로 나타내며, $\mu_o = 4\pi \times 10^{-7}$ H/m이다. 또 투자율 μ와 진공의 투자율 μ_o와의 비를 μ_s로 표시하며 비투자율(relative permeability)이라 한다. 강자성체의 μ_s는 수십에서 20,000정도로 크며, 비자성체인 재료는 거의 1과 같다고 생각해도 된다. 그러므로 비자성체의 경우에는 $B = \mu_o H$로 나타낼 수 있다.

다. 자화 곡선

강자성체를 자화시키려면 그것에 직접 전류를 흘려보내거나 그 주위의 도체에 전류를 흘려 형성되는 자계를 이용한다. 강자성체의 자기적 성질은 일반적으로 자계의 세기(기호 H로 나타내며, 단위는 A/m)와 자속밀도(단위면적당의 자속량이며, 기호 B로 나타내고, 단위는 T)와의 관계를 나타내는 자화곡선(B-H곡선)으로 표시된다.

자화곡선은 직류를 사용해서 구하고 있다. 그림 7-7은 자화 곡선의 예를 나타낸 것이다. 가로축에 자계의 세기(강도)를, 그리고 세로축에 자속밀도를 취하고 있다. 자계의 세기를 0에서 증가시켜 가면 곡선은 opqr로 변화한다. 곡선 opqr 상의 임의점(예를 들어 그림 속의 ·점 표시)과 원점 0을 잇는 직선의 기울기를 "투자율"(기호 μ로 표시, 단위는 H/m)이라 한다. 이 직선과 가로축이 이루는 각을 θ라 하면, $\mu = \tan\theta$로 주어진다. 이것은 재료의 자화정도를 나타낸다.

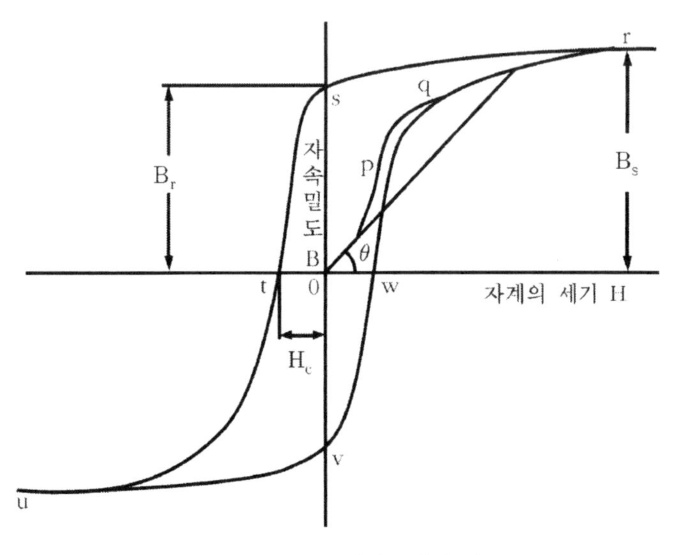

그림 7-7 **자화곡선의 예**

철강 재료의 투자율은 비자성체에 비해서 상당히 크며, 재질, 열처리 및 자계의 세기에 따라 다르다. 점 r은 충분히 강한 자계를 부여한 상태이며, 이 이상에서는 자화곡선은 거의 수평에 가까운 직선이 된다. 이 점의 자속밀도를 "포화자속밀도"(기호 B_s로 표시함)라 하고 재료는 포화 자화되었다고 한다. 점 r의 상태에서 자계의 세기를 감소시켜 마이너스 쪽으로 변화시키면 곡선은 rstu로 변화한다. 강자성체에 부여된 자계의 세기를 0으로 되돌렸을 때 잔류하고 있는 자속밀도 O_s를 "잔류자속밀도"(기호 B_r로 표시)라 한다. 점 u의 상태에서 이번에는 자계의 세기를 증대시키면 곡선은 uvw로 변화한다.

철강재료의 자기적 성질은 주로 재료의 화학성분(특히 탄소량), 냉간가공 및 열처리에 의해 변화한다. 일반적으로 경도가 높은 재료일수록 포화자화에 필요한 자계의 세기나 보자력이 크고, 이와 같은 재료를 자기적으로 경한 재료라 한다. 이것에 반해 포화 자화되기 쉽고 보자력이 작은 재료를 자기적으로 연한 재료라 한다.

라. 교류 자화에서의 표피효과

강자성체에 직류로 자화하면 강자성체 속의 자속밀도는 거의 균일하다. 그러나 교류 자화에서는 균일한 세기의 자계를 걸어 주어도 강자성체 속의 자속밀도는 균일하지 않고, 표면에서는 최대가 되고, 표면에서 내부로 들어갈수록 지수 함수적으로 감소한다. 이것을 교류 자속의 표피효과(skin effect)라 한다. 자속밀도가 표면 값의 $1/e = 1/2.718 = 0.368$(약 37 %)가 되는 깊이를 표피의 두께(또는 침투깊이라고도 함) δ 라 한다.

침투 깊이는 교류의 주파수, 전도율 및 투자율이 높을수록 작아진다. 50~ 60 Hz의 교류에서 탄소강을 자화시킨 경우의 표피의 두께는 약 2 ~ 3 ㎜이다. 표피효과는 자속뿐만 아니라 전류의 경우에도 일어난다. 침투 깊이(δ) 식은 다음과 같다.

$$\delta = \frac{1}{\sqrt{\pi f \mu \sigma}} \tag{7.5}$$

여기서, f: 주파수(Hz), μ: 투자율(H/m), σ: 전도율(conductivity)이다.

일반적으로 교류를 사용하여 자분탐상검사를 할 때의 δ의 값은 2 ㎜ 전후이다. 그러나 μ의 값이 작아지면 다시 δ의 값은 커진다. 표피효과 때문에 교류 자화에 있어서 자속밀도는 표피의 평균값으로 밖에 측정할 수 없다. 따라서 교류에 의한 자화곡선은 직류의 경우와는 다르다.

마. 시험체의 최적자화

자계의 강도와 누설자속밀도와의 관계는 포화 자속밀도의 80 %정도의 자속밀도를 만드는 자계의 강도에서 누설자속밀도는 급격히 증가한다. 따라서 연속법에서는 80 % B_s를 권고치로 하고 있다. 그러나 잔류법에서는 일반적으로 100 % B_s가 되는 자장의 강도를 가하도록 하고 있다. 최적자화의 조건은 시험면의 거칠기, 형상, 자분농도 등을 고려하여 최종적으로는 실험에 의해 결정하는 것이 바람직하다. 일반적으로 탐상면이 거친 경우에는 소정의 전류값 보다 약간 낮게 한다. 이와 같이 시험체의 상태를 고려하여 콘트라스트가 가장 큰 자분모양이 얻어지는 조건으로 자화하는 것을 최적자화라 한다.

7.2.2 자분

가. 자분의 종류

가시성에 의해 형광자분과 비형광자분으로 분류한다.

① 형광자분: 자분의 표면에 유기형광물질이 바인더로 접착되어 있을 것
- 어두운 곳에서 자외선의 조사로 자분지시를 관찰한다.
- contrast가 좋아 자분지시의 발견이 쉽다.
- 결함검출성능이 좋아 작업자의 정신적 피로가 적다.
- 형광제의 열화에 주의해야 한다.

② 비형광(염색)자분: 안료로 자분의 표면이 착색(백색, 흑색, 갈색)되어 있을 것
- 밝은 곳, 즉 가시광선하에서 자분지시를 관찰한다.

- 백색, 흑색, 갈색 등의 색갈이 있다.
- 형광자분의 사용이 곤란할 경우 사용한다.

③ 자분의 재질과 바탕색

- 금속계 자성체

  환원철분, 전해철분: 회색
- 산화물계 자성체

  사삼산화철(Fe_3O_4): 흑색

  γ-산화제2철(Fe_2O_3): 갈색

④ 분산매체

- 습식 - 물, 등유 등에 현탁하여 적용하고 농도 유지에 주의해야 하며 미립자의 산화물계 자성체를 사용한다.
- 건식 - 공기흐름을 이용하여 적용하고 자분입자가 크고 불균일하다.

나. 자분의 성질

① 자기특성

높은 투자율, 낮은 잔류자기, 낮은 보자력을 가져야 한다.

- 투자율 - 자화의 난이도를 나타낸다. 자분의 흡착성을 알려준다.
- 보자력 - 자분의 잔류자기의 크기에 변화를 준다. 자분의 분산성에 영향을 미친다.

② 자분의 형상과 입도

- 형상 - 침상, 박편상, 봉상이 있다.
- 입도 - 결함의 크기에 관계가 있다. 큰 결함에는 큰 입도의 자분을, 미세한 결함에는 작은 입도의 자분을 사용한다.

7.3 자분검사 장치 및 시험편

7.3.1 자분검사 장치

자분검사 장치에는 그림 7-8과 같은 정치형(stationary) 자분탐상기 등 여러 가지가 있지만 시험체에 적정한 자계를 걸어줄 자화 기능이 있고, 자분을 적용할 수 있는 살포 기능이 있으며, 자외선 조사장치 및 탈자기능이 있다.

그림 7-8 **정치형 자분탐상 장치**

일반적으로 가장 많이 쓰는 것은 그림 7-9와 같은 휴대형 극간식(yoke) 탐상기이다. 이 탐상기는 철심의 포화자속밀도와 단면적에 따라 투입 자속량이 결정되므로 그 성능은 변화시킬 수 없는 구조로 되어 있다. 따라서 자화력을 들어 올리는 힘 즉, 인상력(lifting power)으로 규정하고 있다. 이런 종류의 탐상기에는 그림 7-9(b)와 같이 1회의 탐상으로 모든 방향의 결함을 검출할 수 있는 4극식 탐상기도 있다.

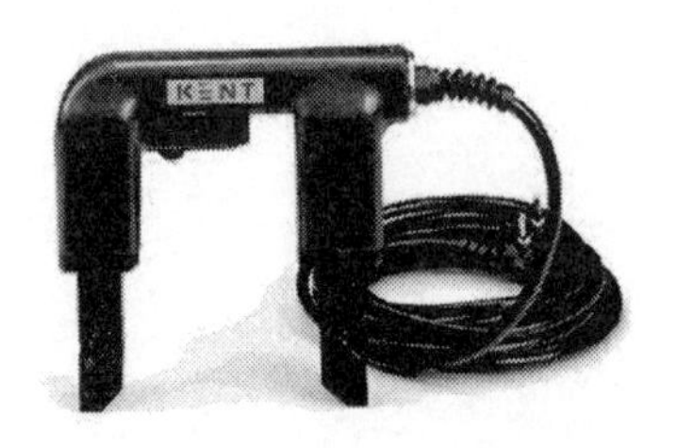

(a) 2극식

(b) 4극식

그림 7-9 **휴대형 극간식 자분탐상기**

그림 7-10은 프로드형 자분탐상기로 프로드 자화장치에 사용하는 프로드 전극은 구리 또는 강봉에 손잡이가 달린 한 쌍의 전극으로 되어 있으며, 자화 케이블로 자화전원부와 접속하여 케이블 길이가 허용하는 범위에서 자유로이 이동하며 사용할 수 있도록 되어 있다. 이 전극은 시험체를 손상할 우려가 있으므로 접촉 불량에 의한 전기 스파크를 방지하기 위하여 프로드 전극의 접촉부분에 대한 손질이 요구되며, 필요에 따라 전류가 잘 흐르도록 프로드 전극의 접촉부분에 구리선으로 짠 망을 끼우거나 납판 등을 설치하여 사용한다.

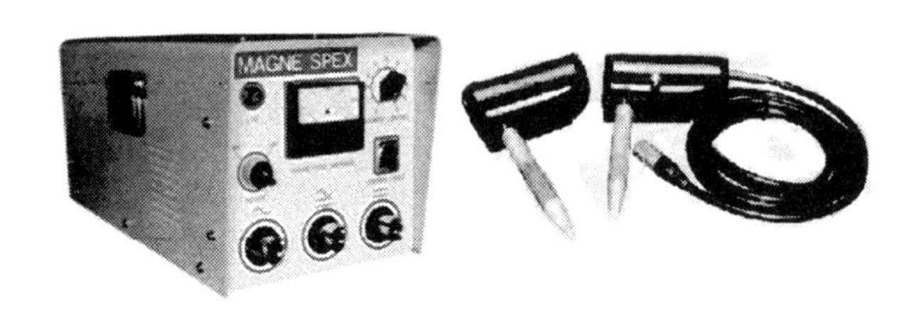

그림 7-10 **프로드형 자분탐상기**

자화장치는 자화전류와 자화방법에 따라 표 7-2와 같이 분류할 수 있으며 각기 다른 특성을 가진다.

표 7-2 **자화장치**

전류	자화방법	특징	
교류식	연속법; 통전법, 관통법 프로드법, 코일법	표면결함의 검출감도가 높다. 탈자가 필요 없다. 위상변별회로를 부착하면 잔류법이 가능하다.	
축전식	잔류법; 통전법, 관통법	통전시간이 짧다. 전류변동이 있다.	
세렌 정류식	연속법; 잔류법, 통전법 프로드법, 관통법	많이 사용하는 방식이다. 교류, 직류, 양용으로 탈자가 가능하다.	
극간식	연속법; 극간식	휴대형	표면결함의 검출감도가 높다
		거치형	정밀검사에 이용된다. 표면 하 결함의 검출이 잘 된다.

7.3.2 자분검사용 보조기기

가. 자분살포기(자분산포기)

자분살포기에는 습식용과 건식용이 있으며, 수동으로 자분을 살포하는 자분살포기와 동력을 사용하여 자분을 교반 및 분산시키는 자동순환식 검사액 살포기와 자동송풍식 건식 자분살포기가 있다.

나. 침전관

침전관(centrifuge tube)은 검사액 농도를 조사할 때 사용되며, 밑 부분은 가늘게 되어 있으며 눈금이 표시되어 있다. 검사액 농도를 알기 위한 침전시험(settling test)에서는 잘 흔들어 분산된 검사액 샘플(sample) 100 ㎖를 침전관에 넣고, 30분 간 받침대에 세워 놓은 후 침전관 바닥에 가라앉은 자분 양의 용적으로 검사액 중의 자분의 함량을 구한다.

다. 탈자기

자분검사를 한 시험체는 자화방법 및 재질에 따라 상당히 강한 잔류 자속밀도가 남을 수 있으므로 필요시 탈자를 하여야 한다. 탈자기에는 교류식과 직류식이 있으나, 모두 자계의 방향을 반전시킴으로서 자계의 세기를 감쇠시켜 탈자가 되도록 되어 있다. 교류식은 표피효과로 인하여 탈자효과가 시험체의 표층부만으로 한정되며, 직류식은 표피효과가 매우 적기 때문에 시험체의 깊은 곳까지 탈자가 가능하다.

라. 기타

그 밖의 자분검사용 보조기기로는 가시광선에 가장 가까운 영역의 근자외선을 방사하는 자외선조사장치가 있으며, 파장범위는 320 nm ~ 400 nm이다. 자외선 발생용 광원은 고압수은등을 많이 사용한다. 그리고 자외선량을 계측하는 장치로 자외선강도계가 있으며, 선량의 단위는 $\mu W/m^2$ 이다.

7.3.3 표준시험편

표준시험편은 탐상장치, 자분, 검사액의 성능과 연속법에서 시험면의 유효자계의 세기 및 방향, 탐상유효범위, 검사조작의 적합여부를 조사하기 위하여 사용된다. 자분탐상검사에서 결함의 검출성능을 높이기 위해서는 시험체에 적정한 자속밀도(또는 자계의 강도)를 주어야 한다. 시험체에 흐르고 있는 자속밀도를 측정하는 것은 실제 자분검사에서는 간단하지 않지만, 시험체에 작용하고 있는 자계의 강도(세기)는 비교적 간단히 추정할 수 있다. 이를 위해 사용하고 있는 것이 표준시험편이다. 표준시험편은 시험체에 작용하고 있는 자계의 방향 또는 자계 강도의 적정한 범위를 구하는 데 이용되고 있다.

가. A형 표준시험편

KS D 0213에 규정된 표준시험편에는 A형 표준시험편, B형 대비시험편 및 C형 표준시험편이 있다. A형 표준시험편은 그림 7-11과 같이 얇은 전자 연철판의 한쪽 면에 직선형 또는 원형의 홈을 만든 것으로, 홈의 모양, 홈의 깊이, 판의 열처리 상태 및 판의 두께에 따라 여러 종류로 분류하고 있다. 시험편의 명칭은 재질의 차이에 따라 A1과 A2로 구분하며, 분수의 분자는 홈의 깊이를, 분모는 판의 두께를 μm 의 단위로 나타낸다.

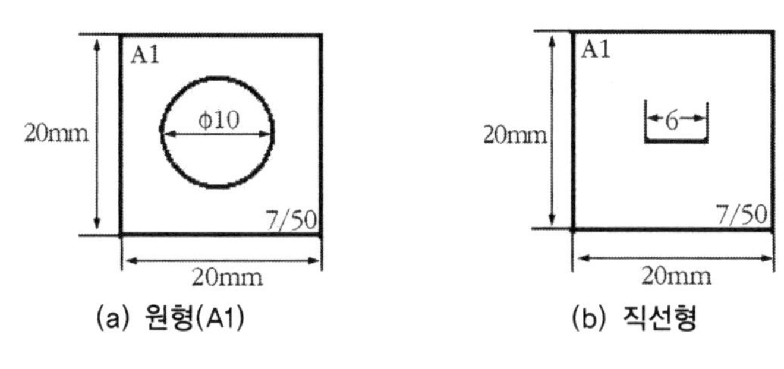

그림 7-11 **A형 표준시험편**

A형 표준시험편의 특징은 다음과 같다.

① A형 표준시험편은 연속법으로 사용했을 때 소정의 성능을 발휘한다.

② 홈의 깊이와 판 두께와의 비가 등가인 A형 표준시험편은 자분모양이 나타나는 한계자장의 강도가 거의 등가이다.

③ A2는 A1의 약 2배 이상의 자장의 강도에서 자분모양이 나타난다.

④ 분수 값이 작은 것일수록 자분모양이 나타나기 위해 강한 자장을 필요로 한다.

나. C형 표준시험편

C형 표준시험편의 사용목적 및 사용방법은 A형 표준시험편과 거의 동일하지만 형상 및 크기가 다르다.

C형 표준시험편은 Al-7/50(직선형)과 거의 동등한 특성을 갖는다. 용접부의 홈면 등과 같은 좁은 부분에서 치수적으로 A형 표준시험편을 사용하기 어려울 경우에는 C형 표준시험편(치수는 세로 5 ㎜, 가로 10 ㎜이며, A형 표준시험편에 비해서 아주 작다)을 사용한다.

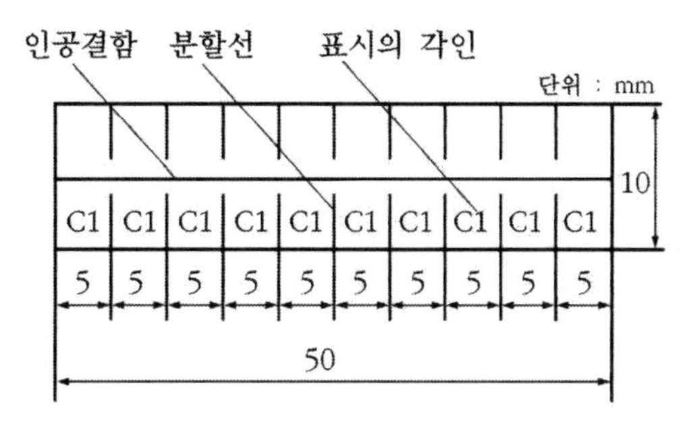

그림 7-12 **C형 표준시험편**

다. B형 대비시험편

B형 시험편은 장치, 자분 및 검사액의 성능을 점검하는데 사용된다. 강용접부의 자분탐상검사에는 이 시험편이 사용되지 않는다.

라. 탐상 유효 범위를 정하는 방법

탐상유효범위를 설정하는 경우, 일반적으로 명료하게 식별할 수 있는 자분모양의 판단에는 개인차가 있기 때문에, 미리 관계자간에 실험 등에 합의하여 놓는 것이 바람직하다. A형 표준시험편은 얇은 전자연철판(電磁軟鐵板)의 한쪽 면에 직선형 또는 원형의 홈을 파 놓은 것으로 홈의 깊이, 판의 두께 및 열처리 상태가 다른 여러 종류의 규격에 규정되어져 있다.

A형 표준시험편의 홈이 있는 쪽의 면을 밑으로 하고 적당한 접착테이프로 이것을 시험면에 부착, 연속법으로 자분탐상검사를 하면 시험면에 효과적으로 작용하는 자계의 세기가 어떤 값 이상이 되면 홈에 해당된 부분에 명료한 자분모양이 형성된다. A형 표준시험편의 종류가 다르면 홈의 자분모양이 명료하게 나타나기 시작하는 자계의 세기가 다르다. 따라서 실제 자분의 적용 조작을 해서 각종 A형 표준시험편에 대해 명료한 자분모양이 나타나기 시작하는 자계의 세기를 구해 놓으면, A형 표준시험편을 이용할 때 자화전류를 설정한다든지, 필요한 자계의 세기가 작용하는 범위를 구할 수 있다.

어떤 종류의 A형 표준시험편을 사용할 때, 예로 그 홈의 자분모양이 나타나기 위해 필요한 자계의 세기가 작용하고 있어도 자분의 적용상태가 부적절할 경우에는 명료한 자분모양은 형성되지 않는다. 따라서 A형 표준시험편을 이용함으로써 시험면에 작용하고 있는 자계의 세기뿐만 아니라 자분의 적용상태 및 자분모양의 관찰 상태를 포함해서 종합적인 시험성능을 관리할 수가 있다.

7.4 자분검사 절차

자분검사는 그림 7-13과 같이 전처리, 자화, 자분의 적용, 관찰 및 후처리로 되어 있다. 이 순서 중, 자화와 자분의 적용 순서에서는 그림과 같이 탐상조건을 설정 또는 선정해야 한다.

7.4.1 전처리

전처리는 시험체에 적정한 방향 및 크기를 가진 자속이 흐르도록, 자분이 결함에 충분히 공급되어 흡착되도록, 아울러 결함부가 아니 곳엔 자분모양이 될 수 있는 한 형성되지 않도록, 그리고 형성된 자분모양의 식별성이 좋아지도록 자화, 자분의 적용 및 관찰이 적정하게 이루어질 수 있도록 하는 작업이다.

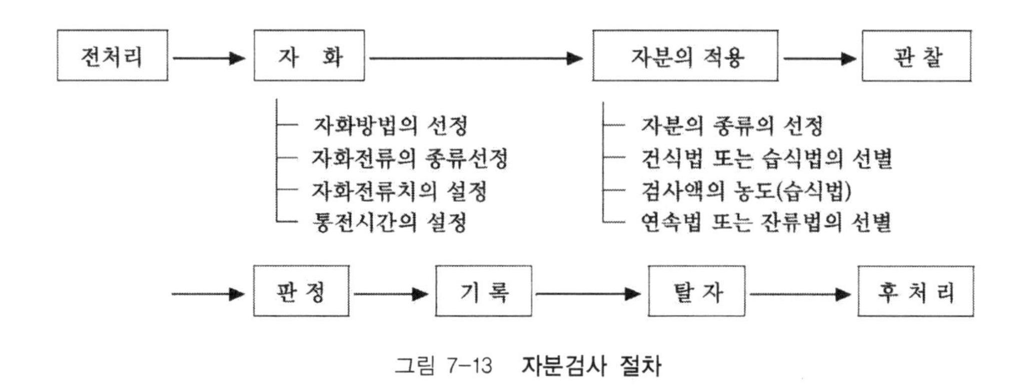

그림 7-13 **자분검사 절차**

전처리에는 시험체의 분해·탈자·시험면의 청소 또는 건조 등이 포함된다. 조립품은 허용되는 범위에서 가능한 한 단일부품으로 분해해서 자분탐상검사를 하는 것이 좋다. 이것은 분해하지 않으면 부품의 모든 시험면의 탐상이 될 수 없고, 또 탐상이 가능한 시험면에서도 적정한 자화 상태를 얻기가 어렵기 때문이다.

시험체에 높은 잔류자속밀도가 존재할 경우에는 탈자를 해야 한다. 이것은 높은 잔류자속밀도가 존재할 경우에 강자성을 가지는 여러 가지 부착물의 제거가 곤란하고, 의사모양의 원인도 되기 때문이다. 시험면의 청소는 시험면에 부착되어 있는 유지, 도료, 녹 및 기타의 부착물을 제거하기 위해 행한다. 이것으로 자분모양의 형성이 쉬워지고 의사모양의 형성을 억제하며,

자분모양의 식별성을 높일 수가 있다. 또 시험체에 직접 통전할 경우 전극 접촉부의 스파크 및 발열에 이한 소손(燒損)을 방지할 수 있다.

시험면의 청소를 할 때 세척제를 사용할 경우가 있다. 자분을 습식법으로 적용할 때 검사액의 매체와 용해되지 않는 세척제가 시험면에 남아 있을 때는 시험면을 건조하여 세척제를 증발시켜야 한다. 습식법에서는 검사액으로 시험면이 잘 적셔지지 않으면 안 된다.

한편 건식법(공기 중에 자분을 분산시켜, 공기를 매체로서 자분을 결함부에 공급하는 방법)에서 시험면이 젖어 있으면, 시험면 전체에 자분이 부착되므로 자분모양을 식별할 수 없기 때문에 시험면을 잘 건조시켜 주어야 한다.

7.4.2 자화

자화는 시험체에 적정한 자계 또는 자속을 걸어주는 조작을 말한다. 자화는 시험체 및 예측되는 결함에 적합한 자화방법, 자화전류의 종류, 자화전류치 및 1회 탐상 거리를 선정하고, 필요한 자화 기기를 갖추어 검사를 한다. 이때 특히 시험면의 자화상태가 적정하게 되도록 유의해야 한다.

가. 자화방법의 선정

자기검사에서는 시험체를 자화시키고 검출에 충분한 강도를 가진 결함 누설자속을 만들어야 한다. 시험체를 자화하는 방법은 기본적으로 전류를 흐르게 하면 자계가 만들어지고, KS D 0213(1992, 철강재료의 자분 탐상검사 방법 및 자분모양의 분류)에 의해서 표 7-3과 같이 각종 방법이 규정되어 있다.

표 7-3 자화방법의 종류

자화방법	비 고
축통전법	시험체의 축방향으로 직접 전류를 흘린다.
직각통전법	시험체의 축에 대해 직각인 방향으로 직접 전류를 흘린다.
프로드(prod)법	시험체의 국부에 2개의 전극을 접촉하여 전류를 흘린다.
전류관통법	시험체의 구멍으로 통한 도체에 전류를 흘린다.
코일(coil)법	시험체를 코일의 가운데 넣고, 코일에 전류를 흘린다.
극간(Yoke)법	시험체 또는 검사할 부위를 전자석 또는 영구자석의 자극사이에 놓는다.
자속관통법	시험체의 구멍으로 통한 강자성체에 교류자속을 보내어 시험체에 유도전류를 흘린다.

각종 자화방법에서 자화전류로는 직류와 교류의 2종류가 이용된다. 일반적으로 직류자화에는 시험체의 표면에서 깊이 방향으로 동일한 밀도의 자속이 흐르지만, 교류는 자속이 표층부에 집중되어서 흐르는 "표피효과"를 가진다. 자분을 결함 검출매체로 이용하는 자분탐상검사에는 자화를 하면서 자분을 적용하는 "연속법"과 자화 후 자화전류를 끊고 시험체의 잔류자기를 이용해서 자분모양을 만드는 "잔류법" 2가지가 있는데, 잔류법은 원칙적으로 직류자화를 한다.

자분검사에 사용되고 있는 자화방법을 크게 분류하면 원형자화법과 선형자화법이 있다. 원형자화법은 시험체에 전극을 접촉시켜 통전(직접자화)하거나 시험체의 관통구멍에 도체나 전선을 통과시키고 전류를 흐르게 하여 원형자계로 시험체를 자화(간접자화)하는 방법이며, 선형자화법은 코일이나 솔레노이드내에 시험체를 넣거나 또는 자극사이에 시험체를 놓고 자화하여 시험체의 축방향으로 형성되는 선형자계를 이용하여 검사하는 방법이다. 자화 방법을 발생하는 자계의 방향성에 따라 분류하면 다음과 같이 구분한다.

(1) 원형자계를 발생시키는 방법(원형자화법):

축통전법, 직각 통전법, 전류 관통법, 프로드법, 자속 관통법,

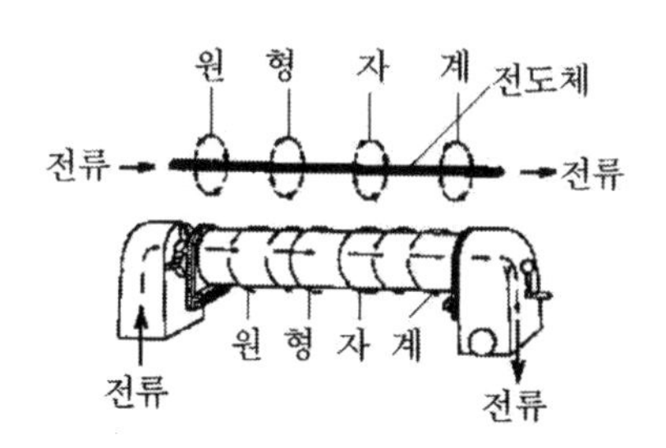

그림 7-14 **원형자계의 발생**

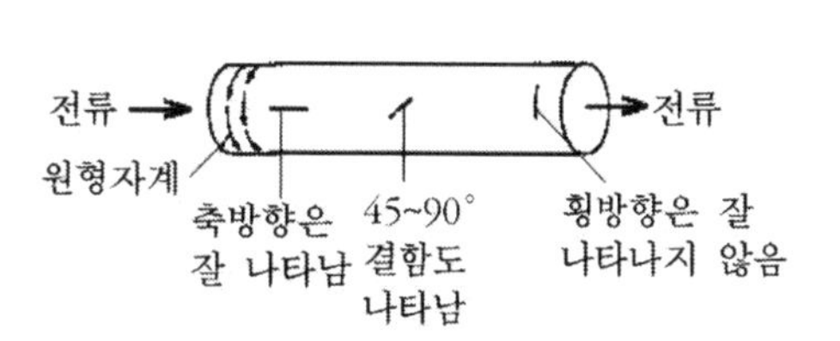

그림 7-15 **원형자계와 결함 방향과의 관계**

(2) 선형자계를 발생시키는 방법(선형자화법): 코일법, 극간법

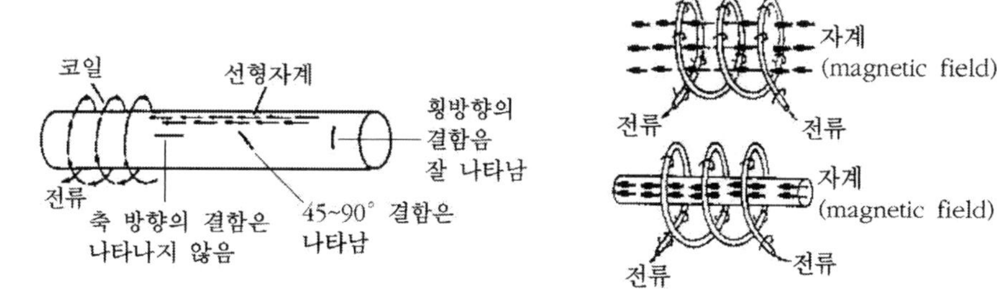

그림 7-16 **선형자계의 발생**

그림 7-17 **선형자계와 결함 방향과의 관계**

(3) 자화방법의 선택 시 고려해야 할 사항

자화방법의 선택 시 고려해야 할 사항으로는 ① 자장의 방향과 예측되는 결함의 방향과 직각이 될 때 최대누설자속이 발생하고 결함이 가장 잘 검출된다. 그러므로 각 검사방법에 대한 자장의 방향을 이해하여 두는 것이 필요하다. ② 시험체의 크기와 형상으로는 시험체가 큰 경우에는 한 번의 자화로 탐상하는 것이 불가능하다. 이때에는 분할하여 자화하는 방법을 적용한다. 또 환봉이나 관에서와 같이 형상의 차에 따라 자화방법을 변경하지 않으면 안 되는 경우도 있기 때문에, 시험면상에서 필요한 자장의 방향과 강도를 고려하여 가장 유효한 방법을 적용한다. ③ 검사환경으로는 검사장소가 높은 곳 등에서는 부득이 가장 바람직한 방법 이외의 방법을 취하는 경우가 있다. 이런 경우 작업성은 떨어지더라도 결함의 검출성능은 저하되지 않도록 주의해야 한다.

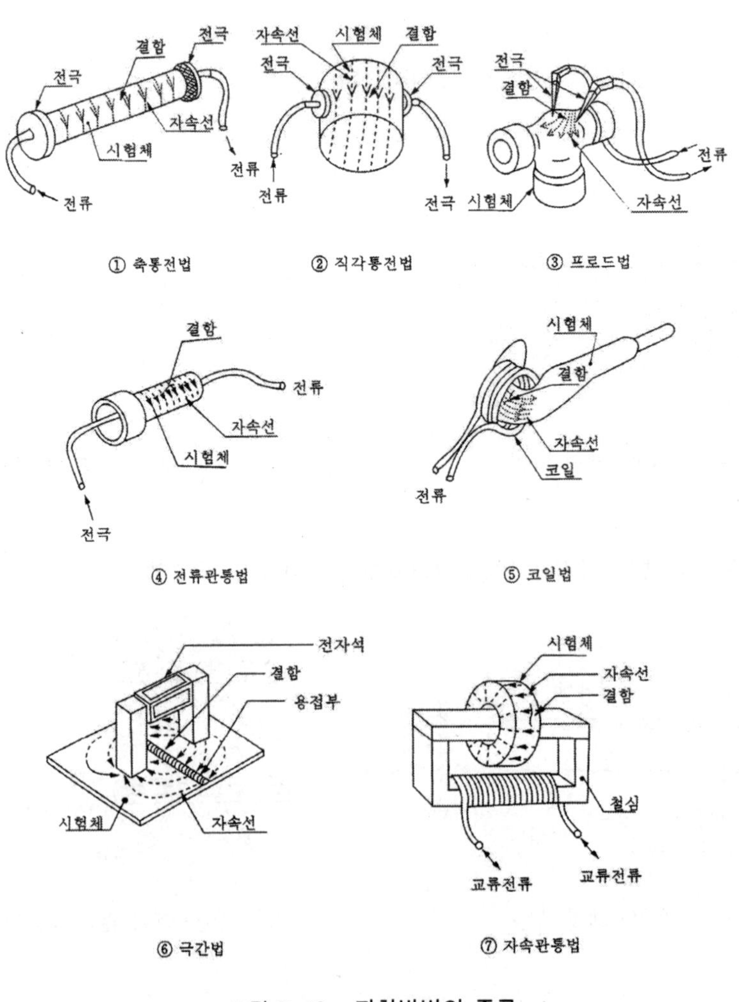

그림 7-18 **자화방법의 종류**

나. 자화전류의 결정

자화전류에는 파형의 차이에 따라 그림 7-19와 같이 교류, 직류, 맥류, 충격전류가 있다.

교류는 표피효과로 인하여 시험체의 표면밖에 자화되지 않으므로 표면 결함만을 검출대상으로 하는 경우 연속법에 한해 사용하며, 직류 및 맥류는 연속법과 잔류법 양쪽 다 사용할 수 있으며, 표면 및 표면 근방의 내부결함을 검출할 수 있다. 맥류는 직류에 교류성분이 포함된 것으로, 교류 성분이 많을수록 표피효과가 두드러져 내부의 결함 검출능력은 떨어진다. 충격전류는 일반적으로 통전시간이 짧고, 통전시간 내에 자분적용을 끝내는 것이 곤란하므로 잔류법에 한한다.

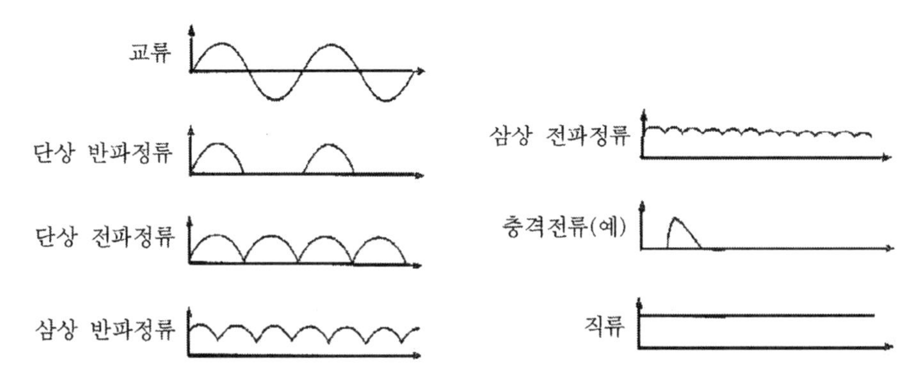

그림 7-19 **자분 탐상 검사에 이용되는 자화전류의 종류와 파형**

다. 자화전류치의 설정

자화전류치는 시험체에 걸어줄 자계의 세기를 좌우하기 때문에 시험체를 적정하게 자화시키기 위해서는 시험체의 자기특성, 시험면의 상태, 예측되는 결함의 종류와 위치, 크기 및 연속법 또는 잔류법 등 모든 사항을 고려하여 시험체에 작용시킬 자계의 세기를 결정하고, 그 값과 자화방법 및 시험체의 크기 등에 따라 적정한 자화전류치를 설정하여야 한다.

라. 자화전류의 통전시간

연속법에서는 통전 중에 자분의 적용을 완료할 수 있는 통전시간은 최저 형광자분은 약 3초, 비형광 자분은 5초를 필요로 한다. 잔류법의 경우는 자화 조작을 끝마친 후에 자분을 적용하므로 통전시간은 원칙적으로 1/4~1초를 표준으로 하고 있다. 다만 충격전류인 경우에는 1/120초 이상으로 하고 3회 이상 통전을 반복하는 것이 좋다.

7.4.3 자분의 적용

자분의 적용은 습식법·건식법 또는 연속법·잔류법 별로, 자분의 적용시간, 자분의 종류, 검사액 농도 및 분산매 등을 선정하고 나서 행한다. 이때 시험면 전체에 일률적으로 속도가 느린 자분의 흐름이 일어나도록 하지 않으면 안 된다.

연속법일 경우에는 시험면 위에 검사액의 고임이나 흐름이 없을 때까지 자화를 계속해 줄 필요가 있다. 한편 잔류법일 경우에는 반드시 자화를 끝내고 나서 검사액을 적용해야 한다. 또 시험체를 자화할 때부터 자분적용을 끝낼 때까지 강자성체를 시험면에 접촉시키지 않도록 해야 한다. 이것은 강자성체를 접촉시키면 접촉부에 자극이 발생하고, 그 부분에 자분이 흡착되므로 의사모양(이것을 "자기펜"이라고 함)이 나타나기 때문이다.

7.4.4 관찰

자분검사에서 관찰은 사용한 자분이 비형광자분인지 아니면 형광자분인지에 따라 다르다. 비형광자분을 사용한 경우에는 시험면의 색깔과 콘트라스트를 만드는 색을 가지는 자분을 사용하기 때문에, 색의 식별이 쉽게 될 수 있는 밝은 환경(약 500~1000 lux정도가 적당함)에서 관찰해야 한다.

한편 형광자분을 사용한 경우에는 자외선을 조사하여 자분에서 형광을 발생시키고, 시험면의 색과는 관계없이 주위의 어둡기와 형광의 밝기의 콘트라스트를 이용하여 자분모양을 검출하고 있다. 이런 경우에는 시험면의 색을 알 수 없을 정도로 주위의 밝기를 어둡게 할(20 lux 이하) 필요가 있다.

자분모양은 결함에 기인된 자분모양과 의사모양으로 구분된다. 자분탐상시험의 목적은 결함을 검출하기 위한 것이기 때문에, 자분모양이 관찰된 경우에는 재검사를 해서 자분모양의 재현성을 조사하든지, 밝은 조명아래에서 시험면을 관찰하여 그것이 의사모양이 아니라 결함에 기인된 자분모양인지 확인할 필요가 있다. 자로(磁路)의 중간에 다른 재질이 존재하고 있을 경우나 단면의 급변부에는 의사모양이 생기기 쉽다(전자는 재질경계지시, 후자는 단면급변지시라 함).

자분모양의 기록은 일반적으로 도면상에 스케치하고 결함이 존재하는 위치(기준선으로부터의 거리를 기재함) 및 크기를 명기한다. 결함자분모양을 사진촬영 한다든지 또는 접착테이프로 전사를 해 놓으면 형태가 확실해서 좋다. 그리고 주요 검사조건도 기록해 둘 필요가 있다.

7.4.5 결함의 분류

표면 결함은 날카롭고 윤곽이 뚜렷한 지시모양으로 나타나며, 표층부의 결함은 표면결함보다 뚜렷하지 않고 흐릿한 지시모양으로 나타난다. 이런 지시들은 의사모양과의 구별에 어려움이 있으나 의사모양들의 발생 원인들을 알고 검사를 한다면 쉽게 분류할 수 있다.

의사모양의 종류에는 자기펜 자국, 단면급변지시, 전류지시, 전극지시, 자극지시, 표면거칠기지시, 재질경계지시 등이 있다.

나. 확인된 결함 자분모양

우선 결함의 위치, 모양 및 분포상태로부터 결함의 종류를 가정한 다음, 아래와 같이 분류한다.

① 균열에 의한 자분모양: 균열로 식별된 자분모양

② 독립한 자분모양

- 선상의 자분모양 - 그 길이가 나비의 3배 이상인 것
- 원형상의 자분모양 - 선상 자분모양 이외의 것

③ 연속한 자분모양: 여러 개의 자분모양이 거의 동일 직선상에 연속하여 존재하고 서로의 거리가 2 ㎜이하인 자분모양. 자분모양의 길이는 특별히 지정이 없는 경우는 자분모양의 각각의 길이 및 서로의 거리를 합친 값으로 한다.

④ 분산한 자분모양: 일정한 면적 내에 여러 개의 자분모양이 분산하여 존재하는 자분모양

구별이 어려운 경우는 자분모양을 제거하고, 그 결함을 확대경을 이용하여 분류한다. 균열은 치수에 관계없이 허용되지 않는다. 결함으로 확인된 자분모양은 그 위치 및 모양, 치수를 측정하여 기록한다.

7.4.6 자분모양의 기록

자분모양의 기록은 일반적으로 도면상에 스케치하고, 결함이 있는 위치(기준선으로부터의 거리를 기록함) 및 크기를 기록한다. 결함 자분모양을 사진 촬영하거나 또는 점착성 테이프 등으로 전사하는 것도 결함의 모양을 알 수 있는 좋은 방법이다. 그러나 점착성 테이프에 전사한 것은 장기간 보존할 수 없으므로 복사하여 보관해야 한다. 또한 중요한 검사조건에 대해서도 기록해 둘 필요가 있다.

보고서 작성에서 검사조건 및 검사결과의 기록을 작성할 때는 실제로 검사에 참여하지 않은 사람도 검사결과를 보고 충분히 이해할 수 있도록 정확히 작성하여야 한다.

보고서에는 언제(검사년월일), 어디서(검사장소), 누가(검사원과 자격), 무엇(시험체의 명칭과 재질, 크기, 표면상태, 개수)을 어떤 검사장치(명칭, 형식, 제조자명)를 사용하여 검사하였는지를 검사조건과 검사결과와 더불어 상세히 기록해야 한다. 또한 검사의 특성에 따라 별도로 요구되는 추가사항에 대해서도 기록해야 한다.

7.4.7 후처리

검사가 끝난 후 필요에 따라 탈자(demagnetization), 자분의 제거, 녹방지처리 등을 하는 것이 후처리이다. 탈자는 시험체의 잔류자기가 철분을 붙여 기계가공에 악영향을 미칠 우려가 있고, 마모를 증가시킬 우려가 있을 경우 등, 사용상 지장을 줄 수 있는 경우에 실시한다.

탈자방법은 검사했을 때와 같은 자화방법으로 자계의 방향을 교대로 바꾸면서 자계의 세기를 서서히 감소시켜 0에 가깝게 낮추거나, 자계의 세기를 일정하게 유지하고 시험체를 자계내로부터 서서히 멀리하여 각각 잔류자기를 없애는 방법으로 탈자를 한다. 직류탈자와 교류탈자가 있다.

7.5 자분검사의 적용 예

7.5.1 자분검사의 적용 범위

자분검사는 강자성체의 표층부에 존재하는 결함(특히 균열 및 그것과 유사한 것)을 검출하는 데 뛰어난 비파괴검사 방법이기 때문에 구조물의 용접부, 기계장치 부품의 제조공정에서 검사 또는 구조물이나 기계장치 등의 정기검사에 널리 적용되고 있다. 또 고압용기나 석유탱크 등의 정기적인 보수검사에서 용접부의 표면결함 검사에는 빼놓을 수가 없다.

균열은 응력집중계수가 크고 구조물 등에 따라서는 유해도가 가장 큰 결함이며 자분탐상검사는 이런 종류의 결함의 검출 정밀도가 좋다. 시험체의 형상·치수에 따라 적용할 자화방법을 선택할 필요가 있다. 구조물의 용접부나 대형 시험체에는 극간법이나 프로드법의 적용이 좋다. 배관 용접부의 검사에는 코일법이 적용되기도 한다.

기계부품을 검사할 경우에는 주로 형상에 따라 자화방법을 선택하고 있지만, 결함의 방향을 고려해서 직교하는 두 방향에서 자화될 수 있도록 자화방법의 조합이 선택되어야 한다. 예를 들어 크랭크축(crank shaft)의 경우에는 축통전법과 코일법의 조합, 원통형의 것은 전류관통법과 코일법(또는 자속관통법)의 조합으로 자화한다. 고리모양의 제품은 전류관통법(또는 코일법)과 자속관통법(또는 직각통전법)의 조합이 많이 적용되고 있다.

자분의 적용은 연속법에 의한 습식법이 가장 많이 적용되고 있다. 고온에서 탐상할 경우에는 건식법이 적용되고 있다. 또 1회 탐상거리가 작은 나사나 치차의 탐상에는 잔류법이 적용되고 있다.

7.5.2 결함검출에 영향을 미치는 인자

자분탐상검사에서 결함의 검출에 영향을 미치는 인자로는 결함, 시험편, 자화, 자분의 적용 및 관찰이 있다. 이들 중에서 결함 이외의 것은 시험방법에 따라 변하기 때문에 모두 알맞은 조건으로 시험하지 않으면 목적하는 결함을 검출할 수 없게 된다.

가. 결함

자분검사에서 검출 대상이 되는 결함은 강자성체의 표층부에 존재하는 결함이다. 시험면에 개구되어 있는 결함이 가장 검출되기 쉽고, 표면에서 밑으로 더 깊이 내재되어 있는 결함일수록 검출하기 어려워진다. 또 자속의 방향과 직각방향으로 놓인 결함이라도 결함의 치수(특히 높이 및 길이)가 작아지면 검출하기 어려워진다.

나. 시험면

시험면의 거칠기는 자분검사로 검출 가능한 결함의 한계치수에 크게 영향을 미친다. 이 때문에 작은 결함까지 검출할 필요가 있을 때에는 시험면을 평활하게 다듬질 해 놓을 필요가 있다. 또 시험면에 유지나 도료 등의 부착물이 있으면, 자분이 결함부에 잘 공급 또는 흡착되지 않는다든지 의사지시(결함 이외의 원인에 의해 나타나는 자분모양을 말함)의 원인이 된다. 따라서 신뢰성이 높은 검사를 하기 위해서는 검사에 앞서서 시험면에 부착물을 잘 제거해야 한다.

다. 자화

자화에서는 시험체 내를 흐르는 자속의 방향과 자속밀도가 결함의 검출성능에 영향을 미친다. 결함이 아닌 곳에서는 될 수 있는 대로 자속을 누설시키지 않고 결함부에서 많은 누설자속을 발생시킴으로 결함의 검출 능력을 향상시킬 수가 있다. 이를 위해서는 자속이 결함에 의해 많이 차단될 수 있는 방향이 되도록, 또한 시험면에 자속이 평행하게 되도록 자화방법을 선택해야 한다. 그리고 시험체 표면의 자속밀도는 시험체의 포화자속밀도의 약 80~90 % 정도가 되도록 자화하는 것이 원칙이다.

라. 자분의 적용

자분은 결함부 이외에는 될 수 있는 대로 부착되지 않고 결함부에 많이 부착되어, 콘트라스트가 높은 자분모양이 형성되도록 자분을 적용해야 한다. 그렇게 하기 위해서 자분을 물이나 등유와 같은 액체에 분산시켜, 액체의 흐름을 매체로 자분을 시험면에 적용하는 방법이 많이 이용되고 있다(이와 같은 자분의 적용 방법을 습식법이라 하며, 자분입자를 분산시킨 액체를 검사액이라 함).

시험면 위를 흐르는 자분은 결함 위에 왔을 때 결함의 자극에 흡착되는데, 결함이 존재하지 않으면 흡착되지 않고 액체와 함께 흘러 버린다. 이때 시험면을 흐르는 검사액의 유속 및 검사액 내의 자분의 분산농도(검사액농도라 함)가 자분모양의 형성에 크게 영향을 미친다. 유속이 빠르면 자분이 흐름에 밀려 흘러가게 되어 자기흡인력이 약한 결함(예를 들어 작은 결함 등)일 경우에는 자분모양이 형성되지 않는다.

그리고 검사액 농도가 너무 진하면 시험면에 부착되는 자분이 많아지므로 자분모양과 배경과의 콘트라스트가 낮아져 자분모양을 놓칠 경우가 생긴다. 특히 표면이 거칠 때에는 건전부에 자분의 집적현상은 현저하다. 만약 시험체가 백색이고 자분이 흑색을 띄는 경우 결함부에만 자분모양이 형성되어 있다면 아주 작은 결함모양도 검출이 가능하지만, 건전부에 자분이 부착되어 있으면 자분모양의 식별은 곤란해진다. 이 자분 지시모양의 밝기와 건전부에 부착된 자분의 밝기(배경의 밝기)의 차와 배경의 밝기와의 비를 콘트라스트라 부르며, 다음 식으로 표현된다.

$$C = \frac{|B_s - B_o|}{B_o} \tag{7.6}$$

여기에서 B_o : 배경의 밝기

B_s : 자분모양의 밝기

C : 콘트라스트

일반적으로 콘트라스트가 커지면 미세한 자분모양까지 식별이 가능하게 된다. 그러므로 미세한 결함 자분모양을 검출하기 위해서는 결함부에 가능한 한 충분한 양의 자분을 집적시키고, 한편 건전부에는 될 수 있으면 자분이 부착, 잔류하지 않도록 해야 한다. 아울러 적절한 조명을 하여 충분한 밝기가 되게 한다.

자분은 형광자분(자분의 표면에 형광도료를 도포한 것) 및 비형광자분(자분의 표면에 형광도료가 아닌 시험체 표면과의 색깔 식별을 하기 쉬운 색깔의 안료를 도포한 것)으로 대별된다.

형광자분은 자외선을 조사했을 때 황록색의 가시광선을 발하기 때문에 결함부 이외의 건전부에 자분이 부착되어 있으면, 자분모양과 배경과의 콘트라스트의 저하가 비형광자분의 경우에 비해 크다. 따라서 형광자분의 경우 적정한 검사액의 농도는 비형광자분의 경우에 비해 아주 작아야 한다(일반적으로 약1/5 정도로 하고 있다).

자화전류를 흘려보내어 시험체에 자계를 주고 있는 상태에서 자분을 적용하는 방법을 연속법, 그리고 직류의 잔화전류를 흘려보내고 전류를 끊고 나서 자분을 적용하는 방법을 잔류법이라 한다. 시험체내의 자속밀도는 잔류법에 비해서 연속법 쪽이 크기 때문에 자분모양의 형성능력은 연속법이 일반적으로 우수하다. 그러나 잔류법은 의사모양의 발생을 억제하는 효과가 있기 때문에 예를 들어 나사부의 피로균열 등을 검출하고자 할 경우에는 연속법보다 결함의 검출능력이 뛰어난다.

마. 관찰

자분을 적용한 후 관찰해서 자분모양을 검출한다. 자분검사에서는 결함에만 기인해서 자분모양이 형성된다고 할 수 없으며, 의사모양이 형성될 경우도 자주 있기 때문에 의사모양을 제외하고 결함에 기인된 자분모양만을 검출해야 한다. 이것에 영향을 주는 인자로는 시험면의 밝기(비형광자분일 경우), 또는 시험면의 어둡기와 자외선의 강도(형광자분일 경우), 관찰할 기술자의 눈의 위치·시력·검사 및 주의력 등이 있다. 또 기술자의 피로도 영향을 미치기 때문에 주의할 필요가 있다.

7.5.3 강 용접부에 적용

석유탱크나 구형탱크 등 대형 용접구조물의 용접부 검사에는 교류 극간식 자화장치를 사용하는 자분탐상검사법이 많이 이용된다. 극간법은 휴대용 자화장치로 시험부만을 전자석의 2극간에 배치하고 이것을 자화해서 결함 자분모양을 얻는 것이다. 여자전류로는 보통 상용 교류가 이용되는데, 그것의 표피효과 때문에 시험체의 표면에 자속이 집중된다. 자속밀도의 판 두께방향의 분포는 표면의 자속밀도를 B_0라 하면, $B = B_0 \exp(-x/\delta)$로 나타낼 수 있다. 단, x는 표면으로부터 깊이이며, δ는 시험판의 전도도 σ, 투자율 μ, 전류 주파수 f에 의존하는 상수로서 다음 식 $\delta = \dfrac{1}{\sqrt{\pi f \sigma \mu}}$ 로 표현된다. 이것을 침투깊이라 한다. 또한 50~40 Hz의 상용교류를 사용해서 일반적인 탄소강을 그 포화자속밀도(B_S)근방까지 자화한 경우, δ는 대략 2~3 ㎜이다.

이 탐상법에서 결함의 검출성능은 결함 근방의 자분 부착량에 의해 결정된다. 자분의 부착을 좌우하는 인자는 입자의 유동에 대한 유체역학적 힘, 자분입자에 작용하는 중력, 마찰력 등이 있지만, 가장 큰 영향을 미치는 것은 누설자속에 의한 자분의 자기적 흡인력이다. 따라서 검출 가능한 모양을 얻기 위해서는 검출 매체에 있는 자분의 필요량이 흡착되도록 충분한 강도의 누설자속 밀도를 발생시켜야한다. 자분에 작용하는 자기적 흡인력 F는 결함에서의 자계강도 H와 그 기울기와의 곱($H \cdot grad\,H$)으로 자분의 체적 v와 그 투자율 μ'에도 비례한다(즉, $F \propto \mu' v H \cdot grad\,H$). 정확하게는 괄호 안의 식으로 자분 형상을 자기 감쇠율로 고려해야 하지만, 정자계중에서의 자기적 흡입력은 (자계의 강도)×(자계의 기울기)×(자분의 체적)×(자분의 투자율)에 비례한다. 만일, 자분의 성질이 일정하다면 모양의 형성은 결함근방의 자계강도와 그 기울기의 곱에 강한 지배를 받는다. 누설자계 H는 시험체 표면에서 떨어짐에 따라 그 강도가 급격히 감소한다. 더불어 누설자계의 기울기($grad\,H$)도 동시에 작아진다. 그러므로 약간의 리프트 오프로도 자기적 흡인력 F는 급격히 낮아지게 된다. 시험체면에 코팅 등의 시공이 되어있으면 자분 모양이 형성되기가 매우 어렵기 때문에 이 시험법을 적용될 수 없다. 누설자속밀도의 크기는 결함형상과 크기가 일정하면 재료의 투자율과 결함근처를 통과하는 시험체의 자속밀도의 크기에 직접 의존한다. 극간식 자화장치로 강판을 여자할 때 시험체의 표면근방에서의 자속밀도 분포를 벡터로 나타내면 자계의 강도는 극 부분이 좀 더 강하고, 두 극을 잇는 중심선에서 멀어질수록 약해진다. 또한, 균열형 결함에서 누설자계는 시험체를 통과하는 자속 방향과 균열의 긴 방향이 직교할 때 최대가 되어 그 모양이 가장 잘 나타나지만, 자속 방향과 길이 방향이 이루는 각이 작아지게 되면 결함을 검출하기 어렵게 된다.

검출매체인 자분으로는 철분 또는 산화철의 미립자가 사용되는데, 건조한 자분을 그대로 사용하는 건식법과 검사액을 사용하는 습식법이 있다. 습식법에서 '검사액'은 자분을 일정량 현탁시킨 액체로, 현탁액으로는 물이나 백등유가 많이 사용된다. 또, 콘트라스트를 주기 위해서 형광염료로 처리된 형광자분이 많이 사용되고 있으며, 이때 자외선 조사장치(black light)가 사용된다.

자분에 작용하는 자기적 흡입력은 앞에서 설명한 결함에서의 자계강도 H와 그 기울기의 곱($H \cdot grad\, H$)에 비례하지만, 자계 H가 일정하고 자분을 회전 타원체로 본다면 그 장축과 단축의 길이 비에 의해서 크게 변한다. 일반적으로 가늘고 길면 자분에 가해지는 힘은 커지지만 자분모양의 형성에는 그 이외의 요인도 영향을 주기 때문에 주의할 필요가 있다. 특히 석유탱크나 구형탱크와 같은 대형구조물의 용접부 검사에 이 탐상법을 이용할 경우, 여러 가지 탐상조건에 좌우되는 자분모양의 콘트라스트, 넓이, 길이 및 '결함 자분모양의 인식 용이성', 이 밖에 검사원의 '자분모양 식별 능력'에 의해서도 결함 지시모양의 검출성이 변하기 때문에 이 점을 고려해서 구체적 검사순서를 결정해야 한다.

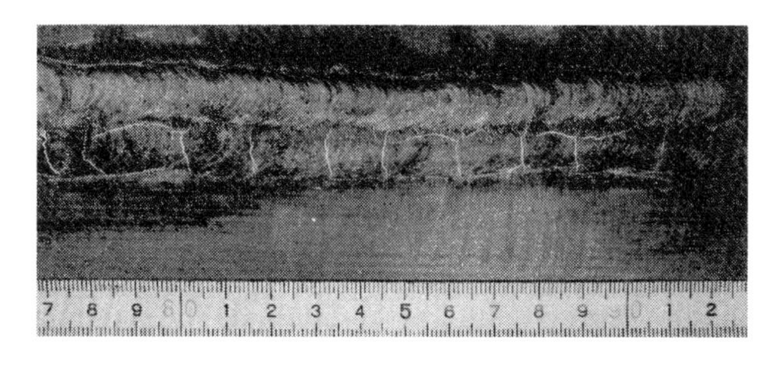

그림 7-20 **자분검사 결과 예(강 용접부)**

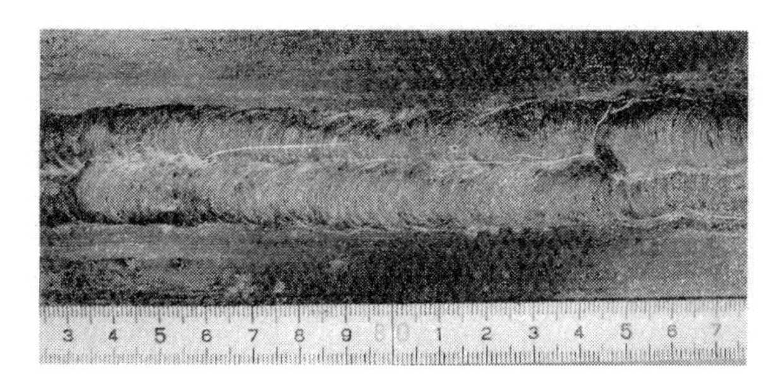

그림 7-21 **자분검사 결과 예(강 용접부)**

익 힘 문 제

1. 자분검사(MT)과 누설자속검사(MFLT)의 원리와 차이점을 설명하시오.

2. 침투검사(PT)와 비교했을 때 자분검사(MT)의 장단점에 대하여 설명하시오.

3. 자분검사(MT)에서 자화와 자속밀도, 자기이력곡선(B-H곡선)의 궤적을 그려 설명하고 자기이력곡선의 특성이 실제 자분탐상검사에 미치는 영향에 대하여 설명하시오.

4. 자분검사에 사용되고 있는 자화방법의 종류에 대하여 설명하시오.

5. 자화방법의 선택 시 고려해야 할 사항에 대해 설명하시오.

6. 자분검사의 시험절차에 대해 설명하시오.

7. 자분탐상시험에서 결함 검출율에 영향을 미치는 인자를 6가지 이상 들고, 자분탐상시험의 신뢰성(채용한 자분탐상기술의 결함검출율의 특성과 그 시간적 안전성)을 향상시키기 위한 대책을 설명하시오.

8. 자분검사 시 결함검출도에 영향을 미치는 인자에 대해 설명하라.

9. 자분검사를 할 때 무관련지시 혹은 의사지시(non-relevant indication)의 원인과 구별방법을 설명하시오.

10. KS-D-0213에 규정하고 있는 A형, B형, C형 시험편의 사용목적과 용도에 대해 설명하시오.

익힘문제 해설은 출판사 홈페이지(www.enodemedia.co.kr) 자료실에서 받을 수 있습니다.
파일은 암호가 걸려 있으며, 암호는 ndt93550입니다.

8. 와전류검사

8.1 개요

8.1.1 기본 원리

고주파 교류전류가 통하는 코일을 전도성 시험체 표면에 접근시키거나(표면코일, 그림 8-1(a)) 코일내부에 시험체를 넣으면(관통코일, 그림 8-1(b)) 전자유도현상에 의해서 전도성 시험체 내부에 유도전류(와전류)가 발생한다.

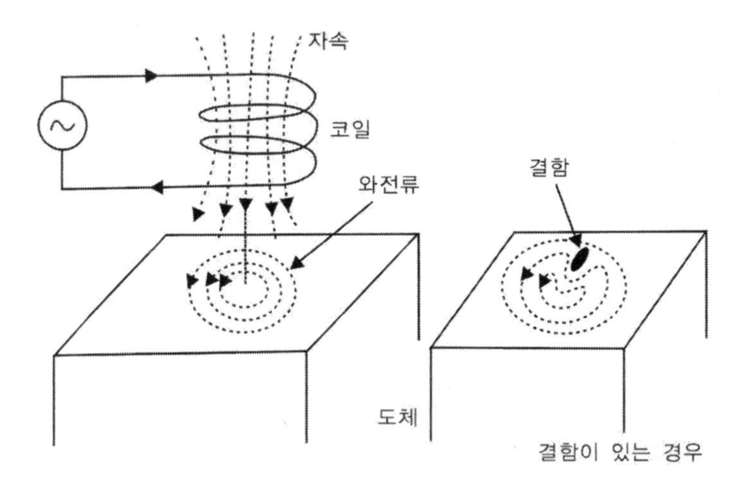

(a) 표면코일의 경우

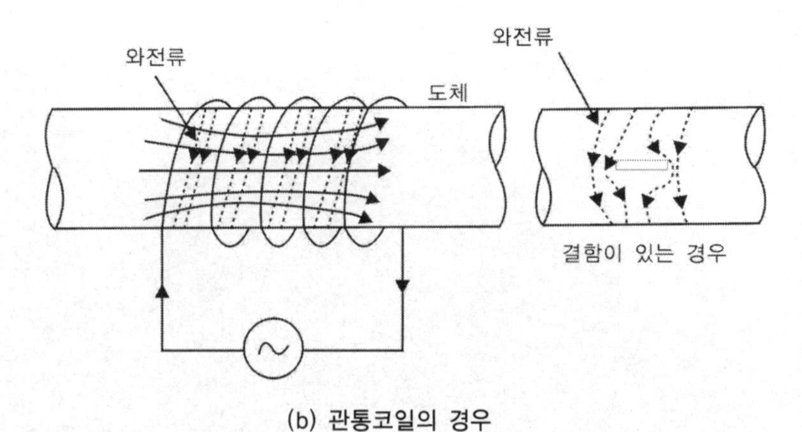

(b) 관통코일의 경우

그림 8-1 **와류검사의 원리**

만일 시험체에 균열이나 재질의 불균질 부분이 있으면 발생된 와전류 분포가 변하게 된다. 이 같은 와전류 분포의 변화를 시험코일의 임피던스 변화로 결함을 찾아내는 것이 와전류검사이다. 단, 와전류의 분포 변화는 시험체의 전도도, 투자율, 시험체의 형상·크기, 코일과 시험체 표면간의 거리(리프트 오프) 등의 변화에 의해서도 나타나기 때문에 코일임피던스의 변화는 이러한 인자들의 복합정보로 나타난다. 이러한 많은 인자에서의 복합신호를 처리해서 결함검출이나 그 크기평가 등을 하는 것을 와류검사(eddy current testing; E(C)T)라 하고, 여기에 재질평가나 두께측정까지 포함한 검사가 전자유도검사(electro-magnetic testing)라 한다. 반대로 그림 8-1(a)와 같이 표면코일과 시험체 표면과의 거리, 즉 리프트 오프 변화에 대해서 코일의 임피던스 변화가 생기기 때문에(이것을 리프트 오프 효과라고 한다) 이것을 적극적으로 이용하면 코팅두께 등의 막 두께 측정도 가능하다.

한 쌍의 코일로 된 와전류 프로브를 생각해 보자(그림 8-2). 하나의 코일은 가진 코일(exciting coil)이며 AC 신호를 가진한다. 다른 하나는 픽업 코일(pickup coil)이며 이는 전압계에 연결되어 진다. 가진 코일은 자기장(1차)을 형성하고 픽업 코일을 지나가는 부분은 기전력(전압)이 발생한다. 만약 구동 전류가 일정하고 코일의 위치가 고정되어 있다면 강자성 재료 또는 도전체를 자기장 근처로 이동시키면 자기장이 변화될 때 까지 픽업 전압의 측정값은 일정하게 된다. 자기장내에서 이러한 변화는 픽업코일에서 유도된 기전력에 따라 변화하게 된다.

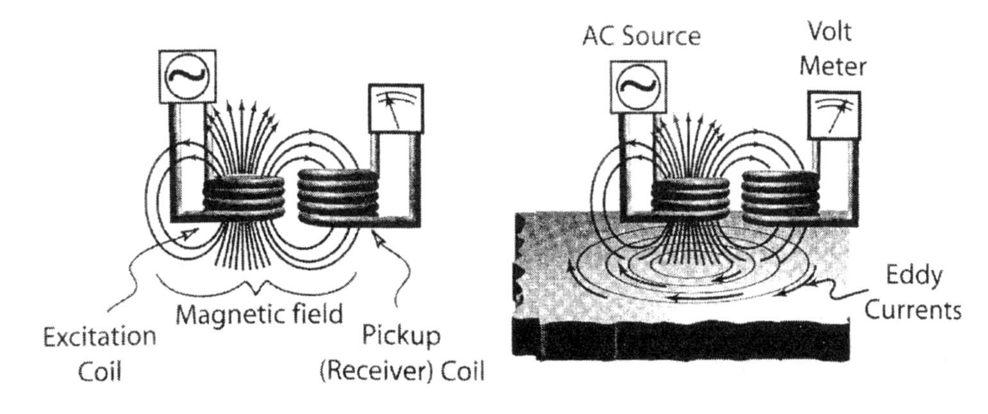

그림 8-2 **전도성 물질의 특성을 평가하기 위한 와전류 프로브(AC 변환기)**

강자성 재료에서 이러한 자기장의 변화는 잘 발생하게 되는데 전도체에서는 어떨까? 도전체를 자기장내로 이동시키면 도전체 내 전류가 생성된다. 비슷하게, 1차 자기장은 시험체 내에 전류를 발생시킨다. 이러한 전류는 폐회로 내를 흐르며 일반적으로는 원형의 형태이며 이를 와전류라 부른다. 모든 전류에서와 같이 와전류는 1차 자기장의 반대 방향으로 자기장을 형성한다(2차). 픽업 코일에서는 총 자기장(1차 및 2차 자기장의 합)의 감소를 측정한다. 따라서 와전류와 2차 자기장의 크기는 시험체의 전도도에 의존한다. 완전 도전체에서는 2차 자기장에 의해 1차 자기장이 모두 소거된다(와전류 프로브와 시험체 사이에서 완전히 결합되었다고 가정하면). 이를 통해 재료의 전도도를 측정함으로서 다양한 정보를 추정할 수 있다. 전도도의 변화는 가공, 경도, 그리고 온도에 따라 변화하게 된다. 재료에 발생한 균열, 기공, 코팅 또는 두께 등은 결함이 없는 시험편과 상당히 다른 전기전도도의 변화를 가져온다. 실제로 와전류검사는 전자기적인 방법이며 투자율의 변화가 신호의 변화를 가져온다.

와전류검사에서 응답 신호는 다양한 형태로 표시되고 이 모든 신호는 픽업 코일에서의 임피던스의 변화를 나타낸다. 많은 특수 용도의 시스템들은 단순히 기전력의 진폭 변화를 측정하지만 코팅의 두께 정도와 같은 원하는 변수만을 표현한다. 이러한 신호 응답은 임피던스 평면도(저항과 리액턴스)라고 불리는 복소 평면위에 표시된다. 위에서는 반사 임피던스에 관한 것을 중심으로 설명하였다. 그러나 반사 임피던스를 관찰하지 않고 대신 한 코일에서 다른 코일로의 전달을 측정하는 두 개의 특화된 프로브가 있다. 이 리모트 필드 와전류 프로브는 가진 코일과 픽업 코일 사이에 시험체를 위치시킨다.

일반적으로 널리 이용되고 있는 와류검사에서는 주파수가 MHz 이하인 교류를 코일에 흘려 자속을 발생시키고 그 코일을 시험체(도체)에 근접시켜 코일 임피던스의 변화 또는 코일에 유기하는 전압변화를 검출한다. 와류검사는 강자성체 및 비자성체의 어느 도체에도 적용이 가능하다. 와전류 검사는 다음의 4가지 단계로 구성된다.

① 신호 가진
② 재료와의 상호작용
③ 신호 검출
④ 신호 디스플레이 및 분석

8.1.2 와전류검사의 역사

전자유도현상을 재료시험에 사용한 검사는 1879년에 D. E. Hughes에 의해 처음 보고되었다. Hughes는 자기가 발명한 탄소 마이크로폰(microphone : 음파를 음성전류로 바꾸어 보내는 장치)을 이용하여 검사하였고 사용한 장치의 기본적인 방법은 현대 장치의 원형이라 할 수 있다. 실용적인 전자유도 검사장치의 개발은 1940년대 초 Vigness에 의해 비자성관의 검사에 적용되었고, 그 후 Farrow, Zuschlag에 의해 강관의 에 적용되었다. Farrow는 요즘 널리 쓰이고 있는 동기 정류법, 강관에 대한 자기적 잡음 제어를 위한 직류 자기 포화법을 개발했다.

또 Förster는 1950년초부터 독자적인 연구개발을 진행해서 임피던스 해석 방법을 제시, 기기개발에 따라 전자유도검사 실용화의 돌파구를 열었고, 그 후의 검사 기술 발전에 큰 영향을 주었다.

8.1.3 와전류검사의 특징

와전류검사의 주된 특징으로는 다음의 2가지를 들 수 있다.

① 도체에 적용된다.
② 시험체의 표층부에 있는 결함검출을 대상으로 한다.

교류의 전자계는 표피효과(skin effect) 때문에 시험체 표면에만 집중하고 표면으로부터 깊어짐에 따라 시험체의 내부에서는 감쇠해 버려 와전류가 시험체의 내부에 유도되지 않는다. 따라서, 와전류검사에서는 시험체의 표면과 그 근방의 정보만을 얻을 수 있다.

다른 비파괴검사방법과 비교할 때 전자유도검사의 특징은 다음과 같다.
장점으로는

① 관, 선, 환봉 등에 대해 비접촉(noncontact)으로 이 가능하기 때문에, 고속으로 자동화된 전수검사을 실시할 수 있다.
② 고온 하에서의 검사, 가는 선, 구멍 내부 등 다른 검사방법으로 적용 할 수 없는 대상에 적용하는 것이 가능하다.
③ 지시를 전기적 신호로 얻으므로 그 결과를 결함크기의 추정, 품질관리에 쉽게 이용할 수 있다.
④ 재질검사 등 복수 데이터를 동시에 얻을 수 있다.
⑤ 데이터를 보존할 수 있어 보수검사에 유용하게 이용할 수 있다.

단점으로는

① 표층부 결함 검출에 우수하지만 표면으로부터 깊은 곳에 있는 내부결함의 검출은 곤란하다.
② 지시가 이송진동, 재질, 치수변화 등 많은 잡음인자의 영향을 받기 쉽기 때문에 검사과정에서 해석상의 장애를 일으킬 수 있다.
③ 결함의 종류, 형상, 치수를 정확하게 판별하는 것이 어렵다.
④ 복잡한 형상을 갖는 시험체의 전면(全面)에는 능률이 떨어진다.

시험체중에 생기는 와전류는 균열 등의 결함의 존재 이외에도 시험체의 전도도(conductivity), 투자율(peameability), 형상치수 및 코일과 시험체 면 사이의 거리(lift off) 등에 영향을 받고, 이들의 변화는 검사의 지시로 나타난다. 따라서 전자유도검사는 검출대상으로 하는 인자에 따라 검사, 재질검사(재질판별), 막두께 측정, 치수시험 등 많은 분야에 적용될 수 있다. 표 8-1은 이들 검사방법에 대해 와전류에 영향을 주는 인자, 시험코일 및 적용대상을 나타내고 있다

표 8-1 각종 전자유도검사

검사의 종류	와전류에 영향을 미치는 인자	시험코일	적용대상
검사	결함(형상, 크기, 위치)	관통,표면, 내삽코일	철 · 비철금속재료의 판, 선, 환봉, 빌렛, 판 등
재질검사	도전율의 변화	표면코일 관통코일	비철재료 판, 환봉
	투자율의 변화	관통코일	철강재료, 판
막두께측정	도체-코일간의 거리 (lift-off) 변화	표면코일	금속상의 비도전막의 두께,
	금속 막 두께의 변화	표면코일	박막 · 금속의 막 두께
거리 · 형상검사	거리, 크기, 형상의 변화	표면코일	철 · 비철금속 재료

8.1.4 와전류검사의 적용

시험체에 존재하는 균열 등의 결함은 와전류의 분포 및 강도에 영향을 주어 검사의 결함지시로 나타난다. 와전류검사는 적용목적이나 시기에 따라 다음과 같이 분류할 수 있다.

① 제조공정에 있어서의 검사
② 제품검사
③ 보수검사

실제 검사에 있어서는 시험체의 형상 및 검출해야 할 결함의 크기 등에 적합한 시험코일이나 시험주파수, 시험 장치를 선택하여 사용해야 한다.

(1) 제조공정에 있어서의 검사

와전류검사는 비접촉, 고속탐상이 가능하기 때문에 제조라인 중에 조립되어 많이 이용되고 있다. 이와 같이 와전류탐상검사는 시험체의 전수(全數)의 탐상검사를 실시하고, 불량품의 조기검출 및 제조기기의 정상운전 감시에 이용되고 있다. 와전류탐상검사에서는 검사결과가 전기신호로 얻어지고 검사결과를 신속히 제조라인에 통보·제어할 수 있기 때문에 제조 중의 품질관리에 유용하다.

(2) 제품검사

와전류검사는 완성된 제품의 검사에도 적용된다. 일반적으로 철강 및 비철의 관이나 봉 등과 같이 형상이 단순하여 시험코일을 적용하기 쉬운 제품의 전수검사에 적용되고, 표면 및 표면근방(두께가 얇은 관에서는 표면 및 내부)의 결함을 검출하기 때문에 제품의 품질보증을 목적으로 하고 있다. 관이나 봉에 대해서는 시험체가 코일 속을 관통하여 이송하는 관통코일이 널리 이용되고 있다.

(3) 보수검사

와전류검사는 발전소나 석유 플랜트에서 열교환기의 전열관 또는 항공기 부품의 정기적 검사 등 보수·보전에도 활용되고 있다. 전열관 등의 검사에는 관의 내부에 시험코일을 삽입하는 타입의 내삽코일이 또 항공기 엔진 등 기계부품의 검사에는 시험체 표면을 주사하는 타입의 프로브코일이 이용되고 있다.

8.2 와전류검사의 기초이론

8.2.1 전자기유도

앞서 언급한 바와 같이 본질적으로 와전류 프로브는 전자기 변압기이다. 이는 와전류 시스템을 이해하기 위해서는 전자기의 기본 원리에 대해 이해해야 한다는 것을 의미한다. 이 절에서는 이러한 원리에 초점을 맞추어 자기유도와 임피던스 그리고 와전류 시스템에서의 프로브 등에 대해 설명한다.

전류, 자기장, 전압 사이의 관계는 와전류 장치에 대한 기본 원리를 제공할 뿐 아니라 라디오, 텔레비전, 전기모터, 그리고 일반가정에서 사용되는 자동응답기와 같은 가전제품 등의 작동 원리에 근간이 되고 있다. 간단히 말해서, 전선내의 전류의 흐름은 자기장을 유도하고, 전도성 전선에 존재하는 자기장의 시간에 따른 변화는 전선에 전압을 유도한다. 만약 후자의 경우처럼 전선이 폐회로에 있다면, 전류가 흐르게 된다. 전류/전압과 자기장 사이의 상호관계를 자기유도라 부른다.

가. 전류에 의한 유도 자기장

긴 직선의 전선에 전류의 흐름과 자기장이 유도되는 것을 생각해 보자. 자기장은 무엇처럼 보이고 전류와의 관계는 어떻게 될까?

실험적으로 통전된 와이어에 수직으로 놓여있는 얇은 판지위에 철가루를 뿌리거나 나침판을 이용하여 자기장의 방향을 알 수 있다(그림 8-3a, b). 여기서, 전류의 흐름과 수직인 동심원으로 구성된 자기장을 관찰할 수 있다. 나침반의 바늘이 지시하는 자기장의 방향은 전류의 방향에 의존한다. 자기장과 관련된 전류의 방향은 오른손법칙에 의해 결정 할 수 있다. 오른손 손가락을 펴서 자기장 방향으로 구부렸을 때 엄지손가락이 가리키는 방향이 전류의 방향이 된다(그림 8-3c). 원형자기장은 전하, 전자 또는 홀(전자의 부재)에서 시작되고 끝나는 전기장과는 달리 연속적이며 시작과 끝이 없다.

에너지 보존 법칙에 따라, 유도 자기장은 전선으로부터의 방사거리가 증가함에 따라 긴 직선의 전선에서는 $1/r$과 같이 감소한다. 이러한 감소를 보상하기 위해 자기장의 강도와 자속밀도를 증가시킬 수 있는 방법이 있다. 첫 번째는 통전된 도선을 폐회로에 넣으면 밀폐된 영역 내에서는 자기장의 강도가 집중된다(그림 8-4).

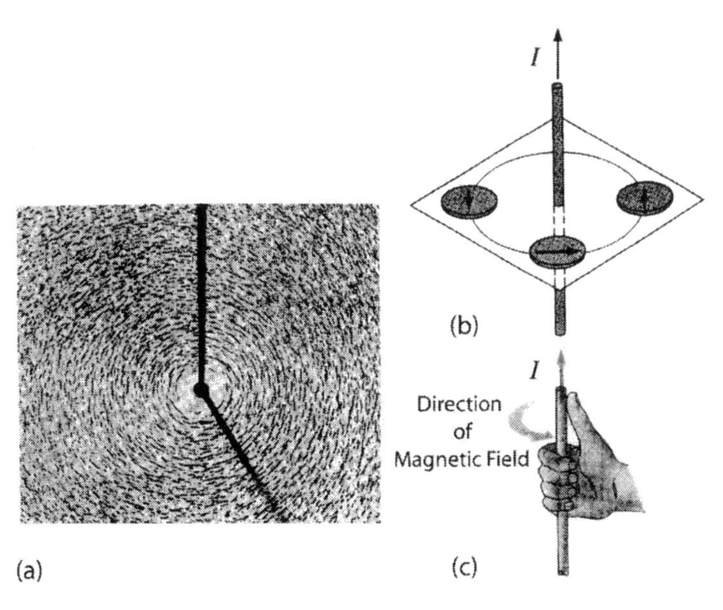

그림 8-3 **직선 도선에서의 전류의 흐름에 따른 자기장의 방향 (a) 얇은 판지위에 뿌려진 쇳가루 (b) 나침반의 방향 (c) 오른손 법칙**

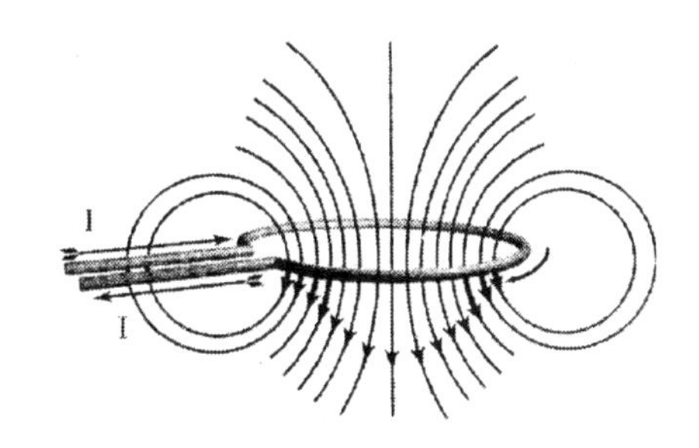

그림 8-4 **회로내의 통전된 도선의 형성에 의한 자기장 집중**

자기장을 더 증가시키기 위해 전선에 폐회로를 추가하여 일반적인 솔레노이드를 만들 수 있다. 자기장 강도 H는 폐회로의 수 N에 비례한다. 두 번째는 $B=\mu H$에서 알 수 있듯이 자속밀도 B는 투자율 μ와 관련되어 있다. μ의 크기는 솔레노이드내의 재료에 따라 달라진다. 예를 들어, 솔레노이드가 공심을 가지고 있는 경우 매우 낮은 μ값을 가지며, 철심을 가지고 있을 경우 매우 높은 μ값을 가진다. 따라서 자속밀도는 심 재료의 μ값 또는 심의 감은 수를 증가시킴으로서 매우 크게 증가시킬 수 있다.

비오-사바르의 법칙(biot-savart law)에서는 도체 내에 인가된 전류 I와 자속밀도 사이의 관계를 수학적으로 표현하고 있다.

$$\vec{B}=\frac{\mu I}{4\pi}\int\frac{d\vec{l}\times\hat{a}_r}{r^2} \tag{8.1}$$

여기서 r은 전선에서 $\vec{B}$를 계산할 공간의 한 점까지의 수직거리이고, $\hat{a}_r$은 통전된 전선의 한 점에서 $\vec{B}$를 계산할 공간의 한 점까지를 나타내는 단위 방향벡터이다. 적분은 전선의 길이 l에 대해 수행한다. 외적 $\vec{l}\times\hat{a}_r$는 $\vec{B}$가 전선의 전류와 단위벡터 $\hat{a}_r$와 모두 수직인 것을 의미한다. 즉, $\vec{B}$는 전선의 원주방향이 된다.

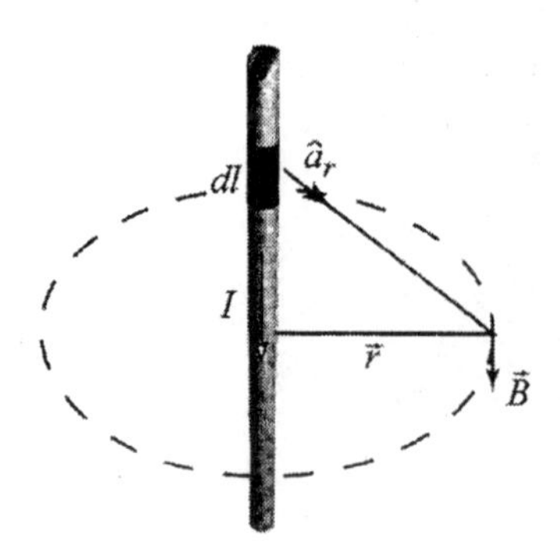

그림 8-5 **전선의 길이 dl에 의해 형성된 자속밀도 $d\vec{B}$**

나. 자기장에 의해 유도전류

도선을 자기장에 놓았을 때 전압(기전력)이 도선 내에 발생하고 전류가 흐리게 된다(도선이 개회로가 아닌 경우). 흐르는 전류의 양은 회로에 의해 포획된 자속밀도에 비례한다(이는 단순히 ($\vec{B}$)와 포획된 회로 영역의 곱이지만 $\vec{B}$는 상수가 아닌 것에 주의하라.).

$$\Phi=\int_{\substack{loop\\area}}\vec{B}\cdot\vec{n}dA \tag{8.2}$$

전자기 유도현상을 설명하는 페러데이의 법칙은 포획된 자속 밀도의 총합과 유도된 전압과 관계를 설명하고 있다.

$$V_{emf}=-N\frac{d\Phi}{dt} \tag{8.3}$$

여기서 (-)는 유도된 전압에 의해 발생된 전류의 흐름이 자속밀도 변화의 방향과 반대의 방향으로 흐리는 것을 의미한다. 이는 렌츠의 법칙으로 설명될 수 있으며 전류와 자속밀도와의 관계는 다음과 같다.

$$\Phi=LI \tag{8.4}$$

여기서, 비례상수 L을 인덕턴스라 한다. L 값은 형상, 회로의 크기, 감은 수, 심 재료의 투자율 등과 같은 도선의 형상계수와 관련이 있다.

$$V_{emf} = -L\frac{dl}{dt} \qquad (8.5)$$

연속적으로 전원을 공급하는 이상적인 인덕터를 가지는 회로에서는 다음과 같이 표현된다.

$$V_{applied} = -V_{emf}$$
$$V_{applied} = L\frac{dI}{dt} \qquad (8.6)$$

다. 자기유도

전자의 이동(전류)은 자기장을 형성하고, 자기장의 강도는 도선의 형상에 의존한다. 에너지는 자기장을 형성하는데 필수적이기 때문에, 전류는 도선의 수직인 저항 외에 추가적인 임피던스를 받게된다. 이 저항은 유도저항으로 알려져 있고 이는 주파수 f와 인덕턴스 L과 정비례관계에 있다. 따라서 임피던스(인덕턴스)가 증가하면 전류가 감소한다는 것은 당연한 것이다. 인가된 외부 전압이 도선에 인가되면 자기장이 형성된다. 도선에 존재하는 자기장은 전류가 인가된 반대 방향으로(렌츠의 법칙) 2차 전류(유도기전력을 통해)를 유도되며 최종적인 전류는 인가된 전류와 유도된 전류의 합이 된다. 이 사실은 두 가지 중요한 의미를 담고 있다. 첫째로 이러한 현상은 순환적이며 스스로 작용한다. 따라서 자체 자기장의 변화로 인해 회로내의 형성된 기전력은 자기유도 L_s로 불린다. 두 번째는 이러한 현상은 순간적이다. 따라서 자기유도의 저항은 식(8.5)에서 확인할 수 있듯이 시간에 의존적이다. 그러나 에너지를 열로서 잃어버리는 저항성 임피던스와는 달리 인덕터(인덕턴스를 생성하는 물리적 장치)는 에너지를 자기장의 형태로 저장하고 인가된 전류가 제거되거나 자기장이 사라지면 다시 에너지를 회수할 수 있다.

라. 상호유도와 와전류 프로브

지금까지 도체 회로(1차 코일)에 인가된 전류가 자기장을 형성하고 자기장이 공간까지 확장되는 것을 확인하였다. 만약 2차회로(2차 코일)가 자기장내에 놓여 지면 전류는 포획된 자속밀도에 비례하여 회로 내에 흐르게 될 것이다(그림 8-6a). 2차 회로에서 생성된 전류는 1차 코일의 자기장으로부터 에너지를 빼앗는다. 따라서 1차 코일에서 전류의 흐름에 대한 반사 임피던스가 생성된다. 이 반사 임피던스를 상호유도 L_M라 부른다.

그림 8-6b와 같이 2차 코일이 회로가 아니고 단순한 도체평판이라면 어떻게 될까? 자기장은 여전히 평판 내에 전류의 흐름을 만들어 낼 것이고 이로 인해 1차 코일 내에 상호유도가 발생할 것이다. 이 상호유도가 와전류 장치의 기본 원리이다.

다른 일반적인 와전류 탐촉자의 배열(그림 8-6c)은 가진 코일과 모니터링(픽업)코일을 활용하는 형태이다. 이 경우에 1차 코일과 2차 코일(픽업코일과 시험체)이 존재한다. 시험코일에 대한 더 자세한 사항은 8.3.2절에서 설명한다.

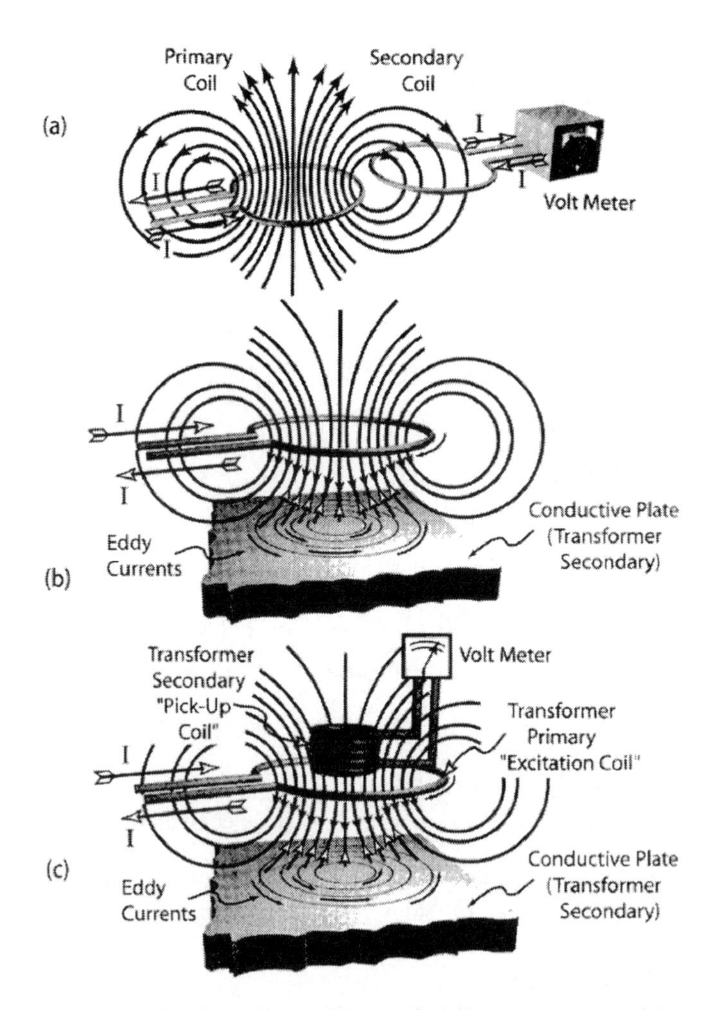

그림 8-6 1차 코일과 2차 코일 사이의 유도 결합:(a) 2개의 도선 회로 (b)전선 코일(1차)와 유도 평판(2차), (c) 2개의 도선 코일(1차 가진 코일과 2차 픽업 코일)과 유도 평판(2차). (b)와 (c)가 일반적인 와전류 센서의 배열

8.2.2 와전류와 표피효과

교류 전류가 흐르는 코일에 도체를 가까이 하면 전자유도현상에 의해 도체 내에 와전류가 유도된다. 교류자속에 의해 도체 내에 유도된 와전류는 도체의 표면 근방만에 집중하여 유도되고, 도체의 내부로 들어갈수록 급속히 감쇠한다. 즉, 도체 내에 발생하는 와전류는 도체에 자속을 발생하는 여자코일(교류가 흐르는 코일)에 가까운 표면에 집중하여 흐른다. 이것을 표피효과(skin effect)라 한다. 예를 들어 원통형의 솔레노이드 코일 속에 봉형의 도체를 삽입하면 와전류는 도체의 외주표면에 집중하고 중심에 가까울수록 감소한다.

표피효과가 일어나는 원인은 도체 내부 임의의 위치에 발생하는 와전류가 1차 자속을 방해하는 방향의 자속을 발생시키므로 이 와전류 보다 깊은 위치의 자속은 감소하기 때문에, 발생하는 와전류는 도체의 내부로 들어갈수록 감소하는 것이다. 와전류탐상검사에서는 주어진 검사조건에서 시험체의 어느 정도의 깊이까지 와전류가 유도되는가 등, 와전류의 성질을 충분히 알고 있어야 한다.

가. 평판에서의 표피효과

교류의 전자계는 도체의 내부에 침입하면 급속히 감소하는 성질이 있다. 따라서 자계에 비례하는 자속도 도체 내에서는 감쇠한다. 그 결과 와전류는 자속의 시간적 변환의 비율에 비례하여 도체의 표면에 집중하여 유도되고, 도체의 내부에 들어감에 따라 급속히 감쇠한다. 와전류에 의한 반작용의 변화를 이용하여 결함을 검출하는 와전류탐상에서는 와전류가 거의 유도되지 않는 도체 부분에서 결함을 검출하는 것이 불가능하다. 따라서 시험체의 내부에 유도되는 와전류의 분포를 고려하여 시험주파수 등의 검사조건을 설정할 필요가 있다.

실제의 와전류검사에서 시험체에 유도된 와전류는 아래에 설명하는 것과 같이 시험체의 전자기특성이나 시험주파수만이 아니라 시험체나 시험코일의 형상 등 여러 요인에 의해 영향을 받기 때문에 자세하게 이해하는 것도 쉽지 않다. 따라서 도체 내부에 유도되는 와전류의 기본적인 성질을 이해하기 위해 먼저 가장 간단한 모델의 경우를 와전류에 대해 고려해 본다.

그림 8-7(a)와 같이 균일한 교류자계가 반 무한 공간 갖는 평판도체에 작용하는 경우, 도체 내에 유도되는 와전류의 기본적 특성인 진폭과 위상의 변화에 대해 설명한다. 그림 8-7에서와 같이 균일한 반 무한 공간을 갖는 평판도체에 교류자계가 진폭 H_0로 도체에 침입하는 경우, 도체의 내부에는 자계에 의해 발생하는 자속의 시간적 변화에 의해 전자유도작용이 발생한다. 이 전자유도에 의해 발생하는 기전력 때문에 도체 내에는 와전류가 유도된다. 이 와전류는 침입해 온 자속을 상쇄하는 것 같은 자속이 발생시킨다. 그 결과 그림 8-7(b)와 같이 도체

내에서 자계의 진폭 H_x는 내부로 들어감에 따라 감쇠하게 된다. 이와 같이 자계는 도체 내부에 침입함에 따라 감쇠하기 때문에 도체의 표면과 표면근방에만 존재하고 내부에는 거의 존재하지 않는다.

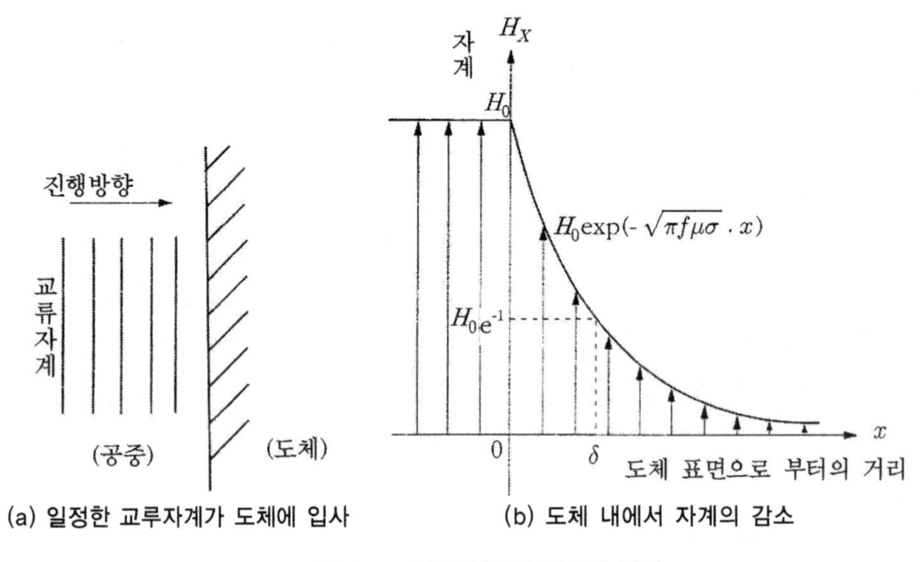

(a) 일정한 교류자계가 도체에 입사

(b) 도체 내에서 자계의 감소

그림 8-7 **도체 내에서 자계의 감쇠**

그림 8-7(b)에서 도체의 외부에서 자계의 진폭을 H_0[A/m]으로 하고, 도체의 표면으로부터 거리 x[m] 만큼 내부로 들어간 위치에서 자계의 진폭을 H_x[A/m]라 하면 H_x는 다음식과 같이 거리 x에 대해 지수함수적으로 감쇠한다.

$$H_x = H_0\cdot\exp[-\sqrt{\pi f\mu\sigma}\cdot x] \quad (8.7)$$

여기서, f: 교류자계의 주파수(Hz)
x: 도체표면으로부터의 거리(m)
σ: 도체의 전도도(S/m)
μ: 도체의 투자율(H/m)

또,

$$\mu = \mu_r\cdot\mu_0 \ (\mathrm{H/m}) \quad (8.8)$$

μ_r = 비투자율

μ_0 = $4\pi\times10^{-7}$: 진공중의 투자율(H/m)

이와 같이 교류의 주파수 f와 도체의 투자율 μ 및 도체의 전도도 σ의 곱이 클수록 자계의 감쇠는 커진다.

표피효과에 의해 도체 내부의 자계가 감쇠하면 와전류는 자계의 강도에 비례한 크기로 유도되기 때문에 도체 내부의 와전류도 감쇠하여 작아진다. 따라서 도체의 표면에서의 와전류 밀도를 J_0 [A/m^2]라 하고 표면으로부터 거리가 x인 곳의 와전류밀도 J_x [A/m^2]는 다음 식으로 표시된다.

$$J_x = J_0 \exp(-x\sqrt{\pi f \mu \sigma}) \quad (8.9)$$

여기서, J_0: 도체표면의 와전류밀도(A/m^2)

이와 같이 표피효과 때문에 도체 내부에 유도된 와전류도 그림 8-8과 같이 감쇠한다. 앞 절에서 기술한 바와 같이 와전류검사는 도체에 결함과 같은 불연속부가 있으면 와전류의 흐름이 변하는 것을 이용하여 탐상하는 방법이다. 이 방법에서는 와전류가 거의 유도되지 않는 시험체의 깊은 부분에서 영향을 검출하는 것이 불가능하다. 따라서 표피효과의 정도를 아는 것은 와전류검사에서는 특히 시험주파수의 선정에 있어 중요하다.

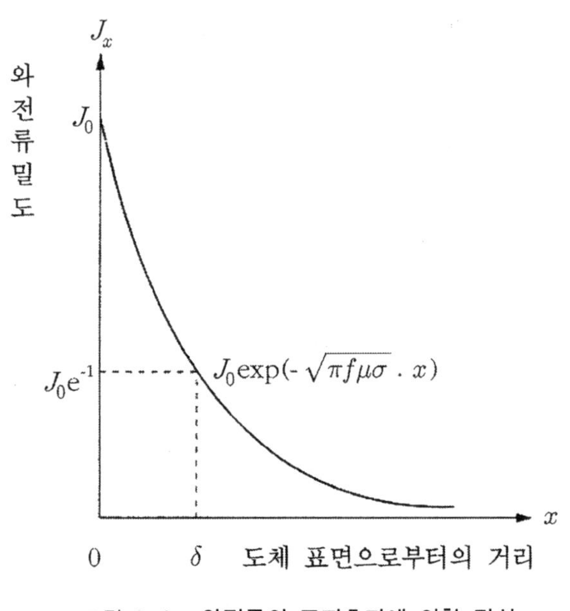

그림 8-8 **와전류의 표피효과에 의한 감쇠**

그림 8-8의 종축에 상대전류밀도 $\frac{J_x}{J_0}$와 깊이 x와의 관계를 나타내고 있다. 침투깊이는 주파수, 도체의 투자율 및 전도도의 평방근에 반비례한다. 즉, 주파수가 높을수록 또는 전도도

가 클수록 침투깊이는 작아진다. 또, μ_r이 1보다 큰 철 등의 강자성 재료에는 알루미늄 등의 비자성 재료와 비교하면 그 침투깊이가 상당히 작다. 와전류검사에는 와전류가 결함 등에 의해 변화하는 것을 이용하여 시험체의 상태를 아는 것이기 때문에 도체 심부의 상태를 알고 싶으면 침투깊이를 크게, 표면근방을 대상으로 할 때는 침투깊이는 작게 할 필요가 있다. 그러기 위해서는 침투깊이를 기준으로 하여 시험주파수를 선정하는 것이 좋다.

나. 침투 깊이

와전류검사에서는 시험체 내부에서 어느 정도의 깊이까지 와전류가 침투하는지를 아는 것은 매우 중요하다. 와전류가 거의 유도되지 않은 시험체의 깊은 곳에 결함이 있는 경우에 와전류는 더욱 작아지기 때문에 결함에 의한 미소한 와전류의 변화에 의해 생기는 반작용의 미소한 변화를 검출하는 것은 곤란하다. 따라서 설정한 검사조건에서 와전류는 시험체에서 어느 정도의 깊이까지 침투하는지, 어느 정도의 깊이까지 탐상할 수 있는지를 알 필요가 있다. 설정한 검사조건 하에서 침투깊이는 와전류가 시험체의 어느 정도 깊이까지 유도되었는가를 아는 기준으로 이용된다. 침투깊이는 식(8.9)에서

$$\delta = \frac{1}{\sqrt{\pi f \mu \sigma}} \tag{8.10}$$

이라 하면, $x = \delta$ 인 곳에서 $J_x = J_0 \cdot \exp[-1] = J_0 \cdot 1/e = 0.367 J_0$이 된다. 이 δ를 표준침투깊이(standard depth of penetration)라 하는데, 와전류가 도체표면의 약 37 % 감소하는 깊이를 말한다. 침투깊이는 와전류탐상검사에 의해 탐상할 수 있는 시험체 내의 깊이를 나타내는 기준으로 널리 이용되고 있다.

식(8.10)에서 알 수 있듯이 침투깊이는 시험주파수의 1/2승에 반비례한다. 예를 들어 주파수를 4배 높이면 침투깊이는 1/2로 감소한다. 그림 8-9는 각종 재료에 있어서 와전류의 주파수와 침투깊이와의 관계를 나타낸 것이다. 횡축과 종축은 대수 눈금이고 식(8.10)의 양변을 대수를 취하면

$$\log_{10}\delta = -\frac{1}{2}\log_{10}(\pi\mu\sigma) - \frac{1}{2}\log_{10}(f) \tag{8.11}$$

이 된다. 여기서, $\log_{10}\delta = y$, $-\frac{1}{2}\log_{10}(\pi\mu\sigma) = b$, $\log_{10}(f) = x$라 하면 식(8.11)은

$$y = -\frac{1}{2}\cdot x + b \tag{8.12}$$

의 직선의 방정식이 됨을 알 수 있다. 임의의 재료에 대해 식(8.11)의 우변 제 1항은 상수이다. 그래서 주파수가 변하는 경우를 고려할 때는 우변 제 2항은 변수가 된다. 따라서 식(8.12)로부터 각종 재료에 있어서 와전류의 주파수에 대한 침투깊이 그래프는 그림 8-9와 같이 기울기가 같은 직선이 된다. 그림 8-9에서 주파수가 높을수록, 전도도나 투자율이 높은 재료일수록 침투깊이가 얕은 것을 알 수 있다.

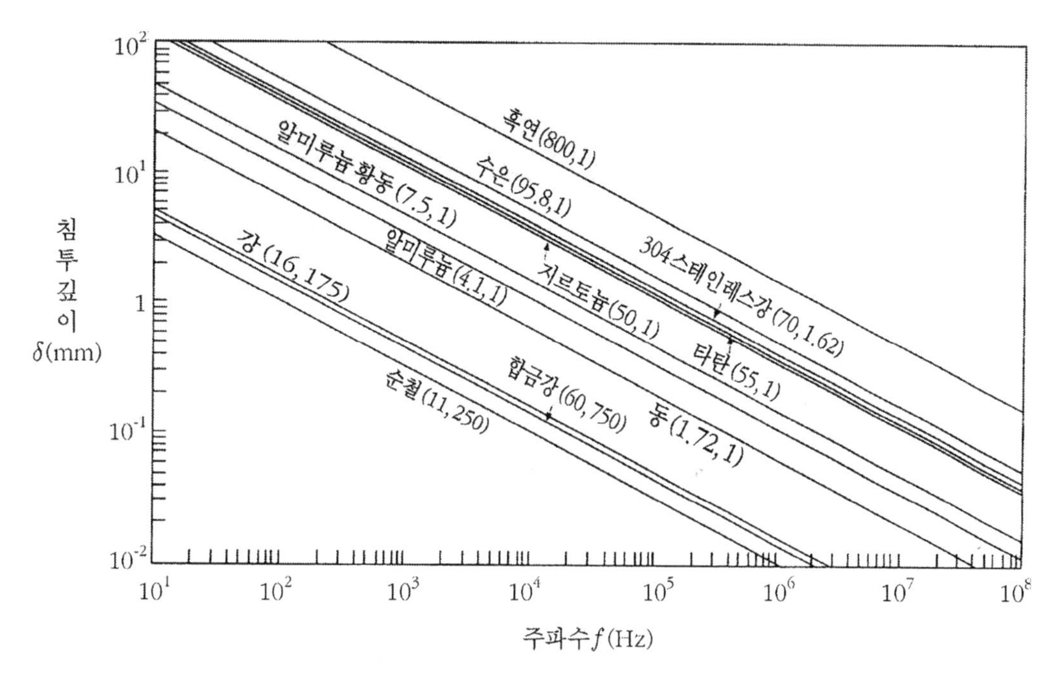

그림 8-9 **각종 재료의 침투깊이**

다. 와전류의 위상

도체에 유도되는 와전류는 도체 내부에 침투함에 따라서 크게 감소할 뿐만 아니라 위상이 지연된다. 여기서 위상이란 2개의 사인(sine)파의 시간적인 차를 나타낸다. 평면파의 경우 도체 표면에서 와전류에 대한 도체 내의 와전류의 위상 θ는 다음 식과 같이 깊이 x에 비례한다.

$$\theta = \frac{x}{\sqrt{\pi f \mu \sigma}} = \frac{x}{\sigma} \, (rad) \tag{8.13}$$

그림 8-10에 도체 내부의 깊이에 대한 와전류의 위상지연을 나타낸다. 그림에서 도체 내부의 깊이에 따라 위상이 비례적으로 지연되는 것을 알 수 있다. 즉, 침투깊이 δ에 있어서 위상은 평면파의 경우는 $1(rad)$이 된다.

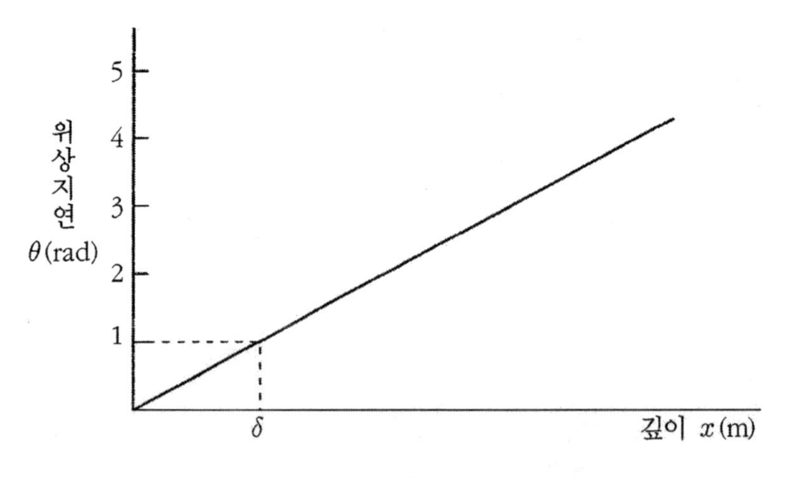

그림 8-10 **깊이에 의한 와전류의 위상변화**

8.2.3 코일 임피던스

코일임피던스(coil impedance) Z는 직류저항 R, 인덕턴스(inductance) L, 및 교류의 각주파수 ω에 의한 복소수로서

$$Z = R + j\omega L \tag{8.14}$$

로 표현된다. 단, j는 허수단위($j = \sqrt{-1}$)이다. 코일이 공심일 때 순저항 R_0와 인덕턴스L_0인 코일을 도체에 접근시키면 도체의 투자율 μ, 전도도 σ의 영향을 받고 임피던스가 변한다. 이 겉보기 임피던스 Z를 공심 코일의 리액턴스(reactance) ωL_0로 나누면 다음과 같다.

$$Z/\omega L_0 = (R - R_0)/\omega L_0 + j\omega L/\omega L_0 \tag{8.15}$$

이것을 정규화 임피던스(normalized impedance)라 하고, 이 실수성분$(R - R_0)/\omega L_0$를 횡축으로, 허수부의 $\omega L/\omega L_0$를 종축으로 하여 그린 그래프를 코일의 임피던스 평면(impedance plane)이라고 한다. 코일의 임피던스변화의 특성을 나타내는 임피던스곡선을 이론이나 실험을 통해 투자율 μ, 전도도 σ, 코일·도체면간 거리, 시험주파수$f(f = 2\pi\omega)$ 등을 파라미터로 하여 임피던스 평면에 종합적으로 나타내면, 검출신호에 영향을 미치는 각종 인자와 그 영향도를 위상해석 등의 신호처리로 분리·평가할 수 있다.

8.2.4 코일임피던스에 영향을 미치는 인자

코일 임피던스에 영향을 주는 주된 요인은 다음과 같다.

(1) 시험주파수

와전류탐상검사를 할 때 이용하는 교류전류의 주파수를 시험주파수라 부른다. 전자유도법칙에 따라 일반적으로 주파수가 높아지면 와전류의 발생이 활발하게 된다. 따라서 와전류에 의한 반발자계가 커지므로 코일 임피던스는 감소한다. 시험주파수 f가 높아지면 f/f_c는 비례하여 커지게 된다.

(2) 시험체의 전도도

시험체의 전도도가 높을수록 와전류는 잘 흐른다. 식(8.13)에서 전도도 σ는 주파수 f와 곱으로 되어 있다. 따라서 전도도가 높아지면 임피던스는 시계방향으로 변화하고 최종적으로는 $f/f_c=\infty$에 대응하여 실수부가 0이 되고 허축에 도달한다. 이것은 전도도가 무한대인 완전 도체에 대응한 상태이고, 코일자속이 와전류를 만드는 자속에 의해서 모두 없어지고 리액턴스가 0이 되는 것을 나타내고 있다. 한편, $\sigma=0$에 대응하는 것은 (0,1)의 점으로, 시험체가 존재하지 않는 코일만의 상태를 나타내고 있다. 주파수 f와 전도도 σ는 정규화 임피던스에 완전히 동일한 영향을 미친다.

(3) 시험체의 투자율

코일 인덕턴스는

$$L=\frac{N\varphi}{i} \tag{8.16}$$

로 나타내어지며, 여기서 자속 $\Phi=BS$ 의 관계를 갖는다. 단, S는 자속이 통과하는 단면적이며, 자속밀도 B는 자계를 H라 하면

$$\begin{aligned} B &= \mu H \\ &= \mu_r \cdot \mu_0 H \end{aligned} \tag{8.17}$$

의 관계를 갖는다. 따라서 식(8.16)으로부터 코일 인덕턴스는

$$L = \frac{N\mu_r\mu_0 HS}{i} \tag{8.18}$$

이 된다. 지금 시험체의 비투자율 μ_r을 100으로 하고, 전도도 $\sigma = 0$(즉 $f/f_c = 0$)으로 하면 임피던스는 그림 8-11의 횡축 0, 종축 100의 점이 된다.

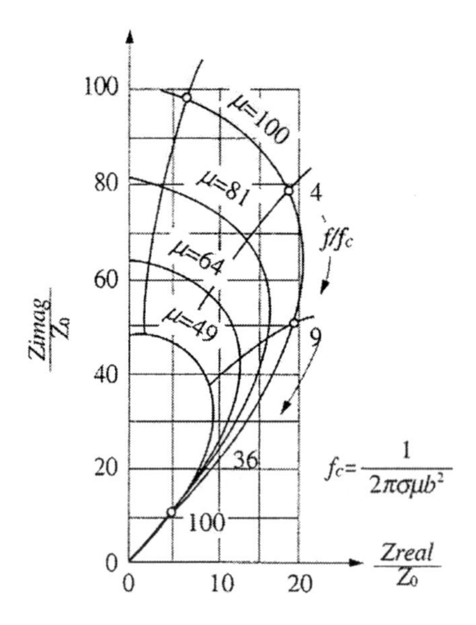

그림 8-11 **강자성체를 포함하는 무한장 솔레노이드 코일의 임피던스**

또한, σ를 증가하면 이 점으로부터 궤적은 시계방향으로 이동하고 $\sigma = \infty$에서 원점에 도달하게 된다. 이와 같이 강자성체의 정규화 임피던스는 1보다 큰 루프가 된다. f/f_c가 작은 경우는 μ변화의 방향이 σ(또는 f) 변화의 방향과 약 90°의 위상차를 갖지만 f/f_c가 큰 값일 때에는 그들 변화의 방향이 가까워진다. 투자율이 작아지게 되면 f/f_c변화 궤적의 루프는 작아진다.

(4) 시험체의 형상과 치수

원주형의 도체를 내부에 갖는 솔레노이드 코일(관통코일이라 한다)의 경우, 도체의 외형이 변화했을 때에도 시험코일(와전류탐상검사의 센서로서의 코일을 시험코일이라 한다)과 도체의 자기적 결합도가 변화하기 때문에 시험코일의 임피던스는 변화한다. 관통코일의 경우 이 도체의 외형과 시험코일의 크기의 관계를 나타내는데 충전율(fill factor, η)를 이용하고 있다. 이것은 다음 식으로 나타난다.

$$\eta = (\frac{b}{a})^2 \times 100(\%) \tag{8.19}$$

위 식에서 η는 코일과 도체의 단면적 비가 되고 있다. η가 작아지면 궤적의 루프는 작아진다. 즉, 전도도의 변화 등에 의해 시험코일의 임피던스 변화가 작아지는 것이다. 바꿔 말하면 감도가 낮아진다. 따라서 시험코일의 감도를 높이기 위해서는 충진율을 높게 한다. 다시 말해, 가능한 한 코일 내경을 시험체 외경에 가깝게 하는 것이 중요하다. 실제로는 시험체가 시험코일의 내측에 간섭하지 않을 정도로 한다. 또, 이것을 이용하여 시험체의 부식에 의한 두께 감소 등의 외형변화를 측정하는 것도 가능하다.

또, 내삽코일의 경우에는 $b > a$ 이므로

$$\eta = (\frac{a}{b})^2 \times 100(\%)$$

을 충전율로 한다.

(5) 코일과 시험체의 상대위치

일반적으로 원주형의 시험체를 관통시험코일로 검사할 때, 코일과 시험체가 편심이 되지 않게 이송하는 것은 어렵다. 도체는 코일 중에서 편심이 되고 코일에 대해 가까워지기도, 멀어지기도 한다. 이와 같은 코일과 시험체 위치의 변화에 의해서도 임피던스의 변화가 발생하는데, 여기서 큰 잡음을 발생한다. 이것을 워블(wobble)잡음이라 한다.

평면 시험체에 이용하는 표면 코일(probe coil, surface coil)의 경우에는 코일과 시험체가 떨어지기도 하고 기울어지기도 하여 리프트 오프(lift off)가 발생한다. 이 경우에도 큰 임피던스의 변화를 일으키기 때문에 잡음이 생긴다. 이를 리프트 오프 효과라 한다. 이상과 같이 편심이나 워블, 리프트 오프에 의한 잡음은 통상 상당히 크기 때문에 어떠한 신호처리를 통해 억제할 필요가 있다. 물론, 이와 같은 임피던스 변화를 적극적으로 이용하여 거리측정이나 막두께 측정을 하는 경우도 있다.

(6) 탐상속도

자동탐상에서 시험체를 고속으로 이송하는 경우에는 와전류검사에 영향을 주기 때문에 주의를 요한다.

첫째, 시험코일이 만드는 자계중을 시험체가 이동하면 시험체 내에서 속도에 비례한 기전력이 발생한다. 이것이 와전류 흐름의 방향을 바꾸기 때문에 속도가 빨라지면 결함에 의한 임피던스 변화가 시험체가 정지해 있을 때와 다르다. 이것을 속도효과(drag effect, speed effect)라 부른다.

둘째, 와전류탐상기에 필터가 들어 있는 경우이다. 결함에 의해 발생하는 신호는 탐상속도가 높아지면 그 주파수 성분도 높아진다. 따라서 필터의 주파수 특성의 설정이 탐상

속도에 부적당한 경우는 결함신호가 출력되지 않을 수도 있다. 그러므로 필터를 이용하여 잡음을 제거하고자 할 때에는 결함크기와 시험체의 이송속도를 고려하여 필터의 차단주파수를 결정해야 한다.

셋째, 탐상신호를 기록하는 펜 레코더 등의 기록계의 응답속도이다. 탐상속도가 빠르면 결함신호의 주파수가 높아지기 때문에 기록계가 응답할 수 없어 결함신호가 기록되지 않는 경우가 있다.

8.3 와전류검사 장치 및 시험편

와전류검사는 교류가 흐르는 시험코일의 자계 내에 시험체를 배치하면 시험체의 결함 상태에 대응하여 시험코일의 임피던스가 변화하는 현상을 이용하는 것이다.

와전류검사에 필요한 기본 장치는 크게 와전류탐상기와 그 주변 부속장치로 구성되어 있다. 와전류탐상기는 시험코일의 여자, 신호의 검출, 증폭, 신호처리 등의 와전류탐상검사의 기본적인 기능을 수행한다. 시험체를 이송하는 장치나 또는 코일을 이동시키는 장치, 탐상기의 출력신호를 기록하는 장치 등이 와전류탐상기와 함께 이용된다.

8.3.1 와전류탐상기의 구성

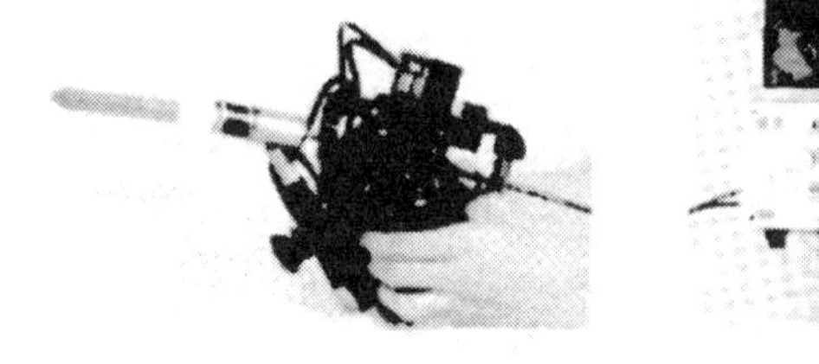

그림 8-12 **와전류탐상장치의 예**

와전류탐상기의 기본적인 구성은 그림 8-12와 같다. 탐상기의 중요한 부분과 기능은 다음과 같다. 발진회로는 교류를 발생시키고 시험코일에 교류전류를 공급한다. 시험코일은 시험체에 와전류를 유도하고 그 변화를 검출한다. 평형회로는 시험코일 임피던스의 미소 변화량에 의한 전압 성분을 취하는데 사용된다. 평형회로의 미소한 출력신호는 증폭된 후에 검파 회로에 더해진다. 검파회로에서는 결함신호와 잡음의 위상 차이를 이용하여 SN비의 향상을 기하고 있으며, 발진회로에서 이상회로(移相回路)를 경유해서 가해지는 제어신호와 같은 위상 성분만을 검출한다. 즉, 동기검파에 의해 잡음을 억제하고 결함신호를 검출한다. 필터에서는 결함신호와 잡음의 주파수 차이를 이용해서 잡음을 억제하고 S/N비를 향상시킨다.

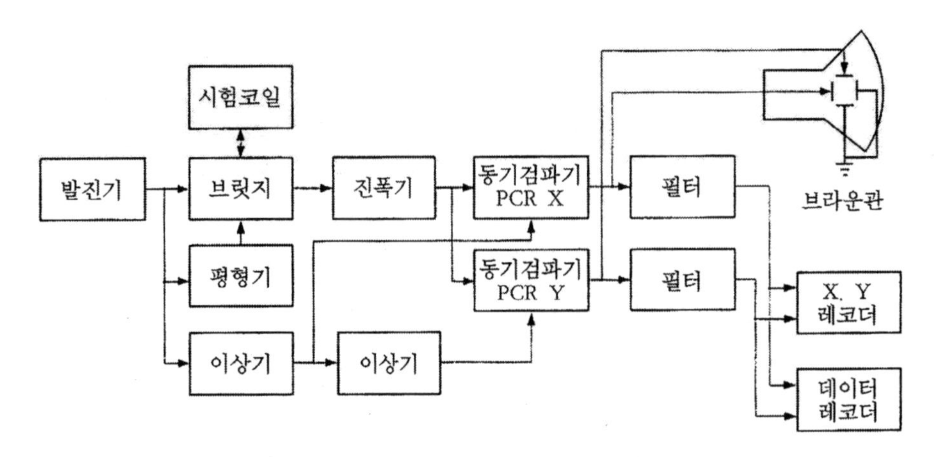

그림 8-13 **와전류탐상기의 구성(증폭기 수정)**

- **발 진 기**: 발진회로는 교류를 발생시키고 시험코일에 교류전류를 발생한다.
- **브 릿 지**: 시험 코일의 임피던스에 대응한 신호는 코일이 건전부에 놓인 상태에서도 일정의 전압이 발생한다. 이 전압은 시험체의 결함과는 관계없는 전압이다. 시험체의 결함 부분이 시험 코일에 들어가면 브릿지의 균형이 깨져 결함에 의한 코일의 임피던스 변화에 따라 전압이 발생한다.
- **증 폭 기**: 브릿지로부터 나오는 매우 미약한 결함 신호를 크게 해주는 회로이다.
- **동기검파기**: 동기검파기는 교류 신호 중 임의의 제어신호와의 위상차에 관련된 전압을 출력하는 것이다. 결함신호와 잡음의 위상 차이를 이용하여 SN비의 향상을 기한다.
- **이 상 기**: 이상기는 발진기의 신호를 기준으로 동기검파기에 가해진 제어신호의 위상을 임의로 조정하기 위한 회로이다. 다시 말해, 반송잡음(wobble) 등의 불필요한 잡음을 제거하기 위한 최적한 위상을 결정하기 위해 사용되는 것이다.
- **필 터**: 필터에서는 결함신호와 잡음의 주파수 차이를 이용해서 잡음을 억제하고 S/N비를 향상시킨다.
- **디스플레이**: 와전류탐상기는 정보를 표시하기 위한 브라운관(CRT)을 갖추고 있으며, 브라운관에는 수직편향 입력과 수평편향 입력이 있는데, 수평입력에 동기검파 X의 출력을 접속하고, 수직입력에 동기검파 Y의 출력을 접속하고 있다. 이렇게 하면 결함신호가 8자 패턴으로 CRT 화면상에 점으로서 벡터(vector)적으로 그려진다. 이것을 벡터 표시 방식이라 불리고 널리 이용되고 있다. 이 방식에서는 결함신호의 크기뿐만 아니라 결함신호와 잡음의 위상 차이를 쉽게 관측할 수 있으므로 신호의 이해에 유용하다.

와전류탐상기는 정보를 표시하기 위한 브라운관(CRT)을 갖추고 있으며, 브라운관에는 수직편향 입력과 수평편향 입력이 있는데, 와전류탐상기에는 수평입력에 동기검파 X의 출력(V_x)을 접속하고, 수직입력에 동기검파 Y의 출력(V_y)를 접속하고 있다. 이렇게 하면 결합신호가 8자 패턴으로 CRT 화면상에 점으로서 벡터(vector)적으로 그려진다. 이것을 벡터표시 방식이라 불리고 널리 이용되고 있다. 이 방식에서는 결합신호의 크기뿐만 아니라 결합신호와 잡음의 위상 차이를 쉽게 관측할 수 있으므로 신호의 이해에 유용하다.

와전류탐상기의 전면 패널에는 와전류탐상기의 중요한 기능을 설정하는 조정 노브(knob)가 설치되어 있다. 와전류탐상기의 설정에 기본적인 것은 ① 시험주파수, ② 브릿지 밸런스, ③ 위상, ④ 감도이다.

시험주파수는 주파수 절환스위치(freq)로 조정 가능하다. 대개 여러 종류의 주파수를 선택할 수 있다. 브릿지 밸런스는 R과 X(또는 X와 Y)의 두개 스위치가 있다. 이 두 개의 스위치를 적절히 사용하여 CRT상의 spot가 원점에 오도록 조정한다. 자동평형장치를 가지고 있는 것은 auto 조정노브의 작동으로 조정 가능하다. 위상은 원형의 조정노브(phase)로 설정이 가능하다. 보통 0 ~ 360°의 범위에 연속적으로 변화할 수 있다.

8.3.2 시험코일

가. 시험코일이란

와전류탐상검사에 이용되는 시험코일(test coil)이란 시험체 내에 와전류를 유도하기 위해 자속을 발생하는 코일이나 시험체 내의 와전류에 의해 발생된 자속을 검출하기 위해 이용되는 코일을 총칭한다. 표 8-2는 코일의 종류와 분류를 나타내고 있다.

표 8-2 시험 코일의 예

	자기유도형			상호유도형		
	단일방식	표준비교방식	자기비교방식	단일방식	표준비교방식	자기비교방식
관통코일	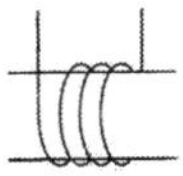	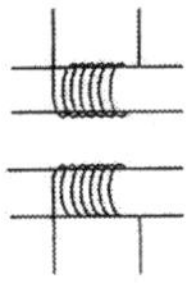	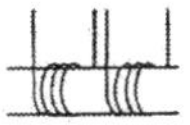	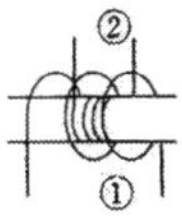 ② ①	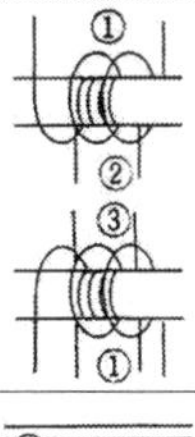 ① ② ③ ①	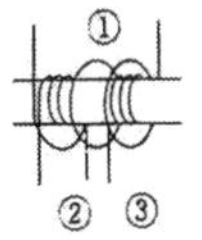 ① ② ③
내삽코일	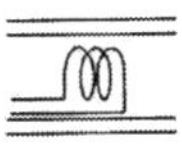	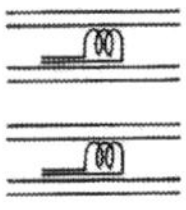	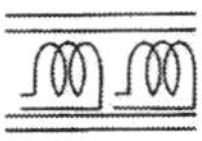	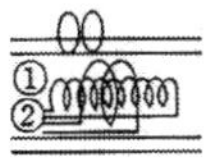 ① ②	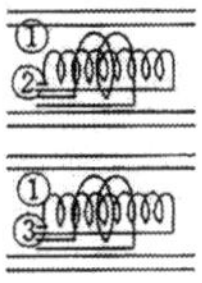 ① ② ① ③	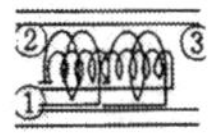 ② ③ ①

표면코일				① ②	① ② ① ③	①② ①②
				② ①	② ① ② ①	③ ② ①

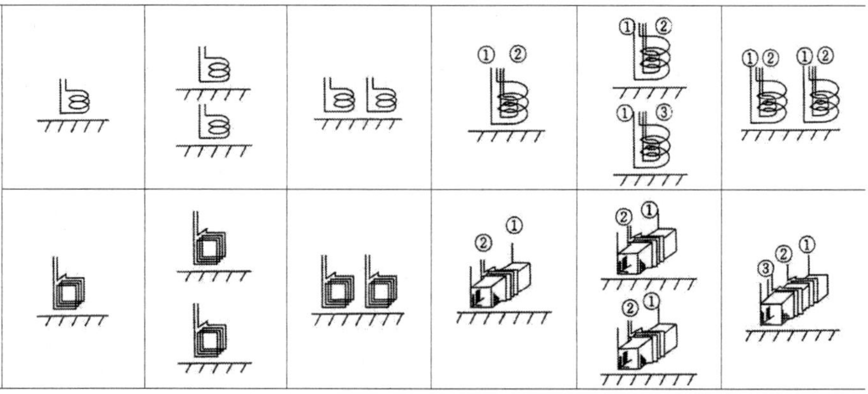

①: 1차 코일, ② ③: 2차 코일

나. 여자와 검출방법에 의한 시험코일의 분류

시험코일은 시험체 내의 와전류를 유도하고 와전류에 의한 반작용을 검출하는 방법에 의해 다음의 2가지로 분류된다.

① 자기유도형 시험코일
② 상호유도형 시험코일

자기유도형 시험코일은 시험체에 존재하는 결함에 의해 발생한 와전류의 변화를 임피던스의 변화로 검출하는 것으로, 브릿지에 조립되어 이용된다. 자기유도형 시험코일은 1종류의 코일만으로 이루어지기 때문에 제작이 용이하여 널리 이용되고 있다.

상호유도형 시험코일은 와전류를 발생시키기 위해 여자를 하는 1차 코일과 와전류에 의한 반작용의 검출을 하는 2차 코일로 구성되는 코일계를 말한다. 일반적으로 1차 코일은 일정 교류전원을 흐르게 하고 2차 코일에 유기되는 전압의 변화를 검출하여 시험을 한다. 1차 코일은 여자코일, 2차 코일은 검출코일 또는 pick-up코일이라고도 한다. 상호유도형 시험코일은 2개 이상의 코일을 조합해야 하기 때문에 코일 제작에 있어 자기유도형보다 복잡하다. 그러나 1차 코일을 크게 하여 큰 영역에 걸쳐 와전류를 유도하거나 작은 2차 코일에서 작은 결함을 검출하는 등 코일의 설계에 있어 자유도가 크다. 2차 코일이 1차 코일 내부에 있는 경우에는 2차 코일이 정전유도 잡음이 작아지고 주위 온도변화에 대해 안정한 이점도 있다.

다. 적용 방법에 의한 시험코일의 분류

와전류시험은 단순한 형상의 시험체 검사에 적합하기 때문에 원통형 및 평판의 금속검사에 적용되는 것이 압도적으로 많다. 이와 같은 시험에 이용되는 시험코일은 시험체에 대한 적용 방법에 따라 분류할 수 있다. 직경이 작은 관 등에 적용되는 시험코일은 다음의 3종류로 분류된다.

① 관통코일(encircling coil, feed through coil, OD coil)

② 내삽코일(inner coil, inside coil, bobbin coil, ID coil)

③ 표면코일(surface coil, probe coil)

관통코일은 시험체를 시험코일 내부에 넣고 시험을 하는 코일이다. 관통코일은 시험체가 그 내부를 통과하는 사이에 시험체의 전표면을 검사할 수 있기 때문에 고속 전수검사에 적합하다. 따라서 관통코일은 선 및 직경이 작은 봉이나 관의 자동검사에 널리 이용되고 있다.

내삽코일은 시험체의 구멍 내부에 삽입하여 구멍의 축과 코일 축이 서로 일치하는 상태에 이용되는 시험코일이다. 내삽코일은 관이나 볼트구멍 등 내부를 통과하는 사이에 그 전내표면을 고속으로 검사할 수 있는 특징이 있다. 특히 현재에는 열교환기 전열관 등의 보수검사에 널리 이용되고 있다.

한편, 평판 시험체에 이용되는 시험코일은 표면코일(surface coil), 또는 프로브코일(probe coil)이라 한다. 프로브코일은 코일축이 시험체 면에 수직인 경우에 적용되는 시험코일이다. 이 코일에 의해 유도되는 와전류는 코일과 같이 원형의 경로로 흐르기 때문에 균열 등의 결함의 방향에 상관없이 검출할 수 있는 장점이 있다. 자속이 시험체의 면에 평행하게 적용되는 시험코일도 있다. 코일 직하에서 유도되는 와전류는 이 코일에 의해 시험체와 접하는 코일 주변과 동일 방향으로 직선형이 되기 때문에 와전류와 동일 방향의 결함은 검출할 수 없지만 직각방향의 결함은 높은 감도로 검출할 수 있다.

라. 사용방법에 의한 코일의 분류

시험코일은 실제 시험을 할 때의 사용방식에 따라 다음과 같이 분류된다.

① 단일방식(absolute coil)

② 자기비교방식(differential coil)

③ 표준비교방식(external reference, standard comparison coil)

단일코일이라는 것은 1개의 코일 만에 의해서만 시험을 하는 코일로, 앱솔루트 코일이라고도 불린다. 시험체의 총체적인 변화를 검출하기 때문에 탐상검사를 할 때에는 결함의 형상에 어느 정도 대응한 신호를 얻을 수 있어 결함추정의 실마리를 줄 가능성이 있다. 그러나 실제로는 시험체와 코일의 상대위치, 시험체의 재질이나 형상·치수의 변화 등의 의한 영향을 받기 때문에 사실상 탐상검사가 불가능한 것이 많고 주의를 요한다. 또한, 주위의 온도변화에 따라 코일 자신의 직류저항이 변하기 때문에 안정성이 좋지 않은 결점이 있다.

자기비교방식의 시험코일은 코일을 병치하고 시험체에 인접한 2개 부분의 차이를 검출하는 시험 코일계를 말한다. 자기비교방식의 시험코일을 이용한 경우에는 시험체의 재질이나 형상·

치수의 완만한 변화에 대해 2개의 코일이 같이 응답하여 상쇄되기 때문에 신호가 발생하지 않는다. 한편, 드릴 구멍과 같은 국부적 변화의 경우는 양 코일이 동시에 응답하는 것이 아니기 때문에 신호가 발생한다. 이와 같이 자기비교방식의 시험코일은 미소한 결함에 의한 급격한 변화만을 검출하고 완만한 재질 등의 변화에 의한 영향을 억제하는 기능을 갖는다. 또, 시험체의 이송진동 등에 의한 시험코일과 시험체의 상대위치의 변화에 의한 잡음을 억제하고 주위온도 변화의 영향을 상쇄한다. 따라서 자기비교방식의 시험코일은 미소한 결함을 안정하게 검출할 수 있기 때문에 탐상용 시험코일로 널리 이용되고 있다.

표준비교방식의 시험코일은 1대의 코일 내에서 한쪽은 시험체에 다른 쪽은 표준이 되는 것에 작용시킨 후 그들 코일의 응답차를 검출하여 시험하는 코일계를 말한다. 표준비교방식의 시험코일은 상호비교방식의 시험코일이라고도 불리는데, 단일방식의 경우와 같이 시험체와 코일의 상대위치의 변화 및 시험체의 재질이나 형상·치수의 변화 등에 영향을 받지만 시험체에서의 총체적인 변화를 검출할 수 있기 때문에 재질판별 등에 이용되고 있다.

단일코일이나 표준비교방식의 시험코일에 의해 얻어진 지시를 앱솔루트 지시라 한다. 이 지시는 결함의 상태에 어느 정도 대응하는 것이 많기 때문에 결함의 상태를 추정하는데 유리하다. 그러나 실제로는 잡음의 영향을 받기 쉽기 때문에 그 대책이 필요하다.

앞에 기술한 자기비교방식의 시험코일과 같이 2개의 응답 차를 검출하는 시험코일을 차동코일(differential coil)이라 하고, 차동코일을 이용하여 얻어진 지시를 디퍼런셜 지시라 한다.

마. 시험코일의 치수 표시

관의 보수검사에 이용되는 자기비교방식의 내삽코일을 나타내는 코일 치수는 코일내경 a, 코일외경 b, 코일길이l, 평균직경 D, 코일간극 w가 있다. 여기서 코일의 평균직경 D는

$$D = \frac{(a+b)}{2} \tag{8.20}$$

이다. 시험코일에 의한 관의 보수검사에서 관의 내경 d, 코일의 평균직경을 D라 할 때 내삽코일의 충전율은 다음 식으로 정의된다.

$$\eta = \left(\frac{D}{d}\right)^2 \times 100 \ (\%) \tag{8.21}$$

충전율이 높을수록 시험코일의 코일이 시험체에 가깝기 때문에 결함의 검출감도가 높게 된다. 그러나 충전율이 너무 높으면 코일과 시험체 사이의 간극이 작아지기 때문에 관의 내면 상황에 따라서는 관 속에 인출이나 삽입이 곤란해지거나 마모에 의한 내삽코일의 수명이 짧아지는 등의 문제가 발생하게 된다.

8.3.3 그 밖의 와전류검사 용 보조기기

가. 기록장치

기록 장치는 탐상기의 출력으로 발생한 탐상신호를 관측 및 보존하기 위해 펜 레코더나 데이터 레코더 등의 기록계를 이용하여 시험의 결과를 기록하기 위해 사용된다. 이들 기록계는 결함신호의 주파수를 충분히 감지할 수 있는 것이 되어야 한다.

나. 이송 장치

봉, 관 등의 긴 시험체를 시험할 때는 일정 속도로 자동적으로 시험 코일 또는 시험체를 반송하는 장치가 필요하다. 자동 탐상 시험에서 시험편을 반송하는 장치를 이송 장치라 한다. 이송 장치는 시험편에 진동을 주지 않고 시험편이 항상 코일의 중심을 통과하도록 하고 또한 일정한 속도로 이송될 수 있도록 하여야 한다.

다. 마킹 장치

마킹 장치는 결함 검출의 위치를 정확히 파악하기 위해서 뿐 아니라 합격, 불합격품의 구별을 쉽게 하기 위해 사용된다. 마킹 장치는 액체의 도료를 분무하기도 하고 고형의 분필형의 것을 사용하기도 한다. 자동 탐상에서는 액체를 사용한 마킹 장치가 많이 사용된다. 마킹을 결함 위치에 정확히 하기 위해서는 결함 검출 후 타이머 등으로 자동 마킹하는 위치까지 신호를 지연시키는 장치가 필요하다.

라. 자기 포화 장치

강 등의 자성체를 그대로 탐상 할 경우에는 시험체의 자기특성이 불균일하기 때문에 커다란 잡음이 발생되어 사실상 탐상 할 수 없는 경우가 많다. 이 경우에는 시험체를 강하게 자화시켜서 자기특성의 불균일한 영향을 없애기 위해 자기포화장치가 이용된다. 자기 포화 장치는 자화 코일과 여자용 직류 전원으로 구성되고, 시험편이 강 등의 자성체의 경우에 자성의 균일을 도모하여 μ-노이즈에 의한 영향을 작게 하기 위해 사용된다.

마. 탈자 장치

자기포화를 한 후에 시험체에 잔류하고 있는 자기를 제거하기 위해 탈자장치가 사용된다. 탈자 장치는 자성체의 탐상 시험 중에 자화된 시험편의 잔류 자장을 제거하기 위해 사용된다.

8.4 와전류검사 절차

와전류검사의 절차를 그림 8-14에 나타낸다.

(1) 검사 준비

시험대상물에는 여러 종류의 재질이나 형상이 있고, 대상으로 하는 결함도 여러 종류가 있기 때문에 이들을 충분히 검토하여 시험코일, 탐상장치, 검사방법 등을 선정해야 한다. 우선, 시험대상물의 재질, 형상 및 대상결함에 근거한 검사방법을 선정하고, 그 목적에 맞는 탐상기와 시험코일을 선정한다. 다음에 대비시험편을 준비하고 예비검사를 하고 시험주파수 등의 탐상조건을 결정한다. 이 예비검사의 결과에 근거하여 작업지시서를 작성하고 검사목적, 탐상장치, 탐상조건, 탐상순서, 평가기준 등을 명확히 해 놓는다.

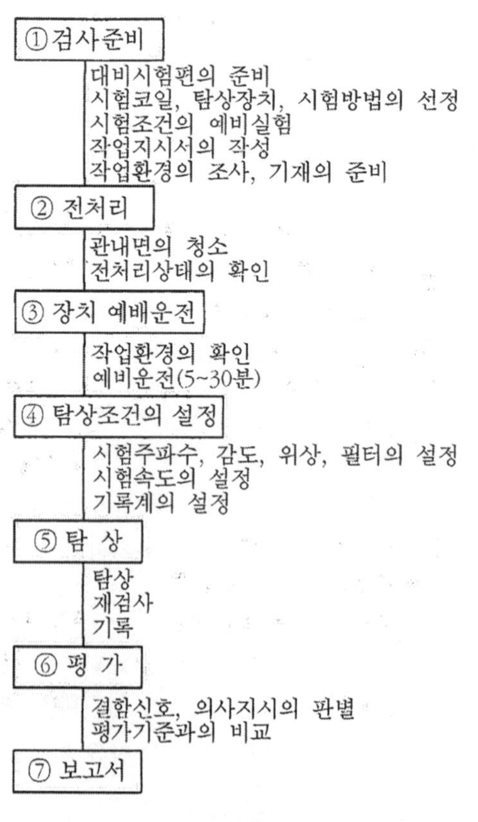

그림 8-14 **와전류검사의 흐름도**

(2) 전처리

시험체에 부착된 금속분, 산화 스케일, 유지의 부착 등을 제거하는 것을 말한다. 금속분, 산화 스케일은 의사 지시의 원인이 되는 경우가 있다. 또 시험체에 부착된 금속분 등은 코일부에 집적되어 탐상 결과에 영향을 주고 고장의 원인이 되기도 한다.

(3) 탐상조건의 설정 및 확인

탐상조건의 설정은 장치를 결선하고 통전 후 일정시간(5 ~ 30분) 경과하고 장치의 출력이 안정된 후 대비시험편을 사용한다. 탐상조건의 설정항목으로는 시험주파수, 탐상감도, 위상, 필터, 시험속도, 기록계 등이 있다. 탐상조건의 설정은 탐상작업 개시 전에 하고 탐상시험을 개시하고 나서 일정시간 경과 후(보통 4시간) 및 완료시에 확인을 한다.

(4) 탐상시험

탐상조건의 설정이 완료된 후 탐상시험이 개시된다. 일반적으로 압축공기를 이용한 삽입장치로부터 시험코일을 삽입하고 시험코일이 탐상에 필요한 위치까지 확실하게 삽입되었는지를 신호파형이나 케이블에 붙어있는 눈금으로 확인하여 놓을 필요가 있다. 탐상작업을 실시하기 전에 시험대상물 전체의 탐상개소 수, 배관의 배열상태, 전회의 탐상결과 등을 확인해 놓는 것도 중요하다.

탐상의 지시신호가 얻어진 경우 이것이 의사지시인지 결함신호인지를 판별해야 한다. 판별이 곤란한 경우는 필요에 따라 재 탐상을 실시한다. 이 재 탐상에서는 동일 탐상조건으로 탐상하는 것 뿐 만아니라 탐상조건을 바꾸어도 실시한다.

(5) 기록

탐상시험 결과의 기록은 검사보고서의 작성에 매우 중요하기 때문에 정확히 기록해야 한다. 검사 결과의 기록 사항은 현장 사정에 따라 기록이 필요하다고 판단되는 요건은 추가할 수 있으며 적어도 다음 항목은 포함되어야 한다.

① 시험년월일, ② 시험대상물(설비명, 수량, 재질), ③ 탐상장치, ④ 시험코일, ⑤ 검사조건(시험주파수, 탐상감도, 위상, 필터, 리젝션, 시험속도), ⑥ 대비시험편, ⑦ 시험기술자

(6) 결함의 평가

탐상에 의해 결함이 검출된 경우 그 결함에 대해 평가하고 그것에 대한 대책 및 처치방법을 검토할 필요가 있다. 검출된 결함을 평가하는 방법으로는 일반적으로 진폭에 의한 평가법과 위상에 의한 평가법이 잘 사용되고 있다. ① 진폭에 의한 평가법은 대비시험편

에 가공된 기준이 되는 인공결함으로부터 얻어진 신호의 진폭과 탐상시험으로부터 얻어진 결함신호의 진폭과를 비교하여 평가한다. ② 위상에 의한 평가법은 대비시험편에 가공한 관통드릴구멍에 의한 신호의 위상각을 135°로 설정하고 검출한 결함신호의 위상각으로부터 깊이를 추정하는 방법이다.

(7) 8자 패턴에 의한 결함평가

내삽형 코일을 이용한 관의 검사에서 결함 신호는 진폭 뿐 만 아니라 위상도 변화하므로 결함 신호를 2차원적인 관측이 필요하다. 이를 위해 배관의 보수 검사에는 동기 검파기를 2개 사용해서 X와 Y가 되는 2차원적인 출력을 발생하는 와전류 탐상기가 사용된다.

배관의 보수 검사 시 결함을 검출할 때에는 시험 코일과 관과의 상대 위치의 변화에 따른 잡음 및 관의 재질 또는 형상의 변화에 따른 잡음의 영향을 받지 않도록 자기 비교 방식의 시험 코일을 통상 사용한다. 이 경우에는 2개의 코일의 응답의 차를 검출하기 때문에 결함 신호를 전압 평면상에 나타나고 그림 8-15에서와 같은 8자형 신호를 나타낸다.

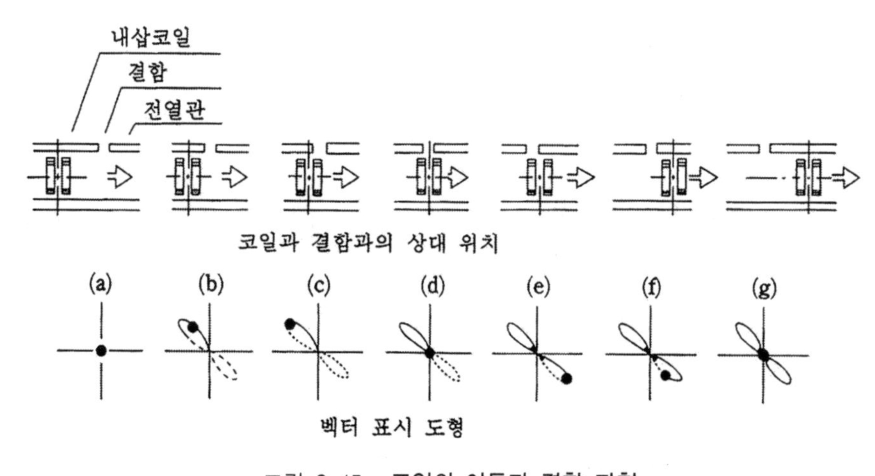

그림 8-15 **코일의 이동과 결함 파형**

그림 8-15에서 결함으로부터 코일이 충분히 떨어져 있는 경우에는 브릿지 평형이 이루어져 (a)에서와 같이 신호가 발생하지 않는다. 코일이 이동하여 결함 근처에 접근하면 한쪽 코일이 결함에 영향을 받아 그 임피던스가 변함으로 (b)와 (c)와 같은 신호가 발생한다. 코일이 계속 이동하여 결함이 2개의 코일의 중앙에 위치하면 2개의 코일의 임피던스는 같아져서 (d)와 같은 신호가 된다. 코일이 결함을 통과하기 시작하면 다른 쪽의 코일이 결함의 영향을 받아 (e)나 (f)와 같이 나타나며 (b)와 (c)와는 방향이 반대인 신호가 발생한다. 이와 같이 결함에 의해 발생하는 신호를 8자형 신호(8-pattern signal)이라 한다. 이와 같이 얻은 8자형 신호는 그 크기와 X 축에 대한 기울기에 의해 특성이 부여된다.

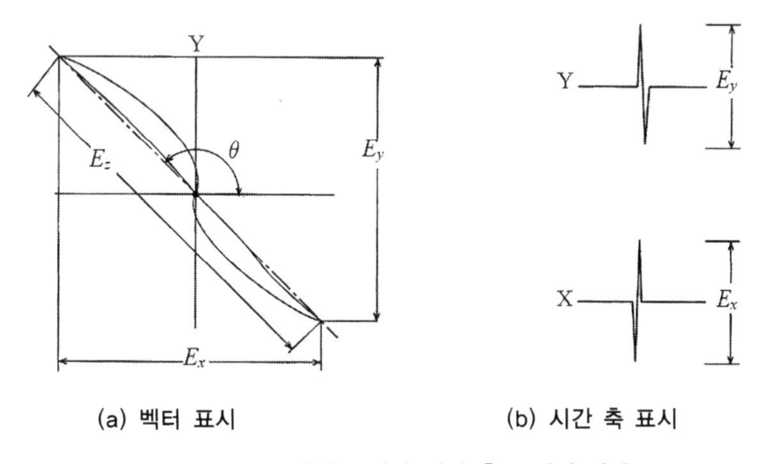

(a) 벡터 표시 (b) 시간 축 표시

그림 8-16 **벡터 표시와 시간 축 표시의 관계**

그림 8-16은 8자형의 X축 방향의 변화의 크기를 E_x, Y축 방향의 변화의 크기를 E_y라고 할 때 신호의 크기(E_z)는 $E_z = \sqrt{E_x^2 + E_y^2}$ 으로 구할 수 있다. 또 X 축에 대한 기울기 각도를 위상각이라 하고 위상각으로 주어진다. 여기서 시험주파수와 탐상기의 위상을 적당히 선택하는 것으로부터 반송 잡음(wobulation)은 X 축 방향에만 나타나고 관통 드릴 구멍에 대한 신호는 약 135°의 위상이 된다.

이와 같이 관의 외면에서의 결함에 의해 발생하는 신호의 위상은 0~135°의 범위가 되고, 관의 내면에서의 결함에 의해 발생하는 신호의 위상은 135~180°의 범위가 된다. 8자형 신호를 여러 종류의 결함에 대해 상세히 조사하면 8자형의 크기는 결함의 체적에 대응하고 8자형의 기울기는 결함의 깊이에 대응한다는 것을 경험적으로 알 수 있다.

(8) 의사 지시

결함 이외의 원인에 의해 나타나는 지시신호를 의사 지시라고 한다. 의사 지시의 원인은 다음과 같은 것이 있다.

① 이송 장치의 조정 불량에 의한 진동
② 잔류 응력, 재질적 불균일
③ 강자성체나 도전성이 다른 물질의 부착
④ 지지판, 확관부, 관 끝단부
⑤ 자기 포화의 부족(자성체)
⑥ 외부 또는 탐상기 내부에서 발생한 잡음

표 8-3 **대표적인 결함의 지시 형상**

	Wobble 신호	외면 결함	관통 구멍	내면 결함
벡터 표시				
시간 축 표시				

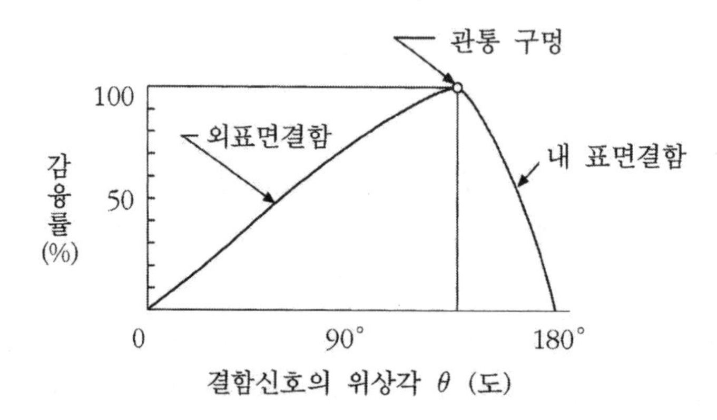

그림 8-17 **결함 신호의 위상각과 깊이와의 관계**

(9) 재검사

다음의 경우에는 재검사를 한다.

① 지시가 결함인지 아닌지 의심이 날 때(의사 지시)

② 정기적으로 검사 조건을 확인 시 이상이 발견되었을 때, 장치의 안정에 염려가 있을 경우에는 자주 대비시험편을 검사해서 감도의 확인과 재조정을 행한다.

(10) 점검, 보수 관리

정확한 탐상 결과를 얻기 위해서는 적절한 탐상 조건과 탐상 장치를 사용하는 것은 매우 중요하다. 탐상조건 및 탐상장치의 선택에 대해서는 앞에서 기술한 바와 같이 선택한 탐상장치가 정상적으로 작동하도록 점검, 보수 관리하는 것은 정확한 탐상 결과를 얻기 위해 중요하다.

탐상장치의 점검에는 일상점검과 정기점검이 있다. 일상점검은 비교적 용이한 항목에 대해 주로 탐상장치가 제대로 작동 하는가 어떤가에 대해 점검하는 것이다. 정기점검은 탐상장치의 기본 성능에 관한 항목 중 일상점검에서는 충분히 점검할 수 없는 항목에 대해 점검하는 것이다.

8.5 와전류검사의 적용 예

그림 8-18은 열교환기의 보수검사에서 실제로 검출된 두께 감육으로 결함신호가 검출된 관을 촬영한 사진이다. 이들 사진에 대응하는 우측의 벡터 신호는 탐상기의 CRT 화면상에 표시된 결함신호이다.

결함사진	검출신호	탐상기록
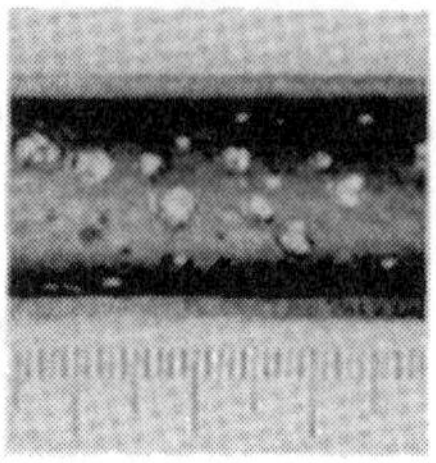		기 기 명: 오일냉각기 유 체 명: 공업용수(관내면) 전열관재질: C-6872T 관 사 양: φ19X2.1t 탐상주파수: 18 kHz 결 함 종 류: 내면침식 추 정 깊 이: 55 %t 실 측 깊 이: 50 %t
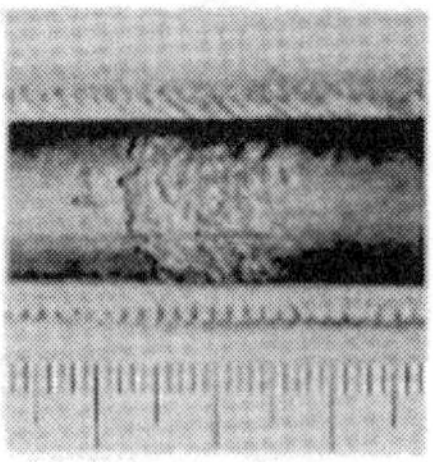	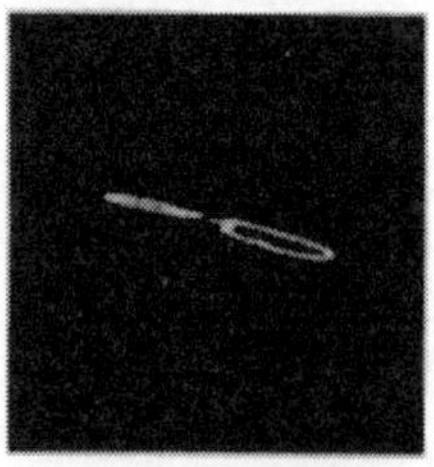	기 기 명: 가스냉각기 유 체 명: 공업용수(관내면) 전열관재질: C-6872T 관 사 양: φ19X1.6t 탐상주파수: 25 kHz 결 함 종 류: 내면국부부식 추 정 깊 이: 30 %t 실 측 깊 이: 35 %t
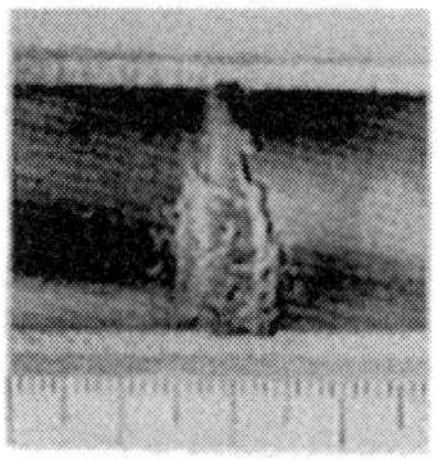	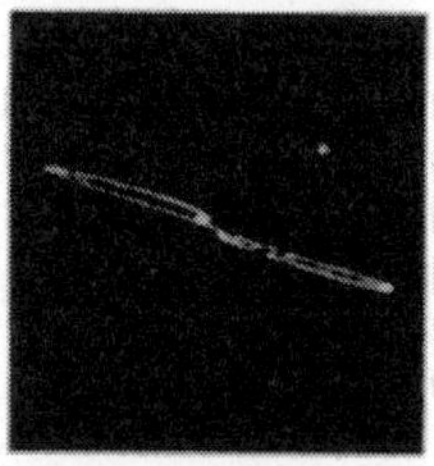	기 기 명: 콘덴서 유 체 명: 해수(관내면) 전열관재질: C-6870T 관 사 양: φ25X2.1t 탐상주파수: 16 kHz 결 함 종 류: 내면국부부식 추 정 깊 이: 35 %t 실 측 깊 이: 39 %t
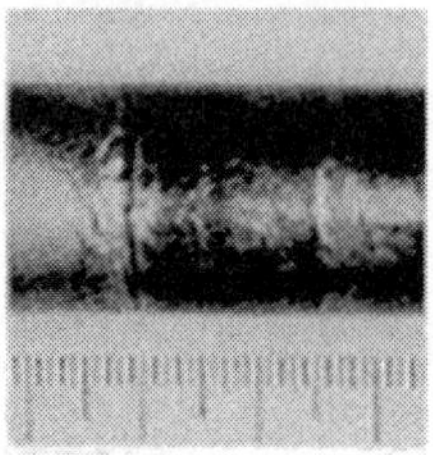	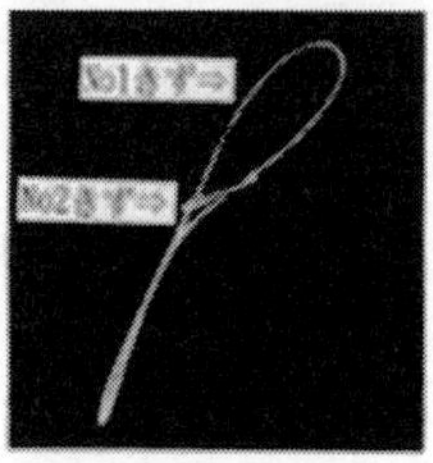	기 기 명: 복수기 유 체 명: 증기(관의면) 전열관재질: C-6872T 관 사 양: φ19X2.1t 탐상주파수: 35 kHz 결 함 종 류: 암모니아로 인한 부식 추 정 깊 이: 55 %t 실 측 깊 이: 58 %t

그림 8-18 **와전류검사 검출신호와 결함의 예**

익 힘 문 제

1. 와전류검사(ET)의 원리에 대해 설명하시오.

2. 자분검사(MT)와 비교하여 와전류검사(ET)의 특징을 설명하시오.

3. 표피효과(skin effect)란 무엇이며, 와전류의 침투깊이가 탐상재질의 전기 전도도, 투자율 및 시험주파수에 따라 어떻게 변하는지 설명하시오.

4. 와전류검사(ET)에서 표피효과(skin effect)와 표준침투깊이(standard depth of penetration)가 갖는 의미는 중요하다. 아래 물음에 답하시오.

   (1) 표준침투깊이 $\delta = \frac{1}{\sqrt{\pi f \mu \sigma}}$ 식을 유도하고 시험주파수를 선정하는 경우 함께 고려해야 할 점에 대해 설명하시오.

   (2) 각종 재료에 따라 와전류의 위상(phase)과 어떤 특성을 갖는지 설명하시오.

5. 와전류검사에서 임피던스 평면도와 코일임피던스에 영향을 미치는 인자에 대하여 설명하라.

6. 와전류검사에 사용하는 시험코일을 1) 여자와 검출방법, 2) 적용 방법, 3) 사용방법에 따라 분류하고 각 시험코일의 특징을 설명하시오.

7. 와전류검사에서 자기비교방식 시험코일(differential coil)의 특징을 표준비교 방식 시험 코일과 비교하여 특징을 기술하시오.

8. 와전류검사 시 관통코일과 내삽형 코일을 이용하여 관재(管材)를 탐상할 때 8자 패턴에 의한 내외면의 결함판별 방법을 기술하시오.

9. 와전류검사(ECT)에서 와블(wobble) 잡음, 충진률(fill factor), 속도효과(drag or speed effect) 그리고 리프트오프(lift-off) 효과에 대해 기술하시오.

10. 시험주파수가 10 kHz 일 때 전도도가 $1.04 \times 10^6 (1/\Omega m)$인 비자성금속에 있어서 표준침투깊이를 계산하시오.

11. 와전류검사에서 결함 이외의 원인에 의해 나타나는 지시신호인 의사지시의 발생 원인을 열거하고 설명하시오.

12. 증기발생기 세관에는 결함탐상을 위하여 적용되는 와전류탐상검사는 내삽형으로 bobbin 및 MRPC(motorized rotating pancake coil) 탐촉자가 적용되고 있는데 각 탐촉자의 특징 및 검사범위와 탐상 가능한 결함에 대하여 기술하시오.

13. 회전프로브를 이용한 와전류탐상시험의 특징을 관동코일의 경우와 비교하여 설명하시오.

14. 리모트 · 필드 와류탐상시험(remote field eddy current testing; RFECT)의 원리와 특징에 대해 기술하시오.

15. 와류탐상시험에서 결함 이외의 원인에 의해 나타나는 의사지시의 발생 원인에 대해 설명하시오.

익힘문제 해설은 출판사 홈페이지(www.enodemedia.co.kr) 자료실에서 받을 수 있습니다.
파일은 암호가 걸려 있으며, 암호는 ndt93550입니다.

9. 기타 비파괴검사

9.1 개요
9.2 육안검사
9.3 누설검사
9.4 적외선열화상검사
9.5 지적재료·구조

9.1 개요

앞서 기술한 바와 같이 비파괴검사의 종류에는 육안검사, 방사선투과검사, 초음파검사, 자분검사, 침투검사, 와전류검사, 스트레인측정, 음향방출검사, 적외선열화상검사 등 다양한 방법들이 있다. 3장부터 8장까지는 방사선투과검사, 초음파검사, 자분검사, 침투검사, 와전류검사, 음향방출검사에 대해 기술하였다. 이 장에서는 그 외의 비파괴검사방법들 중 육안검사(visual testing; VT), 누설검사(leaky testing; LT), 적외선열화상검사(infrared thermography test; IRT 또는 TT)에 대해 기술한다.

9.2 육안검사

9.2.1 개요

육안에 의한 검사(visual testing; VT)는 비파괴검사·진단의 가장 기본적인 시험방법이다. 우리들의 일상생활에서 물품을 선택할 때, 또는 공업 제품의 각종 공정 단계에서 육안검사가 이용되고 있다. 그리고 다른 비파괴검사를 할 때, 검사하기 전에 먼저 육안검사를 하는 경우가 많다. 이 검사는 시험체의 표면 상태 즉 모양, 색, 거칠기 및 결함의 유무를 직접 또는 보조 기구를 사용하여 사람의 눈으로 관찰하고 판정하는 검사방법으로 다음과 같은 목적을 갖고 있다.

① 제품 생산에 사용될 재료, 생산 제품, 구조물 등이 설계, 제작, 가공 사양에 맞게 생산 또는 제작 가공되었는지 검사할 때
② 구조물의 기기 및 부품들을 사용 전이나 사용 중에 검사하여 제품의 신뢰도를 높이기 위해 결함의 유무를 찾아 낼 때
③ 제품 및 구조물이 파괴시 그 원인 분석이나 재발 방지, 예방 대책을 세울 때

9.2.2 육안검사의 종류와 특징

육안검사는 시험체 표면에 나타난 결함이나 손상, 또는 시험체 자체의 이상(시험체 형상 변화, 광택의 이상이나 변질)을 사람의 눈으로 관찰하고 판정하는 것이다. 이것은 가장 우수한 센서인 사람의 두 눈과 두뇌라고 하는 정교하고 거대한 컴퓨터가, 시험체의 모양, 색깔, 거칠기 및 결함의 유무 등 여러 가지 현상을 짧은 순간에 인식하여 판정하는 과정이다.

사람의 눈으로 관찰하는 육안검사는 여러 가지 정해진 조건을 만족하더라도 사람의 능력에 한계가 있기 때문에 검사의 신뢰성을 확보하기 어려운 경우가 많다. 이때 정확한 검사를 위해서는 육안시험기술자의 구비조건과 시험체에 대한 지식이 필요하다. 구체적인 요구사항은 각종 규격에 규정되어 있다. 육안검사자의 시력, 색각, 청력이 정상이고, 시험면의 밝기가 일정한 값 이상(500럭스 이상)이어야한다는 것이 중요한 사항이다. 규격에 정해진 일정조건을 만족하더라도 인간의 본질적인 능력에는 한계가 있기 때문에 육안에 의한 시험으로는 "검사의 신뢰

성"을 확보하기 어렵다. 따라서 보조구와 각종 광학기구가 사용된다. 원거리물체에는 쌍안경, 망원경 등을, 관이나 공동 등의 내면을 검사할 때에는 borescope, fiberscope 소형텔레비전 촬영 등을 이용한다. 최근에는 직경이 작은 광섬유를 이용한 고정도의 내시경, 이 내시경과 텔레비전을 조합한 촬영시스템이 개발되어 육안검사의 자동화가 실현되고 있다.

9.2.3 육안검사의 종류

ASME에서는 육안검사 방법을 표 9-1과 같이 4가지로 분류하여 규정하고 있다.

표 9-1 **육안검사법의 분류**

분류 기호	검사 내용	검사 방법	비 고
VT-1	표면 균열, 마모, 부식, 침식 등 불연속부 및 결함 검출	직접 육안검사는 검사 표면으로부터 30° 이상의 각도와 24" 이내의 거리 유지	조명 500lx 이상 원격 육안검사시 직접 육안검사 이상의 분해능 확보
VT-2	압력 용기의 누설 검출	계통 압력 시험 중 누설 수집 계통 사용 여부에 관계없이 누설 징후 검출	IWA-5420에 별도 규정
VT-3	구조물의 기계적, 구조적 상태 검사	구조물 및 부품의 물리적 허용치를 감안하여 외형적 결함과 기계적 작동여부 및 기능의 적절성을 검사	볼트 연결부, 용접 연결선, 결합부, 파편, 부식, 마모 등과 구조적 건전성 확인 원격 육안검사 가능
레플리케이션	표면 결함 검출	결함을 복제하여 복제된 필름을 검사	직접 육안검사 이상의 분해능 확보

9.2.4 육안검사의 특징

육안검사는 ① 표면 세정 ② 조명 ③ 관찰의 비교적 간단한 절차의 공정으로 시험 단계를 나눌 수 있으며 검사의 장단점을 표 9-2에 나타내었다.

표 9-2 **육안검사법의 특징**

육안검사의 장점	육안검사의 단점
· 검사가 간단하다. · 검사 속도가 빠르다. · 비용이 비교적 저렴하다. · 간단한 훈련으로도 검사가 가능하다. · 장비가 비교적 간단하다. · 검사체가 운전 중이라도 검사가 가능하다.	· 표면 결함만 검출이 가능하다. · 분해능이 약하며 가변적이다. · 일부 장비는 고가이다. · 개인에 따라 검사치가 가변적이다. · 검사 때 산만하기 쉽다. · 눈이 피로하기 쉽다.

또한 육안검사를 수행하는데 ① 검사자 ② 피검사체 ③ 검사 장비 ④ 조명 ⑤ 기록 방법 등 5가지로 대별할 수 있으며 각각의 내용은 다음과 같다.

가. 검사자에게 요구되는 조건

(1) 신체 조건

육안검사는 시험체를 눈으로 관찰하기 때문에 검사 기술자의 시력이 좋아야 한다. 보통 원거리 시력 0.7이상, 근거리 시력 0.7이상을 요구한다. 그리고 색깔로 판정하는 육안검사를 할 때는 색채 감각이 정상이어야 한다.

(2) 시험체에 관한 지식

육안검사는 사람의 눈으로 보는 것이므로 누구나 쉽게 할 수 있다고 생각하기 쉬우나 이것은 큰 잘못이다. 검사 기술자가 육안검사를 할 시험체의 재료, 가공 방법, 제조 방법, 발생하는 결함의 종류, 위치, 빈도 등에 관한 지식을 가지고 있지 않으면 육안검사를 올바르게 할 수 없다.

나. 육안검사의 대상이 되는 지시와 허용 값

육안검사를 할 때 먼저 무엇을 볼 것인지 구체적으로 정해두어야 한다. 예를 들어 결함, 부식, 도막의 이상, 변형, 변색, 도면과 어긋남, 누설 등 관찰할 것을 밝혀두어야 한다. 그리고 더 중요한 것은 육안검사로 합격과 불합격을 결정할 경우에는 대상이 되는 것에 그것의 허용 값을 명확히 나타내두어야 한다.

다. 검사면의 밝기와 조명 방법

(1) 검사면의 밝기

육안검사를 할 때 중요한 것은 검사면의 밝기가 검사에 지장이 없어야 한다. 검사면의 밝기는 500 lx 이상이 바람직하다. 아울러 검사면 주변의 밝기는 검사면의 밝기의 70 % 정도, 최저 150 lx 이상이 바람직하다.

(2) 조명 방법

시험체의 조명은 육안 관찰을 방해하지 않는 방향으로 하여야 한다. 필요한 경우 조명 방법, 채광 방법, 검사면과 눈과의 거리를 정해두는 것이 좋다.

(3) 이상을 발견했을 때 할 일

허용치를 초과하는 이상을 발견했을 때는 대상에 따라 그 처치 방법을 정한다.

라. 기록 방법

육안검사의 기록 방법은 주관적인 방법(subjective method)과 하드 카피법(hard copy method)으로 나눌 수 있다.

(1) 주관적인 방법

검사자가 실제 관찰한 것에 근거하여 일정 양식에 따라 필요한 정보를 기록하고 결함에 대하여 일정한 기호로 분류 기록하든지 스케치하는 방법이다. 비용이 적게 들고 간편하나 검사자의 개인적인 능력에 따라 결과가 크게 좌우되는 단점이 있다.

(2) 하드 카피법

사진, 비디오 녹화, 컴퓨터 기기, 레플리카법(replication) 등을 이용하여 육안검사 기록을 영구적으로 남기는 것으로 검사 결과가 개관적이고 검사의 시점에 따라 비교 판정이 가능하다.

9.2.5 육안검사용 장비

육안검사를 할 때 사용되는 장비는 표 9-3에 정리하였다. 그림 9-1에는 여러 가지 검사용 장비를 나타내었다.

표 9-3 각종 육안검사 장비

구분	장비 종류	비 고
조명기구	고밀도 형광등, 손전등, 백열등, 특수 조명장치	육안검사를 위한 시험체 주변의 밝기는 500lx 이상의 조도를 확보
조명측정기구	광전지, 광전도계, 광전관, 포토다이오드 등	정확한 조도측정을 위한 다양한 빛 검출기
시력보조기구	확대경, 포켓용 현미경, 보아스코프, 파이버스코프,	시력, 접근, 감도 등 육안 사용에 따른 제약사항을 극복하기 위하여 사용되는 장비
원격 육안검사 기구	비디오시스템, CCD카메라, 저장 장치	직접 육안검사가 어려울 경우 사용되는 기계 및 기구
측정 기구	각종 측정자, 각종 게이지류, 온도계	시험체의 치수 및 구조물의 상태와 결함의 크기, 위치 등을 측정하기 위한 측정계

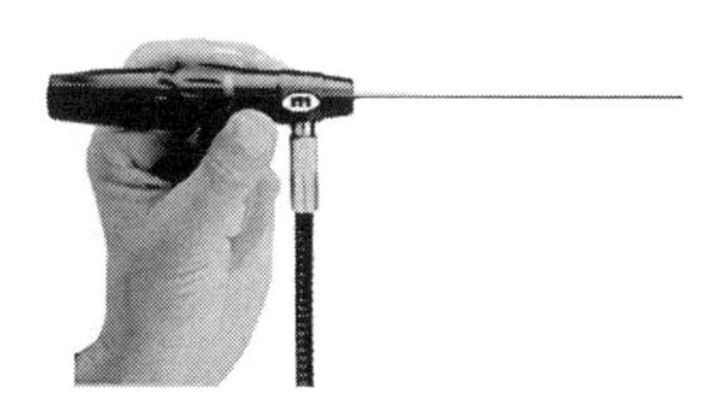

(a) 보아 스코프

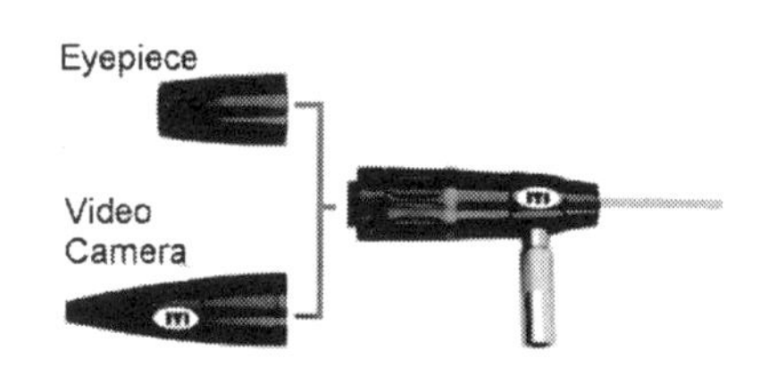

(b) 파이버 스코프

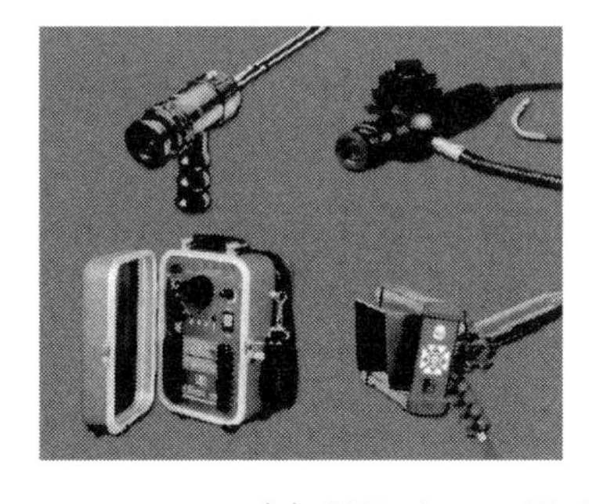

(c) 각종 스코프 장비

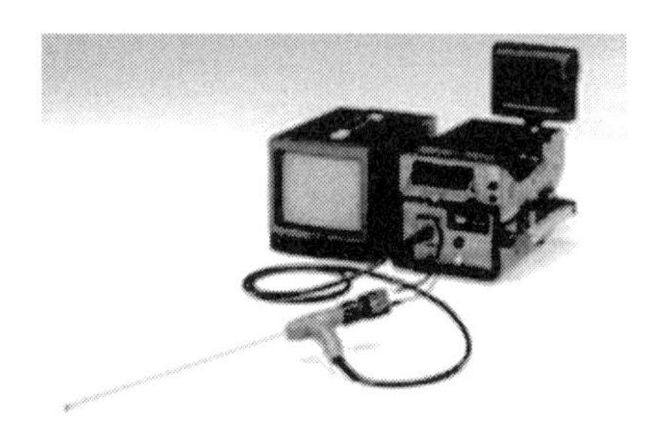

(d) 비디오 시스템

그림 9-1 **육안검사용 장비**

9.3 누설검사

9.3.1 개요

기체나 액체를 담고 있는 밀봉용기나 저장시스템 또는 배관 등에서 내용물의 유체가 새거나 외부에서 기밀장치로 다른 유체가 유입되는 것을 "누설(leak)"이라고 한다. 이러한 유체의 누출·유입이 없는지를 검사하거나, 유입·유출량을 검출하는 방법을 누설시험(leak test; LT)이라고 한다. 누설시험은 누설의 유무 및 누설위치, 누설량을 검출하는 것, 누설되고 있는 가스나 유체의 종류의 동정과 농도계측을 하는 것으로 나눌 수 있다. 전자를 "누설시험방법"이라 하고, 후자를 "누설검지방법"이라 한다.

누설검사는 비파괴검사의 한 다른 형태로서, 제품의 성능과 안전을 보장해 주는데 크게 도움을 준다. 누설검사를 하는 가장 중요한 목적은 장치를 사용하는데 방해가 되는 재료의 누설손실을 막아주고, 돌발적인 누설로 발생할 수 있는 환경의 유해성을 예방하며, 설계시방에 벗어나는 누설율을 부적절한 제품을 가려내는데 있다. 다시 말하면 제품의 실용성과 신뢰성을 높여주고, 압력을 가하거나 진공 을 유지하면서 유체를 담고 있는 장치의 조기 파괴를 방지하기 위한 것이다. 최근에는 기밀성을 필요로 하는 분야가 매우 많아 졌고, 각종 산업분야에서 품질 보증을 위해 많이 활용하고 있다.

각종 원자력 구조물, 압력용기 및 탱크, 화학 플랜트 및 배관, 공조기기, 진공장치, 전자부품, 자동차부품, 정밀 기계 등 여러 분야에서 이 검사를 이용하고 있다.

9.3.2 누설검사의 종류와 특징

누설검사의 종류는 기본적으로 시험체의 내부와 외부사이의 압력의 차이를 만드는 방법에 의해 가압법과 진공법으로 나눈다. 그러나 주된 분류는 검출기와 추적자의 조합을 중심으로 이루어진다. 압력시스템, 검출시스템에 의해 누설검사 방법은 여러 가지 종류로 분류되며, 결함 검출 특성도 서로 다르다. 흔히 사용하는 검사방법인 기포 누설검사는 검사용액으로 누설이 있는 곳에 생긴 가시성 기포를 관찰하는 방법으로, 지시의 관찰이 쉽고 누설 위치의 판별이 빠르며 검사비가 적게 드는 안전한 방법이다. 큰 누설의 존재나 위치를 직접 볼 수 있고, 감도는

$10^{-3} \sim 10^{-5}\ Pa{\cdot}m^3/s$정도로 그리 높지 않다.

할로겐 누설검사는 추적가스로 할로겐 화합물을 쓰며, 검출 또는 추적프로브를 통해 들어온 추적가스를 가열 양극 할로겐 검출기로 측정한다. 대기압력 하에서 검사할 수 있고, 사용이 쉬우며, 장치가 간편하여 휴대가 가능하다. 그러나 할로겐 가스의 독성에 주의해야 한다. 검출감도는 비교적 높으며, 표준 공기펌프를 사용할 때 $10^{-10}\ Pa{\cdot}m^3/s$정도이나 사용하는 가스의 종류에 따라 변한다. 열교환기, 냉동기기 검사에 많이 이용한다.

헬륨 질량 분석기 누설검사는 헬륨을 추적가스로 사용한다. 헬륨은 불활성 가스이고, 공기 중에 미량이 존재함으로 추적가스로 사용하기 좋다. 검출감도는 $5 \times 10^{-12}\ Pa{\cdot}m^3/s$정도로 매우 높다.

암모니아 누설검사는 암모니아 가스의 화학반응에 의한 변색을 이용하며, 암모니아 저장용기, 압력 및 진공 용기 등에 적용한다. 암모니아 가스는 독성이 있고, 구리 합금을 부식시킬 수 있으므로 검사 후에 후처리를 잘 해야 한다. 감도는 $1\ Pa{\cdot}m^3/s$정도로 높지 않다.

압력변화 누설검사는 추적가스를 따로 사용하지 않고, 압력계를 검출기로 써서 시간에 따른 압력변화를 측정하여 전체 누설을 알아내는 방법이다. 가압법과 감압법이 있으며, 작업시간이 긴 단점이 있다.

그 밖에 음향법, 기체 방사성 동위원소법, 열전도도법, 가스 크로마토 그래피법 등이 있으며, 또한 검사의 목적에 의해서 전체의 누설만 측정하는지 누설위치 및 누설율을 함께 측정하는지에 따라 나누기도 한다. 표 9-4에 각종 누설시험방법과 그 선택 예를 정리하였다.

표 9-4 누설시험방법의 종류와 선택 예

종류		압력		용량 *7	형상 *7	수량 *7	누설량		시험 시간	시험 난이성	최소검사가능 누설량 (Pa · m³/s)	구성 예	비고
		높음	진공	큼	복잡	많음	큼	작음	단◎-장△	쉬움◎ 어려움△			
발포법	가압법	◎	○	◎	○	◎	◎	△	◎	◎	10^{-1} 10^{-4}	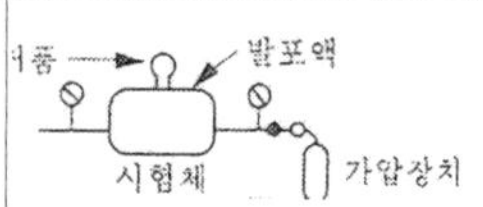 ㅓ종 발포액 시험체 가압장치	*1
	진공법	○	◎	○	△	○	◎	△	◎	◎	10^{-1} 10^{-4}	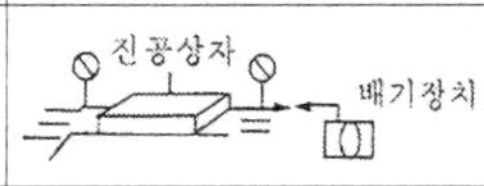 진공상자 배기장치	*1
헬륨누설 시험	가압법	◎	○	○	○	○	○	◎	○	○	10^{-7} 10^{-8}	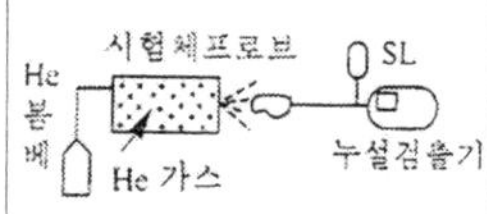 시험체프로브 He 봄베 He 가스 SL 누설검출기	*1. *2. *3. *4.
	진공법	○	◎	○	○	○	○	◎	△	○	10^{-10} 10^{-12}	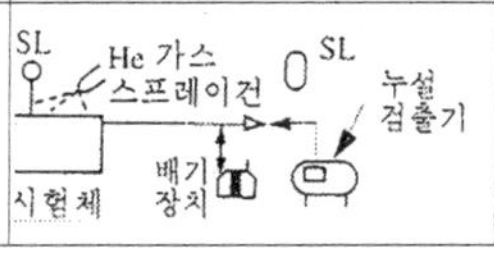 SL He 가스 스프레이건 SL 누설 검출기 배기 장치 시험체	*1. *2. *3. *4.

종류		압력		용량 *7	형상 *7	수량 *7	누설량		시험 시간	시험 난이성	최소검사가능 누설량 (Pa · ㎥/s)	구성 예	비고
		높음	진공	큼	복잡	많음	큼	작음	단◎-장△	쉬움◎ 어려움△			
방치법누설시험	가압법	◎	○	◎	◎	○	◎	○	△	◎	–	시험체, 가압장치	*6
	진공법		◎	○	◎	○	◎	○	△	◎	–	시험체, 배기장치	*6
암모니아 누설시험	가압법	◎	○	◎	○	○	○	○	○	◎	10^{-4} 10^{-9}	압력계, 암모니아, 검사제, 시험체	*1. *3. *5
	진공법	○	○	○	△	△	○	○	○	○	10^{-4}	진공상자, 배기장치	*1. *3. *5
할로겐누설시험	-	○	○	○	○	○	○	○	◎	○	10^{-6} 10^{-7}	프로브, 할로겐계가스, 시험체, 누설검출기	*1. *3

가. 발포 누설시험법

압력용기나 석유탱크 용접부의 누설을 검사하는데 이용된다. 시험면을 사이에 두고 한쪽의 공간을 가압하거나 진공이 되게 해서 양쪽 공간에 압력차를 만든다. 시험면에 규격에 정해진 발포액을 도포하고, 압력차이로 인해 생긴 기포의 존재를 관찰함으로써 누설을 검지한다. 이 검사방법은 간단하고 검출감도가 비교적 양호하지만, 발포에 영향을 주는 표면의 유분이나 오염의 제거 등 전처리가 중요하다.

나. 방치법에 의한 누설시험법

시험체를 가압하거나 감압하여 일정한 시간이 경과한 후 압력변화를 계측해서 누설을 검지하는 방법이다. 이 방법에는 가압법과 감압법이 있다. 가압법에서 시험압력은 시험체의 최대허용압력의 25 %를 초과하지 않는 범위로 한다. 감압법에서는 대기압력보다 수주높이 200~1,000 ㎜의 압력차가 있도록 시험압력을 설정한다. 방치시간은 일반적으로 10분 이상할 필요가 있다. 이 시험법에서는 방치시간 내에 온도변화는 가능한 한 작도록 특별히 주의해야 한다.

다. 암모니아 누설시험법

시험체 용기에 암모니아를 포함하고 있는 가스를 넣어 시험체 표면에 도포한 암모니아 검지제(brome phenol blue)가 누설되는 암모니아와 반응해서 황색에서 청자색으로 변화할 때,

그 변색된 부분의 직경을 관찰하여 누설위치와 누설량을 검지하는 방법이다. 이 방법은 감도가 높아 대형용기의 누설을 단시간에 검지할 수 있고 암모니아 가스의 봉입 압력이 낮아도 검사가 가능하다는 장점이 있지만, 검지제가 알칼리성 물질과 반응하기 쉽고, 동 및 동합금 재료에 대한 부식성을 갖는 등의 결점이 있다. 또한, 암모니아의 폭발한계가 공기 중에서 16~27 %이므로 방폭 등의 안전에 대한 주의가 필요하다.

라. 할로겐누설시험법

할로겐화합물가스를 검지 가스로 이용하는 방법으로, 환경문제로 앞으로 사용이 곤란하게 될 것으로 예상된다.

마. 헬륨 누설시험법

시험체 내에 헬륨가스를 넣은 후 누설되는 헬륨가스를 질량분석형 검지기를 이용하여 누설위치와 누설량을 검지하는 방법이다. 헬륨가스를 사용하는 이유에는 공기 거의 존재하지 않기 때문에 다른 가스와 구별이 쉽고, 가벼운 기체로 분석관이 작으며 분자직경이 작아 작은 구멍에서의 누설이 생기기 쉽고, 화학적으로 불활성이라는 것 등이 있다.

이 방법은 10^{-12} Pa · m^3/s 정도의 극히 미세한 누설까지도 검사가 가능하고 검사시간도 짧으며, 이용범위도 넓다. 이 시험에는 ① 스프레이법, ② 후드법, ③ 진공적분법, ④ 스너퍼법, ⑤ 가압적분법, ⑥ 석션 컵법, ⑦ 벨자법, ⑧ 펌핑법 등의 종류가 있다.

9.4 적외선열화상검사

9.4.1 개요

적외선 서모그래피로 얻어진 화상을 열화상이라고 말하며 이는 화상의 변형이나 왜곡이 있을 수 있으므로 화상 처리, 패치워크 처리 등을 하여 보다 알기 쉬운 화상으로 처리하여 결함을 판정한다. 예를 들어 물체 표면에 방사되는 적외선 에너지의 강도를 적외선 센서를 이용하여 계측하면 물체의 표면 온도를 측정할 수 있다. 이와 같이 적외선 방사에너지의 계측값을 화상 처리 프로세서에 의해 물체 표면온도의 2차원 분포로 계산하여 영상화하는 기술을 적외선열화상시험(infrared thermographic testing; TT 또는 IRT)이라고 한다.

9.4.2 열화상검사의 기초

가. 적외선의 기초

적외선은 그 파장이 가시광선의 장파장대역(파장이 0.76~0.80 ㎛)에서 전파영역의 단파장대역(1 mm정도)까지의 영역에 있는 전자파로, 공기는 물론 안개나 구름 속도 무난히 통과하는 성질이 있으며 에너지적으로는 대략 1~0.01 eV의 사이에 있다.

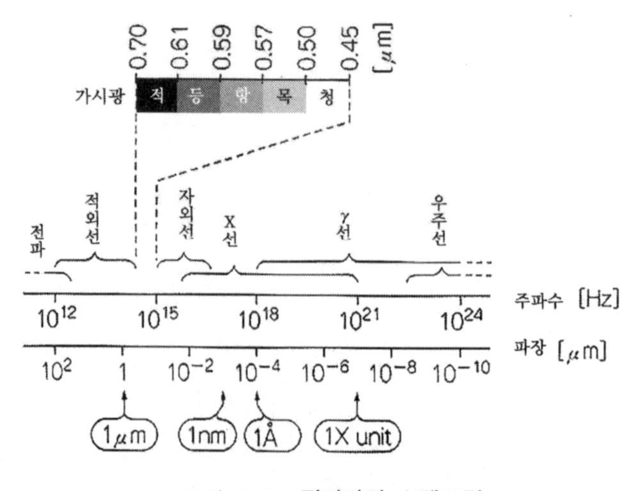

그림 9-2 **전자파의 스펙트럼**

이 영역의 에너지에 대응하는 광양자는 표면근방 분자의 회전·진동 또는 고체격자의 원자진동의 변화로 인해 발생한다. 즉, 적외선 방사는 고체의 격자진동이나 분자운동이 활발한 고온에서 얻어지고, 그것의 강도는 어떤 파장범위에 분포한다.

투사한 열방사선을 모두 흡수하는 이상적인 고체는 흑체라고 하고, 이 물질에서의 열방사를 흑체방사라고 한다. 흑체방사에 있어 단위표면적·단위시간당 방사되는 파장 λ로부터 $\lambda+d\lambda$까지의 영역에서 방사선 에너지밀도 E는 다음 Planck의 분포식(9.1)로 주어진다.

$$dE = \frac{8\pi hc}{\lambda^5} \cdot \frac{d\lambda}{C^{ch/\lambda kT} - 1} \tag{9.1}$$

c: 광속

h: Planck 상수

k: Boltzmann 상수

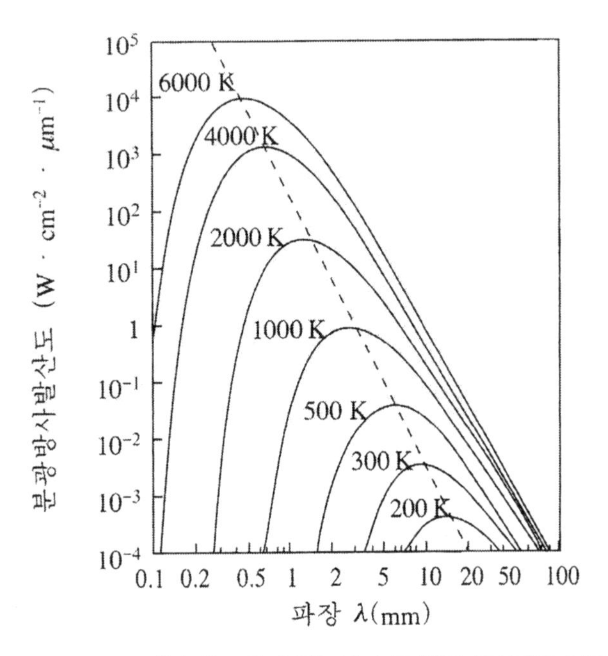

그림 9-3 **각종 온도의 흑체로부터 방사에너지 밀도 분포**

이 식의 관계는 그림 9-3과 같고 흑체 온도 T(K)가 높아지면 방사파의 피크파장 λ_m이 단파장 쪽으로 옮겨가는 것으로 이해된다. 이것을 Wien의 변위 법칙이라고 하고, $\lambda_m T =$ 상수의 관계가 있다. 흑체의 단위면적에서 단위시간당 방사되는 전에너지 Et를 전파장 영역에 걸쳐 $\lambda = 0$에서 $\lambda = \infty$까지 적분하면

$$E_t = \sigma T^4 \tag{9.2}$$

가 얻어진다. 이것을 Stefan-Boltzmann법칙이라고 한다. 여기서 σ는 Stefan-Boltzmann상수로 σ=5.67×10^{-8} W/(㎡K4)이다.

위의 식은 흑체방사라는 이상상태에서 성립되는 것으로 실제 물체에서는 그렇지 않다. 실제 물체의 방사에너지는 위의 식에 방사율 ε을 곱해서 보정해야 한다. 방사율은 물체의 표면 상태나 온도뿐만 아니라 적외선 파장에 의해서도 달라진다. 즉, 실제의 물체의 방사에너지 E_q는 다음과 같다.

$$E_q = \epsilon\sigma T^4 \tag{9.3}$$

실제 적외선에너지를 어떤 센서로 계측하는 경우에는 ν=0~∞까지의 전파장을 검지하는 것은 불가능하다. 일반적으로 특정 파장범위를 검출하게 된다. 따라서 실제의 적외선 검출기에서 받은 에너지 E_p는 방사율이 파장에 의존하지 않는다는 가정 하에

$$E_p = A\epsilon\sigma T^n \tag{9.4}$$

이 된다. 단, A는 비례상수, n은 파장특성과 측정온도로 결정되는 상수이다. 물체표면에서 방사되는 적외선의 에너지의 강도를 적외선센서를 이용하여 계측하면 물체의 표면온도를 추정할 수 있다. 이렇게 적외선 방사에너지의 계측값을 프로세서에 의해 물체표면온도의 2 차원분포로 계산·영상화하는 기술을 적외선열화상 검사라고 한다.

나. 적외선 열화상검사의 원리

적외선 서머그래피 시험은 결함을 가진 시험체에 어떤 방법으로 열에너지를 가하면, 결함으로 인해 시험체 표면의 온도 분포가 불균일해지면서 흐트러진 온도장을 적외선 서모그래피 기술을 통해 화상으로 표시하여 결함을 검출하는 비파괴검사 방법 중의 하나이다. 그러므로 온도장을 만들어주는 방법에 의해 크게 2종류로 나눌 수 있다. 하나는 결함이 발열 또는 흡열하는 방법에 의한 온도장(자기발열·흡열온도장)의 변화를 구하는 것이고, 다른 하나는 외부에서 열에너지를 가할 때 결함부위의 단열 온도장을 계측하는 것이다.

(1) 자기발열 · 흡열온도장의 계측에 기초를 둔 방법

도체에 직류전류를 흐르도록 하면 쥬울(joule)열에 의해서 도체는 발열한다. 이러한 도체에 그림 9-4와 같은 균열상의 결함이 존재하고, 쥬울열 발열온도 분포는 결함에 의해 변화한다. 예를 들어 그림 9-4와 같은 경우, 균열 끝에는 전류밀도가 높은 특이점이 형성된다. 그러한 특이 전류장은 발열집중부가 되기 때문에 이것을 계측함으로써 균열의 검출이 가능하다. 균열이 표면으로 열려 있지 않은 경우라도 균열이 표층부 근방에 있으면 이 방법의 적용이 가능하다.

시험체에 어떠한 작용을 가하더라도 결함이 발열이나 흡열원인 경우, 예를 들어 결함부에 물이나 얼음이 내재함으로써 온도분포가 생길 경우 등이 이 방법 분류에 들어간다.

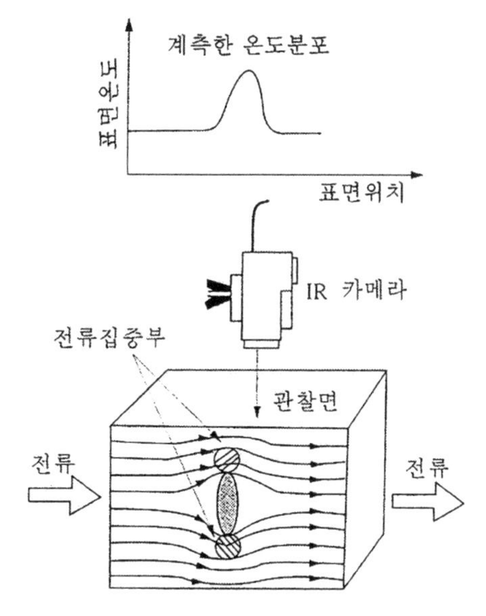

그림 9-4 **특이온도장법에 의한 균열의 검지**

(2) 단열 온도장 계측에 의한 방법

시험체의 외부에서 어떤 열에너지를 가하거나(가열), 열을 흡수하는(냉각)등의 조작을 하면, 그림 9-5와 같이 내부결함의 존재로 인해 시험체 내에서 열확산이 방해를 받게 되고, 결함의 단열효과로 시험체 표면에 국소적인 온도차가 생긴다.

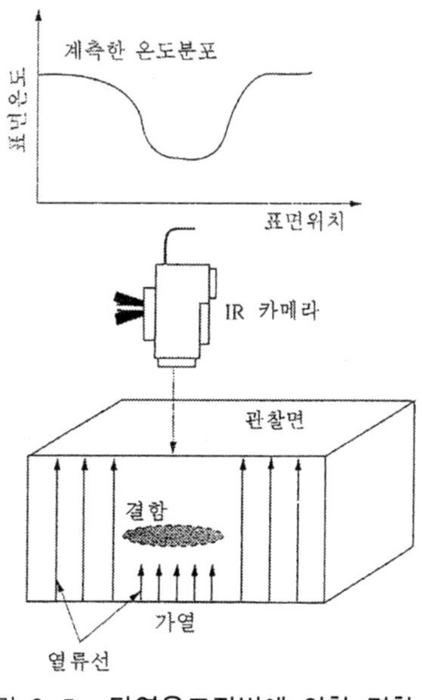

그림 9-5 **단열온도장법에 의한 결함 검지**

이 국소적 온도변화영역의 온도분포나 형상·위치는 내부에 존재하는 결함의 형상·크기를 반영한 것이므로 이것을 적외선 서모그래피로 정량적으로 계측하면 결함의 위치나 형상을 알아낼 수 있다. 그림 9-6에서 이러한 단열온도장법으로 검출한 GFRP복합재료 내에 존재하는 내부 결함 열화상도의 일례를 보여 주고 있다.

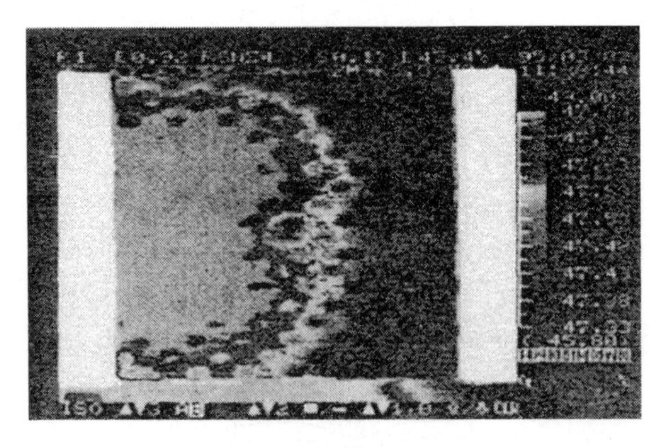

그림 9-6 **결함(직경 3 ㎜, 깊이 1 ㎜)을 내재하고 있는 GFRP 복합재료판의 열화상 계측 예**

9.4.3 적외선 센서와 열화상 계측장치

열방사에너지를 감지하여 전기신호로 변환하는 적외선 검출소자는 크게 양자형과 열형의 2종류로 나눌 수 있다. 양자형 센서는 주로 반도체소자가 이용되는데, 열형에 비해 감도가 좋고 응답속도가 빠르기 때문에 적외선 열화상 카메라에는 대부분 양자형이 사용되고 있다.

양자형 센서에는 다시 광전동형과 광기전력형이 있는데, 일반적으로 광기전력형 소자에는 InSb나 HdCdTe 등의 반도체 화합물이 이용되고 있다.

이 같은 반도체소자의 계측파장영역은 3~5 ㎛와 8~13 ㎛ 등으로 나누어지며, 사용파장 의존성이 있는 냉각을 필요로 한다. 열화상 계측방식에는 단일 센서를 이용하는 주사형과 2차원적인 병렬센서로 focal plane array(FPA)센서를 탑재한 방식이 있지만, 최근 후자의 방식이 주로 이용되고 있다.

열화상 계측센서는 기본적으로는 렌즈, 적외선 검출소자, 그 냉각 기구를 조합한 적외선카메라(IR camera), 이미지 프로세서, 컴퓨터 등으로 구성된다. 2축 주사기구가 있는 적외선 영상장치의 기본구성을 그림 9-7에 보여준다.

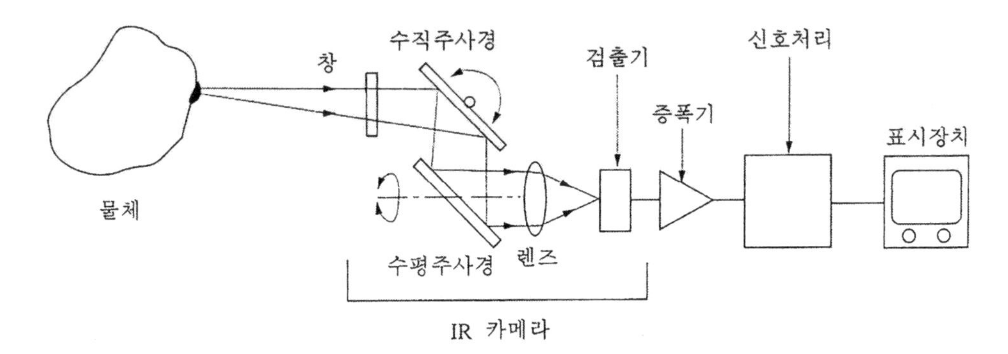

그림 9-7 **적외선 영상장치의 기본적인 구성의 예**

9.4.4 열탄성효과에 의한 적외선 응력측정법

탄성체는 압축하면 발열하고 팽창하면 흡열하는데, 이러한 현상을 "열탄성효과"라고 한다. 단열된 등방성 탄성고체의 경우, 그 온도 변화량은 주응력합(직교 좌표계의 각 좌표축에 대한 수직응력을 σ_x, σ_y, σ_z 라고 하고, 주응력합 σ_m은 $\sigma_m = \sigma_x + \sigma_y + \sigma_z$이다)의 변화량을 $\Delta\sigma_m$, 온도변화를 ΔT라고 하면,

$$\Delta T = -KT\Delta\sigma_m \tag{9.5}$$

이 된다. 단, T는 탄성체의 절대온도이고 K는 열탄성계수이므로 재료에 따라서 거의 일정하다.

식(9.5)에서 탄성체 시험체에 반복하중을 부하하여, 재료표면의 온도변화를 서모그래피로 계측하면, 물체표면의 주응력합의 변화량(시험체 표면은 평면응력장이므로 실제로는 $(\sigma_x + \sigma_y)$의 변화량)을 알 수 있다.

일반적으로 공업재료의 응력변화에 대한 온도변화량은 극히 작기 때문에 하중의 반복으로 주기파형과 동기를 취하고 온도변화의 적산을 많이 중복하여, 미소한 온도변화를 신호로 잡아내 2차원의 열화상으로 만들어 낸다. 이것이 적외선 응력 측정법이다. 이러한 적외선 응력 측정법의 하나의 응용 예로 재료중의 균열검출 또는 균열의 응력확대계수폭(ΔK) 등의 정량적 평가가 있다.

9.5 지적재료 · 구조

항공기 등의 구조재로 첨단복합재료가 널리 사용되면서 그 검사에 요구되는 시간이나 비용, 능력의 면에서 종래의 초음파탐상이나 X선 검사는 대응하기 곤란해졌다. 이에 따라 지적 재료·구조(intelligent or smart structure)라는 개념이 최근 미국을 중심으로 연구되고 있다. 지적 내료·구조는 구조물과 센서를 통합한 것으로 그 일례로 복합재료 중에 광섬유 센서의 네트워크(network)를 넣은 경우를 그림 9-8에 나타낸다. 광섬유의 한쪽 끝에서 빛을 보내고 다른 끝에서 빛을 받으므로 구조물에 손상이 생겨 광섬유가 파괴되면 수광량이 감소하기 때문에 구조물의 손상을 검출할 수 있다. 손상의 검출감도는 광섬유가 묻혀있는 위치나 방향, 광섬유 표면의 에칭처리에 의해 제어가 가능하다.

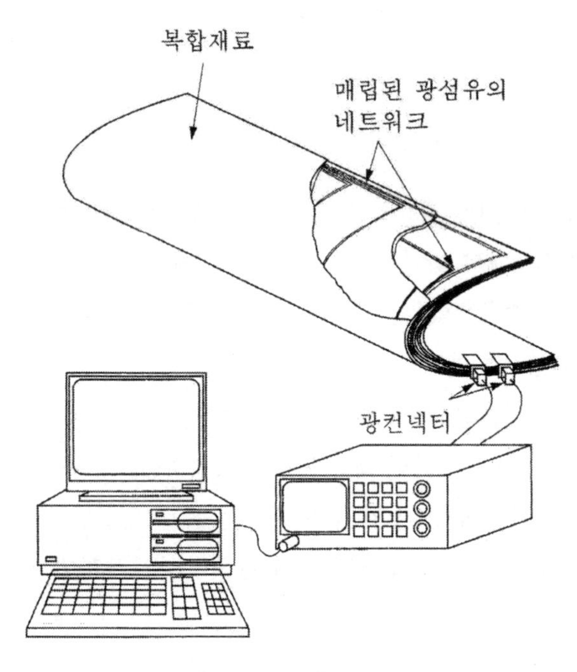

그림 9-8 **지적 재료 · 구조**

그림 9-8과 같이 끝 부분을 경면화(鏡面化)한 길이가 다른 2개의 광섬유를 인접하게 묻고 두 섬유의 출력광의 위상차를 측정함으로써 광섬유선단(2개의 섬유의 길이가 다른 부분)의 스트레인을 검출할 수 있다.

지적 재료·구조는 그 정의에 따라 다음 3가지로 나눌 수 있다.

① 유형 1 스마트 구조(passive) - 구조물의 상태를 결정하기 위해 구조물과 일체화 한 광 마이크로센서 시스템을 보유한다.

② 유형 2 스마트 구조(reactive) - 유형 1의 광 마이크로센서 시스템과 더불어 구조물에 어떤 변화를 가져오는 액튜에이터 제어루프를 갖는다.

③ 유형 3 지적구조 - 적응학습능력을 갖는 스마트 구조이다.

이와 같이 스마트 구조는 복합구조물에 고도의 기능을 부가한 것으로 종래와는 다른 개념의 검사기술이라 할 수 있다. 21세기의 항공기나 우주플랫홈 등은 구조물의 상태와 그 사용 환경을 모두 검지 할 수 있을 것으로 예상된다.

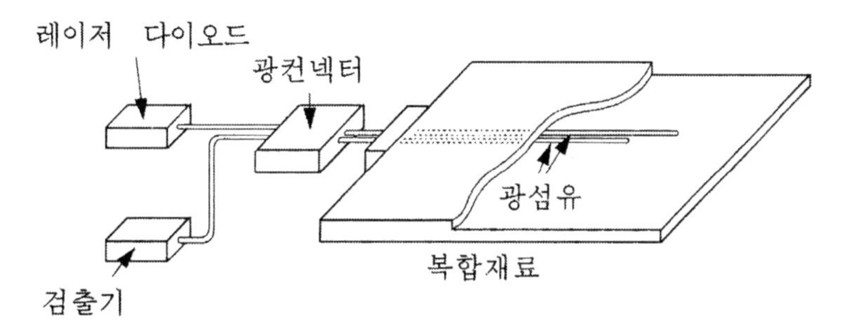

그림 9-9 **스트레인 측정을 위한 광섬유 센서**

익힘문제

1. 육안시험(VT)의 원리에 특징에 대해 기술하시오.

2. 육안검사자가 갖추어야할 신체적인 조건에 대해 기술하시오.

3. 육안검사의 신뢰성을 높이기 위해 사용되는 보조기구는 어떤 것이 있는가?

4. 누설검사(LT)의 원리에 대해 기술하시오.

5. 누설검사의 종류를 설명하고 이들의 특징을 기술하시오.

6. 적외선 열화상검사 기법의 원리에 대해 기술하시오.

7. 적외선 열화상탐상 기법 중에서 1) 초음파 적외선열화상 기법과 2) 와전류 적외선열화상 기법의 원리와 특징에 대해 설명하시오.

8. 스마트구조(smart structure) 또는 지적구조(intelligent structure)란?

익힘문제 해설은 출판사 홈페이지(www.enodemedia.co.kr) 자료실에서 받을 수 있습니다. 파일은 암호가 걸려 있으며, 암호는 ndt93550입니다.

10. 비파괴검사의 표준화와 기술문서

10.1 비파괴검사의 표준화

비파괴검사의 응용 분야는 점점 넓어져가고 있으며, 그 주된 목적은 재료·부품·구조물에 내재하고 있는 유해한 결함을 가능한 한 조기에 검출하여 품질과 안전을 확보하는 것이다. 그리고 중대한 사고를 미연에 방지하기 위해서는 제조 시나 사용 중의 검사가 올바르게 실시되려면 탐상의 신뢰성을 반드시 확보해야 한다. 결함을 놓치고 결함에코와 의사에코의 오인, 결함위치/크기의 부적절한 평가, 결함의 종류/등급 분류의 오판정 등이 있어서는 안 된다.

검사의 신뢰도은 다음 3가지 조건 중 어느 것이 미흡해도 문제가 생긴다.

① 검사원 - 필요한 지식과 기술을 보유하고 있다는 증명 가능한 유자격자가가 작업할 것
② 검사기기 - 필요한 성능을 보유하고 있다는 것을 정기 검사로 확인한 기재로 작업할 것
③ 검사절차서 - 검사 사양을 검사대상물에 맞게 절차서 문서를 작성하고 그것에 따라 작업할 것

실제 작업 현장에서 검사 미스가 발생할 원인은 산재해 있다. 예를 들면 기기 관리가 철저하지 못해 성능 불량 상태로 방치되어 있다든가 검사원이 자격은 보유하고 있으나 오랜 기간 동안 재훈련의 기회를 갖지 못했다든가, 빠른 속도로 검사하는 것이 장려된다든가, 동기 유발이 억제되어 점검을 하려 하는 것에 대한 책이 서 있지 않는 것 등 이들 모두가 검사 미스가 동기가 된다. 따라서 검사의 신뢰성을 유지하기 위해서는 앞에 열거한 3가지 조건을 작업 상황에 따라 가능한 한 표준화해 두는 것이 중요하다.

10.2 표준과 규격

KSA 3001(품질관리 용어)에서 “표준(standard)”이란 다음과 같이 정의되어 있다.

『관계하는 사람들 사이에 이익이나 편리가 공정하게 얻어지도록 통일·단순화를 도모할 목적으로 물체·성능·능력·동작·절차·방법·수속·책임·의무·권한·사고방법·개념 등에 대하여 정한 기준』

그리고 표준 중에서 주로 물품에 관계하는 기술적 사항을 정한 것을 “규격(code)”라 부른다. 다시 말해 공업 제품에 대해 누구나 안심하고 사용할 수 있는 기준을 정한 것을 공업 또는 산업규격(industrial standard)이라 한다.

산업규격에는 국제규격(ISO, IEC 등), 국가규격(KS 등), 단체규격(각국의 학회/협회 등이 정한 규격, ASME, ASTM 등) 그리고 사내규격(각 기업이 자체적인 효율적 관리의 필요에 의해 정해진 규격) 등의 종류가 있다. 이들은 밀접한 관련이 있고 산업이나 시장의 환경 변화, 기술의 진보 등을 반영하여 신설·개정·폐지 등이 반복되고 있다. 동시에 보통 신중한 심의로 시간이 오래 걸려 일단 제정되면 변경하기가 매우 어려운 특성이 있고 최근에는 다소 불완전한 면이 있어도 우선 제정을 하고 문제가 있으면 짧은 기간 내에 개정을 해가는 경우도 많다.

ISO는 국제표준화기구의 약칭으로 물건과 서비스의 국제 교환을 쉽게 하고 각 분야에서의 국제 협력을 촉진하기 위해 세계적 규모의 규격의 제정을 꾀할 목적으로 1947년에 창립되었다. 법적으로는 각국 정부 사이에 조정이나 승인을 받아야하는 기관은 아니지만 관련 국가/관련 기관으로부터 자문을 받는 지위에 있다. 위원회 아래에는 전문 분야 별로 기술위원회(technical committee; TC)가 설치되어 있고 비파괴검사는 독자의 전문위원회(TC 135) 이 외에도 관련 전문위원회로 용접(TC 44), 원자력(TC 85)에 많은 내용이 포함되어 있다.

비파괴검사 관련 ISO TC 135 산하에는 다음과 같이 8개의 분과위원회(sub-committee; SC)가 설치되어 있다.

① SC 2: surface methods(MT/PT)
② SC 3: acoustical methods(UT)
③ SC 4: eddy current methods(ET)

④ SC 5: radiographic methods(RT)
⑤ SC 6: leak detection methods(LT)
⑥ SC 7: personal qualification(PQ)
⑦ SC 8: thermal methods(MT/PT)
⑧ SC 9: acoustic emission method(AT)

비파괴검사 규격은 전문적인 독립 규격으로 취급하는 예는 적고 소재나 구조물의 구조/보수 규격의 일부로 섞여 있는 것이 많다. 각국의 초음파탐상검사에 관한 규격이 어떻게 제정이 되었고 또 그 적용범위가 어떻게 정해져 있는가에 대해서는 부록의 규격을 참고하고, 중요한 것은 이들 규격 사이에는 복잡한 상관관계가 있고 판정 기준의 레벨을 서로 맞추기도 하고 국제 규격과의 정합을 위해 몇 개의 규격이 동시에 개정되는 일도 종종 있다고 하는 것이다.

규격은 최소한의 요구 사항을 정한 것이기 때문에 규격에서 요구하는 것을 기준으로 생산/검사하는 것이 큰 문제는 되지 않으나 그 규격의 적용에 매달려 있다가 만약 승인을 받지 못하면 생략 또는 위반은 예를 들어 일부도 인정되지 않는다. 그러나 규격 자체에는 벌칙이 없고 법령에 인용되었을 때 이 외는 강제력이 없게 된다. 그래서 발주자/주문자 사이에는 계약 내용이나 적용 규격에 기초하여 기술 문서를 작성하고 신뢰 관계를 보증하며 이들을 잘 실행할 수 있는 관리 체제를 확립해 놓아야 한다.

10.3 NDT 기술문서

품질에 관련하여 기술적인 사항을 정한 문서를 기술문서라 하고 주로 사양서, 절차서(요령서), 지시서를 말한다. 그 외에도 다양한 사내 규격이나 기준 또는 규정, 시방서 등이라 불리는 문서도 있으나 공적인 규격, 외국어와의 대응이나 정의 모호함 때문에 여기서는 다루지 않는다.

가. 사양서

발주의 경우 구입자 측으로부터 요구 내용을 보증하는 기술적인 요구사항에 대해 성문화한 것을 사양서(specification)이라 한다. 다시 말해 『물건』을 살까 또는 서비스를 받을까 할 때, 어떠한 기능을 요구되고 있는가? 또는 무엇을 어떻게 할 작업을 의뢰할 것인가의 조건을 오해 없이 간결하게 표현하는 것이 사양서이다.

일반적으로 발주자는 수주자에게 견적의뢰서와 사양서를 제시하고 수주자는 그것에 해당하는 견적서와 견적 사양서를 발주자에게 제공한다. 발주자가 제시한 사양서의 조건에 무리가 있다든가 사양서와는 별도의 방법으로 요구사항을 충족시키기를 원할 경우 수주자는 견적 사양서에 수정 제안을 제시하고 동시에 이에 근거한 비용의 견적서를 제시하게 된다. 양자 간에 기술 내용이나 가격에 관해 약간의 접촉이 있은 후 합의가 되면 발주자는 주문서를 발행하고 수주자와 정식으로 계약한다.

기계·제품·공구·설비 등에 관련하는 일반 사양에서는 요구하는 특정의 형상·구조·크기·성분·능력·정밀도·성능·제조방법·검사방법·포장방법·표시방법 등 필요사항을 열거하는 것이 통례이다. 검사 사양서에는 다음과 같은 항목이 기재되어 있다.

① 검사대상물

대상물의 명칭, 용도, 설치 장소, 소유자, 크기, 형식, 사용재료용접부의 경우 용접 방법(개선 형상, 용접 재료, 용접 방법 등)

② 발주하는 내용

검사해야할 부위 또는 용접부, 검사실시 장소, 개시 시간, 종료 시간 등

③ 적용하는 검사 방법과 탐상 기술자의 자격 및 적용 규격

검사 방법, 적용해야 할 규격 및 관련하는 문서, 탐상기술자의 자격,
필요하면 원하는 사용 기재의 개요.

④ 합부 판정 기준과 판정 후의 표시 방법 및 처치

검출 레벨, 합부 판정을 지시하는 결함 등급, 합부 판정 후의 표시 및 처치 방법, 재검사 방법

⑤ 보고서

제출해야 할 보고서의 종류, 제출 시기, 제출 부수, 제출처 등

⑥ 품질보증 조항(품질보증을 할 때)

품질보증 상의 수속(품질보증 매뉴얼의 제출), 공장 심사, 그 외 제출 문서 등

나. 절차서

모든 비파괴검사는 기본적으로 서면 절차서에 따라 수행하여야 한다. 업무 과정에 반복되는 일의 취급 방법을 통일하기 위해 정해진 작업 순서를 문서화 한 것을 절차서(procedure)라 한다. 동시에 발주자로부터 받은 사양서에 대해 수주자는 내용을 해석하고 구체화 한 것이기 때문에 발주자와의 협의용으로 작성한 문서를 요령서라 부르고 영문으로는 procedure로 동일하게 쓴다.

검사 절차로 구한 내용은 검사사양서와 거의 동일하고 각각의 항목에 구체성을 요하는 것이 다르다. 예를 들면 검사원은 실제로 담당하는 자의 이름·자격·인증번호 등의 일람을 첨부하고 사용 기재는 각각의 제작사, 사양(필요하면 성능의 요점) 등을 명기하고 방법은 도면에 첨부하는 것 등이 일반적이다.

규격·사양서를 실제 에서 어떻게 적용하는가에 대해 기술한 것이 절차서이므로 절차서는 검사대상물 마다 개별적으로 작성하는 것이 원칙이다. 그러나 실제로는 대상물이 다양해도 절차서 기술에는 공통적인 내용이 많게 되므로 이 부분만을 정리하여 기준 절차로 하고 대상별 개별 절차에 대해서는 기준 절차를 참고하여 부족한 부분 또는 수정 적용할 부분을 보완하면 된다.

비파괴검사 방법 및 기법은 정상적인 조건에서 제작될 때 나타나는 대부분의 기하학적 형상 및 재료에 적용할 수 있다. 특수한 형상 또는 재료가 수정된 방법 및 기법을 요구할 경우에는 항상 제조자는 관련 기준에 정해져 있는 규정된 방법 및 기법과 동등 이상의 특수 절차서를 개발하여야 하며, 이 절차서는 특수조건 하에서 해석 가능한 검사결과를 도출할 수 있어야 한다. 검사절차서는 적어도 하나 이상의 알려진 불연속부를 갖는 시험편에 대한 검증시험을 통해 관련 불연속부를 검출할 수 있는 절차서의 능력을 공인검사원이 만족하도록 검증해야 한다. 업무에 적합한 절차서 관리방법을 확립하는 것은 비파괴검사 기사의 중요한 임무이다.

다. 지시서

작업자에 대해 개별 대상물에 적용하는 상세 작업 조건을 공통 작업 조건과 관련하여 알기 쉽게 지시하는 문서를 지시서(instruction)이라 한다. 지시서는 절차서를 더 상세하게 알기 쉽게 설명한 문서이므로 절차서 보다 그냥 자세히 길게 설명해 놓은 글로 생각하면 잘못이다. 지시서는 작업자가 실제로 눈앞에서 하고 있는 대상물은 구체적으로 어떻게 할 것인가를 기술한 것이기 때문에 매우 좁게 한정된 범위에 대해 간단명료한 표현이라야 한다. 보통 1~2항으로 완결하는 것이 바람직하고 경우에 따라서는 현장에서 기록하는 검사성적서의 일부가 작업지시서로 쓰여진 것도 있다.

작업의 성격에 따라 절차만으로 현장 작업 지시가 충분하다고 생각할 때는 지시서를 만들지 않는다. 그러나 검사원 중에 초심자가 있으면 의 조건 설정이나 절차에 실수를 하기 쉽고, 또 숙련도가 높으면 원칙을 무시하고 자기방식대로 하는 경향이 있어 필요하게 된다. 지시서에는 경우에 따라서 체크 리스트를 첨부하면 관리가 훨씬 충실하게 된다.

10.4 절차서 작성 방법

비파괴검사 기사가 작성해야하는 기술 문서 중에서 가장 대표적인 것이 절차서이다. 절차서는 검사대상물에 대응하여 작성된 것으로 그것에 명칭만 바꿔 넣으면 다 잘 맞게 적용할 수 있는 만능의 모델은 존재하지 않음을 알아야 한다. 따라서 작성하는 기술자는 『특정 검사 대상에 대한 검사 사양(규격을 포함)을 어떻게 잘 적용해 볼 것인가』에 대해 답을 주는 문서이다.

초음파탐상 절차서의 일반적인 작성 방법은 다음과 같다.(여기서는 기준 절차와 개별 절차를 구별하지 않고 주어진 검사 대상물에 대해 절차서를 작성해 가는 통상의 순서와 방법을 나타낸다)

가. 표제

검사 대상물과 탐상 방법을 정하고 다른 절차서와 혼용하지 않는 문장 제목을 부친다.

예: OO수력발전소·수압 철관 용접부·초음파탐상검사·절차서

나. 적용 범위

다음 사항을 포함하는 단문으로 정리한다.

① 대상물 명칭
② 재질·크기·형상(재질은 재료 규격에 의한 분류 종별, 형상은 판/관 등의 종류 별
③ 검사 대상 부위(대형 구조물에서는 대상 부위를 특별히 정함, 용접부는 용접 관리 번호 등)
④ 탐상 방법(수직/사각/자동 등)
⑤ 검사 실시의 시기(검사 사양 지정의 공기)

다. 적용 규격

관련 사양서나 도서 등을 항목 이름의 하나로 하는 경우도 있다. 보통 다음 순서로 절차서 작성의 근거가 되는 문서를 나열한다.

① 공적 규격(ISO, JIS/사양서/지침서 등, MIL, ASME 등)
② 발주처 사양(KEPIC 공통 규격 등)
③ 그 외(계약 내용에 의한 발주처가 특별히 정한 사양)

라. 검사기술자

작업 종사원의 이름, 자격의 식별, 인증 번호 등을 병기한다. 교체, 보충 요원을 포함하여 작업을 담당할 가능성이 있는 자를 전원 올린다. 유자격자는 최소한의 조건이므로『검사 대상의 특성에 충분한 지식을 가지고 있을 것』을 부기한다. 공사 규모가 커 사람 수가 많을 경우는 선정 원칙만 기록하고 상세는 첨부 자료에 의한다 라고해도 무방하다.

마. 사용 기재

기재의 다수는 구입 당시 보다 성능이 열화 한다. 여기서 구입 시는 물론 정해진 주기 마다 정기점검을 하고 관리된 기재를 사용하도록 지정하는 것이 중요하다.

① 초음파탐상기: 제작사, 형식 등
② 초음파탐촉자
③ 표준/대비시험편
④ 접촉매질
⑤ 그 외 기재

바. 탐상 방법

작업자에게 반드시 주어지는 현장의 상세에 대해서는 지시서로 대신하고 필요 최소한의 요점에 대해서만 스토리를 만들도록 한다. 가능한 한 도면이나 표를 활용하여 설득력을 높이도록 한다. 그 규격이나 사양서 그대로 베끼지 말고 작성자의 해석이나 응용이 쉽게 알 수 있는 내용으로 할 필요가 있다.

용접부 탐상 경우의 예로 대략족인 항목을 나열해 보면 다음과 같다.

① 탐상해야할 부위, 시기(고장력강에서는 용접 24시간 후 등), 탐상부위(가능한 한 도면 첨부), 탐상면과 그 범위 등, 탐상방향(가능한 한 도면 첨부)
② 탐상감도(거리진폭특성곡선, 에코높이구분선의 규정을 포함), 검출레벨, 이방성 보정, 수정 조작(표면거칠기, 곡률, 감쇠)
③ 탐상감도 체크(체크 결과의 기록/보고를 포함)
④ 탐상면의 준비(표면 상태의 판단 등)
⑤ 주사범위, 주사방법(주사기준선과 주사범위, 주사방법/패턴)
⑥ 그 외(탐상속도, 방해에코와 결함에코의 판별, 주사 치구의 적용법 등 탐상 시의 부대조건)

사. 결함의 평가 방법

검출레벨을 초과하는 결함에코의 평가방법에 대해 기술한다. 최대 에코높이의 영역과 지시길이를 측정 평가하고 등급 분류하는 절차에 대한 설명은 그림/표를 병용하는 것이 일반적이다.

아. 기록

규격 및 사양서에 의해 기록해야 할 결함이 지정되고, 특히 그것이 검출레벨과 다른 경우는 반드시 기록 방법을 기술한다.

자. 합부판정기준 및 판정

규격/사양서(특기 사항을 포함)에 의한다. 응력이나 피로가 관련하는 조건에 따라 분류된 판정기준이 적용되는 기준도 있다. 이 부분은 규격/사양서를 그대로 따라도 좋다.

차. 보수 후 재검사

보수 후 재검사는 최초의 검사와 동일한 절차로 하고, 양자의 결과를 병기한다 라고 지정하는 것이 보통이다.

카. 보고

보고서의 작성방법, 부수 등을 기술한다.

타. 그 외

그 외『협의사항』이 있을 수 있다. 협의가 필요한 경우 정의, 협의의 방법, 협의 결과의 유효성, 협의기록의 교환방법 등을 정한다. 중요한 것은 발주자/수주자의 창구를 누가 담당할 것인가를 명확하게 하고 구두로 결론을 내리지 않고 서면으로 협의 과정을 남겨 당사자를 구속하는 것이다. 또 협의사항 이 외에도 불합격부를 검출했을 때 해당 부분에 마킹 방법이나 보수 방법을 정하게 하는 것도 있다.

10.5 실증 검사 보고서

명확한 검사 규격이 없는 재료/부품/구조물에는 절차서 작성자 자신이 탐상 절차서를 만들어야 한다. 예를 들면 밸브 부품을 초음파탐상 검사 할 때 어느 부분에 어느 방향으로 결함이 발생하기 쉬운가, 수직탐상과 사각탐상 또는 그들의 조합 중 어느 것이 결함 검출에 최적인가, 수직탐상에서는 수침과 직접 접촉 중 어느 것이 유리한가, 탐상기/탐촉자는 무엇을 사용할 것인가, 인공 결함 시험편은 어떻게 가공할 것인가, 검출한 결함을 어떻게 평가할 것인가, 합격 불합격을 어떻게 판정할 것인가, 등등 과제가 복잡하게 된다.

이들을 정리하여 순서를 생각하고 탐상 순서를 정리한다. 그러나 책상 위에서 생각했던 것만큼 실제 탐상이 쉬지 않기 때문에 현장으로부터 제품 1개를 채취하여 인공결함 시험편을 비교해 가며 절차서대로 탐상이 유효한지 어떤지를 검사해본다. 그 결과를 기록으로 남기고 부적절했던 점에 대해서는 절차서를 수정한다. 도중에 생각해 왔던 그 외의 방법도 포함하여 필요하면 수정된 절차서에 근거하여 또 한 번의 탐상을 해본다. 이와 같은 과정을 실증검사(demonstration test)이라 하고 그 기록을 실증검사보고서라 부른다.

특별한 탐상의 경우 절차서의 보증을 위해 확인시험을 하여 실증검사보고서가 요구되기도 한다. 또 심사할 때 절차서 작성자가 절차서대로 탐상 가능하다는 것을 심사원의 면전에서 시행이 요구되기도 한다. 이들은 절차서가 명목상의 형식으로 끝나지 않고 가장 현장에 적합한 것으로 언제 어디서도 실증이 가능해야 한다는 대원칙을 나타내고 있다. 다시 말해 탐상 절차서는 실증검사보고서와 일대일로 되었을 때부터 신뢰성이 확보된다.

익힘문제

1. 국제표준화규격(ISO)에서 비파괴검사가 분류되어 있는 전문위원회(TC)에 해당하는 것은?

2. ISO 9712는 무엇인가?

3. 비파괴검사에서 코드 및 표준(code and standards)의 국제 규격의 통합화와 필요성이 제기되고 있다. 아래 물음에 답하시오.
   (1) ISO TC 135(비파괴검사) SC(sub-committee)의 종류와 해당 NDT 방법(7가지)
   (2) ISO 9712(비파괴검사-기술자의 자격인정 및 인증)에서 규정하고 있는 자격인정기관(authorized qualifying body)과 인증기관(certification body)의 정의

익힘문제 해설은 출판사 홈페이지(www.enodemedia.co.kr) 자료실에서 받을 수 있습니다. 파일은 암호가 걸려 있으며, 암호는 ndt93550입니다.

■ 저자소개 ■

박 익 근

- 공학박사
- 서울과학기술대학교 기계공학프로그램 교수 역임
- 현재 서울과학기술대학교 NDT 실증연구센터 연구 교수
- (사)한국비파괴검사학회 회장 역임

장 경 영

- 공학박사
- 현재 한양대학교 기계공학부 교수
- 현재 (사)한국비파괴검사학회 회장

김 정 석

- 공학박사
- 현재 조선대학교 금속재료공학과 교수
- 현재 (사)한국비파괴검사학회 부회장

변 재 원

- 공학박사
- 현재 서울과학기술대학교 신소재공학과 교수
- 현재 (사)한국비파괴검사학회 이사

최신 이론과 기법을 적용한

비파괴검사공학

발 행 일 | 2024년 6월 14일

글 쓴 이 | 박익근, 장경영, 김정석, 변재원
발 행 인 | 박승합
발 행 처 | 노드미디어

주 소 | 서울특별시 용산구 한강대로 341 대한빌딩 206호
전 화 | 02-754-1867
팩 스 | 02-753-1867
이 메 일 | enodemedia@daum.net
홈페이지 | http://www.enodemedia.co.kr

등록번호 | 제302-2008-000043호

I S B N | 978-89-8458-354-2 93550

정가 36,000원

■ 저자와 출판사의 허락 없이 인용하거나 발췌하는 것을 금합니다.
■ 잘못된 책은 구입한 곳에서 교환해 드립니다.